Über dieses Buch

Dieses Bestimmungsbuch geht einen neuen Weg. Pflanzen und Tiere mittels althergebrachter Bestimmungsmethoden zu erkennen, ist oftmals mühevoll und nicht immer eine reine Freude für den großen Kreis der biologisch Interessierten. Die ganzheitliche Schau der Lebensgemeinschaften erst zeigt die sinnvoll aufeinander abgestimmte Vielfalt der Natur. Die Anschaulichkeit des Werkes weckt das Verlangen, sie genauer kennenzulernen und das Wissen um sie zu vervollständigen.
Die Presse urteilt über das Werk: „. . . ein ideales und lückenloses Nachschlage- und Bestimmungswerk . . .“ (Süddeutsche Zeitung). – „. . . ein ausgezeichneter Naturführer . . .“ (Die Welt, Hamburg).

Harry Garms:
Pflanzen und Tiere Europas

Ein Bestimmungsbuch

Farbig illustriert
von Wilhelm Eigener

Deutscher
Taschenbuch
Verlag

dtv

Ungekürzte Ausgabe
1. Auflage 1969
9. Auflage Mai 1983: 329. bis 348. Tausend
Deutscher Taschenbuch Verlag GmbH & Co. KG
München

Umschlaggestaltung: Celestino Piatti
Gesamtherstellung: westermann druck GmbH, Braunschweig
Printed in Germany · ISBN 3-423-03013-5

Vorwort

Das Bestimmungsbuch Pflanzen und Tiere Europas möchte die Liebe zur Natur vertiefen und helfen, ihre vielgestaltigen Formen kennenzulernen. Mit seiner Hilfe kann der Naturfreund die Pflanzen und Tiere auch fremder Gegenden schnell bestimmen und genauer beobachten. Insgesamt werden 2175 wildwachsende Pflanzen und 1433 wildlebende Tierarten abgebildet und beschrieben. Sie kommen in Europa einschließlich der Sowjetunion bis zum Ural sowie in und an den europäischen Meeren vor. Alle Pflanzen und Tiere wurden nach Lebensräumen und innerhalb ihres Lebensraumes nach der Verwandtschaft geordnet. Die Lebensräume sind 1. Wald, 2. Heide, Moor, Tundra und Steppe, 3. Binnengewässer, 4. Meer und Strand, 5. Wiesen und Weiden, 6. Feld, Garten und Park, 7. Gebirge. Manche Lebewesen kommen allerdings in verschiedenen Lebensräumen vor; im Bestimmungsbuch stehen sie dann in dem für sie charakteristischen Raum. Andererseits sind aus systematischen Gründen zusammengehörige Tiere oder Pflanzen zuweilen im gleichen Lebensraum abgehandelt, auch dann, wenn nicht alle für diesen Lebensraum charakteristisch sind. Das gilt z. B. für die heimischen Eidechsen, Schlangen und Bärlappe. Aus demselben Grunde wurden fast alle Bäume und Sträucher in den Lebensraum Wald aufgenommen. Dadurch wird eine zu weitgehende Zersplitterung vermieden und außerdem die Bestimmung der Arten wesentlich erleichtert. Ein umfangreiches Register am Schluß des Buches ermöglicht das rasche Auffinden der Arten. Vor diesem Register stehen einige Beispiele dafür, wie man schnell und sicher unbekannte Arten bestimmt.

Wo bei den Tieren Männchen und Weibchen verschieden gestaltet sind, werden in der Regel beide abgebildet, vielfach auch die Jugend-, Sommer- und Winterkleider, bei den Säugetieren außerdem die Erdbauten, bei den Vögeln die Nester mit Gelegen oder Jungtieren, die Flugbilder und anderes mehr. Vielfach werden auch charakteristische biologische Besonderheiten dargestellt. Sie erleichtern zuweilen die Bestimmung der Arten sehr. Als Beispiele seien das Stoßtauchen beim Fischadler und beim Eisvogel und der Sturzflug beim Turmfalken genannt. Bei den Insekten werden durchweg auch die Larvenformen berücksichtigt, bei den Schmetterlingen z. B. die Raupen und typische Puppenformen, bei anderen Insekten die Larvenwiegen, Brutfürsorgemaßnahmen, Fraßgänge, Bauten und viele andere Besonderheiten. In zahlreichen Einzelbildern sind den Arten zusätzliche Bestimmungsmerkmale beigefügt, meist in natürlicher Größe, zuweilen auch vergrößert, bei den Fledermäusen z. B. das Ohr mit den für die Bestimmung wichtigen Ohrdeckeln, bei den Pflanzen Blätter, Blatthäutchen, Tragblätter, Blüten und Früchte.

Vielfach werden also neben den rein gestaltlichen (morphologischen) Merkmalen interessante biologische Zusammenhänge berücksichtigt und zeichnerisch dargestellt. Der biologisch interessierte Leser wird daher nicht nur die besondere Verbindung von farbiger Abbildung und Bestimmungstext begrüßen und danach Unbekanntes bestimmen, sondern das Buch auch aufschlagen, um seine Kenntnis von der Natur zwanglos zu erweitern und zu vertiefen. Mancher wird gar oft den „umgekehrten" Weg gehen und in der Natur suchen, wozu ihn dieses Buch anregt.

Alle Abbildungen zeichnete Herr Wilhelm Eigener, ohne dessen sichere Beherrschung der Formen und tiefes Verständnis für biologische Fragen die Vollendung dieses Buches nicht möglich gewesen wäre.

Hamburg-Cranz 1969

Dr. Harry Garms

Inhaltsverzeichnis

Der Raum

Die in diesem Buche beschriebenen Pflanzen und Tiere leben in Europa, also ganz im Bereich der **nördlichen** oder **paläarktischen Region** der Alten Welt. Die Abgrenzung nach Asien bildet der Ural. In der Nordsüdrichtung unterscheiden wir drei Gürtel, das **nördliche kalte** oder **arktische Gebiet,** das **nördliche Waldgebiet** und das **Mittelmeergebiet.**

Das **nördliche kalte Gebiet** ist unter dem Namen **Tundra** bekannt. Es liegt nördlich der Baumgrenze, die mit der 10° Juli-Isotherme zusammenfällt. Wie im Hochgebirge herrschen dort sehr winterharte, meist *polsterförmig wachsende Stauden* und *Zwergsträucher* vor. Noch weiter nördlich können sich nur noch *Moose* und *Flechten* halten. Im kurzen Nordsommer überziehen sich weite Flächen schnell mit einem satten Grün und blühenden Gewächsen. Auf besonderen Zugstraßen kehren dann ungezählte Scharen von *Zugvögeln* sowie *wandernde Säugetiere* (z. B. Lemminge, Schneehasen und Rentiere) zurück. Wärmeliebende Tiere kommen im Norden nicht vor, wie z. B. die nördlichen Verbreitungsgrenzen für die Kriechtiere zeigen.

Das **nördliche Waldgebiet** zieht sich als breiter Gürtel aus *Laub-* und *Nadelwäldern* rings um die Erde. Im europäischen Teil dieses Gürtels herrscht im Westen mildes Seeklima, nach dem Innern des Erdteils nimmt das Festlandklima allmählich zu. Mit der Urbarmachung verschwanden die Urwälder dieses Raumes, und es entstanden Forsten und Ackerland. Zum **Mittelmeergebiet** gehören die südeuropäischen Küstenländer mit ihren trockenen Sommern und milden, regenreichen Wintern. Kennzeichnend für viele Wildpflanzen ist ihre Anpassung an die sommerliche Trockenheit, z. B. dichte Behaarung oder lederartige Blätter.

In den einzelnen Lebensräumen sind die **Bäume** (a) und **Sträucher** (b) jeweils vorweggestellt. Sie sind wie die dann folgenden Kräuter systematisch geordnet. **Einjährige Pflanzen** (e) kennzeichnet man durch ein ⊙, **zweijährige** (f) durch ein ⚇ und **mehrjährige** (c und d) durch ein ♃. Bei den **Nacktsamern** liegen die Samenanlagen frei auf dem Fruchtblatt (g), bei den **Bedecktsamern** (h) in einem geschlossenen Fruchtknoten. **Nackte Blüten** (i bis l) enthalten nur die Fortpflanzungsorgane, Staubblätter ♂ oder Fruchtblätter ♀ oder beide ⚥, **vollständige Blüten** (m) auch noch Kelch- u. Blumenblätter.

Im System der Pflanzen unterscheidet man die beiden großen Gruppen der **Sporenpflanzen** und der **Samenpflanzen.** Sporenpflanzen vermehren sich vorwiegend durch Sporen, Samenpflanzen entwickeln Blüten, Früchte und Samen. Zu den Sporenpflanzen gehören drei Abteilungen. **Lagerpflanzen** bilden ein sogenanntes Lager aus Zellfäden, den Thallus. **Moose** sind in Stamm und Blätter gegliedert, doch fehlen noch echte Gefäße, die den **Farnpflanzen** eigen

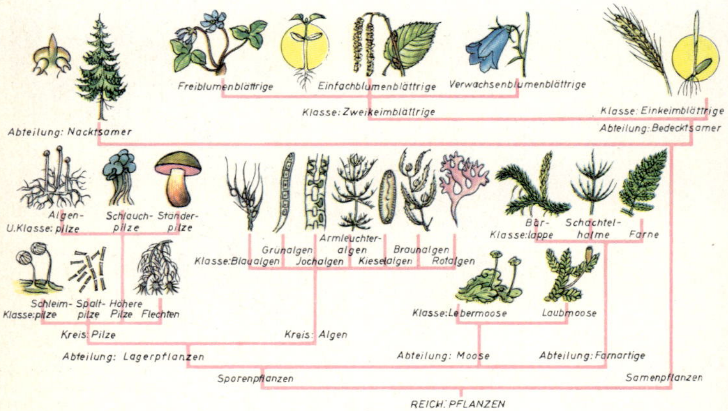

sind und die daher auch Gefäßsporenpflanzen heißen. Von den Lagerpflanzen besitzen **Pilze** kein Blattgrün. Sie ernähren sich heterotroph als Fäulnisbewohner oder als Schmarotzer. **Algen** können assimilieren, da in ihren Zellen Blattgrünkörper liegen. **Flechten** werden in dieser Systematik zu den Pilzen gestellt, obwohl in ihnen Algen mit den Pilzfäden in Symbiose leben. Da die geschlechtliche Vermehrung der Flechten aber durch den zugehörigen Pilz übernommen wird, ist diese Stellung gerechtfertigt.

Die Abteilung der **Nacktsamer** unterteilt man in drei Ordnungen. **Palmfarne** bewohnen nur die Tropen und Subtropen. Auch **Gingkobäume** sind in Europa nicht heimisch. Die artenreichste Ordnung der Nacktsamer sind die **Nadelhölzer,** deren Blätter nadel- oder schuppenförmig und deren Fruchtstände zapfen-, zuweilen beerenartig ausgebildet sind. **Zypressengewächse** sind meist zweihäusig, die übrigen Familien sind einhäusig. **Kieferngewächse** unterscheidet man an ihrem Habitus, ihren Nadeln und ihren Zapfen.

Die **Bedecktsamer** unterteilt man in Zwei- und Einkeimblättrige. **Zweikeimblättrige** entwickeln sich aus Keimlingen mit zwei Keimblättern, tragen meist netznervige Blätter und ringförmig angeordnete Gefäßbündel. Je nachdem die Blumenblätter a) frei sind, b) ganz fehlen oder unscheinbar sind (Ausnahme Nelkengewächse) oder c) miteinander verwachsen sind, unterscheidet man a) die **Freiblumenblättrigen,** b) die **Einfachblumenblättrigen** und c) die **Verwachsenblumenblättrigen. Einkeimblättrige Pflanzen** haben meist Streifenblätter, nach der Dreizahl gebaute Blüten u. Keimlinge mit einem Keimblatt.

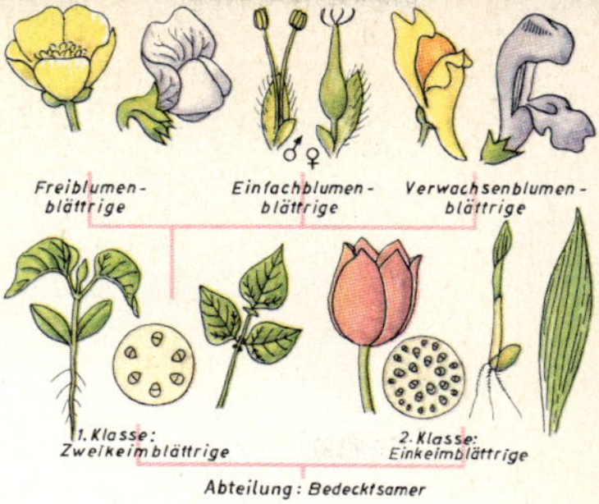

In der Mitte und unten auf der Seite sind 13 Ordnungen (Nr. 1—13) aus der Reihe der **Freiblumenblättrigen** Pflanzen berücksichtigt. Fast alle tragen eine doppelte Blütenhülle mit Kelch und getrenntblättriger Krone. Als besonders kennzeichnendes Merkmal wurde für jede Familie eine typische Blüte abgebildet. Bei den **Hahnenfußgewächsen** z. B. ist die Blütenhülle meistens nach der Fünfzahl gebaut, und es sind stets viele Staubgefäße und viele Fruchtknoten

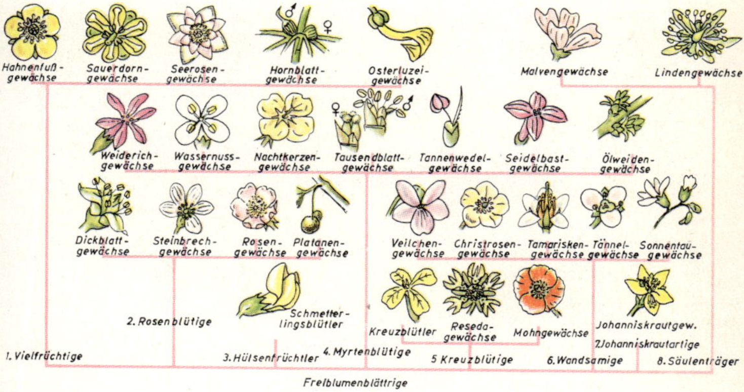

vorhanden (Ordnung **Vielfrüchtige**). Zahlreiche Fruchtknoten sitzen auch in der Blüte der **Seerosengewächse.** Da aber alle Fruchtknoten von der becherförmigen Achse umwachsen sind, wird ein einzelner Fruchtknoten vorgetäuscht. **Kreuzblütige** (5. Ordnung) hingegen haben durchweg vierzählige Blüten, besonders die Arten aus der Familie der **Kreuzblütler** mit je vier Kelch- und vier Blumenblättern, vier langen und zwei kurzen Staubblättern und einem oberständigen, aus zwei Fruchtblättern verwachsenen Fruchtknoten.

Daß es in der Reihe der Freiblumenblättrigen auch Pflanzen mit kleinen, unscheinbaren Blüten gibt, zeigen die **Tausendblattarten,** die **Tannenwedelgewächse** und manche **Ölweidengewächse.** — Im Bestimmungstext ist für jede Art angegeben, zu welcher Familie sie gehört. Der **Gehörnte Sauerklee** z. B. (S. 31) ist ein **Sauerkleegewächs.** Aus der nebenstehenden systematischen Übersicht lesen wir ab, daß diese Familie zur Ordnung der **Storchschnabelartigen** und zur Reihe der **Freiblumenblättrigen** gehört.

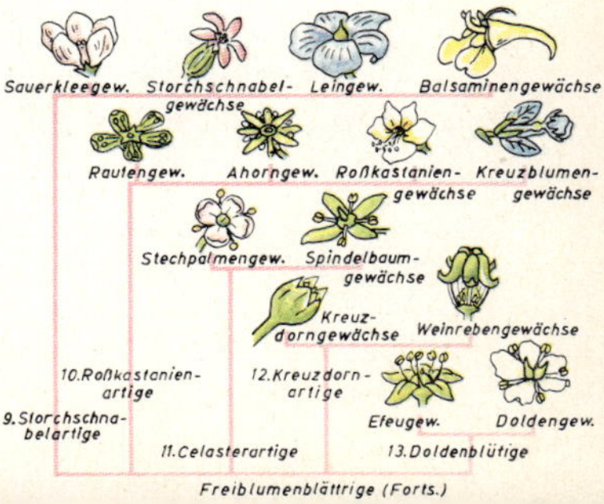

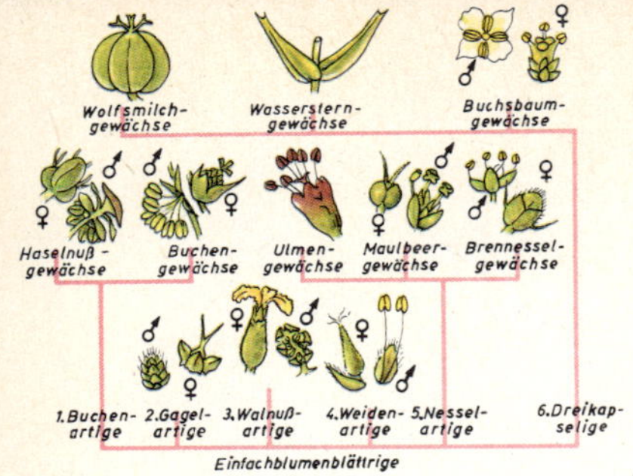

Bei den 9 Ordnungen (Nr. 1—9) der **Einfachblumenblättrigen** ist die Blütenhülle einfach oder sie fehlt ganz; meist ist sie unscheinbar. Eine Ausnahme machen nur die **Nelkengewächse** mit ihrer doppelten und auffälligen Blütenhülle. Zu den ersten vier Ordnungen der Einfachblumenblättrigen gehören die **Kätzchenträger,** deren Blüten eingeschlechtlich und entweder einhäusig (z. B. Haselnußgewächse) oder zweihäusig sind (z. B. Weidengewächse). Die Blütenhülle der Kätzchenträger fehlt ganz oder ist sehr unscheinbar. Von den **Nesselartigen** tragen die Ulmengewächse Zwitterblüten.

Zu den **Verwachsenblumenblättrigen** gehören Pflanzen mit doppelter Blütenhülle (Kelch und Krone), deren Blumenkrone zuweilen aber tief eingeschnitten ist, wodurch freie Blumenblätter vorgetäuscht werden. Kennzeichnend für alle Blüten ist aber, daß sich die Blumenkrone in ihrer Gesamtheit ablöst, auch wenn man sie abzupft. In der Tabelle auf der Seitenmitte sind in 9 Ordnungen 29 Familien aufgeführt. Zu den **Heidekrautartigen** gehören die

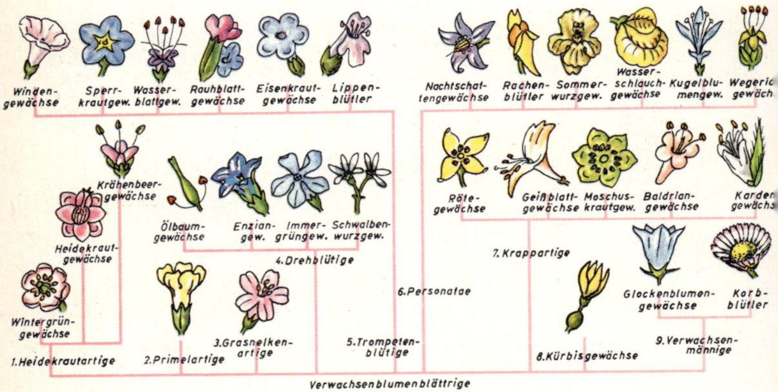

bekannten **Heidekrautgewächse,** die **Wintergrün-** und die **Krähenbeergewächse,** deren Blumenkrone oft kelch- oder glockenförmig gestaltet ist. Glocken- oder trichterförmig sind die Blumenkronen vieler **Winden-, Enzian-, Primel-** und **Glockenblumengewächse,** röhrig mit Ober- und Unterlippenbildung bei vielen **Lippen-** und **Rachenblütlern.** Die Blütenkörbchen der **Korbblütler** enthalten entweder nur Röhrenblüten (Röhrenblütige), nur Zungenblüten (Zungenblütige) oder beide (Strahlblütige).

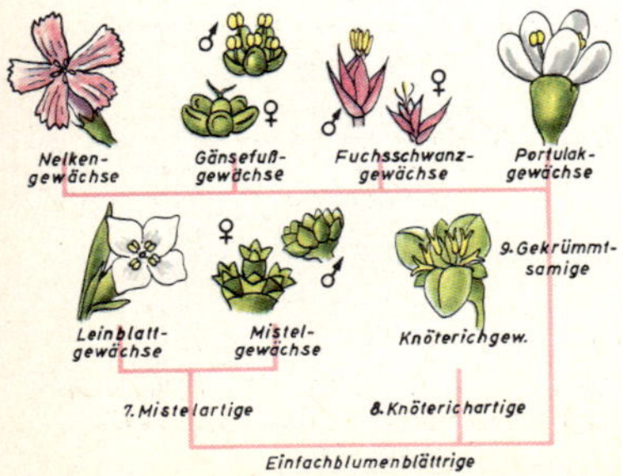

Die Blüten der Maulbeer- und Brennesselgewächse sind eingeschlechtlich und entweder ein- oder zweihäusig. Alle **Mistelartigen** sind Halbschmarotzer. Leinblattgewächse schmarotzen auf Wurzeln, Misteln auf Ästen anderer Pflanzen. Bei den **Knöterichgewächsen** sitzt am Grunde der Blätter eine stengelumfassende Röhre, die Ochrea. **Gänsefußgewächse** (Ordnung **Gekrümmtsamige**) sind an den zu Knäueln vereinigten Blüten, Fuchsschwanzgewächse an 2häutigen Vorblättern der Blüten zu erkennen.

Bei jeder **Pflanze** steht hinter dem wissenschaftlichen **Artnamen** die **Größe** in m oder cm sowie die **Blütezeit.** *Sorbus aria*; 6—12 m; 5—6; bedeutet also, der Baum wird 6—12 m hoch und blüht im Mai und Juni. Die Größe einer Pflanze mißt man vom Erdboden bis zur Spitze (a). Die Höhenangaben fehlen bei manchen **windenden** (c und d) und **rankenden** Pflanzen (e). Windepflanzen umschlingen ihre Stütze entweder im Uhrzeigersinne, also rechts herum (c) oder im Gegenzeigersinne, also links herum (d). Bei **Pilzen** wird oft statt der Höhe der Durchmesser des Hutes als **Hutbreite** angeführt (b).

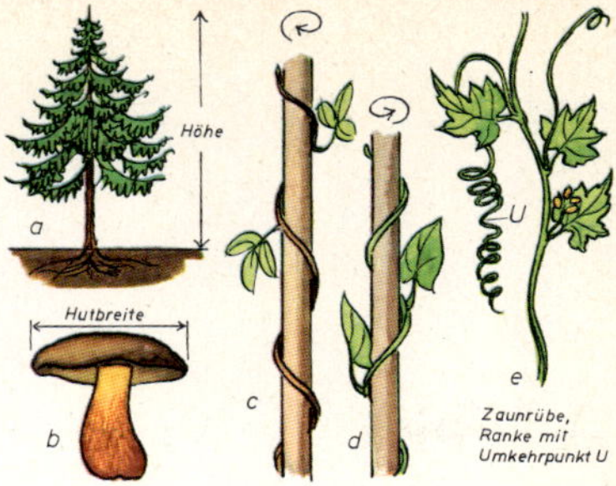

Die **Einkeimblättrigen Pflanzen** tragen in der Regel streifennervige oder bogennervige, stets ungeteilte **Blätter** und nach der Dreizahl gebaute **Blüten.** Meist sind die Blüten nicht in Kelch und Krone gegliedert, da die beiden Kreise der Blütenhülle gleichgestaltet sind. Die Blütenhülle heißt dann **Perigon.** Die **Keimlinge** aller Einkeimblättrigen Pflanzen besitzen nur ein Keimblatt (Name). Alle in Europa heimischen Arten dieser Pflanzengruppe sind **7 Ordnungen**

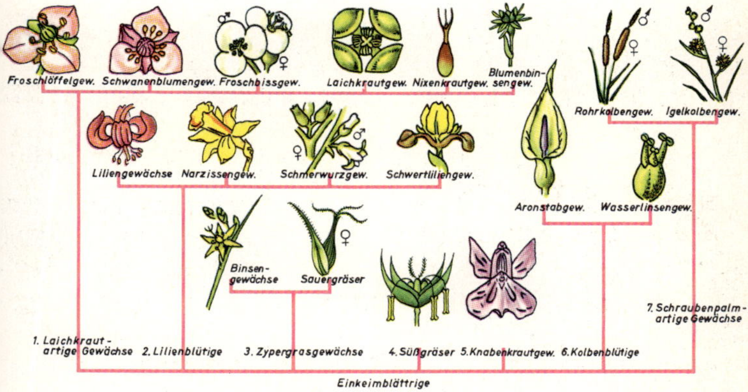

zugesellt, zu denen insgesamt **17 Familien** gehören. Zwei dieser Familien, die Zypergrasgewächse und die Süßgräser, sind besonders artenreich. Im Bestimmungstext stehen innerhalb der Lebensräume die Einkeimblättrigen Pflanzen immer hinter den Zweikeimblättrigen. Wie bei diesen kann man an Hand der **systematischen Übersicht** für jede Einkeimblättrige Pflanze feststellen, welche Stelle sie im System einnimmt und wie ihre verwandtschaftlichen Beziehungen zu den Nachbarfamilien sind.

Aus der Klasse der **Pilze** wurden nur Arten der Unterklasse **Echte Pilze** berücksichtigt, da die Algenpilze mikroskopisch klein sind. Die Echten Pilze unterteilt man in die **Schlauchpilze** und die **Ständerpilze.** Von den Schlauchpilzen werden nur einige Arten aus der Überfamilie der **Scheibenpilze** abgebildet, von den Ständerpilzen die wichtigsten Arten aus den Überfamilien der **Nichtblätterpilze,** der **Blätterpilze** und der **Röhrenpilze** und aus der Gruppe der Innensporer einige **Staubpilze** und **Hartboviste.**

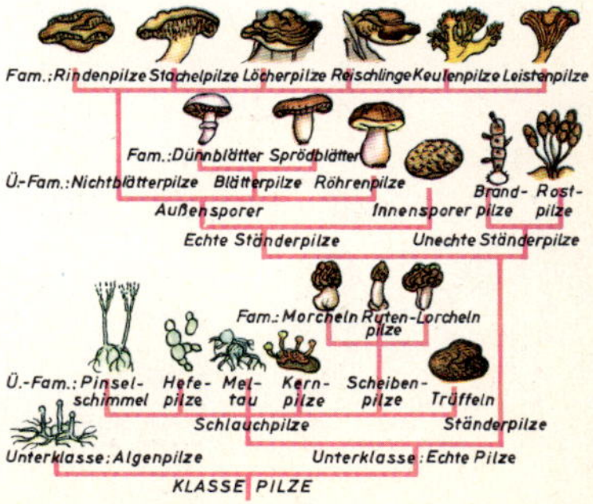

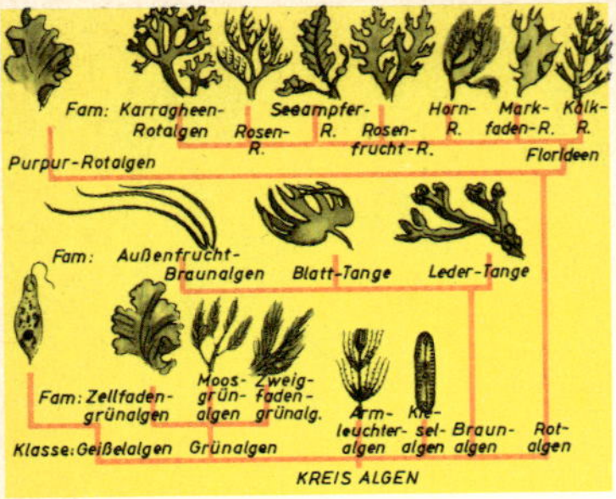

Von den im Bestimmungstext aufgeführten **Algen** gehören die Darmtange und der Meersalat zu den **Zellfaden-Grünalgen,** der Grüne Ledertang zu den **Moos-G.,** die Cladophora zu den **Zweigfaden-G.,** die Meersaiten zu den **Außenfrucht-Braunalgen,** die Laminariaarten, Ledertange, Fucusarten, Riemen-, Knoten- und Schotentang zu den **Blatt-Tangen,** die Knorpeltange und die Phyllophoren zu den **Karraghen-Rotalgen,** der Kammtang zu den **Rosen-R.,** die Seeampfer zu den **Seeampfer-R.,** die Laurencia zu den **Rosenfrucht-R.,** die Horntange und Seefedern zu den **Horn-Rotalgen.**

Die **Archegonienpflanzen** oder Archegoniaten sind blütenlose Pflanzen, die sich ungeschlechtlich durch Sporen (Sporenpflanzen) und geschlechtlich durch Ei- und Samenzellen vermehren. Die Samenzellen entstehen in **Antheridien,** die Eizellen in **Archegonien** (Archegonienpflanzen). **Moose** entwickeln weder Wurzeln noch Gefäße. **Gefäßsporenpflanzen** sind in Wurzel, Stamm und Blätter gegliedert. Zu ihnen gehören die **Farne,** die **Schachtelhalme,** die **Brachsen-**

krautgewächse und die **Bärlappgewächse.** Die **Eusporangen Farne** bilden alljährlich nur ein Blatt, das sich in einen sterilen und einen fertilen Ast gabelt. Bei den **Eigentlichen Farnen** sitzen die Sporenbehälter, als Sporangien bezeichnet, immer in Gruppen, den sogenannten Sori, zusammen. **Bärlappe** sind dicht spiralig oder wirtelig beblättert. **Brachsenkräuter** tragen binsenförmige Blätter. **Schachtelhalme** sind an ihren hohlen, gegliederten Stengeln zu erkennen.

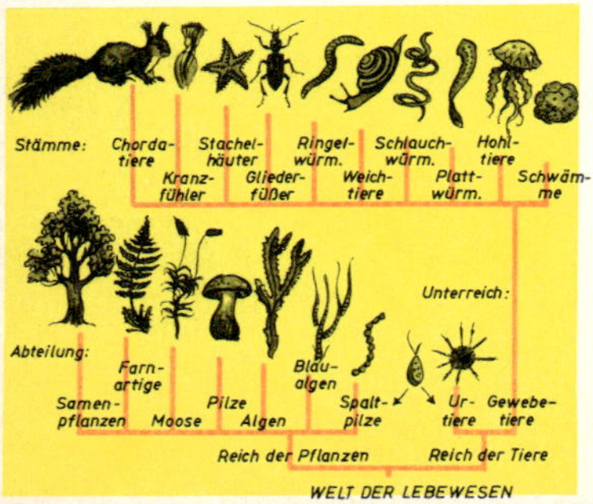

Die Lebewesen der Erde ordnet man entweder dem **Reich der Pflanzen** oder dem **Reich der Tiere** zu. Für manchen niederen Organismus ist es zuweilen nicht leicht zu entscheiden, ob er ein Tier oder eine Pflanze ist. Oft ordnet man solche Lebewesen dann beiden Reichen zu. Von den **Pilzen,** den **Algen,** den **Archegonienpflanzen** sowie den **Samenpflanzen** und den meisten **Tierstämmen, Klassen** und **Ordnungen** sind die systematischen Zusammenhänge in Sonderübersichten näher erläutert.

Innerhalb jedes Bildes sind die Tiere nach Möglichkeit im richtigen Größenverhältnis zueinander gezeichnet. Bei allen **Säugetieren** a ist unter **Größe** die Kopfrumpflänge (= Gesamtlänge minus Schwanzlänge) und die Schwanzlänge, bei den **Vögeln** b, **Fischen** c und allen anderen Tieren die **Gesamtlänge** des Körpers angegeben. Zur Unterscheidung der **Fische** c sind die Form und die Anordnung der **Flossen** wichtige Bestimmungsmerkmale d—f; Ba Bauchflossen, Br Brustflossen. Das Maul kann end-, ober- oder unterständig sein d—f. Oft werden Angaben über die Laich- bzw. Flugzeit gemacht.

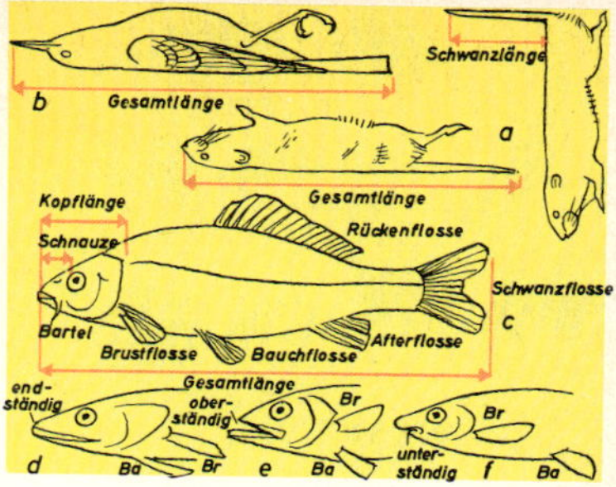

Das **Reich der Tiere** unterteilt man in das **Unterreich** der **Urtiere** oder Einzeller und in das Unterreich der **Gewebetiere.** Da alle Urtiere mikroskopisch klein sind, wurden sie in den Bestimmungstext nicht aufgenommen. Von den Gewebetieren wurden 10 **Stämme** berücksichtigt, die zum Teil in **Unterstämme** untergliedert wurden. Stämme und Unterstämme werden in der Übersicht durch Großbuchstaben hervorgehoben, im Gegensatz zu den nächst

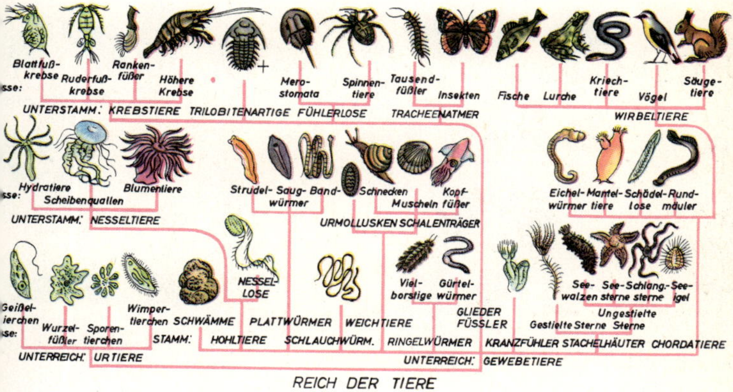

niederen systematischen Einheiten, die mit Groß- und Kleinbuchstaben geschrieben wurden. Von den meisten **Klassen** werden in **Spezialtabellen** weitere systematische Unterteilungen gegeben, die über die Ordnungen zu den Familien und zum Teil bis zu den Gattungen und Arten führen, so daß man für jedes im Bestimmungstext beschriebene Tier feststellen kann, zu welcher Familie, Ordnung, Klasse und weiter zu welchem Unterstamm und zu welchem Stamm es gehört.

Ein **Schneckengehäuse** a besteht aus einem Stück. Es ist **rechts** gewunden, wenn die Mündung wie in der Abbildung a rechts liegt, **links gewunden,** wenn die Mündung (bei der gleichen Stellung des Gehäuses!) links liegt. **Muschelschalen** b bestehen aus zwei Stücken, einer **linken Klappe** c und einer **rechten Klappe.** Bei den **Insekten** d und anderen niederen Tieren ist in der Regel die Körperlänge als Größe angegeben (siehe oben), bei den **Schmetterlingen** e die **Spannweite** der Flügel.

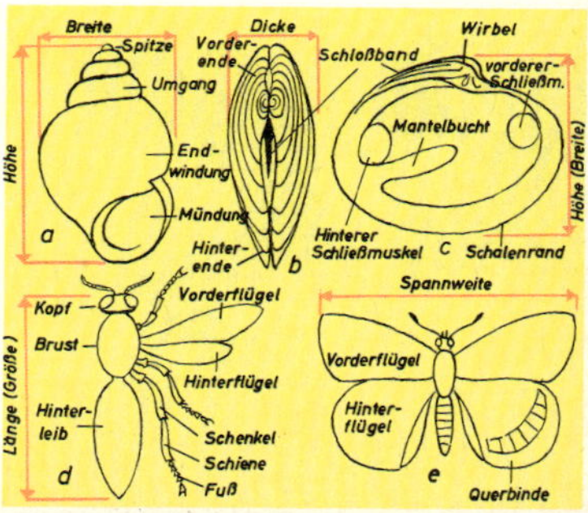

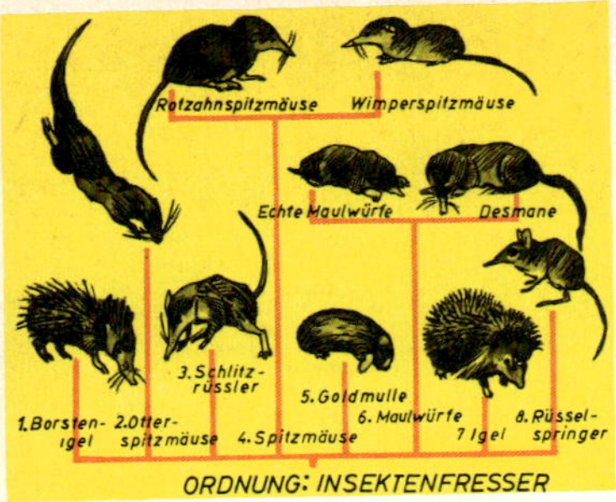

Insektenfresser sind vorwiegend nächtlich jagende Säugetiere, die sich von Kleintieren aller Art ernähren. Die Ordnung der Insektenfresser umfaßt 8 Familien (Nr. 1—8); aber nur aus der Familie der **Igel**, der **Spitzmäuse** und der **Maulwürfe** kommen Vertreter in Europa vor. Zu den Spitzmäusen und den Maulwürfen gehören je 2 Unterfamilien. Bei den Rotzahnspitzmäusen sind die Zahnspitzen rot, bei den Wimperspitzmäusen weiß. **Borstenigel** leben in Madagaskar, **Otterspitzmäuse** und **Rüsselspringer** in Südafrika, **Schlitzrüßler** auf Haïti und Kuba und **Goldmulle** in Nordamerika.

Die **Säugetiere** bilden eine besondere Klasse der Wirbeltiere. Wir unterscheiden insgesamt 18 Ordnungen (mit rund 3500 Arten), aus denen bis auf die Ordnung der **Eileger**, der **Beuteltiere**, der **Zahnarmen**, der **Schuppentiere**, der **Seekühe** und der **Klippschliefer** Vertreter in Europa vorkommen. Die „niedrigsten“ Säuger sind die Eileger, zu denen die Familie der **Ameisenigel** und der **Schnabeltiere** gehören. Eileger bringen keine lebendigen Jungen zur

Welt, säugen diese aber, wenn sie aus dem Ei ausgeschlüpft sind. Sehr unentwickelte Junge gebären die **Beuteltiere.** In einem Hautbeutel am Bauch der Mutter wachsen die Jungen heran. Den Eilegern und Beuteltieren stellt man alle anderen Säugerordnungen als **Höhere Säuger** gegenüber. Den **Hasentieren** (mit je einem Stiftzahn unter den Nagezähnen) räumt man eine besondere Ordnung ein und trennt sie dadurch von den **Nagetieren.** Zur Ordnung der **Flattertiere** (5), der **Herrentiere** (6), der **Raubtiere** (9), der **Wale** (10) gehören je 2 Unterordnungen.

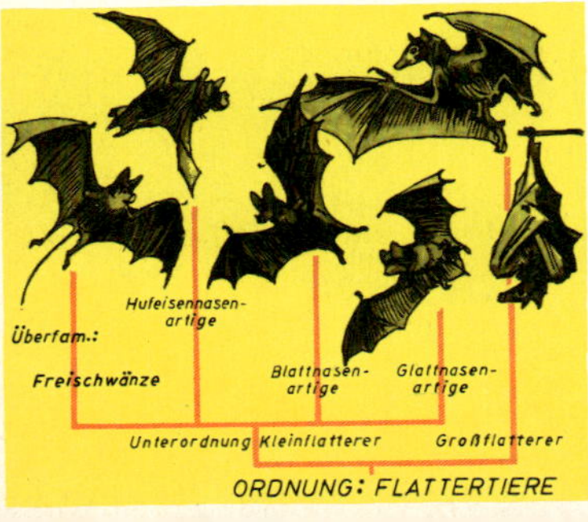

Die Ordnung der **Flattertiere** unterteilt man in zwei Unterordnungen, die **Kleinflatterer** oder Fledermäuse und die **Großflatterer** oder Flederhunde. In der Überfamilie der Freischwänzigen Fledermäuse **(Freischwänze)** ist der Schwanz nicht in die Flughaut einbezogen. Bei den anderen Überfamilien der Kleinflatterer hingegen umfaßt die Flughaut auch den Schwanz **(Bindeschwänzige).** Man unterscheidet diese nach der Art ihres Nasenaufsatzes, der hufeisenförmig, blattartig oder glatt ist.

Raubtiere oder Greifsäuger sind vorwiegend Fleischfresser. Ihre Vertreter gliedert man in die beiden Unterordnungen der **Landraubtiere** und der **Robben** oder **Flossenfüßer.** Alle Landraubtiere kann man nach der Zahl und der Anordnung der Zähne zwanglos zwei Überfamilien zuordnen, den **Katzenartigen** und den **Hundeartigen,** für die die Hauskatze und der Haushund zwei bekannte Beispiele sind. Bis auf die Hyänen gibt es aus allen Familien europäische Vertreter. Robben sind Raubsäuger des Meeres mit flossenartigen Beinen. Man unterteilt die Robben in drei Familien.

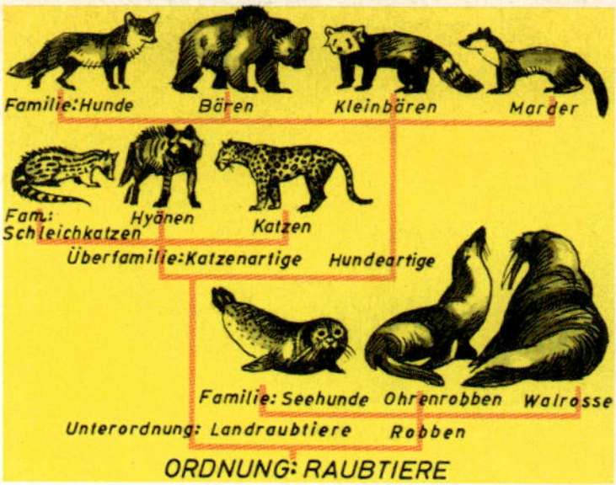

Über die Hälfte aller lebenden Säugetiere gehört zur weltweit verbreiteten Ordnung der **Nagetiere.** Früher rechnete man zu den Nagetieren auch die Hasentiere, die man als Doppelzähner mit je zwei Schneidezähnen links und rechts im Oberkiefer den Einfachzähnern mit je einem Zahn gegenüberstellte. Wegen ihres ganz andersartigen stammesgeschichtlichen Ursprungs faßt man die **Hasentiere** jetzt in einer besonderen Ordnung zusam-

men. Die Ordnung der Nagetiere unterteilt man in drei Unterordnungen, die **Hörnchenverwandten,** die **Mäuseverwandten** und die **Stachelschweinverwandten.** Zu ihnen gehören jeweils mehrere Überfamilien, die **Hörnchenartigen,** die **Biberartigen** usw. (alle Namen mit der Endung . . . artigen), die weiterhin in Familien aufgeteilt sind. Aus der Familie der **Mäuse,** der **Wühler** und der **Bilche** wurden in der obenstehenden Übersicht die meisten der in Deutschland und Europa vorkommenden Arten abgebildet. Auf der Erde leben 2821 Arten Nagetiere.

Die Ordnung der **Herrentiere** umfaßt die **Halbaffen** und die **Affen.** Beide Unterordnungen sind fast ganz auf die Tropen und Subtropen beschränkt. Halbaffen kommen vornehmlich auf Madagaskar vor. Mit ihrem behaarten, fuchsähnlichen Gesicht sehen sie wenig „äffisch" aus. Unsere Übersicht berücksichtigt fünf Familien. Affen unterteilt man in 2 Überfamilien. **Neuweltaffen** bewohnen Südamerika. Zu den **Altweltaffen** gehört die einzige in Europa heimische Affenart, der Magot, ein **Tieraffe.**

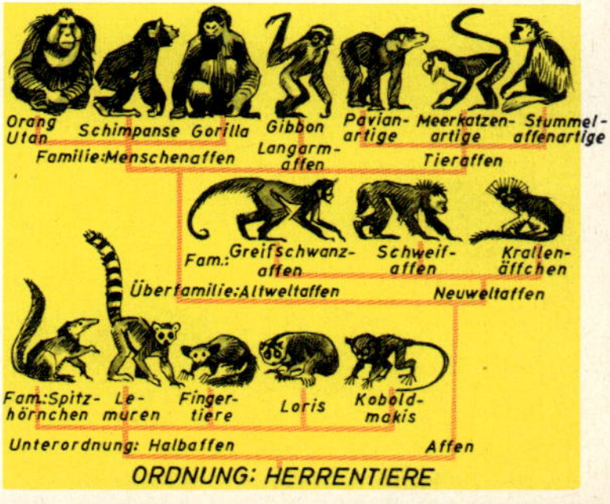

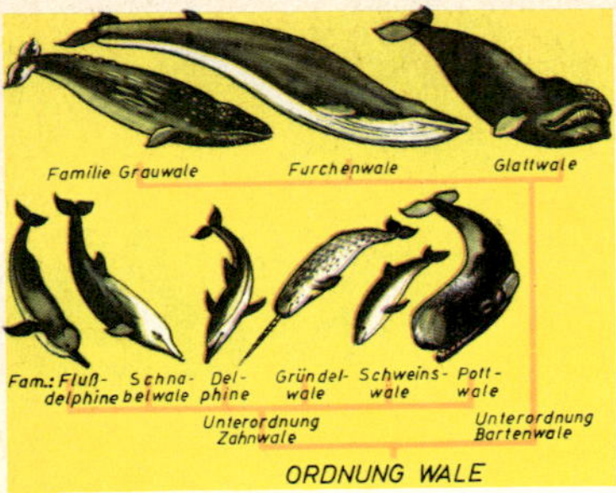

Wale sind wie die Flossenfüßer an das Wasserleben angepaßte Säugetiere. **Zahnwale** tragen zahlreiche gleichförmige Zähne, **Bartenwale** am Gaumen hängende, an ihren Rändern ausgefranste, wie Fangreusen wirkende Hornplatten, die Barten. An europäischen Küsten sind Vertreter der **Schweinswale** und der **Delphine** regelmäßige Bewohner, insbesondere der Gemeine Delphin und der Kleine Tümmler oder Braunfisch. Andere Wale kommen nur gelegentlich in die europäischen Küstengewässer. **Flußdelphine** sind primitive Zahnwale, die vorwiegend in Flüssen leben (Ganges, Amazonas, La Plata).

Neben den Nagern und den Greifsäugern bilden die **Huftiere** die artenreichste systematische Gruppe unter den Säugetieren. Nach dem Bau der Füße unterscheidet man die Ordnung der **Unpaarzeher (Mittelzeher)** mit meist ungerader und die Ordnung der **Paarhufer (Seitenzeher)** mit gerader Zehenzahl. Bei den Mittelzehern entwickelt sich die dritte Zehe am stärksten, bei den Seitenzehern die dritte und vierte. Zu den Unpaarzehern gehören drei Familien, die

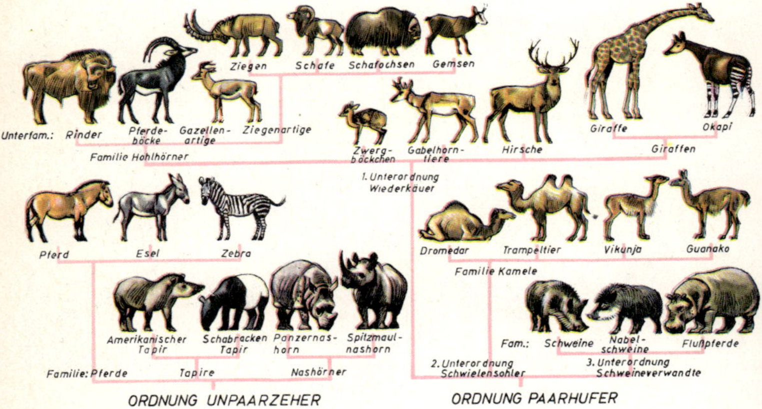

Pferde mit einer, die **Tapire** mit vorne vier und hinten drei und die **Nashörner** mit drei Zehen. Tapire gibt es wild nur noch in Süd- und Mittelamerika sowie in Südostasien, wildlebende Nashörner und Pferde nur noch in Asien und Afrika. Die Ordnung der Paarhufer unterteilt man in drei Unterordnungen, die **Wiederkäuer,** die **Schwielensohler** und die **Schweineverwandten.** Schwielensohler sind mit den Kamelen auf Nordafrika und Asien, mit den Lamas auf Südamerika beschränkt. Insgesamt gibt es etwa 240 Arten Huftiere.

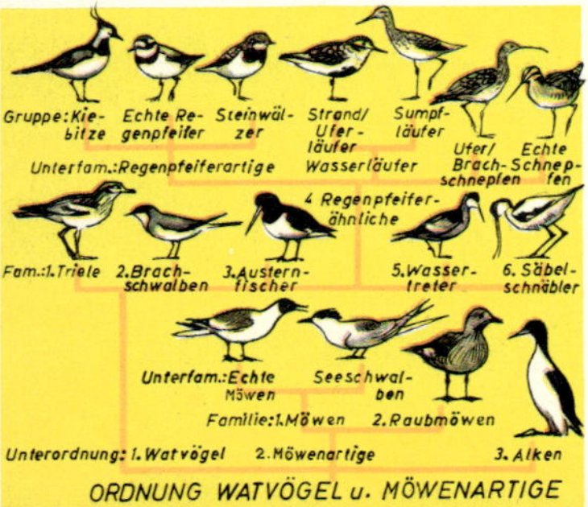

Die artenreiche Ordnung der **Watvögel** und **Möwenartigen** umfaßt Strand-, Sumpf- und Ufervögel, die man drei Unterordnungen zuteilt. **Watvögel** sind hochläufige, schnellfüßige Tiere, **Möwenartige** gute Flieger und **Alken** hervorragende Taucher. Watvögel sind **Nestflüchter,** Möwenartige und Alken **Platzhocker.** Letztere verlassen wie Nestflüchter nach dem Schlüpfen das Nest, hocken aber in der Nähe und lassen sich bis zum Flüggewerden von den Eltern füttern und hudern, ähnlich den **Nesthockern.**

Zur Ordnung der **Entenvögel** gehören zwei Unterordnungen. Die **Wehrvögel** (Südamerika) sind große, gänseähnliche Tiere, die mit zwei scharfen Flügelsporen bewehrt sind. In der Unterordnung der **Eigentlichen Entenvögel** besitzen die urtümlichen **Spaltfußgänse** (Australien und S-Neuguinea) keine Schwimmhäute, wohl aber die **Gänse-** und **Entenvögel.** Die Unterfamilie der **Gänseartigen** umfaßt drei Gruppen, die **Schwäne,** die **Gänse** und die relativ kleinen **Pfeifgänse.** Von den sieben Gruppen der **Entenartigen** sind die **Meertauchenten** noch in zwei Untergruppen aufgeteilt.

In der systematischen Übersicht über die Klasse der Vögel sind unter den Nummern 1–20 die Ordnungen aufgeführt, denen alle europäischen und die bekannteren außereuropäischen Arten angehören. Die Familien aus der Ordnung der **Entenvögel,** der **Watvögel** und **Möwenartigen** sowie der **Sperlingsvögel** sind in Spezialtabellen zusammengestellt; im übrigen bezeichnen alle Namen im System der Klasse der Vögel die Familien. Ordnungen, aus denen

in Europa keine Arten vorkommen, sind die **Flachbrustvögel, Pinguine** und **Papageien.** Insgesamt leben auf der Erde etwa 8600 Vogelarten, von denen auf die Ordnung der Sperlingsvögel allein rund 5100 Arten entfallen. In Europa ist allerdings nur ein Bruchteil aller Arten heimisch, mit den aus anderen Erdteilen einwandernden Gästen sind es etwa 570 Arten. Die Arten aus der Familie der **Moas** und der **Dronten** sind in historischer Zeit ausgestorben (+).

Aus der Ordnung der **Sperlingsvögel** sind die europäischen Singvögel in der nebenstehenden systematischen Schautafel mit 19 Familien vertreten. Der kleinste Singvogel ist das Goldhähnchen. Er ist 9 cm lang und wiegt 5–6 g. Der Kolkrabe hingegen erreicht eine Länge von 64 cm und ein Gewicht bis zu 1700 g. Durch Gestalt- und Farbmerkmale sind die meisten Sperlingsvögel gut charakterisiert. Bei manchen Arten ist zur Feldbestimmung das Studium des Gesanges unbedingt notwendig.

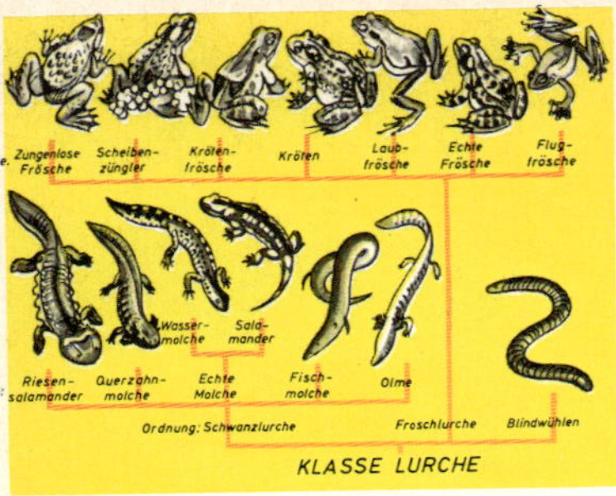

Die **Amphibien** stellen die unterste Klasse der Landwirbeltiere dar. Bei den lebenden Arten unterscheidet man drei Ordnungen. **Schwanzlurche** besitzen einen gestreckten, kräftig gebauten Körper mit gut entwickeltem Schwanz. In Europa ist vor allem die Familie der **Echten Molche** beheimatet. Bei den **Wassermolchen** ist der Schwanz seitlich zusammengedrückt, bei den **Salamandern** drehrund. **Froschlurche** haben keinen Schwanz. Bei vielen sind die Hinterbeine kräftige Sprungbeine. **Blindwühlen** sind kleine, blinde, fußlose, in der Erde grabende, wurmähnliche Amphibien. Artenzahl: etwa 1000.

Fische sind von einer schleimigen Haut bedeckt, in die meist knöcherne Schuppen (Fischschuppen) eingelagert sind. Die Verwandtschaft der Fische bildet eine Tierklasse mit drei Unterklassen, den **Knorpelfischen**, den **Knochenfischen** und den **Choanenfischen.** Bei den Knorpelfischen mit den beiden Unterordnungen der **Haie** und **Rochenartigen** besteht das Skelett aus Knorpel, ebenso bei den **Störartigen** oder Flösselhechten unter den Knochenfischen.

Die bei weitem größte Zahl der Familien und Arten gehört zu den **Echten Knochenfischen,** deren Skelett ganz aus Knochen aufgebaut ist. Man unterteilt diese Ordnung in **Weich-** und **Stachelflosser,** je nachdem ihre Flossen nur durch weiche Strahlen gestützt werden oder ob auch harte Strahlen vorkommen. Aufgeführt wurden nur solche Familien, aus denen in europäischen Gewässern Vertreter bekannt sind. Eine Ausnahme machen die **Choanenfische.** Zu ihnen zählen Arten, die stammesgeschichtlich interessant sind. Artenzahl: etwa 20 000.

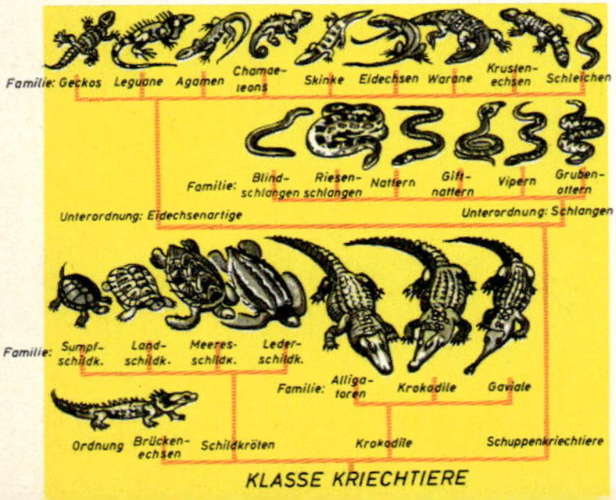

Kriechtiere sind mit Hornschildern oder Hornschuppen bedeckt. Man unterscheidet vier rezente Ordnungen, die **Brückenechsen,** die **Schildkröten,** die **Krokodile** und die **Schuppenkriechtiere.** Letztere unterteilt man in zwei Unterordnungen, die **Eidechsenartigen** und die **Schlangen.** Kriechtiere bewohnen die Tropen und Subtropen in reicher Artenfülle, die gemäßigten Zonen hingegen nur mit wenigen Arten, was mit dem wechselwarmen Blut der Kriechtiere zusammenhängt. Artenzahl: etwa 4300.

Stachelhäuter sind in der Regel strahlig-symmetrisch gebaute Meerestiere. Nach außen wird ihr Körper durch ein Kalkskelett geschützt, das oft mit Stacheln und Höckern bewehrt ist. Der 1. Unterstamm umfaßt festsitzende **Gestielte Stachelhäuter.** Sie waren in früheren Erdzeitaltern viel artenreicher. Zum zweiten Unterstamm gehören die sternförmig gebauten **Seesterne** und **Schlangensterne** mit fünf oder mehr Armen, die rundlichen Seeigel und die zylinderförmigen **Seewalzen.** Die **Seeigel** können **regulär** oder **irregulär** sein, je nachdem die Afteröffnung am Rücken oder an der Bauchseite liegt.

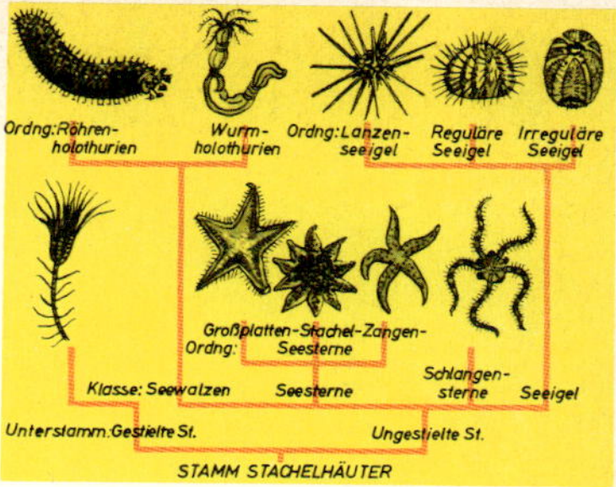

Zum **Stamm der Weichtiere** gehören wenig gegliederte Tiere mit weicher, schleimiger Haut. Weichtiere tragen in der Regel ein Gehäuse aus kohlensaurem Kalk. Die Schale der **Urmollusken** (dieser Unterstamm umfaßt über 1000 Arten) besteht aus mehreren gegeneinander beweglichen Gliedern. Unter den eigentlichen Schalenträgern sind die **Muscheln** (Klasse mit rund 25 000 Arten) durch zweiklappige, die **Schnecken** (Klasse mit etwa 85 000 Arten) durch

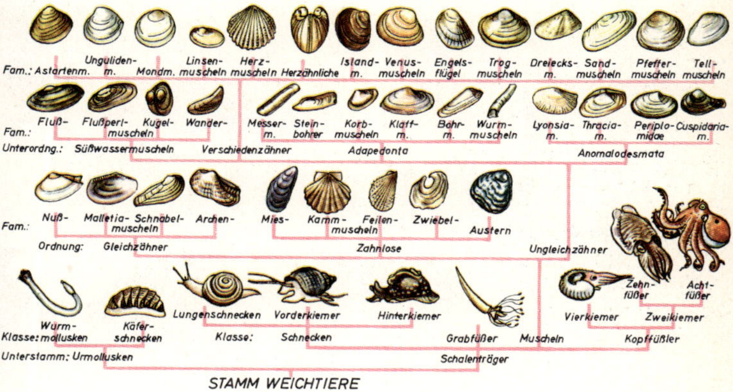

einfache, meist spiralig gewundene Gehäuse ausgezeichnet. Bei den **Kopffüßlern** (in dieser Klasse sind rund 600 Arten vereinigt) ist die Schale meist ganz verschwunden oder auf einen in der Haut liegenden Rest, den sogenannten Schulp, reduziert; nur die **Vierkiemer** sind mit einem Gehäuse ausgestattet. Von den zahlreichen Familien der Schnecken und Muscheln wurden alle aufgeführt, aus denen im Bestimmungsbuch Arten beschrieben wurden.

In der Klasse der **Schnecken** sind rund 85 000 Arten vereinigt, von denen etwa 20 000 zu den **Lungenschnecken,** 55 000 zu den **Vorderkiemern** und 10 000 zu den **Hinterkiemern** gehören. Bei den Vorderkiemern sitzen die Kiemen vor, bei den Hinterkiemern hinter der Herzkammer. Lungenschnecken atmen durch Lungen. **Wasserlungenschnecken** kommen zum Atmen an die Oberfläche. In der Regel bestimmt man die Schnecken (und Muscheln) nach den leeren Schalen.

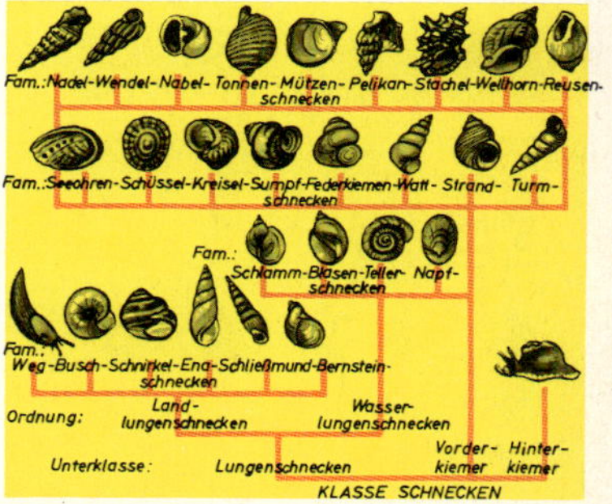

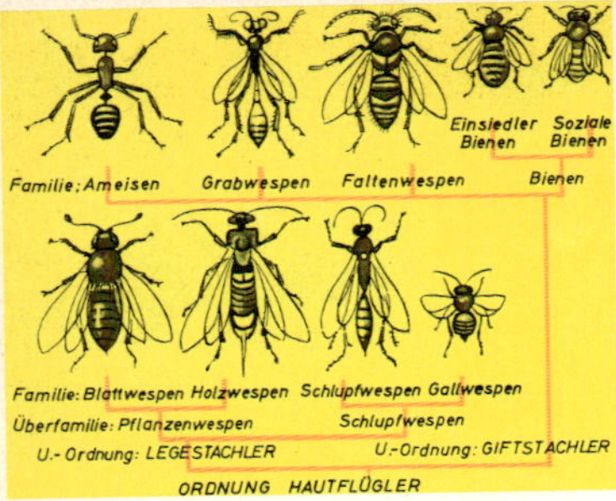

Hautflügler tragen zwei Paar häutige Flügel. Man unterteilt die Hautflügler in die **Legestachler** und die **Giftstachler.** Von den beiden Überfamilien der Legestachler fehlt den **Pflanzenwespen** die „Wespentaille", eine Einschnürung zwischen Brust und Hinterleib. Viele Pflanzenwespen sind gefährliche Waldschädlinge, insbesondere ihre Larven. Zu den **Schlupfwespen** rechnet man die **Echten Schlupfwespen** und die **Gallwespen.** Echte Schlupfwespen legen ihre Eier in der Regel in Insektenlarven, Gallwespen in Pflanzenteile. Von den Giftstachlern sind die sozialen **Bienen** von besonderer Bedeutung.

Zum Unterstamm der **Tracheenatmer** gehören diejenigen Gliederfüßler, die durch Tracheen atmen. Dieser Unterstamm umfaßt zwei Klassen, die **Insekten** und die **Tausendfüßler.** Mit rund 750 000 lebenden Arten sind die Insekten die weitaus größte Tierklasse. Ihr Körper gliedert sich in Kopf, Brust und Hinterleib. An der dreiteiligen **Brust** sitzen drei **Beinpaare** und in der Regel zwei Paar **Flügel,** seltener ein Paar, wie bei den Zweiflüglern, oder gar keine.

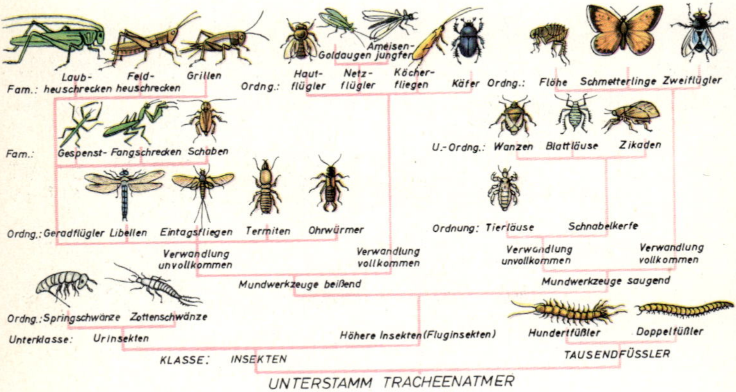

Urinsekten haben nie Flügel getragen. Manche der **geflügelten Formen** haben die Flügel sekundär wieder verloren, wie z. B. die Flöhe und die Läuse. Je nachdem die Arten beißende oder saugende **Mundwerkzeuge** tragen und ihre **Verwandlung** vollkommen oder unvollkommen ist oder ganz fehlt, unterteilt man die Insektenordnungen in Gruppen. In unserer systematischen Übersicht sind die Insektenordnungen aufgeführt, für einige Ordnungen auch die Familien.

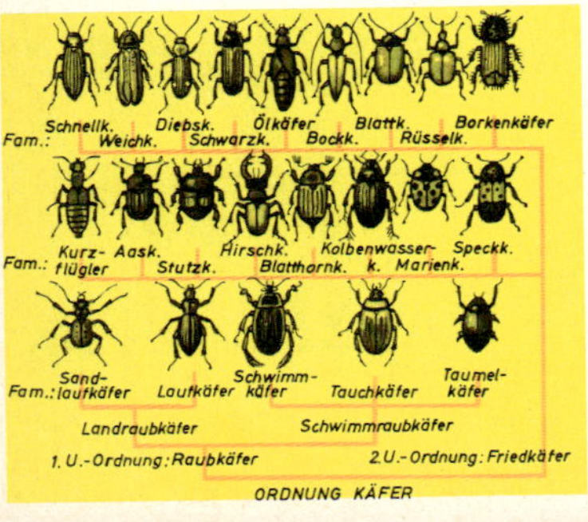

Käfer sind Insekten mit vier Flügeln, beißenden Mundwerkzeugen und vollständiger Verwandlung. Die Vorderflügel bilden harte Dekken, die Hinterflügel sind häutig und in der Regel längs und quer faltbar. **Raubkäfer** leben vorwiegend von Kleintieren aller Art, **Friedkäfer** sind meist Pflanzen- oder Aasfresser. Bisher sind rund 300 000 Käferarten bekannt (größte Tierordnung). Die große Fülle der Käfer gehört zu den Friedkäfern. Landraubkäfer jagen auf dem Lande, Schwimmraubkäfer im Wasser.

Die Ordnung der **Zweiflügler** umfaßt Insekten mit nur einem Paar häutiger Flügel. In der Unterordnung der **Mücken** sind langgestreckte, zarthäutige Zweiflügler mit langen Fühlern und langen, dünnen Beinen sowie reich geäderten Flügeln, in der Unterordnung der **Fliegen** hingegen gedrungene, derbhäutige Formen mit kurzen, kolbigen Fühlern, kurzen Beinen und wenig geäderten Flügeln zusammengefaßt. Vier Mückenfamilien vereinigen die nicht **stechenden**, nur eine Familie **stechende Mücken.** Die meisten Fliegen sind **Deckelschlüpfer.** Nur die Bremsen sind **Spaltschlüpfer,** wie auch alle Mücken.

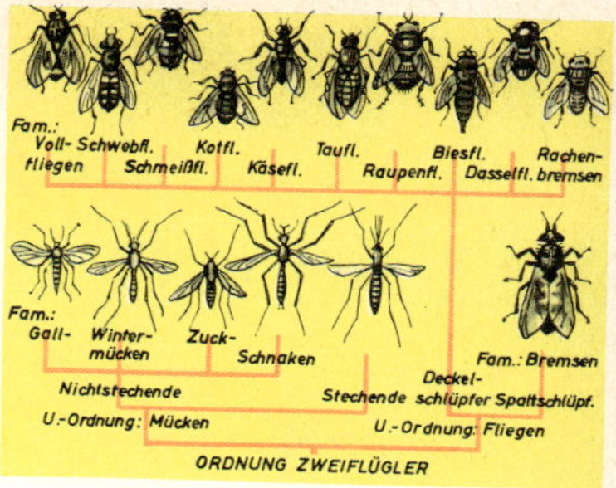

Schmetterlinge sind Insekten mit vier großen, beschuppten Flügeln, langem, einrollbarem Rüssel und vollkommener Verwandlung. Bei den Raupen der **Großschmetterlinge** sind die Afterfüße als Klammerfüße – mit seitlichem Hakenbesatz an der Fußsohle –, bei den **Kleinschmetterlingen** als Kranzfüße – mit ringförmigem Hakenbesatz – ausgestattet. Von den rund 100 000 bekannten Schmetterlingen gehören 80 000 zu den Großschmetterlingen, der

Rest zu den Kleinschmetterlingen. In der systematischen Übersicht über die Ordnung der Schmetterlinge sind alle Familien angeführt, aus denen im Bestimmungsbuch Vertreter beschrieben sind. In den meisten Fällen wurden dann auch die Raupen mit abgebildet. **Schmetterlingsraupen** haben beißende Mundwerkzeuge, drei Paar Brustbeine, in der Regel vier Paar Afterfüße (Spanner nur zwei) und ein Paar Nachschieber am zehnter Hinterleibsring.

Im Unterstamm der **Fühlerlosen Gliederfüßler** ist die Ordnung der **Schwertschwänze** mit nur fünf lebenden (außereuropäischen) Arten vertreten. **Spinnentiere** sind fühler- und flügellose Gliederfüßler, die in der Regel durch Röhren- oder durch Fächertracheen atmen. Zur Klasse der Spinnentiere gehören fünf Ordnungen, unter denen die **Webespinnen** mit rund 20 000 Arten die wichtigsten sind. Von den vielen Familien der Webespinnen wurden alle genannt, aus denen Arten beschrieben wurden.

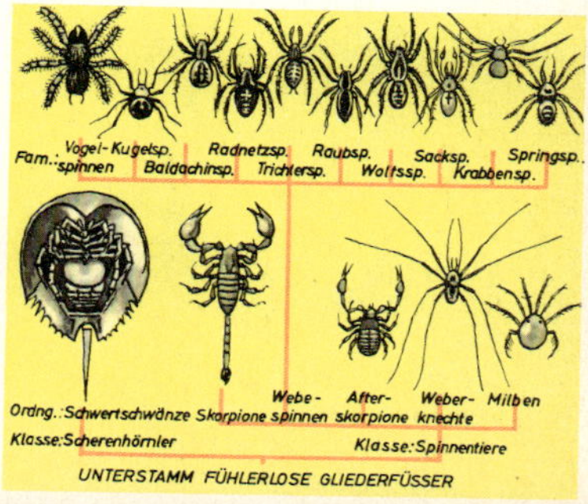

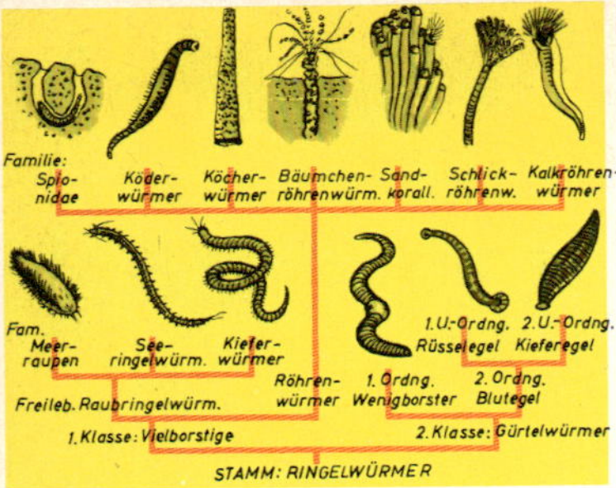

Der Stamm der **Ringelwürmer** umfaßt Tiere, die in hintereinanderliegende, ziemlich gleichartige Abschnitte gegliedert sind. In der Klasse der **Gürtelwürmer** sind in zwei Ordnungen etwa 2400 Arten vereinigt. Der bekannteste **Wenigborstler** ist der Regenwurm, der bekannteste **Kieferegel** der Medizinische Blutegel. Die etwa 4000 Arten **Vielborstler** sind fast ausschließlich Meeresbewohner; die meisten von ihnen leben als **Röhrenwürmer** in selbstgebauten Wohnungen. Von den zahlreichen Familien wurden alle angeführt, aus denen Arten beschrieben sind.

Der Unterstamm der **Krebstiere** umfaßt kiemenatmende Gliederfüßler mit einem festen Außenskelett aus Chitin, dem häufig Kalk eingelagert ist. Als Kiemenatmer bewohnen die Krebse vorwiegend das Wasser; nur manche Asseln leben auf dem Lande, hier aber in der Regel in feuchter Luft. Einige wasserbewohnende Krebse halten sich zeitweilig auf dem Lande auf, wie z. B. die Strandkrabben bei Ebbe. Sie nehmen dann einen Wasservorrat in

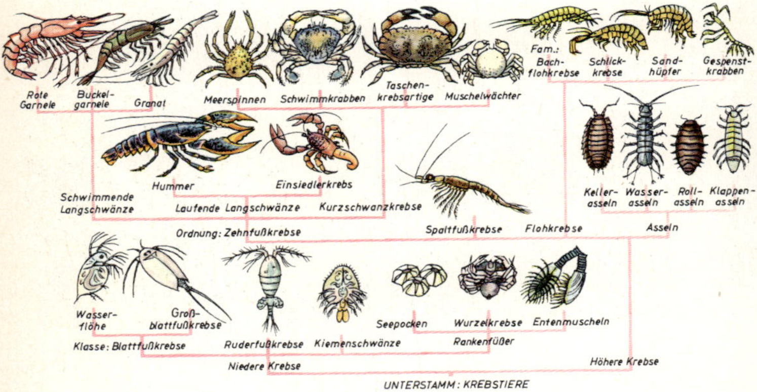

ihrer Kiemenhöhle mit. Aus den beiden Klassen der **Blattfuß-** und der **Ruderfußkrebse** mit durchweg mikroskopisch kleinen Vertretern wurden nur einige makroskopisch bestimmbare Arten beschrieben. **Rankenfüßler** und **Höhere Krebse** sind fast alle Meeresbewohner, insbesondere die **Zehnfußkrebse,** die wichtigste Ordnung der Höheren Krebse. Nur wenige Arten haben sich an das Süßwasser angepaßt; einige kommen sowohl im Meere als auch in Binnengewässern vor, wie z. B. die Wollhandkrabbe. Insgesamt gibt es 28 000 Arten Krebstiere.

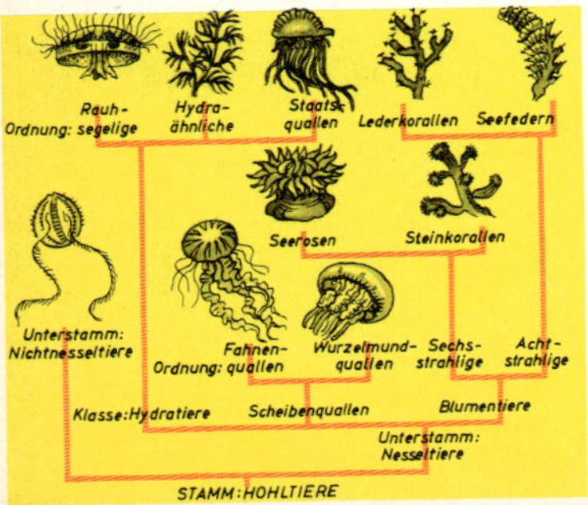

Hohltiere sind vorwiegend im Meere lebende, radialsymmetrisch gebaute Tiere. Zum Unterstamm der **Nichtnesseltiere** gehören nur die Rippenquallen, zu den **Nesseltieren** die **Hydratiere** mit rund 2700, die Scheibenquallen mit 200 und die **Blumen-** oder **Korallentiere** mit 6000 Arten. Hydratiere sind stockbildende Polypen mit **Generationswechsel,** ebenso die Scheibenquallen, deren Quallengeneration meist große Formen aufweist. Blumentiere haben keinen Generationswechsel.

Wald

Man unterscheidet den Naturwald oder Urwald vom künstlichen Wald oder Kulturwald. **Naturwälder** entstehen ohne Zutun des Menschen und sind **Mischwälder,** d. h., sie bestehen aus verschiedenen Baumarten, meist aus vielen Laub- und Nadelbäumen und aus Sträuchern. Heute gibt es Naturwälder nur noch in Naturschutzgebieten und an wenigen unzugänglichen Stellen des Hochgebirges. Nach der Zusammensetzung der **Kulturwälder** unterscheidet man außer **Mischwäldern** reine **Laub-** und **Nadelwälder.** Diese können sich aus verschiedenen Laub- bzw. Nadelbäumen aufbauen, oder aber reine Buchen-, Eichen-, Kiefern-, Fichtenwälder usw. sein. Im Bergland liegende Wälder nennt man **Bergwälder,** im Hochgebirge liegende **Gebirgswälder.** Baumbestände auf feuchten oder sumpfigen Böden bilden **Au-, Sumpf-** oder **Bruchwälder.**

Besonders im **Mischwald** finden Pflanzen und Tiere Nahrungs- und Lebensraum. Meist baut sich der Mischwald aus vier Stockwerken auf. In der **Boden-** oder **Moosschicht** wachsen Moose, Flechten und Pilze. Die **Krautschicht** birgt vor allem die Frühblüher, die schon vor dem Laubausbruch blühen und oft auch fruchten. In der **Strauchschicht** wachsen viele Beerensträucher, in der **Baumschicht** die hohen Waldbäume. In allen Stockwerken sind zahlreiche **Tiere** zu Hause, neben Säugern und vielen Vögeln ein Heer von Insekten, vor allem die Blattfresser.

Die **Wald-Kiefer, Gemeine Kiefer** oder **Föhre** (a *Pínus silvéstris*; bis 45 m; 5—6; Nadeln zu 2, 3—8 cm lang, derb, gedreht, 3—6 Jahre bleibend, Krone im Alter schirmförmig; ♃) und die **Schwarz-Kiefer** (b *Pinus nígra*; bis 40 m; 5—6; Nadeln zu 2, 8—15 cm lang, sehr derb, kaum gedreht, ganz dunkelgrün, 4—6 Jahre bleibend, ♂ Blüten ansehnlicher, aber nicht so zahlreich; ♃) sind **Nadelbäume** des Waldes, die Wald-Kiefer vor allem auf den dürftigen Böden in den Ebenen Mitteleuropas sowie im Gebirge bis 2000 m, die wärmeliebende, aber frostharte Schwarz-Kiefer wild nur am Alpenostrand.

Von den **Nadelbäumen** der Tabelle sind die Europäische Lärche, die Zirbel-Kiefer oder Arve und die Bergföhre Hochgebirgsbäume, die bis 2400 bzw. 2700 m ansteigen. Die aus Japan eingeführte und oft angebaute Japan-Lärche verlangt geschützte Plätze. Eiben gedeihen auch in der Ebene gut, nordwärts bis zum Harz, im Gebirge bis 1200 m hoch. Die Weymouths-Kiefer oder Strobe stammt aus Nordamerika und wird bei uns häufig angebaut.

	Europäische Lärche	Japan-Lärche	Zirbel-Kiefer	Weymouths-Kiefer	Bergföhre (Berg-Kiefer)	Eibe
wissenschaftl. Name	*Lárix decídua*	*Lárix leptólepis*	*Pínus cémbra*	*Pínus stróbus*	*Pinus montána*	*Táxus baccáta*
Größe; Blütez.	bis 50 m; 3—5	bis 50 m; 3—5	bis 22 m; 6—7	bis 50 m; 5	bis 25 m; 6	10—15 m; 3—5
Besondere Kennzeichen	Nadeln hellgrün, weich, dünn, an Langtrieben einzeln, an Kurztrieben in Büscheln; ♃	Nadeln kräftig, unterseits blau-grün, Fruchtschuppen zurückgerollt; ♃	Nadeln zu 5 an Kurztrieben, steif, lebhaft grün, Samen flügellos; ♃; **geschützt**	Nadeln zu 5, weich, dünn, gerade, 3kantig, bis 14 cm lang; ♃	oft niederliegend mit knieförmig aufsteigenden Ästen, ♂ Blüten groß; ♃	Nadeln einzeln, weich und flach, Früchte sind fleischige, rote Scheinbeeren; ♃; **giftig; geschützt**

Die **Fichte** oder **Rottanne** (a *Pícea ábies*; bis 40 m; 4—5; Nadeln vierkantig, stachelspitzig, auf stark vorspringenden Blattkissen, Zapfen hängend, als Ganzes abfallend; ♃) und die **Weißtanne** (b *Ábies álba*; bis 50 m; 5—6; Nadeln flach, auf nicht erhabenen Blattnarben, Zapfen aufrecht, Schuppen fallen einzeln ab; ♃) sind Nadelbäume des Gebirges. Die **Douglas-Tanne** (c *Pseudotsúga taxifólia*; bis 40 m; 4—5; Nadeln riechen nach Orangen, Deckschuppen groß; dreispitzig; ♃) stammt aus Nordamerika.

Die **Gemeine Waldrebe** (a *Clématis vitálba*; bis 12 m; 6—8; Blatt unpaarig gefiedert, kletternd, Kelch weißfilzig, Früchte federig langgeschwänzt: ♃) ist ein in feuchten Gebüschen recht häufiges **Hahnenfußgewächs;** die **Stachelbeere** (b *Ribes uva-crispa*; bis 1 m; 3; (meist) 3teilige Stacheln, 3- bis 5lappige Blätter, hängende Glockenblüten zu 1—3; ♃) und die **Rote Johannisbeere** (c *Ribes spicátum*; 1—2 m; 4—5; Blüten in lockeren, hängenden Trauben; Beeren rot, säuerlich; ♃) sind zerstreut vorkommende **Steinbrechgewächse,** die Rote Johannisbeere wild wahrscheinlich nur in Nord- und Nordwestdeutschland.

Von den **Rosengewächsen** der Tabelle kommt die Eberesche oder Vogelbeere häufig vor. Der Speierling und die Zwergmispel-Eberesche, Zwergmehlbeere oder Zwergmispel wachsen zerstreut in mittel- und süddeutschen Wäldern, letztere nur im Gebirge. Mehl- und Elsbeeren lieben Kalkböden und sonnige Lagen, besonders in Gebirgsgegenden. Mougeot's Ebereschen gibt es in den Vogesen und in Österreich.

	Mehlbeere	Elsbeere	Zwergmispel-Eberesche	Eberesche (Vogelbeere)	Speierling	Mougeot's Eberesche
wissenschaftl. Name	*Sórbus ária*	*Sórbus torminális*	*Sórbus chamaeméspilus*	*Sórbus aucupária*	*Sórbus doméstica*	*Sórbus mougeótii*
Größe; Blütez.	6—12 m; 5—6	12—20 m; 5—6	0,5—1 m; 6—7	10—17 m; 5—6	bis 20 m; 5	bis 20 m; 5—6
Besondere Kennzeichen	Blätter derb, ungeteilt, Frucht rot, mehlig, nach Frost genießbar; ♃	Blätter tiefgelappt, Frucht braungelb, überreif teigig, dann genießbar; ♃	Trugdolde, Kelchzipfel innen filzig, Früchte länglich, rot, eßbar; ♃	Blatt unpaarig gefiedert, Blüte meist 3griffelig, Früchte korallenrot, bitter; ♃	ähnlich Eberesche, aber Blüte 5griffelig, Frucht birnförmig, reif genießbar; ♃	Blatt eiförmig, jederseits mit 8—10 Seitennerven, Frucht rundlich, rot; ♃

Die **Schwarze Johannisbeere** (a *Ribes nigrum*; 1,3—1,7 m; 4—5; Blatt 3- bis 5lappig, Beeren schwarz, riechen unangenehm nach Wanzen; ♃), die **Alpen-Johannisbeere** (b *Ribes alpinum*; 1 bis 2,5 m; 4—5; meist zweihäusig, Blüten grünlichgelb, in aufrechten Trauben, Beeren rot, fade schmeckend; ♃) und die **Felsen-Johannisbeere** (c *Ribes petraeum*; 0,5—2 m; 4—6; Blüten rötlich, glockig, in Trauben, Beeren rot, säuerlich schmeckend; ♃) sind **Steinbrechgewächse,** die zerstreut in Wäldern und Gebirgen wachsen.

Die **Schwarze Zwergmispel** (a *Cotoneáster melanocárpa*; bis 2 m; 5; Blätter eiförmig, ganzrandig, unterseits behaart, Scheinfrüchte blauschwarz, kugelig; ♃) ist ein seltenes **Rosengewächs** in lichten Wäldern an der unteren Weichsel. Der **Gemeine Weißdorn** (b *Cratǽgus oxyacántha*; 1,5—5 m; 5—6; Blätter eiförmig, nur wenig eingeschnitten, in jeder Blüte zwei Griffel; ♃) und der **Eingriffelige Weißdorn** (c *Cratǽgus monogýna*; bis 10 m; 5—6; Blätter tief eingeschnitten, 3- bis 7lappig, in jeder Blüte nur ein Griffel; ♃) sind **Rosengewächse** in sonnigen Lagen, besonders im Gebirge.

Von den **Rosengewächsen** der Tabelle kommen die Him- und Brombeere in lichten Wäldern und Gebüschen weit verbreitet vor. Die Wildbirne oder Holzbirne und der Holzapfel sind die Stammarten aller Kulturbirnen und Kulturäpfel. Sie wachsen zerstreut in lichten Wäldern. Mispeln trifft man zerstreut in ganz Südeuropa (Heimat u. a. im Kaukasus), Stein- oder Bocksbeeren vorwiegend in Nordeuropa; letztere lieben Gebüsch auf Kalkboden.

	Wildbirne	Holzapfel	Gemeine Mispel	Himbeere	Brombeere	Steinbeere
wissenschaftl. Name	*Pýrus commúnis*	*Málus commúnis*	*Méspilus germánica*	*Rúbus idǽus*	*Rúbus fruticósus*	*Rúbus saxátilis*
Größe; Blütez.	bis 20 m; 4—6	bis 7 m; 5—6	bis 6 m; 5—6	0,7—1,3 m; 5—6	bis 3 m; 6—8	15—40 cm; 5—6
Besondere Kennzeichen	Blumenblätter weiß, Staubbeutel rot; ♃	Blumenblätter rot überlaufen, Staubbeutel gelb; ♃	Blüten groß, 5griffelig, Frucht apfelförmig; ♃	Frucht rot, Kronblätter schmal, keilförmig; ♃	Frucht schwarz, Kronblätter eirund; ♃	Blütenstand doldig oder doldenrispig, Sammelfrucht mit wenigen Steinfrüchten; ♃

Die **Kratzbeere** (a *Rúbus cǽsius*; bis 3 m; 5—6; Blätter 3zählig, Spitze der Blumenblätter ausgerandet, Früchtchen bereift; ♃), die **Hunds-** oder **Hecken-Rose** (b *Rósa canína*; 3 m; 5—7; Blätter 5- bis 7zählig gefiedert, Blüten ansehnlich, Früchte oder Hagebutten scharlachrot; ♃) und der **Schwarz-** oder **Schlehdorn** (c *Prúnus spinósa*; 3 m; 4—5; Zweige stark dornig, Blüten weiß, Steinfrüchte oder „Schlehen" schwarzblau, herb; ♃) sind in lichten Wäldern und Gebüschen häufige **Rosengewächse.**

Die **Süß-** oder **Vogelkirsche** (a *Prúnus ávium*; 20 cm; 4—5; Blüten groß, weiß, in Büscheln zu 2—4, reife Früchte schwarz, bittersüß; ♃) und die **Gemeine Traubenkirsche** (b *Prúnus pádus*; bis 15 m; 5—6; Blüten in langen, überhängenden Trauben, Früchte glänzend schwarz, bittersüß; ♃) sind in Au- und Mischwäldern verbreitet. Die **Zwergkirsche** (c *Prúnus fruticósa*; 0,5 bis 2 m; 4—5; Blüten reinweiß, zu 1—3 in Dolden, Früchte rot, sauer; ♃) ist selten und kommt nur an der unteren Weichsel, in Thüringen und am Oberrhein vor. Kirschen gehören zu den **Rosengewächsen.**

Sauer- und Weichselkirschen sind **Rosengewächse.** Die Sauerkirsche ist in der Ebene und im Gebirge weit verbreitet, die Weichsel- oder Felsenkirsche wächst nur an sonnigen Hängen am Rhein und im Donautal. Goldregen kommt wild nur in den Südalpen, der Blasenstrauch nur am Oberrhein vor. Beide sind **Schmetterlingsblütler.** Den Gemeinen Buchsbaum trifft man nur im Moselgebiet und in Baden, die Stechpalme wild nur in West- und Nordwestdeutschland. Sie bilden je eine eigene Familie.

	Sauerkirsche	Weichselkirsche	Goldregen	Blasenstrauch	Gemeiner Buchsbaum	Stechpalme
wissenschaftl. Name	*Prúnus cérasus*	*Prúnus máhaleb*	*Labúrnum anagyroides*	*Colútea arboréscens*	*Búxus sempervirens*	*Ilex aquifólium*
Größe; Blütez.	bis 10 m; 4—5	1—7 m; 4—5	bis 7 m; 4—6	1—3 m; 5—6	2—8 m; 4—5	bis 10 m; 5—6
Besondere Kennzeichen	ähnlich der Vogelkirsche, aber zierlicher, Früchte rot, selten schwarz, sauer; ♃	Blüten zu 4—5 in Doldentrauben, reife Früchte schwarz, herb; ♃	Blatt 3zählig, goldgelbe Schmetterlingsblüte; ♃; **giftig**	Blatt 7- bis 13zählig gefiedert, Fruchtkapsel blasig; ♃	einhäusig, Blatt klein, derb, Frucht eine braune Kapsel; ♃	Blatt dornig gezähnt, Steinfrucht korallenrot, ungenießbar; ♃; **geschützt**

Die **Sommer-Linde** (a *Tilia platyphýllos*; bis 30 m; 6; Blätter schief herzförmig, unterseits in den Aderwinkeln weißbärtig, Früchte mit 4—5 starken Längsleisten; ♃) und die **Winter-Linde** (b *Tilia cordáta*; bis 25 m; 6—7; Blätter kleiner, Haarbärte braun, Früchte undeutlich kantig; ♃) sind **Lindengewächse,** die verbreitet oder zerstreut in Wäldern wachsen. Der **Efeu** (c *Hédera hélix*; Liane; 9—10; immergrün, Blüten in Dolden, Beeren blauschwarz; ♃) ist ein **Efeugewächs,** das mit Haftwurzeln klettert.

Das **Pfaffenhütchen** (a *Evónymus europaéus*; bis 6 m; 5—6; Äste vierkantig, Kapselfrüchte karminrot; ♃) und der **Warzen-Spindelbaum** (b *Evónymus verrucósus*; bis 2 m; 5—6; Äste stielrund; mit schwarzen Korkwarzen; ♃) sind **Spindelbaumgewächse** in Wäldern und Gebüschen, letzterer nur östlich der Elbe. Die **Pimpernuß** (c *Staphyléa pinnáta*; bis 5 m; 5—6; Blütentrauben gegliedert, Fruchtkapsel grün, blasig; ♃) ist ein **Pimpernußgewächs** und wächst wild nur in Schlesien, in Bayern und in Württemberg.

Von den fünf deutschen **Ahornarten** bewohnt der Berg-Ahorn verbreitet Bergwälder in den Mittelgebirgen und in den Alpen. Der Spitz-Ahorn und der Französische oder Felsen-Ahorn wachsen sehr vereinzelt, letzterer wild nur am Rhein und in Württemberg. Feld-Ahorne hingegen sind weit verbreitet. Den Schneeballblättrigen Ahorn trifft man in lichten Laubwäldern der südlichen Alpen und des Schweizer Jura. Der Eschen-Ahorn ist ein Zierbaum aus Nordamerika.

	Berg-Ahorn	Spitz-Ahorn	Feld-Ahorn	Französischer Ahorn	Schneeball-blättriger Ahorn	Eschen-Ahorn
wissenschaftl. Name	*Ácer pseudoplátanus*	*Ácer platanoides*	*Ácer campéstre*	*Ácer monspessulánum*	*Ácer ópalus*	*Ácer negúndo*
Größe; Blütez.	bis 30 m; 5—6	bis 25 m; 4	bis 20 m; 5	bis 10 m; 4	bis 12 m; 4	15—20 m; 4
Besondere Kennzeichen	Blätter 5lappig, gesägt, Fruchtflügel fast parallel; ♃	Blätter 5lappig, scharf angespitzt, Fruchtflügel fast waagerecht abstehend; ♃	Blätter 5lappig, stumpf, Fruchtflügel waagerecht abstehend; ♃	Blätter 3- bis 5lappig, ganzrandig, Fruchtflügel parallel; ♃	Blätter am Grunde herzförmig, Fruchtflügel etwa im rechten Winkel zueinander; ♃	Pflanze zweihäusig, Blätter gefiedert, Fruchtflügel spitzwinklig abstehend; ♃

Der **Faulbaum** oder das **Pulverholz** (a *Rhámnus frángula*; bis 7 m; 5—6; Blüten 5zählig, reife Beeren schwarz, ungenießbar; ♃) und der **Purgier-Kreuzdorn** (b *Rhámnus cathártica*; 1—3 m; als Baum bis 8 m; 5—6; unvollständig zweihäusig, Blüten mit vierteiligem Griffel und zurückgesetztem Kelch, Blatt fein gesägt; ♃) sind **Kreuzdorngewächse**, der **Rote Hartriegel** (c *Córnus sanguínea*; 1—3,5 m; 5—7; Zweige rot, Früchte schwarz, auf roten Stielen; ♃) ist ein **Hartriegelgewächs** in Wäldern.

Die **Wildrebe** (a *Vítis vinifera silvéstris*; 1 m; 6—7; Blütenstand traubig rispig, Blüten zweihäusig, Beeren länglich, 5—7 mm lang; ♃) ist ein **Weinrebengewächs** in Auwäldern des Oberrheins, die **Kornelkirsche** (b *Córnus más*; 1—6 m; 2—4; blüht gelb, vor dem Laubausbruch; ♃) ist ein **Hartriegelgewächs,** das selten auf Kalkbergen wächst, und die **Warzen-Birke** (c *Bétula péndula*; 6—20 m; 4—5; einhäusig, ♀ Kätzchen aufrecht, ♂ Kätzchen hängend, Blatt dreieckig; ♃; **gewerblich geschützt)** ist ein verbreitetes **Haselnußgewächs.**

Der Haselstrauch, die Hainbuche und die Erlen der Tabelle sind verbreitete einhäusige Kätzchenträger aus der Familie der **Haselnußgewächse.** Haselnüsse sind in lichten Wäldern und Gebüschen verbreitet, Erlen bevorzugen bis auf die kalkliebende Grauerle feucht-schattige Standorte. Hainbuchen kommen oft zusammen mit den Buchen **(Buchengewächse)** vor. Beide gedeihen am besten in der Ebene und im Hügellande, die Buchen auch in den Mittelgebirgen.

	Haselstrauch	**Hainbuche**	**Schwarz-Erle**	**Grau-Erle**	**Grün-Erle**	**Rotbuche**
wissenschaftl. Name	*Córylus avellána*	*Carpínus bétulus*	*Álnus glutinósa*	*Álnus incána*	*Álnus víridis*	*Fágus silvática*
Größe; Blütez.	1,5—5 m; 2—4	bis 20 m; 5—6	bis 33 m; 3—4	bis 15 m; 2—3	bis 3 m; 4—7	bis 45 m; 5
Besondere Kennzeichen	Blätter rundlich, am Grunde herzförmig, ♀ Kätzchen laubknospenähnlich; ♃	Blätter doppelt gesägt, Flügelfrüchte; ♃	Knospen gestielt, klebrig, Blatt rundlich, an der Spitze abgestutzt od. ausgerandet; ♃	Blatt eiförmig, Stiele der Kätzchen dicht flaumhaarig; ♃	♂ Kätzchen ungestielt, ♀ Kätzchen langgestielt; ♃	Blätter ganzrandig, jung gewimpert, Früchte dreikantig, „Bucheckern": ♃

Die **Stiel-** oder **Sommer-Eiche** (a *Quércus róbur*; bis 35 m; 4—6; einhäusig, Blätter kurz gestielt mit herzförmig-zweilappigem Grund, Frucht lang gestielt; ♃) und die **Stein-** oder **Winter-Eiche** (b *Quércus petraéa*; bis 40 m; 4—6; Blätter langgestielt mit keilförmigem Grund, Früchte fast ungestielt, bis zu 7 traubig gehäuft; ♃) wachsen verbreitet in Wäldern; die **Flaum-Eiche** (c *Quércus pubéscens*; 3—20 m; 4—5; Blätter langgestielt, junge Blätter und Zweige flaumig behaart; ♃) kommt selten vor.

Die **Sal-Weide** (a *Sálix cáprea*; 2—10 m; 3—4; Kätzchen vor dem Aufblühen dichtzottig, später ♂ Kätzchen dick, goldgelb, ♀ Kätzchen grünlich, Nebenblätter schief nierenförmig; ♃), die **Silber-Weide** (b *Sálix álba*; bis 30 m; 4—5; junge Zweige dottergelb, behaart, Blätter lanzettlich, unterseits silbrig-seidenhaarig, ♀ Blüten mit 1 Drüse; ♃) und die **Bruch-Weide** (c *Sálix frágilis*; bis 12 m; 4—5; Staubblätter 2, ♀ Blüten mit 2 Drüsen, Zweige brechen mit einem knackenden Geräusch ab; ♃) sind häufige **Weidengewächse** in Wäldern, Gebüschen und an Ufern. Weiden sind **gewerblich geschützt.**

Die Pappeln der Tabelle sind zweihäusige Kätzchenträger aus der Familie der **Weidengewächse.** Sie bevorzugen Auwälder, die Silber-Pappel vorwiegend in Süddeutschland. Ulmen oder Rüstern sind **Ulmengewächse.** Sie kommen in der Ebene am besten voran. Die Feld- und die Berg-Ulme sind weit verbreitet. Besonders anspruchslos ist die zerstreut vorkommende Flatter-Ulme, die selbst auf Moor- und Sandböden gut wächst. Pappeln sind **gewerblich geschützt.**

	Zitter-Pappel (Aspe)	Schwarz-Pappel	Silber-Pappel	Feld-Ulme (Feld-Rüster)	Berg-Ulme (Berg-Rüster)	Flatter-Ulme
wissenschaftl. Name	*Pópulus trémula*	*Pópulus nigra*	*Pópulus álba*	*Úlmus carpinifólia*	*Úlmus scábra*	*Úlmus laévis*
Größe; Blütez.	10—15 m; 3—4	bis 25 m; 3—4	bis 30 m; 3—4	bis 40 m; 3—4	10—30 m; 3—4	bis 35 m; 3—4
Besondere Kennzeichen	zweihäusig, Blätter kreisrund, ausgeschweift, Blattstiele lang, plattgedrückt; ♃	zweihäusig, Blätter rautenförmig, Staubbeutel purpurrot; ♃	zweihäusig, Blätter sehr variabel, unterseits weißfilzig; ♃	Blattgrund ungleich, Früchte fast ungestielt, Nüßchen excentrisch; ♃	Blattgrund oft fast symmetrisch, Früchte kurz gestielt, Nüßchen meist zentrisch; ♃	Blattgrund sehr ungleich, Früchte lang gestielt, Flügelrand bewimpert; ♃

Die **Gewöhnliche Esche** (a *Fráxinus excélsior*; 40 m; 4—5; Blätter mit 9—15 Fiedern, Blüten nackt, entweder ⚥ oder ♂; ♃), die **Blumen-Esche** (b *Fráxinus órnus*; bis 8 m; 5—6; Blätter mit 5—11, meist 7 Fiedern, Blumenblätter vorhanden, schmal, weiß; ♃) und der **Liguster** (c *Ligústrum vulgáre*; bis 4 m; 4—5; Blätter kreuzweise gegenständig oder in Quirlen zu 3, Blüten in Rispen; ♃) sind **Ölbaumgewächse,** die bis auf die Blumen-Esche (wild nur in Kärnten) in Wäldern und Gebüschen verbreitet sind.

Die **Wald-Heckenkirsche** (a *Lonicera periclýmenum*; bis 5 m; 5—6; Schlingpflanze mit elliptischen Blättern und zweilippigen, gelben Blüten; ♃), die **Wohlriechende Heckenkirsche** (b *Lonícera caprifólium*; bis 5 m; 5—6; obere Blätter am Grunde verwachsen) und die **Blaue Heckenkirsche** (c *Lonícera coerúlea*; 0,5—2 m; Blüten paarig, gelblich-weiß, Früchte schwarz; ♃; nur in Süddeutschland zerstreut) sind **Geißblattgewächse** an Waldrändern und in Gebüschen.

Die Pflanzen der Tabelle gehören zu den **Geißblattgewächsen.** Das Erdglöckchen bewohnt Wälder in Norddeutschland, im Harz, in den Sudeten und in den Alpen, der Trauben- oder Rote Holunder kommt in Bergwäldern häufig, in der Ebene selten vor, der Attich oder das Zwergblatt wächst zerstreut fast in ganz Europa (Alpen bis 1300 m hoch). Die übrigen Pflanzen sind häufig und verbreitet. Die Tataren-Heckenkirsche wird als Zierstrauch gehalten und verwildert zuweilen.

	Erdglöckchen	Rote Heckenkirsche	Tataren-Heckenkirsche	Schwarzer Holunder	Trauben-Holunder	Attich
wissenschaftl. Name	*Linnáea boreális*	*Lonícera xylósteum*	*Lonícera tatárica*	*Sambúcus nigra*	*Sambúcus racemósa*	*Sambúcus ébulus*
Größe; Blütez.	bis 20 cm; 5—6	bis 3 m; 4—5	1,5—3 m; 5—6	bis 10 m; 6—7	bis 4 m; 4—5	0,5—2 m; 6—8
Besondere Kennzeichen	Blüten zu 1—4, Stengel fadenförmig, kriechend, drüsig behaart; ♃	gelblich-weiße Blütenzwillinge, rote Doppelbeeren; ♃	Blütenstiel etwa so lang wie die roten oder weißen Blüten, Doppelbeeren rot, mit „Krone"; ♃	Fiederblätter 3- bis 7zählig, Trugdolde, Beeren tiefschwarz; ♃	Blüten gelblich, in Rispen, Beeren rot; ♃	Blüten rötlich, trugdoldig, Beeren schwarz; ♃

Der **Gemeine Schneeball** (a *Vibúrnum ópulus*; bis 5 m; 5—6; Blätter 3- oder 5lappig, randständige Blüten groß, Beeren rot; ♃) ist in Wäldern und Gebüschen weit verbreitet, der **Wollige Schneeball** (b *Vibúrnum lantána*; 2—4 m; 5—6; Blätter einfach, unterseits graufilzig, Blüten gleich groß, Beeren schwarz; ♃) bewohnt Bergwälder, besonders auf Kalk. Die **Schneebeere** (c *Symphoricárpos álbus*; bis 150 cm; 6—8; Blätter einfach, Beeren weiß; ♃) ist ein Zierstrauch, der stellenweise verwildert ist.

Die **Mistel** (a *Víscum álbum*; bis 50 cm; 4—5; Blätter paarig, lederartig, Blüten eingeschlechtlich zweihäusig, Scheinbeeren weiß, erbsengroß; ♃) schmarotzt zerstreut auf Laubbäumen, Tannen und Kiefern; die **Riemenblume** (b *Lorănthus europǽus*; 30—120 cm; 3—4; Blätter eiförmig länglich, Pflanze zweihäusig, Blüten und Früchte in endständigen Trauben, Scheinbeeren gelb; ♃) findet man selten auf Eichen und Edelkastanien in Sachsen, Böhmen und Mähren. Beide gehören zu den **Mistelgewächsen,** die mit Hilfe von Saugwurzeln auf Holzpflanzen schmarotzen.

Von den **Hahnenfußgewächsen** der Tabelle kommt der Gold-Hahnenfuß in lichten Wäldern und auf Waldwiesen häufig vor; das Christophkraut fehlt im Norden; die Gemeine Akelei und der Wollige Hahnenfuß wachsen zerstreut in der Ebene und im Gebirge (Akelei bis 2000 m hoch); die Aufrechte oder Steife Waldrebe findet man selten und nur in Süddeutschland und an der mittleren Elbe, und das Wanzenkraut gedeiht nur östlich der Elbe.

	Christophkraut	Wanzenkraut	Gemeine Akelei	Aufrechte Waldrebe	Wolliger Hahnenfuß	Gold-Hahnenfuß
wissenschaftl. Name	*Actǽa spicáta*	*Cimicifúga fóetida*	*Aquilégia vulgáris*	*Clématis récta*	*Ranúnculus lanuginósus*	*Ranúnculus auricomus*
Größe; Blütez.	20—60 cm; 5—6	40—150 cm; 7—8	30—90 cm; 6—7	50—125 cm; 6—7	25—80 cm; 5—6	7—40 cm; 4—6
Besondere Kennzeichen	Pflanze riecht unangenehm, Frucht eine schwarze Beere; ♃	Pflanze stinkend, Fruchtknoten behaart, meist 4 Balgfrüchte; ♃	Sporn verläuft bogig in das hakige Ende; ♃; **vollkommen geschützt**	Pflanze nicht kletternd, Blüten in Rispen, Früchte federig geschwänzt; ♃	Pflanze rauhhaarig, Grundblätter 5lappig, unregelmäßig gesägt; ♃	Grundblätter nierenförmig, 3- bis 5spaltig, langgestielt, Stengelblätter sitzend, zerteilt; ♃

Das **Busch-Windröschen** (a *Anemóne nemorósa*; 5—30 cm; 3—4; drei handförmig geteilte Hochblätter, zuweilen ein langgestieltes Laubblatt, Blüten weiß; ♃), das **Gelbe Windröschen** (b *Anemóne ranunculoídes*; 3—30 cm; 3—4; 1- bis 3blütig, Blüten gelb, Blüten- und Blattstiele behaart; ♃) und das **Leberblümchen** (c *Anemóne hepática*; 10—15 cm; 3—4; Blätter 3lappig, Blüten blau, Blüten- und Blattstiele behaart; ♃; **gewerblich geschützt**) sind Waldanemonen aus der Familie der **Hahnenfußgewächse.**

Die **Große Fetthenne** (a *Sédum máximum*; 20 bis 80 cm; 8; Blätter flach und breit, dickfleischig [sukkulent], Blumenblätter gelbgrün; ♃) und die **Rote Fetthenne** (b *Sédum purpúreum*; 25—120 cm; 7; obere Blätter mit abgerundetem Grunde sitzend, Blumenblätter rosa bis dunkelrot; ♃) sind **Dickblattgewächse,** die in Wäldern und auf Anhöhen wachsen, letztere auch auf unbebauten Plätzen. Die **Haselwurz** (c *Ásarum europaéum*; 20 cm; 4—5; zwei nierenförmige Blätter, Blüten braunrot, kurz gestielt; ♃; **giftig**) ist ein stellenweise häufiges **Osterluzeigewächs,** fehlt aber in Nordwestdeutschland.

Alle auf der Seitenmitte abgebildeten Pflanzen sind **Rosengewächse.** Die Wald-Erdbeere ist häufig, die übrigen kommen zerstreut in lichten Wäldern, in Gebüschen und an Waldrändern vor, das Dunkle Fingerkraut und das Felsen-Fingerkraut auch auf trockenen Magerwiesen und in Felsspalten. Das Felsen-Fingerkraut fehlt in Norddeutschland, der Wohlriechende Odermennig in Südwestdeutschland.

	Dunkles Fingerkraut	Felsen-Fingerkraut	Erdbeer-Fingerkraut	Wald-Erdbeere	Zimt-Erdbeere	Wohlriechender Odermennig
wissenschaftl. Name	*Potentilla heptaphýlla*	*Potentilla rupéstris*	*Potentilla stérilis*	*Fragária vésca*	*Fragária moschάta*	*Agrimónia odoráta*
Größe; Blütez.	20 cm; 5—6	15—70 cm; 3—5	15 cm; 3—5	4—25 cm; 5—6	15—30 cm; 5—6	40—180 cm; 6—8
Besondere Kennzeichen	Blättchen am Grunde stielartig verschmälert, Blüten gelb, 1 cm Durchmesser; ♃	untere Blätter gefiedert, Blumenblätter weiß, rundlich; ♃	Blättchen jederseits mit 4—6 Zähnen, Blütenstiele meist 2blütig; ♃	seitliche Blättchen sitzend, Blumenblätter weiß, zuweilen rosa; ♃	Blättchen alle kurz gestielt, Pflanze meist zweihäusig; ♃	Blüten gelb, Fruchtbecher nur in der oberen Hälfte seicht gefurcht; ♃

Der **Knöllchen-Steinbrech** (a *Saxífraga granuláta*; 15—40 cm; 5—6; Stengel drüsig-klebrig, am Grunde mit zahlreichen Brutzwiebeln; ♃), das **Wechselblättrige Milzkraut** (b *Chrysosplénium alternifólium*; 2—20 cm; 4—5; Blätter herznierenförmig, gekerbt, wechselständig; ♃) und das **Gegenblättrige Milzkraut** (c *Chrysosplénium oppositifólium*; 5—20 cm; 5—6; Blätter rundlich, gekerbt, gegenständig; ♃) sind **Steinbrechgewächse** des Waldes. Die Milzkräuter wachsen an quelligen Orten.

Der **Lupinen-Klee** (a *Trifólium lupináster*; bis 30 cm; 6—7; Blätter meist 5zählig, Blüten rot oder gelblich-weiß; ♃) bewohnt trockene Wälder östlich der Oder; der **Purpur-Klee** (b *Trifólium rúbens*; 20—70 cm; 6—7; Blüten in 4—9 cm langen, walzlichen Köpfchen; ♃) lebt in Bergwäldern und der **Hügel-Klee** (c *Trifólium alpéstre*; 10—50 cm; 6—8; Blütenköpfchen rundlich, Nebenblätter allmählich lang zugespitzt; ♃) bevorzugt Gebirgswälder. Der **Halbstrauchige Backenklee** (d *Dorýcnium sericeum*; 30 bis 60 cm; 7—8; Blätter 5- bis 7zählig gefiedert, Blüten weiß; ♃) bewohnt Kiefernwälder.

Von den auf der Seitenmitte stehenden **Schmetterlingsblütlern** ist nur die Süße Bärenschote in Gebüschen, lichten Wäldern, auf Kahlschlägen und an Wegrändern häufig; alle andern wachsen zerstreut in lichten Wäldern und Gebüschen, die Wald-Wicke vorwiegend in schattigen Gebirgswäldern. Erbsen- und Hecken-Wicken fehlen in Nordwestdeutschland, Wald- und Feinblättrige Wicken in Norddeutschland mit Ausnahme von Schleswig-Holstein.

	Süße Bärenschote	Erbsen-Wicke	Hecken-Wicke	Wald-Wicke	Kassuben-Wicke	Feinblättrige Wicke
wissenschaftl. Name	*Astrágalus glycyphýllus*	*Vícia pisifórmis*	*Vícia dumetórum*	*Vícia silvática*	*Vícia cassúbica*	*Vícia tenuifólia*
Größe; Blütez.	40—100 cm; 5—8	1—2 m; 6—8	bis 1,5 m; 5—8	1—2 m; 6—8	30—60 cm; 6—7	50—60 cm; 6—7
Besondere Kennzeichen	Blätter 9- bis 13zählig, Blüten grünlich-gelb, in vielblütigen Trauben; ♃	Blüten gelblich-weiß, Traube einseitswendig, 10- bis 30-blütig; ♃	Blüten schmutzig-purpurn, Traube 4- bis 8blütig; ♃	Nebenblätter halbmondförmig, vielspaltig, Blüten weißlich-lila; ♃	Blütenstiele 1—2 mm lang, Blättchen 2—7 mm breit; ♃	Blüten hellblau, Traube einseitswendig, locker; ♃

Die **Wald-Platterbse** (a *Láthyrus silvéster*; 1—2 m; 7—8; Traube 1- bis 3blütig, Blätter einpaarig; ♃), die **Erbsenartige Platterbse** (b *Láthyrus pisifórmis*; 40—100 cm; 6—7; Nebenblätter sehr groß; ♃), die **Schwarzwerdende Platterbse** (c *Láthyrus níger*; 40—80 cm; 6—7; Blättchen oft mit Stachelspitze, Stengel meist ungeflügelt; ♃) und die **Berg-Platterbse** (d *Láthyrus montánus*; 15—40 cm; 4—6; Stengel mit schmalen Flügeln, Blüten blaurot, selten weiß; ♃) sind **Schmetterlingsblütler** in Wäldern und Gebüschen.

Das **Wald-Weidenröschen** (a *Epilóbium angustifólium*; 50—150 cm; 7—8; Blüten in langen Trauben, Blumenblätter genagelt; ♃; häufig auf Kahlschlägen, bis 2400 m hoch), das **Berg-Weidenröschen** (b *Epilóbium montánum*; 15 bis 100 cm; 7—9; Blätter unregelmäßig gezähnt, Blumenblätter 6—10 mm lang; ♃), das **Lanzettblättrige Weidenröschen** (c *Epilóbium lanceolátum*; 30—60 cm; 6—8; Blätter 3—7 mm lang gestielt; ♃) und das **Dunkelgrüne Weidenröschen** (d *Epilóbium obscúrum*; 60—100 cm; 6—9; Blätter sitzend, Narbe kopfig; ♃) sind **Nachtkerzengewächse** in Wäldern und Gebüschen.

Die auf der Seitenmitte abgebildeten Lerchenspornarten gehören zur Familie der **Mohngewächse** und wachsen zerstreut in Wäldern und Gebüschen. Der Rankende Lerchensporn kommt nur von Schleswig bis Westfalen vor; der Hohle Lerchensporn ist im Nordwesten, der Gefingerte Lerchensporn im Norden selten; der Blaßgelbe Lerchensporn ist aus Gärten verwildert und stellenweise eingebürgert.

	Rankender Lerchensporn	Mittlerer Lerchensporn	Hohler Lerchensporn	Gefingerter Lerchensporn	Zwerg-Lerchensporn	Blaßgelber Lerchensporn
wissenschaftl. Name	*Corýdalis claviculáta*	*Corýdalis fabácea*	*Corýdalis cáva*	*Corýdalis sólida*	*Corýdalis púmila*	*Corýdalis ochroléuca*
Größe; Blütez.	50—100 cm; 6—9	7—15 cm; 3—5	10—60 cm; 4—5	7—25 cm; 4—5	7—20 cm; 3—4	10—40 cm; 5—9
Besondere Kennzeichen	Blätter an der Spitze mit Ranken, Blüten klein, schmutzig-weiß; ⊙	Traube 1- bis 5blütig, Tragblätter eiförmig, ganzrandig, Stengel mit Niederblatt; ♃	Traube 10- bis 20blütig, alte Knollen hohl, Stengel am Grunde ohne Niederblatt; ♃	Traube vielblütig, Tragblättchen fingerförmig eingeschnitten; ♃	Traube 1- bis 5blütig, Tragblätter fingerförmig eingeschnitten; ♃	Blüten blaßgelb, Blattstiel geflügelt; ♃

Das **Große Hexenkraut** (a *Circáea lutetiána*; 30—70 cm; 7—8; Blätter eiförmig bis schwach herzförmig, 2 Blumenblätter, tief 2spaltig; ♃), das **Mittlere Hexenkraut** (b *Circáea intermédia*; 15—25 cm; 7—8; Blätter deutlich herzförmig, 2 Blumenblätter, so lang wie der Kelch; ♃) und das **Kleine Hexenkraut** (c *Circáea alpina*; 8 bis 25 cm; 6—7; Blätter herzförmig, ausgeschweift gezähnt, 2 Blumenblätter, kürzer als der Kelch; ♃; vorwiegend im Gebirge) sind **Nachtkerzengewächse**, besonders in Laubwäldern.

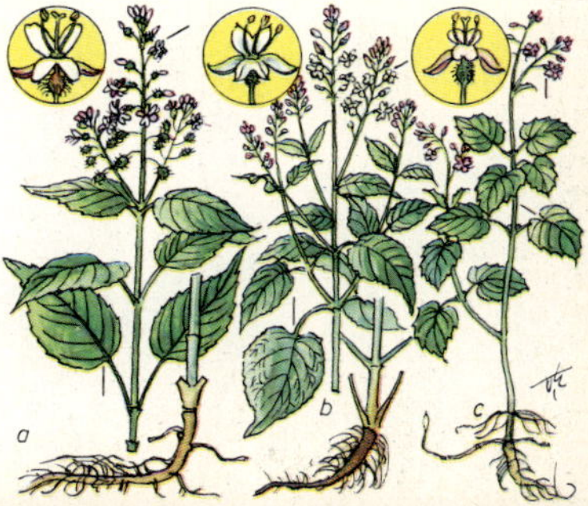

Die **Knoblauchsrauke** (a *Alliária officinális*; 12 bis 110 cm; 5—6; Blätter nieren- bis herzförmig, gezähnt, nach Knoblauch riechend; ⊙ bis ♃), die **Zwiebel-Zahnwurz** (b *Dentária bulbífera*; 25—60 cm; 5—6; Blüten blaßrot, Brutsprosse in den Blattachseln; ♃), die **Weiße Zahnwurz** (c *Dentária enneaphýllos*; 18—30 cm; 5—7; Blüten in ausgebreiteter Traube; ♃; Alpen und Mittelgebirge) und das **Spitze Silberblatt** (d *Lunária redivíva*; 50—100 cm; 5—6; Blüten lila, selten weiß, Schötchen an beiden Enden spitz; ♃) sind **Kreuzblütler** des Waldes, die bis auf a in Nordwestdeutschland fehlen.

Von den auf der Seitenmitte abgebildeten **Veilchengewächsen** kommt das Wald-Veilchen in Wäldern häufig und weit verbreitet vor. Das Wunder-Veilchen wächst in Bergwäldern; das März-, das Hohe und das Rivin's-Veilchen gedeihen in Gebüschen und an Waldrändern, das Hügel-Veilchen zerstreut auf Hügeln und in lichten Wäldern, fehlt aber in Nordwestdeutschland.

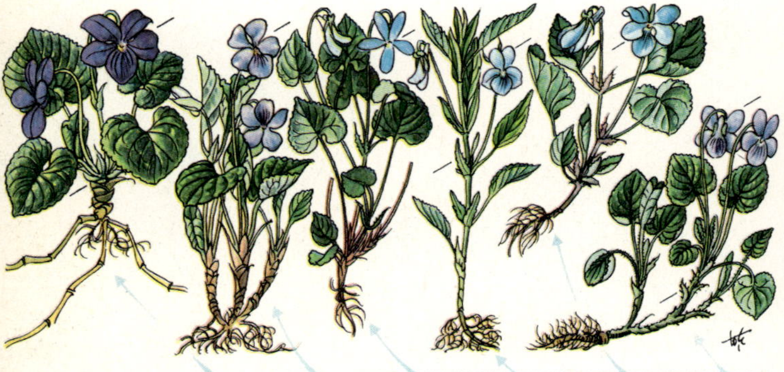

	März-Veilchen	Wunder-Veilchen	Wald-Veilchen	Hohes Veilchen	Rivin's Veilchen	Hügel-Veilchen
wissenschaftl. Name	*Viola odoráta*	*Viola mirábilis*	*Viola silvática*	*Viola erécta*	*Viola riviniána*	*Viola collína*
Größe; Blütez.	bis 20 cm; 3—4	15—25 cm; 4—5	8—25 cm; 4—5	20—40 cm; 5—6	3—30 cm; 4—5	bis 20 cm; 3—4
Besondere Kennzeichen	Laubblätter alle grundständig, Blüten dunkelviolett, wohlriechend; ♃	Stengel und Blattstiele mit einer Haarreihe, Blüten blaßlila, wohlriechend; ♃	Blumenblätter schmal länglich, sich nicht deckend; ♃	Blumenblätter hellblau, am Grunde mit weißem Fleck, Nebenblätter 2—3 cm lang; ♃	Sporn dick, gefurcht, Blumenblätter hellblau, sich deckend; ♃	Nebenblätter lang bewimpert, Blüten hellviolett, wohlriechend; ♃

Das **Spring-Schaumkraut** (a *Cardámine impátiens*; 15—60 cm; 5—7; Blattstiele mit pfeilförmigen Öhrchen; ⊙), das **Wald-Schaumkraut** (b *Cardámine flexuósa*; 10—50 cm; 4—6; Stengel hin- und hergebogen, Fruchtstiele aufrecht abstehend; ⊙ bis ♃), das **Klee-Schaumkraut** (c *Cardámine trifólia*; 20—30 cm; 4—6; Blätter 3zählig gefiedert; ♃; Alpen, Bayern) und das **Turmkraut** (d *Turrítis glábra*; 35—150 cm; 6—7; Blätter stengelumfassend, Schoten angedrückt, bis 7 cm lang; ⊙) sind **Kreuzblütler** schattiger Wälder.

Der **Hain-Sauerklee** (a *Óxalis acetosélla*; 5—15 cm; 4—5; Blüten weiß oder rosa, grundständig, Blätter 3zählig gefingert, alle grundständig; ♃), der **Gehörnte Sauerklee** (b *Óxalis corniculáta*; 5—30 cm; 6—8; Stengel niederliegend, Blüten gelb, Blattstiel mit zwei kleinen Nebenblättern; ⊙ bis ♃; aus Südeuropa eingebürgert) und der **Steife Sauerklee** (c *Óxalis stricta*; 7—60 cm; 6—8; Stengel aufrecht, Blüten gelb, Blattstiel ohne Nebenblätter; ⊙; aus Nordamerika eingebürgert) sind **Sauerkleegewächse** in Wäldern, bis auf den Hain-Sauerklee auch auf bebautem Boden.

Von den auf der Seitenmitte stehenden Pflanzen gehört der Diptam zu den **Rautengewächsen.** Er bewohnt Kalkfelsen und Bergwälder in Südeuropa (auch in Süddeutschland). Der Böhmische Storchschnabel (Oberlausitz und Böhmen), der Blutrote Storchschnabel (fehlt stellenweise), der Wald-Storchschnabel (sehr zerstreut) und das Ruprechtskraut oder der Stinkende Storchschnabel (gemein) sind **Storchschnabelgewächse,** das Berg-Hartheu (zerstreut) ist ein **Hartheugewächs** in Wäldern und Gebüschen.

	Diptam	Böhmischer Storchschnabel	Blutroter Storchschnabel	Wald-Storchschnabel	Ruprechts-kraut	Berg-Hartheu
wissenschaftl. Name	*Dictámnus álbus*	*Gerânium bohémicum*	*Gerânium sanguíneum*	*Gerânium silváticum*	*Gerânium robertiánum*	*Hypericum montánum*
Größe; Blütez.	40—100 cm; 6—7	25—50 cm; 7—9	15—20 cm; 5—9	15—70 cm; 6—7	10—45 cm; 6—10	25—70 cm; 6—8
Besondere Kennzeichen	Pflanze riecht zitronenartig, Blüten dunkel geadert; ♃; **vollkommen geschützt**	Blumenblätter blauviolett, Kelchblätter mit 1—3 mm langer Spitze, drüsenhaarig; ⊙	Blüten blutrot, einzeln in Blattachseln, Blätter tief 5- bis 7teilig; ♃	Blumenblätter rotviolett, über dem Nagel bärtig, Blätter 5—7lappig; ♃	Blumenblätter meist mit 3 Längsstreifen, Blättchen gestielt, fiederspaltig; ⊙	Blüten fast kopfig gehäuft, Kelchblätter spitz, mit gestielten Drüsen; ♃

Das **Behaarte Johanniskraut** (a *Hypericum hirsútum*; 40—130 cm; 6—8; Pflanze kurzhaarig; ♃) und das **Schöne Johanniskraut** (b *Hypericum púlchrum*; 15—80 cm; 7—9; Blätter 3eckig-herzförmig; ♃) sind in West- und Süddeutschland verbreitete **Johanniskrautgewächse.** Das **Echte Springkraut** (c *Impátiens nóli tángere*; 20—70 cm; 7—8; Blüten groß, hängend, Explosivfrucht; ⊙) und das **Kleine Springkraut** (d *Impátiens parviflóra*; 15—60 cm; 5—11; Blüten klein, aufrecht; ⊙) sind **Balsaminengewächse.**

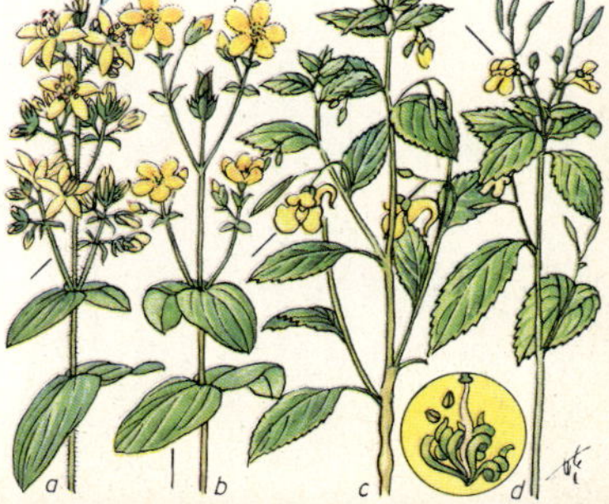

Das **Langblättrige Hasenohr** (a *Bupleúrum longifólium*; 30—80 cm; 7—8; obere Blätter tief herzförmig, stengelumfassend, Hüllchenblätter rundlich; ♃) und der **Behaarte Kälberkropf** (b *Chaerophýllum hirsútum*; 10—150 cm; 5—7; Blumenblätter bewimpert, oft rötlich, Fiederblättchen fiedschnittig; ♃) bewohnen Bergwälder. Die **Große Bibernelle** (c *Pimpinélla májor*; 25—120 cm; 6—10; Stengel kantig, Fiederblättchen meist kurz gestielt; ♃) lebt in Gebüschen und an Waldrändern. Die 3 genannten Arten sind **Doldengewächse.**

Von den auf der Seitenmitte abgebildeten **Doldengewächsen** kommt der Sanikel zerstreut in Laubwäldern vor; die Schaftdolde oder Hacquetie wächst nur in schattigen Laubwäldern im östlichen Mitteleuropa; das Breitblättrige Laserkraut liebt Bergwälder auf Kalkboden, und der Giersch und die Große Strenze bewohnen Gebüsche und Zäune. Die Schierlingssilge kommt nur in Wäldern und an buschigen Hängen östlich der Weichsel vor.

	Giersch	Sanikel	Große Strenze	Schaftdolde	Breitblättriges Laserkraut	Schierlingssilge
wissenschaftl. Name	*Aegopódium podagrária*	*Sanicula europaéa*	*Astrántia májor*	*Hacquétia epipáctis*	*Laserpítium latifólium*	*Conioselinum vaginátum*
Größe; Blütez.	20—120 cm; 6—8	15—50 cm; 5—6	30—100 cm; 6—8	10—25 cm; 4—5	60—150 cm; 6—9	bis 1,5 m; 7—10
Besondere Kennzeichen	untere Blätter doppelt 3zählig gefiedert, Hülle und Hüllchen fehlen; ♃	Blätter handförmig 3- bis 5teilig, Döldchen kugelig; ♃	Blatt handförmig 3- bis 7teilig, Dolde einfach; ♃	Blüten in kopfförmigen Dolden, umgeben von 5—8 gesägten Hochblättern; ♃	Fiederblätter eiförmig, am Grunde herzförmig, Frucht 8flügelig; ♃	Blätter 2- bis 3fach gefiedert, Hülle fehlt, Frucht 8flügelig; ♃

Die **Hirschwurz** (a *Peucédanum cervária*; 50 bis 150 cm; 7—8; Verästelungen des Blattstiels stehen spitzwinklig ab, obere Blätter mit bauchiger Scheide; ♃), der **Berg-Haarstrang** (b *Peucédanum oreoselinum*; 30—100 cm; 7—8; Blumenblätter weiß oder rötlich, Verästelungen des Blattstieles stehen waagerecht ab oder sind rückwärts gerichtet; ♃) und das **Preußische Laserkraut** (c *Laserpitium pruténicum*; 40—150 cm; 7—8; Blüten gelblich-weiß; ⊙) sind **Doldengewächse** in trockenen Wäldern.

Die **Süße Wolfsmilch** (a *Euphórbia dúlcis*; 50 cm; 5—6; Blätter kurz gestielt, Honigdrüsen später dunkelrot; zerstreut; ♃), die **Mandelblättrige Wolfsmilch** (b *Euphórbia amygdaloides*; bis 70 cm; 4—6; Tragblätter paarweise verwachsen; ♃), die **Warzen-Wolfsmilch** (c *Euphórbia verrucósa*; 30—50 cm; 5—6; Blütenstiele dicht gebüschelt; ♃) und das **Wald-Bingelkraut** (d *Mercuriális perénnis*; 40 cm; 3—5; Pflanze 2-häusig; Stengel stielrund, unverzweigt; ♃; häufig) sind **Wolfsmilchgewächse** in Wäldern, c in Thüringen und Süddeutschland, b vor allem in Buchenwäldern Süddeutschlands.

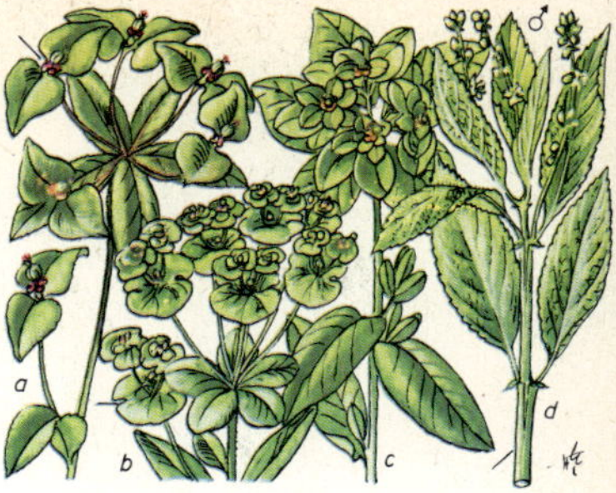

Von den auf der Seitenmitte abgebildeten **Nelkengewächsen** kommt die Busch-Nelke selten vor. Der Taubenkopf oder Hühnerbiß wächst zerstreut in Tälern der Elbe und Oder, die Rauhe Nelke selten in Norddeutschland, im übrigen zerstreut. Alle andern sind in ganz Deutschland heimisch, die Rauhe oder Büschel-Nelke, die Hain-Sternmiere und die Dreinervige oder Rippen-Nabelmiere in Gebüschen und Laubwäldern, das Grünliche Leimkraut in Nadelwäldern.

	Rauhe Nelke (Büschel-Nelke)	Busch-Nelke	Tauben-kropf	Grünliches Leimkraut	Dreinervige Nabelmiere	Hain-Sternmiere
wissenschaftl. Name	*Diánthus arméria*	*Diánthus seguiéri*	*Cucúbalus báccifer*	*Siléne chlorántha*	*Moehringia trinérvia*	*Stellária némorum*
Größe; Blütez.	15—80 cm; 7—8	15—45 cm; 6—8	bis 3 m; 7—9	15—70 cm; 7—8	6—40 cm; 5—6	15—50 cm; 5—9
Besondere Kennzeichen	Blüten klein, purpurn, dunkel gepunktet, Kelch rauhhaarig; ♃	Blüten zu 1—3, rosa, mit einem Kranz dunkelroter Flecken; ♃	Stengel klimmend, Blütenstiele meist einblütig, Frucht schwarz, beerenartig; ♃	Blüten grünlich, Blumenblätter schmal, tief 2spaltig; ♃	Blätter eiförmig, Blüten 5zählig, Blumenblätter kürzer als der Kelch; ⊙	untere Blätter gestielt, Blumenblätter 2mal so lang wie der Kelch, Griffel 3; ♃

Die **Schaftlose Schlüsselblume** (a *Primula acaúlis*; bis 10 cm; 3—4; Blütenstiele einblütig, grundständig; ♃) ist ein seltenes **Primelgewächs** in feuchten Wäldern, die **Hohe Schlüsselblume** (b *Primula elátior*; 5—30 cm; 3—4; Blüten schwefelgelb, Kelch liegt eng an; ♃) und die **Duftende Schlüsselblume** (c *Primula véris*; 7—35 cm; 4—5; Blüten dottergelb, Kelch glockig aufgeblasen; ♃) sind verbreitete **Primelgewächse** in Wäldern und Gebüschen, teils auch auf Wiesen. Alle sind **teilweise geschützt.**

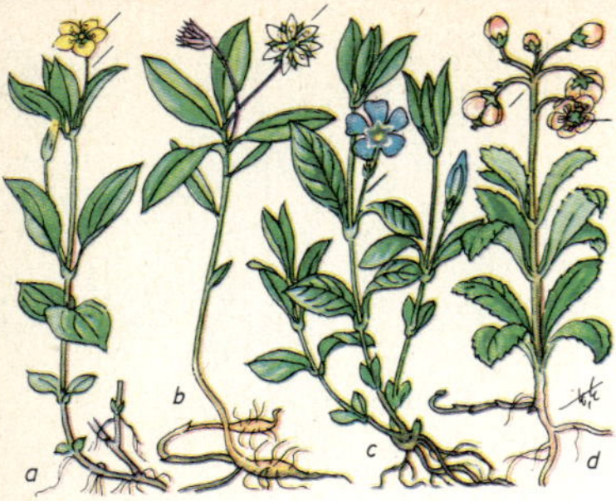

Der **Wald-Gilbweiderich** oder **Hain-Felberich** (a *Lysimáchia némorum*; 10—30 cm; 5—7; Blüten einzeln in Blattachsel, Blumenkrone etwa 10 mm breit; ♃; vor allem im Gebirge) und der **Siebenstern** (b *Trientális europaéa*; 7—25 cm, 5—6; Blumenkrone meist 7blättrig; ♃) sind **Primelgewächse,** das **Immergrün** (c *Vinca minor*; 30 cm; 4—5; Blüten in Blattachseln, gestielt, tellerförmig; ♃) ist ein **Hundsgiftgewächs,** und das **Winterlieb** (d *Chimáphila umbelláta*; 15 cm; 7; Blütenstand fast doldig; ♃; **gewerblich geschützt;** fehlt in Nordwestdeutschland) ist ein **Wintergrüngewächs** in Wäldern und Gebüschen.

Die **Wintergrüngewächse** der Tabelle sind verbreitete oder zerstreut vorkommende Waldpflanzen, besonders im Gebirge. Das Einblütige Wintergrün liebt feuchte, das Bleiche Wintergrün trockene Nadelwälder; beide fehlen in Nordwestdeutschland. Andere Wintergrünarten bevorzugen den feuchten Moosteppich schattiger Nadelwälder, wie z. B. das Rundblättrige und das Mittlere Wintergrün. Das Nickende und Rundblättrige Wintergrün gedeihen auch in Laub- und Mischwäldern.

	Einblütiges Wintergrün	Nickendes Wintergrün	Kleines Wintergrün	Mittleres Wintergrün	Rundblättriges Wintergrün	Bleiches Wintergrün
wissenschaftl. Name	*Pýrola uniflóra*	*Pýrola secúnda*	*Pýrola minor*	*Pýrola média*	*Pýrola rotundifólia*	*Pýrola virens*
Größe; Blütez.	bis 7 cm; 5	10—15 cm; 6—7	bis 20 cm; 6—7	bis 20 cm; 6—7	bis 25 cm; 7—10	6—20 cm; 6—7
Besondere Kennzeichen	Stengel einblütig, Blüte groß, weiß, radförmig ausgebreitet; ♃	Traube einseitswendig, Blätter fein gesägt; ♃	Traube allseitswendig, Blüten rötlich oder weiß, Griffel nicht aus der Blüte herausragend; ♃	Blätter rundlich-eiförmig, Griffel fast gerade, ragt aus der Blüte heraus; ♃	meist 2 Hochblätter am Stengel, Griffel lang, gekrümmt, Traube 3- bis 15-blütig; ♃	Blätter rundlich, Kelch $^1/_3$ bis $^1/_4$ so lang wie die Krone, Traube 3- bis 7-blütig; ♃

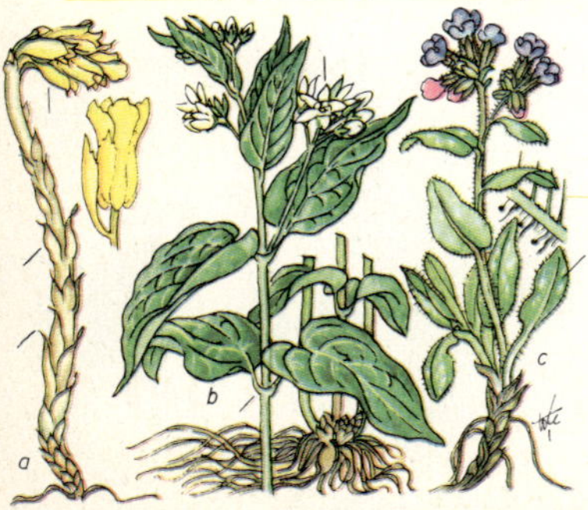

Der **Fichtenspargel** (a *Monótropa hypopitys*; 30 cm; 6—8; Blätter schuppenförmig, Blütenstand traubig, nickend; Moderpflanze; ♃) ist ein **Wintergrüngewächs** des Waldes, die **Schwalbenwurz** (b *Cynánchum vincetóxicum*; 30—120 cm; 5—9; Blätter kurz gestielt, gegenständig, Blumenkrone radförmig; ♃) ist ein verbreitetes **Schwalbenwurzgewächs,** und das **Gemeine Lungenkraut** (c *Pulmonária officinális*; 4—20 cm; 3—5; Blätter weißfleckig; ♃) ist ein **Rauhblattgewächs** in Wäldern, in Gebüschen und auf Wiesen.

Das **Dunkle Lungenkraut** (a *Pulmonária obscúra*; bis 30 cm; 3—5; Blätter ungefleckt, an der Unterseite mit gestielten Drüsen; ♃) und das **Knollige Lungenkraut** (b *Pulmonária tuberósa*; 20—35 cm; 4—5; Blätter an der Oberseite mit gestielten Drüsen; ♃; nur in West- und Süddeutschland) sind **Rauhblattgewächse** in lichten Wäldern. Die **Frühlings-Braunwurz** (c *Scrophulária vernális*; 15—60 cm; 4—5; Blüten trugdoldig in Blattachseln; ♃) und die **Kleine Wachsblume** (d *Cerinthe minor*; 15—45 cm; 5—7; obere Blätter stengelumfassend; ⊙ oder ♃) sind **Rachenblütler** in Mittel- und Südeuropa.

Von den **Lippenblütlern** auf der Seitenmitte sind der Wald-Ziest, der Gemeine Ziest und der Wirbeldost in Wäldern und in Hecken häufig, z. T. auch auf Wiesen. Der Pyramiden-Günsel wächst zerstreut in lichten Wäldern, in Zwergstrauchheiden und auf Trockenrasen; der Klebrige Salbei kommt verbreitet in Gebirgswäldern Süddeutschlands vor. Die Echte Bergminze liebt lichte Laubwälder und buschige Hänge in Südwest- und Süddeutschland.

	Pyramiden-Günsel	Klebriger Salbei	Wald-Ziest	Gemeiner Ziest	Wirbeldost	Echte Bergminze
wissenschaftl. Name	*Ajúga pyramidális*	*Sálvia glutinósa*	*Stáchys silvática*	*Stáchys officinális*	*Saturéja vúlgaris*	*Saturéja calamintha*
Größe; Blütez.	5—30 cm; 7—8	70—120 cm; 6—9	30—120 cm; 6—9	20—120 cm; 6—10	25—80 cm; 7—10	25—80 cm; 7—11
Besondere Kennzeichen	Oberlippe klein, Unterlippe 3lappig, Hochblätter groß, eiförmig, violett; ♃	Pflanze drüsig-klebrig, Blätter spießförmig, Oberlippe groß; ♃	Blätter herzförmig, gestielt, gesägt, Blüten dunkel purpurrot; ♃	Blätter stumpf gekerbt, Blüten rot, in dichten Scheinähren; ♃	Blätter, Stengel und Kelch zottig, Blüten rot oder weiß, in Quirlen zu 10—20; ♃	Blätter bis 4 cm lang, Blüten gestielt, in Quirlen zu 6—10; ♃

Der **Rote Fingerhut** (a *Digitális purpúrea*; 30 bis 180 cm; 6—11; Blüten fingerhutförmig, 4 cm lang; ⊙) und der **Großblütige** oder **Blasse Fingerhut** (b *Digitális grandiflóra*; 50—150 cm; 6—9; Blätter weichhaarig; ♃; **geschützt**), der **Hain-Wachtelweizen** (c *Melampýrum nemorósum*; 15 bis 50 cm; 7—8; Deckblättchen borstig gezähnt; ⊙; fehlt im Westen) und der **Wald-Wachtelweizen** (d *Melampýrum silváticum*; 7—30 cm; 6—9; Stengel 2reihig behaart, Blätter lanzettlich; ⊙) sind **Rachenblütler,** a und b in Bergwäldern.

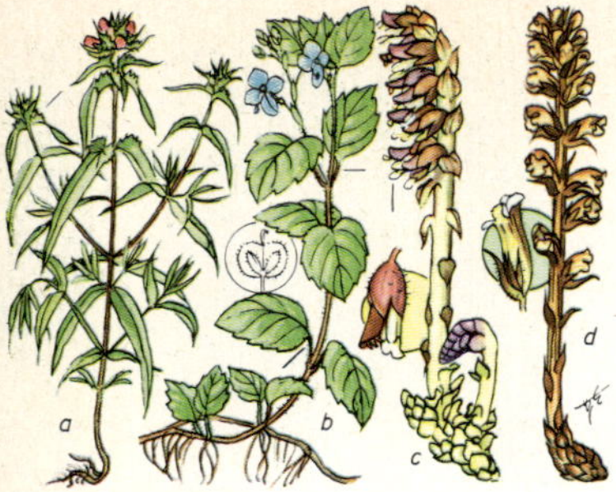

Der **Kamm-Wachtelweizen** (a *Melampýrum cristátum*; 15—50 cm; 6—9; Deckblätter kammförmig gezähnt; ⊙; zerstreut, im Norden selten), der **Berg-Ehrenpreis** (b *Verónica montána*; 10—50 cm; 5—6; Blätter lang gestielt, Kapsel breiter als lang; ♃) und die **Schuppenwurz** (c *Lathrǽa squamária*; 5—35 cm; 3—5; Vollschmarotzer, Blätter schuppenförmig, Blütenstand einseitswendig; ♃) sind verbreitete **Rachenblütler**, die **Efeu-Sommerwurz** (d *Orobánche héderae*; bis 60 cm; 5—7; Stengel drüsig behaart, Schmarotzer auf Efeu; ♃; zerstreut im Rheingebiet) ist ein **Sommerwurzgewächs.**

Die Witwenblume ist ein **Kardengewächs** in Bergwäldern. Alle übrigen auf der Seitenmitte abgebildeten Pflanzen gehören zu den **Glockenblumengewächsen.** Die Nesselblättrige Glockenblume kommt in Wäldern und Gebüschen häufig vor; die übrigen wachsen zerstreut, die Schellenblume oder Becherglocke selten an der unteren Isar (südosteuropäische Art); die Ährige Teufelskralle fehlt in Nordwestdeutschland.

	Wald-Witwenblume	Pfirsichblättrige Glockenblume	Nesselblättrige Glockenblume	Schellenblume	Ährige Teufelskralle	Schwarze Teufelskralle
wissenschaftl. Name	*Knáutia silvática*	*Campánula persicifólia*	*Campánula trachélium*	*Adenóphora liliifólia*	*Phyteúma spicátum*	*Phyteúma nigrum*
Größe; Blütez.	30—120 cm; 6—9	10—90 cm; 6—7	50—100 cm; 7—8	30—100 cm; 7—9	20—90 cm; 5—7	30—100 cm; 5—7
Besondere Kennzeichen	Blätter meist ungeteilt, gesägt, Kelch mit 8 Borsten; ♃	Blumenkrone himmelblau, bis 4 cm lang, Stengel meist einfach, wenigblütig; ♃	Blumenkrone blauviolett, bis 4 cm lang, Stengel scharfkantig, steifhaarig; ♃	Blüten nickend, blaulila, Griffel sehr lang, Blätter gesägt; ♃	Grundblätter herzeiförmig, Ähre länglich, Blüten gelblichweiß oder hellblau; ♃	Grundblätter schwach herzförmig, Ähre länglich, Blüten dunkelviolett; ♃

Das **Moschuskraut** (a *Adóxa moschatellína*; 5 bis 15 cm; 3—5; Köpfe kubisch, mit 5 Blüten; ♃) ist ein häufiges **Moschuskrautgewächs,** der **Wohlriechende Waldmeister** (b *Aspérula odoráta*; 10—60 cm; 4—5; Blätter länglich eiförmig, 6—8 in jedem Quirl; ♃), das **Wald-Labkraut** (c *Gálium silváticum*; 30—140 cm; 7—9; Blütenstiele haardünn; ♃) und das **Rundblättrige Labkraut** (d *Gálium scábrum*; 10—30 cm; 6—8; Blätter rundlich, stachelspitzig; ♃) sind **Labkrautgewächse** in Laubwäldern.

Die **Gemeine Goldrute** (a *Solidágo virgáurea*; 20—80 cm; 7—10; Köpfchen 7—12 mm lang, in aufrechten allseitswendigen Trauben, Körbchenboden ohne Spreublätter; ♃), das **Wald-Ruhrkraut** (b *Gnaphálium silváticum*; 8—80 cm; 7 bis 10; Stengel unverzweigt, Köpfchen zu 2—8 geknäuelt, in verlängerter Ähre, Hüllblätter hautrandig, Blätter einnervig; ♃) und die **Kragenblume** (c *Carpésium cérnuum*; 20—80 cm; 7—9; Blätter lanzettlich, gestielt, Köpfchen einzeln, nickend, äußere Hüllblätter laubblattartig; ⊙—⊙) sind **Korbblütler**, die in trockenen Wäldern wachsen, die Kragenblume nur in Bayern.

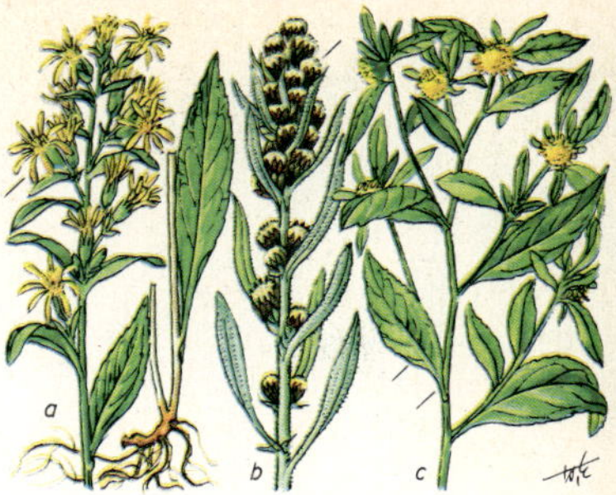

Von den auf der Seitenmitte abgebildeten **Korbblütlern** ist das Gemeine Habichtskraut in Wäldern und Gebüschen gemein, die Hain-Klette, die Wollige Kratzdistel (fehlt in Nordwestdeutschland) und das Gefleckte Ferkelkraut wachsen zerstreut, der Hasenlattich oder Purpurne Waldlattich kommt in Bergwäldern des Harzes und Süddeutschlands vor (südeuropäische Art), und den Hain-Salat oder Stinkkohl findet man nur in Bayern und Württemberg.

	Hain-Klette	Wollige Kratzdistel	Hain-Salat	Geflecktes Ferkelkraut	Hasenlattich	Gemeines Habichtskraut
wissenschaftl. Name	*Árctium nemorósum*	*Círsium erióphorum*	*Apóseris fóetida*	*Hypochóeris maculáta*	*Prenánthes purpúrea*	*Hierácium lachenálii*
Größe; Blütez.	bis 2 m; 7—9	60—150 cm; 7—9	15—40 cm; 7—8	20—60 cm; 6—8	50—150 cm; 7—8	40—120 cm; 6—7
Besondere Kennzeichen	Köpfchen 3—4 cm breit, gehäuft, die oberen überhängend, Blätter herzeiförmig; ♃	Hüllblätter spinnwebig verbunden, mit Stachelspitze; ⊙	ähnlich Löwenzahn, Milchsaft stinkend, Blüten ohne Haarkrone, einköpfig; ♃	Haarkrone einreihig, gefiedert, Hüllblätter ganzrandig; ♃	Blätter stengelumfassend, Köpfchen violett, in lockerer Rispe; ♃	Grundblätter rosettig, Stengel mehrblättrig, Hüllblätter spitz; ♃

Das **Wald-Kreuzkraut** (a *Senécio silváticus*; 10 bis 90 cm; 7—9; Pflanze nicht klebrig, Köpfchen klein, Hüllblätter 13, Früchte kurzhaarig; ⊙), das **Hain-Kreuzkraut** (b *Senécio nemorénsis*; 40 bis 200 cm; 7—8; Zungenblüten 5—8, Spitzchen der Blattzähne gerade; ♃) und das **Raukenblättrige Kreuzkraut** (c *Senécio erucifólius*; 30 bis 120 cm; 7—9; Zungenblüten und Hüllblätter 13, Blätter an der Unterseite spinnenwebigflockig; ♃; auch auf Trockenwiesen verbreitet) sind zerstreut wachsende **Korbblütler** des Waldes.

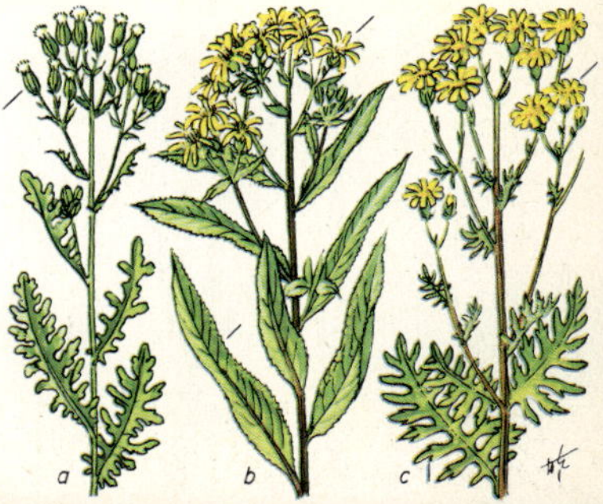

Die Astlose Graslilie (a *Anthéricum liliágo*; 30—80 cm; 5—6; Blüten rein weiß, Blütenstand traubig, unverzweigt, Griffel aufsteigend; ♃) und die **Ästige Graslilie** (b *Anthéricum ramósum*; 30—100 cm; 6—7; Blüten rein weiß, Blütenstand verzweigt, Griffel gerade; ♃) sind sehr zerstreut wachsende **Liliengewächse** trockener Wälder. Beide Arten fehlen in Norddeutschland außer in Schleswig-Holstein. Das **Hasenglöckchen** (c *Scílla non-scripta*; bis 20 cm; 3—5; Blumenblätter blau oder weiß, am Grunde verwachsen; ♃; selten, **geschützt**) ist ein **Liliengewächs**, das Laubwälder im Rheinland bewohnt.

Die **Liliengewächse** der Tabelle sind Frühblüher in Laubwäldern und Gebüschen. Alle sind in ganz Deutschland heimisch. Der Gemeine Gelbstern, die Schattenblume und die Weißwurzarten oder Salomonsiegel sind häufig, die übrigen wachsen zerstreut. Die Wohlriechende Weißwurz bevorzugt trockene und lichte Laub- und Kiefernwälder sowie steinige, buschige Abhänge, die Vielblütige Weißwurz schattige Laubwälder.

	Gemeiner Gelbstern	Schattenblume	Vielblütige Weißwurz	Wohlriechende Weißwurz	Bären-Lauch	Maiglöckchen
wissenschaftl. Name	*Gágea silvática*	*Maiánthemum bifólium*	*Polygonátum multiflórum*	*Polygonátum odorátum*	*Állium ursinum*	*Convallária majális*
Größe; Blütez.	7—35 cm; 4—5	10—25 cm; 5—6	30—80 cm; 5—6	10—50 cm; 5—6	15—50 cm; 5	15—25 cm; 5
Besondere Kennzeichen	nur ein langes, grundständiges Blatt, nur eine Zwiebel; ♃	2 herzförmige Blätter, Blüten 4zählig, in endständiger Traube; ♃	Blüten zu 2—5, Staubfäden behaart, Stengel rund; ♃	Blüten einzeln, selten zu zweit, Staubfäden kahl, Stengel kantig; ♃	Blätter grundständig, langgestielt, Blütenstand doldig, Knoblauchgeruch; ♃	Blüten in einseitswendiger Traube, Beeren rot; ♃; **giftig**

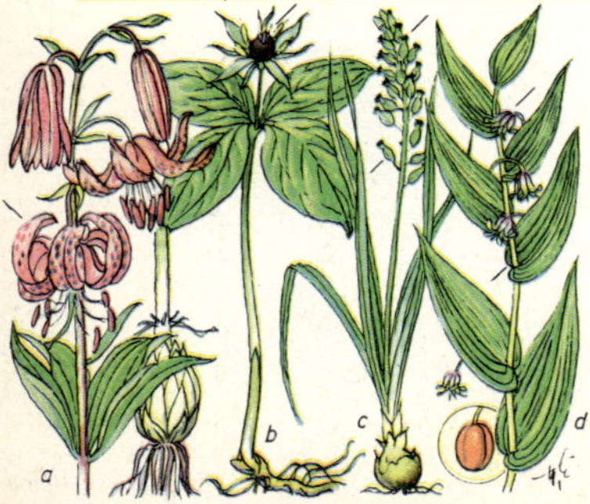

Die **Türkenbundlilie** (a *Lílium mártagon*; 30 bis 120 cm; 6—7; Blütenhüllblätter zurückgerollt; ♃; **vollkommen geschützt**), die **Einbeere** (b *Páris quadrifólia*; 15—40 cm; 5—6; Frucht eine schwarze Beere; ♃), das **Röhren-Träubel** (c *Múscari tenuiflórum*; 25—50 cm; 5—6; Blüten grünlich-weiß, mit schwärzlichen Zähnen; ♃; Thüringen, Anhalt) und der **Knotenfuß** (d *Stréptopus amplexifólius*; 20—100 cm; 6—8; Stengel dicht beblättert; Süddeutschland, auch in den Alpen) sind schöne **Liliengewächse** des Waldes.

Die **Behaarte Hainsimse** (a *Lúzula pilósa*; 10—40 cm; 3—5; Blütenstand spirrig, Blüten einzeln, kurz gestielt, Grundblätter dicht weiß, bewimpert; ♃), die **Busch-Hainsimse** (b *Lúzula álbida*; 25—80 cm; 5—7; Blütenbüschel 2- bis 6blütig, Blüten blaß gelblichweiß; ♃), die **Wald-Hainsimse** (c *Lúzula silvática*; 30—90 cm; 4—5; Blätter 6—10 mm breit, lang gewimpert; ♃) und die **Feld-Hainsimse** (d *Lúzula campéstris*; 6—40 cm; 3—6 und 7—9; Blätter flach, breiter als 3 mm, Blüten sitzend, zu 2—10 in länglichen Ähren, Perigonblätter alle etwa gleich lang; ♃) sind häufige **Binsengewächse** in Wäldern.

In der Tabelle sind **Seggen** aus der Gruppe der **Verschiedenährigen** beschrieben. Die Pillen-Segge bewohnt zerstreut Kiefernwälder, Heiden und Wiesen, im Gebirge bis zu 2000 m; alle andern Arten der Tabelle sind in Laub- und Mischwäldern beheimatet, die Bleiche, die Schlanke und die Behaarte Segge zerstreut, die übrigen verbreitet. Schlanke Seggen fehlen östlich der Elbe, Behaarte Seggen in Norddeutschland; die Berg-Segge ist in Nordwestdeutschland selten.

	Wald-Segge	Bleiche Segge	Schlanke Segge	Behaarte Segge	Pillen-Segge	Berg-Segge
wissenschaftl. Name	*Cárex silvática*	*Cárex palléscens*	*Cárex strigósa*	*Cárex pilósa*	*Cárex pilulífera*	*Cárex montána*
Größe; Blütez.	40—60 cm; 5—6	7—50 cm; 4—7	35—80 cm; 4—6	20—50 cm; 4—6	6—45 cm; 4—5	7—30 cm; 4—5
Besondere Kennzeichen	♀ Ährchen 2—6, dünn, langgestielt, später überhängend, ♂ Ährchen 1—2; ♃	♀ Ährchen 1—3, gestielt, dichtblütig, endständige Ähre ♂, Narben 3; ♃	♀ Ährchen 3—6, dünn und schlank, bis 7 cm lang; ♃	♀ Ährchen 2—4, gestielt, lockerblütig, ♂ Ährchen 1—2, Blätter behaart, bis 1 cm breit; ♃	♀ Ährchen meist 3, kugelig, Blütenstand gedrungen; ♃	♀ Ährchen 1—2, sitzend, rundlich-eiförmig, Blattscheiden blutrot; ♃

Die **Grüne Segge** (a *Cárex divúlsa*; 20—40 cm; 6—7; Ährchen in unterbrochener Ähre; ♃), die **Entferntährige Segge** (b *Cárex remóta*; 30—60 cm; 5—6; Hüllblätter überragen den Stengel weit, Pflanze dichtrasig; ♃) und die **Zittergras-Segge** (c *Cárex brizoídes*; 15—60 cm; 5—6; Blätter schlaff, Ährchen zu 6—8, am Grunde ♂, oben ♀; ♃) sind **Gleichährige Waldseggen.** Die **Weiße Segge** (d *Cárex álba*; 10—40 cm; 5—6; Tragblätter weißglänzend, ♀ Ährchen armblütig; ♃) ist eine **Verschiedenährige Segge.**

Die **Wald-Haargerste** (a *Élymus europaéus*; 1,25 m; 6—7; Ährchen zu 2—4 auf den Zähnen der Spindel; ♃; fehlt in Nordwestdeutschland), die **Hunds-Quecke** (b *Agropýron caninum*; 50 bis 150 cm; 6—7; Deckspelzen begrannt, Granne bis 25 mm, Ähre deutlich 4kantig; ♃) und die **Wald-Zwenke** (c *Brachypódium silváticum*; 60 bis 100 cm; 7—8; Ähre überhängend, Ährchen ähnlich einer Buchenknospe, Granne länger als die Deckspelze; ♃) sind **Ährengräser**, das **Flattergras** (d *Mílium effúsum*; 70—100 cm; 5—7; Ährchen einblütig, Rispenäste fast waagerecht abstehend; ♃) ist ein **Rispengras** des Waldes.

Die auf der Seitenmitte dargestellten **Rispengräser** sind häufig und verbreitet, wie z. B. die beiden Perlgräser und der Riesen-Schwingel, oder sie kommen zerstreut vor, wie die Wald- oder Geschlängelte Schmiele, das Weiche Honiggras und der Wald-Schwingel. Das Nickende Perlgras fehlt in Nordwestdeutschland und in Schleswig-Holstein, der Wald-Schwingel im Westen.

	Wald-Schmiele	Weiches Honiggras	Nickendes Perlgras	Einblütiges Perlgras	Wald-Schwingel	Riesen-Schwingel
wissenschaftl. Name	*Deschámpsia flexuósa*	*Hólcus móllis*	*Mélica nútans*	*Mélica uniflóra*	*Festúca altissima*	*Festúca gigántea*
Größe; Blütez.	30—75 cm; 7—8	30—70 cm; 6	30—60 cm; 5—6	30—50 cm; 5—6	60—125 cm; 6—7	60—200 cm; 7—8
Besondere Kennzeichen	Rispenäste geschlängelt, abstehend, Blätter stielrund, fadenförmig; ♃	♂ Blüte mit langer Granne, Halm nur an den Knoten behaart; ♃	Ährchen nickend, Rispe einseitswendig, Blatthäutchen kurz; ♃	Ährchen aufrecht, einblütig, in kleiner, lockerer Rispe; ♃	Rispe 10—15 cm lang, Ährchen 5blütig, Blatthäutchen länglich, Deckspelze ohne Granne; ♃	Granne der Deckspelze bis 2 cm lang, oft geschlängelt, Rispe bis 40 cm lang; ♃

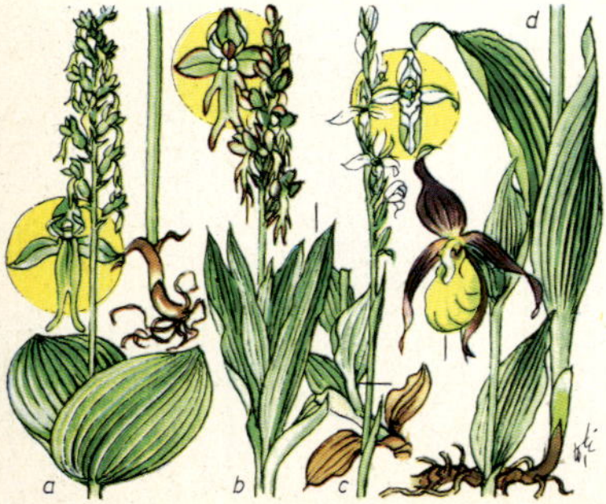

Das **Große Zweiblatt** (a *Lístera ováta*; 20—50 cm; Blätter eiförmig, Lippe zugespitzt; ♃), der **Ohnsporn** (b *Áceras anthropóphorum*; 20—30 cm; 5—6; Blätter länglich-lanzettlich, Lippe 3-teilig, Mittellappen gegabelt; ♃), die **Mooswurz** oder das **Netzblatt** (c *Goodyéra répens*; 15—30 cm; 7—8; Blätter netzadrig, am Grunde rosettig gehäuft; ♃; auf Moos in Nadelwäldern) und der **Frauenschuh** (d *Cypripédium calcéolus*; 15—60 cm; Lippe holzschuhartig; ♃) sind **vollkommen geschützte Orchideen** des Waldes.

Das **Vogelnest** (a *Neóttia nidus-avis*; 15—60 cm; 5—7; Wurzelstock mit dicken, 25 mm langen Wurzeln bedeckt; ♃), die **Korallenwurz** (b *Coralliorrhiza trifida*; 7—30 cm; 5—6; Lippe weiß mit roten Punkten; ♃), der **Dingel** (c *Limodórum abortívum*; 30—60 cm; 6—7; Triebe violett, Blüten bis 4 cm breit, in lockerer Traube mit mehr als 4 Blüten; ♃) und der **Widerbart** (d *Epipógium aphýllum*; 5—20 cm; 7—8; Blüten zu 1—7, weiß oder gelb, mit der Lippe nach oben weisend; ♃) sind seltene, schmarotzende, **geschützte Orchideen** in schattigen Wäldern, c in lichten Kiefernwäldern.

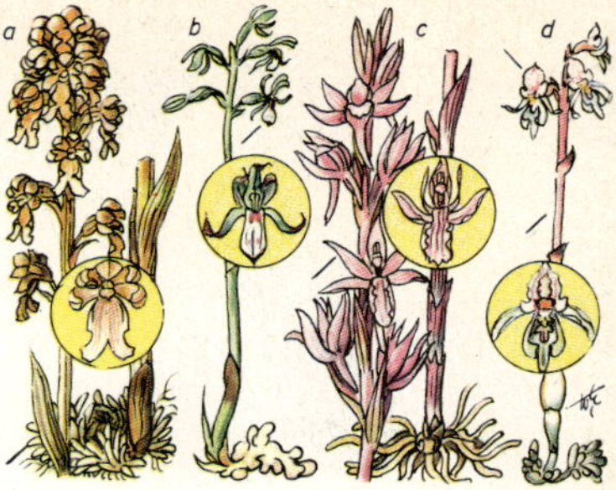

Die auf der Seitenmitte abgebildeten **Orchideen** stehen unter **Naturschutz.** Das Purpur-Knabenkraut, die Violette und die Breitblättrige Sumpfwurz wachsen zerstreut in schattigen Wäldern, die übrigen kommen selten vor, und zwar das Bleiche Knabenkraut stellenweise in Süddeutschland, die Kleinblättrige Sumpfwurz in Bergwäldern und die Braune Sumpfwurz in lichten Laub- und Nadelwäldern mit Ausnahme von Norddeutschland.

	Purpur-Knabenkraut	Bleiches Knabenkraut	Violette Sumpfwurz	Kleinblättrige Sumpfwurz	Braune Sumpfwurz	Breitblättrige Sumpfwurz
wissenschaftl. Name	*Orchis purpúrea*	*Orchis pállens*	*Epipáctis sessilifólia*	*Epipáctis microphýlla*	*Epipáctis atrorúbens*	*Epipáctis helleborine*
Größe; Blütez.	30—75 cm; 5—6	10—30 cm; 4	15—50 cm; 7—9	15—50 cm; 6—8	15—75 cm; 5—7	20—100 cm; 6—8
Besondere Kennzeichen	Lippe rot gefleckt, mit gezähnten Lappen, Helm außen braunrot; ♃	Blüten gelb, Lippe seicht dreilappig, Sporn etwa so lang wie der Fruchtknoten; ♃	Blätter so lang wie die Internodien, unterseits oft violett, Blüten grünlich; ♃	Blüten grünlichweiß, rot überlaufen, Traube armblütig, Blätter klein; ♃	Blüten rotbraun, Lippe mit 2 krausen Höckern, Blätter steif, oft rötlich; ♃	3 Blumenblätter violett, 3 grünlich, Blätter länger als Internodien; ♃

Das **Rote Waldvögelein** (a *Cephalanthéra rúbra*; 15—80 cm; 6—7; Endglied der Lippe länger als breit; ♃), das **Schwertblättrige Waldvögelein** (b *Cephalanthéra longifólia*; 20—60 cm; 5; Blüten weiß, Blätter schmal lanzettlich; ♃) und das **Weiße Waldvögelein** (c *Cephalanthéra damasónium*; 15—70 cm; 5—6; Blüten gelblich, Blätter länglich-eiförmig; ♃) sind **geschützte Orchideen,** der **Aronstab** (d *Árum maculátum*; 10—25 cm; 4—6; Kolbenende nackt; ♃; **giftig**) ist ein **Aronstabgewächs;** a und b im Süden.

Die **Aleppo-Kiefer** (a *Pinus halepénsis*; 10—16 cm; 3—4; Rinde glatt, silbergrau, Krone später schirmförmig; ♃), die **Pinie** (b *Pinus pinea*; 15—20 m; 3—4; Rinde längs- und querrissig, springt in Platten ab, Krone schirmförmig; ♃) und die **Strand-Kiefer** oder **Igelföhre** (c *Pinus marítima*; 20—30 m; 2—4; Rinde tiefrissig, rötlich, Krone kegelförmig, Nadeln derb, stechend; ♃) sind verbreitete **Nadelbäume** aus der Familie der **Kieferngewächse** in den Mittelmeerländern, besonders an den Küsten. Die Strand-Kiefer kommt nur an der Westküste Italiens und weiter westwärts vor.

Rüsselschwertel, Verzweigter Affodill und Gelbe Junkerlilie gehören zu den **Liliengewächsen.** Die übrigen Pflanzen der Tabelle sind **Orchideen.** Sie stehen wie fast alle Orchideen unter **Naturschutz.** Die in der Tabelle aufgeführten Arten wachsen in Wäldern der Mittelmeerländer, besonders in Ölhainen. Rüsselschwertel kommen auch an sandigen Stellen vor; Bertolonis Ragwurz findet man auch in Bergwäldern.

	Rüssel-schwertel	Verzweigter Affodill	Gelbe Junkerlilie	Zungentragende Schwertwurz	Bertolonis Ragwurz	Schmetterlings-Knabenkraut
wissenschaftl. Name	*Iris sisyrínchium*	*Asphódelus ramósus*	*Asphodeline lútea*	*Serápias língua*	*Óphrys bertolóni*	*Órchis papilionácea*
Größe; Blütez.	10—30 cm; 3—4	50—100 cm; 2—4	bis 30 cm; 2—4	20—35 cm; 3—4	10—35 cm; 3—4	10—35 cm; 1—4
Besondere Kennzeichen	äußere Blütenhüllblätter mit blaupunktiertem Feld; ♃	Blüten weiß, mit rotem Mittelnerv, in großer, verzweigter Traube; ♃	Blüten gelb, in Traube, Blätter schmal, grasartig; ♃	Deckblätter groß, rot, Blüten braunrot, ohne Sporn; ♃	Lippe schwarzviolett, mit hellem Fleck, Blumenblätter 5, hellrosa, abstehend; ♃	Deckblätter purpurrot, grün geadert, Blumenblätter 5, dunkelpurpurrot; ♃

Die **Kork-Eiche** (a *Quércus súber*; bis 16 m; 4—5; Rinde dick, korkartig, Blätter immergrün, lederig; ♃), die **Stein-Eiche** (b *Quércus ílex*; bis 20 m; 4—5; Blätter unterseits weißgrau-filzig, oben sattgrün, immergrün, lederig; ♃) sind **Buchengewächse** in Wäldern der Mittelmeerländer. Die **Hopfen-Buche** (c *Óstrya carpinifólia*; 9—18 m; 4—5; Fruchtstand ähnelt einem Hopfenzapfen, Blätter ähneln denen der Hainbuche; ♃) ist ein **Birkengewächs** Südeuropas, das nördlich bis Tirol vordringt.

Der **Winter-Schachtelhalm** (a *Equisétum hiemále*; bis 1,25 m; 7—8; fertile und sterile Sprosse gleich, wintergrün, meist unverzweigt, Scheide mit 2 schwarzen Querbinden; ♃), der **Wald-Schachtelhalm** (b *Equisétum silváticum*; 15 bis 60 cm; 5—6; Scheide glockenförmig, mit 4—6 Zähnen; ♃), der **Riesen-Schachtelhalm** (c *Equisétum máximum*; 30—150 cm; 3—5; fertile Stengel unverzweigt, Scheiden genähert; ♃; zerstreut) und der **Wiesen-Schachtelhalm** (d *Equisétum praténse*; 10—50 cm; 5—6; Blattscheiden mit 12—20 weißrandigen Zähnen; ♃) sind **Schachtelhalmgewächse.**

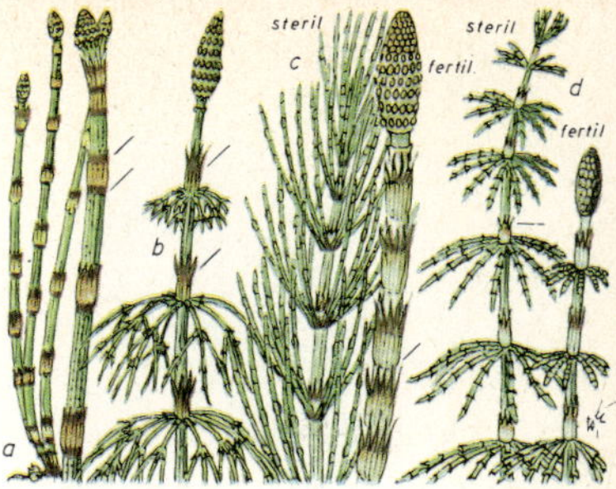

Von den auf der Seitenmitte abgebildeten **Tüpfelfarnen** sind der Adler-, Eichen- und Buchenfarn in Laub- und Mischwäldern, der Adlerfarn auch auf Weiden häufig und verbreitet. Der Rippenfarn wächst zerstreut an schattigen Stellen, vor allem in Fichtenwäldern des Gebirges bis 2000 m hoch; der Straußfarn fehlt im Nordwesten, und die Hirschzunge kommt nur in steinigen Wäldern des Rheinlandes häufiger, sonst sehr zerstreut vor.

	Rippenfarn	Straußfarn	Adlerfarn	Hirschzunge	Eichenfarn	Buchenfarn
wissenschaftl. Name	*Bléchnum spicant*	*Matteúccia struthiópteris*	*Pteridium aquilinum*	*Phyllitis scolopéndrium*	*Dryópteris linnaeána*	*Dryópteris phegópteris*
Größe; Sporenz.	15—20 cm; 7—9	1,50 m; 6—7	60—200 cm; 7—9	15—60 cm; 7—9	5—40 cm; 6—8	15—30 cm; 6—8
Besondere Kennzeichen	sterile Wedel niederliegend, Fiedern der fruchtbaren Blätter sehr schmal; ♃	fruchtbare Blätter mit eingerollten Fiedern, von sterilen Wedeln umgeben; ♃; **geschützt**	Wedel 3- bis 4fach gefiedert, Sporenhäufchen randständig, saumartig; ♃	Wedel zungenförmig, am Grunde herzförmig, Sori schmal und lang; ♃ **geschützt**	Wedel doppelt gefiedert, unterstes Fiederpaar gestielt, sehr groß, Sori ohne Schleier; ♃	Wedel einfach gefiedert, untere Fiedern kaum größer, Sori ohne Schleier; ♃

Der **Wald-Frauenfarn** (a *Athýrium fílix fémina*; 30—100 cm; 7—8; Sporenhäufchen meist länglich oder gekrümmt; ♃), der **Alpen-Frauenfarn** (b *Athýrium alpéstre*; 30—90 cm; 7—8; Sporenhäufchen klein, später kreisrund; ♃), der **Gemeine Wurmfarn** (c *Dryópteris fílix más*; bis 1 m; 7—9; Blattstiele dicht spreuschuppig; ♃) und der **Bergfarn** (d *Dryópteris oreópteris*; 30—80 cm; 7—9; Wedelstiel im Querschnitt mit zwei bandförmigen Gefäßbündeln; ♃) sind häufige **Tüpfelfarne** in Wäldern.

Das **Torfmoos** (a *Sphágnum sqarrósum*; 15 cm; Ästchen peitschenförmig, stehen in Kreisen um den Stengel; ♃) ist ein **Sumpf-** oder **Bleichmoos,** das **Goldene Frauenhaar** oder der **Widerton** (*Polýtrichum commúne*; 30 cm; Kapsel mit langhaariger Haube; ♃), das **Weißmoos** (c *Leucóbryum gláucum*; 5—10 cm; bildet dichte, halbkugelige, bläulichgrüne, trocken weißgrüne Polster; ♃) und das **Sternmoos** (d *Mnium undulátum*; bis 15 cm; Blätter groß, am Sproßende eine Rosette bildend; ♃) sind gesellig wachsende **Gipfelmoose** in schattigen Wäldern.

Die meisten auf der Seitenmitte abgebildeten **Flechten** wachsen auf der Rinde von Bäumen, insbesondere von Nadelbäumen, wie z. B. die Gelbe Baumflechte oder Schüsselflechte, die Schildflechte, die Gemeine Bartflechte, die Astflechte und der Moosbart. Die Isländische Flechte oder das „Island-Moos" gedeiht am Boden lichter Gebirgswälder und auf trockenen Heiden, ist aber in der Ebene selten.

	Gemeine Bartflechte	Gelbe Baumflechte	Moosbart	Schildflechte	Astflechte	Isländische Flechte
wissenschaftl. Name	*Usnéa barbáta*	*Xanthória parmélia*	*Bryópogon jubátus*	*Parmélia physoides*	*Ramalina calýcaris*	*Cetrária islándica*
Größe	bis 50 cm	bis 5 cm ∅	10 cm	8 cm	10 cm	15 cm
Besondere Kennzeichen	Körper fadenförmig, Fruchtkörper schildförmig; ♃	Körper bildet blattartige Lappen mit schlüsselförmigen Fruchtkörpern; ♃	Körper bildet graue, fein verzweigte Fäden; ♃	Körper bildet graue, tief eingeschnittene Lappen; ♃	Körper graugrün, bandförmig, mit schüsselförmigen Fruchtkörpern; ♃	Körper braun, bandartig gelappt, Fruchtkörper eingesenkt; ♃

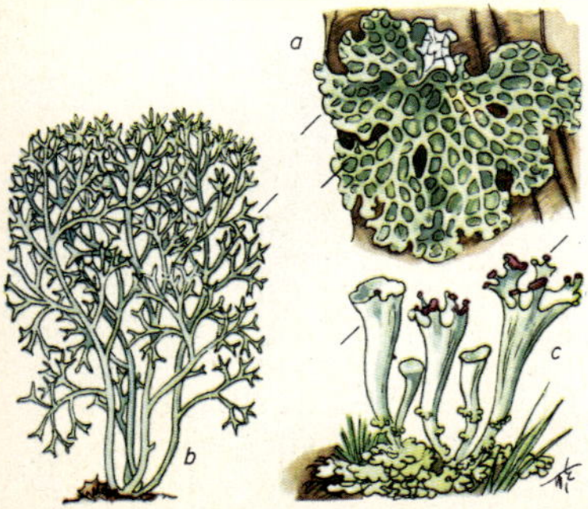

Die **Lungenflechte** (a *Lobária pulmonária*; Lappen 2—3 cm breit; Körper blattartig, stark gelappt, an der Unterseite mit Haftfasern, Oberseite netzadrig-grubig; ♃) wächst auf Felsen und an alten Laubbäumen, besonders im Gebirge. **Rentierflechten** (b *Cladónia rangiferina*; 8 cm; Fruchtkörper strauchförmig verzweigt, dichte, graugrüne Rasen; ♃) und **Becherflechten** (c *Cladónia pyxidáta*; 2—3 cm; Fruchtkörper sind graugrüne Kelche, auf deren Rand rote Apothecien sitzen; ♃) besiedeln trockene Wälder.

Der **Schaf-Champignon** (a *Psallióta arvénsis*; Hutbreite bis 15 cm; 6—10; Hut weißlich, seidig glänzend, Lamellen erst rosa, später bräunlich), der **Echte** oder **Kleine Blut-Egerling** oder **Wald-Champignon** (b *Psallióta silvática*; Hutbreite bis 8 cm; 7—11; Hut braun, schuppig, Blätter weißlich, später fleischrot bis violettbraun, bei Verletzung blutrot) und der **Anis-Egerling** (c *Psallióta silvícola*; Hutbreite bis 12 cm; 5—11; Hut gelblichweiß, seidig glänzend, bei Berührung gelbe Flecken) sind schmackhafte Blätterpilze des Waldes aus der Familie der **Dünnblättler.**

Bis auf den Echten Reizker (Familie **Sprödblättler**) gehören die Blätterpilze der Tabelle zur Familie der **Dünnblättler.** Alle sind gute Speisepilze und bewohnen vorzugsweise den Wald, der Safran-Schirmling die trockenen Stellen, der Echte Reizker nur den Nadelwald; das Stockschwämmchen und der Hallimasch wuchern büschelweise an alten Baumstämmen, ersterer nur an Laubhölzern, besonders an Buchen, der Hallimasch auch auf lebenden Wurzeln.

	Parasolpilz	Safran-Schirmling	Perlpilz	Stockschwämmchen	Echter Reizker	Hallimasch
wissenschaftl. Name	*Lepióta prócera*	*Lepióta rhacódes*	*Amanita rubéscens*	*Pholióta mutábilis*	*Lactárius deliciósus*	*Armillária méllea*
Hutbreite; Zeit	10—30 cm; 7—11	8—15 cm; 7—10	6—15 cm; 6—10	3—6 cm; 4—12	4—10 cm; 6—11	5—10 cm; 10
Besondere Kennzeichen	Hut weißlich, braunschuppig, Stiel mit zackigen braunen Querbändern	Hut braun, grobschuppig, Stiel ungebändert, mit dicker Knolle	Hutfarbe variiert, Hüllreste mehligwarzig, Manschette deutlich gerieft	Hut zimt- bis lederbraun, Stiel beringt und braunschuppig, Hutrand wässerig (hyalin)	Hut orangerot, mit mohrrübenrotem Milchsaft	Hut braunschuppig, Sporen weiß, Lamellen erst weiß, dann bräunlich, roh **giftig**

Der **Speise-Täubling** (a *Rússula vésca*; Hutbreite 6—10 cm; 6—10; Hut fleischrot, gelblichgefleckt, Lamellen weiß) und der **Braune Leder-Täubling** (b *Rússula íntegra*; Hutbreite 6—12 cm; 7—10; Hutfarbe braun bis purpurrot, Lamellen weiß, später blaßgelb bis ockergelb) sind Blätterpilze aus der Familie der **Sprödblättler.** Der **Echte Pfifferling** oder **Eierschwamm** (c *Cantharéllus cibárius*; Hutbreite bis 10 cm; 6—11; Hut trompetenförmig, dottergelb) gehört zur Familie der **Leistenpilze.** Alle sind gute Speisepilze.

Der **Steinpilz** (a *Bolétus edúlis*; Hutbreite 8—20 cm; 5—12; Hut polsterförmig, braun, Röhren weißlich, später gelblich-grün, Stiel bräunlich, netzadrig), der **Maronen-Röhrling** (b *Bolétus bádius*; Hutbreite 5—12 cm; 7—11; ähnlich Steinpilz, aber Stiel nicht netzadrig, verletzte Röhren laufen blau an) und das **Rotfüßchen** (c *Bolétus chrysénteron*; Hutbreite bis 7 cm; 7—11; Hut später polsterförmig, Röhren olivgelb bis olivgrün, Stiel dunkelrot) sind verbreitete, in Laub- und Nadelwäldern häufige Speisepilze aus der Familie der **Röhrlinge.**

In der Tabelle sind Hutpilze aus der Familie der **Röhrlinge** beschrieben, deren Sporen an Röhrenwänden unter den Hüten sitzen. Alle sind gute Speisepilze. Die Ziegenlippe bewohnt gleichermaßen Nadel- und Laubwälder, der stellenweise häufige Gold-Röhrling bevorzugt Nadelwälder; Butterpilz und Schmerling sind Kiefernbegleiter; Birkenpilz und Rothäubchen kommen stets oder vorwiegend unter Birken vor, letzterer aber auch in Nadelwäldern.

	Ziegenlippe	**Birkenpilz**	**Rothäubchen**	**Butterpilz**	**Gold-Röhrling**	**Schmerling**
wissenschaftl. Name	*Xerócomus subtomentósus*	*Tráchypus scáber*	*Tráchypus versipéllus*	*Ixócomus lúteus*	*Ixócomus élegans*	*Ixócomus granulátus*
Hutbreite; Zeit	5—10 cm; 7—10	5—10 cm; 6—10	7—20 cm; 6—10	4—10 cm; 6—10	5—12 cm; 7—10	7—20 cm; 6—10
Besondere Kennzeichen	Hut olivgrün bis samtolivbraun, Röhren zitronengelb; guter Speisepilz	Stiel hoch und schlank, grauschuppig; guter Speisepilz	Hut orangerot, Stiel mit braunen Flockenschuppen; guter Speisepilz	Stiel mit Ring, Hut schleimig-schmierig, Röhren buttergelb; Speisepilz	Hut goldgelb, Röhren gelb- bis olivbraun, gelber Ring; wohlschmeckend	Hut bei feuchtem Wetter schleimig-schmierig, rötlich-gelb, Stiel hellgelb; guter Speisepilz

Der **Zunderpilz** oder **Feuerschwamm** (a *Polýporus fomentárius*; Sockel 15—30 cm breit; mattgrün, konzentrisch gefurcht; an Rotbuchen) ist ein **Löcherpilz.** Der **Semmel-** oder **Stoppelpilz** (b *Hýdnum repándum*; 6—12 cm; 7—11; Hut ockergelb, Stacheln gelblich) und der **Habichts- oder Rehpilz** (c *Sarcódon imbricátus*; 5—20 cm; 8—11; Hut graubraun, Stacheln rehbraun) sind eßbare **Stachelpilze.** Die **Herbsttrompete** (d *Craterellus cornucopioides*; bis 12 cm; 6—10; trichterförmig) ist ein **Leistenpilz.**

Die **Zitronengelbe Koralle** (a *Clavária fláva*, Höhe 10—12 cm; 7—10; Zweige derb, gelb, später an den Enden gelbbraun; jung wohlschmeckend), der **Rötliche** oder **Trauben-Ziegenbart** (b *Clavária botrýtis*; Höhe 3—6 cm; 7—11; dick, weiß, Äste weißgelb, brüchig; jung wohlschmeckend) und die **Krause Glucke** oder der **Krause Ziegenbart** (c *Sparássis críspa*; Hutbreite bis 40 cm; 8—10; grobgelappt, Farbe von weiß über gelb nach braun ändernd; wertvoller Speisepilz) haben die Form von Korallen und gehören zur Familie der **Keulenpilze.**

Stäublinge oder Boviste gehören zur Familie der **Staubpilze,** die Speise- und Spitz-Morchel zur Familie der **Morchelpilze,** und die Herbst-Lorchel zur Familie der **Lorchelpilze.** Stäublinge bewohnen Wälder verschiedener Art; der Birnen-Stäubling wächst büschelförmig an altem Holz. Speise-Morcheln leben in Auwäldern, Spitz-Morcheln auf Sandboden am Waldrand oder auf Grasflächen, Herbst-Lorcheln in feuchten Wäldern am Wege.

	Flaschen-Stäubling	Birnen-Stäubling	Eier-Bovist	Speise-Morchel	Spitz-Morchel	Herbst-Lorchel
wissenschaftl. Name	*Lycopérdon gemmátum*	*Lycopérdon pirifórme*	*Bovista nigréscens*	*Morchélla esculénta*	*Morchélla cónica*	*Helvélla críspa*
Hutbreite; Zeit	3—5 cm; 6—11	4—6 cm; 7—8	3—5 cm; 6—8	3—7 cm; 4—6	bis 5 cm; 3—6	2—5 cm; 7—11
Besondere Kennzeichen	Fruchtkörper verkehrt flaschenförmig; jung eßbar	Fruchtkörper birnenförmig, gelbbraun, fein gekörnt; jung eßbar	Fruchtkörper rundlich-weiß, fast glatt; jung eßbar	Hut rundlich mit wabenartigen Gruben; eßbar nach Abbrühen	Hut kegelig zugespitzt, länglich grubig; sehr schmackhaft	Stiel mit erhabenen Längsrippen; begehrter Speisepilz

Der **Grüne Knollenblätterpilz** (a *Amanita phalloides*; Hutbreite 7—12 cm; 7—10; Hut grünlich), der **Gelbliche Knollenblätterpilz** (b *Amanita citrina*; Hutbreite 7—12 cm; 7—10; Hut gelblich-grün oder weißgelb), der **Weiße** oder **Kegelige Knollenblätterpilz** (c *Amanita virósa*; Hutbreite 5—10 cm; 6—11; Hut weiß, klebrig, kegelförmig) und der **Frühlings-Knollenblätterpilz** (d *Amanita vérna*; bis 8 cm; 4—11; Hut weiß, gewölbt, später flach) sind **gefährliche Giftpilze;** Familie **Dünnblättler,** Lamellen weiß.

Der **Fliegenpilz** (a *Amanita muscária*; Hutbreite 8—20 cm; 7—11; Hut scharlach- oder gelbrot, mit weißen Hüllresten; **giftig**) und der **Pantherpilz** (b *Amanita pantherina*; Hutbreite 5—10 cm; 7—11; Hut braun, Hüllreste weiß, Rand breit gerieft; **sehr giftig**) sind vorwiegend Nadelwaldbewohner aus der Familie der **Dünnblättler** und enthalten zwei lähmend wirkende Nervengifte, das **Pilzatropin** und das **Muscarin.** Der **Birken-** oder **Zottige Reizker** (c *Lactárius torminósus*; Hutbreite bis 12 cm; 7—11; Hut blaß fleischfarben, filzig und zottig; **ungenießbar; Sprödblättler**) wächst in Birkenwäldern.

Von den Pilzen der Tabelle gehören der Ziegelrote Rißpilz und der Spei-Täubling zu den **Blätterpilzen,** die übrigen zu den **Röhrenpilzen.** Der Rißpilz ist selten, der Spei-Täubling häufig in Laub- und Nadelwäldern. Dickfuß- und Gallen-Röhrlinge findet man vorwiegend bzw. ausschließlich im Nadelwald, Hexen-Röhrlinge und Satanspilze vorwiegend bzw. ausschließlich in Laubwäldern; der Satanspilz ist sehr selten und fehlt vielerorts ganz.

	Ziegelroter Rißpilz	Spei-Täubling	Gallen-Röhrling	Dickfuß-Röhrling	Hexen-Röhrling	Satanspilz
wissenschaftl. Name	*Inocýbe patuillárdii*	*Rússula emética*	*Tylópius félleus*	*Bolétus páchypus*	*Bolétus lúridus*	*Bolétus sátanas*
Hutbreite; Zeit	4—8 cm; 5—6	5—9 cm; 7—10	7—12 cm; 7—10	6—15 cm; 6—11	6—14 cm; 6—10	6—18 cm; 7—9
Besondere Kennzeichen	Hut kegelig-glockig, am Rande eingerissen; **sehr giftig**	Huthaut hellrot, klebrig, glänzend, leicht abziehbar; ungenießbar bis **giftig**	rosa bis rötliche Röhren, Stiel mit Adernetz; bitter, ungenießbar	Röhren zitronengelb, Stiel unten dunkelrot; bitter, ungenießbar	Röhren orangerot, Stiel überwiegend rot; roh **giftig**, gekocht schmackhaft	Röhrenmündungen blutrot, Stiel bauchig, karminrot; **sehr giftig**

Der **Schwefelkopf** (a *Nematolóma fasciculáre*: 3—5 cm; 4—11; Hut gelb, Lamellen gelbgrün, **giftig; Dünnblättler,** an Baumstümpfen) und die **Stink-Morchel** (b *Phállus impúdicus*; 2—3 cm; 6—10; Hut olivgrün, riecht nach Aas; **ungenießbar; Rutenpilze**) leben in Wäldern; der **Kartoffelbovist** (c *Sclerodérma vulgáre*; 4—8 cm; 7—11; knollenförmig; Haut gefeldert; **giftig; Hartboviste**) und die **Früh-Lorchel** (d *Helvélla esculénta*; bis 12 cm; 4—5; 9—11; Hut gewulstet, **sehr giftig; Lorchelpilze**) bevorzugen Nadelwälder.

Die **Waldspitzmaus** (a *Sórex aráneus*; 5,8—8,7 cm + 3,2—5,6 cm; gelbbrauner Streifen zwischen Ober- und Unterseitenfärbung; **geschützt**) und die **Zwergspitzmaus** (b *Sórex minútus*; 4,3 bis 6,4 cm + 3,1—4,6 cm; klein, Gewicht zwischen 2,5 und 7,5 g, Oberseitenfärbung reicht weit nach unten; **geschützt**) leben in Wäldern, aber auch auf Grasflächen und in Sümpfen fast ganz Europas. Beide gehören zur Familie der **Spitzmäuse.** Die **Mopsfledermaus** (c *Barbastélla barbastéllus*; 4,4—5,8 cm + 4,1—5,4 cm; Ohren breit, berühren sich in der Mitte; **geschützt**) bewohnt bewaldetes Bergland.

Die **Fledermäuse** der Tabelle gehören zu den **Glattnasen.** Ihre Schnauze ist ohne Aufsätze, und ihre Ohren sind mit einem Deckel verschlossen. Alle genannten Arten bewohnen waldiges Gelände, kommen aber auch in offenen Landschaften vor. Die Bechsteinfledermaus meidet Norddeutschland, der Kleinabendsegler auch die Gebiete östlich der Elbe; die Wimperfledermaus trifft man nur in Südwestdeutschland; die übrigen Arten sind in ganz Deutschland und in weiten Teilen Europas beheimatet.

	Abendsegler (Speckmaus)	Kleinabendsegler	Bartfledermaus	Wimperfledermaus	Fransenfledermaus	Bechsteinfledermaus
wissenschaftl. Name	*Nýctalus nóctula*	*Nýctalus léisleri*	*Selýsius mystacinus*	*Selýsius emarginátus*	*Selýsius nattéreri*	*Selýsius bechstéinii*
Größe	8 cm + 5 cm	6,4 cm + 4,4 cm	5 cm + 4 cm	4,5 cm + 4,3 cm	5 cm + 4,3 cm	5,3 cm + 4,4 cm
Besondere Kennzeichen	Ohrdeckel kurz, nach oben verbreitert; **geschützt**	ähnlich voriger Art, aber kleiner; **geschützt**	Ohrdeckel verjüngt sich von unten an, Lippen bärtig; **geschützt**	Ohrrand rechtwinklig eingebuchtet; **geschützt**	Schwanzflughaut starr gewimpert, Ohrdeckel sichelförmig; **geschützt**	Ohr sehr lang, Ohrdeckel oben nach außen gebogen; **geschützt**

Die **Großhufeisennase** (a *Rhinólophus férrum equinum*; 5,6—6,9 cm + 3—4,3 cm; Nasenaufsatz bauchig gerundet, Körper ziemlich hell; **geschützt**) und die **Kleinhufeisennase** (b *Rhinólophus hipposidéros*; 3,7—4,1 cm + 2,4—3 cm; Nasenaufsatz verjüngt sich von unten nach oben, dunkler als vorige Art; **geschützt**) sind **Fledermäuse** aus der Familie der **Hufeisennasen.** Beide lieben bewaldete Landschaften, fehlen aber in Norddeutschland und östlich der Elbe; beide jagen während der ganzen Nacht Insekten.

Die **Waldwühlmaus** oder **Rötelmaus** (a *Clethriónomys glaréolus*; 12 cm + 7 cm; Oberseite dunkelbraun, Flanken grau, Schwanz verhältnismäßig lang) ist eine in ganz Deutschland heimische Art aus der Familie der **Wühler.** Die **Waldbirkenmaus** oder **Streifenmaus** (b *Sicista betulína*; 7 cm + 10,6 cm; Schwanz sehr lang, schwarzer, scharf begrenzter Aalstrich auf dem Rücken) gehört zur Familie der **Hüpfmäuse** und ist bisher nur aus Schleswig-Holstein, dem Bayrischen Wald und wenigen Stellen Nord- und Nordosteuropas bekannt. Hüpfmäuse bewohnen Erdlöcher in Wäldern und Mooren.

Die **Schläfer** oder **Bilche** sind kleine, nächtlich lebende **Nagetiere** in baum- und buschreichen Landschaften. Der Baumschläfer kommt in Tirol, auf dem Balkan und in Osteuropa vor, die übrigen bewohnen ganz Deutschland, meiden aber das Randgebiet der Nord- und Ostsee; nur die Haselmaus dringt bis Schleswig-Holstein vor. In Erdlöchern, Gebäuden oder Winterschlafnestern halten die Bilche einen langen Winterschlaf.

	Siebenschläfer	Gartenschläfer	Baumschläfer	Haselmaus
wissenschaftl. Name	*Glis glis*	*Eliomys quercinus*	*Dryómys nitédula*	*Muscardinus avellanárius*
Größe	19 cm + 15 cm	17 cm + 12,5 cm	13 cm + 9,5 cm	9 cm + 7,5 cm
Besondere Kennzeichen	Körper oberseits grau, unten weiß, dunkler Augenring, langer, buschiger Schwanz; **geschützt**	lebhafte Gesichtszeichnung, Schwanz nur am Ende buschig behaart; **geschützt**	schwarzer Augenstreif, der bis an das Ohr reicht, Schwanz buschig; **geschützt**	Körper ziemlich einfarbig gelbbraun, Schwanz anliegend behaart; **geschützt**

Das **Eichhörnchen** (*Sciúrus vulgáris*; 28 cm + 24 cm; Schwanz lang, gut behaart, Rücken rotbraun, zuweilen schwarz, besonders bei Gebirgstieren, Unterseite weiß, Ohren im Winter mit Haarpinsel) gehört zur Familie der **Hörnchen.** Es kommt in ganz Deutschland und fast ganz Europa vor und wohnt in Wäldern, Parks und Gärten. Aus Reisern baut es ein mit Gras, Moos und Haaren ausgepolstertes, kugelförmiges Nest auf Bäumen. Eichhörnchen sind Tagtiere, die keinen Winterschlaf halten.

Der **Wolf** (a *Cánis lúpus*; 110—140 cm + 30 bis 40 cm; groß, Fell grau, ähnlich Wolfshund) und der **Fuchs** oder **Rotfuchs** (b *Vúlpes vúlpes*; 58—72 cm + 32—48 cm; Rücken rotbraun, Bauch weiß, Schwanz mit weißer Spitze; eine dunkle Form ist der **Brandfuchs** c, Rücken schwärzlich, Bauch dunkel) sind Greifsäuger aus der Familie der **Hunde**, die Wälder und buschbestandene Ödländereien in der Ebene und im Gebirge (bis 2500 m) bewohnen, der Fuchs in ganz Europa, der Wolf in entlegenen Gegenden, in Deutschland nur noch gelegentlich als Einwanderer aus Polen.

Auf der Seitenmitte sind Greifsäuger aus der Familie der **Marder** dargestellt. Der Zobel ist in Europa ausgerottet, wo er früher vor allem in Nadelwäldern lebte. Die übrigen Marder der Tabelle sind in ganz Deutschland und in großen Teilen Europas heimisch. Der Iltis und der Steinmarder kommen auch in Kulturlandschaften vor, wo sie ihr Lager unter Steinen und in Gebäuden einrichten. Der Baummarder wird immer seltener.

	Dachs	Iltis	Baummarder (Edelmarder)	Steinmarder (Hausmarder)	Zobel
wissenschaftl. Name	*Méles méles*	*Putórius putórius*	*Mártes mártes*	*Mártes fóina*	*Mártes zibellina*
Größe	72 cm + 19 cm	42 cm + 17 cm	52 cm + 26 cm	48 cm + 26 cm	46 cm + 18 cm
Besondere Kennzeichen	schwarzweiße Kopfzeichnung, lange Schnauze, Vorderfüße mit großen Krallen	Fell einfarbig schwarzbraun, Maskenzeichnung im Gesicht, Beine und Schwanz dunkelbraun	Fell gelbbraun, Kehlfleck meist gelb, nach unten kaum gegabelt	Kehlfleck meist weiß, nach unten oft bis auf Oberarm gegabelt	Kehlfleck ockergelb, nicht scharf begrenzt

Die **Wildkatze** (*Félis cátus*; 50—75 cm + 25 bis 40 cm; Schwanz dick, geringelt, mit schwarzer Spitze, ♂ fahlgrau bis schwarzgrau, ♀ gelblichgrau; jagdbar; **ganzjährige Schonzeit**) ist ein Greifsäuger aus der Familie der **Katzen.** Sie bewohnt größere Waldungen und andere Landschaften mit guter Deckung in Süddeutschland und in den meisten Mittelmeerländern. Wildkatzen wohnen in hohlen Bäumen und in Erdhöhlen vom Fuchs oder Dachs und gehen vorwiegend nachts auf Jagd.

Der **Tarpan** oder das **Europäische Wildpferd** (a *Équus cabállus*; Widerrist oder Schulterhöhe 115 bis 130 cm; Fell mausgrau, Halsmähne kurz, aufrecht, schwarz, keine Stirnmähne, Aalstrich am Rücken, Zebrastreifen an Unterarmen) starb 1871 in Südosteuropa aus, wurde aber aus stark tarpanblütigen Hauspferden wie den Koniks und Panjepferden zurückgezüchtet. Das **Dülmener „Wildpferd"** (b *Équus cabállus*; Fellfarbe variiert, Hals- und Stirnmähne lang) ist ein ziemlich wildlebendes Hauspferd in Dülmen in Westfalen. Beide sind **Unpaarhufer** aus der Familie der **Pferde.**

Reh, Rothirsch und Damhirsch sind die heimischen **geweihtragenden Paarhufer** aus der Familie der **Hirsche.** Alle bewohnen Laub- und Mischwälder und sind in der Ebene und im Gebirge weit verbreitet, wo sie in Rudeln leben und zu unserem wertvollsten Jagdwild gehören. Dam- und Rotwild sind vorwiegend Dämmerungs- und Nachttiere; nur wo sie ungestört sind, äsen sie auch am Tage. Das Reh ist Tag- und Nachttier.

	Damhirsch	Reh	Rothirsch
wissenschaftl. Name	*Dáma dáma*	*Capréolus capréolus*	*Cérvus élaphus*
Größe	160 cm + 19 cm	135 cm + 2 cm	250 cm + 15 cm
Besondere Kennzeichen	Fell braun mit weißen Punktreihen oder einfarbig verschieden hell von schwarz bis weiß, ♂ mit Schaufelgeweih, ♀ ohne Geweih	Sommerkleid rotbraun, Winterkleid graubraun, Rehkitz weiß gefleckt, Kopf rundlich, ♂ mit Stangengeweih, je Stange bis zu 3, selten 4 Enden, ♀ ohne Geweih	Sommerkleid rotbraun, Winterkleid braungrau, Hirschkalb gefleckt, Kopf länglich, ♂ mit Stangengeweih, je Stange mit 10 und mehr Enden, ♀ ohne Geweih

Der **Elch** (a *Álces álces*; 290 cm + 5 cm; Elchhirsch (♂) trägt Schaufelgeweih mit vielen Enden, Elchkuh (♀) geweihlos, Muffel überhängend, ♂ mit langer Nacken- und Halsmähne, ♀ mit kurzer Nackenmähne; Familie **Hirsche**) bewohnt buschige Brüche und Moore in Nordosteuropa. Der **Sikahirsch** (b *Síka nippon*; 120 cm + 5 cm; Fell rotbraun, weiß gefleckt, schwarzer Aalstrich auf dem Rücken, im Winter fast einfarbig, ♂ mit Stangengeweih; Familie **Hirsche**) wurde aus Japan nach Europa eingeführt.

Das **Chinesische Wasserreh** (a *Hydrópotes inérmis*; 95 cm; beim ♂ obere Eckzähne nach unten verlängert) und der **Südostchinesische Muntjak** (b *Muntiacus reévesi*; 100 cm + 15 cm; Geweih einfach gegabelt, schräg nach rückwärts zeigend, Rosenstöcke lang, ♀ ohne Geweih) sind in England und Frankreich eingeführt und stellenweise eingebürgert. Der aus Amerika stammende **Weißwedelhirsch** (c *Odocóileus virginiánus*; 180 cm + 30 cm; Sommerkleid rotbraun, Winterkleid grau, Geweih mehrendig, nach oben und vorn gebogen, ♀ ohne Geweih) ist in Finnland eingebürgert.

Von den **horntragenden Paarhufern** der Tabelle ist der Wasserbüffel seit der Eiszeit, der Ur seit 1627 ausgestorben. Als Hauswasserbüffel lebt der Wasserbüffel in Südosteuropa halbwild noch jetzt. Urähnliche Rinder gibt es in England halbwild als Weiße Parkrinder. Wisente werden in einigen großen Gattergehegen gehalten. Der Mufflon stammt aus Sardinien und Korsika und hat sich in Deutschland gut eingebürgert.

	Wisent	Ur oder Auerochs	Englisches Parkrind	Haus-wasserbüffel	Mufflon
wissenschaftl. Name	*Bison bonásus*	*Bos táurus primigénius*	*Bos táurus primigénius*	*Búbalus búbalis*	*Óvis músimon*
Größe (Gewicht)	290 cm + 60 cm	♂ 280 cm + 80 cm	♂ 500 kg, ♀ 375 kg	625 kg	130 cm + 6 cm
Besondere Kennzeichen	Hörner kurz, Kopf breit, dreieckig, samt dem Vorderkörper langwollig	♂ schwarzbraun, ♀ viel kleiner, rotbraun, Hörner hell mit schwarzer Spitze	Fell weiß, Ohren braun oder schwarz, Hörner wie beim Ur	Fell einfarbig grauschwarz, Hörner weit ausladend	♂ mit Schneckengehörn, Fell im Winter mit weißem Rückenfleck, dem „Sattel", ♀ Hörner klein

Das **Wildschwein** (*Sús scrófa*; 155 cm + 20 cm; Fell langborstig, dunkel- bis hellgrau, Eckzähne oder Hauer des ♂ stark verlängert, auch die des Oberkiefers nach oben gekrümmt, Kopf lang, mit knorpeliger Rüsselscheibe, Jungtiere oder „Frischlinge" braungelb mit dunklen Längsstreifen; **jagdbar ohne Schonzeit**) bewohnt in fast ganz Deutschland und vielen Gebieten Europas Laub- und Mischwälder, Brüche und Kulturlandschaften mit genügend Deckung. Schweine sind **Nichtwiederkäuende Paarhufer.**

Die **Mittelmeer-Hufeisennase** (a *Rhinólophus euryále*; 5,8 cm + 3 cm; Nasenaufsatz-Mittelkiel mit spitzem Oberfortsatz) und die **Mehely-Hufeisennase** (b *Rhinólophus mehély*; 6,4 cm + 2,9 cm; Nasenaufsatz-Mittelkiel mit stumpfkeilförmigem Oberfortsatz) gehören zur Familie der **Hufeisennasen.** Beide sind wie die **Langfußfledermaus** (c *Leucónoë capaccinii*; 5,3 cm + 3,8 cm; Ohren kurz, mit 4 Querrunzeln, Hinterfußspornbein sehr lang; Familie **Glattnasen**) in den Mittelmeerländern beheimatet, die Mehely-Hufeisennase mehr im westlichen Gebiet. Alle wohnen in Höhlen.

Das Grauhörnchen wurde von Amerika nach England eingeführt und hat sich dort gut eingebürgert; das Flughörnchen wohnt in Nordosteuropa (in Finnland verbreitet). Beide Nager gehören zur Familie der **Hörnchen.** Die Steppenbirkenmaus ist eine **Hüpfmaus** und lebt in Gras- und Baumsteppen Südeuropas. Alle anderen Nager der Tabelle sind nordische Waldbewohner aus der Familie der **Wühlmäuse.**

	Grauhörnchen	Flughörnchen	Waldlemming	Grau-rötelmaus	Polar-rötelmaus	Steppen-birkenmaus
wissenschaftl. Name	*Sciúrus carolinénsis*	*Ptéromys vólans*	*Myópus schisticolor*	*Clethriónomys rufocánus*	*Clethriónomys rútilus*	*Sicista súbtilis*
Größe	30 cm + 25 cm	17 cm + 13 cm	9,5 cm + 1,9 cm	13 cm + 4 cm	11 cm + 3,5 cm	6,8 cm + 8,2 cm
Besondere Kennzeichen	Oberseite grau, Ohren immer ohne Haarpinsel, Schwanz buschig	Flughaut zwischen Vorder- und Hinterbeinen; a Tier sitzend b im Gleitflug	dunkelgrau, im Winter heller, Rücken rotbraun, Schwanz kurz	Rücken dunkelrotbraun, sonst grau, besonders an den Flanken	Rücken rotbraun, Bauchseite braungelb, Schwanz ziemlich kurz	schwarzer Aalstrich mit hellen Seitenstreifen, Schwanz sehr lang

Der **Marderhund** (a *Nycteréutes procyonoides*; 55 cm + 15 cm; Kopfzeichnung waschbärähnlich; Familie **Hunde**) stammt aus Ostasien und breitet sich über Osteuropa nach Finnland und Schweden aus. Der **Nordluchs** (b *Lýnx lýnx*; Körper 80—130 cm, Schwanz 11—24,5 cm; hochläufig, Haarpinsel auf den Ohren; Osteuropa, Karpaten, Skandinavien) und der **Pardelluchs** (c *Lýnx párdina*; 110 cm + 13 cm; Körper stark gefleckt; Pyrenäenhalbinsel und Balkan) sind **katzenartige Greifsäuger** in großen Wäldern.

Der **Schwarzstorch** (a *Cicónia nigra*; 97 cm; Gefieder glänzend schwarz, nur die Unterseite weiß; Nesthocker; Zugvogel; Familie **Störche**) ist östlich der Elbe beheimatet, wo er sumpfiges Gelände bewohnt, das von Nadel- und Mischwäldern umsäumt wird. Der **Schlangenadler** (b *Circáëtus gállicus*; 63—69 cm; Unterflügel fast rein weiß, Augen groß, gelb, Fänge bläulichweiß; Nesthocker; Teilzieher) ist ein **Greifvogel,** der auf Bäumen in einsamen Wäldern, in sumpfigen Ebenen und Gebirgsschluchten nistet. In Deutschland brütet er selten; Strichvogel aus Ost-, Süd- und Westeuropa.

Von den **Greifvögeln** der Tabelle ist der Kleine Schreiadler östlich der Elbe Brutvogel; die übrigen sind weit verbreitet, der Sperber in ganz Europa, der Habicht fehlt nur in England, Irland und Portugal. Die Milane meiden den Nordwesten Deutschlands, sind aber südlicher in fast ganz Europa anzutreffen, ebenso der Wespenbussard, der aber auch Schleswig-Holstein bewohnt. Alle sind Nesthocker und horsten auf Bäumen.

	Kleiner Schreiadler	Schwarzer Milan	Roter Milan	Wespenbussard	Habicht	Sperber
wissenschaftl. Name	*Áquila pomarína*	*Milvus migrans*	*Milvus milvus*	*Pérnis apívorus*	*Ástur palumbárius*	*Accipiter nisus*
Größe	61—66 cm	55—56 cm	60—61 cm	51—58 cm	48—61 cm	28—38 cm
Besondere Kennzeichen	Läufe voll befiedert, Gefieder einfarbig erdbraun, Nasenloch rund; Zugvogel	Gefieder düster rotbraun, Schwanz wenig gegabelt; Zugvogel	Gefieder rötlich, Schwanz tief gegabelt; Teilzieher	Schnabelgrund schuppig, Schwanz lang, unterseits mit 3 breiten Querstreifen; Zugvogel	Unterseite gesperbert, Schwanz viel länger als Flügel; Jahresvogel	Unterseite beim ♂ rötlich, beim ♀ grau gebändert (gesperbert), Schwanz lang; Teilzieher

Der **Wanderfalke** (a *Fálco peregrinus*; 38—48 cm; ad. dunkler Backenstreif auf weißen Wangen, juv. Unterseite lichtbraun mit Längsflecken; Teilzieher; ganz Europa) nistet an Waldrändern und auf Felsen; der **Abend-** oder **Rotfußfalke** (b *Fálco vespertinus*; 30 cm; ♂ schieferschwarz, Füße rot, ♀ mit rotgelbem Scheitel und Bauch; Zugvogel; Südosteuropa) und der **Zwergadler** (c *Hieráëtus pennátus*; 46—53 cm; Lauf befiedert, Schwanz fast einfarbig; Zugvogel; Spanien) nisten auf Bäumen. Alle sind Nesthocker.

Der **Uhu** (*Búbo búbo*; 66—71 cm; Gefieder gelbbraun, Oberseite mit dunkelbraunen Flecken, Brust breit längsgestreift, weißlicher Kehlfleck, Augen groß, orangerot, lange, auffällige Federohren, Nesthocker, Jahresvogel) gehört zur Familie der **Kauzeulen.** Er ist ein Dämmerungsjäger in felsigen Gebirgswäldern und in offenen Steppen, wo er auf dem Boden in Vertiefungen unter Gestrüpp oder unter Felsen, zuweilen aber auch auf Bäumen in alten Greifvogelnestern oder in Baumhöhlen nistet. Er fehlt in Nord- und Nordwestdeutschland und ist vielerorts in Gefahr, ausgerottet zu werden.

Alle Vögel der Tabelle gehören zur Familie der **Regenpfeiferähnlichen.** Die Waldschnepfe ist ein Dämmerungsvogel mit eulenartigem Flug. Sie nistet in Wäldern, meist am Fuße von Bäumen und ist in ganz Deutschland heimisch. Wald-, Bruch- und Dunkler Wasserläufer sowie der Grünschenkel nisten am Boden an offenen Stellen in Wäldern des hohen Nordens, der Wald- und Bruchwasserläufer auch in Norddeutschland und weiten Teilen Osteuropas.

	Waldschnepfe	Waldwasserläufer	Bruchwasserläufer	Dunkler Wasserläufer	Grünschenkel
wissenschaftl. Name	*Scólopax rusticola*	*Tringa óchropus*	*Tringa glaréola*	*Tringa erýthropus*	*Tringa nebulária*
Größe	34 cm	23 cm	20 cm	30,5 cm	30,5 cm
Besondere Kennzeichen	langer Schnabel, Scheitel und Unterseite eng quer gebändert; Nestflüchter; Teilzieher	Rücken schwarz, weit großgefleckt, Bürzel weiß, Beine grünlich; Nestflüchter; Zugvogel	heller als Waldwasserläufer, Beine grüngelblich; Nestflüchter; Zugvogel	Sommerkleid rußschwarz mit weißen Flecken, Winterkleid aschgrau; Nestflüchter; Zugvogel	Beine grün, Rücken und Bürzel weiß, Flügel einfarbig dunkel; Nestflüchter; Zugvogel

Der **Waldkauz** (a *Strix alúco*; 45 cm; Grundfarbe braun oder grau, Kopf groß, rund, keine Ohrbüschel; Nesthocker, Jahresvogel) und die **Waldohreule** (b *Ásio ótus*; 36 cm; Gefieder braun, längsgefleckt. Augen feuerrot, große Federohren; Nesthocker; Teilzieher) sind in fast ganz Europa heimische Eulen aus der Familie der **Kauzeulen.** Sie bewohnen alte Wälder, Parkanlagen und große Gärten, die Waldohreule vorwiegend Nadelwälder. Beide nisten in alten Nestern großer Vögel, selten auch am Boden.

Der **Pirol** (*Oriolus oriolus*; 24 cm; ♂ Körper leuchtend gelb, Flügel und Schwanz schwarz mit gelber Zeichnung, ♀ grünlich mit dunkleren Flügeln und dunklerem Schwanz, im Laubwerk schwer zu finden; Nesthocker; Zugvogel) ist mit den Rabenvögeln verwandt und gehört zur Familie der **Pirole.** Das Nest hängt frei in waagerechten Astgabeln hoch oben in Bäumen von Parkanlagen, Obstgärten und Auwäldern, seltener in Kiefernwäldern. Pirole sind in ganz Deutschland und bis auf den Norden auch in ganz Europa heimisch.

In der Tabelle sind heimische **Tauben** beschrieben. Tauben sind Nesthocker. Die Türkentaube stammt aus Südosteuropa und wandert seit 1938 in Deutschland ein, die übrigen sind in ganz Deutschland heimisch. Hohl-, Ringel-, Turtel- und Feldtaube bewohnen Wälder und parkartige Landschaften, Feld-, Ringel- und Türkentaube auch Städte und Dörfer. Feld- und Türkentauben nisten in und an Gebäuden, die Hohltaube in Höhlen, alle anderen Tauben auf Bäumen.

	Feldtaube	Ringeltaube	Hohltaube	Türkentaube	Turteltaube
wissenschaftl. Name	*Colúmba lívia doméstica*	*Colúmba palúmbus*	*Colúmba ōēnas*	*Streptopélia decaócto*	*Streptopélia túrtur*
Größe	33 cm	40 cm	33 cm	30 cm	28 cm
Besondere Kennzeichen	verwilderte Haustauben; Federkleid sehr veränderlich, z. T. ähnlich Felsentaube; Jahresvogel	weißer Fleck an Halsseiten, schwarze Schwanzbinde; Teilzieher	glänzend grüner Fleck an Halsseiten, 2 schwarze, unterbrochene Flügelbinden; Teilzieher	schwarzes Nackenband, Schwanzende breit weiß gesäumt; Jahresvogel	Schwanz schmal weiß berandet, schwarzweiß gestreifter Fleck an Halsseiten; Zugvogel

Der **Eichelhäher** (*Gárrulus glandárius*; 34 cm; Körper rötlichbraun, Bürzel weiß, Flügeldecken blauschwarz gebändert, mit auffallend weißem Fleck, aufrichtbare „Holle" aus längsgestreiften Federn; Nesthocker; Teilzieher) gehört zur Familie der **Rabenvögel.** Er ist in ganz Deutschland zu Hause und kommt bis auf den äußersten Norden auch in ganz Europa vor, wo er Laub- und Nadelwälder bewohnt und meist in dichtem Laubwerk nistet. Oft versammeln sich die Eichelhäher in kleinen, lärmenden Gesellschaften.

Der **Große Buntspecht** (a *Dendrócopus májor*; 23 cm; unter schwarzem Nackenband jederseits ein weißer Fleck, ♂ mit rotem Nackenfleck, ♀ Oberkopf ganz schwarz, ohne Rot, junge Buntspechte mit ganz rotem Scheitel; Jahresvogel) und der **Blutspecht** (b *Dendrócopus syríacus*; 23 cm; ähnlich vorigem, aber ohne Wangenstreif; Jahresvogel) bewohnen Laub- und Nadelwälder sowie Parklandschaften, der Große Buntspecht in fast ganz Europa, der Blutspecht in Griechenland und Rumänien (bei uns als Irrgast). Beide gehören zur Familie der **Spechte** und nisten in selbstgezimmerten Baumhöhlen.

Die Vögel der Tabelle gehören zur Familie der **Spechte,** bei denen 2 Zehen nach vorn und 2 nach hinten gerichtet sind (Kletterfüße). Alle Arten sind Nesthocker und in ganz Deutschland heimisch; nur der Grauspecht meidet den Norden. Schwarzspechte bevorzugen alte Nadelwälder im Mittel- und Hochgebirge. Alle anderen bewohnen Laubwälder und Parklandschaften, seltener oder gar nicht (Grauspecht) Nadelwälder. Spechte nisten in selbstgezimmerten Baumhöhlen.

	Schwarzspecht	**Kleinspecht**	**Mittelspecht**	**Grauspecht**	**Grünspecht**
wissenschaftl. Name	*Pícus mártius*	*Dendrócopus minor*	*Dendrócopus médius*	*Pícus cánus*	*Pícus viridis*
Größe	46 cm	14,5 cm	22 cm	25 cm	32 cm
Besondere Kennzeichen	Gefieder schwarz, ♂ rote Kopfplatte, ♀ nur im Nacken rot; Jahresvogel	weiße Querstreifen am Rücken, ♂ Scheitel rot, ♀ weißgelb; Jahresvogel	Oberkopf rot, kein schwarzes Wangenband, Rücken schwarz; Jahresvogel	grün; Rücken grau, ♂ Stirn bis zur Kopfmitte rot, ♀ ohne Rot; Jahresvogel	grün; Scheitel bis zum Nacken rot, schwarzer Bartstreif, beim ♂ mit rotem Kern; Jahresvogel

Der **Weißrückenspecht** (a *Dendrócopus leucótos*; 25 cm; Hinterrücken weiß; Jahresvogel) und der **Dreizehenspecht** (b *Picoídes tridáctylus*; 22 cm; Rücken weiß, Flanken gebändert, ♂ mit gelbem, ♀ mit dunklem Scheitel; Jahresvogel) nisten in selbstgezimmerten Baumhöhlen in Wäldern des Gebirges und des Hügellandes. Der **Wendehals** (c *Jýnx torquílla*; 16,5 cm; Gefieder rindenfarben grau, braun und rotgelb gemustert; Zugvogel; Familie **Spechte**) ist in ganz Deutschland heimisch. Er nistet in Baumhöhlen.

Der **Kleiber** oder die **Spechtmeise** (a *Sitta europäea*; 14 cm; Oberseite graublau, Unterseite rostrot; Nesthocker; Jahresvogel; Familie **Kleiber**), der **Waldbaumläufer** (b *Cérthia familiáris*; 12,5 cm; Hinterzehenkralle lang, Schnabel dünn; Nesthocker; Jahresvogel; Familie **Baumläufer**) und der **Gartenbaumläufer** (c *Cérthia brachydáctyla*; 12,5 cm; Hinterzehenkralle kurz, Schnabel länger als beim Waldbaumläufer; Nesthocker; Jahresvogel; Familie **Baumläufer**) sind in Wäldern und Parkanlagen ganz Deutschlands heimisch, wo sie in Baumhöhlen oder anderen Schlupfwinkeln nisten.

Die **Meisen** der Tabelle sind sehr lebhafte und äußerst bewegliche Kleinvögel mit kurzem Schnäbelchen. Alle sind in ganz Deutschland und fast ganz Europa heimisch. Sie sind Nesthocker und brüten in Höhlen der verschiedensten Art. Kohl- und Blaumeisen bevorzugen Mischwälder, Hauben- und Tannenmeisen Nadelwälder. Die Schwanzmeise, Kohlmeise und Blaumeise lieben auch Gärten und buschbestandene Orte.

	Blaumeise	Kohlmeise	Haubenmeise	Tannenmeise	Schwanzmeise
wissenschaftl. Name	*Párus caerúleus*	*Párus május*	*Párus cristátus*	*Párus áter*	*Aegithalos caudátus*
Größe	11,5 cm	14 cm	11,5 cm	11 cm	14 cm
Besondere Kennzeichen	Kappe, Flügel und Schwanz kobaltblau, Unterseite gelb, schwarzer Augenstrich; Jahresvogel	Kopf und Hals schwarz, Wangen weiß, schwarzer Bauchstreif, beim ♀ schmäler; Jahresvogel	Kopfhaube groß, schwarzweiß gesprenkelt, schwarzer Latz und Halsring; Jahresvogel	Kopf schwarz mit weißem Nackenfleck und weißen Wangen; Jahresvogel	a nordische Rasse; Kopf weiß; b südliche Rasse; breiter, schwarzer Augenstreif; Jahresvogel

Der **Grüne Laubsänger** (a *Phyllóscopus trochiloídes*; 11 cm; weiße Flügelbinde, Beine dunkel; Nordosteuropa) und der **Berglaubsänger** (b *Phyllóscopus bonélli*; 11,5 cm; gelber Bürzel; West- u. Südeuropa, fehlt in England) sind Bodenbrüter in Laub- und Nadelwäldern. Der **Nordische Laubsänger** (c *Phyllóscopus boreális*; 12 cm; langer Augenstreif, Beine hell) nistet in Wäldern des Nordens und kommt selten nach Deutschland. Laubsänger gehören zur Unterfamilie **Laubvögel.** Alle sind Nesthocker und Zugvögel.

Der **Fitislaubvogel** (a *Phyllóscopus tróchilus*, 11 cm; Oberseite olivbraun, Unterseite weiß mit gelbem Überhauch, Beine hellbraun) nistet am Boden auf buschigen Plätzen, der **Waldlaubvogel** oder **Waldschwirrvogel** (b *Phyllóscopus sibilátrix*; 13 cm; Kehle gelb, Bauch weiß) im Unterwuchs der Wälder. Beide sind in ganz Deutschland heimisch. Der **Gelbbrauensänger** (c *Phyllóscopus inornátus*; 10 cm; Flügel mit zwei weißen Binden) bewohnt Nadel- und Mischwälder in Asien und besucht auf dem Zuge Norddeutschland. Alle drei gehören zur Familie der **Laubvögel** und sind Nesthocker und Zugvögel.

Von den **Drosseln** der Tabelle ist die Rot- oder Weindrossel häufiger Wintergast aus Nord- und Osteuropa. Die Wacholderdrossel oder der Krammetsvogel ist ein nord- und nordosteuropäischer Vogel (brütet schon östlich der Elbe; neuerdings auch in Thüringen und Bayern); alle anderen Arten sind in ganz Deutschland und fast ganz Europa heimisch. Alle nisten in Bäumen und Büschen der Wälder und offenen Landschaften, bis auf die Rot- und Misteldrossel gelegentlich auch an Gebäuden.

	Amsel (Schwarzdrossel)	Wacholder-drossel	Misteldrossel	Singdrossel	Rotdrossel (Weindrossel)
wissenschaftl. Name	*Túrdus mérula*	*Túrdus piláris*	*Túrdus viscívorus*	*Túrdus philomélos*	*Túrdus músicus*
Größe	25,5 cm	25,5 cm	27 cm	23 cm	21 cm
Besondere Kennzeichen	♂ Gefieder schwarz, Schnabel gelb, ♀ Gefieder bräunlich; Nesthocker; Jahresvogel	Kopf und Bürzel hellgrau, Rücken braun; Nesthocker; Teilzieher	Oberseite graubraun, Unterseite dicht gefleckt, Schwanz fast schwarz; Nesthocker; Teilzieher	Rücken einfarbig braun, Brust und Flanken klein gefleckt; Nesthocker; Teilzieher	Flanken rostrot, Brust gestreift, Überaugenstreif rahmfarben; Nesthocker; Teilzieher

Die **Nachtigall** (a *Luscinia megarhýnchos*; 16,5 cm; Rücken und Schwanz kastanienbraun, Unterseite weißlichbraun, Augen groß; Nesthocker; Zugvogel; fehlt in Nord- und Nordosteuropa) und der **Sprosser** (b *Luscinia luscinia*; 16,5 cm; Brust gewölkt, sonst der Nachtigall sehr ähnlich; Nesthocker; Zugvogel; von Schleswig-Holstein an nördlich und östlich) gehören zur Familie der **Drosselähnlichen Vögel** (Unterfamilie **Erdsänger**). Sie nisten im Dickicht am Grunde von Brombeeren und anderem Gebüsch.

Der **Fichtenkreuzschnabel** (a *Lóxia curviróstra*; 16,5 cm; Unter- und Oberschnabel überkreuzen sich, Flügel und Schwanz dunkel, ♂ matt rot, ♀ olivgrün; Jahresvogel) lebt gesellig in Nadelwäldern, wo er auch im Winter nistet (Winterbrüter). Der **Kiefernkreuzschnabel** (b *Lóxia pytiopsittacus*; 17 cm; Schnabel viel dicker als beim Fichtenkreuzschnabel) und der **Bindenkreuzschnabel** (c *Lóxia bifasciáta*; 15 cm; Flügel mit zwei weißen Binden, Schnabel sehr schwach) besuchen uns gelegentlich als Zugvögel aus dem Norden. Kreuzschnäbel sind Nesthocker aus der Familie der **Finkenartigen.**

Von den Singvögeln der Tabelle brüten die Schnäpper (Familie **Fliegenschnäpper**) in Baumhöhlen oder Mauern. Der Baumpieper (Familie **Stelzenartige Vögel**) nistet am oder dicht über dem Boden, die Sperbergrasmücke und der Blaßspötter (Familie **Grasmückenähnliche Vögel**) in Büschen. Der Blaßspötter bewohnt Südspanien und den Balkan; alle anderen kommen in weiten Teilen Europas, die Sperbergrasmücke, der Halsband- und der Zwergschnäpper vorwiegend östlich der Elbe vor.

	Baumpieper	Sperbergrasmücke	Blaßspötter	Trauerschnäpper	Halsbandschnäpper	Zwergschnäpper
wissenschaftl. Name	*Ánthus triviális*	*Sýlvia nisória*	*Hippoláïs pállida*	*Ficédula hypoleúca*	*Ficédula albicóllis*	*Ficédula párva*
Größe	15 cm	15 cm	13 cm	13 cm	13 cm	11,5 cm
Besondere Kennzeichen	ähnlich Wiesenpieper, aber rötliche Beine, Sporn klein; Nesthocker; Zugvogel	Brust gesperbert, Augen leuchtend gelb; Nesthocker; Zugvogel	oben hell erdbraun, Flügel und Schwanz dunkler; Nesthocker; Zugvogel	♂ oben schwarz, unten weiß, weiße Stirn, ♀ oben olivbraun; Nesthocker; Zugvogel	weißes Halsband, weißer Bürzel, weiße Stirn; Nesthocker; Zugvogel	weiße Schwanzstreifen, ♂ Kehle orangerot, ♀ Kehle weiß; Nesthocker; Zugvogel

Der **Buchfink** (a *Fringilla coélebs*; 15 cm; Flügel mit zwei weißen Binden, ♂ Scheitel blaugrün, Brust und Wangen rötlich; Teilzieher) nistet überall in Bäumen und Büschen. Der **Hakengimpel** (b *Pinicola enucleátor*; 20 cm; rosarot, Flügel mit weißen Binden; Teilzieher) und die **Waldammer** (c *Emberiza rústica*; 15 cm; Scheitel und Wangen beim ♂ schwarz, beim ♀ braun; Zugvogel) bewohnen Nadel- und Mischwälder des Nordens und sind bei uns Wintergäste. Die drei Arten gehören zu den **Finkenartigen.**

Die **Brillengrasmücke** (a *Sýlvia conspicilláta*; 13 cm; ähnlich Dorngrasmücke, aber Wangen dunkler, Augenring weiß; Nesthocker; Zugvogel; häufig in Quellerbeständen an der Küste), die **Samtkopfgrasmücke** (b *Sýlvia melanocéphala*; 13,5 cm; Kopfkappe reicht bis unters Auge, Kehle weiß, Augenring auffällig rot; Nesthocker; Jahresvogel) und die **Bartgrasmücke** (c *Sýlvia cántillans*; 12 cm; weißer Bartstreif, Brust und Kehle rostrot; Nesthocker; Zugvogel) gehören zur Familie der **Grasmückenähnlichen** und nisten im dichten Gebüsch der immergrünen Wälder und Zwergbuschsteppen der Mittelmeerländer.

Der Häherkuckuck (Familie **Kuckucke**) lebt in Spanien und Portugal. Alle Eulen der Tabelle gehören zur Familie der **Kauzeulen.** Die Zwergohreule nistet in Baumhöhlen in Südeuropa. Alle anderen auf der Seitenmitte dargestellten Vögel bewohnen den hohen Norden, der Habichtskauz auch Osteuropa, wo sie in Baumhöhlen oder alten Greifvogelhorsten nisten; nur der Unglückshäher (Familie **Rabenvögel**) baut ein eigenes Nest auf Kiefern.

	Häher-kuckuck	Sperbereule	Bartkauz	Habichtskauz	Zwergohreule	Unglücks-häher
wissenschaftl. Name	*Clamátor glandárius*	*Súrnia úlula*	*Strix nebulósa*	*Strix uraléensis*	*Ótus scóps*	*Perisóreus infaústus*
Größe	40 cm	36—40 cm	68 cm	61 cm	19 cm	30,5 cm
Besondere Kennzeichen	graue Kopfhaube, Schwanz lang, weißgesäumt; Brutschmarotzer; Nesthocker; Zugvogel	Unterseite gesperbert, Schleier schwarz eingefaßt; Nesthocker; Teilzieher	Schleier mit konzentrischen Linien, Augen gelb; Nesthocker; Jahresvogel	Schleier zart radialgestreift, Augen dunkel; Nesthocker; Jahresvogel	sehr klein, mit Ohrbüscheln; Nesthocker; Teilzieher	Bürzel und äußere Steuerfedern rotbraun; Nesthocker; vorwiegend Jahresvogel

Orpheusgrasmücken (a *Sýlvia horténsis*; 15 cm; Augen strohgelb; Kopfplatte reicht bis unter das Auge; Nesthocker; Zugvogel; Familie **Grasmückenähnliche**) nisten niedrig in Bäumen in den Mittelmeerländern. Die **Lapplandmeise** (b *Párus cinctus*; 13,5 cm; Scheitel und Nacken braun; Nesthocker; Jahresvogel) ist Höhlenbrüter in Birkenwäldern des Nordens, die **Trauermeise** (c *Párus lúgubris*; 14 cm; Scheitel, Nacken und Kehle braunschwarz; Schnabel kräftig; Nesthocker; Jahresvogel) in Wäldern des Balkans.

Der **Silberstrich** oder **Kaisermantel** (a *Argýnnis páphia*; 6 cm; 7—8; drei Reihen schwarzer Flecken am Flügelsaum; Eier auf Veilchen, Brennesseln, Him- und Brombeeren) und der **Große Schillerfalter** (b *Apatúra íris*; 6,5 cm; 6—8; Vorder- und Hinterflügel mit breiter, weißer Binde, Hinterflügel mit dunklem, rotrandigem Auge, bläulich schillernd; Eier auf Salweiden) sind **Fleckenfalter**, die **Rostbinde** (c *Sátyrus sémele*; 4,5 cm; 6—9; Oberseite dunkelbraun mit gelblicher Binde, Vorderflügel mit zwei, Hinterflügel mit einem Augenfleck; Eier auf Gräsern) ist ein **Augenfalter** in lichten Laubwäldern.

Der Große Waldportier und das Scheckauge der Tabelle gehören zur Familie der **Augenfalter**, die übrigen zur Familie der **Fleckenfalter.** Alle sind in ganz Deutschland heimisch; nur der seltene Waldportier ist auf Süddeutschland beschränkt, wo seine Raupen auf Honiggras leben. Der Große Eisvogel legt seine Eier auf Zitter- und Schwarzpappeln, der Große Perlmutterfalter auf Hundsveilchen, das Landkärtchen auf Nesseln und das Scheckauge auf verschiedene Gräser.

	Großer Eisvogel	Großer Perlmutterfalter	Großer Waldportier	Landkärtchen Sommerform	Landkärtchen Frühjahrsform	Scheckauge
wissenschaftl. Name	*Limenítis pópuli*	*Argýnnis aglāia*	*Sátyrus hermíone*	*Aráchnia prórsa*	*Aráchnia levána*	*Parárge achíne*
Größe; Flugzeit	♂6, ♀7,5 cm; 6–7	5,5 cm; 6–8	6,5 cm; 7–8	♂3,5, ♀3,6cm; 7–9	♂2,7, ♀3,5cm; 4–5	4,5 cm; 6–7
Besondere Kennzeichen	♀ weiße Binde und rostrote Mondflecken auf Hinterflügel, ♂ weiße Binde oft verloschen	Oberseite rotgelb mit schwarzen Flecken, Perlmutterflecken an Unterseite	breite, gelblichweiße Flügelbinde mit zwei Augen	Oberseite schwarz mit heller Querbinde und schmalen, rotbraunen Linien	Oberseite rotgelb mit schwarzgrauen Flecken und weißen Flecken an der Spitze	Oberseite bräunlich, Flügel je mit dunkler, gelb umrandeter Fleckenreihe

Aus der Familie der **Bläulinge** begegnen uns der **Eichenfalter** (a *Thécla quércus*; 3 cm; 6—8; oben dunkelviolettblau; auf Eichen), der **Birkenfalter** (b *Thécla bétulae*; ♂ 3 cm, ♀ 4 cm; 7—8; ♂ mit schwarzem, ♀ außerdem mit rotgelbem Fleck auf Vorderflügel; auf Birken und Schlehen), der **Gemeine Bläuling** (c *Lycǣna árgus*; 2,8 cm; 6—7; ♂ bläulich, ♀ dunkelbraun; auf Steinund Bergklee) und der **Dunkle Bläuling** (d *Lycǣna aríon*; ♂ 2,3 cm, ♀ 2,7 cm; 3—5; ♂ mit schwarzem Fleck im Vorderflügel; auf Sedum).

Die **Kiefern-** oder **Forleule** (a *Panólis griseovariegáta*; 3,5 cm; 3—5; Vorderflügel rotbraun mit verschiedenfarbigen Querbinden, Fühler mit Wimperbüscheln; Familie **Eulen**), der **Kiefernschwärmer** (b *Sphinx pinástri*; 7 cm; 4—6; Vorderflügel graubraun, mit dunklen Keilflecken; Familie **Schwärmer**) und der **Eichenwickler** (c *Tórtrix viridána*; 2 cm; 6—7; Vorderflügel hellgrün, Hinterflügel grau; Raupen bilden zigarrenförmige Wickel aus Eichenblättern; Familie **Wickler**) legen ihre Eier auf Kiefern bzw. auf Eichen. Kieferneule und Eichenwickler sind Waldschädlinge.

In der Tabelle sind Waldschädlinge aus der Familie der **Spinner** beschrieben. Nonnen legen ihre Eier in Klumpen bis 150 in die Ritzen der Baumrinde, Kiefernspinner an Nadeln und Zweige der Kiefer, insgesamt bis 250; Ringelspinner heften etwa 300 Eier spiralig an verschiedene Obst- und Waldbäume; die Eier des Schwammspinners liegen in feuerschwammähnlichen Klumpen, die des Mondvogels in kleinen Haufen.

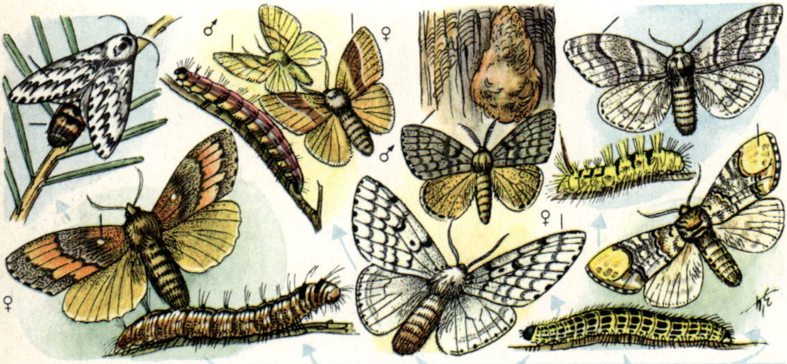

	Nonne	Kiefern-spinner	Ringel-spinner	Schwamm-spinner	Streckfuß	Mondvogel
wissenschaftl. Name	*Lymántria monácha*	*Dendrolimus pini*	*Malacosóma neústrium*	*Lymántria dispar*	*Dasychira pudibúnda*	*Phálera bucéphala*
Größe; Flugzeit	5,5 cm; 7–8	♂ 7 cm; 7—8	♂ 2,5 cm; 7	♂ 4 cm; 8—9	5 cm; 5–6	5 cm; 5–6
Besondere Kennzeichen	Vorderflügel weiß, mit dunklen, zackigen Binden, Hinterleib rosenrot gebändert	♀ größer; schneeweißer Mondfleck auf Vorderflügel	♀ größer; Vorderflügel mit 2 rötlichen oder gelblichen Querbinden	♂ bräunlich, ♀ größer, weißlich, Vorderflügel bei beiden mit schwarzen Querbinden	♀ Vorderflügel weißgrau, mit dunkleren Querbinden, ♂ dunkler	großer, gelber Fleck in Vorderflügelspitze

Der **Eichenprozessionsspinner** (a *Thaumatopoéa processiónea*; ♂ bis 2,9 cm, ♀ bis 3,2 cm; 8—9; Vorderflügel mit dunklen Querlinien; Raupen wandern in Kolonne; Familie **Spinner**), der **Kiefernspanner** (b *Búpalus piniárius*; 3 cm; 5—6; ♂ gelblichweiß, Flügelränder sepiabraun, Fühler mit Kammzähnen, ♀ rostgelb; Familie **Spanner**) und der **Birkenspanner** (c *Amphídasis betulária*; 5,5 cm; 5—6; Flügel kreideweiß, schwarz gefleckt; Familie **Spanner**) sind häufige Schädlinge an Eichen, Kiefern oder Birken.

Der **Hirschkäfer** (a *Lucánus cérvus*; 2—7,5 cm; ♂ mit Geweih, bis zu 2,6 cm; **geschützt**) und der **Balkenschröter** (b *Dórcus parallelepípedus*; 1,2—2,2 cm; 5—6; Körper mattschwarz, Brust sehr breit, ♂ mit verlängerten Oberkiefern) ernähren sich von ausfließenden Baumsäften. Der **Rehschröter** (c *Systenócerus caraboídes*; 1,1—1,3 cm; 4—5; Oberseite grün oder blau, Flügeldecken fein punktiert) frißt Knospen der Eichen und anderer Bäume, der **Mistkäfer** (d *Geotrúpes spec.*; 1,1—1,7 cm; 6—9; Oberseite blauschwarz) lebt von Dung. Alle genannten Arten sind **Blatthornkäfer.**

Die auf der Seitenmitte abgebildeten **Blatthornkäfer** sind in ganz Deutschland mehr oder weniger häufig. Walker, Mai- und Junikäfer fressen das Laub der Bäume, der Walker besonders auch Kiefernnadeln; die Larven leben als Engerlinge mehrere Jahre in der Erde. Den Julikäfer findet man auf Büschen und Getreide. Die Larven vom Rosen- oder Gemeinen Goldkäfer und vom Nashornkäfer entwickeln sich in morschen Baumstümpfen.

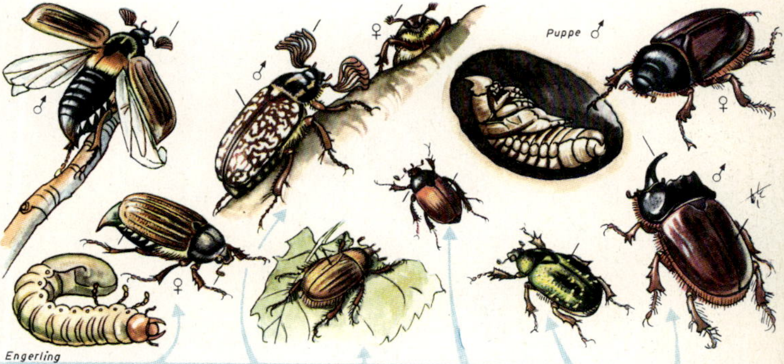

	Maikäfer	Walker	Junikäfer	Julikäfer	Rosenkäfer	Nashornkäfer
wissenschaftl. Name	*Melolóntha vulgáris*	*Polyphýlla fúllo*	*Amphimállus solstitiális*	*Anómala aënea*	*Cetónia auráta*	*Orýctes nasicórnis*
Größe; Flugzeit	2,5 cm; 5—6	2,6—3,5 cm; 6—7	1,7 cm; 6—7	1,5 cm; 6—7	1,6—2,2 cm; 5—6	2,3—3,7 cm; 6—7
Besondere Kennzeichen	Seiten mit schwarzweißer Zackenbinde, ♂ mit großer, ♀ mit kleiner Fühlerkeule	Halsschild und Flügeldecken weiß marmoriert, ♂ mit großer, ♀ mit kleiner Fühlerkeule	ähnlich Maikäfer, aber kleiner, Kopfschild rötlichgelb, Flügeldecken bleichgelb	Kopf- und Halsschild grün, Flügeldecken gelb oder grün	Käfer glänzend goldgrün, Flügeldecken mit weißen Flecken	Körper glänzend kastanienbraun, ♂ mit 10 mm langem Horn

Der **Große Eichen-** oder **Heldbock** (a *Cerámbyx cérdo*; 3—5 cm; 6—7; Fühler sehr lang, Halsschild seitlich mit je 1 Dorn), der **Weberbock** (b *Lámia téxtor*; 2,6—3,2 cm; 5—6; Körper gedrungen, 1. Fühlerglied sehr dick), der **Große Pappelbock** (c *Sapérda carchárias*; 2,4—3 cm; 6—7; oben dicht gelbbraunfilzig, schwarz punktiert) und der **Hausbock** (d *Hylotrúpes bájulus*; 0,9—2 cm; 5—7; braun oder schwarz, Flügel mit 2 weißlich behaarten Binden, Schlupflöcher oval; auch in Häusern) sind **Bockkäfer** des Waldes.

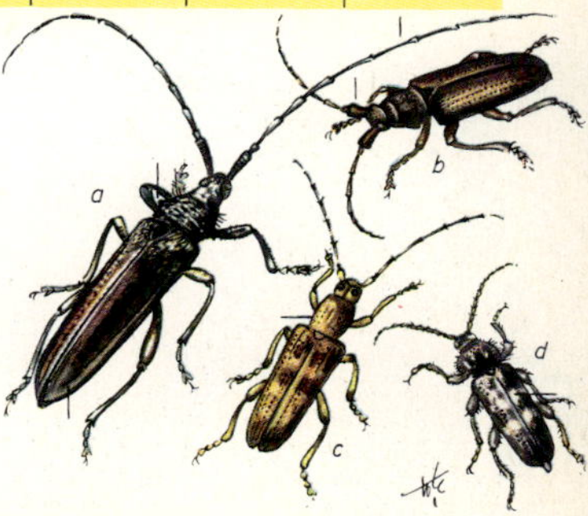

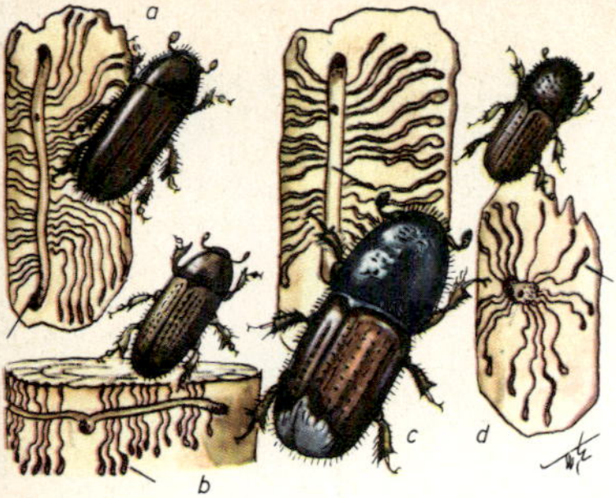

Der **Große Waldgärtner** (a *Blastóphagus piniperda*; 3,8—4,4 mm; 3—4; Muttergang krückenförmig; an Kiefern), der **Kleine Waldgärtner** (b *Blastóphagus minor*; 3,5—4 mm; 4—5; Muttergang querliegend, Larvengänge senkrecht, kurz; an Kiefern), der **Buchdrucker** (c *Ips typógraphus*; 5,5 mm; 4—5 und 7—8; Muttergang fast gerade; an Kiefern) und der **Kleine Tannenborkenkäfer** (d *Crýphalus picea*; 1,1—1,8 mm; 3—4 und 6; Muttergang klein, platzartig, Fraßbild sternförmig; an Tannen) sind **Borkenkäfer**, die ihre Eier in seitliche Nischen eines Fraßganges (Muttergang) unter der Rinde legen.

In der Tabelle sind kleine, in ganz Deutschland heimische **Rüsselkäfer** beschrieben, die ihre Eier in kunstfertige Blattwickel legen oder Früchte anbohren. Der Trichterwickler baut Birkenblattüten, der Eichenblattroller Eichenblattwickel, der Haseldickkopfkäfer Haselblattüten und der Rebenstecher Blattwickel an der Weinrebe. Haselnußbohrer legen Eier in Haselnüsse, Fichtenrüsselkäfer an Wurzeln. Nur die letzten beiden Arten sind **Echte Rüsselkäfer** (mit geknieten Fühlern); die übrigen sind **Trugrüßler.**

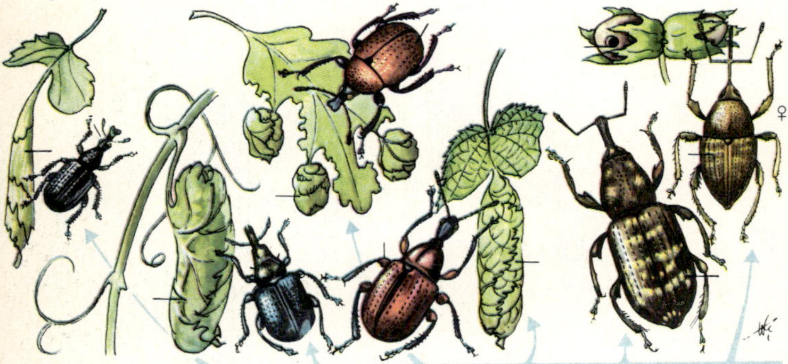

	Trichterwickler	Rebenstecher	Eichenblattroller	Haseldickkopfkäfer	Fichtenrüsselkäfer	Haselnußbohrer
wissenschaftl. Name	*Rhynchites bétulae*	*Rhynchites betuléti*	*Attélabus curculionides*	*Apóderus córyli*	*Hylóbius abiétis*	*Balaninus núcum*
Größe; Flugzeit	4,4 mm; 5—7	6 mm; 4—5	6 mm; 5—6	6—8 mm; 4—5	9—13 mm; 4—9	6—7 mm; 5—6
Besondere Kennzeichen	Körper glänzend schwarz, Kopf klein, ♀ dreht Tüten aus Birkenblättern	Körper grün oder blau, ♂ mit Dorn auf dem Halsschild, ♀ rollt „Zigarrenwickel"	Flügeldecken rot, Kopf rüsselförmig, ♀ fertigt Röllchen an Eichenblättern	Kopf schwarz, Flügeldecken und Oberschenkel rot, ♀ rollt Haselblätter zusammen	kastanienbraun, glanzlos, Flügeldecken mit rostgelben Querflecken	Körper eiförmig, braun, Flügeldecken gefleckt, ♀ bohrt Haselnüsse an

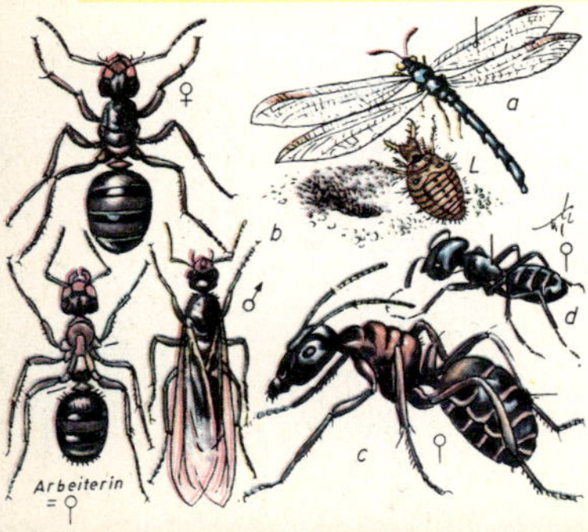

Die **Ameisenjungfer** (a *Myrméleon formicárius*; 2—3 cm; Spannweite 6,5 cm; 7—8; 4 gleichartige, netzadrige Flügel; L Larve mit Fangtrichter) ist ein **Netzflügler.** Die **Rote Waldameise** (b *Formica rúfa*; 5—11 mm; 6—9; Rücken und Stielchen rot, Hinterleib schwarz; **geschützt**) baut große Hügelnester, die **Roßameise** (c *Camponótus herculeánus*; 8—14 mm; 6; rotbraun, Hinterleib schwarz) und die **Glänzendschwarze Holzameise** (d *Lásius fuliginósus*; ♀ bis 5 mm; 7—8; glänzend schwarz) nisten in Baumstümpfen (Familie Ameisen).

Die **Gemeine Eichengallwespe** (a *Diplolépis quércus-fólii*; bis 4 mm; 5—6; Galle kugelig, bis 2 cm Durchmesser, Wespe lang geflügelt) und die **Rosengallwespe** (b *Rhodítes rósae*; bis 5 mm; Hinterleib der Wespe rot und schwarz, Galle krauswollig, bis 5 cm groß, „Schlafäpfel" genannt) sind **Gallwespen**, die **Große Buchengallmücke** (c *Mikíola fági*; bis 1,5 mm; 6—7; Galle eiförmig, zugespitzt, glatt, Gallmücke sehr klein) ist eine **Gallmücke**, und die **Große Fichtengallaus** (d *Sacchiphántes abíetis*; Laus sehr klein, gelbgrün, Galle zapfenähnlich, Gallenschuppen mit Stacheln) ist eine **Afterblattlaus** in Wäldern.

Birkenknopfhornblattwespen gehören zu den **Blattwespen**; sie legen ihre Eier an Birkenblätter. Die Schwarze Fichtenholzwespe und die Riesenholzwespe sind **Holzwespen**, die Nadelbäume anbohren und ihre Eier hineinlegen; ihre Larven zehren vom Holz. **Riesenschlupfwespen** bohren ihren Legestachel mehrere Zentimeter durch Holz in Holzwespenlarven; **Sichelwespen** heften Eier an Raupen. Die Gemeine Sandwespe ist eine **Grabwespe**. Sie lähmt Raupen und schleppt sie in eine vorbereitete Höhle.

	Sichel-wespe	Riesen-schlupfwespe	Birkenknopf-hornblattwespe	Schwarze Fichtenholzwespe	Riesen-holzwespe	Gemeine Sandwespe
wissenschaftl. Name	*Exochilum circumfléxum*	*Rhýssa persuasória*	*Címbex femoráta*	*Xéris spéctrum*	*Sírex gígas*	*Ammóphila sabulósa*
Größe; Flugzeit	bis 3,5 cm; 5—8	bis 4 cm; 5—8	bis 2,5 cm; 5—6	bis 4 cm; 4	bis 4,5 cm; 7—8	bis 2 cm; 6—9
Besondere Kennzeichen	Hinterleib sichelartig gekrümmt, ♀ mit kurzem Legebohrer	Körper schwarz, Hinterleib mit hellen Flecken, Legebohrer des ♀ bis 6 cm lang	Fühler „geknopft", Kopf hinter den Augen erweitert	Körper schlank, schwarz, 1. Brustring mit 2 gelben Längsstreifen	♂ Hinterleib rotgelb, ♀ rotgelb und schwarz, mit langem Legestachel	Hinterleib kolbenförmig, halb rot, halb blau, ♀ schleppt gelähmte Raupe in vorbereitete Höhle

Die **Garten-Kreuzspinne** (a *Aránea diadéma*; Kopfbruststück ♂ 3,5—4, ♀ 3,5—7 mm, gelbbraun, weißes Kreuz auf Hinterleib; Familie **Radnetzspinnen**), die **Gelbe Krabbenspinne** (b *Misuména calycina*; Kopfbruststück ♂ 1,5—7,5 mm, ♀ 2,8—3 mm; 1. und 2. Beinpaar sehr lang), die **Große Raubspinne** (c *Pisaūra listeri*; Kopfbruststück 4—4,5 mm, Körper gelbbraun behaart) und die **Gebänderte Tarantelspinne** (d *Taréntula aculeáta*; Kopfbruststück 4—5 mm, mit hellen Längsstreifen) sind Waldspinnen.

Heide, Moor, Tundra und Steppe

Heiden und **Heidemoore** sind weiträumige Landschaften der gemäßigten Zone mit wenig Baumwuchs, aber mit vielen Zwergsträuchern, Moosen und Flechten, insbesondere Torfmoosen. Im hohen Norden geht die Heide in eine sehr ähnliche Formation über, die **Tundra.** Je nachdem, welche Pflanzen in der Heide vorherrschen, unterscheidet man *Callunaheide* mit viel Besenheide, *Tetralixheide* mit viel Glocken- oder Doppheide, *Empetrumheide* mit viel Krähenbeere, *Heide-* oder *Moosmoor* **(Hochmoor)** mit viel Torfmoosen und Wollgräsern, Gagelstrauch und Sumpfporst, Gränke und Moosbeere, sowie die *Besenginsterheide* mit viel Besenginster. Außer diesen echten Heiden sind unter diesem Lebensraum auch die heidekrautlosen **Sandfelder, sonnige Hügel** und **steppenartige Gebiete** abgehandelt, die durch eine ganze Reihe von Zwergsträuchern wenigstens äußerlich buschigen Heiden ähneln. Viele Zwergsträucher der genannten Lebensräume sind durch kleine, oft lederartige Blätter ausgezeichnet. Die meisten Vögel dieser Gebiete sind Bodenbrüter und Zugvögel oder Teilzieher; nur wenige verharren auch im Winter hier. Die in Deutschland heimischen Reptilien wurden alle in diesen Lebensräumen beschrieben, obwohl manche von ihnen auch in anderen Gebieten auftreten.

Der **Heide-Wacholder** (a *Juniperus commúnis*; bis 10 m; 4—5; Wuchs säulenförmig, Nadeln stechend, Früchte beerenartig; ♃; **Zypressengewächse**), der **Gagelstrauch** (b *Mýrica gále*; bis 1,50 m, 4—5; Pflanze duftet aromatisch, Blätter lanzettförmig, an der Spitze gesägt, Staubkätzchen 1,5 cm, Stempelkätzchen 5—6 mm; ♃; **gewerblich geschützt; Gagelgewächse;** vor allem in Norddeutschland) und der **Flügel-Ginster** (c *Genista sagittális*; 15—25 cm; 5—7; Stengel breit geflügelt; ♃; **Schmetterlingsblütler;** fehlt in Nordwestdeutschland) sind Charaktersträucher in Heide und Moor, c auch in lichten Wäldern.

In der Tabelle sind **Schmetterlingsblütler** beschrieben, die strauchförmig in Heiden und Mooren, z. T. auch in lichten Wäldern, auf trockenen Magerwiesen und auf Triften wachsen. Der Stechginster oder Gaspeldorn kommt zerstreut in Nord- und Westdeutschland, der Englische Ginster nur im Nordwesten, in Schleswig-Holstein und im Schwarzwald vor. Die übrigen Ginsterarten sind häufiger und weiter verbreitet.

	Deutscher Ginster	Englischer Ginster	Färber-Ginster	Behaarter Ginster	Stechginster	Besenginster
wissenschaftl. Name	*Genista germánica*	*Genista ánglica*	*Genista tinctória*	*Genista pilósa*	*Úlex europǽus*	*Sarothámnus scopárius*
Größe; Blütez.	30—60 cm; 5—6	30—60 cm; 5—6	30—60 cm; 6—7	6—40 cm; 4—6	bis 150 cm; 5—6	bis 2 cm; 5—6
Besondere Kennzeichen	Stengel dornig, nebst den Blättern rauhhaarig, Blüten goldgelb, in endständigen Trauben; ♃	Stengel dornig, nebst den Blättern kahl, Blüten goldgelb, in kurzen Trauben; ♃	Stengel dornenlos, kahl, Blüten gelb, kahl, in endständigen Trauben; ♃	Stengel dornenlos, Blüten goldgelb, zu 1—3 in Blattachseln, seidenhaarig; ♃	Pflanze stark dornig, Blüten zu 1—3 an Kurztrieben, Kelch 2teilig, braun behaart; ♃	Zweige dornenlos, grün, rutenförmig, kantig, Blüten einzeln, groß, gelb; ♃

Die **Moorbirke** (a *Bétula pubéscens*; bis 20 m; 4—5; junge Blätter und Zweige weich behaart, Blätter eiförmig; ♃; verbreitet), die **Niedrige Birke** (b *Bétula húmilis*; 50—150 cm; 4—5; Blätter stumpf, länger als breit, höchstens 3,5 cm lang, kurz gestielt, ungleich gesägt; ♃; zerstreut) und die **Zwerg-Birke** (c *Bétula nána*; 30 bis 60 cm; 4—5; Blätter klein, rundlich, breiter als lang; ♃; geschützt; Bayern, im Erzgebirge, am Brocken, im Böhmerwald und in der Tundra) sind **Birkengewächse** in Mooren und Brüchen.

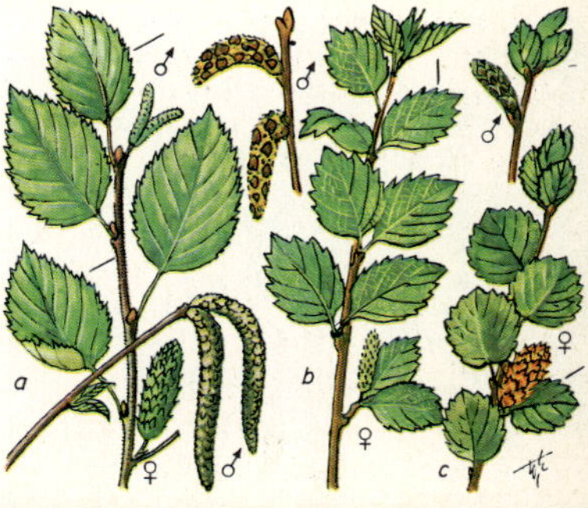

Die **Besenheide** (a *Callúna vulgáris*; bis 1 m; 6—9; Blüten in einseitswendigen Trauben; ♃; häufig), die **Glockenheide** (b *Erica tetrálix*; 10—30 cm; 7—8; Blüten hellrot, selten weiß, in doldigen Rispen; ♃; nur in Nordwestdeutschland und Schleswig-Holstein) und die **Grau-Heide** (c *Erica cinérea*; 10—40 cm; 6—7; Blüten in quirligen Trauben; ♃; nur im nordwestlichen Rheinland), die **Violett-Heide** (d *Phyllódoce coerúlea*; 10—20 cm; 7; Blüten zu 4, endständig; ♃) und die **Moosheide** (e *Cassiope hypnoides*; bis 10 cm; 6—7; Blüten langgestielt; ♃) sind **Heidekrautgewächse**, d und e der Tundra.

Die Zwergsträucher der Tabelle sind **Heidekrautgewächse**, die bis auf die Heidel- und Rausch- oder Moorbeere immergrüne Blätter tragen. Die Gränke oder Rosmarinheide kommt nur im Norden häufig, im Süden zerstreut vor; die Torfgränke ist auf Hochmoore östlich der unteren Weichsel beschränkt. Alle anderen Arten der Tabelle wachsen häufig in Heiden und Mooren sowie in den Zwergstrauchheiden der Gebirge.

	Moosbeere	Preiselbeere	Heidelbeere	Rauschbeere	Gränke	Torfgränke
wissenschaftl. Name	*Vaccinium oxycóccus*	*Vaccinium vitis-idaéa*	*Vaccinium myrtillus*	*Vaccinium uliginósum*	*Andrómeda polifólia*	*Chamaedáphne calyculáta*
Größe; Blütez.	bis 10 cm; 5—8	10—30 cm; 5—8	bis 40 cm; 5—6	25—85 cm; 5—6	10—40 cm; 4—6	bis 1 m; 5—7
Besondere Kennzeichen	Blüten zu 1—4, mit zurückgeschlagenen Zipfeln, Beeren kugelig, rot, Pflanze niederliegend; ♃	Blüten glockig, in endständigen, hängenden Trauben, Krone 4spaltig, Beeren rot; ♃	Stengel kantig, Blätter klein, gesägt, Blüten einzeln, 5zähnig, Beeren schwarz; ♃	Blüten zu 1—4, Stengel stielrund, Beeren schwarz, ihr Saft farblos; ♃	Blüten rosenrot, an langen Stielen, nickend, in Doldentraube; ♃	Blätter mit rostbraunen Drüsen, unterseits weißlichgrün, Blüten glockig, weiß; ♃

Die **Immergrüne Bärentraube** (a *Arctostáphylos úva-úrsi*; bis 30 cm; 3—7; Blüten 5zähnig; ♃), **der Sumpfporst** (b *Lédum palústre*; 50—100 cm; 5—7; Blüten in endständigen Dolden; ♃; **fehlt** in Süd- und Westdeutschland; **geschützt**) und die **Lappenrose** (c *Rhododéndron lappónicum*; 50—100 cm; 6—7; Blüten groß, Blätter eiförmig; ♃; Tundra) sind **Heidekrautgewächse**, die **Krähenbeere** (d *Émpetrum nigrum*; 15—60 cm; 4—6; Blätter nadelförmig, weiß gekielt; ♃) ist ein **Krähenbeergewächs** in Heidemooren.

Die **Gemeine Küchenschelle** (a *Anemóne pulsatilla*; 3—50 cm; 4; Blüten aufrecht, Grundblätter zwei- bis dreifach gefiedert; ♃; kalkliebend), die **Heide-Küchenschelle** (b *Anemóne pátens*; 5—50 cm; 4—5; Grundblätter dreizählig, mit dreiteiligen Blättchen; ♃), die **Frühlings-Küchenschelle** (c *Anemóne vernális*; 3—30 cm; 4—5; dicht bräunlich behaart, Blüten außen oft violett; ♃) und das **Große Windröschen** (d *Anemóne silvéstris*; 15—45 cm; 4—5; Blüten 4—7 cm breit, Blütenhülle an der Unterseite seidenhaarig; ♃; fehlt in Nordwestdeutschland) sind **geschützte Hahnenfußgewächse** auf Heiden u. Trockenrasen.

Wiesen-Küchenschellen sind zerstreut wachsende **Hahnenfußgewächse** auf Heiden und sonnigen Hügeln; die Behaarte Fetthenne gehört zu den **Dickblattgewächsen** und bewohnt Torfmoore, fehlt aber in Nordwestdeutschland. Alle andern Pflanzen der Tabelle sind **Rosengewächse** auf Heiden und Trockenplätzen. Die Moltebeere ist selten und kommt vorwiegend in Norddeutschland vor; das Sand-Fingerkraut fehlt in Nordwestdeutschland.

	Wiesen-Küchenschelle	Behaarte Fetthenne	Moltebeere	Hügel-Fingerkraut	Hohes Fingerkraut	Sand-Fingerkraut
wissenschaftl. Name	*Anemóne praténsis*	*Sédum villósum*	*Rúbus chamaemórus*	*Potentilla collina*	*Potentilla récta*	*Potentilla arenária*
Größe; Blütez.	5—50 cm; 4—6	5—20 cm; 7—8	10—25 cm; 5—6	10—30 cm; 5—8	30—70 cm; 6—7	15 cm; 4—5
Besondere Kennzeichen	Blüten nickend, Blumenblätter zurückgebogen; ♃; **vollkommen geschützt**	Pflanze drüsenhaarig und klebrig, Blätter oberseits flach; ♃	Blätter herz-nierenförmig, Blüten einzeln, endständig; ♃	Blätter 5zählig, unterseits weißfilzig, Stengel oft niederliegend; ♃	Blütenstand doldenrispig, reichblütig, Blüten 2—2,5 cm breit; ♃	Blätter meist 5zählig, Blumenblätter 5—10 mm lang; ♃

Das **Weiße Fingerkraut** (a *Potentilla álba*; 15 cm; 5—6; Blättchen an der Spitze mit 1—4 Kerbzähnen; ♃), das **Graue Fingerkraut** (b *Potentilla canéscens*; bis 40 cm; 6—7; Blätter unterseits graufilzig, Stengel langzottig; ♃), die **Knackelbeere** (c *Fragária víridis*; 4—35 cm; 5—6; Seitenblättchen sitzend, mittleres kurzgestielt; ♃) und die **Aremonie** (d *Aremónia agrimonoídes*; 5—20 cm; 5—6; Blüten mit 6- bis 10-spaltiger Hülle; ♃; nur im Oberrheintal, auch in Laubwäldern) sind **Rosengewächse** in Heiden.

Der **Schwarze Geißklee** (a *Cýtisus nigricans*; 50—120 cm; 6—7; Blüten in aufrechten Trauben, Blätter dreizählig; ♃), der **Kopfige Geißklee** (b *Cýtisus supinus*; 60—120 cm; 6—9; Blüten zu zwei bis sechs in kopfförmigen Dolden; ♃), der **Zwillings-Geißklee** (c *Cýtisus ratisbonénsis*; 15—60 cm; 5—6; Blüten zu zwei oder drei blattwinkelständig; ♃) und die **Frühlings-Platterbse** (d *Láthyrus vérnus*; 10—40 cm; 4—5; Blätter mit zwei bis drei Paaren eiförmiger Fiedern; ♃) sind **Schmetterlingsblütler** auf sonnigen Hügeln und in Gesträuchen, der Zwillings-Geißklee nur im Süden und Osten.

Die ersten drei Arten der Tabelle gehören zu den **Schmetterlingsblütlern.** Der Hufeisenklee wächst in Süddeutschland; die Platterbsen-Wicke und die Heide-Wicke kommen in der Pfalz, im Spessart, auf dem Hohen Venn und in Nordschleswig vor. Das Hügel-Weidenröschen ist ein **Nachtkerzengewächs** und die beiden Sonnenröschen sind **Cistrosengewächse** an sonnigen, steinigen Orten; das Graufilzige Sonnenröschen ist nur in Süddeutschland, Sachsen-Anhalt und Thüringen heimisch.

	Platterbsen-Wicke	Heide-Wicke	Hufeisenklee	Hügel-Weidenröschen	Graufilziges Sonnenröschen	Gemeines Sonnenröschen
wissenschaftl. Name	*Vícia lathyroides*	*Vícia órobus*	*Hippocrépis comósa*	*Epilóbium collinum*	*Heliánthemum cánum*	*Heliánthemum nummulárium*
Größe; Blütez.	2—16 cm; 4—6	15—40 cm; 5—6	10—35 cm; 5—7	10—40 cm; 6—9	5—10 cm; 5—9	8—30 cm; 5—9
Besondere Kennzeichen	Blätter paarig gefiedert, selten mit Ranke, Blüten einzeln, klein, 5—8 mm lang; ⊙	Blätter paarig gefiedert, ohne Ranken, Blüten weiß, Fahne violett geadert; ♃	Blätter langgestielt, 5—7paarig, Blüten zu 5—12 in Dolden, nickend; ♃	Blätter geschweift gezähnt, Blumenblätter 4—6 mm lang, ♃	Stengel holzig, Blätter gegenständig, graufilzig, ohne Nebenblätter, **Blüten** gelb; ♃	Stengel holzig, Blätter gegenständig, Nebenblätter lanzettlich, Blüten gelb; ♃

Das **Apenninen-Sonnenröschen** (a *Heliánthemum apenninum*; bis 50 cm; 6—7; Blätter mit Nebenblättern; ♃; Nordbayern und Mittelrhein), das **Sandröschen** (b *Tuberária guttáta*; 5—40 cm; 5—8; Grundblätter gehäuft; ⊙) und das **Heidenröschen** (c *Fumána procúmbens*; 10—20 cm; 6—8; Blätter nadelförmig; ♃; Süd- und Mitteleuropa) sind **Cistrosengewächse,** das **Sandveilchen** (d *Víola rupéstris*; 4—6 cm; 4—5; Blatt rundlich-herzförmig, Nebenblätter gezähnt; ♃) ist ein **Veilchengewächs** auf Sandfeldern.

Der **Rundblättrige Sonnentau** (a *Drósera rotundifólia*; 5—25 cm; 6—9; Blätter rund, langgestielt, rosettig; ♃), der **Mittlere Sonnentau** (b *Drósera intermédia*; 3—10 cm; 7—8; Blätter länglich verkehrteiförmig, in den langen Stiel verschmälert, rosettig; ♃) und der **Langblättrige** oder **Englische Sonnentau** (c *Drósera ánglica*; 5—25 cm; 7—8; Blätter linealisch, in den langen Stiel verschmälert, Blumenblätter 5 mm lang; ♃) sind bis auf den häufigen Rundblättrigen Sonnentau zerstreut wachsende insektenfressende Moorpflanzen aus der Familie der **Sonnentaugewächse** (Blätter mit gestielten Drüsenköpfchen).

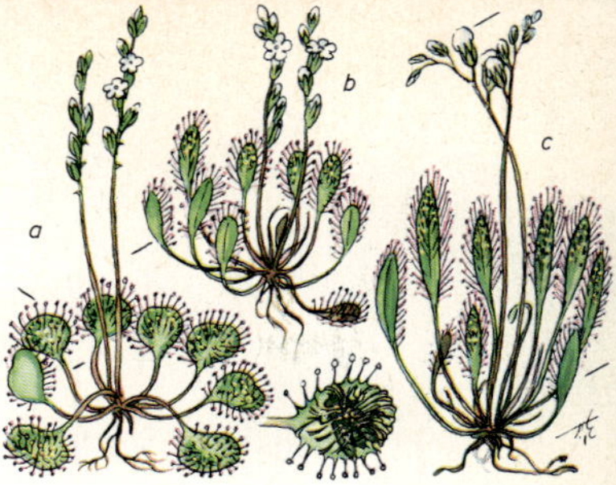

Das Siegmarskraut ist ein **Malvengewächs.** Die übrigen Pflanzen der Tabelle tragen ihren Familiennamen, sind also z. B. **Johanniskrautgewächse, Storchschnabelgewächse, Leingewächse** und **Kreuzblumengewächse.** Zumeist kommen diese Arten zerstreut vor, das Sumpf-Johanniskraut und die Quendel-Kreuzblume auf torfigen Böden, die übrigen auf sonnigen Hügeln und Heiden. Der Klebrige Lein ist nur in den Alpen und in Oberbayern, das Sumpf-Johanniskraut nur in Westdeutschland beheimatet.

	Sumpf-Johanniskraut	Siegmars-kraut	Stein-Storchschnabel	Klebriger Lein	Quendel-Kreuzblume	Gemeine Kreuzblume
wissenschaftl. Name	*Hypericum elódes*	*Málva álcea*	*Geránium columbinum*	*Linum viscósum*	*Polýgala serpyllifólium*	*Polýgala vulgáre*
Größe; Blütez.	6—30 cm; 6—8	30—100 cm; 6-9	15—45 cm; 5—9	20—60 cm; 5—7	10—20 cm; 5—9	8—25 cm; 5—8
Besondere Kennzeichen	Blätter und Stengel dicht weichhaarig, Kelchblätter drüsig-gezähnt; ♃	Stengel dicht sternhaarig, Blätter 3- bis 7lappig, Blüten rosenrot, traubig gehäuft; ♃	Blätter stark zerteilt, Blüten rosa, ihre Stiele sehr lang und dünn; ⊙	Stengel und Blätter zottig weichhaarig, Blumenblätter rosa, dunkel geadert; ♃	untere Blätter gegenständig, Blütentrauben 3- bis 8blütig, Flügel länger als Kronröhre; ♃	Blätter alle wechselständig, 2 der 5 Kelchblätter, die Flügel, groß, blauviolett; ♃

Das **Kegelfrüchtige Leimkraut** (a *Siléne cónica*; 5—20 cm; 5—7; Blütenstand armblütig; Blütenblätter ausgerandet; ⊙), die **Gemeine Pechnelke** (b *Viscária vulgáris*; 20—70 cm; 5—6; Stengel mit Leimringen; ♃), das **Mauer-Gipskraut** (c *Gypsóphila murális*; 4—18 cm; 6—10; Blüten rosa, dunkel geadert; ⊙; fehlt in Nordwestdeutschl.) und der **Frühlings-Spark** (d *Spérgula vernális*; 5—50 cm; 4—7; Blätter unten ohne Längsfurche, Samen breit braun geflügelt; ⊙) sind zerstreut wachsende **Nelkengewächse.**

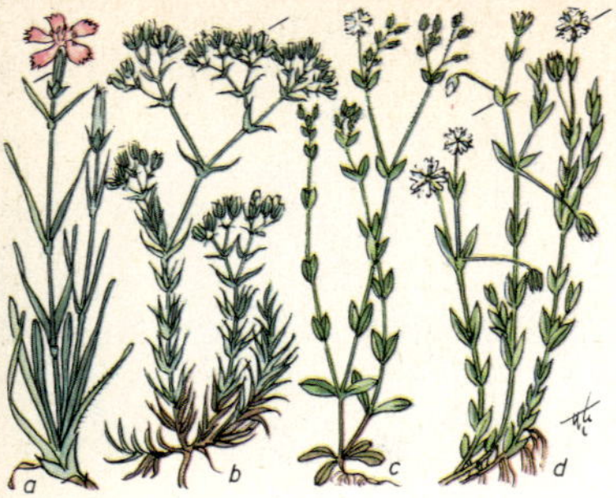

Die **Pfingst-Nelke** (a *Diánthus gratianopolitánus*; 5—25 cm; 5—7; meist einblütig; Kelchröhre 18—20 mm lang; ♃; **vollkommen geschützt**), der **Ausdauernde Knäuel** (b *Scleránthus perénnis*; 3—35 cm; 5—8; Kelchblätter stumpf, Fruchtkelche geschlossen; ♃), das **Bärtige Hornkraut** (c *Cerástium brachypétalum*; 8—25 cm; 5—6; Fruchtstiele etwa zweimal so lang wie der Kelch; ⊙—⊙⊙) und die **Dickblättrige Miere** (d *Stellária crassifólia*; 5—20 cm; 5—8; Deckblätter krautig, Blumenblätter 2—3 mm lang; ♃) sind **Nelkengewächse** auf Heiden und Trockenplätzen, letztere auf Moorwiesen und in Brüchen.

Der Schwedische Hartriegel der Tabelle ist ein seltenes **Hartriegelgewächs** in Mooren Nordwestdeutschlands, der Zarte Gauchheil ein seltenes **Primelgewächs** in Westfalen, am Niederrhein und im Schwarzwald. Das Zindelkraut, der Bitterling und der Schlauch-Enzian sind seltene **Enziangewächse** in Mooren, letzterer nur in den Alpen, deren Vorland und am Rhein bei Mainz. Weit verbreitet ist der Feld-Thymian, ein **Lippenblütler.**

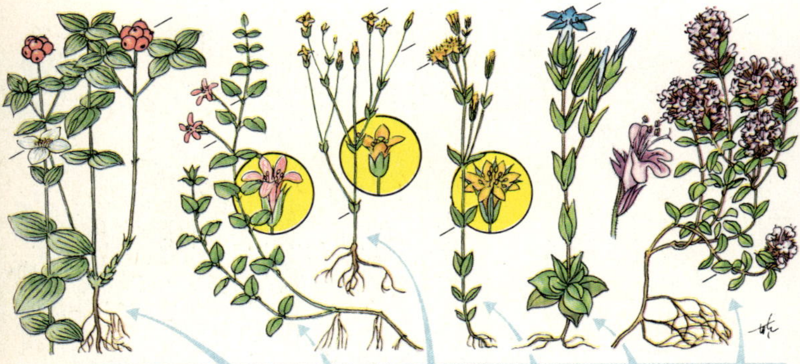

	Schwedischer Hartriegel	Zarter Gauchheil	Zindelkraut	Bitterling	Schlauch-Enzian	Feld-Thymian
wissenschaftl. Name	*Córnus suécica*	*Anagállis tenélla*	*Cicéndia filifórmis*	*Blackstónia perfoliáta*	*Gentiána utriculósa*	*Thýmus serpýllum*
Größe; Blütez.	10—15 cm; 5	5—15 cm; 7—8	1—12 cm; 7—10	5—50 cm; 6—8	7—30 cm; 6—8	7—25 cm; 4—9
Besondere Kennzeichen	Pflanze krautig, Blüten rotbraun, mit 4 weißen Hochblättern, Beeren rot; ♃	Stengel niederliegend, Blätter rundlich, kurzgestielt, Blüten rosa, ihre Stiele fadendünn; ⊙	Stengel dünn, ästig, Blätter winzig, Blüten goldgelb, langgestielt, 4zählig; ⊙	Blätter 3eckig-eiförmig, gegenständig, am Grunde verwachsen, Blüten 6- bis 8teilig; ⊙	Kelch mit breit geflügelten Kanten, Krone 5spaltig, dunkelblau, Griffel tief gespalten; ⊙; **geschützt**	Stengel an den 4 Kanten behaart, Blätter klein, derb, am Rande umgerollt, Kelch 2lippig; ♃

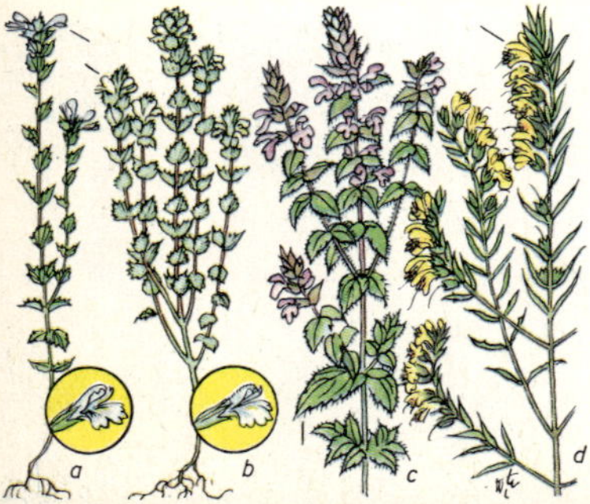

Der **Schlanke Augentrost** (a *Euphrásia micrántha*; 3—20 cm; 6—9; Stengel wenigästig; ⊙), der **Kleinblütige Augentrost** (b *Euphrásia parviflóra*; 3—20 cm; 6—10; Oberlippe außen dick behaart; ⊙) bewohnen Heiden und Trockenrasen. Der **Rote Zahntrost** (c *Odontítes rúbra*; 7—50 cm; 5—11; Blätter entfernt gesägt; ⊙) und der **Gelbe Zahntrost** (d *Odontítes lútea*; 15—50 cm; 7—10; Blüte gelb; ⊙) sind **Rachenblütler,** c in ganz Deutschland, d in Süddeutschland und in Brandenburg (südeuropäische Art).

Der **Moor-Wachtelweizen** (a *Melampýrum paludósum*; 10—30 cm; 7—8; Hochblätter ungezähnt; ⊙; Alpen, Schwarzwald und Bayrischer Wald) ist ein **Rachenblütler,** der **Hügel-Waldmeister** (b *Aspérula cynánchica*; 5—40 cm 6—9; Trugdolden armblütig; Stengel vierkantig, glatt; ♃; fehlt in Nordwestdeutschland), der **Färber-Waldmeister** (c *Aspérula tinctória*; 15—50 cm; 6—7; Blüten in gabeligen Trugdolden, Blumenkronröhre durchweg dreispaltig; ♃) und das **Moor-Labkraut** (d *Gálium uliginósum*; 5—40 cm; 5—9; Stengel vierkantig, Blattquirle 5- bis 8zählig; ♃) sind **Labkrautgewächse** in Heidemooren.

Läusekräuter gehören zu den **Rachenblütlern.** Von den auf der Seitenmitte abgebildeten Arten wächst das Karlszepter zerstreut auf Flachmooren im Alpenvorland, in Württemberg und in ganz Nordeuropa, das Durchblätterte Läusekraut in der Schwäbischen Alb und in den Kalkalpen; die übrigen Arten kommen verbreitet in Mooren und auf Torfwiesen vor. Die Fettkräuter gehören zu den **Wasserschlauchgewächsen.** Sie lieben das Gebirge bis zu 2300 m hoch, kommen aber auch in der Ebene vor.

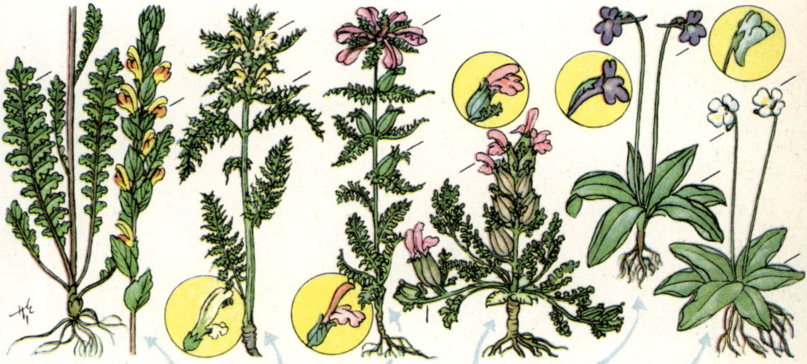

	Karlszepter	Durchblättertes Läusekraut	Sumpf-Läusekraut	Wald-Läusekraut	Gemeines Fettkraut	Alpen-Fettkraut
wissenschaftl. Name	*Pediculáris sceptrum*	*Pediculáris foliósa*	*Pediculáris palústris*	*Pediculáris silvática*	*Pinguícula vulgáris*	*Pinguícula alpína*
Größe; Blütez.	25—100 cm; 7—8	15—50 cm; 6—8	4—50 cm; 5—7	2—20 cm; 5—6	5—18 cm; 5—8	5—15 cm; 5—6
Besondere Kennzeichen	Blätter fiederteilig, Blüten bis 3,2 cm lang, gelb, Unterlippe rot gesäumt; ♃; geschützt	Blüten blaßgelb, Oberlippe dicht-zottig, Blütentraube beblättert; ⊙ bis ♃	Kelchzähne blattartig, Blüten einzeln in Blattachseln, trüb hellrot, selten weiß; ⊙	seitliche Stengel niederliegend, Blüten hellrot, selten weiß, Kelch 5zähnig; ⊙	Blätter grundständig, fettig glänzend, Blüten violett, mit Sporn 16—22 mm lang; ♃	Blüten weiß, Schlund mit 2 gelben Haarstreifen, Sporn kurz und dick; ♃

Das **Dünnspornige Fettkraut** (a *Pinguícula leptóceras*; 5—18 cm; 5—7; untere Kelchzipfel bis zum Grunde geteilt; ♃) ist ein **Wasserschlauchgewächs;** die **Borsten-Glockenblume** (b *Campánula cervicária*; 30—100 cm; 6—7; Pflanze steifborstig; ⊙—♃), die **Sibirische Glockenblume** (c *Campánula sibírica*; 15—80 cm; 6—8; Rosettenblätter länglich-spatelig; ⊙; Odergebiet) und die **Geknäuelte Glockenblume** (d *Campánula glomeráta*; 15—90 cm; 6—9; Blätter am Grunde herzförmig; ♃) sind **Glockenblumengewächse.**

Das **Graue Grindkraut** (a *Scabiósa canéscens*; 5—60 cm; 7—9; Grundblätter ungeteilt, Randblüten strahlend; ♃), das **Gelbe Grindkraut** (b *Scabiósa ochroléuca*; 3—130 cm; 6—10; Grundblätter tief gekerbt, Blüten gelblichweiß; ⊙—♃) und das **Tauben-Grindkraut** (c *Scabiósa columbária*; 3—130 cm; 6—10; Blätter kraushaarig, Blüten meist bläulichrot; ♃) sind verbreitete oder zerstreut vorkommende **Kardengewächse**, die **Filz-** oder **Silberscharte** (d *Jurínea cyanoídes*; 25—45 cm; 7—9; Stengel weißfilzig, Blätter fiederteilig; ♃) ist ein zerstreut wachsender **Röhrenblütiger Korbblütler** auf Steppenrasen.

Der Große Bocksbart ist ein **Zungenblütiger Korbblütler;** die anderen Pflanzen der Tabelle gehören zu den **Röhrenblütigen Korbblütlern.** Alle bewohnen verbreitet Heiden, trockene Hügel und Hänge sowie auch lichte Wälder. Die Kalk- oder Berg-Aster, der Behaarte oder Rauhe Alant und der Große Bocksbart fehlen in Nordwestdeutschland; die Doldige Wucherblume trifft man nur in den Mittelgebirgen und in Süddeutschland an.

	Kalk-Aster	Gemeines Katzenpfötchen	Sand-Strohblume	Behaarter Alant	Doldige Wucherblume	Großer Bocksbart
wissenschaftl. Name	*Áster amellus*	*Antennária dioica*	*Helichrýsum arenárium*	*Inula hirta*	*Chrysánthemum corymbósum*	*Tragopógon dúbius*
Größe; Blütez.	3—50 cm; 7—10	2—25 cm; 5—7	10—40 cm; 7—10	30—45 cm; 6—10	60—120 cm; 6—8	30—90 cm; 5—6
Besondere Kennzeichen	Blätter verkehrt-eiförmig, Köpfchen in Trugdolden, Zungenblüten einreihig, blauviolett; ♃	Blätter unterseits weißfilzig, zwittrige Köpfchen mit weißen, ♀ mit rosa Hüllblättern; ♃	Pflanze weißwollig, Hüllblätter strohgelb, trocken, Köpfchen in Doldentrauben; ♃	Stengel und Blätter rauhhaarig, obere Blätter mit verschmälertem Grunde sitzend; ♃	Blätter 1- bis 3fach fiederspaltig, Randblüten linealisch, weiß, 10—20 mm lang; ♃	Stengel hohl, oben keulig verdickt, Hüllblätter 10—12, länger als die Blüten; ⊙

Das **Krause Kreuzkraut** (a *Senécio rivuláris*; 20—60 cm; 4—8; Grundblätter herzförmig, untere Stengelblätter mit breit geflügeltem Stiel; ♃), die **Bach-Kratzdistel** (b *Círsium rivuláre*; 30—150 cm; 6—7; Stengel weißfilzig, nur unten beblättert, Köpfchen zu 2—4, endständig; ♃) und das **Öhrchen-Habichtskraut** (c *Hierácium auricula*; 2—25 cm; 5—8; Grundblätter spatelig, blaugrün, glänzend, Köpfchen zu 2—5; ♃) sind **Korbblütler** auf Heiden und in Mooren, besonders in Süddeutschland.

Die **Kelch-Simsenlilie** (a *Tofiéldia calyculáta*; 5—50 cm; 6—9; Blütenstand ährenartig, dicht, Griffel 3, deutlich getrennt; ♃; verbreitet auf torfigen Wiesen der Alpen, hier und da auch im übrigen Deutschland) und der **Beinbrech** oder die **Ährenlilie** (b *Narthécium ossifrágum*; 10—40 cm; 6—8; Blütenstand traubig, Blüten lang gestielt, Griffel 1; ♃; nur auf Heidemooren in Nordwestdeutschland) gehören zu den **Liliengewächsen.** Die **Bastard-Schwertlilie** (c *Iris spúria*; 30—60 cm; 5; Stengel stielrund, markerfüllt, Blätter 5—12 mm breit; ♃; **Schwertliliengewächse**) wächst nur bei Mainz auf moorigen Wiesen.

Die Pflanzen der Tabelle gehören zu den **Ried-** oder **Sauergräsern.** Die Graue Segge ist eine **Gleichährige Segge** und kommt verbreitet in Torfstichen und auf nassen Wiesen in ganz Deutschland vor; alle andern wachsen zerstreut in Mooren und auf Torfwiesen. Das Vielstengelige Sumpfried fehlt im Süden, das Rotbraune Kopfried im Nordwesten; das Schwarze Kopfried steigt im Gebirge bis 1500 m hoch.

	Vielstengeliges Sumpfried	Schwarzes Kopfried	Rotbraunes Kopfried	Weißes Schnabelried	Braunes Schnabelried	Graue Segge
wissenschaftl. Name	*Eleócharis multicáulis*	*Schóenus nigricans*	*Schóenus ferrugíneus*	*Rhynchóspora álba*	*Rhynchóspora fúsca*	*Cárex canéscens*
Größe; Blütez.	15—50 cm; 5—7	15—50 cm; 5—7	15—30 cm; 5—7	10—15 cm; 7—9	8—25 cm; 6—7	10—45 cm; 5—8
Besondere Kennzeichen	Pflanze dichtrasig, Ähren einzeln, bis 13 mm lang, Narben 3; ♃	Stengel blattlos, Ährchen zu 5—10 in Köpfchen, vom Hüllblatt weit überragt; ♃	Ährchen zu 2—3 in Köpfchen, vom unteren Hüllblatt kaum überragt; ♃	Stengel beblättert, Blüten in Trugdolde, Ährchen weiß, 2- bis 3blütig, Narben 2; ♃	Stengel beblättert, Ährchen gelbbraun, 2- bis 3blütig, in Köpfchen, Narben 2; ♃	Blätter 2—3 mm breit, schlaff, graugrün, Ährchen 5—10 mm lang, zu 3—8, unten ♂. ♃

Das **Scheiden-Wollgras** (a *Erióphorum vagináutum*; 10—50 cm; 3—5; einköpfig, Stengel unten stielrund, oben dreikantig; ♃), das **Schmalblättrige Wollgras** (b *Erióphorum angustifólium*; 5—100 cm; 4—5; mit Ausläufern, bis fünfköpfig; ♃), das **Breitblättrige Wollgras** (c *Erióphorum latifólium*; 15—70 cm; 4—6; ohne Ausläufer, bis zwölfköpfig; ♃) und das **Schlanke Wollgras** (d *Erióphorum grácile*; 10—60 cm; 5—6; drei bis vier Köpfchen, Ährchenstiele rauh; ♃) sind **Riedgräser** an sumpfigen Orten.

Die **Zweihäusige Segge** (a *Cárex dioica*; 5—30 cm; 4—5; Stengel glatt, einzeln stehend, Pflanze meist zweihäusig; ♃), die **Torf-Segge** (b *Cárex davalliána*; 5—35 cm; 4—5; Stengel meist rauh, dichtrasig, Ähre locker, zweihäusig; ♃), die **Kopf-Segge** (c *Cárex capitáta*; 15—20 cm; 5—6; Pflanze dichtrasig, Narben 2, Fruchtstände kugelig, bis 8 mm lang; ♃) und die **Floh-Segge** (d *Cárex pulicáris*; 5—25 cm; 5; lockerrasig, Blütenstand 1—2 cm lang, oben ♂, unten ♀, Narben 2; ♃) sind zerstreut wachsende **Einährige Seggen** auf Torfwiesen und in Mooren.

Alle in der Tabelle beschriebenen Pflanzen sind **Gleichährige Seggen,** die zerstreut oder selten bis sehr selten in Mooren und an torfigen Orten wachsen. Die Lolchartige Segge und die Zarte Segge gedeihen nur östlich der Weichselmündung, die Torf-Segge außerdem in der unteren Odergegend und im Alpenvorland. Die Verlängerte Segge steigt im Gebirge bis 1300 m auf.

	Sonderbare Segge	**Verlängerte Segge**	**Torf-Segge**	**Lolchartige Segge**	**Zarte Segge**	**Strick-Segge**
wissenschaftl. Name	*Cárex appropinquáta*	*Cárex elongáta*	*Cárex heleonástes*	*Cárex loliácea*	*Cárex dispérma*	*Cárex chordorrhiza*
Größe; Blütez.	30—60 cm; 5—6	30—50 cm; 5—6	10—30 cm; 5—6	bis 30 cm; 5	bis 20 cm; 5—6	5—25 cm; 5—6
Besondere Kennzeichen	Blätter 2—3 mm breit, Ähren deutlich gestielt, oben ♂, unten ♀, Blattscheiden schwarz; ♃	Pflanze rauh, Ährchen 8—12, genähert, oben ♀, unten ♂, Frucht deutlich 2zähnig, abstehend; ♃	Stengel oben sehr rauh, scharf 3kantig, Ährchen kugelig, Früchte eiförmig, graubraun; ♃	Blätter blaugrün, sehr schmal, Ährchen 3- bis 5blütig, unten ♂, Früchte ungeschnäbelt; ♃	Ährchen zu 2—4, sehr zart, 1- bis 3blütig, sehr entfernt; ♃	Stengel mit langen Ausläufern, Ährchen kopfig **gedrängt,** Schläuche rotbraun; ♃

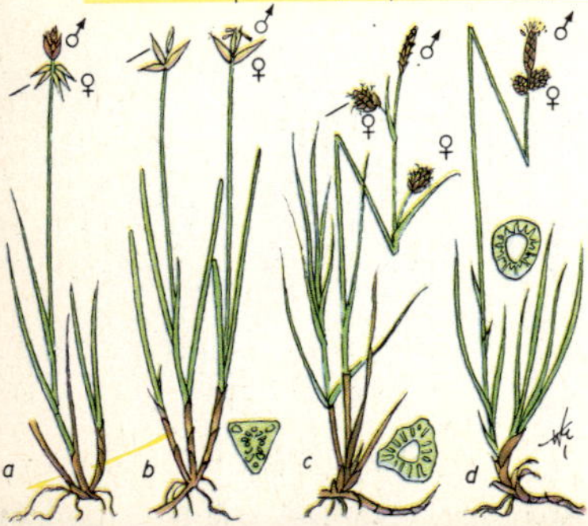

Die **Grannen-Segge** (a *Cárex microglóchin*; 7—15 cm; 5; Ähre 1 cm lang, Früchte hängend, mit „Granne"; ♃; sehr selten, Südtirol, Weichselgegend) und die **Armblütige Segge** (b *Cárex pauciflóra*; 5—16 cm; 6—7; oben 1—2 ♂, unten in der Ähre 2—6 ♀ Blüten; ♃) sind **Einährige Seggen,** die **Schlamm-Segge** (c *Cárex limósa*; 15—45 cm; 5; 1 ♂ und 1 bis 2 hängende ♀ Ährchen; ♃) und die **Heide-Segge** (d *Cárex ericetórum*; 5—25 cm; 4—5; Spelzen mit gefranstem Rand; ♃) sind **Verschiedenährige Seggen.**

Die **Faden-Binse** (a *Júncus filifórmis*; 5—50 cm; 6—8; Blütenstand meist fünfblütig, etwa in der Mitte des Stengels; ♃), die **Sperrige Binse** (b *Júncus sqarrósus*; 15—50 cm; 6—7; viele grundständige, starr-borstliche Blätter, Blütenstand doldenähnlich, aufrecht; ♃), die **Sand-Binse** (c *Júncus tenagḗia*; 5—25 cm; 6—8; Blütenstand mit sichelartigen, verzweigten Ästen; ⊙) und die **Moor-Binse** (d *Júncus stýgius*; 10—30 cm; 7—9; Stengel mit 2—3 Laubblättern, Blütenstand meist 2- bis 3blütig; ♃; Bayern, Ostseeküste) sind **Binsengewächse**, die zerstreut in Heiden und auf Moorwiesen wachsen.

Die auf der Seitenmitte abgebildeten **Orchideen** sind seltene Bewohner der Moorwiesen und Torfbrüche, die Weichwurz besonders im nördlichen und mittleren, die Einblattorchis nur im nördlichen Gebiet sowie auf der bayrischen Hochebene. Das Kleine Zweiblatt kommt auch in feuchten Nadelwäldern vor, besonders im Gebirge. Alle Arten stehen unter **Naturschutz.**

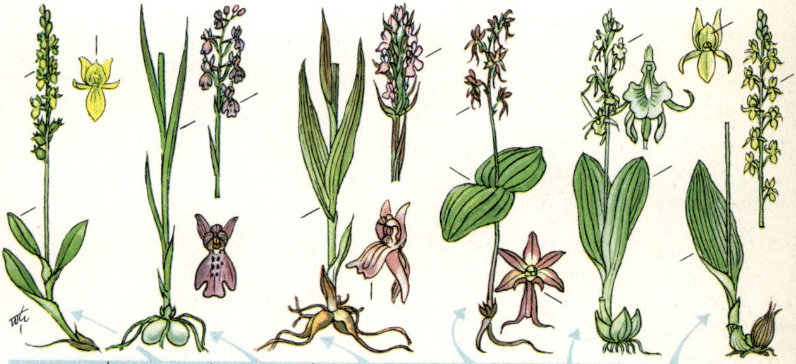

	Weichwurz	Sumpf-Knabenkraut	Fleischfarbiges Knabenkraut	Kleines Zweiblatt	Glanzkraut	Einblatt-orchis
wissenschaftl. Name	*Hammárbya paludósa*	*Órchis palústris*	*Órchis incarnáta*	*Lístera cordáta*	*Líparis loesélii*	*Maláxis monophýllos*
Größe; Blütez.	5—15 cm; 7—8	20—60 cm; 6—7	20—50 cm; 5—7	4—20 cm; 5—8	7—20 cm; 6—8	7—45 cm; 6—7
Besondere Kennzeichen	Laubblätter eiförmig, 2—3, Blüten gelb, in reichblütiger Traube, Lippe weist nach oben; ♃	Stengel rund, hohl, Blätter bis 1 cm breit, Blüten purpurn, selten rosa bis weißlich, Sporn gerade; ♃	Stengel röhrig, Blätter unten am breitesten, selten gefleckt, Lippe fast ungeteilt; ♃	Blätter 2, dünn, herzförmig, Traube armblütig, Lippe rötlich, mit 2 Seitenlappen; ♃	Blätter 2, fettig glänzend, Blüten zu 3—10 in lockerer Traube, Lippe 4—5 cm lang; ♃	Blätter 1, selten 2, Blütenstand reichblütig, Blüten gelb, Lippe zeigt nach oben; ♃

Die **Spitzblütige Binse** (a *Júncus acutiflórus*; 30—100 cm; 7—9; Blumenblätter alle spitz; lederbraun; ♃), die **Stumpfblütige Binse** (b *Júncus subnodulósus*; 40—120 cm; 7—9; Blumenblätter alle stumpf, breit häutig berandet; ♃) und die **Kopf-Binse** (c *Júncus capitátus*; 8—20 cm; 6—9; Blütenstand kopfig, äußere Blumenblätter mit langer Haarspitze; ⊙) sind zerstreut wachsende **Binsengewächse**, das **Pfeifengras** (d *Molínia coerúlea*; 30—150 cm; 8—9; Halm nur unten mit Knoten; ♃) ist ein häufiges **Gras** in Mooren.

Der **Nördliche Streifenfarn** (a *Asplénium septentrionále*; 8—15 cm; 7—8; Blattstiel länger als die Spreite, Wedel mit 2—5 linealen Fiedern; ♃) und der **Schwarze Streifenfarn** (b *Asplénium adiánthum-nigrum*; 15—40 cm; 6—8; Wedel lederartig, dreieckig-eiförmig; ♃) kommen in Felsspalten Süddeutschlands häufiger, im übrigen Deutschland hingegen selten oder gar nicht vor. Beide gehören zu den **Tüpfelfarnen.** Die **Ästige Mondraute** (c *Botrýchium matricariaefólium*; bis 20 cm; 6—7; Sporenstand zweigt in der oberen Blatthälfte ab; ♃; Familie **Natternfarne**) wächst selten in Heiden und lichten Wäldern.

Bärlappe oder **Schlangenmoose** stehen unter **Naturschutz.** Wenn wir ihnen im Moor, in der Heide, im Wald oder auf Magerwiesen begegnen, lassen wir sie unberührt. Der Tannen- und der Alpenbärlapp bevorzugen die montane Region der Alpen und der höheren Mittelgebirge, die übrigen kommen zerstreut, z. T. aber gesellig in ganz Deutschland vor; nur der Kolben-Bärlapp ist häufiger, besonders in Heiden und Nadelwäldern.

	Sumpf-Bärlapp	**Tannen-Bärlapp**	**Flacher Bärlapp**	**Sprossender Bärlapp**	**Kolben-Bärlapp**	**Alpen-Bärlapp**
wissenschaftl. Name	*Lycopódium inundátum*	*Lycopódium selágo*	*Lycopódium complanátum*	*Lycopódium annótium*	*Lycopódium clavátum*	*Lycopódium alpínum*
Größe; Sporenz.	4—8 cm; 8—9	5—15 cm; 7—10	bis 40 cm; 8—9	bis 30 cm; 8—9	bis 20 cm; 7—8	bis 15 cm; 8—9
Besondere Kennzeichen	Kriechsproß 2—10 cm lang, Sporangienähre einzeln, länger als 15 mm, Blätter weich; ♃	Sporangien in Achsel von Laubblättern, keine Ähre, Blätter schmal, steif; ♃	Kriechsprosse unterirdisch, Ähren zu 2—6, langgestielt, Blätter 4reihig, Äste flach; ♃	Kriechsproß über 1 m lang, Ähren einzeln sitzend, länger als 15 mm, Blätter stachelspitzig; ♃	Kriechsproß oberirdisch, bis 1 m lang, Ähren zu 2—3, langgestielt, Blätter spiralig; ♃	Kriechsproß oberirdisch, bis 60 cm lang, Blätter 4reihig, Ähren 10—15 mm lang, zu 1—2; ♃

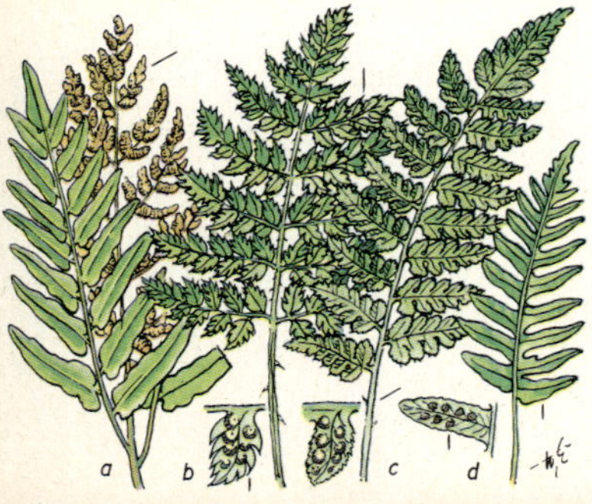

Der **Königsfarn** (a *Osmúnda regális*; 50—150 cm; 6—7; Sporen an besonderen Wedeln oder den oberen Fiedern; ♃; selten; **geschützt**) ist ein **Rispenfarn;** der **Dornige Schildfarn** (b *Dryópteris austriaca*; 15—100 cm; 7—9; Sporenhäufchen mit Schleier, Fiederblätter mit Stachelzähnen; ♃), der **Kammfarn** (c *Dryópteris cristáta*; 30—50 cm; 7—9; Blattstiel halb so lang wie Blattspreite) und der **Tüpfelfarn** (d *Polypódium vulgáre*; 9—30 cm; 8—9; Wedel einfach gefiedert; ♃) sind **Tüpfelfarne** in Mooren und Wäldern.

Der **Ginster** (a *Genista aspathaloides*; 30—90 cm; 6—8; Zweige rutenförmig, dornig, Blätter klein, hinfällig, Kelch seidig behaart; ♃), der **Stinkende Goldregen** (b *Anágyris foétida*; 1—3 m; 12—3; Pflanze angedrückt behaart, stinkend, Blätter 3zählig gefingert; Blüte gelb, oft mit schwarzem Fleck; ♃) und der **Dreiblütige Geißklee** (c *Cýtisus triflórus*; 2—4 m; 5—6; Blüten meist zu 3—5; ♃) sind **Schmetterlingsblütler** auf Trockenhügeln der Mittelmeerländer. Der Stinkende Goldregen kommt auch an Zäunen und in der Macchie (= hohes Strauchdickicht) vor.

Zwerggebüsch wächst in den Mittelmeerländern vielerorts auf mageren, sonnigen Hügeln und steinigen Abhängen. Viele Pflanzen sind dornig, wie die Dornige Wolfsmilch, andere klebrigflaumig, wie die Montpellier-Cistrose, oder behaart, wie der Rosmarin und der Gerber-Sumach; bei fast allen sind die Blätter klein, oft lederartig, wie bei der Baumförmigen Wolfsmilch und dem Schopf-Lavendel.

	Montpellier-Cistrose	Dornige Wolfsmilch	Baumförmige Wolfsmilch	Rosmarin	Schopf-Lavendel	Gerber-Sumach
wissenschaftl. Name	*Cistus monspeliénsis*	*Euphórbia spinósa*	*Euphórbia dendroídes*	*Rosmarínus officinális*	*Lavándula stoéchas*	*Rhus coriária*
Größe; Blütez.	bis 2 m; 3—4	20 cm; 12—3	1—2 m; 3—4	50 cm; 3—10	30 cm; 3—6	1—3 m; 5—7
Besondere Kennzeichen	Blätter beiderseits flaumig-klebrig; ♃	Trugdolden armblütig, vorjähr. Zweige dornig; ♃	Blätter bläulich-grün, Blütenhüllblätter gelb; ♃	Blätter linealisch, weißfilzig, aromatisch; ♃	auf der Blütenähre violette Hochblätter, Lippenblüten klein; ♃	Pflanze dicht weichhaarig; Früchte rot behaart; ♃

Die **Stechwinde** (a *Smilax áspera*; rankend; 4; Blätter lederartig, stachelig gezähnt, Beeren rot; Pflanzen zweihäusig; ♃), die **Kermeseiche** (b *Quércus coccífera*; bis 2 m; 4—5; Blätter klein, starr, lederartig, unterseits graufilzig; ♂ Blüten in Kätzchen, ♀ Blüten einzeln; ♃) und die **Zwergpalme** (c *Chámaerops húmilis*; 3—4 m; 5—7; Blätter gefingert, bis 15 Fiedern, Stamm von zerfaserten Blattscheiden bedeckt, Pflanze 2häusig; ♃) wachsen auf steinigen Plätzen der Mittelmeerländer, die Stechw. auch an Mauern.

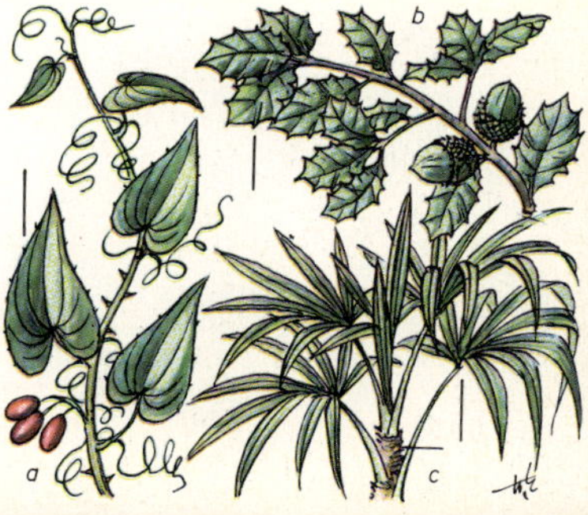

Die **Maskenspitzmaus** (a *Sórex caecútiens*; 6,7 cm + 4,4 cm; viel weiß an Bauch und Kehle) lebt in der Tundra, der **Pyrenäen-Desman** (b *Desmána pyrenáica*; 13,5 cm + 15,5 cm; beweglicher, 2 cm langer Rüssel) in sumpfigen Gebieten der Pyrenäen und die **Langflügelfledermaus** (c *Miniópterus schreibérsii*; 6 cm + 6 cm; Ohren kurz, wie abgeschnitten) in offenem Gelände gesellig, oft in großen Schwärmen, in ganz Südeuropa. Langflügelfledermäuse halten ihren Winterschlaf in Felshöhlen oder Kellern. Die Maskenspitzmaus gehört zur Familie der **Spitzmäuse**, der Pyrenäen-Desman zur Familie der **Maulwürfe.**

Vom Eisfuchs gibt es 2 Formen: der Weißfuchs ist im Sommer braun und im Winter weiß, der Blaufuchs braungrau bzw. blaugrau. Beide **Greifsäuger** sind im Winterkleid abgebildet. Sie leben wie der verwandte Vielfraß und die **Paarhufer** Ren und Moschusochse in der nordischen Flach- und Gebirgstundra. Die Saiga (horntragender **Paarhufer**) bewohnt Salz- und Lehmsteppen der östlichen Ukraine, der Schakal **(Greifsäuger)** Steppen und Brüche auf dem Balkan.

	Schakal	Eisfuchs	Vielfraß	Saiga	Ren	Moschusochse
wissenschaftl. Name	*Cánis áureus*	*Álopex lagópus*	*Gúlo gúlo*	*Sáiga tatárica*	*Rángifer tarándus*	*Ovibos moschátus*
Größe	105 cm + 24 cm	65 cm + 33 cm	82,5 cm + 15 cm	135 cm + 9 cm	215 cm + 15 cm	245 cm + 10 cm
Besondere Kennzeichen	ähnlich Wolf, aber kleiner und rötlicher, Schwanzende stumpf	Ohren klein, Schwanz einfarbig, also auch ohne weiße Spitze (vgl. Rotfuchs)	Körper dunkelbraun, weißliche Stirnbinde, gelbliche Kruppenschabracke	aufgewölbte Rüsselnase, ♂ mit Leiergehörn, ♀ meist ohne Gehörn	♂ und ♀ mit verzweigtem Geweih, Winterkleid viel heller als Sommerkleid	Gehörn abwärts gebogen, Moschusgeruch; **geschützt**

Der **Ziesel** (a *Citéllus citéllus*; 22 cm + 7,5 cm; ähnlich einem kleinen Murmeltier; Körper nicht oder wenig gefleckt) und der **Perlziesel** (b *Citéllus súslicus*; 26 cm + 4 cm; Rücken weiß gefleckt) bewohnen steppenartige Landschaften in Osteuropa; der **Bobak** (c *Marmóta bóbak*; 57,5 cm + 14,5 cm; ähnlich Murmeltier, aber Schwanz kürzer und fast einfarbig) ist in Südosteuropa und auf dem Balkan beheimatet. Alle gehören zu den **Nagetieren,** und zwar zur Familie der **Hörnchen.**

Der **Kranich** (*Grús grús*; 115 cm; Gefieder schiefergrau, Scheitel rot, Gesicht und Kehle schwarz; Nestflüchter; Zugvogel) ist die einzige deutsche Art aus der Familie der **Kraniche.** Seine Heimat ist der Westbalkan und ganz Nordosteuropa, wo er in weiten Mooren, im Röhricht oder in lichten Sumpfwäldern am Boden nistet. Ziehende Kraniche fliegen in „V"- oder Linienformation, Hals und Füße lang ausgestreckt. Die Winterquartiere der Kraniche liegen am Mittelmeer und südlicher, vorwiegend an Flußbänken. Während des Winters meiden die Kraniche bewaldetes Land.

Der Fasan und das Birkhuhn sind in ganz Deutschland heimisch, das Haselhuhn fehlt in Norddeutschland. Beim Fasan ist der Lauf nackt **(Echte Hühner),** beim Birk- und Haselhuhn befiedert **(Rauhfußhühner).** Fasanen sind häufig mit einem weißen Halsring geziert (Ringfasan). Alle nisten in moorigem, buschigem Gelände und auf Feldern, das Haselhuhn auch in Mischwäldern. Bastarde zwischen Birk- und Auerhuhn heißen „Rackelwild".

	Fasan	Birkhuhn	Haselhuhn
wissenschaftl. Name	*Phasiánus cólchicus*	*Lyrúrus tétrix*	*Tetrástes bonásus*
Größe	♂ 89 cm, ♀ 64 cm	♂ 53 cm, ♀ 41 cm	♂ und ♀ 36 cm
Besondere Kennzeichen	sehr langer, spitzer Schwanz, ♂ sehr bunt, Kopf und Hals dunkelgrün, „Rosen" scharlachrot, ♀ braun; Nestflüchter; Jahresvogel	♂ Schwanz leierförmig, Gefieder blauschwarz, weiße Flügelbinde, ♀ Schwanz gekerbt, Gefieder braun; Nestflüchter; Jahresvogel	Schwanz fächerförmig, mit schwarzer Binde, ♂ schwarze Kehle, Kopf mit kleiner Haube, ♀ weißliche Kehle; Nestflüchter; Jahresvogel

Die **Steppenweihe** (*Circus macroúrus*; 48 cm; ♂ wesentlich heller als das ähnliche ♂ der Kornweihe, Brust und Kopfseiten, Unterseite und Schenkel weiß, Bürzel grau, ♀ braun, vom ♀ der Kornweihe kaum zu unterscheiden; Nesthocker; Teilzieher) ist ein **Greifvogel,** der in trockenen Steppen und offenen Ebenen, sowie auch in Mooren und auf Feldern Osteuropas am Boden nistet und in Westeuropa umherstreift. Die Winterquartiere liegen in Süditalien, auf dem Balkan und in Südosteuropa.

Rohrweihen (*Círcus aeruginósus*; 48—56 cm; Gefieder veränderlich, Flug gaukelnd, a ♂ Gefieder mehr oder weniger kastanienbraun, mit großen, blaugrauen Flügelflecken und blaugrauem Schwanz, b ♀ dunkelbraun, Scheitel, Kehle und Schultern hell; Nesthocker; Teilzieher) sind **Greifvögel,** die verbreitet in Mooren und Morästen mit viel Röhricht wohnen und dort große, ganz von Wasser umgebene Nester bauen. Die Rohrweihen sind nicht nur in ganz Deutschland, sondern in ganz Europa mit Ausnahme des Nordens heimisch. Sie jagen über dem Röhricht und stürzen aus niedrigem Fluge auf ihre Beute.

Die **Schnepfen** und **Brachvögel** der Seitenmitte nisten am Boden in Sümpfen und in Mooren zwischen Gras und Heidebüscheln. Die Bekassine und der Große Brachvogel sind in ganz Deutschland heimisch; die übrigen brüten in Nord- und Nordosteuropa und verbringen den Winter in Deutschland, kommen auf dem Zuge durch oder übersommern als Nichtbrüter. Beim Balzflug erzeugt die Bekassine mit den äußeren Schwanzfedern ein meckerndes Geräusch.

	Bekassine	Doppelschnepfe	Zwergschnepfe	Regenbrachvogel	Großer Brachvogel
wissenschaftl. Name	*Capélla gallinágo*	*Capélla média*	*Lymnocrýptes mínimus*	*Numénius phǽopus*	*Numénius arquáta*
Größe	27 cm	28 cm	19 cm	41 cm	53–58 cm
Besondere Kennzeichen	langer, gerader Schnabel, Flug zickzackförmig; Nestflüchter; Teilzieher	ähnlich Bekassine, aber viel Weiß an Schwanzseiten; Nestflüchter; Zugvogel	Schnabel relativ kurz, dunkler Scheitelmittelstreif; Nestflüchter; Zugvogel	langer Bogenschnabel, Scheitel stark gestreift; Nestflüchter; Zugvogel	Gefieder dicht gestreift, sehr langer Bogenschnabel; Teilzieher; Nestflüchter

Sumpfohreulen (*Ásio flámmeus*; 38 cm; Gefieder gelblichbraun, Brust gestreift, Ohrbüschel sehr klein, Unterseite kräftig längsgestreift; Nesthocker; Teilzieher) bewohnen ganz Deutschland bis auf die alpine Region. Sie jagen am Tage und in der Abenddämmerung und nisten in Mooren und sumpfigem Gelände sowie auf feuchten Wiesen und Sanddünen am Boden zwischen Heide und Schilf. Sumpfohreulen kommen in ganz Europa mit Ausnahme von Spanien, dem Balkan, Irland und Südengland vor.

Der **Ziegenmelker** oder die **Nachtschwalbe** (a *Caprimúlgus europǽus*; 27 cm; Kopf groß, abgeflacht, Schnabel sehr klein, Schnabelspalt sehr groß, Oberseite rindenfarbig, Unterseite gesperbert; Nesthocker; Zugvogel; Deutschland und fast ganz Europa) und der **Rothalsziegenmelker** (b *Caprimúlgus ruficóllis*; 32 cm; weißer Kehlfleck, rostgelbes Halsband; Nesthocker, Zugvogel; nistet in Spanien und Portugal) gehören zur Familie der **Nachtschwalben.** Sie bewohnen Wälder und buschige Moore, wo sie ihre Eier auf den Boden legen. Tagsüber ruhen die Ziegenmelker auf Ästen oder auf dem Boden.

Die Vögel der Tabelle gehören bis auf die Ringdrossel (Familie **Drosselähnliche Vögel**) und den Triel (Fam. **Triele**) zur Fam. der **Regenpfeiferähnlichen.** Sie nisten in Mooren und Heiden zwischen Heidekraut oder in Grasbüscheln. Der Triel fehlt in Schleswig-Holstein. Die Ringdrossel bewohnt Süddeutschland. Alle anderen nisten im hohen Norden und in Osteuropa und weilen in Deutschland als Wintergäste. Nur der Goldregenpfeifer brütet auch in Schleswig-Hostein.

	Temminckstrandläufer	Sumpfläufer	Goldregenpfeifer	Triel	Ringdrossel
wissenschaftl. Name	*Cálidris, temminckii*	*Limícola falcinéllus*	*Squatárola apricórnis*	*Burhínus oedicnémus*	*Túrdus torquátus*
Größe	14 cm	16,5 cm	28 cm	40 cm	24 cm
Besondere Kennzeichen	wie Zwergstrandläufer, aber grauer; Beine gelblich oder grünlich; Nestflüchter; Zugvogel	doppelter Augenstreif, Oberseite dunkel, mit rahmweißen Streifen; Nestflüchter; Zugvogel	oben goldbraun, unten im Winter hell, im Sommer schwarz mit weißen Seiten; Nestflüchter; Teilzieher	weiße Flügelbinde, Schnabel gelb und schwarz, Augen groß, gelb; Nestflüchter; Teilzieher	♂ mit weißem, Brustschild, Gefieder schwarz, ♀ brauner; Nesthocker; Teilzieher

Der **Berghänfling** (a *Carduélis flaviróstris*; 13 cm; Kehle gelblichbraun, beim ♂ Bürzel rötlich, beim ♀ gelblichbraun mit schwarzen Streifen; Nesthocker; Zugvogel) nistet gesellig auf Mooren in Norwegen und Nordengland und besucht im Winter scharenweise deutsche Küstenbezirke. Die **Sumpfmeise** (b *Párus palústris*; 11,5 cm; glänzend schwarze Kappe, kleines Lätzchen; Nesthocker; Jahresvogel; vgl. Weidenmeise S. 116) ist in ganz Mitteleuropa zu Hause. Sie nistet in Höhlen morscher Bäume.

Das **Moorschneehuhn** (a—c *Lagópus lagópus*, 41 cm; ♂ und ♀ im Sommer [a und b] rotbraun mit weißen Flügeln, im Winter [c] weiß mit schwarzem Schwanz, ohne Gesichtszeichnung; Nestflüchter; Jahresvogel) und das **Schottische Moorschneehuhn** (d *Lagópus scóticus*; 38 cm; Gefieder rotbraun, Flügel und Schwanz dunkel, ♂ größer und dunkler als das ♀; Nestflüchter; Jahresvogel) sind nordische **Rauhfußhühner**, die in Moor und Heide mit Birken und Wacholdergestrüpp auf dem Boden nisten, das Schottische Moorschneehuhn in England, Schottland und in Deutschland (auf dem Hohen Venn eingeführt).

Von den **Greifvögeln** der Seitenmitte nisten der Mönchsgeier und der Bartgeier auf Bäumen bzw. auf Felsen in Ebenen und einsamen Bergketten Spaniens, des Balkans und mancher Mittelmeerinseln. Der Habichtsadler brütet in Südeuropa an steilen Felswänden, der Adlerbussard in Griechenland in entlegenen Steppen am Boden. Alle sind in Deutschland seltene Irrgäste, die Geier vor allem im Gebirge (Alpen).

	Mönchsgeier	Bartgeier Lämmergeier	Habichtsadler	Adlerbussard
wissenschaftl. Name	*Aegýpius mónachus*	*Gypáëtus barbátus*	*Hieráëtus fasciátus*	*Búteo rufínus*
Größe	99–107 cm	102–114 cm	60–74 cm	61–66 cm
Besondere Kennzeichen	Gefieder einfarbig nußbraun, Schwanz schwach keilförmig, schwarze Halskrause; Nesthocker; Jahresvogel	Schwanz stark keilförmig, Kopf rahmfarben, schwarzer „Bocksbart"; Nesthocker; Jahresvogel	oben dunkelbraun, unten seidenweiß oder rahmfarben; Flügelspitzen fast schwarz; Nesthocker; Jahresvogel	ähnlich Mäusebussard, aber Schwanz hell zimtfarben, ungebändert; Nesthocker; Jahresvogel

Die **Schwalbenmöwe** (a *Xéma sabíni*; 33 cm; jung mit schwarzer Schwanzendbinde, Kopf im Brutkleid schiefergrau; Platzhocker; Teilzieher), der **Polarbirkenzeisig** (b *Carduélis hornemánni*; 13 cm; Scheitel karminrot, Unterseite hell, Bürzel weiß, ungestreift, bei alten ♂ schwach rötlich; Nesthocker; Zugvogel) und der **Rotkehlpieper** (c *Anthus cervínus*; 15 cm; Kehle ziegelrot, Bürzel auffällig gestreift, Nesthocker; Zugvogel) nisten in der Tundra auf dem Boden, der Polarbirkenzeisig auch im Gestrüpp.

Das **Felsenhuhn** (a *Aléctoris bárbara*; 33 cm; Halsband kastanienbraun, weiß gesprenkelt, Wangen, Kehle und Vorderbrust graublau, Flanken auffällig schwarzweiß gebändert, Füße rot; Nestflüchter; Jahresvogel; Sardinien und Gibraltar) und der **Graue Ortolan** (b *Emberiza cǽsia*; 16 cm; ♂ Kehle zimtbraun, Kopf und Brustband blaugrau, ♀ Kehle ohne Gelb; vgl. Ortolan S. 255; Nesthocker; Zugvogel; Griechenland bis Dalmatien) nisten am Boden auf hügeligen Hängen und in Halbwüsten. Der Graue Ortolan streift außer in der Brutzeit in den Mittelmeerländern umher.

Die **Greifvögel** der Seitenmitte bewohnen trockene, offene Ebenen und Steppen, der Kaiseradler auch Sümpfe. Zwei sind Bodenbrüter, der Raubadler in Rumänien, der Feldeggsfalke in Italien und auf dem Westbalkan. Die übrigen nisten auf Bäumen, der Kaiseradler in Spanien und auf dem östlichen Balkan, der Würgfalke in Südosteuropa und auf dem östlichen Balkan, der Schelladler in Osteuropa. Würg- und Feldeggsfalke sind Rassen des Jagdfalken.

	Würgfalke	Feldeggsfalke	Kaiseradler	Raubadler	Schelladler
wissenschaftl. Name	*Fálco chérrug*	*Fálco feldéggi*	*Áquila helíaca*	*Áquila rápax*	*Áquila clánga*
Größe	46 cm	43 cm	79–84 cm	66–79 cm	66–74 cm
Besondere Kennzeichen	Kopf weißlich, Rücken und Flügel rotbraun; Nesthocker; Zugvogel	Scheitel sandgelb, Rücken braun, schmaler Backenstreif; Nesthocker; Jahresvogel	Gefieder schwarzbraun, Scheitel und Nacken hell gelblich; Nesthocker; Teilzieher	fast einfarbig dunkelbraun, Schwanz undeutlich grau gebändert; Nesthocker; Teilzieher	Schwanzwurzel weiß, zuweilen in „V"-Form; Nesthocker; Zugvogel

Der **Rosenstar** (a *Pástor róseus*; 22 cm; Körper mattrötlich, Kopf, Hals, Schwanz und Flügel schwarz, deutliche Kopfhaube; Nesthocker; Teilzieher; Südosteuropa) nistet in Höhlen unter Steinen und in Mauern, und die **Kalanderlerche** (b *Melanocorýpha calándra*; 19 cm; kräftiger Schnabel, großer schwarzer Fleck an jeder Seite des Kropfes; Nesthocker; vorwiegend Jahresvogel; Südeuropa) brütet auf dem Boden in steinigen Ebenen und Steppen. Beide streifen in weiten Teilen Europas umher.

Die **Blindschleiche** (*Ánguis frágilis*; bis 50 cm; oben blaugrau bis dunkelgraubraun, mitunter feine schwarze Mittellinie, unten dunkel, Rükken und Bauch mit glatten, gleichartigen Schildern; **geschützt**) ist eine langgestreckte beinlose Eidechse aus der Familie der **Schleichen.** Von den Schlangen unterscheidet sie sich durch den Eidechsenkopf und die langsamen, fast steifen Bewegungen. Blindschleichen sind in ganz Deutschland in Gras- und Heidekrautbeständen des Waldbodens, an Böschungen und an Wiesenrändern zu Hause. Wie bei den anderen Eidechsen bricht der Schwanz der Blindschleiche leicht ab.

Von den fünf heimischen **Eidechsen** gehören 4 zu den Echten Eidechsen (mit Beinen) und eine zu den **Schleichen** (beinlos). Von den Echten Eidechsen kommen die Smaragd- und die Mauereidechse in Deutschland nur an wenigen, besonders warmen Stellen vor (z. B. in manchen Weinbaugebieten, die Smaragdeidechse auch in der Mark Brandenburg). Die Zaun- und die Bergeidechse sind weit verbreitet.

	Smaragdeidechse	Zauneidechse	Mauereidechse	Bergeidechse
wissenschaftl. Name	*Lacérta viridis*	*Lacérta ágilis*	*Lacérta murális*	*Lacérta vivípara*
Länge	bis 40 cm	etwa 20 cm	♂ 19, ♀ 17,5 cm	bis 16 cm
Besondere Kennzeichen	Oberseite hellgrün, Unterseite hellgelb, ♂ mit blauer Kehle (Hochzeitskleid); geschützt	Reihen weißer, schwarz gesäumter Flecken auf braunem Rücken; geschützt	Oberseite braun mit schwarzen Flecken, Bauchseiten mit blauen und schwarzen Flecken; geschützt	graubraun, Bauch beim ♂ rötlich, beim ♀ grau oder gelblichweiß; geschützt

Die **Europäische Sumpfschildkröte** (*Emys orbiculáris*; Gesamtlänge bis 35 cm; Hände und Füße mit Schwimmhäuten und je 5 Krallen, Kopf gelb punktiert; sehr selten; **geschützt**) ist die einzige deutsche **Schildkrötenart.** Sie bewohnt stille, schlammige Gewässer mit viel Uferbewuchs, insbesondere Teiche, Seen und tote Flußarme östlich der Elbe, vor allem im Oder- und Weichselgebiet, neuerdings auch am Rhein. Sie bewegt sich aber auch auf dem Lande gewandt (amphibische Lebensweise).

Die **Ringelnatter** (a *Nátrix nátrix*; bis 1,5 m; jederseits am Hinterkopf ein heller, meist gelber Mondfleck, dahinter ein ebensolcher schwarzer Fleck, Rücken grau bis braun, Unterseite weiß, eierlegend; **geschützt**) bewohnt Gebiete mit Wassernähe in ganz Deutschland und in Mitteleuropa; die **Barrenringelnatter** (b *Nátrix helvética*; bis 1,3 m; ähnlich Ringelnatter, aber jederseits am Rücken eine Reihe schwarzer Querflecken; eierlegend; **geschützt**) kommt nur in Westdeutschland und in Westeuropa vor. Beide gehören zur Familie der **Nattern;** das sind harmlose Schlangen mit kreisförmiger Pupille.

Von den **Schlangen** der Tabelle bewohnen die Würfel- und die Äskulapnatter die „Wärmeinseln" am Mittelrhein, an der Mosel, der Nahe und der Lahn. Aspis- oder Juravipern kommen in Deutschland nur im südlichen Schwarzwald vor. Die Glatt- oder Schlingnattern bevorzugen die Mittelgebirge. Wiesen- oder Spitzkopfottern fehlen in Deutschland, sind aber in Niederösterreich, Südfrankreich und Italien verbreitet.

	Würfelnatter	**Schlingnatter**	**Aeskulapnatter**	**Aspis-Viper**	**Wiesenotter**
wissenschaftl. Name	*Nátrix tessaláta*	*Coronélla austriaca*	*Eláphe longíssima*	*Vípera áspis*	*Vípera ursínii*
Länge	bis 70 cm	bis 75 cm	bis 1,8 m	♂ bis 75 cm; ♀ kl.	bis 50 cm
Besondere Kennzeichen	Ober- u. Unterseite dunkel gewürfelt, oft ein winkelförmiger Nackenfleck; **geschützt**	dunkler Längsstreifen an Kopf- und Halsseiten, ♂ oben braun, ♀ grau; **geschützt**	oben glänzend braun, unten einfarbig gelblichweiß; **geschützt**	Schnauze aufgeworfen, mit scharfer Kante, Pupille senkrecht; **giftig**	dunkles Zickzackband auf hellem Rückenstreif, Pupille senkrecht; **giftig**

Die **Kreuzotter** (*Vípera bérus*; bis 84 cm, meist nicht über 60 cm; dunkles Zickzackband am Rücken, Körperfarbe sehr unterschiedlich: grau, braun und fast schwarz; lebendgebärend, **giftig**) gehört zur Familie der **Ottern** oder **Vipern;** das sind Giftschlangen mit senkrechter, spaltförmiger Pupille und aufrichtbaren Giftzähnen. Kreuzottern sind in ganz Mittel- und Nordeuropa verbreitet. Sie bewohnen sehr unterschiedliche Lebensräume, bevorzugen aber Heidemoore, die mit Gestrüpp bewachsen sind.

Binnengewässer

Der Lebensraum **Binnengewässer** umfaßt die Tiere und Pflanzen stehender und fließender Süßgewässer mit ihren Uferzonen sowie ihren Verlandungs- und Versumpfungsgebieten. Zu den Süßgewässern rechnen wir außer *Weihern, Teichen* und *Seen, Bächen, Flüssen* und *Strömen* auch *Quellen, überrieselte Felsen, Schmelzwassertümpel* und *periodische Kleingewässer.* Weiher sind natürliche Flachgewässer bis etwa 2 m Wassertiefe. Teiche ähneln den Weihern sehr, sind aber von Menschen aufgestaut und können abgelassen werden (Fischteiche). Der See hingegen ist nur am Ufer seicht, nach der Mitte hin tief und in den unteren Schichten lichtlos. **Wasserpflanzen** leben entweder ganz untergetaucht und heißen dann Unterwasserpflanzen, oder ihre Blätter liegen alle oder z. T. flach auf dem Wasser (Schwimmblattpflanzen). Viele **Sumpfpflanzen** stehen mit dem unteren Teil im Wasser und nur ihre oberen Teile ragen in die Luft; andere wachsen im sumpfigen Boden und entfalten ihre Blätter und Blüten ganz in der Luft. **Wassertiere** sind in ihrem Bau an das Leben im oder am Wasser angepaßt. Säuger und Vögel z. B. gehen schwimmend oder tauchend ihrer Nahrung im Wasser nach; viele tragen Schwimmhäute; manche Sumpfvögel stelzen auf langen Watbeinen im seichten Wasser. Besonders gut sind jene Tiere an das Wasser angepaßt, die ständig in ihm leben, wie vor allem die Fische, die Amphibien und viele Insekten und deren Larven.

Der **Flutende Hahnenfuß** (a *Ranúnculus flúitans*; 1—6 m; 6—8; Blätter am Grunde 3teilig, dann gabelig gefiedert, Schwimmblätter selten; ♃), der **Spreizende Hahnenfuß** (b *Ranúnculus circinátus*; 1 m; 5—9; Blätter kreisförmig, in viele kleine Zipfel zerteilt, starr; ♃) und der **Wasser-Hahnenfuß** (c *Ranúnculus aquátilis*; 1,50 m; 5—8; Schwimmblätter nierenförmig oder 3- bis 5spaltig; Unterwasserblätter gabelig verzweigt, außerhalb des Wassers pinselförmig zusammenfallend; ♃; verbreitet) sind zerstreut vorkommende heimische **Hahnenfußgewächse** in stehenden und langsam fließenden Gewässern.

Von den auf der Seitenmitte abgebildeten **Hahnenfußgewächsen** sind die Dotterblume und der Flammende Hahnenfuß verbreitet, die Dotterblume auch in der alpinen Stufe. Alle anderen wachsen zerstreut an feuchten Stellen, Bächen, Gräben und Sümpfen, der Gift-Hahnenfuß vorwiegend an fließenden Gewässern, der Efeublättrige Hahnenfuß nur in West- und Nordwestdeutschland.

	Efeublättriger Hahnenfuß	Zungen-Hahnenfuß	Brennender Hahnenfuß	Gift-Hahnenfuß	Dotterblume	Gelbe Wiesenraute
wissenschaftl. Name	*Ranúnculus hederáceus*	*Ranúnculus lingua*	*Ranúnculus flámmula*	*Ranúnculus scelerátus*	*Cáltha palústris*	*Thalíctrum flávum*
Größe; Blütez.	1 m; 5—9	bis 1,50 m; 6—7	20—50 cm; 6—9	60 cm; 6—11	35 cm; 3—4	50—120 cm; 6—8
Besondere Kennzeichen	nur Schwimmblätter, ähnlich Efeublättern, Fruchtstiele zurückgekrümmt; ♃	Blätter lanzettlich, zugespitzt, Blüten goldgelb, 3—4 cm Durchmesser; ♃	Grundblätter gestielt, Blüten 1,5—2 cm im Durchmesser; ♃	Blätter handförmig 3- bis 5teilig, Blüten klein, Blütenboden walzlich; ⊙ **giftig**	Grundblätter groß, herzförmig, Blumenblätter dottergelb, glänzend; ♃	Fiederblätter an der Spitze 3teilig, Rispe zusammengezogen; ♃

Die **Weiße Seerose** (a *Nymphaéa álba*; 3 m; 6—9; Basallappen der Blätter weit auseinander; ♃; verbreitet), die **Glänzende Seerose** (b *Nymphaéa cándida*; 3 m; 7—9; Basallappen der Blätter genähert; ♃; häufig), die **Gelbe Teichrose** (c *Núphar lúteum*; 3 m; 4—9; Blattspreite 10—30 cm lang; ♃; häufig) und die **Kleine Teichrose** (d *Núphar púmilum*; Blattspreite bis 17 cm lang; ♃; zerstreut) sind **vollkommen geschützte Seerosengewächse** in stehenden und langsam fließenden Gewässern.

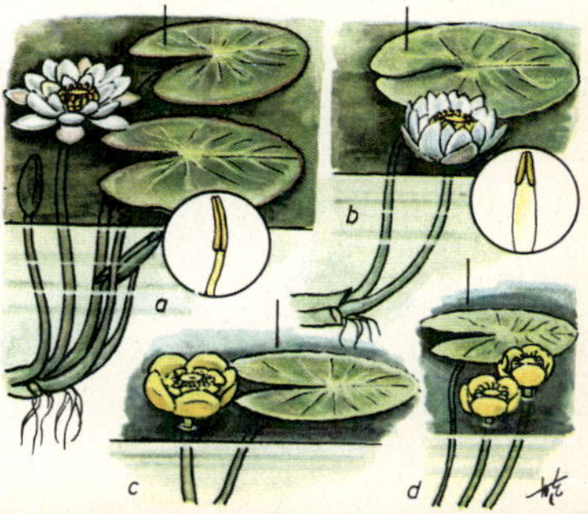

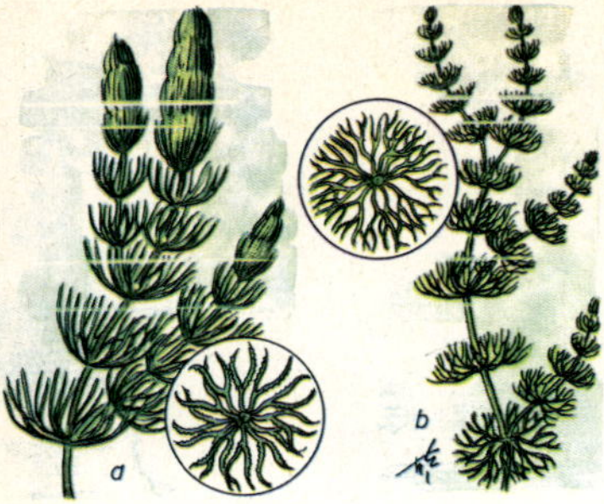

Das **Gemeine Hornblatt** (a *Ceratophýllum demérsum*; 2 m; 6—9; Blätter starr, 1- bis 2mal gegabelt, dicht stachelig, dunkelgrün, Frucht am Grunde mit zurückgekrümmten Dornen, Griffelrest lang; ♃; häufig) und das **Zarte Hornblatt** (b *Ceratophýllum submérsum*; bis 100 cm; 6—7; Blätter weicher, 3- bis 4mal gegabelt, mit bis zu 13 haarförmigen Zipfeln, nicht stachelig, hellgrün, Frucht ohne Dornen, Griffelrest kurz; ♃; zerstreut) sind **Hornblattgewächse**, die als wurzellose Unterwasserpflanzen stehende und langsam fließende Gewässer bewohnen. Die Blüten der Hornblattgewächse sind eingeschlechtlich.

Auf der Seitenmitte sind vier **Rosengewächse** abgebildet. Das Blutauge und das Mädesüß kommen an feuchten Orten verbreitet vor; das Liegende und das Norwegische Fingerkraut wachsen zerstreut, besonders an moorigen Stellen. Der Sumpf-Hornklee und die Sumpf-Platterbse sind verbreitet bzw. zerstreut siedelnde **Schmetterlingsblütler** an sumpfigen Stellen, der Sumpf-Hornklee besonders auf nassen, kalkarmen Wiesen.

	Sumpf-Blutauge	Liegendes Fingerkraut	Norwegisches Fingerkraut	Echtes Mädesüß	Sumpf-Hornklee	Sumpf-Platterbse
wissenschaftl. Name	*Cómarum palústre*	*Potentílla ánglica*	*Potentílla norvégica*	*Filipéndula ulmária*	*Lótus uliginósus*	*Láthyrus palúster*
Größe; Blütez.	bis 60 cm; 6—7	50 cm; 5—9	bis 50 cm; 6—9	bis 1,50 m; 6—8	60 cm; 6—7	bis 1 m; 6—8
Besondere Kennzeichen	Blätter 5- bis 7zählig gefiedert, Kelchblätter länger als Kronblätter; ♃	Blüten 4zählig, Stengel niederliegend; ♃	Blätter meist 3-zählig gefingert, Fiederblätter abstehend behaart; ♃	Blätter unterbrochen gefiedert, reichblütige, ästige Trugdolden; ♃	Stengel weitröhrig, Dolde mit 1 Hochblatt und 8—12 Blüten; ♃	Traube armblütig, Stengel schmal geflügelt; ♃

Das **Zottige Weidenröschen** (a *Epilóbium hirsútum*; 50—150 cm; 7—8; Blumenblätter bis 2 cm lang, Blätter stengelumfassend; ♃), das **Kleinblütige Weidenröschen** (b *Epilóbium parviflórum*; 15—50 cm, 7—9; Blumenblätter 5—10 mm lang, Blätter sitzend, Narbe vierästig; ♃), das **Sumpf-Weidenröschen** (c *Epilóbium palústre*; 10—100 cm; 7—9; Blätter ganzrandig; ♃) und das **Rosige Weidenröschen** (d *Epilóbium róseum*; 15—60 cm; 7—10; Blüten weißlich-rosa, Blätter kurz gestielt; ♃) sind **Nachtkerzengewächse** an Ufern.

Das **Quirlblättrige Tausendblatt** (a *Myriophýllum verticillátum*; 50 cm; 6—9; Tragblätter gefiedert, Blätter in 5zähligen Quirlen; ♃), das **Ährige Tausendblatt** (b *Myriophýllum spicátum*; 40 cm; 6—9; Blätter meist in 4zähligen Quirlen, Blütenstand reichblütig; ♃), das **Wechselblütige Tausendblatt** (c *Myriophýllum alterniflórum*; Blätter in 3- bis 4zähligen Quirlen, Blütenstand armblütig; selten; ♃) und der **Tannenwedel** (d *Hippúrus vulgáris*; 15—30 cm; 5—8; Blätter in 6- bis 12zähligen Quirlen; ♃) sind **Tausendblatt-** bzw. **Tannenwedelgewächse,** die in stehenden und langsam fließenden Gewässern leben.

Der Sumpfquendel, der Blut-Weiderich und der Ysopblättrige Weiderich sind **Weiderichgewächse** an Graben-, See- und Teichufern. Die Wassernuß wächst stellenweise gesellig in stehenden Gewässern. Sie gehört zu den **Wassernußgewächsen. Nachtkerzengewächse** sind das Heusenkraut, das zerstreut in stehenden und langsam fließenden Gewässern vorkommt, und die Kleinblütige Nachtkerze, die aus Nordamerika stammt und sich an Flußufern und an den Meeresküsten eingebürgert hat, aber stets auf trockenem Boden.

	Wassernuß	Sumpfquendel	Blut-Weiderich	Ysopblättriger Weiderich	Heusenkraut	Kleinblütige Nachtkerze
wissenschaftl. Name	*Trápa nátans*	*Péplis pórtula*	*Lýthrum salicária*	*Lýthrum hyssopifólia*	*Ludwígia palústris*	*Oenothéra muricáta*
Größe; Blütez.	1 m; 6—9	1—30 cm; 6—9	1 m; 6—9	5—20 cm; 6—9	10—30 cm; 5—6	80 cm; 6—9
Besondere Kennzeichen	Blätter in schwimmender Rosette, Blattstiel blasig; ⊙	Blätter gegenständig, stumpf, Blüten in Blattachseln; ⊙	Blüten rötlichlila, 12 Staubblätter; ♃	Blüten bläulichpurpurrot, 4–6 Staubblätter; ⊙	Blätter verkehrt eiförmig, Blüten in Blattachseln; ⊙	Blätter lanzettlich, zugespitzt, Blattrosette 5—10 cm hoch; ⊙⊙

Der **Quirl-Tännel** (a *Elátine alsinástrum*; 3—50 cm; 6—9; Blätter im Wasser in 8- bis 16zähligen, in der Luft in 3zähligen Quirlen, Blüten grünlich; ♃), der **Wasserpfeffer-Tännel** (b *Elátine hydrópiper*; 2—15 cm; 6—9; Blumenkrone 4blättrig; ⊙), der **Dreimännige Tännel** (c *Elátine triándra*; kriechend; 2—15 cm; 6—9; 3 Blumenblätter, 3 Staubblätter; ⊙) sind zerstreut vorkommende **Tännelgewächse.** Der ähnliche, nicht abgebildete **Stiel-Tännel** (*Elátine hexándra*; 2—10 cm; 6—9; ⊙) hat gestielte Blüten.

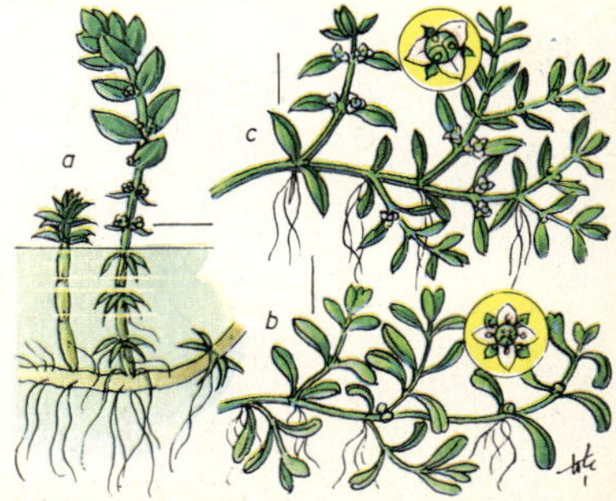

Die **Wasserfalle** (a *Aldrovánda vesiculósa*; 4 cm: 7—8; Blätter sind reizbare Klappfallen; Pflanze wurzellos; ♃, **Sonnentaugewächse**), der **Echte Eibisch** (b *Althǽa officinális*; 60—150 cm; 7—9; Pflanze sammetfilzig; Blüten in Blattachseln, traubig; ♃; **Malvengewächse**; feuchte, salzhaltige Böden an Ostseeküste und im Binnenland) und der Rispelstrauch oder die **Deutsche Tamariske** (c *Myricária germánica*; bis 2 m; Strauch; 6—8; Blätter klein, dicht dachförmig, Blüten hellrosa; ♃; **Tamariskengewächse;** in den Alpen und im Alpenvorland an kiesigen Ufern) sind sehr seltene Wasser- oder Uferbewohner.

In der Tabelle sind **Kreuzblütler** beschrieben, die an Ufern und feuchten Orten häufig und verbreitet sind, die Brunnenkresse und die Wasser-Sumpfkresse besonders auch an fließenden Gewässern. Die Brunnenkresse schmeckt bitter und wird gern als Gemüse gegessen. Die Wasser-Pfriemenkresse lebt untergetaucht oder am Rande von Teichen und Seen, ist aber sehr selten und fehlt in weiten Teilen Deutschlands.

	Brunnenkresse	Sumpfkresse	Wasser-Pfriemenkresse	Wald-Sumpfkresse	Wasser-Sumpfkresse	Bitteres Schaumkraut
wissenschaftl. Name	*Rorippa nastúrtium aquáticum*	*Rorippa isländica*	*Subulária aquática*	*Rorippa silvéstris*	*Rorippa amphíbia*	*Cardámine amára*
Größe; Blütez.	25 cm; 6—8	bis 60 cm; 6—9	2—8 cm; 6—7	10—60 cm; 6—9	45—100 cm; 5—8	30 cm; 4—6
Besondere Kennzeichen	Blüten in Scheindolden, Staubbeutel gelb, Blätter schmecken bitter; ♃	Blätter leierförmig gefiedert, Früchte etwa so lang wie ihr Stiel; ⊙	Blätter pfriemlich, grasartig, Blüten in lockeren Trauben; ⊙	Blumenblätter länger als der Kelch, Früchte linealisch, so lang wie ihr Stiel; ⊙	Schötchen elliptisch, mit langem Stiel; ♃	Blumenblätter weiß, Staubbeutel violett; ♃

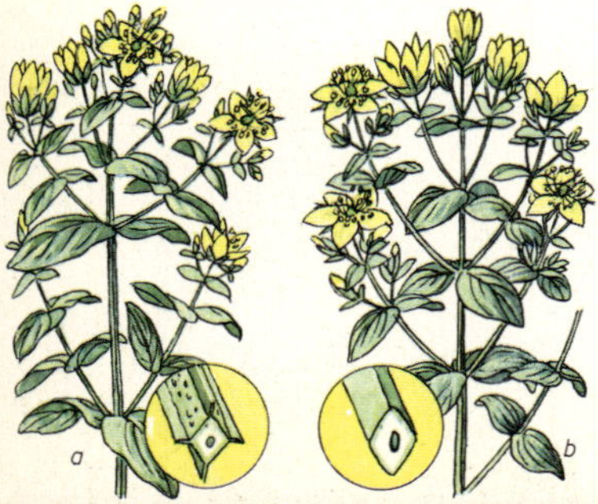

Das **Flügel-Johanniskraut** (a *Hypericum tetrápterum*; 20—70 cm; 7—9; Stengelkanten flügelrandig, Blätter dicht und fein punktiert, breitelliptisch, sitzend oder halbstengelumfassend; ♃) und das **Gefleckte Johanniskraut** (b *Hypericum maculátum*; 25—60 cm; 7—8; Stengel 4-kantig, nicht geflügelt, Blätter spärlich punktiert, breit-eiförmig, am Grunde abgerundet, sitzend; ♃; sehr formenreich) sind **Johanniskrautgewächse,** die verbreitet feuchte Orte (Wälder, Brüche, Moore, Wiesen) bewohnen.

Der **Sumpf-Storchschnabel** (a *Gerånium palústre*: 15—90 cm; 6—9; Stengel rauhhaarig, ohne Drüsen, Blüten dunkel geadert; ♃; **Storchschnabelgewächse**), der **Zwergflachs** (b *Radiola linoides*; bis 10 cm; 7—8; Blüten 4zählig, Kelchblätter 2—3zähnig, Blütenstände reich verzweigt; ⊙; **Leingewächse**; in Nordwestdeutschland verbreitet) und der **Flachblättrige Mannstreu** (c *Erýngium plánum*; 25—70 cm; 6—9; Pflanze blau überlaufen, Köpfchen eiförmig, Grundblätter gestielt, mit herzförmigem Grunde; ♃; **Doldengewächse**; in Brandenburg u. im Odergebiet, auch auf Trockenwiesen) wachsen an nassen Stellen.

Auf der Seitenmitte sind **Doldengewächse** abgebildet. Der Hohe Merk gedeiht verbreitet an stehenden Gewässern, der Aufrechte Merk oder die Berle außerdem an Bächen und Quellen; der Flutende Sellerie entwickelt sich besonders gut in Nordwestdeutschland; der Wassernabel ist im Süden selten. Die übrigen Pflanzen der Tabelle kommen verbreitet oder zerstreut in ganz Deutschland vor. Der Wasserschierling ist sehr giftig.

	Flutender Sellerie	Wasser-nabel	Wasser-schierling	Hoher Merk	Aufrechter Merk	Röhren-Wasserfenchel
wissenschaftl. Name	*Ápium inundátum*	*Hydrocótyle vulgáris*	*Cicúta virósa*	*Sium latifólium*	*Sium eréctum*	*Oenánthe fistulósa*
Größe; Blütez.	3—60 cm; 6—8	15 cm; 6—8	1 m; 6—8	1,50 m; 7—9	80 cm; 7—8	30 cm; 6—8
Besondere Kennzeichen	Stengel flutend, Dolden 2—3strahlig, Hülle fehlt; ♃	Blätter schildförmig, Stengel kriechend, Blüten in kleinen Döldchen; ♃	Teilblättch. gezähnt, Wurzelstock gefächert; ♃; **sehr giftig!**	Blätter einfach gefiedert, 2—3 Paar Fiederblätter; ♃	Blätter einfach gefiedert, gesägt, 7—9 Paare; ♃	Stengel gedunsen, Blattstiele röhrig; ♃

Der **Wasserfenchel** oder **Roßkümmel** (a *Oenánthe aquática*; bis 2 m; 6—8; Luftblätter mehrfach fiederteilig; Unterwasserblätter haarförmig zerschlitzt; ⊙—♃), die **Hohlrippe** (c *Cenolóphium fischéri*; bis 1,50 m; Blätter 2- bis 5fach gefiedert; Hülle fehlt, viele Hüllchenblätter; ♃, in Nordosteuropa) und die **Engelwurz** (b *Angélica archangélica*; bis 2 m; 7—8; Blattstiel rund, hohl, Endfieder 3lappig, Blüten grünlich; ♃) sind **Doldengewächse** an stehenden und fließenden Gewässern, zuweilen auch auf nassen Wiesen.

Die **Steife Wolfsmilch** (a *Euphórbia stricta*; 20—30 cm; 6—7; Trugdolde meist 3strahlig; obere Stengelblätter sitzend, am Grunde herzförmig; ⊙) und die **Sumpf-Wolfsmilch** (b *Euphórbia palústris*; 1,5 m; 5—6; Trugdolde mit vielen Strahlen, Pflanze weidenähnlich; ♃) sind **Wolfsmilchgewächse**, das **Kleine Quellkraut** (c *Móntia vérna*; 3—10 cm; 4—5; Stengel aufrecht, gegabelt; ⊙) und das **Bach-Quellkraut** (d *Móntia rivuláris*; 8—30 cm; 6—8; rasiger Wuchs, Stengel niederliegend; ♃) sind zerstreut wachsende **Portulakgewächse** an feuchten Orten. Letzteres gedeiht auch im fließenden Wasser.

Der Hopfen (Seitenmitte) gehört zu den **Maulbeergewächsen.** Er ist eine häufige rechtswindende (unvollkommen zweihäusige) Schlingpflanze an Ufern, in feuchten Gebüschen und in Auwäldern. Ampfer sind **Knöterichgewächse.** Manche kommen an Ufern und in Sümpfen verbreitet vor, der Strand-Ampfer nur an der Küste (sonst selten). Der Hain-Ampfer wächst zerstreut, vorwiegend in feuchten Wäldern; zuweilen sieht er blutrot aus.

	Hopfen	Strand-Ampfer	Knäuel-Ampfer	Hain-Ampfer	Wasser-Ampfer	Fluß-Ampfer
wissenschaftl. Name	*Húmulus lúpulus*	*Rúmex marítimus*	*Rúmex conglomerátus*	*Rúmex sanguíneus*	*Rúmex aquáticus*	*Rúmex hydrolápathum*
Größe; Blütez.	bis 7 m; 5	7–60 cm; 7–9	60 cm; 7–9	60 cm; 7–8	1,50 m; 7–8	2,5 m; 7–8
Besondere Kennzeichen	Blätter tief 2- bis 5lappig, Fruchtstand zapfenartig, Pflanze rechtswindend, zweihäusig; ♃	Früchte goldgelb, Blätter linealisch, Blütenstand dicht; ⊙ – ⊙	Blütenhüllblätter ganzrandig, Blütenstand bis oben beblättert; ♃	Blütenstand bis zur Mitte beblättert, Blütenstiel unten gegliedert; ♃	Grundblätter bis 50 cm lang, Rand wellig; ♃	Grundblätter unten verschmälert, bis 1 m lang; ♃

Der **Herbst-Wasserstern** (a *Callítriche hermaphrodítica*; 2—50 cm; 6—9; nur linealische Unterwasserblätter; ♃), der **Großblütige Wasserstern** (b *Callítriche stagnális*; 25 cm; 5—8; Rosetten- und Unterwasserblätter eiförmig; ♃), der **Haken-Wasserstern** (c *Callítriche hamuláta*; bis 80 cm; 5—8; Blätter linealisch; auch in der Rosette; ♃) und der **Sumpf-Wasserstern** (d *Callítriche palústris*; 30 cm; 4—6; Rosettenblätter verkehrteiförmig, Unterwasserblätter linealisch; ♃) sind **Wassersterngewächse.**

Der **Wasser-Knöterich** (a *Polýgonum amphibium*; 20—100 cm; 6—9; Staubblätter 5, Blattstiel geht über der Mitte der Tüte ab, Wasserform mit Schwimmblättern; ♃), der **Milde Knöterich** (b *Polýgonum mite*; 15—80 cm; 7—10; Staubblätter 6, Rand und Nerven der Blätter borstig bewimpert, Tüte am Rande mit 3—5 mm langen Borsten; ⊙) und der **Kleine Knöterich** (c *Polýgonum minus*; 10—60 cm; 7—10; Staubblätter 5, Tüte am Rande mit vielen, ungleich langen Wimpern; ⊙) sind bis auf den vereinzelt vorkommenden Kleinen Knöterich verbreitete **Knöterichgewächse** an Ufern u. auf Sumpfwiesen.

Die Wasserfeder, der Strauß-Gilbweiderich und der Gemeine Gilbweiderich der Tabelle gehören zu den **Primelgewächsen** und wachsen verbreitet in stehenden und langsam fließenden Gewässern, an Teichen und Seen und in Sümpfen. Der Bitterklee kommt verbreitet an nassen Stellen und die Seekanne vereinzelt in Altwässern vor. Beide sind **Enziangewächse.** Die Große Seide ist ein **Windengewächs,** das hier und da an Stromtälern siedelt.

	Wasser-feder	Strauß-Gilbweiderich	Gemeiner Gilbweiderich	Bitterklee (Fieberklee)	Seekanne	Große Seide
wissenschaftl. Name	*Hottónia palústris*	*Lysimáchia thyrsiflóra*	*Lysimáchia vulgáris*	*Menyánthes trifoliáta*	*Nymphoides peltáta*	*Cuscúta lupulifórmis*
Größe; Blütez.	60 cm; 5—7	60 cm; 5—7	60–120 cm; 6–8	15–30 cm; 5–7	1 m; 7—9	windend; 7—9
Besondere Kennzeichen	Blätter kammförmig gefiedert, Blüten in Quirlen zu 3—6; ♃	Blätter kreuzweis gegenständig, Blüten in dichten Trauben; ♃	Blätter meist in 3zähligen Quirlen, Blütentrauben end- oder seitenständig; ♃	Blätter langgestielt, 3zählig, Blumenkrone mit 5 bärtigen Zipfeln; ♃	Schwimmblätter seerosenblatt-ähnlich, fast kreisrund; ♃	Blüten einzeln oder zu 2—3, Narbe zweilappig; ⊙

Der **Wasserdarm** (a *Maláchium aquáticum*; 8—15 cm; 6—9; Stengel schlaff, gabelig verzweigt, 5 Griffel; ⊙—♃), der **Hirschsprung** (b *Corrigiola litorális*; 3—30 cm; 5—7; Blüten stecknadelkopfgroß, Kelchblätter breit weißhäutig berandet; ⊙), die **Knorpelblume** (c *Illecébrum verticillátum*; 2—30 cm; 6—10; Blütenstand augenfällig schneeweiß, Blumenblätter fadendünn; ⊙) und das **Kronblattlose Mastkraut** (d *Sagina apétala*; 1—15 cm; 5—10; Blätter linealisch, mit langen Stachelspitzen; ⊙) sind **Nelkengewächse.**

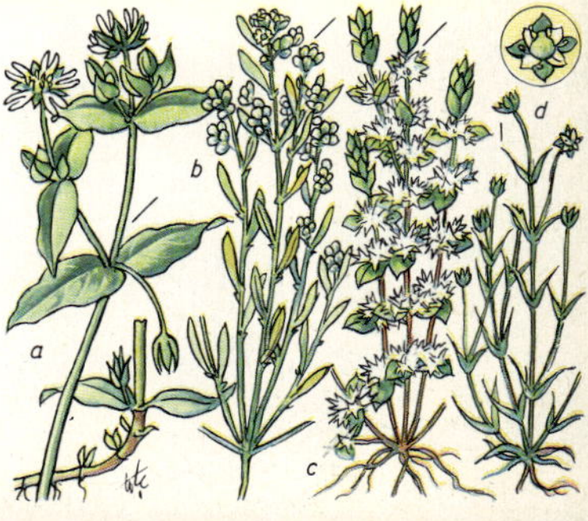

Die **Sumpf-Sternmiere** (a *Stellária palústris*; 4 bis 45 cm; 5—7; Tragblätter am Rande schwach gewimpert; ♃) ist ein **Nelkengewächs**, das **Sumpf-Vergißmeinnicht** (b *Myosótis palústris*; 15—45 cm; 5; Kelch behaart, Blüten in Wickeln, ansehnlich; ♃) ist ein **Rauhblattgewächs**, der **Knoblauch-Gamander** (c *Teúcrium scórdium*; 10—70 cm; 7—8; Pflanze riecht schwach nach Knoblauch, Blüten in Quirlen zu vier; ♃) und das **Sumpf-Helmkraut** (d *Scutellária galericuláta*; 15—70 cm; 6—9; Blätter mit 4 bis 8 Kerbzähnen, Blumenkronröhre gekrümmt, Kelch mit Höcker; ♃) sind **Lippenblütler** an Ufern und auf feuchten Wiesen.

Die **Lippenblütler** der Tabelle wohnen häufig und weit verbreitet an Seen und Teichen, in Gräben und an sumpfigen Orten, der Sumpfziest auch auf feuchten Äckern, die Wasserminze auch in Auwäldern. Nur die Rundblättrige Minze ist auf die Rheingegend und deren Nebentäler beschränkt, und die Roß-Minze kommt nur in den subalpinen Hochstaudenfluren häufiger, im übrigen zerstreut vor.

	Sumpf-Ziest	Gemeiner Wolfstrapp	Wasser-Minze	Rundblättrige Minze	Roß-Minze	Polei-Minze
wissenschaftl. Name	*Stáchys palústris*	*Lýcopus europǽus*	*Méntha aquática*	*Méntha rotundifólia*	*Méntha longifólia*	*Méntha pulégium*
Größe; Blütez.	bis 60 cm; 6—8	20–100 cm; 7–9	50 cm; 7—10	60 cm; 7—9	60 cm; 7—9	25 cm; 7—9
Besondere Kennzeichen	Blätter länglich-lanzettlich, gekerbt, Blumenkrone 2mal so lang wie Kelch; ♃	Staubblätter 2, Blüten innen rot punktiert, Blätter grob gezähnt; ♃	Blumenkrone fast radiär, Blütenquirle kopfig zusammengedrängt; ♃	Blätter rundlich-eiförmig, Stengel behaart; ♃	Blätter unterseits graufilzig, Blüten in weißfilzigen Scheinähren; ♃	Kelch mit 5 ungleichen Zähnen, Blüten in kugeligen Scheinquirlen; ♃

Das **Spießblättrige Helmkraut** (a *Scutellária hastifólia*; 15—50 cm; 6—8; Blätter fast ganzrandig, Blüten meist blau, 20—22 mm lang; ♃) ist ein **Lippenblütler**, das **Bittersüß** (b *Solánum dulcamára*; bis 3 m; 6—8; obere Blätter oft 3zählig; ♃), ein verbreitetes **Nachtschattengewächs;** das **Schabenkraut** (c *Verbáscum blattária*; 50 bis 130 cm; 6—8; Blüten in verlängerter Traube; ⊙) und das **Gnadenkraut** (d *Gratíola officinális*; 15—40 cm; 6—8; nur 2 von 4 Staubblättern mit Staubbeuteln; ♃) sind **Rachenblütler.**

Die **Knotige Braunwurz** (a *Scrophulária nodósa;* 40—150 cm; 6—7; Stengel 4kantig, ungeflügelt, Blätter doppelt gesägt; ♃), die **Wasser-Braunwurz** (b *Scrophulária auriculáta;* 60—150 cm; 6—8; Blätter am Grunde herzförmig, Blüten rotbraun; ♃; nur im Rhein- und Moseltal) und die **Geflügelte Braunwurz** (c *Scrophulária aláta;* 60—150 cm; 6—8; Blattspreite am Grunde verschmälert, Stengel mit flügelrandigen Kanten, Blüten rot-grün, 6—8 mm lang; ♃) sind **Rachenblütler,** die Ufer und feuchtes Gebüsch bewohnen; die Knotige Braunwurz kommt verbreitet, die Geflügelte stellenweise vor.

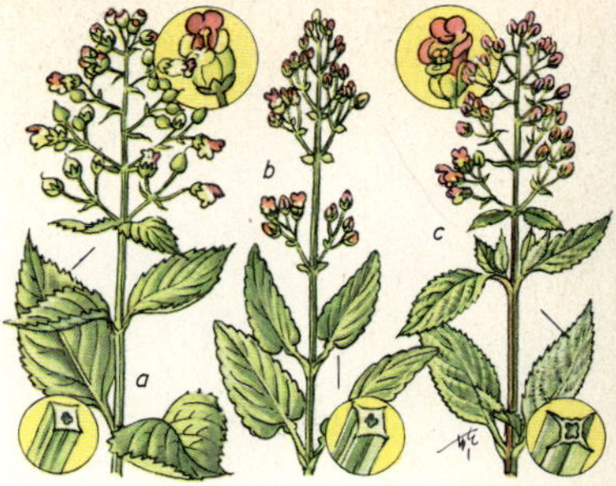

In der Tabelle sind **Rachenblütler** beschrieben. Das Schlammkraut und das Büchsenkraut wachsen zerstreut an feuchtsandigen und schlammigen Stellen, letzteres nur in Baden und Schlesien. Die Ehrenpreisarten kommen an Gräben, Bächen und Teichen in ganz Deutschland und in weiten Teilen Europas häufig vor. Das Schlammkraut ist fast über die ganze Erde verbreitet, gehört also zu den Kosmopoliten.

	Schlammkraut	Büchsenkraut	Langblättriger Ehrenpreis	Bachbungen-Ehrenpreis	Wasser-Ehrenpreis	Schild-Ehrenpreis
wissenschaftl. Name	*Limosélla aquática*	*Lindérnia pyxidária*	*Verónica longifólia*	*Verónica beccabúnga*	*Verónica anagállis*	*Verónica scutelláta*
Größe; Blütez.	1—8 cm; 7	3—10 cm; 8—9	40—120 cm; 6—8	bis 50 cm; 5—8	60 cm; 5—9	10 cm; 6—9
Besondere Kennzeichen	Blätter alle grundständig, schmal, spatelförmig langgestielt; ⊙	Blätter sitzend, ganzrandig, Blüten gestielt, einzeln; ⊙	Blätter scharf doppelt gesägt, obere oft in Wirteln zu 3—4; ♃	Blätter kurz gestielt, gesägt, Stengel rund; ♃	Stengel schwach vierkantig, Blüten violett geadert; ♃	Blätter lineallanzettlich, Blüten blau oder rot; ♃

Der **Gemeine Wasserschlauch** (a *Utriculária vulgáris;* Blütenschaft 10—35 cm; 6—8; Schläuche etwa 2 mm ⌀; ♃), der **Kleine Wasserschlauch** (b *Utriculária minor;* 5—20 cm; 6—9; Blumenkrone 7 mm lang; ♃), der **Brem's Wasserschlauch** (c *Utriculária brémii;* 10—20 cm; 6—9; Blumenkrone 1 cm lang; ♃) und der **Mittlere Wasserschlauch** (d *Utriculária intermédia;* 3 bis 20 cm; 6—9; Schläuche etwa 3 mm dick, an besonderen Zweigen; ♃) sind **Wasserschlauchgewächse,** die stehende Gewässer bewohnen.

Der **Strandling** (a *Littorélla uniflóra*; 10 cm; 6 bis 9; Blätter schmallineal, Blüten eingeschlechtlich, ♂ langgestielt, an ihrem Grunde 2—3 ♀ Blüten; ♃) ist ein **Wegerichgewächs,** das **Sumpf-Labkraut** (b *Gálium palústre*; 5—100 cm; 5—9; Blätter quirlig, meist zu 4, stumpf, Staubbeutel rot; ♃) und das **Klebrige Labkraut** (c *Gálium apárine*; 30—150 cm; 5—11; Früchte hakig-borstig, Stengel klimmend; ⊙) sind **Labkrautgewächse,** und die **Lobelie** (d *Lobélia dortmánna*; 40—70 cm; 7—8; Blätter in grundständiger Rosette; ♃) ist ein **Glockenblumengewächs** in Teichen und Seen Norddeutschlands.

Der Gemeine Baldrian ist ein verbreitetes **Baldriangewächs** an sumpfigen Orten. Die übrigen Pflanzen der Tabelle gehören zu den **Korbblütlern,** die an Ufern, an Gräben und an feuchten Stellen vorkommen. Von den Zweizahnarten begegnet man dem Nickenden und dem Dreiteiligen Zweizahn häufig; die beiden anderen wachsen vereinzelt. Das Kleine Flohkraut ist weit verbreitet, auch auf Dorfangern.

	Gemeiner Baldrian	Nickender Zweizahn	Täuschender Zweizahn	Strahlen-Zweizahn	Dreiteiliger Zweizahn	Kleines Flohkraut
wissenschaftl. Name	*Valeriána officinális*	*Bidens cérnuus*	*Bidens connátus*	*Bidens radiátus*	*Bidens tripartitus*	*Pulicária vulgáris*
Größe; Blütez.	25–100 cm; 5–9	7–100 cm; 7–9	15–100 cm; 8–10	10–100 cm; 8–10	3–90 cm; 7–10	7–50 cm; 7–10
Besondere Kennzeichen	Blätter mit 5—11 Paar Fiederblättern. Blüten rötlich, alle zwittrig. Ausläufer kurz, unterirdisch; ♃	Blätter einfach, entfernt gesägt, Köpfchen nickend, meist mit Zungenblüten; ⊙	Blätter einfach, grob gesägt, Köpfchen aufrecht, meist ohne Zungenblüten; ⊙	Blätter meist fiederspaltig, 3- bis 7teilig bis gefiedert, Blattzähne einwärts gekrümmt; ⊙	Blätter wie beim Strahlen-Zweizahn, aber Blattzähne fast gerade; ⊙	Blätter lanzettlich, buchtig, behaart, Köpfchen schmutziggelb, bis 11 mm breit; ⊙

Die **Ruhrwurz** (a *Pulicária dysentérica*; bis 50 cm; 6—9; Blätter stengelumfassend, Pappushaare zweireihig; ♃; fehlt östlich der Oder), der **Wasserhanf** (b *Eupatórium cannábinum*; 50—150 cm; 7—9; Blätter handförmig, 3—7teilig, Köpfchen in Trugdolde; ♃), die **Weidenblättrige Aster** (c *Áster salígnus*; bis 2 m; 8—9; Blätter lanzettlich, spitz, die unteren gesägt; ♃) und die **Kleinblütige Aster** (d *Áster tradescántii*; 50—200 cm; 8—9; Blüten traubig, weiß oder bräunlich; ♃) sind **Korbblütler** an Gewässern.

Der **Huflattich** (a *Tussilágo fárfara*; 5—20 cm; 3—4; Blütenköpfe einzeln, Blätter erscheinen nach der Blüte; ♃), die **Gemeine Pestwurz** (b *Petasítes hýbridus*; bis 1 m; 3—5; Blätter sehr groß, bis 1 m × 60 cm, rundlich-herzförmig, Blüten rötlich; ♃) und die **Filzige Pestwurz** (c *Petasítes spúrius*; 15—30 cm; 3—4; fruchtende Pflanzen bis 80 cm; 3—4; Blätter dreieckig-herzförmig, unterseits weißfilzig, Blüten hellgelb; ♃) sind **Korbblütler**, die truppweise an Ufern und an feuchten Orten wachsen, die Filzige Pestwurz nur am sandigen Strand der Ostsee und deren Zuflüssen.

Von den **Korbblütlern** der Tabelle kommen die Kohl-Distel, die Sumpf-Kratzdistel und das Sumpf-Kreuzkraut verbreitet vor. Das Wasser-Kreuzkraut trifft man nur in Süd- und Westdeutschland häufiger an, das Fluß-Kreuzkraut nur im Bereich der großen Ströme, und dem Spreizenden Kreuzkraut begegnet man zuweilen in Auwäldern und auf feuchten Wiesen.

	Fluß-Kreuzkraut	Spreizendes Kreuzkraut	Wasser-Kreuzkraut	Sumpf-Kreuzkraut	Kohl-Distel	Sumpf-Kratzdistel
wissenschaftl. Name	*Senécio fluviátilis*	*Senécio errâticus*	*Senécio aquáticus*	*Senécio paludósus*	*Cirsium oleráceum*	*Cirsium palústre*
Größe; Blütez.	bis 2 m; 7–10	30–120 cm; 7–10	20–60 cm; 6–10	50–200 cm; 6–8	50–150 cm; 6–9	30–200 cm; 8–10
Besondere Kennzeichen	Blattzähne einwärts gekrümmt, Zungenblüten 7–8; ♃	Stengel stehen sparrig ab, Blätter mit großem Endlappen; ⊙	Seitenzipfel der Blätter schräg abstehend, innere Früchte kahl oder spärlich behaart; ⊙	Stengel vielköpfig, Blätter scharf gesägt, Zähne einwärts gekrümmt; ♃	Blütenköpfe groß, gehäuft, gelblich-weiß, Hochblätter ungeteilt; ♃	oberste Blätter weißfilzig, Stengel stachelig geflügelt; ⊙

Die **Sumpf-Kuhblume** (a *Taráxacum palústre*; 5—15 cm; Blätter 3—10 mm breit, meist ganzrandig, Blütenschaft hohl, Köpfchen einzeln, 1,2 bis 2 cm lang; ♃), die **Sumpf-Gänsedistel** (b *Sónchus palúster*; 90—300 cm; 7—9; Stengelblätter am Grunde mit spitzen Ohren, Doldenrispe vielköpfig, drüsig; ♃) und der **Sumpf-Pippau** (c *Crépis paludósa*; 30—80 cm; 5—8; Blätter stengelumfassend, geöhrt, Stengel röhrig, Pappus gelbweiß; ♃) sind **Korbblütler**, die in ganz Deutschland vorkommen.

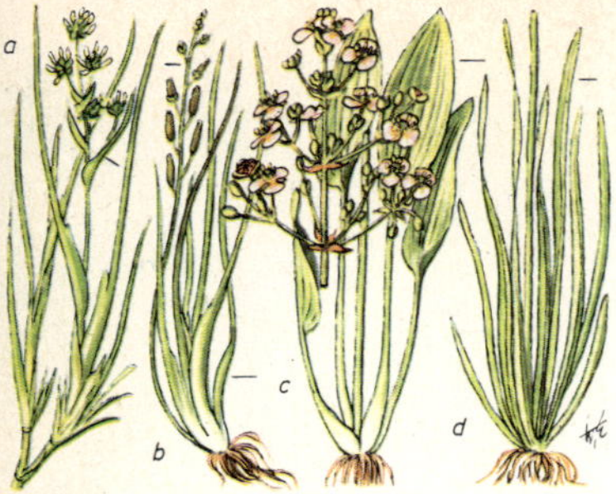

Die **Blumenbinse** (a *Scheuchzéria palústris*; 10 bis 30 cm; 5—7; Stengel beblättert, Tragblätter groß, Blüten in lockeren Trauben; ♃) und der **Sumpf-Dreizack** (b *Triglóchin palústris*; 10—50 cm; 6—9; Blätter nur grundständig, Blüten traubig, ohne Tragblätter; ♃) sind **Blumenbinsengewächse;** der **Gemeine Froschlöffel** (c *Alisma plantágo*; 30—150 cm; 7—9; Luftblätter länglich bis eiförmig, Griffel länger als der Fruchtknoten; ♃) und der **Grasblättrige Froschlöffel** (d *Alisma gramineum*; 5—70 cm; 6—8; Griffel hakig, kürzer als der Fruchtknoten; ♃) sind **Froschlöffelgewächse** in Gräben und an Ufern; c verbreitet.

Die Krebsschere ist ein zerstreut vorkommendes, im Norden häufiges **Froschbißgewächs,** die Schwanenblume oder der Wasserliesch ein verbreitetes **Schwanenblumengewächs.** Alle anderen Pflanzen der Tabelle gehören zu den **Froschlöffelgewächsen.** Die Caldesie und der Igelschlauch sind selten, die übrigen häufiger. Alle wachsen in Teichen, Seen und Sümpfen, das Pfeilkraut auch in langsam fließenden Gewässern.

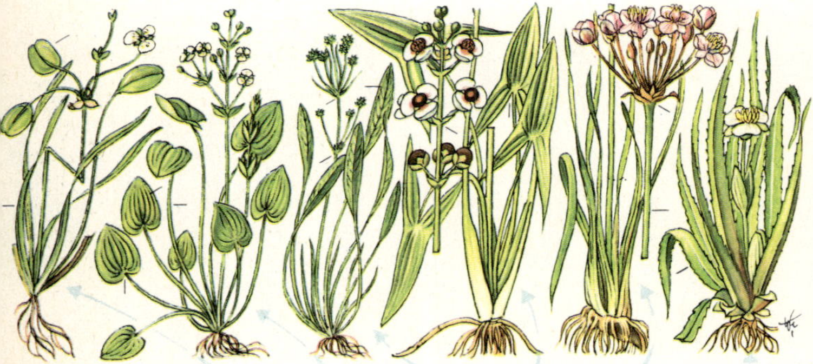

	Froschkraut	Caldesie	Igelschlauch	Pfeilkraut	Schwanenblume	Krebsschere
wissenschaftl. Name	*Lurónium nátans*	*Caldésia parnassifólia*	*Echinodórus ranunculoides*	*Sagittária sagittifólia*	*Bútomus umbellátus*	*Stratiótes aloides*
Größe; Blütez.	bis 50 cm; 6–9	10–40 cm; 7–9	3–25 cm; 6–8	bis 1 m; 5–7	50–120 cm; 6–7	bis 40 cm; 5–7
Besondere Kennzeichen	untere Blätter linealisch, obere elliptisch, flutend; ♃	Blätter langgestielt, herz-eiförmig, 5 bis 11nervig; ♃	Blütenstand einfach doldig, wenigblütig, Blätter 3 bis 5nervig; ♃	Luftblätter pfeilförmig, Blüten eingeschlechtlich, weiß, in Quirlen zu 3; ♃	Scheindolde mit etwa 20 Blüten, Blütenschaft stielrund, Blätter bis 1 m lang; ♃	Blätter in Rosette, derb, am Rande stachelig, Blüten weiß, eingeschlechtlich; ♃

Der **Froschbiß** (a *Hydrócharis mórsus ránae*; 12 bis 15 cm; 5—9; ♂ Blüten 1—6 cm langgestielt, ♀ Blüten kleiner, sitzend; ♃), die **Grundnessel** oder **Hydrille** (b *Hydrílla verticilláta*; 1—3 m lang; Blätter in Quirlen meist zu 5, ♂ und ♀ Blüten langgestielt; ♃; selten, z. B. im Odermündungsgebiet), die **Wasserpest** (c *Elódea canadénsis*; bis 3 m; 6—9; Blattquirle meist 3zählig, Blüten langgestielt; ♃) und die **Dichtblättrige Wasserpest** (d *Elódea dénsa*; bis 3 m; 7—9; Blattquirle meist 4zählig; ♃) sind **Froschbißgewächse.**

Das **Dichte Laichkraut** (a *Potamogéton dénsus*; bis 1 m; 6—7; Blätter gegenständig, Ähren mit wenigen Blüten; ♃), das **Gefärbte Laichkraut** (b *Potamogéton colorátus*; — cm; 6—9; Schwimmblätter meist rötlich, langgestielt, Stengel stielrund; ♃), das **Flutende Laichkraut** (c *Potamogéton nodósus*; 100 cm; 6—9; Blätter lanzettlich, lang; ♃) und das **Flachstengelige Laichkraut** (d *Potamogéton compréssus*; 80 cm; 6—8; Stengel platt, etwa 3 mm breit, Ähre mit 10—15 Blüten, kürzer als ihr Stiel, Blätter stumpf, mit Stachelspitze; ♃) sind zerstreut vorkommende **Laichkrautgewächse** in Gewässern.

Das Schwimmende Laichkraut und das Kleine Laichkraut sind verbreitete **Laichkrautgewächse** in Gräben, Teichen und Seen. Die übrigen Laichkrautarten der Tabelle kommen auch in fließenden Gewässern vor und steigen außerdem im Gebirge hoch auf, z. T. bis 1800 m. Dem seltenen Fadenblättrigen Laichkraut begegnet man nur östlich der Elbe, in Bayern und in den Alpen bis 1800 m hoch.

	Fadenblättriges Laichkraut	Schwimmendes Laichkraut	Krauses Laichkraut	Durchwachsenes Laichkraut	Kleines Laichkraut	Kamm-Laichkraut
wissenschaftl. Name	*Potamogéton filifórmis*	*Potamogéton nátans*	*Potamogéton críspus*	*Potamogéton perfoliátus*	*Potamogéton pusíllus*	*Potamogéton pectinátus*
Größe; Blütez.	5–30 cm; 6–8	50–175 cm; 5–8	bis 2 m; 5—9	bis 6 m; 7–8	30–60 cm; 5–7	20–300 cm; 6–8
Besondere Kennzeichen	Blätter haarförmig, spitz, am Grunde mit röhriger Scheide; ♃	Schwimmblätter elliptisch, lederartig, Blattstiel oberseits flachrinnig, länger als Spreite; ♃	Blätter linealisch, etwa 1 cm breit, stark gewellt, Stengel vierkantig; ♃	Blätter mit herzförmigem Grunde stengelumfassend, 6 cm lang; ♃	Blätter bis 1,5 mm breit, Ähre 5–7 mm lang, ihr Stiel fadenförmig; ♃	Stengel fadenförmig, mit 5 cm langer Blattscheide, Ähre 4–6 cm lang; ♃

Das **Knöterich-Laichkraut** (a *Potamogéton oblóngus*; 50—100 cm; 6—7; Blattstiel oberseits abgeflacht; ♃), das **Glänzende Laichkraut** (b *Potamogéton lúcens*; 3 m und mehr; 6—8; obere Blätter stachelspitzig; ♃), das **Grasartige Laichkraut** (c *Potamogéton gramíneus*; bis 80 cm; 6—8; Schwimmblätter gestielt, eiförmig-lanzettlich; ♃) und das **Haarförmige Laichkraut** (d *Potamogéton trichoídes*; 50—100 cm; 5—7; Blätter haarfein, Ähre mit 4—8 Blüten; ♃) sind **Laichkrautgewächse** in Gewässern.

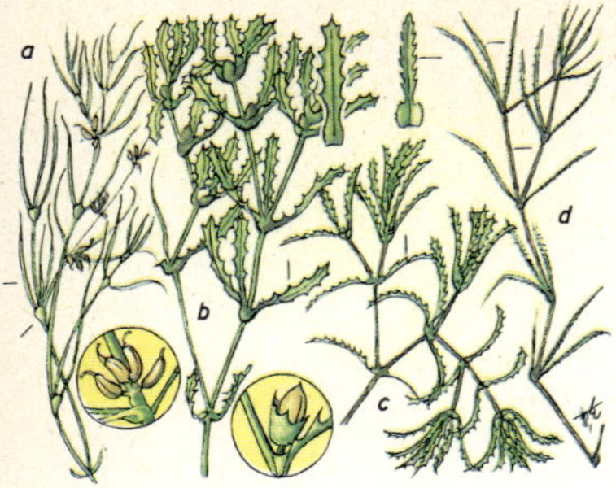

Der **Teichfaden** (a *Zannichéllia palústris*; 25—90 cm; 5—9; Blätter fadenförmig, 1—10 cm lang, Blüten sehr einfach; ♃) ist ein **Laichkrautgewächs**, das **Meer-Nixkraut** (b *Nájas marina*; 20 cm; 6—7; Pflanze zweihäusig, Stengel und Blätter oft stachelig gezähnt; ⊙), das **Kleine Nixkraut** (c *Najas minor*; 5—25 cm; 6—9; Pflanze einhäusig, Blätter ausgeschweift gezähnt; ⊙) und das **Biegsame Nixkraut** (d *Nájas fléxilis*; 5—30 cm; 7—8; Pflanze einhäusig, Blätter fein stachelig gezähnt, Stengel biegsam; ♃) sind zerstreut wachsende **Nixkrautgewächse** in Teichen und Seen.

In der Tabelle sind **Binsengewächse** abgebildet. Alle tragen stengelähnliche oder borstenförmige Blätter und kleine, unscheinbare Blüten mit 6 Blütenhüllblättern. Die meisten Binsenarten kommen häufig und weit verbreitet an Ufern, in Gräben, auf feuchten Wiesen und an nassen Stellen vor; die Knäuel-Binse und die Graugrüne Binse steigen im Gebirge bis 1800 m bzw. 1500 m hoch; erstere bevorzugt moorig-sandige Böden. Rasen-Binsen wachsen zerstreut in Mooren und Tümpeln.

	Flatter-Binse	Knäuel-Binse	Rasen-Binse	Kröten-Binse	Graugrüne Binse	Glanzfrüchtige Binse
wissenschaftl. Name	*Júncus effúsus*	*Júncus conglomerátus*	*Júncus bulbósus*	*Júncus bufónius*	*Júncus infléxus*	*Júncus articulátus*
Größe; Blütez.	30–150 cm; 7–8	25–100 cm; 5–7	1–15 cm; 7–8	2–40 cm; 6–10	30–70 cm; 6–8	8–60 cm; 6–9
Besondere Kennzeichen	Stengel glatt, Blütenstand locker, Staubblätter 3, Frucht an der Spitze eingedrückt; ♃	Blütenstände meist dicht geknäuelt, Frucht an der Spitze gestutzt, Staubblätter 3; ♃	Stengel beblättert, Blätter rinnenförmig, Blütenstand verzweigt; ♃	Blumenblätter häutig, Blüten meist entfernt, Blätter fadenförmig; ⊙	Stengel gestreift, sein Mark fächerig unterbrochen, Blüten locker; ♃	Köpfchen 5 mm lang, 7 mm dick, äußere Blumenblätter spitz, Mark gegliedert; ♃

Die **Sumpf-Schwertlilie** (a *Íris pseudácorus*; 50 bis 150 cm; 5—6; äußere Blumenblätter bartlos; ♃) ist ein **Schwertliliengewächs**; das **Lange Zypergras** (b *Cýperus lóngus*; 50—120 cm; 5—10; Äste der Spirre ungleich lang, Spelzen rotbraun; ♃), das **Braune Zypergras** (c *Cýperus fúscus*; 5—25 cm; 2—9; Stengel scharf dreikantig, Narben 3; ⊙) und das **Gelbliche Zypergras** (d *Cýperus flavéscens*; 5—16 cm; 7—10; Stengel stumpf dreikantig, Narben 2; ⊙) sind **Sauergräser**, *b—d* fehlen in Nordwestdeutschland.

Die **Schneide** (a *Cládium maríscus*; 80—200 cm; 6—7; Blätter 10—15 cm breit, scharf gesägt, Köpfchen langgestielt, mit 3—10 Ährchen; ♃), die **Wald-Simse** (b *Scírpus silváticus*; 20—100 cm; 6—7; Blütenstand sehr weit ausladend, Ährchen zu 3—7; ♃), die **Wurzelnde Simse** (c *Scírpus rádicans*; Ährchen meist einzeln, sonst ähnlich voriger Art; ♃) und die **Borstige Moorbinse** (d *Scírpus setáceus*; 2—16 cm; 7—10; Ährchen 2—3 mm lang, zu 1—10, dicht gedrängt; ⊙—♃) sind bis auf die verbreitete Wald-Simse zerstreut wachsende **Sauer-** oder **Riedgräser** an Ufern und in Sümpfen.

In der Tabelle sind Binsen aus der Familie der **Sauer-** oder **Riedgräser** beschrieben. Die Flecht-Simse oder Sumpf-Binse ist häufig und weit verbreitet. Alle anderen Arten kommen zerstreut oder selten an Ufern, in Teichen und in Sümpfen vor, die Kugel-Simse nur stellenweise östlich der Elbe. Die Flutende Moorbinse ist in stehenden Gewässern heimisch, in Deutschland nur im Nordwesten und in der Lausitz.

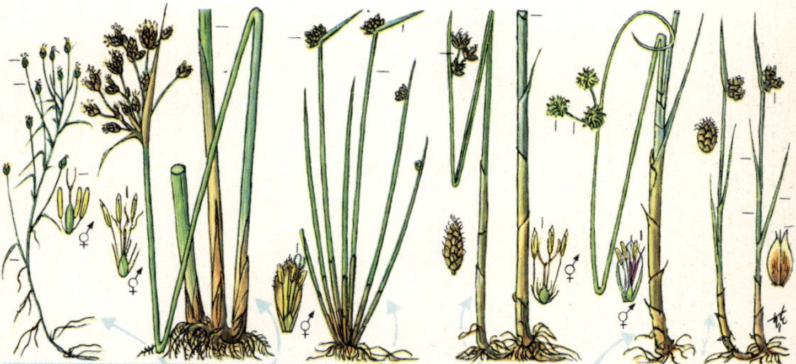

	Flutende Moorbinse	Sumpf-Binse	Stachelspitzige Binse	Dreikantige Simse	Kugel-Simse	Amerikanische Binse
wissenschaftl. Name	*Scírpus flúitans*	*Scírpus lacústris*	*Scírpus mucronátus*	*Scírpus tríqueter*	*Scírpus holoschóenus*	*Scírpus americánus*
Größe; Blütez.	15–30 cm; 7–10	1–3 m; 6–7	30–150 cm; 8–10	50–100 cm; 6–7	30–100 cm; 7–8	30–60 cm; 7–8
Besondere Kennzeichen	Ährchen einzeln, langgestielt, bis 5 mm lang, Narben 2, Blätter rinnig; ♃	Stengel bis 1,5 cm dick, Stiel rund, Spelze ausgerandet, mit Stachelspitze, Narben 3; ♃	Stengel 3kantig, Ährchen zu 4–10, in Köpfchen, Hüllblätter später abstehend, Narben 3; ♃	Stengel 3kantig, meist blattlos, Ährchen z. T. gestielt, Narben 2; ♃	Ährchen in kugelförmigen Köpfchen mit langem Stiel, Stengel rund, gestreift, in Horsten; ♃	Stengel scharf 3kantig, mit 2 Blättern, Ährchen alle sitzend, zu 3–5 in Köpfchen; ♃

Das **Nadel-Sumpfried** (a *Eleócharis aciculáris*; bis 10 cm; 6—10; Stengel 4kantig, Ährchen 4 mm lang, Narben 3; ♃), das **Gemeine Sumpfried** (b *Eleócharis palústris*; 8—60 cm; 5—8; Stengel rundlich, Ährchen bis 20 mm lang, Narben 2; ♃), das **Eiförmige Sumpfried** (c *Eleócharis soloniénsis*; 5—35 cm; 6—8; Stengel rund, Ährchen 3—5 mm lang, Narben 2; ♃) und das **Armblütige Sumpfried** (d *Eleócharis pauciflóra*; 5—25 cm; 5—6; Stengel rund, kräftig, Ährchen mit 3 bis 7 Blüten, Narben 3; ♃) sind **Sauergräser.**

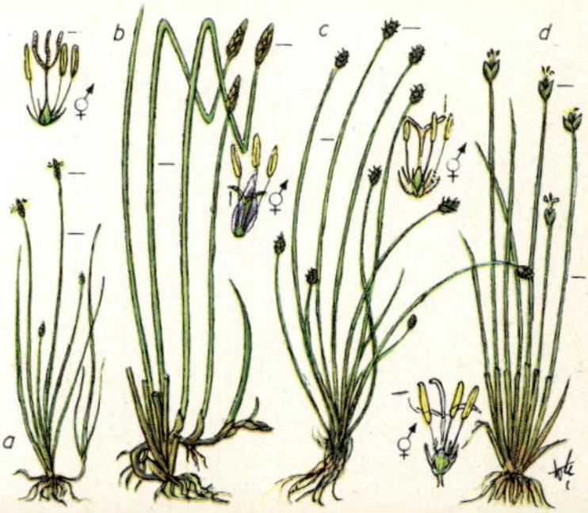

Die **Zypergras-Segge** (a *Cárex cyperoídes*; 1—15 cm; 6—10; Ähren kopfig, nicht weiß, Narben 2; ⊙—♃; zerstreut; fehlt in Nordwestdeutschland), die **Fuchs-Segge** (b *Cárex vúlpina*; 30 bis 80 cm; 5—6; Stengel 3kantig mit vertieften Seitenflächen, Ährchen zu 4—8 in einfacher Ähre; ♃), die **Draht-Segge** (c *Cárex diándra*; 20—60 cm; 5—6; Blütenstand dicht ährenrispig, Narben 2, Blätter rinnig, bis 2 mm breit; ♃) und die **Rispen-Segge** (d *Cárex paniculáta*; 40—100 cm; 5—6; Ähren deutlich gestielt, Blätter 4—6 mm breit, Narben 2: ♃) sind verbreitete **Gleichährige Seggen** auf Riedwiesen und an Ufern.

Die **Gräser** der Tabelle gehören zu den **Rispengräsern** und wachsen an schlammigen oder grasigen Ufern, an Teichen, Sümpfen, Seen und Flüssen und kommen durchweg häufig vor; selten ist die Sumpfschmiele, die man nur am Unterlauf der Elbe, Weser und Eider findet. Das Sumpfrispengras wächst zerstreut, mitunter auch auf feuchten Wiesen.

	Sumpf-schmiele	Schilf-rohr	Sumpf-Rispengras	Manna-Schwaden	Großer Schwaden	Falten-Schwaden
wissenschaftl. Name	*Deschámpsia wibeliána*	*Phragmítes commúnis*	*Póa palústris*	*Glycéria flúitans*	*Glycéria máxima*	*Glycéria plicáta*
Größe; Blütez.	30–120 cm; 5	1–4 m; 7–9	30–120 cm; 6–7	40–120 cm; 5–9	90–120 cm; 7–8	40–60 cm; 6–8
Besondere Kennzeichen	Blätter oberseits rauh, Granne weißlich, undeutlich gekniet, Pflanze lockerrasig; ♃	Blütenrispe 20–40 cm lang, Blüten haarbüschelig; ♃	Ährchen 3 bis 4blütig, Deckspelzen mit gelbem, halbmondförmigem Fleck; ♃	Rispe einseitswendig, Ährchen sehr lang, Staubbeutel violett; ♃	Blätter 10–25 mm breit, Rispe allseitswendig, vielährig, Ährchen bis 1 cm lang; ♃	Blätter bis 12 mm breit, Ährchen schmal, lang, Rispe allseitswendig, Staubbeutel gelb; ♃

Die **Saum-Segge** (a *Cárex hostiána*; 30—60 cm; 5—6; Tragblätter rostbraun, weiß berandet; ♃), die **Blasen-Segge** (b *Cárex vesicária*; 30—90 cm; 5—6; Blätter länger als der Blütenstand; ♃), die **Ufer-Segge** (c *Cárex ripária*; 80—120 cm; 5—6; untere ♀ Ähren lang gestielt, hängend; ♃) und die **Sumpf-Segge** (d *Cárex acútiformis*; 40—120 cm; 5—6; ♂ Ährchen dick, dichtblütig, Stengel scharf dreikantig; ♃) sind verbreitete **Verschiedenährige Seggen** an Ufern und auf nassen Stellen.

Das **Quellgras** (a *Catabrósa aquática*; 20—50 cm; 5—10; Stengel knickig, Rispe locker, Ährchen klein, zwei- oder einblütig; ♃), die **Reisquecke** (b *Leérsia oryzoides*; 10—20 cm; 8—9; Halm an den Knoten behaart, Rispenäste geschlängelt; ♃), das **Rohrartige Glanzgras** (c *Phálaris arundinácea*; 50—200 cm; 6—7; ähnlich Schilfrohr, Blütenrispe 10—20 cm lang, Kiel der Deckspelze behaart; ♃) und das **Wohlriechende Mariengras** (d *Hieróchloë odoráta*; 15 bis 60 cm; 4—6; Ährchen mit 1 zwittrigen und 2 ♂ Blüten; ♃) sind bis auf das verbreitete Glanzgras seltene **Rispengräser** an Ufern.

Von den Pflanzen der Seitenmitte sind der Kalmus und die Drachenwurz verbreitete **Aronstabgewächse** in Teichen, an Gräben und an Ufern. Die übrigen Pflanzen der Tabelle gehören zu den **Igelkolbengewächsen.** Nur der Ästige und der Einfache Igelkolben wachsen verbreitet, die anderen kommen zerstreut vor, der Zwerg-Igelkolben im Norden häufiger, der Schmalblättrige Igelkolben im Gebirge bis 2300 m hoch.

	Kalmus	Drachenwurz	Zwerg-Igelkolben	Schmalblättriger Igelkolben	Einfacher Igelkolben	Ästiger Igelkolben
wissenschaftl. Name	*Ácorus cálamus*	*Cálla palústris*	*Spargánium mínimum*	*Spargánium angustifólium*	*Spargánium simplex*	*Spargánium eréctum*
Größe; Blütez.	60–125 cm; 7–8	10–40 cm; 6–8	15–30 cm; 6–7	10–100 cm; 7–9	15–60 cm; 6–11	60–160 cm; 6–8
Besondere Kennzeichen	Blätter linealisch, aromatisch riechend, Blütenkolben in blattähnlicher Scheide; ♃	Blätter herzförmig, derb, Blütenkolben unten zwittrig, oben ♂, in weißer Scheide; ♃	meist 1 Köpfchen mit ♂ und 2–3 mit ♀ Blüten, Blätter 2–8 mm breit; ♃	3–6 Köpfchen mit ♂ und 2–3 mit ♀ Blüten, Blätter bis 8 mm breit, flutend, mit langer Spitze; ♃	Blütenstand einfach traubig, obere Köpfchen ungestielt; ♃	Blütenstand ästig, Zweige mit mehreren ♂ und ♀ Köpfchen, Blätter steif aufrecht; ♃

Die **Teichlinse** (a *Spirodéla polyrrhíza*; 5 mm; 5—6; Glieder mit vielen Wurzeln; ♃), die **Dreifurchige Wasserlinse** (b *Lémna trisúlca*; 10 mm; 6; Glieder untergetaucht; ♃), die **Kleine Wasserlinse** (c *Lémna minor*; 2,5 mm; 4—6; Glieder flach, je 1 Wurzel; ♃), die **Büschel-Wasserlinse** (d *Lémna gibba*; 2—3 mm; 6—7; Glieder unterseits bauchig; ♃) und die **Zwerglinse** (e *Wólffia arrhiza*; 1—1,5 mm; Glieder beiderseits gewölbt, ohne Wurzel; ♃) sind **Wasserlinsengewächse** in stehenden Gewässern; e ist selten.

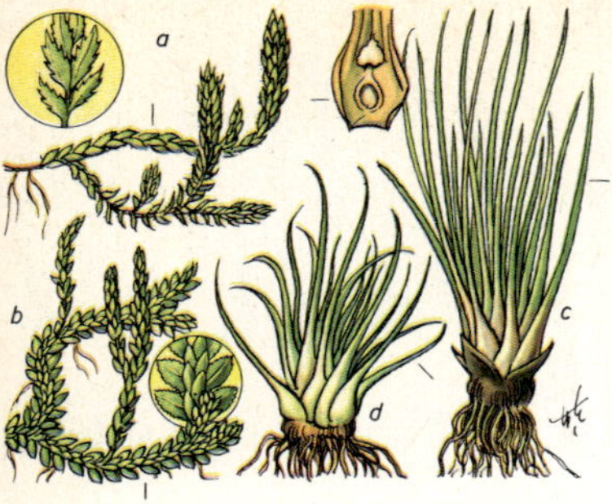

Der **Gezähnte Moosfarn** (a *Selaginélla selaginoides*; 2—5 cm; 7—8; Blätter spiralig stehend, gewimpert gezähnt; ♃), und der **Schweizer Moosfarn** (b *Selaginélla helvética*; bis 20 cm; 6—8; Blätter vierreihig, paarweise verschieden groß; ♃) sind seltene **Moosfarne** an nassen Stellen im Gebirge. Das **Sumpf-Brachsenkraut** (c *Isoëtes lacústris*; bis 15 cm; 7—9; Blätter steif, Sporenkapseln unten an Blattscheiden; ♃) und das **Stachelsporige Brachsenkraut** (d *Isoëtes tenélla*; bis 10 cm; 7—9; Blätter biegsam, Großsporen mit Stacheln; ♃) sind seltene **Brachsenkrautgewächse** auf dem Grunde von Seen.

Der Schmalblättrige und der Breitblättrige Rohrkolben wachsen zerstreut bis verbreitet im Röhricht stehender und langsam fließender Gewässer. Die drei anderen **Rohrkolbengewächse** und der Verschiedenblättrige Igelkolben aus der Familie der **Igelkolbengewächse** sind an ähnlichen Standorten selten, der Graue Rohrkolben in Baden, Württemberg und Bayern, der Kleinste Rohrkolben außerdem in den Alpentälern, am Oberrhein und in Böhmen, der Zierliche Rohrkolben nur am Rhein und in Baden.

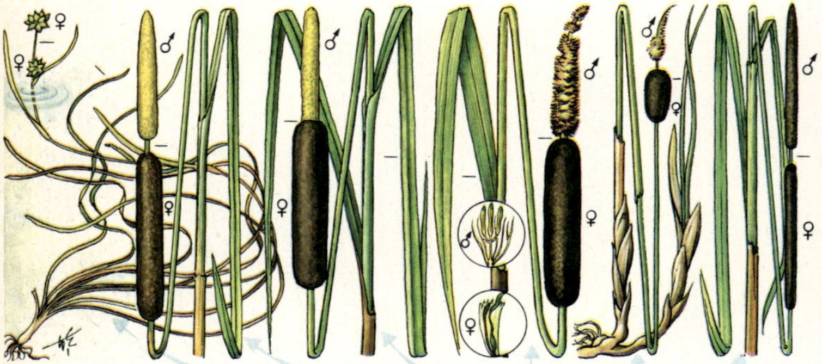

	Versch. blättr. Igelkolben	Schmalblättriger Rohrkolben	Grauer Rohrkolben	Breitblättriger Rohrkolben	Kleinster Rohrkolben	Zierlicher Rohrkolben
wissenschaftl. Name	*Spargánium diversifólium*	*Týpha angustifólia*	*Týpha shuttlewórthii*	*Týpha latifólia*	*Týpha minima*	*Týpha grácilis*
Größe; Blütez.	bis 60 cm; 6–7	1–3 m; 6–8	50–100 cm; 7–8	1–2 m; 6–8	30–75 cm; 5–6	bis 75 cm; 5–9
Besondere Kennzeichen	Blütenstengel unverzweigt, Blätter bis 5 mm breit, mit stumpfer Spitze, flutend; ♃	♂ und ♀ Kolben etwa gleich lang, meist 3–5 cm voneinander entfernt; ♃	Blätter 5–10 mm breit, ♂ Kolben kürzer als ♀, dicht anschließend; ♃	Blätter 1–2 cm breit, ♂ und ♀ Kolben etwa gleich lang, meist dicht anschließend; ♃	Stengel nur am Grunde beblättert, ♀ Kolben eiförmig, meist dicht am ♂; ♃	Stengel beblättert, ♂ und ♀ Kolben dünn, 5–25 mm voneinander entfernt; ♃

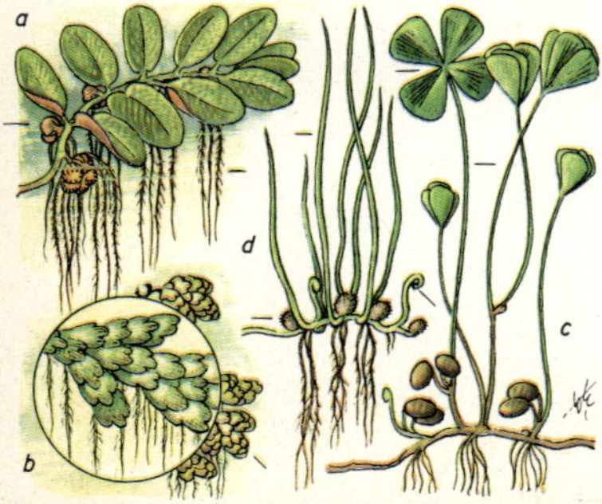

Der **Schwimmfarn** (a *Salvínia nátans*; bis 20 cm; 6—8; Blätter in dreiteiligen Quirlen, eines davon fein zerschlitzt; ♃) und der **Karolinische Wasserfarn** (b *Azólla caroliniána*; bis 1,2 cm; 6—7; Blättchen eiförmig, lappig; ♃) sind seltene **Schwimmfarne**, der **Kleefarn** (c *Marsília quadrifólia*; 10—50 cm; 8—10; Blätter langgestielt, kleeblattartig; ♃) und der **Pillenfarn** (d *Piluläria globulifera*; 3—10 cm; 7—9; Blätter borstlich, Sporenkapseln erbsengroß, pillenförmig; ♃) sind **Kleefarne** auf Sumpfböden.

Das **Quellmoos** (a *Fontinális antipyrética*; 40 cm lang; flutend, dicht beblättert; ♃) lebt ganz unter Wasser, die **Wasser-Riccie** (b *Ríccia flúitans*; bis 5 cm; Thallus schmal oder herzförmig, gabelig verzweigt; ♃) hält sich auf oder dicht unter der Wasseroberfläche auf, das **Breite Teichlebermoos** (c *Ricciocárpus nátans*; bis 2 cm; Thallus breitlappig, gabelig verzweigt, etwas dickfleischig; ♃) schwimmt auf dem Wasser und das **Gemeine Brunnenlebermoos** (d *Marchántia polymórpha*; 8 cm; zweihäusig, ♂ Pflanzen mit Antheridienständen, ♀ mit Archegonienständen; ♃) wächst auf feuchtem Boden.

Von den **Schachtelhalmgewächsen** der Tabelle sind der Teich-, Sumpf- und Ackerschachtelhalm an nassen Stellen weit verbreitet, letzterer auch auf Äckern und Wiesen. Der Ästige Schachtelhalm fehlt in Nordwestdeutschland und findet sich sonst vorwiegend an sandigen Ufern der großen Ströme; der Bunte Schachtelhalm kommt nur an feuchten Orten der Alpen häufiger vor, sonst selten. Sumpffarne (Familie **Tüpfelfarne**) wachsen zerstreut in Sümpfen und Mooren und sind nur im Norden häufiger.

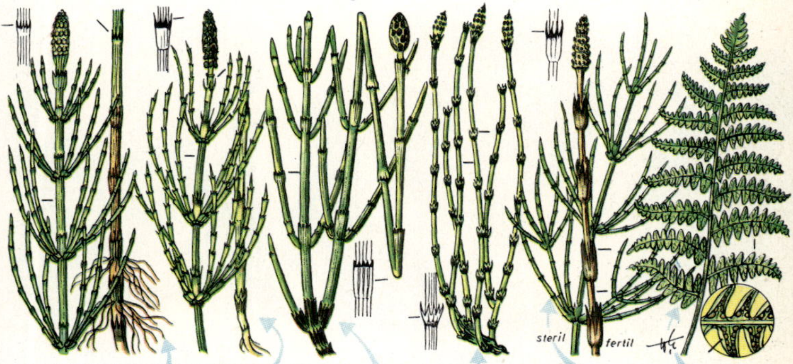

	Teich-Schachtelhalm	Sumpf-Schachtelhalm	Ästiger Schachtelhalm	Bunter Schachtelhalm	Acker-Schachtelhalm	Sumpffarn
wissenschaftl. Name	*Equisétum fluviátile*	*Equisétum palústre*	*Equisétum ramosissimum*	*Equisétum variegátum*	*Equisétum arvénse*	*Thelýpteris palústris*
Größe; Sporenz.	30–120 cm; 5–6	15–50 cm; 5–6	bis 80 cm; 7–8	20–50 cm; 6–8	bis 50 cm; 3–4	30–80 cm; 7–9
Besondere Kennzeichen	Blattscheide mit 10—30 schwarzen Zähnen, Stengel gerillt, oft astlos; ♃	Blattscheide mit 4—12 breit weißhäutig berandeten Zähnen, sterile und fertile Sprosse gleich; ♃	Blattscheiden bis 22 mm lang, Sproß mit 6–16 gewölbten Rippen; ♃	Blattscheiden glockig, Sproß dünn, mit 4–12 Rippen; ♃	Blattscheiden fertiler Sprosse entfernt, mit 6 –16 Zähnen, sterile Sprosse grün, verzweigt; ♃	fertile Fiederchen am Rande eingerollt, dreieckig; ♃

Der **Keuschlamm-Strauch** (a *Vítex ágnus cástus*; 2—4 m; 7—9; Blätter unterseits weißfilzig, Blüten blauviolett, rosa oder weiß; ♃), der **Oleander** (b *Nérium oleánder*; bis 5 m; 6—9; Blätter lederig, Blüten groß, rosa oder weiß, Milchsaft **giftig**; ♃), und das **Spanische Rohr** oder die **Canna** (c *Arúndo dónax*; 2—4 m; 9—12; ähnlich Schilfrohr, aber viel kräftiger, Halm bis 2 cm dick, Blütenrispe bis 70 cm lang; ♃) wachsen verbreitet in Bachbetten und an Teichrändern in den Mittelmeerländern.

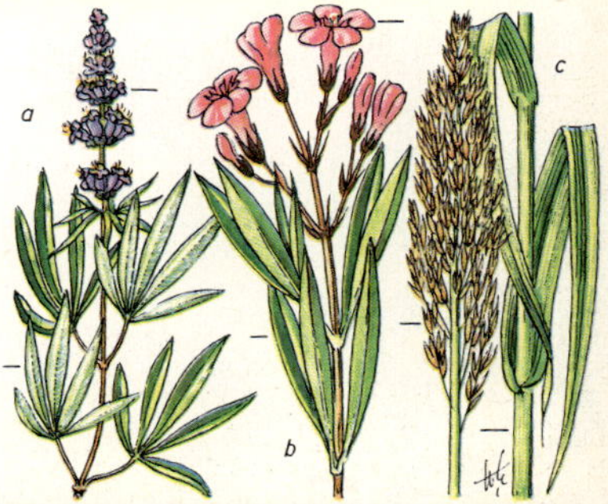

Die **Teichfledermaus** (a *Leucónoë dasygnéme;* 6 cm + 5 cm; Ohren groß, **geschützt**) und die **Wasserfledermaus** (b *Leucónoë daubentónii;* 5 cm + 3,9 cm; Ohren klein; **geschützt**) sind am Wasser in ganz Deutschland heimische Fledermäuse aus der Familie der **Glattnasen**, die **Wasserspitzmaus** (c *Néomys fódiens;* 9 cm + 7 cm; Hinterfüße mit Schwimmhäuten, Schwanz unten mit Haarkiel) bewohnt Gewässer in fast ganz Europa, der **Südrussische Bisamrüßler** oder **Desman** (d *Desmána moscháta;* 25 cm + 17 cm; keine Ohrmuscheln, langer Rüssel) im Gebiet der unteren Wolga und des Don.

Nerz, Mink und Otter gehören zu den **Mardern.** Der Nerz oder Krebsotter ist in Deutschland wahrscheinlich ausgerottet; der nahe verwandte Mink stammt aus Nordamerika und ist hier und da aus Pelztierfarmen entwichen und verwildert; der Otter ist ein seltener Uferbewohner. Waschbären gehören zur Familie der **Kleinbären.** Sie stammen aus Nordamerika und sind jetzt in der Eifel und in Westhessen Standwild. Vom Biber (Familie **Biber**) gibt es an der Elbe bei Wittenberg noch etwa 100 Stücke.

	Waschbär	Mink	Nerz	Otter	Biber
wissenschaftl. Name	*Procýon lótor*	*Mustéla víson*	*Lutréola lutréola*	*Lútra lútra*	*Cástor fiber*
Größe	70 cm + 26 cm	50 cm + 16 cm	40 cm + 14 cm	83 cm + 55 cm	90 cm + 32 cm
Besondere Kennzeichen	Schnauze spitz, Gesicht breit, mit schwarzer Maske, Schwanz geringelt	Fell einfarbig tiefbraun, wollhaarig, weich, Kinn weiß, viele Farbrassen	Fell ähnlich Mink, aber meist mit weißer Oberlippe, Fell nicht so weich und wollhaarig	Körper sehr lang gestreckt, Beine kurz, Füße mit Schwimmhäuten, Schnauze breit	Fell braun, Schwanz breit, platt, beschuppt, Ohren klein, Beine kurz; **geschützt**

Die **Bisamratte** (a *Ondátra zibéthica;* 26—40 cm + 19—27,5 cm; Körper plump, Schwanz seitlich zusammengedrückt; Fam. **Wühler**) stammt aus Nordamerika, die **Biberratte** oder **Nutria** (b *Myocáster cóypus;* 42—60 cm + 30—45 cm; Schwanz drehrund, schwach behaart, Schwimmhäute an den Hinterfüßen; Fam. **Biberratten**) aus Südamerika. **Ost-Schermäuse** (c *Arvícola sápidus;* 12—20 cm + 5,6—10,4 cm; Schwanz ziemlich lang, Fell dunkelbraun; Fam. **Wühler;** fehlt in Westeuropa) leben am Wasser.

Der **Gänsesäger** (a *Mérgus mergánser*; 66 cm; große Kopfhaube, ♂ Kopf und Hals dunkel, ♀ Kopf und Hals braun, Kehle weiß; Teilzieher), der **Mittelsäger** (b *Mérgus serrátor*; 58 cm; deutliche Kopfhaube, ♂ mit weißem Halsband, ♀ Kopf hellbraun, weißer Kehlfleck verschwommen; Teilzieher) und der **Zwergsäger** (c *Mérgus albéllus*; 41 cm; Gefieder weiß mit schwarzer Zeichnung; Zugvogel) nisten in Baumhöhlen, in Erdwänden oder, wie b, im Heidekraut in der Nähe des Wassers im hohen Norden, b zuweilen auch in Norddeutschland. Alle sind Nestflüchter; Untergruppe **Sägerenten.**

Die Vögel der Tabelle gehören zu den **Lappentauchern,** das sind Tauchvögel mit Schwimmlappen an den Füßen. Alle Lappentaucher nisten im Röhricht von Teichen und Seen. Hauben-, Schwarzhals- und Zwergtaucher sind in ganz Deutschland heimisch; Rothalstaucher wohnen östlich der Elbe; Ohrentaucher leben im Gebiet der mittleren und nördlichen Ostsee und sind in Nord- und Westdeutschland Wintergäste. Lappentaucher sind Teilzieher.

	Rothalstaucher	Schwarzhalstaucher	Zwergtaucher	Haubentaucher	Ohrentaucher
wissenschaftl. Name	*Pódiceps griseigéna*	*Pódiceps nigricóllis*	*Pódiceps ruficóllis*	*Pódiceps cristátus*	*Pódiceps auritus*
Größe	43 cm	30 cm	27 cm	48 cm	33 cm
Besondere Kennzeichen	Sommer: Kinn weiß, Hals rostrot, Winter: Hals grau, Schnabel gelblich; Nestflüchter	Sommer: Hals schwarz, gelbe Ohrbüschel, Winter: Hals grau, Schnabel aufgeworfen; Nestflüchter	Körper dunkel, Kehle und Wangen kastanienbraun, heller Schnabelfleck; Nestflüchter	Hals weiß, Krause rötlich, „Hörnchen" schwarz, im Winter ohne Krause; Nestflüchter	Hals rostrot, Kopfbüschel gelb, Gefieder im Winter schwarz-weiß; Nestflüchter

Die **Tafelente** (a *Athýa ferina*; 46 cm; ♂ Gefieder grau, Kopf braun, Brust dunkel, ♀ mit blauem Schnabelband), die **Moorente** (b *Athýa nyróca*; 41 cm; ♂ Kopf, Hals und Brust kastanienbraun, Unterschwanzdecken weiß, ♀ matter) und die **Reiherente** (c *Athýa fulígula*; 43 cm; ♂ mit Haube, Kopf, Hals, Brust und Rücken schwarz, ♀ bräunlicher) sind **Tauchenten,** die an schilfreichen Binnenseen nisten, vorwiegend in Norddeutschland und östlich der Elbe. Alle sind Nestflüchter und Teilzieher.

Die **Schellente** (a *Bucéphala clángula*; 46 cm; ♂ mit weißem Fleck vor dem Auge, ♀ mit braunem Kopf und weißem Halsband; Höhlenbrüter; Nestflüchter; Zugvogel; Nord- und Nordosteuropa) und die **Kolbenente** (b *Nétta rufína*; 56 cm; ♂ Schnabel rot, Kopf hellbraun, ♀ Wangen weiß, Scheitel dunkel; Nestflüchter; Teilzieher; Norddeutschland und Mittelmeerküsten) sind **Tauchenten;** die **Ruderente** (c *Oxyúra leucocéphala*; 46 cm; ♂ Kopf weiß, Schnabel blau, ♀ mit Wangenstreif; Nestflüchter; Teilzieher; Mittelmeerküsten) ist eine **Steifschwanzente** an Binnengewässern.

In der Tabelle sind Wasservögel aus der Gruppe der **Gänse** und der Gruppe der **Schwäne** beschrieben. Graugänse nisten in Norddeutschland und östlich der Elbe gesellig in Sümpfen und Mooren. Saatgänse sind in Deutschland Wintergäste aus der Tundra. Sing- und Zwergschwäne kommen aus den Gebieten Nordosteuropas als Zugvögel nach Deutschland. Höckerschwäne nisten wild auf entlegenen Seen Norddeutschlands und haben sich vielerorts auf Parkteichen domestiziert.

	Graugans	Saatgans	Singschwan	Zwergschwan	Höckerschwan
wissenschaftl. Name	*Ánser ánser*	*Ánser fabális*	*Cýgnus cýgnus*	*Cýgnus bewíckii*	*Cýgnus ólor*
Größe	bis 89 cm	bis 89 cm	152 cm	122 cm	152 cm
Besondere Kennzeichen	Schnabel orange, ohne Schwarz, Kopf hell, Beine fleischfarben; Nestflüchter; Teilzieher	Schnabel gelb, mit schwarzem Abzeichen, Kopf dunkel, Beine orange; Nestflüchter; Zugvogel	viel Gelb an Schnabelwurzel, Gelb nach vorn spitz ausgezogen; Nestflüchter; Zugvogel	wenig Gelb an Schnabelwurzel, Gelb nach vorn stumpf endend; Nestflüchter; Zugvogel	Schnabel orangerot, mit Höcker, dieser beim ♀ kleiner, Hals S-förmig; Nestflüchter; Teilzieher

Die **Löffelente** (a *Spátula clypeáta*; 51 cm; Schnabel löffelförmig, ♂ Flügeldecken hellblau, Flanken dunkelbraun, ♀ braun mit blauen Schultern; Nestflüchter; Teilzieher) und die **Stockente** (b *Ánas plathyrhýnchos*; 58 cm; ♂ Kopf grün, weißer Halsring, Schwanz mit Locke, ♀ braun; Nestflüchter; Teilzieher) sind **Schwimmenten,** die in fast ganz Deutschland heimisch sind, im Winter auch an Meeresküsten. Sie nisten auf nassen Wiesen und in Sümpfen, die Stockente gelegentlich auch in Höhlen.

Der **Krauskopf-Pelikan** (a *Pelecánus crispus*; 140—178 cm; Handschwingen dunkelbraun, Schnabel mit Kehlsack, Beine bleigrau) brütet kolonieweise in Griechenland, der **Rosapelikan** (b *Pelecánus onocrótalus*; 140—178 cm; Handschwingen schwärzlich, Beine fleischfarben) in Bulgarien und Rumänien. Beide sind Nesthocker und Teilzieher, gehören zur Familie der **Pelikane** und sind in Deutschland seltene Irrgäste. Der **Flamingo** (c *Phoeniópterus rúber*; 127 cm; Flügel scharlachrot und schwarz; Nesthocker; Jahresvogel; Familie **Flamingos**) nistet kolonieweise auf Schlammbänken in Südwesteuropa.

Die Mandarinenente gehört zur Gruppe der **Glanzenten**; die anderen Arten der Tabelle sind **Schwimmenten.** Alle gehören zu den Nestflüchtern und sind in weiten Teilen Europas als Brutvögel heimisch, die Knäk- und Krickente auch in ganz Deutschland, die übrigen vorwiegend in Norddeutschland und östlich der Elbe; die Mandarinenente stammt aus Ostasien und lebt vielerorts halbwild. Alle nisten in Mooren, Sümpfen und nassen Wiesen, die Krickente auch weitab vom Wasser in Wäldern, die Spießente zuweilen auf Sanddünen.

	Schnatterente	Pfeifente	Spießente	Knäkente	Krickente	Mandarinenente
wissenschaftl. Name	*Ánas strépera*	*Ánas penélope*	*Ánas acúta*	*Ánas querquédula*	*Ánas crécca*	*Aix galericuláta*
Größe	51 cm	46 cm	56 cm	38 cm	36 cm	43 cm
Besondere Kennzeichen	♂ Körper grau, Hinterende schwarz, Spiegel weiß, ♀ graubraun, Schnabel gelblich; Teilzieher	♂ Scheitelstreif rahmgelb, Schnabel kurz, ♀ bräunlich, Schultern heller; Teilzieher	♂ mit Schwanzspieß, Schnabel grau, weißer Halsstreif, ♀ braun, Schwanz spitz; Teilzieher	♂ mit weißem Überaugenstreif, Kehle und Halsseiten braun, ♀ braun; Zugvogel	♂ mit grünem Augenstreif und blauweißem Flügelstreif, ♀ dunkelbraun, Spiegel grün; Teilzieher	♂ mit orangefarbenem „Segel" auf jedem Flügel, ♀ Kinn weiß; Jahresvogel

Die **Große Rohrdommel** (a *Botáurus stelláris*; 76 cm; Gefieder braungelb, lebhaft gefleckt und gebändert, Beine lang, grün; Teilzieher) und die **Zwergrohrdommel** (b *Ixobrýchus minútus*; 36 cm; ♂ Rücken schwarz, großes, rahmfarbenes Flügelfeld, ♀ bräunlich, Rücken dunkelbraun; Zugvogel) nisten im Röhricht an Binnengewässern, der **Graureiher** (c *Árdea cinérea*; 91 cm; Gefieder grau, lange, schwarze Kopfhaube; Teilzieher) kolonieweise auf Bäumen. Alle sind Nesthocker aus der Familie der **Reiher.**

Der **Rallenreiher** (a *Ardéola ralloides*; 46 cm; Körper gedrungen, am Rücken braungelb, Schnabel und Beine grünlich, Jungtiere dunkler; Nesthocker; Zugvogel), der **Kuhreiher** (b *Ardéola íbis*; 51 cm; Schnabel und Beine rot, Gefieder mit auffällig gelbbraunen Federn; Nesthocker; Zugvogel) und der **Silberreiher** (c *Egrétta álba*; 89 cm; Gefieder weiß, Beine und Füße dunkel; Nesthocker; Teilzieher; Balkan und südliche Sowjetunion) sind **Reiher,** die Südeuropa bewohnen und kolonieweise auf dem Boden nisten, immer in Wassernähe. Nur der Kuhreiher brütet zuweilen auch fern vom Wasser auf Bäumen.

Bis auf den Jungfernkranich (Familie **Kraniche**) gehören die Vögel der Tabelle zu den Schreitvögeln, und zwar zur Familie der **Reiher** (Seiden-, Purpur- und Nachtreiher) und der **Ibisartigen** (Löffler und Brauner Sichler). Alle sind in Südeuropa beheimatet, die Ibisartigen und der Jungfernkranich vorwiegend oder ausschließlich in Rumänien; alle lieben die Nähe des Wassers, wo sie im Röhricht, auf Büschen, zuweilen auch auf Bäumen nisten, der Jungfernkranich immer auf trockenem Boden.

	Seidenreiher	Purpurreiher	Nachtreiher	Löffler	Brauner Sichler	Jungfernkranich
wissenschaftl. Name	*Egrétta garzétta*	*Árdea purpúrea*	*Nycticorax nycticorax*	*Platálea leucoródia*	*Plegádis falcinéllus*	*Anthyopoides virgo*
Größe	56 cm	79 cm	61 cm	86 cm	56 cm	97 cm
Besondere Kennzeichen	Gefieder weiß, Schnabel und Beine schwarz, Füße gelb; Nesthocker; Teilzieher	Scheitel und Haube schwarz, Hals rostrot, schwarz gestreift; Nesthocker; Zugvogel	schwarze Kopfplatte, Rücken schwarz, Stirn weiß, Beine gelblich; Nesthocker; Zugvogel	Gefieder weiß, Schnabel lang, spatelförmig, schwarz, bei Jungtieren rot; Nesthocker; Zugvogel	Schnabel bogenförmig, Gefieder einfarbig braun, glänzend; Nesthocker; Zugvogel	Federbüschel hinter den Augen, Kinn, Hals und Brust schwarz; Nestflüchter; Teilzieher

Der **Fischadler** (*Pándion haliáëtus*; 58 cm; Körper oben schwärzlich, unten schneeweiß, Kopf weiß mit schwarzer Haube, Fänge bläulich, Außenzehe ist eine Wendezehe; Nesthocker; Zugvogel; Familie **Fischadler**) nistet auf Bäumen, in Felsklippen oder in Ruinen, mitunter auch auf dem Boden östlich der Elbe, in Skandinavien und in den Mittelmeerländern, immer in Wassernähe und auch an Meeresküsten. Er jagt Fische, die er rüttelnd erspäht und stoßtauchend, mit den Fängen voraus, greift.

Das **Bläßhuhn** (a *Fúlica átra*; 38 cm; weißer Schnabel und weißes Stirnfeld, Beine grün, Zehen mit breiten Schwimmlappen; Nestflüchter; Teilzieher) und das **Teichhuhn** (b *Gallinula chlóropus*; 33 cm; roter Schnabel und rotes Stirnschild, weißer Flankenstreif und weiße Unterschwanzfedern, Beine grün mit rotem „Strumpfband", keine Schwimmhäute; Nestflüchter; Teilzieher) sind Wasservögel aus der Familie der **Sumpfhühner** oder **Rallen.** Beide nisten im Röhricht am Wasser, das Teichhuhn gelegentlich auch auf Bäumen in alten Nestern großer Vögel in ganz Europa mit Ausnahme des hohen Nordens.

In der Tabelle sind Kranichvögel aus der Familie der **Rallen** beschrieben. Das Kammbläßhuhn und das Purpurhuhn leben in Südspanien, letzteres außerdem in Sardinien. Zwergsumpfhühner bewohnen Spanien, Frankreich, Norditalien und den Nordbalkan und brüten gelegentlich auch in Deutschland. Die Wasserralle und das Tüpfelsumpfhuhn sind in ganz Deutschland heimisch; das Kleine Sumpfhuhn fehlt nur in Westdeutschland. Alle bewohnen Binnengewässer, wo sie im Schilf oder in anderer Vegetation nisten.

	Kamm-bläßhuhn	Purpurhuhn	Wasserralle	Tüpfel-sumpfhuhn	Kleines Sumpfhuhn	Zwerg-sumpfhuhn
wissenschaftl. Name	*Fúlica cristáta*	*Porphýrio porphýrio*	*Rállus aquáticus*	*Porzána porzána*	*Porzána párva*	*Porzána pusílla*
Größe	40,5 cm	48 cm	28 cm	23 cm	19 cm	17,8 cm
Besondere Kennzeichen	ähnlich Bläßhuhn, aber roter Stirnhöcker; Nestflüchter; Jahresvogel	Gefieder dunkelblau, Schnabel rot, sehr groß, Beine rot; Nestflüchter; Jahresvogel	Schnabel länger als der Kopf, Flanken schwarzweiß gebändert; Nestflüchter; Teilzieher	Gefieder gefleckt, an den Flanken stark gebändert, Beine grün; Nestflüchter; Teilzieher	Flanken nicht gebändert, Beine grün, ♂ Brust grau, ♀ braungelb; Nestflüchter; Zugvogel	Beine bräunlich fleischfarben, Flanken stark schwarzweiß gebändert; Nestflüchter; Zugvogel

Die **Brachschwalbe** (a *Glaréola pratíncola*; 23 cm; Gabelschwanz, heller Kehlfleck, Flugspannhaut rostrot) bewohnt den Balkan, Sizilien, Südfrankreich und Südspanien, die **Schwarzflügelige Brachschwalbe** (b *Glaréola nordmánni*; 25,5 cm; wie Brachschwalbe, aber Flugspannhaut schwarz) Rumänien. Beide nisten auf ausgedörrten Schlammflächen. Der **Spornkiebitz** (c *Haplópterus spinósus*; 27 cm; Gefieder schwarz-weiß, mit Federschopf) nistet zuweilen in Griechenland. Alle sind Nestflüchter und Zugvögel; **Watvögel.**

Der **Flußuferläufer** (a *Actítis hypoleúcos*; 20 cm; Rücken braun, Schmutzflecken an den Brustseiten) und der **Flußregenpfeifer** (b *Charádrius dúbius*; 15 cm; weiße Linie über der schwarzen Stirn) nisten auf kiesigen Ufern in fast ganz Europa; der **Teichwasserläufer** (c *Tringa stagnális*; 23 cm; wie kleiner Grünschenkel, aber Stirn weiß) und der **Terekwasserläufer** (d *Xénus cinéreus*; 23 cm; Schnabel lang, dünn, etwas aufwärts gebogen) nisten an Ufern, c im Südosten, d im Nordosten Europas. Alle vier Arten gehören zu den **Regenpfeiferähnlichen** und sind Nestflüchter und Zugvögel.

Die Uferschwalbe (Familie **Schwalben**) nistet kolonieweise an Steilhängen. Von den **Meisen** der Tabelle nistet die Bartmeise unter Röhricht, die Beutelmeise in einem beutelförmigen Nest, die Weidenmeise in morschen Baumstümpfen und die Lasurmeise in Bäumen und Büschen (in der UdSSR, woanders Irrgast). Das Blaukehlchen (Familie **Drosselähnliche**) nistet dicht am Boden unter Gestrüpp. Uferschwalben, Weidenmeisen und Blaukehlchen leben in weiten Teilen Europas, Lasurmeisen in Ost-, Bart- und Beutelmeisen außerdem in Südeuropa.

	Uferschwalbe	**Bartmeise**	**Beutelmeise**	**Weidenmeise**	**Lasurmeise**	**Blaukehlchen**
wissenschaftl. Name	*Ripária ripária*	*Panúrus biármicus*	*Rémiz pendulinus*	*Párus atricapillus*	*Párus cýanus*	*Luscinia cyanécula*
Größe	12 cm	16,5 cm	11 cm	11,5 cm	13,5 cm	14 cm
Besondere Kennzeichen	Schwanz wenig gegabelt, Gefieder erdbraun, unten weiß, braunes Brustband; Zugvogel	Schwanz lang, braun, ♂ mit schwarzem Bartstreif, ♀ ohne Bartstreif; Teilzieher	Rücken braun, Kopf und Nacken hellgrau, ♂ mit rotbraunen Brustseiten; Teilzieher	Kopfplatte rußschwarz, Kehllatz groß, nördliche Rasse heller als südliche; Jahresvogel	Flügel blau mit viel Weiß, Kopfplatte schneeweiß, dunkelblauer Augenstreif; Teilzieher	♂ Kehle blau mit weißem oder rotem Fleck, ♀ U-förmiger Halsfleck; Zugvogel

Der **Stelzenläufer** (a *Himántopus himántopus*; 38 cm; Beine sehr lang, rot; Nestflüchter; Teilzieher) nistet kolonieweise auf Schlamm in Spanien, Südfrankreich und auf dem Balkan, das **Thorshühnchen** (b *Phaláropus fulicárius*; 20 cm; Gefieder unten rostbraun, Wangen weiß, ♂ matter, Winterkleid weiß; Nestflüchter; Zugvogel) an Tümpeln in der Tundra, das **Spießflughuhn** (c *Ptérocles alcháta*; 32 cm; ♂ mit 1, ♀ mit 3 Brustbändern; Nestflüchter; Jahresvogel) auf Sandflächen an Morästen Spaniens.

Der **Eisvogel** (*Alcédo ispida*; 16 cm; Gefieder oben prächtig blaugrün, Wangen und Unterseite kastanienbraun, Kehle weiß, weißer Halsfleck, Schwanz und Füße rot, Füße sehr klein; Nesthocker; Teilzieher) ist die einzige deutsche Art aus der Familie der **Eisvögel.** Er bewohnt ganz Deutschland und ganz Europa bis auf den Norden und nistet an Gewässern aller Art in Höhlen, die er selbst gräbt und in die er etwa 7 weiße Eier legt (Erdhöhlenbrüter). Eisvögel sind Stoßtaucher, die von einem Zweig im Ufergebüsch Fische oder Insekten erspähen und dann blitzschnell ins Wasser tauchen.

Wasserschmätzer gehören zur Familie der **Wasserschmätzer,** Rohrschwirl, Drossel-, Teich- und Schilfrohrsänger zur Familie der **Grasmückenähnlichen,** Rohrammern zur Familie der **Finkenartigen.** Alle sind Nesthocker und nisten in Wassernähe, Rohrammern auch am Boden, Wasserschmätzer unter Brücken, Wasserfällen und Erdhängen. Der Rohrschwirl kommt nur im Norden vor. Der Wasserschmätzer heißt auch Bach- oder Wasseramsel. Sie fehlt in Norddeutschland. Die übrigen Arten sind in ganz Deutschland heimisch.

	Wasserschmätzer	Rohrschwirl	Drosselrohrsänger	Teichrohrsänger	Schilfrohrsänger	Rohrammer
wissenschaftl. Name	*Cinclus cinclus*	*Locustélla luscinoides*	*Acrocéphalus arundináceus*	*Acrocéphalus scirpáceus*	*Acrocéphalus schoenobáënus*	*Emberiza schöeniclus*
Größe	18 cm	14 cm	19 cm	13 cm	13 cm	15 cm
Besondere Kennzeichen	Gefieder dunkelbraun, Kehle und Brust schneeweiß, Schwanz kurz; Jahresvogel	ähnlich Teichrohrsänger, aber Schwanz oft zart gebändert; Zugvogel	heller Augenstreif, Schnabel lang und kräftig, Hängenest an Rohrhalmen, lauter Gesang; Zugvogel	Oberseite einfarbig braun, Unterseite bräunlich-weiß, Augenstreif unscharf; Zugvogel	Augenstreif rahmfarben, Rücken gestreift, Bürzel rotbraun; Zugvogel	♂ Kopf und Kehle schwarz, weißes Halsband, ♀ mit schwarzweißem Bartstreif; Teilzieher

Die **Weidenammer** (a *Emberiza auréola*; 14 cm; ♂ Gesicht schwarz, ♀ Kopf und Seiten gestreift; Zugvogel; Familie **Finkenartige**) ist in Deutschland seltener Wintergast aus dem Nordosten Europas. Der **Seidensänger** (b *Céttia cétti*; 14 cm; oben dunkelrotbraun; Jahresvogel), der **Tamariskensänger** (c *Lusciniόla melanópogon*; 13 cm; Scheitel fast schwarz; Teilzieher) und der **Orpheusspötter** (d *Hippoláïs polyglótta*; 13 cm; wie Gelbspötter, aber brauner; Zugvogel) sind südeuropäische **Grasmücken** des Röhrichts.

Der **Wasser-** oder **Teichfrosch** (a *Rána esculénta*; ♀ bis 10 cm, ♂ kleiner; 5—6; Hinterseiten der Oberschenkel gelb und schwarzbraun marmoriert, Schallblasen bläulich-weiß, Schwimmhäute der Hinterfüße reichen bis an die Zehenspitzen, Höcker H groß) lebt in jeglicher Art Gewässer in ganz Deutschland bis auf die Gebirge. Der ähnliche, aber viel größere **Seefrosch** (b *Rána ridibúnda*; ♂ und ♀ 15 cm; 5—6; Schwimmhäute der Hinterfüße wie beim Wasserfrosch, aber Höcker H' klein, Oberschenkel weiß und blaugrün, Schallblasen rauchgrau; **geschützt**) bewohnt das Tiefland. (Familie **Echte Frösche.**)

Der Laubfrosch (Familie **Laubfrösche**) wohnt zwei bis vier Meter hoch im Gebüsch. Geburtshelfer- oder Feßlerkröten (Familie **Unken**) leben auf Geröllhalden der deutschen Mittelgebirge. Die Knoblauchkröte gehört zur Familie der **Krötenfrösche,** die übrigen Froschlurche der Tabelle zur Familie der **Kröten.** Erdkröten findet man häufig im Garten, Wechsel- oder Grüne Kröten lieben feuchte Wiesen und Auwälder. Knoblauch- und Kreuzkröten halten sich in sandigen und steinigen Gegenden auf, letztere auch auf Dünen an der See.

	Laubfrosch	Erdkröte	Wechselkröte	Kreuzkröte	Knoblauch-kröte	Geburtshelfer-kröte
wissenschaftl. Name	*Hýla arbórea*	*Búfo búfo*	*Búfo viridis*	*Búfo calamita*	*Pelóbates fúscus*	*Alýtes obstétricans*
Größe; Laichz.	4—5 cm; 4—5	♂8, ♀13 cm; 3—4	bis 8 cm; 4—6	bis 8 cm; 4—6	5—8 cm; 3—5	4—5 cm; 5
Besondere Kennzeichen	Rücken laubgrün, Pupille waagerecht, Haftballen an den Finger- und Zehenspitzen; **geschützt**	Haut lederbraun, warzig, Iris gold- bis kupferrot, Pupille waagerecht; **geschützt**	Rücken mit großen, grünen Flecken, Iris grünlich, Pupille waagerecht; **geschützt**	Rücken mit hellem Längsstrich, Pupille waagerecht, fast keine Schwimmhäute; **geschützt**	Rücken mit großen Längsflecken, Pupille senkrecht, Schwimmhäute groß; **geschützt**	Oberseite blaugrau, mit Warzen, Pupille senkrecht, ♂ treibt Brutpflege; **geschützt**

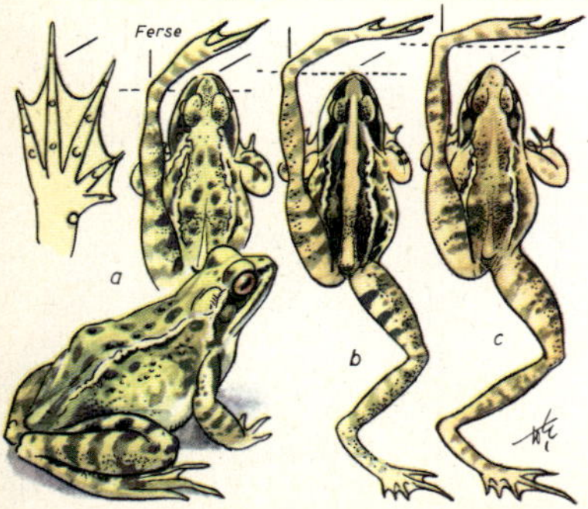

Der **Gras-** oder **Taufrosch** (a *Rána temporária*; bis 10 cm; 3; Schwimmhäute reichen nicht bis zur Zehenspitze, Schnauze stumpf; **geschützt;** überall häufig), der **Moorfrosch** (b *Rána arvális*; 4—7 cm; 3; ähnlich Grasfrosch, aber Schwimmhäute kaum ausgebildet, Schnauze zugespitzt; **geschützt;** nur im Tiefland auf Sumpfwiesen) und der **Springfrosch** (c *Rána dalmatina*; ♂ 7, ♀ bis 9 cm; 3; Fersengelenk reicht über Schnauzenspitze hinaus; **geschützt;** in Laubwäldern) sind **Echte Frösche** (mit dunklem Schläfenfleck).

Die **Rotbauchige** oder **Tieflandunke** (a *Bombina bombina*; 4,5 cm; 5—9; Bauch blaugrau mit mennigroten Flecken und weißen Punkten, ♂ mit zwei inneren Schallblasen; Familie **Unken; geschützt**) bewohnt das Flachland, die **Gelbbauchige** oder **Bergunke** (b *Bombina variegáta*; bis 5 cm; 5—9; Bauch zitronengelb, blaugrau gefleckt; ♂ ohne Schallblasen; Familie **Unken; geschützt**) die Mittelgebirge. Der **Schlammtaucher** (c *Pelodýtes punctátus*; bis 4,5 cm; 4—9; Pupille senkrecht, Schwimmhäute sehr kurz; Familie **Krötenfrösche**) lebt in Norditalien, in Frankreich und in Spanien.

Auf der Seitenmitte sind **Wassermolche** abgebildet; das sind Molche mit seitlich zusammengedrücktem Schwanz. In Deutschland sind der Kammolch, der Berg- oder Alpenmolch, der Streifen- oder Teichmolch und der Faden- oder Leistenmolch heimisch. Bis auf den Fadenmolch, der nur in Westdeutschland vorkommt, sind alle in Teichen und Seen häufig, der Bergmolch mehr im Hügelland, der Streifenmolch im Flachland. Der Karpatenmolch bewohnt die Karpaten und die Tatra, der Marmormolch Südfrankreich und die Iberische Halbinsel.

	Kammolch	Bergmolch	Streifenmolch	Fadenmolch	Karpatenmolch	Marmormolch
wissenschaftl. Name	*Tritúrus cristátus*	*Tritúrus alpéstris*	*Tritúrus vulgáris*	*Tritúrus helvéticus*	*Tritúrus montandóni*	*Tritúrus marmorátus*
Größe; Laichz.	bis 18 cm; 3—5	bis 10 cm; 5—6	bis 8 cm; 3—5	bis 9 cm; 3—7	♂ 7, ♀ 10 cm; 4–5	bis 16 cm; 2—5
Besondere Kennzeichen	♂ mit „Kamm" auf Rücken und Schwanz, Rücken dunkel, ♀ mit heller Rückenlinie; **geschützt**	Unterseite leuchtend orangerot, Seiten reich schwarz gefleckt; **geschützt**	Kopf mit 7 Längsstreifen, Rücken hell olivbraun, ♂ mit welligem Kamm; **geschützt**	♂ mit Schwanzendfaden, am Körper zwei Längsstreifen, dunkler Augenstreif; **geschützt**	Unterseite orangerot, Schwanz oben und unten mit Schneide, mit Endfaden; **geschützt**	Körper grün, schwarz marmoriert, auch am Bauch, Rückenkamm quer gebändert; **geschützt**

Der **Feuersalamander** (a *Salamándra salamándra*; 15—20 cm; 4—5 und bis 8; große gelbe Flekken oder Längslinien [= gebänderte Form] auf schwarzer Haut; **geschützt;** feuchte Waldungen des Berglandes) und der **Alpensalamander** (b *Salamándra átra*; 14—16 cm; bringt an Land zwei völlig entwickelte Junge zur Welt; Haut glänzend schwarz; **geschützt;** Alpen) sind **Landsalamander.** Der **Olm** (c *Próteus anguínus*; bis 25 cm; farblos, rote Kiemenbüschel; **geschützt**) lebt in Höhlengewässern Jugoslawiens.

Der **Schuppenkarpfen** (a *Cyprinus cárpio*: bis 1 m; 5—6; Maul endständig, vorstülpbar, Oberlippe mit vier Bartfäden oder Barteln, Rückenflosse lang, mit 3—4 Hart- und 17—22 Weichstrahlen, Schuppen groß, Beschuppung regelmäßig) ist ursprünglich in fließenden und stehenden Gewässern Asiens heimisch, jetzt aber in ganz Deutschland und ganz Europa bis auf die nördlichen Teile eingebürgert. Vom Schuppenkarpfen leiten sich zwei Zuchtformen ab; der **Lederkarpfen** (b) ist fast ganz schuppenlos, der **Spiegelkarpfen** (c) trägt wenige sehr große Schuppen. Alle werden in Karpfenteichen gehalten.

Auf der Seitenmitte sind **Karpfenartige** abgebildet; das sind Fische mit bauchständigen Bauchflossen. Karausche und Giebel leben im flachen Wasser von Teichen und Seen, Döbel und Schleih außerdem auch in fließenden Gewässern ganz Deutschlands und fast ganz Europas. Barben lieben rasch fließendes Wasser auf kiesigem Grund (Barbenregion), Haseln alle fließenden Gewässer ganz Europas mit Ausnahme des Südens. Der Giebel ist die Stammform der Goldfische.

	Karausche	Giebel	Schleih	Barbe	Döbel (Aitel)	Hasel
wissenschaftl. Name	*Carássius carássius*	*Carássius gibélio*	*Tinca tinca*	*Bárbus bárbus*	*Leuciscus céphalus*	*Leuciscus leuciscus*
Größe; Laichz.	bis 50 cm; 5—6	bis 50 cm; 5—6	20—50 cm; 5—7	30—50 cm; 5—7	30—60 cm; 4—6	bis 27 cm; 3—5
Besondere Kennzeichen	Rückenflosse hoch, Afterflosse kurz, mit 5—6 Weichstrahlen, keine Bartfäden, Bauch gelb	wie Karausche, aber Schuppen größer, längs der Seitenlinie 27—31 Schuppen, kein Schwanzfleck	Rückenflosse kurz, untere Flossen abgerundet, 2 Bartfäden	4 Barteln am Rand der Oberlippe, Rückenflosse kurz eingedellt, 8—9 Weichstrahlen	Körper gestreckt, fast walzig, Schuppenbasis schwarz, Seitenlinie mit 44—46 Schuppen	Körper schlank, Schwanzflosse stark eingeschnitten, Maul unterständig

Der **Bitterling** oder **Schneiderkarpfen** (a *Rhódeus amárus*; bis 9 cm; 3—5; Seitenlinie kurz, über 5—6 Schuppen; ♀ legt mit langer Legeröhre Eier, insgesamt etwa 40, in Kiemen der Maler- oder Teichmuschel) und der **Güster** oder **Plieten** (b *Blicca björkna*; bis 30 cm; 5—6; ähnlich Blei, Körper hoch, stark zusammengepreßt, Auge groß) sind **Karpfenartige** in stehenden oder langsam fließenden Gewässern von der mittleren und unteren Wolga bis in das mittlere und nördliche Frankreich.

Die **Elritze** oder **Pfrille** (a *Phoxinus phoxinus*; bis 15 cm; 4—6; Rücken mit etwa 15 Querbinden, Maul endständig, Seitenlinie bis 90 Schuppen), die **Sumpfelritze** (b *Phoxinus percnúrus*; bis 14 cm; 4—6; gedrungener als Elritze, Rücken hoch, Seiten stark gefleckt; östlich der Elbe und in der UdSSR; **geschützt**), der **Gründling** (c *Góbio góbio*; 15 cm; 5—6; Maul mit zwei kurzen Barteln, Körper fast drehrund) und der **Steingreßling** (d *Góbio uranóscopus*; bis 15 cm; 5—6; Maul unterständig, Oberkiefer mit zwei langen Barteln; Donaugebiet und Dnjestr) sind **Karpfenartige** in Teichen und Seen fast ganz Europas.

Alle Fische der Tabelle gehören zu den **Karpfenartigen.** Blei oder Brassen, Zobel und Rotauge sind in ganz Deutschland und großen Teilen Europas heimisch. Rußnase und Zopen bewohnen Flüsse (vorwiegend den Unterlauf) etwa von der Elbe an ostwärts bis zum Ural; die Rußnase kommt westlich bis zur Ems vor. Der Perlfisch lebt im Chiem-, Traun-, Atter- und Mondsee und ihren Zuflüssen.

	Rußnase (Zärthe)	Zopen (Pleinzen)	Blei (Brachsen)	Zobel (Laube)	Perlfisch	Rotauge (Plötze)
wissenschaftl. Name	*Vimba vímba*	*Abrámis bállerus*	*Abrámis bráma*	*Abrámis sápa*	*Leuciscus meidingeri*	*Rútilus rútilus*
Größe; Laichz.	bis 30 cm; 5—7	20—35 cm; 4—5	30—50 cm; 5—7	20—30 cm; 4—5	40—70 cm; 4—5	15—30 cm; 4—5
Besondere Kennzeichen	Afterflosse mit 3 Hart- und 17—22 Weichstrahlen, Maul unterständig, Schnauze spitz, vorragend	unterer Lappen der Schwanzflosse sehr lang, Afterflosse mit 3 Hart- und 36—39 Weichstrahlen	Augendurchmesser kleiner als Schnauzenlänge, Afterflosse mit 23—28 Weichstrahlen	Auge groß, Schnauze hoch gewölbt, Afterflosse mit 3 Hart- und 38—45 Weichstrahlen	Körper torpedoförmig, fast drehrund, Maul klein; ♂ zur Laichzeit mit „Perlen"	Auge mit rotem Ring, Schuppen netzartig, Seitenlinie mit 40—44 Seitenschuppen

Der **Frauennerfling** (a *Leuciscus virgo*; 20—40 cm; 4—5; Maul unterständig, Zahl der Seitenlinienschuppen 46—49), der **Nerfling** oder **Aland** (b *Idus idus*; 30—75 cm; 4—7; Maul endständig, Zahl der Seitenlinienschuppen 54—59), die **Rotfeder** (c *Scardinius erythrophtálmus*; 20—30 cm; 4—6; Flossen hochrot, Maulspalte eng, sehr schräg) und das **Moderlieschen** (d *Leucáspius delineátus*; 6—10 cm; 4—5; Maul steil hochgestellt, Seitenlinie kurz) sind kleine **Karpfenartige** in Gewässern fast ganz Europas.

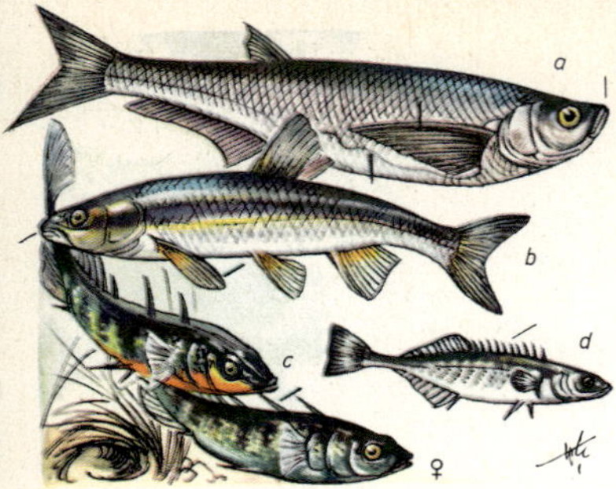

Die **Ziege** (a *Pelécus cultrátus*; 25—40 cm; 5—7; ähnlich Hering, aber Seitenlinie gewellt, Brustflossen sehr lang) und der **Strömer** (b *Teléstes agassizii*; bis 15 cm; 3—5; Brustflosse mit 1 Hart- und 13—14 Weichstrahlen, Maulspalte fast horizontal) sind **Karpfenartige,** die nur in Süddeutschland vorkommen, die Ziege nur im Donaugebiet. Der **Große Stichling** (c *Gasterósteus aculeátus*; bis 10 cm; 4—5; drei Stacheln am Rücken) und der Kleine oder **Neunstachelige Stichling** (d *Pungítius pungítius*; 5 cm; 4—5; neun bis elf Stacheln am Rücken) sind verbreitete Räuber aus der Familie der **Stichlinge.**

Bis auf die Finte gehören die Fische der Tabelle zu den **Karpfenartigen.** Laube und Mairenke bewohnen stehende und langsam fließende Gewässer im Donaugebiet, die Nase im Rhein- und Donaugebiet. Der Rapfen oder Raap kommt von der Wolga bis zur Elbe vor. Schneider lieben schnellfließende, klare Gewässer. Die Finte ist ein Meeresbewohner aus der Familie der **Heringsartigen** und kommt nur zum Laichen in die Flußmündungen. Alle genannten Arten sind wirtschaftlich wertlos.

	Laube (Ukelei)	Mairenke (Schiedling)	Schneider (Alandbleke)	Rapfen (Schied)	Nase (Lau)	Finte (Elben)
wissenschaftl. Name	*Albúrnus albúrnus*	*Albúrnus mento*	*Albúrnus bipunctátus*	*Áspius áspius*	*Chondróstoma násus*	*Álosa fállax*
Größe; Laichz.	10—15 cm; 4—6	15—25 cm; 5—6	9—15 cm; 5—6	40—80 cm; 4—6	25—50 cm; 3—5	30—40 cm; 5—6
Besondere Kennzeichen	Maul endständig, Afterflosse mit 17—20 Weichstrahlen; geselliger Oberflächenfisch	Unterkiefer verdickt, vorgeschoben, Afterflosse mit 14—16 Weichstrahlen	dunkles Seitenband, Seitenlinie nach unten ausgebogen, schwarz eingefaßt	Maul tief gespalten, Rückenflosse mit 3 Hart- und 7—8 Weichstrahlen	Schnauze vorragend, Lippenränder hornig, Rückenflosse mit 3 Hart- und 9 Weichstrahlen	4—8 schwarze Flecke in Längsreihe jederseits, Bauchkante gesägt

Der **Hecht** (*Ésox lúcius*; bis 2 m; 2—5; Körper langgestreckt, Schnauze entenschnabelartig vorgezogen, Maul bis unter die Augen gespalten, mit sehr vielen spitzen Zähnen, Rückenflosse weit hinten am Körper, kräftiger Raubfisch stehender und langsam fließender Gewässer in ganz Europa mit Ausnahme von Spanien; Familie **Hechte**) und der **Hundsfisch** (b *Úmbra krámeri*; 9 cm; 2—5; Rückenflossen sehr lang, weit nach hinten sitzend; Familie **Hundsfische;** Österreich und östlicher) sind verwandte Arten.

Der **Zingel** (a *Áspro zíngel*; 15—20 cm; 3—5; vordere Rückenflosse mit 13—15 harten, hintere mit 1 harten und 18—20 weichen Strahlen), der **Streber** (b *Áspro stréber*; 12—16 cm; 3—4; vordere Rückenflosse mit 8—9 Stacheln, hintere mit 1 harten und 12—13 weichen Strahlen, Schwanzstiel dünn, drehrund) und der **Schrätzer** (c *Acerina schraëtzer*; bis 20 cm, 4—5; drei bis vier dunkle, unterbrochene Längslinien, Rückenflosse mit 17—19 Hart- und 12—13 Weichstrahlen) sind langgestreckte, spindelförmige Fische aus der Familie der **Barsche**, welche die Donau und ihre Nebenflüsse bewohnen.

In der Tabelle sind Fische aus der Familie der **Barsche** beschrieben. Alle haben brustständige Bauchflossen. Der Flußbarsch, der Zander und der Kaulbarsch sind in stehenden und fließenden Gewässern ganz Deutschlands heimisch (der Wolgazander der Fischmärkte stammt aus der Sowjetunion). Der wohlschmeckende Sonnenbarsch, der Schwarzbarsch und der Forellenbarsch wurden aus Amerika eingeführt und fühlen sich in Europa in Teichen und Seen wohl.

	Kaulbarsch	Flußbarsch	Zander (Schill)	Amerikanischer Schwarzbarsch	Amerikanischer Forellenbarsch	Sonnenbarsch
wissenschaftl. Name	*Acerina cérnua*	*Pérca fluviátilis*	*Luciopérca luciopérca*	*Grýstes nigricans*	*Micrópterus salmoides*	*Eupómotis gibbósus*
Größe; Laichz.	bis 25 cm; 3—5	bis 30 cm; 3—6	40—50 cm; 4—6	bis 45 cm; 4—6	bis 35 cm; 4—6	10—15 cm; 5—6
Besondere Kennzeichen	Körper dunkel gefleckt, Rückenflosse mit 13—16 Hart- und 11—15 Weichstrahlen	dunkle Querbinden, Stachelflosse mit schwarzem Fleck, 1. und 2. Rückenflosse berühren sich	Rückenflossen mit dunklen Flecken, 1. Rückenflosse mit 14, 2. mit 1 Hartstrahl	Schuppen klein, Maul klein, bis unter die Augen reichend	Schuppen groß, Maul sehr groß, bis hinter die Augen reichend	Körper sehr hoch, seitlich zusammengedrückt, Maul klein, etwas oberständig

Die **Koppe** oder **Groppe** (a *Cóttus góbio*; bis 18 cm; 2—5; Flossen groß, weichstachelig, Seitenlinie in der Mitte des Körpers) und die **Buntflossenkoppe** (b *Cóttus poecilópus*; bis 12,5 cm; 2—5 ; Seitenlinie im oberen Drittel des Körpers, Bauchflosse reicht bis After) gehören zur Familie der **Groppen** oder **Kaulköpfe**, die wohlschmeckende **Rutte** oder **Quappe** (c *Lóta lóta*; bis 60 cm; 11—3; Unterkiefer mit Bartel) zur Familie der **Schellfischartigen.** Alle bewohnen Gewässer mit steinigem Grund.

Der **Wels** oder **Waller** (a *Silúrus glánis*; über 3 m; 300 kg schwer; 5–6; Kopf breit und abgeplattet, Maul sehr breit, mit zwei langen Tastbarteln auf Ober- und vier kurzen Barteln am Unterkiefer) bewohnt Seen und größere Flüsse in Deutschland und ganz Mittel- und Osteuropa. Der viel kleinere **Zwergwels** (b *Ameiúrus nebulósus*; bis 45 cm; 2 kg; 3–5; ober- und unterhalb der Maulspalte je vier Barteln, Fettflosse vorhanden, Seitenlinie deutlich hervortretend) ist seit 1885 aus Nordamerika nach Europa eingebürgert. Beide gehören zur Familie der **Welse.**

Steinbeißer oder Sandschmerle, Schlammbeißer und Bartgrundel oder Schmerle aus der Familie der **Schmerlen** leben in stehenden oder fließenden Gewässern ganz Deutschlands. Nur die Bartgrundel wird als Speisefisch geschätzt. Aale sind die einzigen Vertreter aus der Familie der **Aale.** Sie sind in Gewässern mit schlammigem Grund weit verbreitet. Neunaugen gehören zur Familie der **Neunaugen** in der Ordnung der Rundmäuler und haben keine wirtschaftliche Bedeutung.

	Steinbeißer	**Schlammbeißer**	**Bartgrundel (Schmerle)**	**Aal**	**Flußneunauge**	**Bachneunauge**
wissenschaftl. Name	*Cobitis taénia*	*Misgúrnus fossilis*	*Noemácheilus barbátulus*	*Anguilla anguilla*	*Lampétra fluviátilis*	*Lampétra planéri*
Größe; Laichz.	bis 10 cm; 4–6	bis 30 cm; 4–6	bis 15 cm; 4–5	♂50, ♀150 cm; 3–6	3–50 cm; 4–5	12–30 cm; 3–6
Besondere Kennzeichen	Oberkiefer mit 6 kurzen Barteln, unter der Seitenlinie Reihe von 10–20 großen Flecken	Oberkiefer mit 6 langen, Unterkiefer mit 4 kurzen Barteln, breites, braunes Seitenband	Oberkiefer mit 4 kürzeren und 2 längeren Barteln, Schwanz gerade abgestutzt	Rücken-, Schwanz- und Afterflosse bilden gemeinsamen Flossensaum, Mundspalte groß	Körper aalförmig, jederseits 7 Kiemenlöcher, Brust- und Bauchflossen fehlen	ähnlich Flußneunauge, aber Rückenflossen nicht getrennt, Körper bleistiftstark

Der **Stör** (a *Acipénser stúrio*; bis 6 m; 4–7; vier glatte, ungefranste Bartfäden, 26–33 Seitenschilder) ist ein Wanderfisch des Atlantik, der in den Zuflüssen laicht. Der **Sterlet** (b *Acipénser ruthénus*; bis 1 m; 5–6; Schnauze lang, vier gefranste Bartfäden, 60–70 Seitenschilder) und der **Sternhausen** oder **Scherk** (c *Acipénser stellátus*; bis 2 m; 5–6; Schnauze sehr lang, Bartfäden einfach) bewohnen das Schwarze und das Kaspische Meer und deren Zuflüsse. Alle gehören zur Familie der **Störartigen.**

Die **Große Schlammschnecke** oder das **Spitzhorn** (a *Lymnaéa stagnális*; 5—6 cm hoch; Gehäuse spitz, die ersten 4 von den 6—8 Umgängen sehr klein), die **Ohr-Schlammschnecke** (b *Rádix auriculária*: 2—3 cm hoch; Mündung ohrförmig ausgeweitet), die **Eiförmige Schlammschnecke** (c *Rádix ováta*; bis 2,5 cm hoch; Mündung oben spitz, unten breit) und die **Sumpf-Schlammschnecke** (d *Gálba palústris*; bis 3,5 cm hoch, 1,5 cm breit; Mündung schmal, länglich, Umgänge nehmen regelmäßig zu) sind **Schlammschnecken**, die verbreitet stehende Gewässer bewohnen.

Alle Schnecken der Tabelle sind **Lungenschnecken** des Süßwassers aus der Familie der **Tellerschnecken**, die ausnahmslos in stehenden Gewässern, vor allem in Teichen und Seen mit reichem Pflanzenwuchs wohnen. Die Posthornschnecke fehlt in Süddeutschland; die übrigen kommen in ganz Deutschland vor. Tellerschnecken sind Zwitter, die sich wechselseitig befruchten. Der flache, kuchenförmige Laich enthält etwa 5—30 Eier.

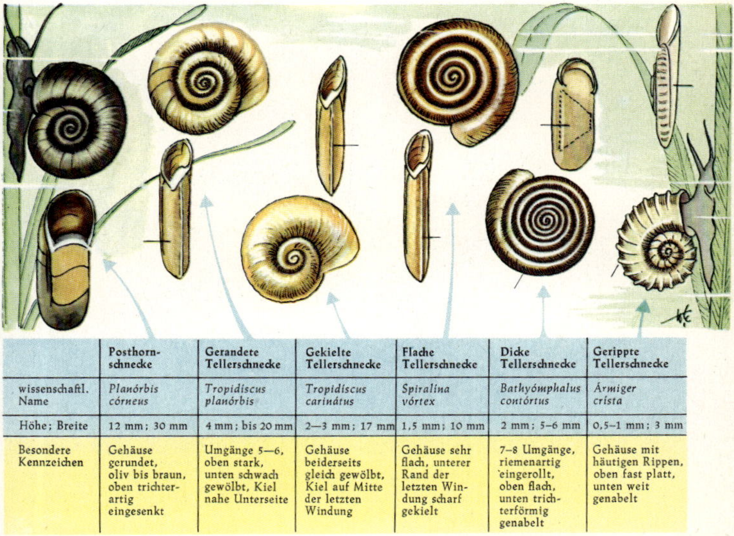

	Posthornschnecke	Gerandete Tellerschnecke	Gekielte Tellerschnecke	Flache Tellerschnecke	Dicke Tellerschnecke	Gerippte Tellerschnecke
wissenschaftl. Name	*Planórbis córneus*	*Tropidiscus planórbis*	*Tropidiscus carinátus*	*Spiralina vórtex*	*Bathyómphalus contórtus*	*Ármiger crista*
Höhe; Breite	12 mm; 30 mm	4 mm; bis 20 mm	2—3 mm; 17 mm	1,5 mm; 10 mm	2 mm; 5–6 mm	0,5–1 mm; 3 mm
Besondere Kennzeichen	Gehäuse gerundet, oliv bis braun, oben trichterartig eingesenkt	Umgänge 5—6, oben stark, unten schwach gewölbt, Kiel nahe Unterseite	Gehäuse beiderseits gleich gewölbt, Kiel auf Mitte der letzten Windung	Gehäuse sehr flach, unterer Rand der letzten Windung scharf gekielt	7–8 Umgänge, riemenartig eingerollt, oben flach, unten trichterförmig genabelt	Gehäuse mit häutigen Rippen, oben fast platt, unten weit genabelt

Die **Sumpf-Deckelschnecke** (a *Viviparus viviparus*; 2,5—4 cm; Windungen gewölbt); und die **Kleine Sumpfdeckelschnecke** (b *Búlimus tentaculátus*; 1 cm; Windungen flach) sind **Deckelschnecken**, die **Teich-Federkiemenschnecke** (c *Valváta piscinális*; 5 mm; Gewinde so hoch wie die Mündung) und die **Scheibenförmige Federkiemenschnecke** (d *Valváta cristáta*; 1—2 mm; scheibenförmig) sind **Federkiemenschnecken**; die **Blindschnecke** (e *Paladilhia helvética*; 2,8 mm; turmförmig) lebt in Juragewässern.

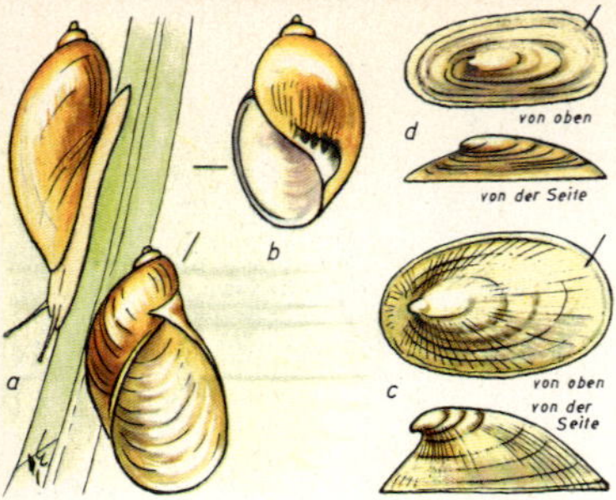

Die **Gemeine Bernsteinschnecke** (a *Succínea pútris*; bis 2,2 cm hoch, 1,2 cm breit; Schale bauchig, bernsteingelb; Familie **Bernsteinschnecken**) lebt am Wasser und auf feuchten Wiesen, die **Stumpfe Blasenschnecke** (b *Phýsa fontinális*; bis 10 mm hoch, 6—8 mm breit; linkswindend, 3 Umgänge sehr klein, letzte sehr groß; Familie **Blasenschnecken**) in klaren, pflanzenreichen Gewässern. Die **Flußnapfschnecke**; (c *Áncylus fluviátilis*; bis 4 mm hoch; Gehäuse napfförmig) und die **Teichnapfschnecke** (d *Áncylus lacústris*; 2 mm hoch; Gehäuse schildförmig) gehören zur Familie der **Napfschnecken.**

Alle Weichtiere der Tabelle gehören zur Familie der **Flußmuscheln.** Die beiden Teichmuscheln leben in stehenden oder langsam fließenden Gewässern mit schlammigem Grunde, die Malermuschel, die Gemeine Flußmuschel und die Fluß- oder Bachperlmuschel in bewegtem oder schnell fließendem Wasser. Blasige Flußmuscheln lieben ruhiges Wasser in Altwässern und Seen.

	Abgeplattete Teichmuschel	Gemeine Teichmuschel	Malermuschel	Blasige Flußmuschel	Gemeine Flußmuschel	Flußperlmuschel
wissenschaftl. Name	*Anodónta complanáta*	*Anodónta cýgnea*	*Únio pictórum*	*Únio túmidus*	*Únio crássus*	*Margaritána margaritífera*
Größe	bis 8 cm	bis 20 cm	7—10 cm	6,5—9 cm	bis 6 cm	bis 12 cm
Besondere Kennzeichen	Schale sehr flach, elliptisch-eiförmig, dünnwandig, Schloßrand ohne Zähne	Schale breit eiförmig, bauchig, größte Höhe unter dem Wirbel, Schloß ohne Zähne	Schale lang, schmal, zungenförmig, Wirbel aufgeblasen, Schloß mit Zähnen und Leisten	Wirbel mit Höckern besetzt, Schale keilförmig, grünlichbraun	Schale eiförmig, dickwandig, kurz, Wirbel mäßig aufgetrieben	Schale ei- bis nierenförmig, dickwandig, Wirbel kaum hervortretend

Die **Schiefe Erbsenmuschel** (a *Pisídium ámnicum*; 11 mm lang, 8,5 mm hoch; Wirbel weit nach hinten gerückt), die **Häubchenmuschel** (b *Muscúlium lacústre*; bis 8 mm lang, 5,5 mm hoch; Wirbel röhrenförmig verlängert) und die **Kugelmuschel** (c *Sphaérium sólidum*; 15 mm lang, 11 mm hoch; Schale bauchig, dünn) sind **Kugelmuscheln**, die **Wandermuschel** (d *Dreisséna polymórpha*; 3—4 cm lang, bis 1,8 cm hoch; Schale dreikantig, dünn, Wirbel spitz) ist eine **Wandermuschel** in Seen und Flüssen.

Der **Gelbrand** (a *Dytiscus marginális*; 30–35 mm; Halsschild und Flügeldecken gelb berandet, Bauchseite gelb, Hinterfüße sind langborstige Schwimmbeine mit zwei Klauen), der **Gaukler** (b *Cybister lateralimarginális*; 30–35 mm; Hinterfüße mit einer Klaue, Schiene der Hinterbeine sehr kurz), der **Breitrand** (c *Dytiscus latissimus*; 36–44 mm; Seitenbänder der Deckflügel stark verbreitert) und der **Schlanke Gelbrand** (d *Graphóderus cinéreus*; 15 mm; Brustschild und Kopf gelb, Flügeldecken schmal gelb gesäumt) sind **Schwimmkäfer** in Weihern und Teichen.

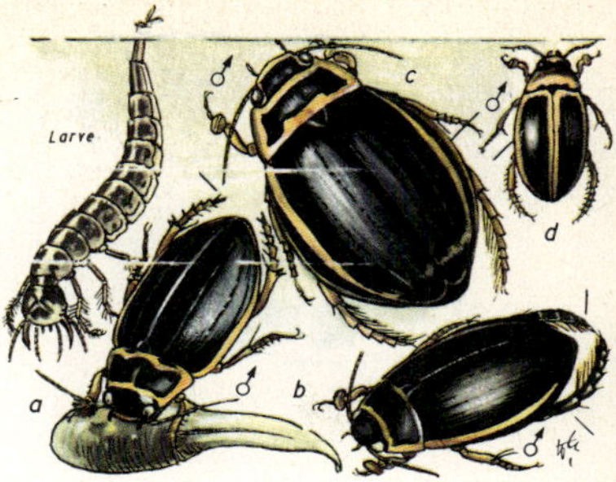

Der Schnellschwimmer und der Braune Teichschwimmer gehören zur Familie der **Schwimmkäfer,** das sind Wasserkäfer mit langen, abgeflachten und langbeborsteten Hinterbeinen. **Tauchkäfer** bewegen sich „paddelnd" fort; **Taumel-** oder **Kreiselkäfer** beschreiben kreisförmige Bahnen auf dem Wasser. **Kolbenwasserkäfer** sind plump gebaute, langsame Tiere, die zum Atmen den Kopf aus dem Wasser stecken.

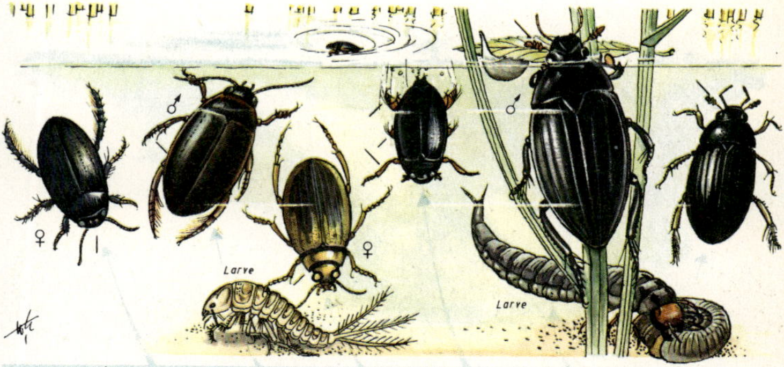

	Schnell-schwimmer	Brauner Teich-schwimmer	Tauch-käfer	Taumel-käfer	Großer Kolben-wasserkäfer	Kleiner Kolben-wasserkäfer
wissenschaftl. Name	*Ágabus bipustulátus*	*Colymbétes fúscus*	*Hygróbia tárda*	*Gyrinus natátor*	*Hydróus piceus*	*Hydróphilus caraboides*
Größe	10 mm	15 mm	10 mm	5–7 mm	40 mm u. mehr	14–18 mm
Besondere Kennzeichen	Körper schwarz, Scheitel oft mit 2 roten Flecken, Fühler rot	ähnlich Gelbrand, aber kleiner, Ränder rostrot, Oberseite braun	schlank, braunrot, Flügeldecken mit schwarzen Längsstreifen; „paddelt"	2 lange Fangbeine, 4 kurze Schwimmbeine, Augen geteilt, für Luft- und Wassersicht	groß, pechschwarz, Fühler kurz, keulenförmig; geschützt	ähnlich dem Großen Kolbenwasserkäfer, aber kleiner

Der **Furchenschwimmer** (a *Acílius sulcátus* 16–18 mm; Halsschild mit 2 schwarzen Binden ♀ Deckflügel mit 3–4 Längsrippen, dazwischen dichte Behaarung), der **Punktierte Schwimmkäfer** (b *Platámbus maculátus*; 8 mm; Deckflügel verschieden gelb gestreift), der **Kugelschwimmer** (c *Hýphydrus ferrugíneus*; 4,5–5 mm; Körper unten und oben nahezu kugelig gewölbt) und der **Zwergschwimmer** (d *Hydróporus palústris*; 3,5–4 mm; Oberseite schwarz mit gelben Flecken) sind **Schwimmkäfer.**

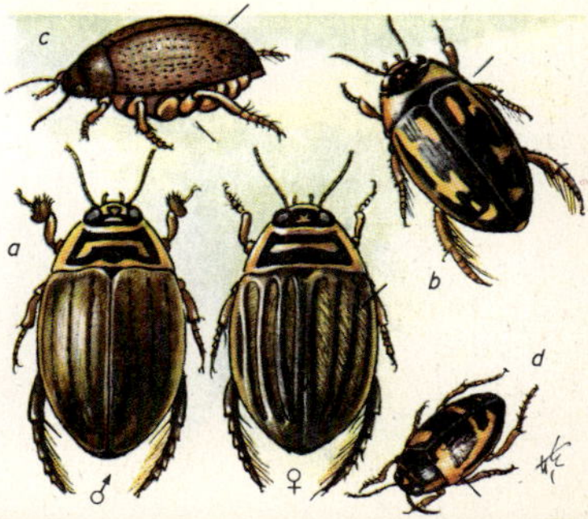

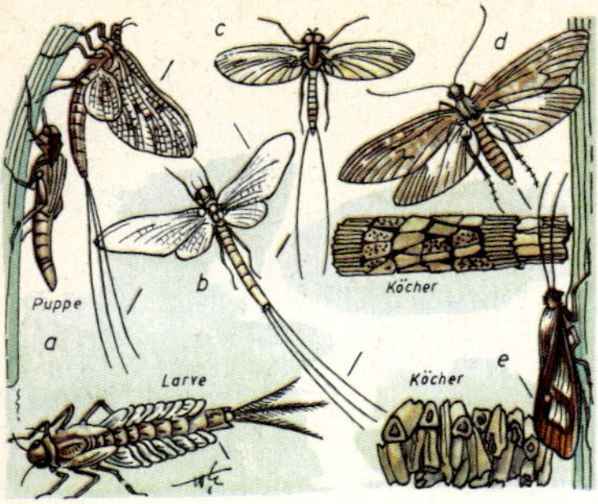

Die **Gemeine Eintagsfliege** (a *Ephémera vulgáta*; 1,7 cm; 5—7; Flügel durchsichtig, glänzend, 3 Schwanzborsten), das **Uferaas** oder der **Weißwurm** (b *Éphoron vírgo*; 1,6 cm; 7—9; Flügel weißlich, 3 Schwanzborsten), die **Kleine Eintagsfliege** (c *Baëtis púmilus*; 6 mm; 6—8; Hinterflügel sehr klein, 2 Schwanzborsten) sind **Eintagsfliegen**, die **Große Wassermotte** (d *Phrygánea grándis*; 1,8 cm; 4—6; Flügel behaart) und die **Rautenfleckige Köcherfliege** (e *Limnóphilus rhómbicus*; 2 cm; 5—8; Flügel wenig behaart, dachförmig) sind häufige **Köcherfliegen** an stehenden und langsam fließenden Gewässern.

Die Schlammfliege gehört zur Familie der **Schwebfliegen**, die Löffelfliege zur Familie der **Strandfliegen**, die Kriebelmücke zur Familie der **Kriebelmücken** und die übrigen Arten der Tabelle zur Familie der **Stechmücken.** Alle sind mehr oder weniger an das Wasser gebunden, da sie ihre Eier in das Wasser legen und die Larven sich im Wasser entwickeln. Kriebel- und Stechmücken werden dem Menschen und Vieh durch Blutsaugen lästig.

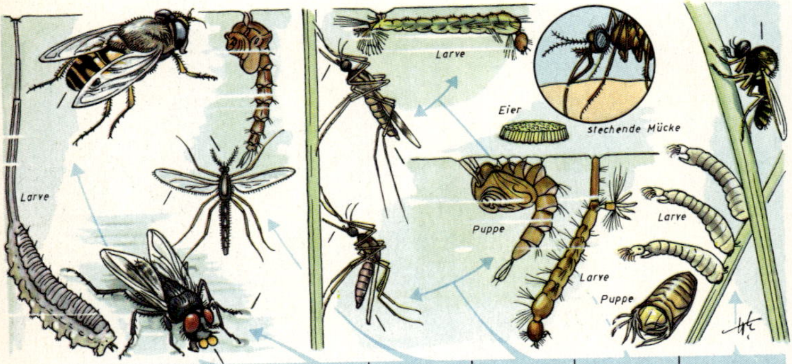

	Schlamm-fliege	Löffelfliege (Strandfliege)	Gemeine Büschelmücke	Gemeine Stechmücke	Fieber-mücke	Gemeine Kriebelmücke
wissenschaftl. Name	*Eristalis ténax*	*Lispa dentaculáta*	*Coréthra plumicórnis*	*Cúlex pípiens*	*Anópheles maculipénnis*	*Simúlium réptans*
Größe; Flugzeit	1,2 cm; 6—7	6,5 mm; 6—8	6 mm; 5	♂ 5, ♀ 6 mm; 5—9	6 mm; 4—8	2 mm; 7—9
Besondere Kennzeichen	Körper plump, stark behaart, bienenähnlich, „Rattenschwanzlarve" mit einziehbarem Atemrohr	Mundtaster löffelförmig, läuft auf dem Wasser, ähnelt Stubenfliege	Flügel behaart, ungefleckt, Stechrüssel sehr kurz	sitzt parallel zur Unterlage, ♀ saugt Blut mit langem Stechrüssel	sitzt schräg zur Unterlage, sonst ähnlich der Gemeinen Stechmücke, Flügel gefleckt	Körper beim ♂ samtschwarz, beim ♀ braunschwarz, Flügel sehr lang

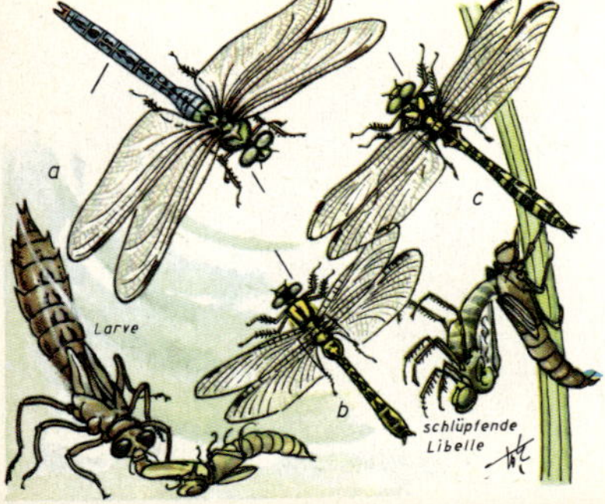

Die **Königslibelle** (a *Ánax imperátor*; 7—8 cm; 6—9; größte deutsche Libelle; Augen groß, grün), die **Gemeine Nageljungfer** (b *Gómphus vulgatíssimus*; bis 5 cm; 5—6; Augen weit voneinander getrennt) und die **Gelbfleckige Libelle** (c *Cordulegáster bidentátus*; 7—8,5 cm; 6—7; Augen berühren sich in einem Punkt) sind schnellfliegende Insektenjäger aus der Familie der **Schlankjungfern** oder **Teufelsnadeln** an Bächen und Flüssen, die Königslibelle auch an Teichen und Seen.

Die **Grüne Raubjungfer** (a *Léstes viridis*; bis 4,3 cm; 7—10; Flügel hell, einfarbig, deutlich gestielt), die **Schlankjungfer** (b *Ágrion puélla*; 3—3,6 cm; 5—9; ♂ Körper himmelblau, ♀ Rükken schwarz, Seiten gelbgrün, Flügel gestielt), die **Glänzende Schönjungfer** (c *Calópteryx spléndens*; 4—5 cm; 5—9; ♂ Flügel mit breiter, blauer Binde, ♀ Flügel ohne Binde, mit grünlichen Adern) und die **Gemeine Seejungfer** (d *Calópteryx vírgo*; 4,6—5 cm; 5—9; ♂ Flügel dunkelblau, ♀ Flügel trüb graugrün) sind langsam fliegende **Libellen** an Ufern stehender und langsam fließender Gewässer.

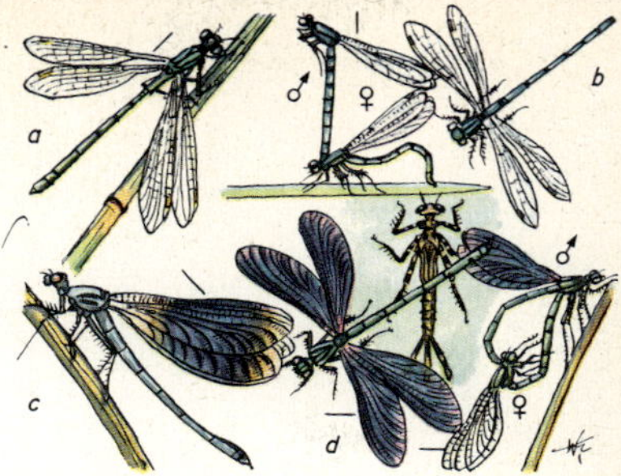

Die Grüne Schmaljungfer und die Blaue Libelle oder Blaue Wasserjungfer gehören zu den **Schmaljungfern;** die übrigen Libellen der Tabelle sind Arten aus der Familie der **Wasserjungfern.** Alle sind schnelle Flieger, die an Tümpeln und Teichen auf Insekten jagen und in der Ruhe ihre Flügel waagerecht ausbreiten. Die Blaue Libelle und die Goldjungfer jagen auch an Waldrändern und im Waldinnern.

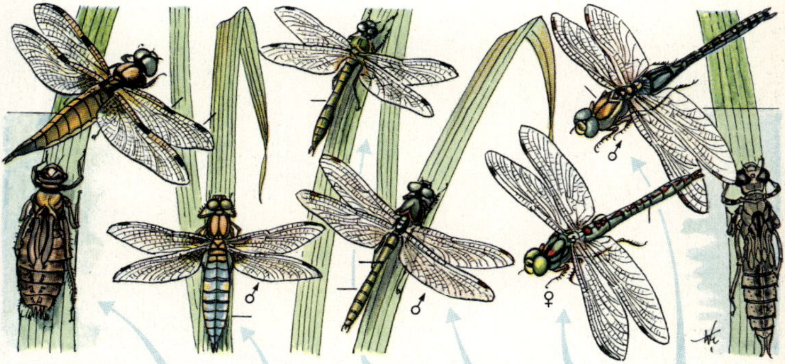

	Vierfleckige Libelle	Plattbauch-Libelle	Goldjungfer	Metalljungfer	Grüne Schmaljungfer	Blaue Libelle
wissenschaftl. Name	*Libéllula quadrimaculáta*	*Libéllula depréssa*	*Cordúlia aënea*	*Cordúlia metállica*	*Aeschna víridis*	*Aeschna cyánea*
Größe; Flugzeit	4,5–7,5 cm; 5–8	4,7 cm; 5–7	3,5 cm; 5–7	bis 4,9 cm; 5–8	bis 7 cm; 7–9	bis 7 cm; 7–9
Besondere Kennzeichen	Flügel am Grunde braungelb, je mit einem Mittel- und Endfleck	♂ Hinterleib breit, abgeplattet, bläulich, ♀ Hinterleib gelbbraun	Körper goldgrün, ganz ohne gelbe Flecken, Hinterleib ziemlich kurz	Körper metallisch glänzend, ♂ Hinterleib am 3. Ring eingeschnürt	Stirn mit schwarzem Strich, ♀ Körper Grundfarbe grün, ♂ blau	Stirn mit dunklem Fleck, Brust oben dunkelbraun mit 2 ovalen Flecken

Die **Skorpion-Wasserwanze** oder der **Wasserskorpion** (a *Népa rúbra*; 18—22 mm; Körper grau, flachgedrückt, Hinterleibsende mit Atemrohr; sticht schmerzhaft), die **Stabwanze** (b *Ranátra lineáris*; 30—35 mm; Körper rötlich, mit langem Atemrohr) sind **Skorpionwanzen;** die **Schwimmwanze** (c *Naúcoris cimicoides*; 12 bis 15 mm; Körper gedrungen, Hinterbeine mit Schwimmborsten) und die **Breite Schwimmwanze** (d *Aphelócheirus aestiválís*; 8,5—10 mm; Körper bettwanzenähnlich) sind **Schwimmwanzen.**

Die **Wasserspinne** (a *Agyronéta aquática*; ♀ 15 mm, ♂ 8 mm; Hinterleib mit feinen weißen Härchen, unter Wasser mit silberglänzender Luftblase; baut Taucherglockennetz unter Wasser; Familie **Trichterspinnen**), der **Wasserjäger** (b *Piráta pirática*; 8 mm; Körper flaumig behaart; läuft auf dem Wasser und versteckt sich unter Wasser), die **Gerandete Jagdspinne** (c *Dolomédes fimbriátus*; ♂ 12, ♀ 20 mm; Körper braun, gelblichweiß umsäumt; Fam. **Raubspinnen**) und die **Langgestreckte Strickerspinne** (d *Tetragnátha exténsa*; 17 mm; 8 Augen in 2 Reihen, Körper schmal; Fam. **Radnetzspinnen**) leben am Wasser.

Von den **Wanzen** der Seitenmitte gehören die Rückenschwimmer und die Große Ruderwanze zu den **Wasserwanzen.** Sie kommen nur zum Atmen an die Oberfläche. Der Teichläufer, der Wasserschneider und der Bachläufer sind **Landwanzen,** die auf dem Wasser laufen, der Bachläufer nur auf fließendem Wasser. Springschwänze (Fam. **Wasserspringer**) sitzen in Massen in ruhigen Winkeln auf dem Wasser.

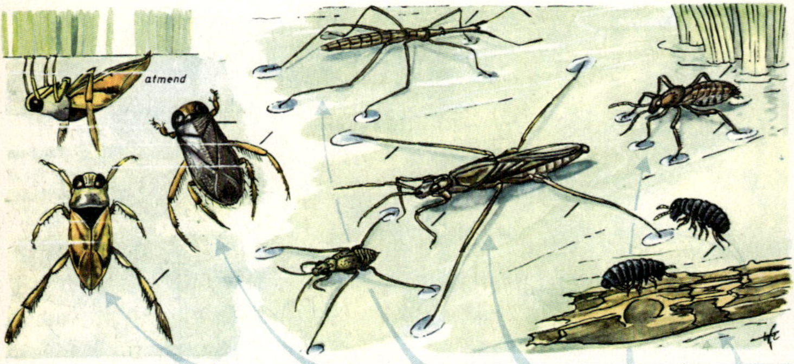

	Rückenschwimmer	Große Ruderwanze	Teichläufer	Wasserschneider	Bachläufer	Wasserspringschwanz
wissenschaftl. Name	*Notonécta glaúca*	*Corixa punctáta*	*Hydrométra stagnórum*	*Gérris nájas*	*Vélia cúrrens*	*Podúra aquática*
Größe	14–16 mm	bis 14 mm	bis 12 mm	♂ 13, ♀ 17 mm	6–7 mm	bis 1,2 mm
Besondere Kennzeichen	Rücken kielförmig, hell, Hinterbeine sehr lang, mit Schwimmborsten	Vorderrücken mit 15–16 Querlinien, Mittelbeine am längsten	läuft auf 6 Beinen, Kopf vor den Augen doppelt so lang wie hinter ihnen	läuft auf den 4 hinteren Beinen, Vorderbeine halten die Beute	Beine kurz, Bauch dick, läuft auf 6 Beinen	Körper plump, schwarz, winzig, Springgabel am Hinterleib

Der **Gemeine Flußkrebs** (a *Ástacus fluviátilis*; bis 25 cm; ♀ etwas kleiner; Laichzeit 5—6; mit spitzem Stirnstachel — der Krebsnase — rote Stellen an Beingelenken) und der **Nordamerikanische Flußkrebs** (b *Cámbarus affinus*; bis 15 cm; 5—6; ähnlich a, aber dunkelrote Querbinden auf Hinterleibssegmenten; aus Amerika eingeführt) sind Langschwanzkrebse aus der Familie der **Flußkrebse.** Sie bewohnen stehende und fließende Gewässer, b nur die Havel und Spree sowie Seen in der Mark Brandenburg.

Die **Wollhandkrabbe** (a *Eriochéir sinénsis*; Rückenschild bis 7 cm lang und 9 cm breit; Scheren groß, nur am ersten Schreitfuß, dicht filzig behaart) stammt aus China und hat sich in Deutschland in stehenden und fließenden Gewässern ausgebreitet; die **Süßwasserkrabbe** (b *Pótamon fluviátile*; Rückenschild bis 5 cm lang und breit; Stirnrand glatt, leicht geschweift) lebt in klaren Bächen der Mittelmeerländer. Beide sind **Kurzschwänzige Krebse.** Der **Kiemenfuß** (c *Triops cancrifórmis*; bis 10 cm Gesamtlänge; 4—11; großer Rückenschild) ist ein **Großblattfußkrebs,** der verbreitet aber selten in seichten Tümpeln lebt.

Die Süßwassergarnele (Fam. **Schwimmende Zehnfußkrebse**) stammt aus den Mittelmeerländern, von wo sie nach Holland und ins Rheinland eingeschleppt wurde. Wasserasseln und Bachflohkrebse sind überall gemein; die Höhlenassel und der Höhlenflohkrebs leben in Brunnen, in Höhlen und im Grundwasser, letzterer auch in Quellen. Die beiden Asseln gehören zur Familie der **Wasserasseln,** die beiden Flohkrebse zu den **Bachflohkrebsen.** Karpfenläuse (Fam. **Kiemenschwänze**) schmarotzen auf Fischen, besonders auf Karpfen.

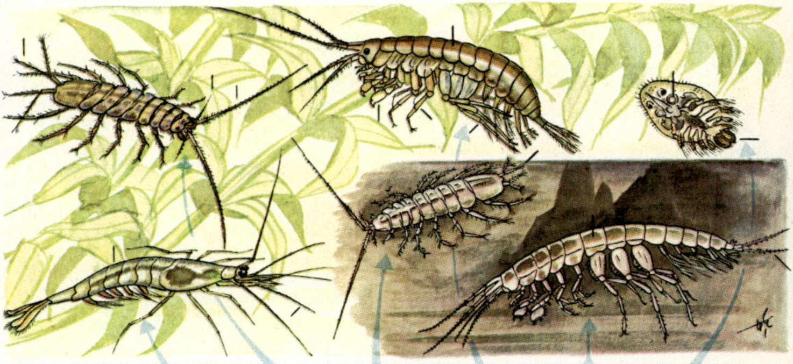

	Süßwasser-garnele	Wasserassel	Höhlenassel	Bach-Flohkrebs	Höhlen-Flohkrebs	Karpfenlaus
wissenschaftl. Name	*Atyǽphyra desmarésti*	*Aséllus aquáticus*	*Aséllus cavàticus*	*Gámmarus púlex*	*Nipháргus púteanus*	*Árgulus foliáceus*
Größe	bis 20 mm	♂ 12, ♀ 8 mm	5–8 mm	♂ 20, ♀ 15 mm	♂ 30, ♀ 18 mm	♀ bis 8,5 mm
Besondere Kennzeichen	Körper durchsichtig, schlank, Scheren am 1. und 2. Schreitbeinpaar	Körper flach, 1 Paar lange und 1 Paar kurze Fühler, 2 gegabelte Griffel am Hinterleib	Körper durchscheinend, Schwanzborsten kurz, Augen fehlen	Körper seitlich abgeflacht, 7 Beinpaare: 2 Greiffüße, 2 Gangfüße, 3 Springfüße	Körper durchscheinend, mit langer Schwanzgabel	Körper abgeplattet, Hinterleib 2lappig, Unterkiefer bilden 2 Saugnäpfe

Der **Tümpel-Kiemenfuß** (a *Lepidúrus ápus*; mit Gabel bis 6 cm; Rückenschild groß, oval), der **Echte Kiemenfuß** (b *Bránchipus schǽfferi*; bis 11,5 cm; 5—9; ohne Schale, 2 kurze und 2 lange Fühler) und das **Salzkrebschen** (c *Artémia salina*; 8—11 mm; Fühler kurz, Augen gestielt) sind **Großblattfußkrebse.** Der **Relikt-Spaltfuß** (d *Mýsis oculáta relicta*; bis 18 mm lang; Augen gestielt, Brustschild hint. ausgerandet) ist ein **Spaltfußkrebs.** Alle sind selten, c in salzigen Gewässern Norddeutschl., a in Schneeschmelztümpeln.

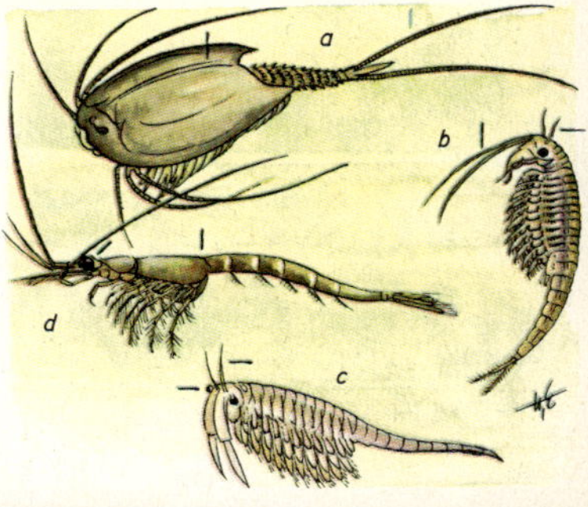

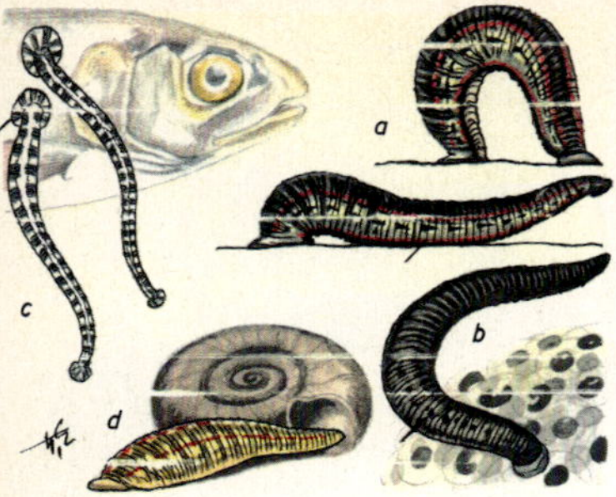

Der **Medizinische Blutegel** (a *Hirúdo medicinális*; 10 cm; 6 rötliche Längsstreifen; saugt Blut an Säugern) und der **Pferdeegel** (b *Haemópis sanguisúga*; 8 cm; 10 Augen, Rücken dunkel gefleckt; frißt kleine Tiere) sind **Kieferegel,** die verbreitet in Teichen, Seen und Gräben leben, a allerdings sehr selten. Der **Gemeine Fischegel** (c *Piscícola geométra*; bis 10 cm; Körper rund, Haftscheiben kreisförmig) und der **Große Schneckenegel** (d *Glossiphónia complanáta*; bis 3 cm lang; oben zwei dunkle Längsbänder) sind **Rüsselegel,** die an Fischen bzw. an Schnecken und Würmern saugen.

Der Bachröhrenwurm, die Gezüngelte Naide und der Vierkantwurm gehören zu den **Borstenwürmern (Wenigborstler).** Am häufigsten ist der Bachröhrenwurm, der oft zu Tausenden den schlammigen Grund bewohnt. Naiden schwimmen frei im Wasser. Von den **Planarien** gibt es im Süßwasser viele verschiedene Formen. Die abgebildeten Arten leben an Pflanzen oder unter Steinen und sind an ihrer Farbe und an der Zahl und Anordnung der Augen zu unterscheiden.

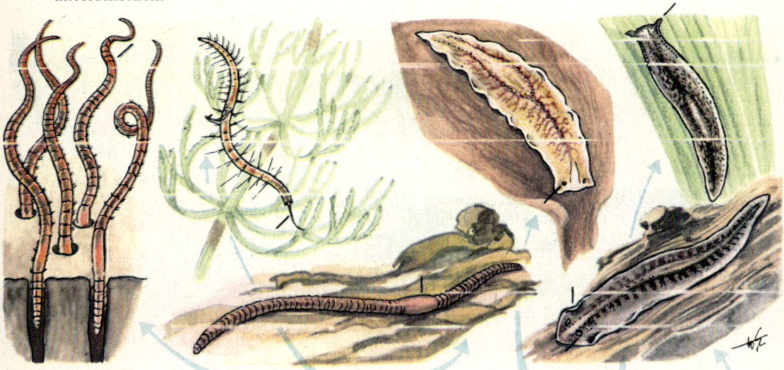

	Bachröhrenwurm	Gezüngelte Naide	Vierkantwurm	Milchweiße Planarie	Vieläugige Planarie	Öhrchen-Planarie
wissenschaftl. Name	*Túbifex túbifex*	*Stylária lacústris*	*Eiseniélla tetraëdra*	*Dendrocoélum lácteum*	*Polycélis cornúta*	*Planária gonocéphala*
Größe	bis 8,5 cm	bis 1,8 cm	3–5 cm	bis 2,6 cm	bis 1,8 cm	2,5 cm
Besondere Kennzeichen	Kopf im Schlamm, Hinterende schlängelt im Wasser (Atmung)	Kopf zu langer „Zunge" ausgezogen, bildet Tierketten	Mittel- und Hinterkörper 4kantig, Clitellum lang	Körper milchweiß, Kopf mit beweglichen Seitenlappen, Augen 2, schwarz	Farbe variiert, Kopf mit zwei pfriemenartigen Tentakeln, viele Randaugen	Kopf dreieckig, mit beweglichen Öhrchen, Augen 2

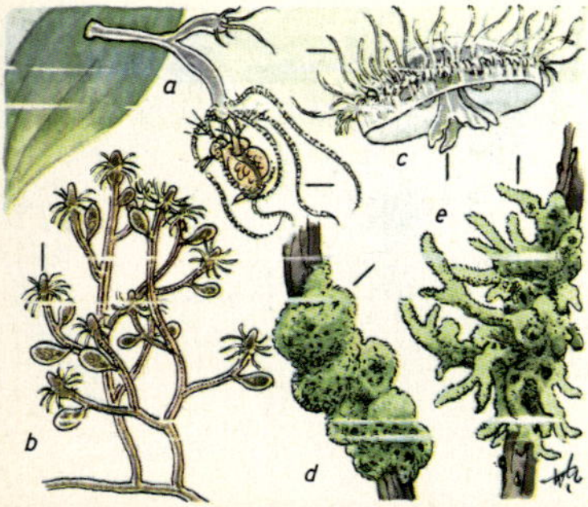

Der **Graue Süßwasserpolyp** (a *Hýdra attenuáta*; bis 1 cm; Körper grau, Fangarme einziehbar), der **Keulenpolyp** (b *Cordylóphora cáspia*; 5 cm; Tierstock mit vielen Köpfchen) und die **Süßwassermeduse** (c *Craspedacústa sowérbyi*; bis 2,2 cm; ähnelt kleiner Schirmqualle) sind **Hohltiere,** der **Fluß-Süßwasserschwamm** (d *Ephydátia fluviátilis*; Körper knollenförmig) und der **See-Süßwasserschwamm** (e *Spongilla lacústris*; Körper baumartig verzweigt) sind **Schwämme** an Wasserpflanzen, auf Holz oder Steinen in Gewässern.

Meer und Strand

Der Lebensraum Meer und Strand umfaßt das Leben im **freien Wasser**, im **Wattenmeer**, an **Felsküsten** und im **Felswatt**, an **Buhnen** und an anderen **Uferschutzbauten**, im **Spülsaum** des **Sandstrandes** nach der offenen See, in den **Küstendünen** und auf den **Wattwiesen**. Entsprechend dieser Mannigfaltigkeit entfaltet sich ein reiches Pflanzen- und Tierleben an den Meeresküsten, oft mit besonderer Anpassung an den Salzgehalt des Meerwassers, der in der Nordsee 30—33 ‰, in der westlichen Ostsee 13—20 ‰ beträgt. So sind z. B. viele Salzpflanzen oder Halophyten sukkulent, wie z. B. der Queller, das Meerstrandsgänsefüßchen (Sode) und andere Pflanzen der Wattwiesen und des Sandstrandes. Im **Watt** finden je nach den schlickigen und sandigen Ablagerungen verschiedene Tiere Nahrung und Wohnraum, vor allem viele Muscheln, Schnecken und Würmer. Sie dienen den Scharen von Strandvögeln zur Beute, die am Sandstrand, in den nahen Dünen oder auf den Wiesen nisten und zur Ebbezeit das Watt absuchen. In unserer Abbildung finden wir im Vordergrund von links nach rechts einen Austernfischer, einen Steinwälzer, ein Pärchen des Sandregenpfeifers und einen Branderpel. Dahinter sehen wir zwei Sturmmöwen, einen Seehund, eine Gruppe Alpenstrandläufer im Brutkleid und auf dem Pfahl einen Rotschenkel. Auf dem Wasser schwimmt ein Paar Eiderenten und in der Luft fliegen links mehrere Silbermöwen, rechts viele Seeschwalben; eine davon, eine Zwergseeschwalbe, stürzt sich auf Beute. An **Felsküsten** und an **Uferschutzbauten** siedeln viele festsitzende Tiere, wie z. B. Moostierchen, Manteltiere, Würmer und Hohltiere, außerdem Pflanzen, insbesondere die Grün-, Braun- und Rotalgen.

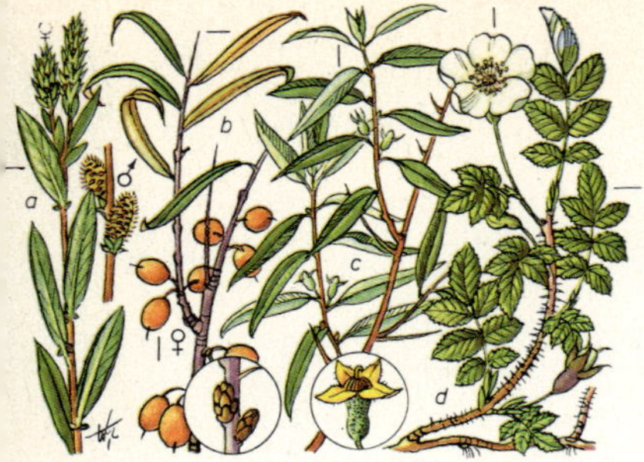

Die **Kriechweide** (a *Sálix répens*; 15—40 cm; 4—5; Stengel unterirdisch kriechend, Blätter unterseits seidenhaarig, Fruchtknoten graufilzig; ♃; **Weidengewächse**), der **Sanddorn** (b *Hippóphaë rhamnoides*; 1—5 m; 4—5; Pflanze weidenähnlich, dornig, zweihäusig, Blüten unscheinbar, Scheinbeeren orangerot; ♃) und die **Schmalblättrige Ölweide** (c *Elaeágnus angustifólia*; bis 8 m; 5—6; Pflanze dornig, Blätter unterseits silberweiß, Scheinbeeren rotgelb; ♃) sind **Ölweidengewächse**, die **Dünenrose** (d *Rósa spinosissima*; 10—40 cm; 5—7; Blätter 5- bis 11zählig gefiedert; ♃) ist ein **Rosengewächs.**

Das Strand-Steinkraut, der Meersenf, die Breitblättrige Kresse und der Meerkohl sind **Kreuzblütler** am Meeresstrand, ersteres an felsigen Küsten des Mittelmeeres, letzterer selten und nur an der Ostsee. Der Gezähnte Steinklee bewohnt die Ostseeküste und salzhaltige Orte im Binnenland, die Strand-Platterbse die Stranddünen an der Nord- und Ostsee. Beide gehören zu den **Schmetterlingsblütlern.**

	Gezähnter Steinklee	Strand-Platterbse	Strand-Steinkraut	Meersenf	Meerkohl	Breitblättrige Kresse
wissenschaftl. Name	*Melilótus dentátus*	*Láthyrus marítimus*	*Alýssum marítimum*	*Cákile marítima*	*Crámbe marítima*	*Lepidium latifólium*
Größe; Blütez.	15–60 cm; 5–9	20–50 cm; 6–8	8–30 cm; 11–1	5–60 cm; 7–10	30–60 cm; 5–6	30–100 cm; 6–7
Besondere Kennzeichen	Blätter 3zählig gefiedert, dicht und scharf gesägt, Nebenblätter gezähnt; ⊙	Blätter groß, meist 4paarig, Nebenblätter pfeilförmig, Blüten rotbunt; ♃	Pflanze stark verzweigt, Blumenblätter ganzrandig, Früchte etwas behaart; ♃	Blätter fleischig, Blüten lila bis rosa, Früchte 2gliedrig; ♃	Pflanze kohlartig, Blätter sehr groß, Blüten weiß, Früchte 2gliedrig; ♃	Grundblätter gekerbt-gezähnt, Schötchen fast kreisrund, viele Blütenstände; ♃

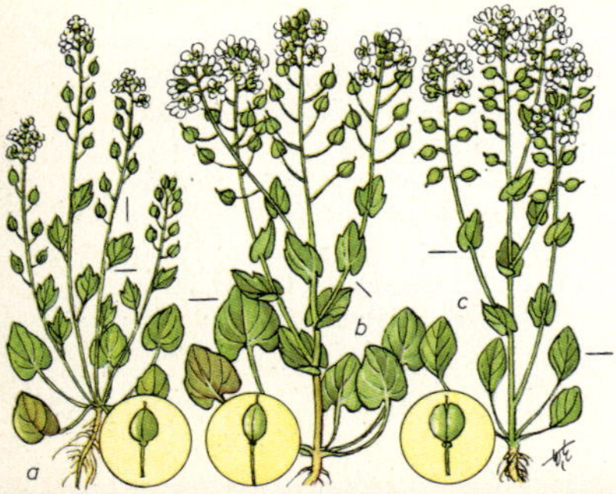

Das **Dänische Löffelkraut** (a *Cochleária dánica*; 2—15 cm; 5—6; Grundblätter 3eckig-herzförmig, Stengelblätter efeuähnlich, nicht stengelumfassend; ⊙), das **Echte Löffelkraut** (b *Cochleária officinális*; 10—25 cm; 5—6; Grundblätter rundlich-herzförmig, Stengelblätter grob gezähnt, stengelumfassend; ⊙—♃) und das **Englische Löffelkraut** (c *Cochleária ánglica*; 5—50 cm; 5—7; Grundblätter rhombisch-elliptisch, obere Blätter mit herzförmigem Grunde stengelumfassend; ⊙) sind **Kreuzblütler** an Meeresküsten.

Die **Stranddistel** (a *Erýngium maritimum*; 10 bis 50 cm; 6—10; Hüllblätter breit 3lappig, dornig gezähnt, weiß bereift; ♃; **geschützt**); das **Feine Hasenohr** (b *Bupleūrum tenuissimum*; 10—50 cm; 8—9; Blätter grasartig, Dolde mit 1—4 Strahlen, Döldchen mit 4—5 Blüten; ⨀) und der **Echte Sellerie** (c *Ápium gravéolens*; 25—100 cm; 6—10; Dolde mit 6—12 Strahlen, ohne Hülle und Hüllchen, Fiederblättchen breit keilförmig; ⊙̈; Kulturformen mit knolligen Wurzeln) sind **Doldengewächse** an salzhaltigen Stellen, vor allem der Küsten. Die Stranddistel ist eine Dünenpflanze.

Bis auf die Runkelrübe gehören die Pflanzen der Tabelle zu den **Nelkengewächsen.** Alle lieben den salzhaltigen Boden am Meeresstrand. Der Flügelsamige Spärkling ist selten; das Strand-Mastkraut und das Viermännige Hornkraut sind Dünenbewohner, letzteres nur auf den Nordfriesischen Inseln und auf Helgoland. Die Runkelrübe ist ein **Gänsefußgewächs,** das zur atlantischen Flora gehört (Atlantikküste und Mittelmeer) und in Deutschland wild nur auf Helgoland wächst.

	Strand-Mastkraut	**Flügelsamiger Spärkling**	**Salz-Spärkling**	**Salzmiere**	**Viermänniges Hornkraut**	**Runkelrübe**
wissenschaftl. Name	*Sagina maritima*	*Spergulária margináta*	*Spergulária salina*	*Honckénya peploides*	*Cerástium tetrándum*	*Béta vulgáris*
Größe; Blütez.	2–12 cm; 5–8	bis 40 cm; 7–9	2–20 cm; 5–9	15 cm; 6–7	5–25 cm; 3–4	20–80 cm; 6–9
Besondere Kennzeichen	Kelchblätter kapuzenförmig, Blumenblätter klein, oft fehlend; ⨀	Kelchblätter grün, am Rande trockenhäutig, Samen breit weiß geflügelt; ♃	Blätter fleischig, linealisch, Blüten 5zählig, blaßrot, Samen meist ungeflügelt; ⨀	Blätter eiförmig, spitz, fleischig, gelbgrün, Blüten weiß, gedrängt; ♃	Blüten vierzählig, Tragblätter an der Spitze behaart, Pflanze drüsig; ⨀–⊙̈	Grundblätter langgestielt, Blüten zu 2–4, Blütenstand groß, rispig; ⊙̈

Die **Dornmelde** (a *Bássia hirsúta*; bis 30 cm; 8—9; Blätter linealisch, meist **rauhhaarig**, Blüten zu 1—2 in Blattachseln; ⨀), die **Sode** (b *Suāéda maritima*; 10—20 cm; 7—9; Pflanze fein verzweigt, Blätter schmal länglich, fleischig; ⨀), das **Salzkraut** (c *Sálsola káli*; 25 cm; 7—9; ästig-borstig, Blätter stachelspitzig; ⨀) und der **Glasschmalz** oder **Queller** (d *Salicórnia europāéa*; 15—30 cm; Stengel fleischig, kaktusähnlich; ⨀) sind **Gänsefußgewächse** auf salzhaltigen Strandböden.

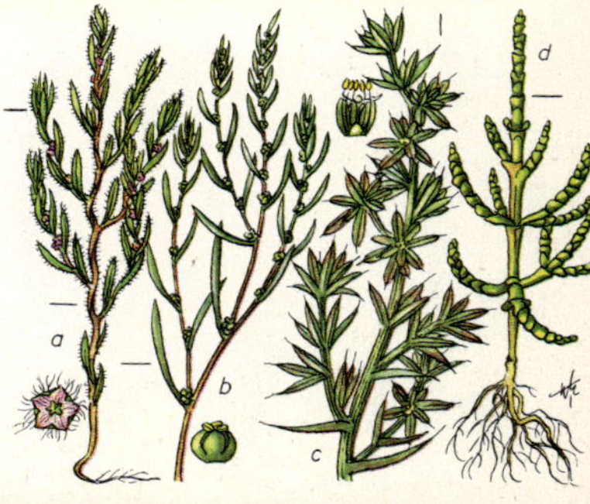

Die **Gestielte Salzmelde** (a *Obióne pedunculáta*; 3—30 cm; 8—9; Blätter verkehrt eiförmig, grauschilferig; ⊙), die **Portulak-Salzmelde** (b *Obióne portulacoides*; 40—100 cm; 7—9; Fruchthülle ungestielt, 3lappig; ♃), die **Gelappte Melde** (c *Átriplex marítima*; 20—50 cm; Scheinähre bis oben beblättert, Blätter grau, obere lanzettlich mit Spießecken; ⊙) und die **Strand-Melde** (d *Átriplex littorális*; 15—110 cm; 7—8; Fruchthülle 3eckig, gezähnt, Blätter linealisch lanzettlich; ⊙) sind häufige **Gänsefußgewächse** an der Nord- und Ostsee.

Alle Pflanzen der Tabelle lieben salzhaltigen Boden. Die Strand-Winde ist ein **Windengewächs,** das nur auf den Nordfriesischen Inseln und bei Cuxhaven vorkommt. Das Dünen-Leinkraut (Fam. **Rachenblütler**) findet man nur an der Ostseeküste. Der ebenfalls zu den **Rachenblütlern** zählende Ährige Ehrenpreis ist außer auf Sanddünen auf Trockenwiesen verbreitet. Die übrigen Pflanzen der Tabelle sind **Korbblütler** an salzhaltigen Orten.

	Strand-Winde	Dünen-Leinkraut	Ähriger Ehrenpreis	Strand-Beifuß	Salz-Aster	Laugenblume
wissenschaftl. Name	*Convólvulus soldanélla*	*Linária odóra*	*Verónica spicáta*	*Artemísia marítima*	*Áster tripólium*	*Cótula coronopifólia*
Größe; Blütez.	10–40 cm; 6–8	15–60 cm; 7–8	15–45 cm; 7–9	30–70 cm; 9–10	25–100 cm; 7–9	8–50 cm; 7–8
Besondere Kennzeichen	Blätter herznierenförmig, sukkulent, Stengel niederliegend; ♃	Blüten in lockeren Trauben, 16–18 mm lang, Blätter bereift; ⊙	Blätter gegenständig, grob gezähnt, Stengel oben flaumig; ♃	Blätter weißfilzig, 2- bis 3fach fiederteilig, Blüten gelb; ♃	Köpfchen in lockeren Doldentrauben, Blätter fleischig; ⊙-⊙	Blätter tief gezähnt bis gelappt, stengelumfassend, Köpfchen röhrenblütig; ⊙

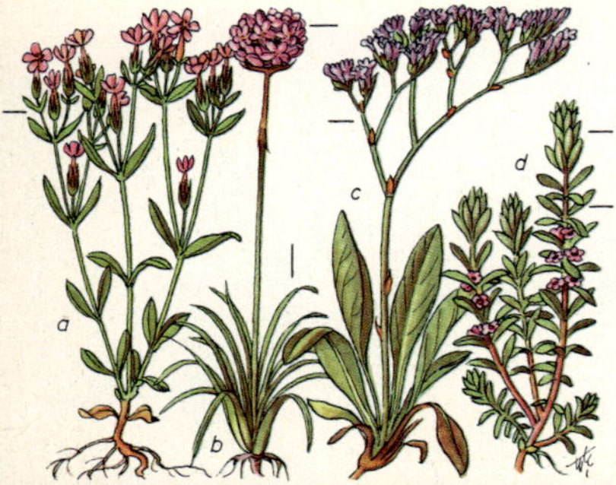

Das **Ästige Tausendgüldenkraut** (a *Centáurium pulchéllum*; 5—15 cm; 7—9; Blüten alle gestielt; ⊙) ist ein **Enziangewächs,** die **Gemeine Grasnelke** (b *Armería marítima*; 6—20 cm; 5—7; Blätter grasartig, Blüten rosa, in Köpfchen; ♃) und der **Strandflieder** oder **Widerstoß** (c *Limónium vulgáre*; 15—45 cm; 8—9; Blüten in einseitswendigen Sträußen; ♃) sind häufige **Grasnelkengewächse,** das **Milchkraut** (d *Glaux marítima*; 10 cm; 6—8; Blätter klein, dicht gedrängt; ♃) ist ein **Primelgewächs** am Meeresstrand.

Der **Schlitz-** oder **Krähenfuß-Wegerich** (a *Plantágo corónopus*; 2—20 cm; 6—9; Blätter fiederspaltig oder gezähnt, behaart; ⊙—♃) und der **Strand-Wegerich** (b *Plantágo maritima*; 5—60 cm; 6—10; Blätter linealisch, Ähre sehr lang; ♃) sind häufige **Wegerichgewächse** auf salzhaltigen Böden; das **Gemeine Seegras** (c *Zostéra marina*; 30—40 cm; 5—6; Blätter 3—7 mm breit, Stiel des Blütenstandes oben verdickt; ♃) und das **Zwerg-Seegras** (d *Zostéra nána*; blühende Triebe 6 cm lang; 5—7; Blätter 1—2 mm breit, an der Spitze ausgerandet; ♃) sind **Laichkrautgewächse** an schlammigen Meeresküsten.

Die Sand-Segge und die Französische Segge sind **Gleichährige Seggen.** Beide bewohnen Sandböden, besonders an den Meeresküsten. Die übrigen Seggen der Tabelle gehören zu den **Verschiedenährigen.** Die Strand-Segge, die Punktierte Segge und die Entferntährige Segge besiedeln Dünen, Salzsümpfe und Wattwiesen an der Ostsee und auf manchen Nordseeinseln. Die Schnabel-Segge kommt selten in Sümpfen und an Gräben vor.

	Sand-Segge	Französische Segge	Strand-Segge	Schnabel-Segge	Punktierte Segge	Entferntährige Segge
wissenschaftl. Name	*Cárex arenária*	*Cárex ligérica*	*Cárex exténsa*	*Cárex rostráta*	*Cárex punctáta*	*Cárex distans*
Größe; Blütez.	7–50 cm; 5–7	7–40 cm; 5–7	10–40 cm; 7–8	25–90 cm; 5	15–45 cm; 5–7	20–80 cm; 5–6
Besondere Kennzeichen	Pflanze mit schnurgeraden Ausläufern, Rispen oben ♂, in der Mitte ♂ und ♀, unten ♀; ♃	Ährchen zu 4–7, alle oben ♀, unten ♂, Blätter flachrinnig; ♃	meist 1 ♂ und 3 ♀ Ährchen, Blätter borstlich, Schläuche 2 bis 3kantig; ♃	2–3 ♂, 2–5 ♀ Ährchen, Blätter 3–5 mm breit, eingrollt, Schläuche kugelig; ♃	Pflanze gelbgrün, Schläuche waagerecht abstehend, mit kurzem Schnabel; ♃	♀ Ährchen 2–3, kurz walzenförmig, entfernt, Tragblätter rot, mit grünen Nerven; ♃

Die **Salde** (a *Rúppia maritima*; 1—25 cm; 8—10; Blütenstandsstiel spiralig gewunden; ♃; **Laichkrautgewächs**) bewohnt Gewässer in Küstennähe, der **Strand-Dreizack** (b *Triglóchin maritimum*; 10—100 cm; 5—8; Narben 6, Blüten in dichter Traube; ♃; **Blumenbinsengewächs**) lebt auf Wattwiesen. Die **Strand-Binse** (c *Júncus maritimus*; 5—120 cm; 8—10; Blätter stengelähnlich; ♃) und die **Baltische Binse** (d *Júncus bálticus*; 30—70 cm; 6—8; Stengelgrund mit gelbbraunen Blattscheiden; ♃) sind **Binsengewächse.**

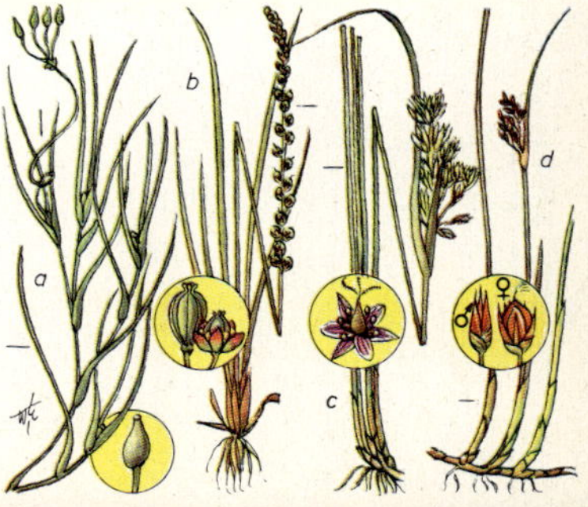

Die **Salz-Binse** (a *Júncus gerárdi*; 5—70 cm; 6—9; Stengel mehr oder weniger stielrund, blühend meist nur am Grunde beblättert; ♃), die **Frosch-Binse** (b *Júncus ranárius*; bis 20 cm; 6—9; Spirrenäste meist mit 2 oder 3 Blüten; ⊙), die **Zwerg-Binse** (c *Júncus pygmǽus*; 1—10 cm; 5—10; Blütenstand meist einfach kopfförmig, Kapsel strohgelb, zugespitzt; ⊙) und die **Zweischneidige Binse** (d *Júncus ánceps*; 10—60 cm; 7—8; Blütenstand mit zahlreichen 3- bis 6blütigen Köpfchen, Stengel und Blätter stark zusammengedrückt; ♃) sind **Binsengewächse,** die Salzboden lieben, besonders an der Küste.

Auf der Seitenmitte sind **Gräser** abgebildet, die an den Meeresküsten beheimatet sind. Der Rohr-Fuchsschwanz wächst auf Salzwiesen, alle anderen wohnen an sandigen Stellen. Das Sand-Lieschgras kommt außerdem stellenweise am Rhein, der Strandhafer oder Graue Helm auf Dünen im Binnenlande vor.

	Strand-Roggen	Strand-Hafer	Binsen-Quecke	Rohr-Fuchsschwanz	Sand-Lieschgras	Schuppen-schwanz
wissenschaftl. Name	*Élymus arenárius*	*Ammóphila arenária*	*Agropýron júnceum*	*Alopecúrus arundináceus*	*Phléum arenárium*	*Pholiúrus incúrvus*
Größe; Blütez.	100-150 cm; 6-8	60–100 cm; 6–7	30–60 cm; 6–8	60–125 cm; 5–7	8–15 cm; 6–7	15 cm; 5–6
Besondere Kennzeichen	Blätter blaugrün, zusammengerollt, Ährchen meist 3blütig; ♃	Blätter weißgraugrün, borstlich eingerollt, Rispe spindelförmig, gelblich; ♃	Blattnerven behaart, Ährchen bis 3 cm lang, Deckspelzen unbegrannt; ♃	Deckspelze in der Mitte begrannt, kürzer als die Hüllspelze; ♃	Ährenrispe bis 4 cm lang, Hüllspelzen 2 bis 3mal so lang wie Deckspelzen; ⊙	Ähre dünn, Ährchen meist einblütig, Blätter schmal, borstlich; ⊙

Der **Abstehende Salzschwaden** (a *Puccinéllia distans*; 15—50 cm; 6—10; untere Fruchtäste abwärts gerichtet; ♃) und der **Andel-** oder **Strand-Salzschwaden** (b *Puccinéllia maritima*; 30—100 cm; 6—9; Fruchtäste zusammengezogen; ♃) sind **Gräser,** die **Strand-Simse** (c *Scírpus maritimus*; 15—120 cm; 6—8; Stengel scharf 3kantig; ♃), das **Rote Quellried** (d *Scírpus rúfus*; 3—40 cm; 5—6; Blätter riemenartig; ♃) und das **Kleine Sumpfried** (e *Eleócharis párvula*; 2—8 cm; 7—9; Stengel quergefächert; ♃) sind **Sauergräser.**

Der **Meer-Schneckenklee** (a *Medicágo marina*; 10—40 cm; 4—7; Pflanze dicht wollig-filzig; ♃; **Schmetterlingsblütler**), der **Gelbe Hornmohn** (b *Glaŭcium flávum*; 30—50 cm; 5—8; Blätter bräunlich-grün bereift, Blüten gelb; ⊙—⊙), der **Rote Hornmohn** (c *Glaŭcium corniculátum*; 15—50 cm; 5—8; Blüten rot oder orange, Blumenblätter am Grunde mit schwarzem, weißrandigem Fleck; ⊙; **Mohngewächse**) und der **Kappernstrauch** (d *Cápparis spinósa*; bis 1 m; 7—8; strauchförmig, Blätter eiförmig, Früchte als „Kappern" bekannt; ♃; **Kapperngewächse**) bewohnen Sandstrand oder Felsen am Mittelmeer.

Das Lambert-Veilchen der Tabelle ist ein **Kreuzblütler,** der in südlichen Teilen der Mittelmeerländer den Strand bewohnt. Der Erd-Burzeldorn **(Schmetterlingsblütler)** wächst auch auf Schuttplätzen und an Wegen; die beiden **Wolfsmilchgewächse** sind weit verbreitet; der Strauchige Glasschmalz **(Gänsefußgewächse)** liebt den feuchtsalzigen Schlick, und die Strandnelke **(Nelkengewächse)** kommt hier und da auf feinem Sandstrand vor.

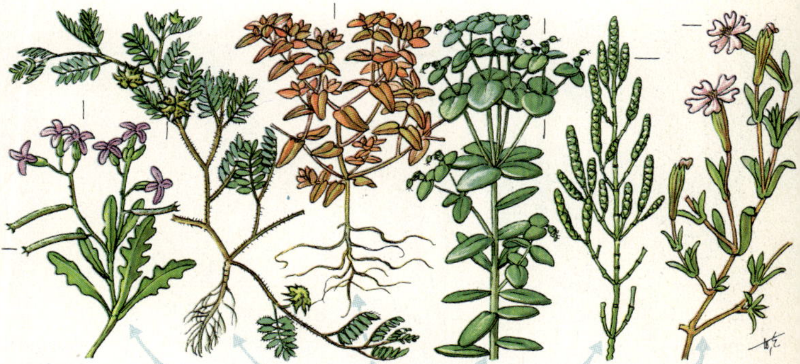

	Lambert-Veilchen	Erd-Burzeldorn	Meerstrands-Wolfsmilch	Dickblättrige Wolfsmilch	Strauchiger Glasschmalz	Strand-nelke
wissenschaftl. Name	*Matthiola tricuspidáta*	*Tribulus terréster*	*Euphórbia péplis*	*Euphórbia parálias*	*Salicórnia fruticósa*	*Siléne sericea*
Größe; Blütez.	10–40 cm; 4–8	10–130 cm; 5–10	5–25 cm; 5–10	30–60 cm; 3–8	bis 40 cm; 9–10	40–70 cm; 5–6
Besondere Kennzeichen	Blüten purpurn, Schoten 4–10 cm lang, mit drei Hörnern; ⊙	Blüten klein, gelb, Frucht wie Malteserkreuz geformt; ⊙	Pflanze fleischig, purpurn, Blüten und Früchte einzeln; ⊙	Blätter fleischig, Blüten mit 4 halbmondförmigen Drüsen; ♃	Zweige gegliedert, Blätter verkümmert, Blüten in gestielter Ähre; ♃	Blüten groß, Blumenblätter rosa, eingebuchtet; ♃

Die **Meerzwiebel** (a *Urgínea marítima*; 15 bis 100 cm; 9—12; Zwiebel sehr groß, bis 2 kg, Blüten weiß; ♃), die **Meeres-Narzisse** (b *Pancrátium marítimum*; 30—40 cm; 7—9; Blüten weiß, duftend, Nebenkrone mit zweizähnigen Blättchen; ♃), das **Neptungras** (c *Posidónia oceánica*; 20—40 cm; 10; Blüten in schopfigen Ähren; ♃; bis 30 m unter Wasser; **Seegrasgewächse**) und das **Eiförmige Strandgras** (d *Lagúrus ovátus*; 10—30 cm; 5—6; Blütenstand eiförmig; ⊙) bewohnen die Mittelmeerküsten.

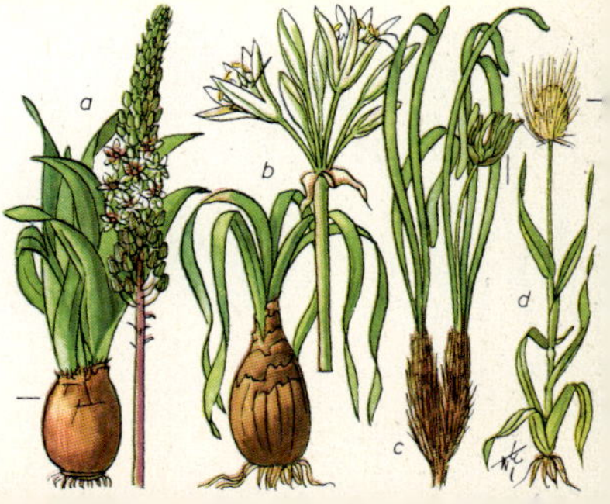

Der **Flache Darmtang** (a *Enteromórpha compréssa*; bis 30 cm; Laub röhrenförmig, zusammengedrückt, bis 1 cm breit, am Grunde verschmälert), der **Meersalat** (b *Úlva lactúca*: bis 25 cm; Laub breitlappig, derbhäutig, am Rande gekräuselt), der **Grüne Ledertang** (c *Bryópsis plumósa*; bis 10 cm; Laub besteht aus einer einzigen Zelle, die sich in 2zeilig gefiederte Fäden verzweigt; nur bei Helgoland) und die **Dichtwüchsige Cladophora** (d *Cladóphora árcta*; bis 8 cm; strahlige Fäden in dichten, gelappten Büscheln) sind **Grünalgen** der Nordsee, z. T. auch der Ostsee.

Von den **Braunalgen** der Tabelle sind vor allem der Gemeine und der Kleine Blasentang an Steinen und Holzwerk der Uferzone überall häufig. Die übrigen Arten besiedeln vorwiegend oder ausschließlich Felswatten, z. B. bei Helgoland, wo besonders der Sägetang und der Palmentang ausgedehnte Felsflächen dicht überziehen.

	Gemeiner Blasentang	Kleiner Blasentang	Sägetang	Palmentang	Fingertang	Zuckertang
wissenschaftl. Name	*Fúcus vesiculósus*	*Fúcus spiralis*	*Fúcus serrátus*	*Laminária hyperbórea*	*Laminária digitáta*	*Laminária saccharina*
Größe	bis 1 m	bis 30 cm	bis 60 cm	bis 1,50 m	bis 3 m	bis 4 m
Besondere Kennzeichen	Thallus mit paarigen Luftblasen, Fruchtkörper ♂ oder ♀; zweihäusig	Thallus ohne Luftblasen, Fruchtkörper mit Ei- und Samenbehältern	Thallus ohne Luftblasen, Laub scharf gesägt, bis 5 cm breit; zweihäusig	Laub breit, Enden zerschlitzt, Stiel zusammengedrückt, Blattgrund herzförmig	Laub in lineare Bänder zerteilt, lederartig, Blattgrund allmählich verschmälert	Laub bandförmig, lederartig, bis 30 cm breit, glänzend braun

Der **Riementang** (a *Himanthália lórea*; bis 3 m; Napfdurchmesser 4 cm, Fruchtkörper ♂ oder ♀, riemenförmig, verzweigt), der **Knotentang** (b *Ascophýllum nodósum*; bis 1,5 m; Luftblasen groß, Fruchtkörper gestielt, rund oder oval, 2-häusig), der **Schotentang** (c *Hálidrys siliquósa*; bis 2 m; Schwimmblasen schotenförmig, gekammert), die **Gemeine Meersaite** (d *Chórda fílum*; bis 3 m; Laub schnurförmig, bis 5 mm dick) und die **Zottige Meersaite** (e *Chórda tomentósa*; bis 1 m; Laub dicht behaart) sind **Braunalgen.**

Der **Gemeine Knorpeltang** (a *Chóndrus crispus*; 15 cm; Laub fächerförmig geteilt, derb, lederartig, violettrot bis dunkel-purpurbraun), die **Gemeine Porphyra** (b *Pórphyra umbilicális*; bis 15 cm breit; Laub blattartig, dünn, schlaff, oft zerschlitzt, violettrot), die **Gemeine Phyllophora** (c *Phyllóphora brodíaei*; bis 15 cm; Laublappen tiefrot, lederartig, gestielt) und die **Rote Phyllophora** (d *Phyllóphora rúbens*; bis 15 cm; ähnlich der Gemeinen Phyllophora, aber Laub mehr gleichmäßig breit) sind **Rotalgen** der Nordsee, besonders bei Helgoland, z. T. auch der Ostsee.

Von den **Rotalgen** der Tabelle kommen der Gemeine Kammtang und die Zierliche Seefeder nur in der Nordsee vor, vor allem im Felswatt von Helgoland. Die übrigen Arten leben auch in der westlichen Ostsee, Hildenbrandie am flachen Strand als hautartige Überzüge auf Steinen, das Korallenmoos („Kalkalge"; die Zellwände speichern sehr viel kohlensauren Kalk) und der Gabeltang in größeren Tiefen, letzterer oft sehr dicht stehend.

	Hildenbrandie	Blutroter Seeampfer	Gemeiner Kammtang	Zierliche Seefeder	Gabeltang	Offizinelles Korallenmoos
wissenschaftl. Name	*Hildenbrándia prototýpus*	*Delesséria sanguínea*	*Plocámium coccíneum*	*Plumária élegans*	*Furcellária fastigáta*	*Corallina officinális*
Größe	bis 15 cm ∅	bis 15 cm	bis 25 cm	bis 10 cm	bis 25 cm	bis 10 cm
Besondere Kennzeichen	hautartige, blut- bis braunrote, glatte und feste Krusten auf Steinen	zarte, blattartige Sprosse mit dicker Mittelrippe, prachtvoll rot	Endfiederchen kammförmig, etwas knorpelig, schön rot gefärbt	Äste in einer Ebene, Fiederchen zweizeilig, braunrot bis schwärzlich	Laub gabelig verzweigt, knorpelig schwärzlich, ♂ Zweige gelb, ♀ keulenförmig	Laub gegenständig verzweigt, steinhart, 1–2 mm dick, Zweige keulenförmig

Die **Geflügelte Delesseria** (a *Membranóptera aláta*; bis 10 cm; Endabschnitte 2lappig), die **Gefiederte Laurencia** (b *Lauréncia pinnatífida*; bis 10 cm; Laub knorpelig, flach, verzweigt), der **Gemeine Horntang** (c *Cerámium rúbrum*; bis 15 cm; Fäden gegliedert, perlschnurförmig) und der **Gefranste Spinnentang** (d *Halarádhnion ligulátum*; 15 cm; Laub blattförmig, am Rande zungenförmig ausgefranst) sind **Rotalgen** der Nordsee, a und c auch der westlichen Ostsee.

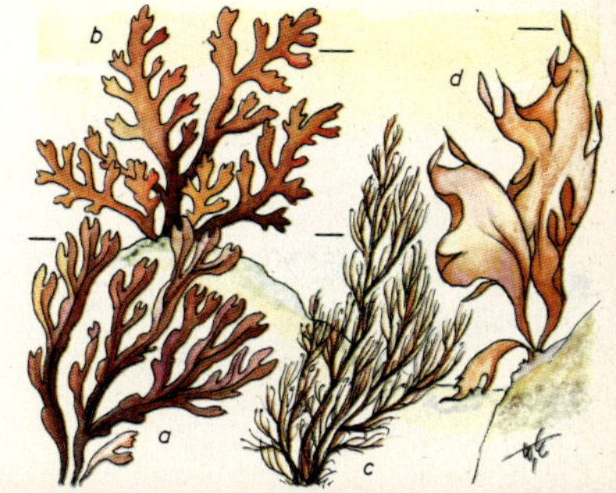

Der **Eisbär** (a *Thalassárctos marítimus*; ♂ bis 2,50 m + 10 cm, ♀ bis 1,85 m + 10 cm; Paßgänger, Fell gelblich-weiß; taucht bis zu zwei Minuten; ♀ hält Winterruhe in Schneehöhle, in der es im Februar—März 1—3 Junge wirft) ist ein Greifsäuger aus der Familie der **Bären;** das **Walroß** (b *Odóbenus rosmárus*; ♂ 3—4,5 m, ♀ bis 3 m; Körper gelbbraun, Eckzähne des Oberkiefers sehr lang, beim ♂ länger als beim ♀, Hinterfüße nach vorn wendbar; schwimmt gut und taucht bis zu 10 Min. und bis zu 30 m tief) gehört zur Familie der **Robben.** Beide leben im Küsteneis und im Treibeis der Polarmeere.

Von den **Robben** der Tabelle ist an den deutschen Küsten der Nord- und Ostsee nur der Seehund heimisch; alle andern kommen nur gelegentlich vor. Die Ringel-, Sattel- und Bartrobbe sowie die Klappmütze leben im Treibeisgebiet, die Ringelrobbe zusammen mit der Kegelrobbe an Fels- und Geröllküsten, auch im mittleren und nördlichen Teil der Ostsee.

	Seehund	Ringelrobbe	Sattelrobbe	Bartrobbe	Kegelrobbe	Klappmütze
wissenschaftl. Name	*Phóca vitulína*	*Phóca híspida*	*Pagóphilus groenlándicus*	*Erignáthus barbátus*	*Halichóerus cristáta*	*Cystóphora cristáta*
Größe	bis 1,95 m	bis 1,85 m	bis 2,20 m	bis 3,10 m	bis 3 m	bis 2,35 m
Besondere Kennzeichen	Rückenseite mit dunklen Flecken auf hellem Grund, Schnurrhaare weiß	helle Ringe auf dunklem Grund, Schnurrhaare braun	♂ mit langgezogenem Sattelfleck am Rücken, ♀ bräunlicher, Sattel kleiner, Jungen weiß	Fell braun, Oberlippe mit sehr langen, hellen Barthaaren	Fellfarbe meist grau mit schwarzen Flecken, ♀ meist großfleckiger als ♂, Jungen weiß	Körper hellgrau, Kopf und Flossen schwarz, ♂ mit aufblasbarem Nasenaufsatz

Die **Mönchsrobbe** (a *Monáchus monáchus*; 3,50 m; heller Fleck an Körperseiten), bewohnt die Küsten des Mittel- und des Schwarzen Meeres, ist aber fast ausgerottet; der **Sowerby-Zweizahnwal** (b *Mesóplodon bidens*; 5 m, Kopf klein, „Schnabel“ spitz und lang) und der **Dögling** (c *Hyperóodon ampullátus*; 9 m; Stirn stark vorgewölbt; soll 1—2 Stunden tauchen können, bis 1300 m tief) sind **Zahnwale** im Nordatlantik; der Sowerby-Zweizahnwal kommt auch im Mittelmeer vor.

Der **Pottwal** (a *Phýseter macrocéphalus*; ♂ bis 25 m, ♀ bis 12,5 m; Kopf klobig, rechteckig, Hinterrücken mit kleinen Buckeln), der **Gemeine Delphin** (b *Delphínus délphis*; bis 2,6 m; Körper sehr schlank, an den Seiten mit verschieden gefärbten Bändern, Schnauze sehr spitz), der **Großtümmler** (c *Túrsiops truncátus*; bis 4 m; Körper oben dunkel, unten hell, Unterkiefer länger als Oberkiefer) und der **Weißwal** (d *Delphinápterus leúcas*; bis 5,5 m; Kopf gegen den Rumpf abgesetzt, erwachsene Tiere weiß) sind **Zahnwale**, die bis auf den Weißwal die Polarmeere meiden, sonst aber Kosmopoliten sind.

In der Tabelle sind **Bartenwale** beschrieben. Der Zwergwal ist der kleinste Bartenwal, der Blauwal der größte und gleichzeitig das größte lebende Säugetier. Nordkaper leben im Gebiet des Golfstromes. Alle andern Bartenwale der Tabelle gehören zu den Furchenwalen (Unterseite vorne längsgefurcht) und sind Kosmopoliten, die auf ihren Wanderungen während des Sommers in Gesellschaften zu 3–20 Tieren, sogenannten „Schulen“, die europäischen Küsten besuchen, besonders in Norwegen, Spitzbergen und im Weißen Meer.

	Finnwal	Zwergwal	Seiwal	Blauwal	Buckelwal	Nordkaper
wissenschaftl. Name	*Balaenóptera physális*	*Balaenóptera acutorostráta*	*Balaenóptera boreális*	*Sibbáldus músculus*	*Megáptera nodósa*	*Eubalaéna glaciális*
Größe	18,5–25 m	8–10,5 m	12–18,5 m	22–30 m	11–16 m	14–18 m
Besondere Kennzeichen	oben grau, unten weiß, Unterseite vorne längsgefurcht	breite, weiße Querbinde auf der Brustfinne, Körper vorne an Unterseite längsgefurcht	wellige Grenze zwischen Rücken und Bauchfarbe, Rückenfinne groß	einfarbig blaugrau, hell gefleckt, Rückenfinne sehr klein	Höcker auf dem Kopf und auf dem Rand der sehr langen Brustfinne	Stirn mit horniger Warzenplatte, Rückenfinne fehlt

Der **Schwertwal** (a *Grámpus órca*; ♂ bis 9,50 m, ♀ bis 4,60 m, sehr große Rückenfinne, weißer Fleck über dem Auge), der **Kleinschwertwal** (b *Pseudórca crássidens*; ♂ bis 6 m, ♀ bis 5,20 m; einfarbig schwarz, glänzend), der **Schweinswal** (c *Phocóena phocóena*; bis 1,85 m; klein, oben schwarz, unten weiß) und der **Narwal** (d *Monódon monóceros*; bis 5,50 m, ♂ mit einem bis 2,75 m langen Stoßzahn) sind **Zahnwale**, die regelmäßig die europäischen Küsten besuchen.

Der **Prachttaucher** (a *Gávia árctica*; 69 cm; Scheitel grau, Rücken weiß gefeldert; Zugvogel), der **Sterntaucher** (b *Gávia stelláta*; 53—61 cm; Kopf grau, Kehle dunkelrot, Schnabel schlank, aufgeworfen; Teilzieher), der **Eistaucher** (c *Gávia immer*; 69—81 cm; Kopf schwarz, Rücken gleichmäßig weiß gemustert, Schnabel schwarz, derb, gerade; Zugvogel), und der **Gelbschnäbelige Eistaucher** (d *Gávia adámsii*; 69--81 cm; ähnlich Eistaucher, aber Schnabel gelblich; Zugvogel) sind **Seetaucher**, die an Binnengewässern des Nordens nisten und im Winter an den Küsten erscheinen. Seetaucher sind Nestflüchter.

Alle auf der Seitenmitte abgebildeten **Gänse** nisten im hohen Norden kolonieweise auf dem Boden der Tundra, die Kurzschnabelgans auch an felsigen Abhängen der Flüsse, die Schneegans in Nordgrönland, in Nordostsibirien und dem nördlichsten Nordamerika. Im Winter ziehen diese Arten weiter südlich, wobei sie auch an den deutschen Meeresküsten auftreten, oft in sehr großen Trupps, die Schneegans als seltener Irrgast. Die Schneegans gehört zur Gruppe der **Buntgänse;** die übrigen sind **Graugänse.**

	Bläßgans	Zwerggans	Kurzschnabelgans	Schneegans
wissenschaftl. Name	*Ánser álbifrons*	*Ánser erýthropus*	*Ánser brachyrhýnchus*	*Chen caeruléscens*
Größe	bis 76 cm	bis 56 cm	bis 76 cm	64–76 cm
Besondere Kennzeichen	schwarze Bauchstreifen, alt mit weißem Fleck an der Stirn, Schnabel rötlich; Nestflüchter; Zugvogel	ähnlich Bläßgans, aber gelber Augenring, alt Stirn weiß, Schnabel rötlich, klein; Nestflüchter; Zugvogel	Hals dunkel, Schnabel klein, schwarz und rot, selten etwas weiß an der Stirn; Nestflüchter; Zugvogel	Gefieder weiß, Flügelspitzen schwarz, Schnabel und Füße rötlich; Nestflüchter; Teilzieher

Der **Schwarzschnabel-Sturmtaucher** (a *Puffinus puffinus*; 35,5 cm; Gefieder oben schwarz, unten weiß; Teilzieher), der **Gelbschnabel-Sturmtaucher** (b *Puffinus kúhlii*; 46 cm; Schnabel gelb; Teilzieher), der **Große Sturmtaucher** (c *Puffinus grávis*; 46 cm; Schwanzwurzel weiß; Zugvogel) und der **Dunkle Sturmtaucher** (d *Puffinus griseus*; 40,6 cm; Körper ganz dunkel; Zugvogel) nisten gesellig in Felsspalten auf Inseln des Atlantik und besuchen die deutschen Küsten nur ausnahmsweise. **Sturmtaucher** sind Platzhocker.

Der **Wellenläufer** (a *Oceanódroma leucórrhoa*; 20 cm; Schwanz gegabelt, Bürzel weiß, Flug hüpfend; Platzhocker; Zugvogel) und die **Sturmschwalbe** (b *Hydróbates pelágicus*; 15 cm; Bürzel weiß, Füße schwarz, Schwanz abgestutzt; Platzhocker; Teilzieher) sind **Sturmschwalben**, der **Eissturmvogel** (c *Fulmárus glaciális*; 47 cm; Nacken dick, Schnabel klobig, Nasenlöcher röhrenförmig, möwenartiges Aussehen; Platzhocker; Teilzieher) ist ein **Sturmvogel.** Alle nisten an den Küsten Englands und Islands, b auch auf Inseln des Mittelmeeres. Im Winter tauchen sie sporadisch auch in Deutschland auf.

Die Rostgans aus der Gruppe der **Halbgänse** nistet in Südspanien und auf dem Südbalkan und ist in Deutschland seltener Irrgast. Die übrigen Vögel der Tabelle gehören zur Gruppe der **Gänse.** Die Weißwangengans und die Ringel- oder Rottgans nisten in der felsigen Tundra und auf arktischen Inseln und sind häufige Wintergäste an deutschen Meeresküsten. Rothalsgänse bewohnen ebenfalls die küstennahe Tundra, kommen aber nur als Irrgäste nach Deutschland. Kanadagänse stammen aus Nordamerika und leben halbwild in Europa.

	Weißwangengans	Ringelgans	Kanadagans	Rothalsgans	Rostgans
wissenschaftl. Name	*Bránta leucópsis*	*Bránta bernícla*	*Bránta canadénsis*	*Bránta ruficóllis*	*Casárca ferruginea*
Größe	69 cm	61 cm	91—102 cm	53—56 cm	64 cm
Besondere Kennzeichen	Gesicht weiß, Hals und Brust schwarz, Bürzel weiß, Schwanz schwarz; Nestflüchter; Zugvogel	Kopf, Hals und Brust schwarz, weißer Halsfleck; Nestflüchter; Zugvogel	Weißer Wangenfleck, Kopf und Hals schwarz, Brust weißlichbraun; Nestflüchter; Teilzieher	auffällige Kopfzeichnung, Brust kastanienbraun, Flanken weiß; Nestflüchter; Zugvogel	Gefieder rostrot, Kopf hell, ♂ mit schwarzem Halsring; Nestflüchter; Teilzieher

Die **Brandente** (a *Tadórna tadórna*; 61 cm; fuchsroter Gürtel, Schnabel rot, beim ♂ mit Höcker; Teilzieher; Gruppe **Halbgänse**) nistet an europäischen Küsten. Die **Spatelente** (b *Bucéphala islándica*; 53 cm; ♂ mit weißem, halbmondförmigem Gesichtsfleck, ♀ ähnlich dem ♀ der Schellente; Jahresvogel; nur auf Island) und die **Scheckente** (c *Polysticta stélleri*; 46 cm; ♂ Unterseite rostgelb, mit schwarzem Seitenfleck, ♀ dunkelbraun; Teilzieher) sind **Tauchenten,** die an nordischen Küsten nisten.

Die **Marmelente** (a *Ánas angustiróstris*; 38 cm; dunkler Augenstreif, ♂ mit kleinem Nackenschopf; Zugvogel) nistet an Süßwasserseen im Mittelmeergebiet. **Bergenten** (b *Athýa maríla*; 48 cm; ♂ in der Mitte weiß, vorn und hinten schwarz, ♀ mit weißem Fleck am Schnabelgrunde; Zugvogel) sind Brutvögel an Binnenseen Norwegens und kommen im Winter an deutsche Küsten; **Harlekin-** oder **Kragenenten** (c *Histriónicus histriónicus*; 43 cm; Harlekinzeichnung; Jahresvogel) nisten an reißendem Wasser gesellig auf Island. a ist eine **Schwimmente,** b und c sind **Tauchenten;** Nestflüchter.

Die Vögel der Tabelle gehören zur Familie der **Enten,** und zwar zur Gruppe der **Meertauchenten.** Alle sind **Meerenten,** die vorzüglich tauchen; Enten sind Nestflüchter. Die abgebildeten Arten nisten in der Tundra oder an Seen und Mooren des Nordens und ziehen im Winter südlicher; nur die Eiderenten sind auch an deutschen Küsten häufige Brutvögel, wie z. B. auf Amrum. Brillenenten und Prachteiderenten sind in Deutschland seltene Irrgäste, die Brillenente aus Nordamerika, die Prachteiderente aus der Arktis.

	Eisente	Samtente	Trauerente	Brillenente	Eiderente	Prachteiderente
wissenschaftl. Name	*Clángula hiemális*	*Melanítta fúsca*	*Melanítta nígra*	*Melanítta perspicilláta*	*Somatéria mollíssima*	*Somatéria spectábilis*
Größe	♂ 53, ♀ 41 cm	56 cm	48 cm	53 cm	58 cm	56 cm
Besondere Kennzeichen	♂ Körper scheckig gemustert, mit Schwanzspieß, ♀ weißes Gesicht; Zugvogel	♂ schwarz mit weißem Flügelfleck, ♀ bräunlich mit weißem Flügelfleck; Zugvogel	♂ Gefieder schwarz, Schnabel mit gelbem Fleck, ♀ bräunlich, Scheitel dunkel; Zugvogel	♂ mit weißem Stirn- und Nackenfleck, ♀ ohne Weiß am Flügel; Zugvogel	♂ oben weiß, unten schwarz, Brust rahmfarben, ♀ braun gebändert; Jahresvogel	♂ vorne weiß, hinten schwarz, Stirnschild orangefarben, ♀ rotbraun, gebändert; Teilzieher

Der **Baßtölpel** (a *Súla bassána*; 91,4 cm; Kehle und Handschwingen schwarz; Familie **Tölpel**) nistet an Felsküsten Englands, Islands und Norwegens. Der **Große Kormoran** (b *Phalacrócorax cárbo*; 91 cm; Kinn und Wangen weiß), die **Krähenscharbe** (c *Phalacrócorax aristotélis*; 76 cm; Augen grün, Kopfhaube) und die **Zwergscharbe** (d *Phalacrócorax pygmǽus*; 48 cm; Kopf dunkelbraun, mit Haube; Balkan) sind **Kormorane,** die am Boden oder auf Büschen nisten. Alle sind Nesthocker und Teilzieher.

Das **Steppenhuhn** (a *Syrrháptes parádoxus*; 36—40 cm; Bauch schwarz, mittlere Schwanzfedern lang; Teilzieher; Familie **Flughühner**) bewohnt sandige Halbwüsten und kommt zuweilen in Scharen nach Europa. Die **Felsentaube** (b *Colúmba lívia*; 33 cm; 2 schwarze Flügelbinden; Jahresvogel; Familie **Tauben**), der **Rötelfalke** (c *Fálco naumánni*; 30 cm; ähnlich Turmfalk, aber ♂ mit ungefleckter Oberseite; Zugvogel; Familie **Falken**) und der **Eleonorenfalke** (d *Fálco eleonórae*; 38 cm; Gefieder schiefergrau; Jahresvogel; Familie **Falken**) nisten auf Felsen in Mittelmeerländern.

Von den **Regenpfeiferähnlichen** der Tabelle nisten der Sand- und der Seeregenpfeifer an europäischen Küsten auf Sandstrand, ersterer von Schleswig-Holstein nach Norden, letzterer nach Süden. Der Mornell- und der Kiebitzregenpfeifer bewohnen die Tundra, der Mornellregenpfeifer auch trockene Bergmatten in den Alpen; beide nisten auf dem Boden. Steinwälzer brüten an nordischen Küsten auf Felsen und sind auf dem Zuge oder als Übersommerer an allen europäischen Küsten von Südnorwegen bis Südspanien anzutreffen.

	Sand-regenpfeifer	See-regenpfeifer	Mornell-regenpfeifer	Kiebitz-regenpfeifer	Steinwälzer
wissenschaftl. Name	*Charádrius hiatícula*	*Charádrius alexandrinus*	*Charádrius morinéllus*	*Squatárola squatárola*	*Arenária intérpres*
Größe	19 cm	16 cm	21,5 cm	28 cm	23 cm
Besondere Kennzeichen	jung braunes, alt schwarzes Brustband, weißes Halsband, Beine orangegelb; Nestflüchter; Teilzieher	dunkler Fleck an Brustseiten, Beine und Schnabel schwärzlich; Nestflüchter; Teilzieher	weißer Überaugenstreif, Bauch braun mit weißem Streif; Nestflüchter; Zugvogel	Sommerkleid unten schwarz, oben grau, Winterkleid unten hell; Nestflüchter; Zugvogel	Kopf schwarz-weiß, schwarzes Brustband, Winterkleid oben dunkel; Nestflüchter; Zugvogel

Der **Seeadler** (a *Haliáëtus albicílla*; bis 91 cm; Schwanz kurz, keilförmig, weiß, Kopf hellbraun; Teilzieher) nistet auf Felsklippen und hohen Bäumen an der Ostseeküste, in Norwegen, im Norden der UdSSR und auf dem Balkan, der **Ger-** oder **Jagdfalke** (b *Fálco rusticolus*; 51 bis 56 cm; ähnlich Wanderfalke, aber ohne Gesichtszeichnung; kommt in verschiedenen geographischen Rassen vor; Jahresvogel) auf Felsklippen des Nordens. a gehört zur Familie der **Adlerartigen,** b der **Falken;** Nesthocker.

Der **Säbelschnäbler** (a *Recurviróstra avosétta*; 43 cm; Schnabel nach oben gekrümmt, Körper weiß, Oberkopf und Nacken schwarz, Rücken mit zwei breiten, schwarzen Längsbändern; Nestflüchter; Teilzieher) und der **Austernfischer** (b *Haemátopus ostrálegus*; 43 cm; Kleid schwarzweißrot, Kopf, Hals und Rücken schwarz, Unterseite weiß, Schnabel und Füße rot; Nestflüchter; Teilzieher) sind Wat- oder Schnepfenähnliche Vögel aus der Familie der **Säbelschnäbler** bzw. der **Austernfischer.** Beide sind Bodenbrüter an deutschen Küsten.

Von den Vögeln der Tabelle gehört das Odinshühnchen zur Familie der **Wassertreter,** alle anderen zur Familie der **Regenpfeiferähnlichen.** Der Alpenstrandläufer nistet in Mooren und Marschen Norddeutschlands und nördlicher, der Knutt und das Odinshühnchen in der Tundra, der Sichelstrandläufer im arktischen Ostasien, der Meerstrandläufer in bergiger Tundra und der Rotschenkel in Wiesengeländen fast ganz Europas. Auf dem Zuge streifen die meisten weit umher, einige durch ganz Europa. Alle sehen im Winterkleid heller aus als im Sommerkleid.

	Alpen-strandläufer	Knutt	Sichel-strandläufer	Meer-strandläufer	Rot-schenkel	Odins-hühnchen
wissenschaftl. Name	*Cálidris alpina*	*Cálidris canútus*	*Cálidris ferruginea*	*Cálidris maritima*	*Tringa tótanus*	*Phalâropus lobâtus*
Größe	18 cm	25,5 cm	19 cm	21 cm	28 cm	18 cm
Besondere Kennzeichen	im Sommer mit schwarzem Bauchschild, Schnabel lang, gebogen; Nestflüchter; Teilzieher	Körper auffallend plump, im Sommer Kopf und Unterseite rot; Nestflüchter; Zugvogel	Brutkleid unten rostbraun, Bürzel weiß, Schnabel gekrümmt; Nestflüchter; Zugvogel	Körper plump, oben im Winter schiefergrau, Bauch weiß, Beine gelb; Nestflüchter; Teilzieher	Rücken und Bürzel weiß, Beine und Schnabelwurzel rot; Nestflüchter; Teilzieher	im Sommer Kehle weiß, Halsseiten mit rostfarbenem Band; Nestflüchter; Zugvogel

Die **Pfuhlschnepfe** (a *Limósa lappónica*; 38 cm; Schnabel etwas aufgeworfen, Schwanz gebändert), der **Sanderling** (b *Crocéthia álba*; 20 cm; Gefieder im Winter sehr hell, Schultern schwarz) und der **Zwergstrandläufer** (c *Cálidris minúta*; 13,5 cm; im Sommer braun, im Winter grau) nisten in der Tundra; Nestflüchter und Zugvögel; bei uns Wintergäste; Fam. **Regenpfeiferähnliche.** Der **Rennvogel** (d *Cursorius cursor*; 23 cm; schwarzweißer Augenstreif; Jahresvogel; **Brachschnepfen;** Nordafrika) ist in Europa Irrgast.

Die **Zwergmöwe** (a *Lárus minútus*; 28 cm; kleinste Möwe, Kopf im Brutkleid pechschwarz; Platzhocker; Teilzieher) nistet kolonieweise an der ganzen Ostküste der Ostsee, oft auch an Sümpfen des Binnenlandes; die **Eismöwe** (b *Lárus hyperbóreus*; 66—81 cm; Gefieder weiß, Schnabel groß; Platzhocker; Teilzieher) und die **Polarmöwe** (c *Lárus glaucoídes*; 56—66 cm; Flügel weiß, Schnabel klein, jung Gefieder braun gestreift; Platzhocker; Teilzieher) nisten kolonieweise auf Inseln im hohen Norden und sind an deutschen Küsten Wintergäste, die Polarmöwe sehr selten; Familie **Möwen.**

Möwen sind die häufigsten Vögel an unseren Küsten. Großmöwen wie die Mantel-, Silber- und Heringsmöwe tragen einen roten Fleck am Eck des Unterschnabels. Von den Arten der Tabelle nisten die Silber-, Sturm-, Herings- und Lachmöwe auch an deutschen Küsten, z. T. auch im Binnenland an Flüssen und Seen. Mantelmöwen nisten nur im hohen Norden und sind südlicher Wintergäste oder übersommern als Nichtbrüter. Alle Möwen sind Platzhocker.

	Mantelmöwe	Heringsmöwe	Silbermöwe	Sturmmöwe	Lachmöwe	Korallenmöwe
wissenschaftl. Name	*Lárus marinus*	*Lárus fúscus*	*Lárus argentátus*	*Lárus cánus*	*Lárus ridibúndus*	*Lárus audouinii*
Größe	74 cm	53 cm	56 cm	40 cm	38 cm	50 cm
Besondere Kennzeichen	Rücken und Flügel schwarz, Beine fleischfarben, Kopf im Winter braun gestreift; Teilzieher	ähnlich Mantelmöwe, aber kleiner, Beine gelb; Teilzieher	Rücken und Flügel grau, Beine fleischfarben, Jungvögel braun; Teilzieher	ähnlich Silbermöwe, aber viel kleiner, Beine und Schnabel grünlich; Teilzieher	Kopf im Sommer schokoladenbraun, im Winter weiß, Schnabel und Beine rot; Teilzieher	Schnabel rot mit schwarzer Binde, Beine olivgrün; Jahresvogel

Die **Schwarzkopfmöwe** (a *Lárus melanocéphalus*; 39 cm; Handschwingen rein weiß) und die **Dünnschnäbelige Möwe** (b *Lárus génei*; 43 cm; Kopf auch im Sommer weiß) nisten kolonieweise auf Inseln und Flußbänken an der Mittelmeerküste, die **Elfenbeinmöwe** (c *Pagóphila ebúrnea*; 44,5 cm; Gefieder ganz weiß, Beine schwarz) in der Arktis. Die **Dreizehenmöwe** (d *Rissa tridáctyla*; 40 cm; Flügelspitze ganz schwarz) nistet an Felsküsten Englands, Norwegens und Helgolands; Platzhocker und Teilzieher.

Die **Raub-** oder **Riesenseeschwalbe** (a *Hydroprógne tschegráva*; 53 cm; Kopfplatte groß, schwarz; Zugvogel; nistet an Sandküsten der Ostsee); die **Trauerseeschwalbe** (b *Chlidónias niger*; 24 cm; Kleid schwärzlich; Zugvogel; Schwimmnester an Binnenseen), die **Weißflügelseeschwalbe** (c *Chlidónias leucóptera*; 24 cm; Körper schwarz, Schulter weiß; Zugvogel; Osteuropa), die **Weißbartseeschwalbe** (d *Chlidónias hýbrida*; 25 cm; Wangen und Hals weiß; Zugvogel; Südwesteuropa) und die **Rußseeschwalbe** (e *Stérna fuscáta*; 40,5 cm; oben schwarz, unten weiß; Gast aus den Tropen) sind **Seeschwalben.**

Die Rosen- oder Paradiesseeschwalbe nistet ausschließlich am Meer, häufig auf den britischen Inseln, zuweilen auch auf Amrum; regelmäßig ist sie Wintergast an deutschen Küsten. Alle anderen **Seeschwalben** der Tabelle nisten außer an der Küste gelegentlich auch im Binnenlande. Meist legen sie ihre Eier auf den nackten Sand. Die Lachseeschwalbe tritt als Brutvogel in Deutschland sehr selten auf, häufiger an den dänischen Küsten. Alle Seeschwalben sind Platzhocker.

	Zwergseeschwalbe	Flußseeschwalbe	Küstenseeschwalbe	Brandseeschwalbe	Rosenseeschwalbe	Lachseeschwalbe
wissenschaftl. Name	*Stérna álbifrons*	*Stérna hirúndo*	*Stérna macrúra*	*Stérna sandvicénsis*	*Stérna dougálli*	*Gelochélidon nilótica*
Größe	20 cm	35,5 cm	38 cm	40 cm	38 cm	38 cm
Besondere Kennzeichen	Stirn weiß, Schnabel gelb mit schwarzer Spitze, jung Scheitel aschgrau; Zugvogel	Schnabel orangerot mit schwarzer Spitze, Jungvögel mit weißer Stirn; Zugvogel	Schnabel blutrot ohne schwarze Spitze, Winterkleid Stirn weiß; Zugvogel	Hinterkopf mit Haube, Schnabel schwarz mit gelber Spitze; Zugvogel	Schnabel bis über Mitte schwarz, Schwanz lang, tief gegabelt; Platzhocker; Zugvogel	Schnabel kräftig, kurz und ganz schwarz, Beine schwarz; Zugvogel

Die **Kleine Raubmöwe** (a *Stercorárius longicáudus*; 53 cm; mittlere Schwanzfedern sehr lang und spitz), die **Mittlere Raubmöwe** (b *Stercorárius pomarinus*; 51 cm; mittlere Schwanzfedern stumpf), die **Große Raubmöwe** (c *Stercorárius skúa*; 58 cm; Schwanz mit 2 kleinen Spitzen) und die **Schmarotzer-Raubmöwe** (d *Stercorárius parasíticus*; 46 cm; mittlere Schwanzfedern mittellang und spitz) aus der Familie der **Raubmöwen** nisten kolonieweise in der Tundra. Alle sind Platzhocker und Zugvögel.

Ohrenlerchen (a *Eremóphila alpéstris*; 16,5 cm; lebhafte Kopfzeichnung; Zugvogel; Familie **Lerchen**), **Schneeammern** (b *Plectróphenax nivális*; 16,5 cm; Gefieder vorwiegend weiß, Teilzieher, Unterfam. **Ammern**) und **Spornammern** (c *Calcárius lappónicus*; 15 cm; besondere Kopf- und Nackenzeichnung; Zugvogel; Unterfam. **Ammern**) nisten im hohen Norden und verbringen an deutschen Meeresküsten den Winter. Der **Spornpieper** (d *Ánthus richárdi*; 18 cm; Brust kräftig gestreift, Hinterkralle sehr lang; Zugvogel; Familie **Stelzen**) brütet in Sibirien und kommt auf dem Zuge nach Deutschland.

Die Vögel der Tabelle gehören zur Familie der **Alken;** das sind schwarz-weiße, ans Meer gebundene, entenähnliche Vögel, die gut schwimmen und gut tauchen und deren Jungen Platzhocker sind. Im Stehen halten sich die Alken ziemlich aufrecht. Die Trottellumme und der Tordalk nisten auch auf dem Lummenfelsen auf Helgoland, die übrigen im hohen Norden, meist an felsigen Küsten. Alle kommen im Winter oder auf dem Zuge an deutschen Küsten vor.

	Papagei-taucher	Trottel-lumme	Dickschnabel-lumme	Tordalk	Krabben-taucher	Gryllteist
wissenschaftl. Name	*Fratércula árctica*	*Úria aálge*	*Úria lómvia*	*Álca tórda*	*Plótus álle*	*Cépphus grýlle*
Größe	30,5 cm	42 cm	42 cm	40 cm	20 cm	34 cm
Besondere Kennzeichen	Schnabel groß, dreieckig, bunt, Wange im Sommer weiß, im Winter trübgrau; Zugvogel	Kopf und Hals schwarz, im Winter schwarzer Strich auf weißer Wange; Teilzieher	Schnabel dick, mit hellem Abzeichen am Spalt, im Winter große Kopfkappe; Teilzieher	Schnabel mit weißem Abzeichen, im Sommer weißer Augenstrich; Teilzieher	Körper klein, Schnabel sehr kurz, Winterkleid mit mehr Weiß; Teilzieher	Gefieder schwarz mit großem, weißem Flügelfleck, Winterkleid viel heller; Jahresvogel

Die **Unechte Karettschildkröte** (a *Carétta carétta*; bis 1 m; Beine und Füße flossenartig, Panzer am Rücken mit 5 Paaren Seitenschilder), die **Suppenschildkröte** (b *Chelónia mýdas*; bis 1,4 m; Rückenpanzer mit 4 Paaren Seitenschilder, Vorderfüße meist nur mit einer Kralle) und die **Lederschildkröte** (c *Dermóchelys coriácea*; bis 2 m; Panzer aus kleinen Knochenplatten aufgebaut, Haut lederartig) sind **Meeres-** (a, b) bzw. **Lederschildkröten** (c) der wärmeren Gebiete des Atlantik und sind im Mittelmeer seltene Gäste.

Die **Sardelle** (a *Engraūlis encrasicolus*; bis 20 cm; 5—6; Oberkiefer länger als 3/4 der Kopflänge) und die **Sardine** (b *Clúpea pilchárdus*; bis 30 cm; . — .; Kiemendeckel gestreift) leben im Mittelmeer, selten auch bis zur Nordsee. Der **Hering** (c *Clúpea haréngus*; bis 35 cm; 3—5 und 9—10; Ansatz der Bauchflosse hinter dem Ansatz der Rückenflosse), die **Sprotte** (d *Clúpea spráttus*; bis 17 cm; 5—6; Ansatz der Bauchflosse vor dem Ansatz der Rückenflosse) und der **Maifisch** (e *Clúpea alósa*; bis 70 cm; 3—5; schwarzer Fleck hinter Kiemendeckel; laicht in Flüssen) sind **Heringsartige** der Nord- und Ostsee.

In der Tabelle sind Seefische aus der Familie der **Schellfischartigen** beschrieben. Der Kabeljau oder Dorsch und der Schellfisch gehören zu den wichtigsten Nutzfischen der Nordsee und der Nordmeere, der Kabeljau auch der Ostsee, wo er Dorsch genannt wird. Zwergdorsch und Französischer Dorsch, Seehecht und Wittling bewohnen die Nordsee, der Französische Dorsch und der Wittling mehr den südlichen, der Seehecht mehr den nördlichen Teil sowie die Nordmeere, der Wittling auch die Ostsee bis Gotland.

	Seehecht (Hechtdorsch)	Dorsch (Kabeljau)	Französischer Dorsch	Zwergdorsch	Schellfisch	Wittling (Merlan)
wissenschaftl. Name	*Merlúccius merlúccius*	*Gádus mórrhua*	*Trisópterus lúscus*	*Trisópterus minútus*	*Melanográmmus aeglefinus*	*Merlángius merlángus*
Größe; Laichz.	bis 1,25 m; 7	80—150 cm; 2—5	bis 30 cm; 6—8	bis 25 cm; 3—6	50—80 cm; 1—5	bis 50 cm; 3—6
Besondere Kennzeichen	2. Rückenflosse und Afterflosse sehr lang, hinten höher, Unterkiefer länger als Oberkiefer	Seitenlinie hell, Bartfaden groß, Rücken und Seiten dunkel gefleckt	Körper hoch, mit kleinen schwarzen Punkten oder mit vier dunklen Querbinden	Augen besonders groß, 1. Rückenflosse spitz, Rücken gelbbraun, Seiten dunkel punktiert	Seitenlinie dunkel, schwarzer Fleck über der Brustflosse	Seitenlinie unter 2. Rückenflosse eingebogen, dunkler Fleck an Brustflossenbasis

Der **Ostseeschnepel** (a *Coregónus lavarétus*; bis 70 cm; 10—12; Mundspalte klein, Rückenflosse kurz, Nase nur wenig vorgezogen; Ostsee), der **Nordseeschnepel** (b *Coregónus oxyrhýnchus*; bis 50 cm; 10—12; Nase weit vorgezogen, dunkel; Nordsee), der **Stint** (c *Osmérus eperlánus*; bis 33 cm; 3—4; Mundspalte groß, Unterkiefer vorstehend, Seitenlinie kurz) und die **Meerforelle** (d *Sálmo trútta*; bis 80 cm; 11—13; Maul endständig, Körper gedrungen; Ostsee) sind **Lachsfische**, die in Flüssen laichen.

Die **Große Schlangennadel** (a *Entelúrus aequóreus*; ♂ 40 cm, ♀ 60 cm; 6—7; Schwanzflosse sehr klein), die **Kleine Schlangennadel** (b *Neróphis ophidion*; ♂ 20 cm; ♀ 30 cm; 5—8; Schwanzflosse fehlt), die **Grasnadel** (c *Siphonóstoma týphle*; 28 cm; 4—8; Schnauze schmal und hoch), die **Große Seenadel** (d *Syngnáthus ácus*; 40 cm; 6—8; Schnauze dünn, abgerundet), die **Kleine Seenadel** (e *Syngnáthus rostellátus*; 16 cm; 6—8; Schnauze 1/2 der Kopflänge) und das **Seepferdchen** (f *Hippocámpus guttulátus*; 16 cm; 5—8; mit Wickelschwanz) bewohnen die Nordsee, b, c und e auch die Ostsee, f das Mittelmeer.

Alle Fische der Tabelle gehören zur Familie der **Schellfischartigen** und sind an der europäischen Westküste heimisch, der Blaue Wittling vom Nordmeer bis ins Mittelmeer (fehlt in der Nordsee), der Pollack bis an die portugiesische Westküste, der Seelachs und der Lengfisch bis in die Biscaya, die Vierbärtelige Seequappe bis in den Kanal und in die Ostsee, der Blauleng nur an der norwegischen Küste. Seequappen leben auf weichem Boden, alle andern über steinigem Grund, meist in beträchtlicher Tiefe.

	Blauer Wittling	Seelachs (Köhler)	Pollack	Lengfisch (Leng)	Blauleng	Vierbärtelige Seequappe
wissenschaftl. Name	*Micromesistius poutássou*	*Polláchius virens*	*Polláchius polláchius*	*Mólva mólva*	*Mólva byrkelánge*	*Enchelýopus cimbrius*
Größe; Laichz.	bis 50 cm; 3—5	bis 105 cm; 1—4	bis 1 m; 2—5	80—110 cm; 3-6	bis 1,5 m; —	bis 35 cm; 2—8
Besondere Kennzeichen	Schwanzflosse tief ausgeschnitten, Seitenlinie bräunlich, Rücken blaugrau	Schwanzflosse ausgeschweift, Seitenlinie gerade, hell, Rücken dunkelgrün	Unterlippe vorgeschoben, 1. Afterflosse sehr lang, Rücken bräunlichgelb	Bartfaden lang, vordere Rückenflosse kurz, hintere lang, Oberkiefer vorragend	Kiefer gleich lang, Augen sehr groß, Bartfaden kurz	1 Bartel am Unterkiefer, 3 Barteln am Oberkiefer, 1. Rückenflosse aus freien Strahlen

Die **Muräne** (a *Muraēna hélena*; bis 1,50 m; . — .; Körper aalförmig! Familie **Muränen**) bewohnt das Mittelmeer. Der **Meeraal** (b *Cónger cónger*; 2—3 m; 5—6; Rückenflosse beginnt weit vorne; Familie **Aale**), *der* **Hornhecht** (c *Belóne bellóne*; bis 90 cm; 5—6; Kiefer schnabelartig; **Hornhechte**), der **Makrelenhecht** (d *Scomberésox saūrus*; bis 40 cm; . — .; 5—6 Flößchen; **Makrelenhechte**) und der **Seestichling** (e *Spináchia spináchia*; 17 cm; 4—7; 14—17 Rückenstacheln; **Stichlinge**) leben in europäischen Meeren.

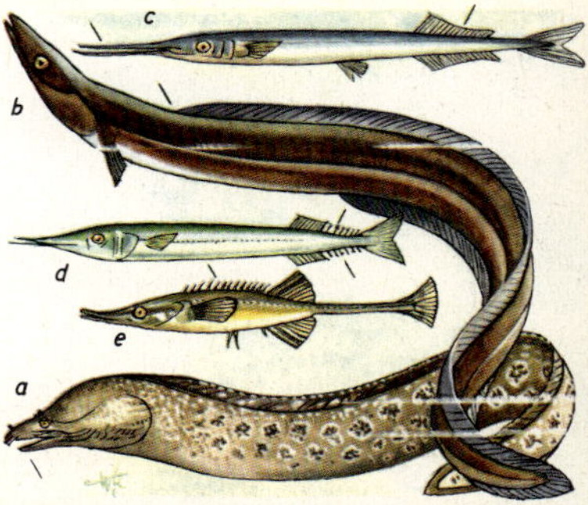

Die **Fünfbärtelige Seequappe** (a *Ciliáta mustéla*; 25 cm; 1—6; 1 Bartel am Unter-, 4 am Oberkiefer), die **Dreibärtelige Seequappe** (b *Gaidrópsarus vulgáris*; 60 cm; 2—6; 1 Bartel am Unter-, 2 am Oberkiefer), der **Froschdorsch** (c *Rániceps ranínus*; 30 cm; 6—8; Brustflosse mit 2 langen Strahlen) und der **Lumb** (d *Brósme brósme*; 1 m; 4—6; Rücken- und Afterflosse sehr lang, bewohnen die Atlantikküste, b auch das Mittelmeer; Fam. **Schellfischartige.** Der **Heringskönig** (e *Zeus fáber* 70 cm; 6—8; 1. Rückenflosse mit langen Stachelstrahlen; Fam. **Heringskönige**) ist vom Mittelmeer bis Irland verbreitet.

Der Seebarsch gehört zur Familie der **Zackenbarsche,** die Bastardmakrele zur Familie der **Stachelmakrelen,** der Umberfisch und der Schwarze Umber zur Familie der **Umberfische,** die Streifenbarbe zur Familie der **Streifenbarben** und die Meersau zur Familie der **Drachenköpfe.** Alle sind barschähnliche Raubfische, die im Mittelmeer vorkommen und z. T. auch an den atlantischen Küsten Europas beheimatet sind, der Seebarsch und der Umberfisch noch regelmäßig im Kanal, die Bastardmakrele und die Streifenbarbe bis in die Nordsee.

	Seebarsch	Bastard-makrele	Umberfisch	Schwarzer Umber	Streifenbarbe	Meersau (Drachenkopf)
wissenschaftl. Name	*Róccus lábrax*	*Trachúrus trachúrus*	*Jóhnius hololepidótus*	*Corvína nigra*	*Múllus surmulétus*	*Scorpéna scrófa*
Größe; Laichz.	bis 1 m; 5—8	bis 50 cm; 5—8	bis 2 cm; —	bis 60 cm; —	bis 45 cm; 6—7	bis 30 cm; —
Besondere Kennzeichen	Kiemendeckel mit 2 starken Stacheln, Seitenlinie schwärzlich, Afterflosse mit 3 Stachelstrahlen	Seitenlinie mit Stachelplatten, 1. Afterflosse mit 2 Stachelstrahlen, Rücken dunkelgrün	1. Rückenflosse mit 10—11 Stachelstrahlen, Afterflosse schwach konvex	Oberseite dunkelbraun, Flossen braun oder schwarz, 2. Strahl der Afterflosse sehr verdickt	jederseits meist 3—5 gelbe Längsstreifen, Kinn mit 2 langen Barteln	Oberkopf mit Anhängen, Körper rötlich, braun gefleckt; Flossenstacheln mit Giftdrüsen verbunden

Der **Gefleckte Lippfisch** (a *Lábrus bergýlta*; bis 45 cm; 5—8; Brust- und Bauchflossen orangerot), der **Grüne Lippfisch** (b *Lábrus víridis*; 40 cm; 4—7; Rücken grünlich, mit blauen Punkten), das **Seerebhuhn** (c *Symphódes mélops*; bis 25 cm; 7—9; schwarzer Fleck an Schwanzflossenbasis) und der **Klippenbarsch** (d *Ctenolábrus rupéstris*; bis 18 cm; 5—8; schwarzer Fleck auf dem Schwanzstiel) gehören zur Familie der **Lippfische,** die vom Mittelmeer bis in die Nordsee, z. T. bis in die westliche Ostsee verbreitet sind.

Der **Große Sandaal** (a *Hyperóplus lanceolátus*; bis 30 cm; 5—8; Rücken bräunlich- oder gelblichgrün, Unterseite silbrig) und der **Kleine Sandaal** (b *Ammodýtes láncea*; bis 20 cm; 5—6 und 8—10; Rücken grün, Seiten und Bauch silbrig) gehören zur Familie der **Sandaale.** Der **Petermann** (c *Trachinus dráco*; bis 45 cm; 6—8; 1 Rückenflosse schwarz, Schwanzflosse schwärzlich, übrige Flossen gelb) und der **Kleine Petermann** (d *Trachinus vípera*; bis 20 cm; 5—9; Rücken rötlich, dunkel gefleckt) sind **Petermännchen.** Alle sind an der Atlantikküste und in der Nordsee verbreitet, a und b auch in der Ostsee.

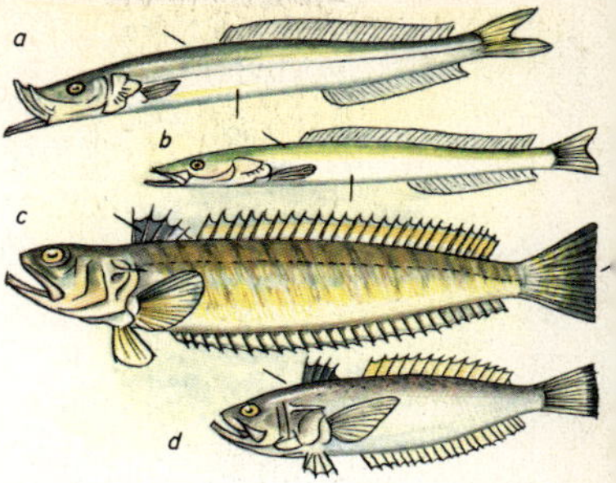

Die Makrele, die Goldmakrele und der Große oder Rote Thun (Thunfisch) gehören zur Familie der **Makrelenartigen,** der Schwertfisch zu den **Schwertfischartigen** und die beiden Leierfische zu den **Leierfischartigen.** Bis auf die Goldmakrele, die das Mittelmeer und alle wärmeren Gebiete der Weltmeere bewohnt, kommen alle Arten der Tabelle vom Mittelmeer bis in die Nordsee vor, der Große Thun in der Nordsee allerdings nur als Irrgast, der Schwertfisch nur im Sommer; die Makrele dringt bis Island und zum Nordkap vor.

	Makrele	Goldmakrele	Großer oder Roter Thun	Schwertfisch	Leierfisch	Gefleckter Leierfisch
wissenschaftl. Name	*Scómber scómbrus*	*Coryphǽna hippúrus*	*Thúnnus thýnnus*	*Xiphias gládius*	*Callionýmus lýra*	*Callionýmus maculátus*
Größe; Laichz.	bis 50 cm; 6—7	bis 1 m; 8—9	bis 5 m; 8—10	bis 4 m; 4—7	♂ bis 30 cm; 6-8	♂ bis 14 cm; 6-8
Besondere Kennzeichen	am Rücken dunkle Querbinden, vor der Schwanzflosse unten und oben je 5 „Flössel“	Körperfarbe sehr veränderlich, Rückenflosse sehr lang, beginnt auf dem Kopf	vor der Schwanzflosse je 9 kleine Flossen, Rücken dunkelblau, Bauch weiß	Oberkiefer zu einem langen „Schwert“ ausgewachsen, 2. Rückenflosse klein	♀ bis 25 cm, unten milchweiß, ♂ unten gelb, beide mit großen Flossen	♀ bis 11 cm, mit braunem Querband über dem Rücken, ♂ mit Fleckenreihen auf 2. Rückenflosse

Der **Schwarzküling** (a *Góbius niger*; 14 cm; 5—8; Rücken bräunlich, Bauch gelblichweiß), der **Gefleckte Küling** (b *Potamoschistus pictus*; 5 cm; 5—8; Seiten gelblich mit 5 dunklen Flecken), der **Sandküling** (c *Potamoschistus minútus*; 11 cm; 4—8; Rückenschuppen mit schwarzem Saum), der **Glasküling** (d *Aphýa minúta*; 6 cm; 5—8; glasklar durchscheinend) und der **Kristallküling** (e *Crystallogóbius nilssónii*; 4,7 cm; 6—8; wie d, aber seitlich mit 3—5 kleinen Flecken) gehören zur Familie der **Grundeln.**

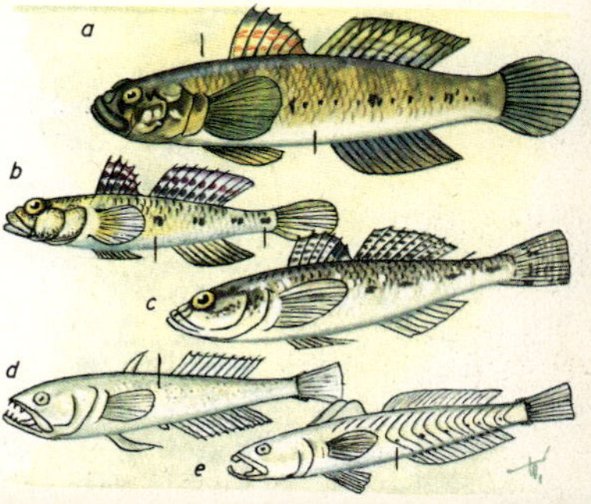

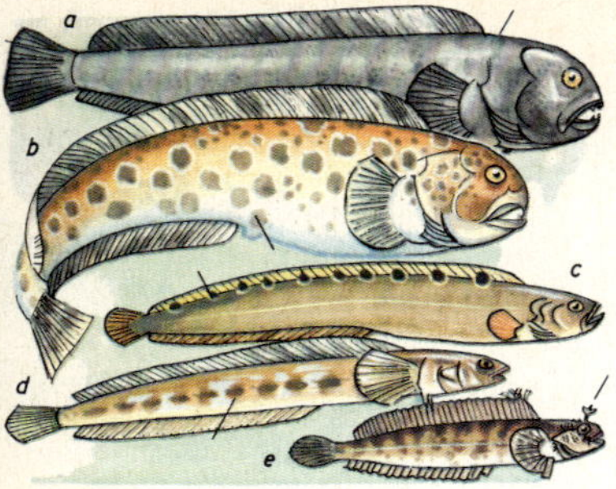

Der **Seewolf** oder **Katfisch** (a *Anárhichas lúpus*; 1,25 m; 11—1; grau, mit 10—12 undeutlichen Querbinden) und der **Gefleckte Katfisch** (b *Anárhichas minor*; 1,80 m; 11—1; rötlichgelb mit zahlreichen dunkelbraunen Flecken; Familie **Katfische**), der **Butterfisch** (c *Phólis gunéllus*; 30 cm; 11—1; 9—13 Augenflecken längs der Rückenflosse; Familie **Butterfische**), der **Bandfisch** (d *Lúmpenus dampretaefórmis*; 40 cm; 12—1; 8—9 längliche Flecken auf Seitenmitte; Familie **Bandfische**) und der **Buschträger** (e *Chirólophis ascánii*; bis 15 cm; 10—12; Stirnanhänge; Familie **Schleimfische**) bewohnen die Nordmeere.

Der Ährenfisch und der Streifenfisch (Familie **Ährenfische**) sowie die Meeräsche (Familie **Meeräschen**) sind im Mittelmeer verbreitet, der Streifenfisch bis Nordschottland und durch den Kanal bis zur Zuider See, die Meeräsche bis in die südliche Nordsee. Die Aalmutter (Familie **Aalmuttern**) ist ein häufiger Grundfisch in der Seegrasregion vom Nordmeer bis zum Kanal. Seeschmetterling und Schleimlerche aus der Familie der **Schleimfische** bewohnen das Mittelmeer, letztere auch die britischen Küsten.

	Ährenfisch	Aalmutter	Meeräsche	Streifenfisch	Seeschmetterling	Schleimlerche
wissenschaftl. Name	*Atherina hepsétus*	*Zoárces viviparus*	*Chélon labrósus*	*Atherina présbyter*	*Blénnius ocelláris*	*Blénnius phólis*
Größe; Laichz.	10—15 cm; 6—8	bis 45 cm; 12—2	bis 65 cm; 5—6	bis 15 cm; 6—8	bis 15 cm; 5—7	bis 15 cm; 5—7
Besondere Kennzeichen	Augen sehr groß, Körper silbergrau, Rücken dunkler	mit 10—20 Schrägbinden über Rückenflosse und Rücken, Bauch weißlich	Maul klein, Oberlippe wulstig, 2 weitgetrennte Rückenflossen	2. Rückenflosse eingekerbt, Rücken durchscheinend graugrün, Seiten und Bauch weiß	Stirnanhang verzweigt, Augenfleck auf vorderer Rückenflosse	Färbung sehr variabel, auf grünlichem Grunde braun gefleckt

Der **Rote Knurrhahn** (a *Trígla córax*; 75 cm; 6—10; Oberseite rötlich), der **Graue Knurrhahn** (b *Trígla gurnárdus*; 50 cm; 4—8; Rücken und Seiten schiefergrau), der **Blaue Knurrhahn** (c *Trígla lastovítza*; 35 cm; 6—7; Rücken und Seiten blaugrau) und der **Rote Mittelmeerknurrhahn** (d *Trigla cúculus*; 30 cm; 4—8; Seitenlinienschuppen quer verlängert) aus der Familie der **Knurrhähne** sind Nutzfische, a nur im Sommer, b das ganze Jahr in der Nordsee, c und d im Mittelmeer und bis Schottland.

Der **Rotbarsch** (a *Sebástes viviparus*; 75 cm; 4—5; Körper rot, Bauch heller; lebendgebärend; Familie **Drachenköpfe**) ist ein Raubfisch der Nordmeere. Der **Seeskorpion** (b *Myxocéphalus scórpius*; ♂ 30 cm, ♀ kleiner; 12—2; Haut schuppenlos, ♂ zur Laichzeit mit buntgeflecktem Bauch, ♀ rötlichgelb), der **Seebull** (c *Taúrulus búbalis*; 18 cm; 1—4; ♂ zur Laichzeit mit kirschrot und bräunlich geflecktem Bauch) sind **Groppen**, und der **Steinpicker** (d *Ágonus catapluráctus*; 20 cm; 1—4; Unterkiefer mit vielen Barteln) gehört zur Familie der **Panzergroppen**; b—d sind in der Nordsee häufig.

Der Schriftbarsch gehört zur Familie der **Zackenbarsche**, die übrigen Fische der Tabelle zur Familie der **Brassen**. Alle sind im Mittelmeer heimisch, wo der Laxierfisch und der Nordische Meerbrassen oder Scharfzähner zu den häufigsten Fischen gehören. Letzterer kommt auch an den atlantischen Küsten bis England und in der Nordsee vor. Alle Arten werden im Mittelmeer eifrig gefangen, ihres z. T. recht wohlschmeckenden Fleisches wegen.

	Laxierfisch	Nordischer Meerbrassen	Geißbrassen	Goldbrassen	Zahnbrassen	Schriftbarsch
wissenschaftl. Name	*Maēna vulgáris*	*Pagéllus centrodóntus*	*Sárgus vulgáris*	*Chrysóphris auráta*	*Déntex vúlgaris*	*Serránus scriba*
Größe; Laichz.	bis 25 cm; —	bis 50 cm; 12—1	bis 30 cm; —	50—60 cm; —	bis 1 m; 6	bis 30 cm; —
Besondere Kennzeichen	Körper bleifarben, mit dunklen Längsstreifen, schwarzer Fleck hinter Brustflosse	Körper orangerot, über der Brustflosse dunkler Fleck, Schwanzflosse rot	Schwanzstiel schwarz und gelb, Nacken schwärzlich	gelber Stirnfleck, roter Fleck auf Kiemendeckel	Schwanzflosse groß, sichelförmig, dunkel, Rücken blaugrau, Seiten gelblich-kupferfarben	Körper rötlich, mit 7 breiten, schwarzblauen Querbinden, Bauch und Flossen gelblich

Der **Seehase** (a *Cyclópterus lúmpus*; ♂ 35 cm; ♀ 50 cm; 1—4; Körper hochrückig, mit 7 Längskanten aus dornigen Platten; treibt Brutpflege) gehört zur Familie der **Seehasen**, der **Große Scheibenbauch** (b *Líparis líparis*; 15 cm; 11—2; Bauchflosse durch Bauchsaugscheibe ersetzt, 2 Paar Nasenlöcher) und der **Kleine Scheibenbauch** (c *Líparis montágui*; 8 cm; 2—4; wie b, aber 1 Paar Nasenlöcher) zur Familie der **Scheibenbäuche**. Alle bewohnen die Atlantikküste und die Nordsee, a und b auch die Ostsee.

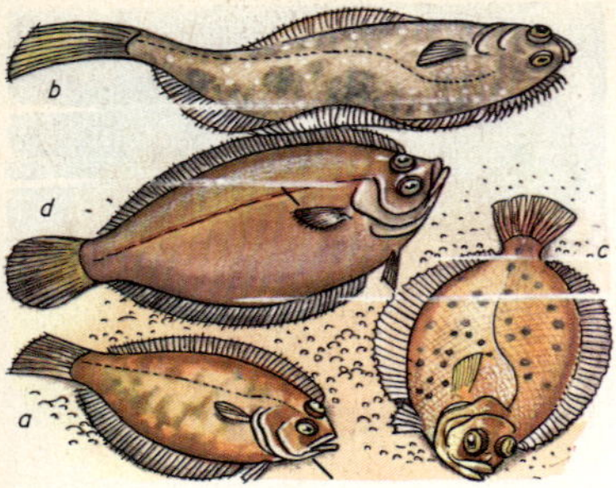

Die **Doggerscharbe** (a *Drepanopsétta platessoídes*; bis 30 cm; 1—5; Mundspalte reicht bis unter das Auge), der **Glattbutt, Kleiß** oder **Tarbutt** (b *Rhómbus láevis*; bis 60 cm; 3—7; Höhe: Länge = 2 : 3; Haut glatt; linksäugig), die **Kliesche** oder **Scharbe** (c *Pleuronéctes limánda*; bis 40 cm; 3—4; Haut rauh, Seitenlinie macht über der Brustflosse einen hohen Bogen) und die **Hundszunge** (d *Pleuronéctes cynoglóssus*; bis 50 cm; 5—7; Körper etwa 3- bis 4mal so lang wie hoch, rechte Brustflosse schwärzlich) sind **Plattfische** der Nordsee, bis auf d auch der westlichen Ostsee. a, c und d sind rechtsäugig.

Von den **Plattfischen** der Tabelle lebt die Flunder oder der Butt im Unterlauf der Ströme (Elbbutt, Weserbutt usw.). Die übrigen bewohnen die Nordsee und die isländischen Gewässer, die Scholle oder der Goldbutt auch die Ostsee. Alle aufgeführten Arten sind wichtige Nutzfische, insbesondere die Seezunge und der Steinbutt. Der Heilbutt ist der größte der heimischen Plattfische. Plattfische liegen entweder auf der linken oder rechten Körperseite und sind dann rechts- bzw. linksäugig.

	Scholle (Goldbutt)	Flunder (Butt)	Rotzunge (Limande)	Heilbutt	Steinbutt	Seezunge
wissenschaftl. Name	*Pleuronéctes platéssa*	*Pleuronéctes flésus*	*Pleuronéctes microcéphalus*	*Hippoglóssus vulgáris*	*Rhómbus máximus*	*Sólea vulgáris*
Größe; Laichz.	bis 60 cm; 1—3	40—50 cm; 2—4	bis 50 cm; 4—8	bis 2 m; 3—5	bis 1 m; 4—7	bis 50 cm; 5—7
Besondere Kennzeichen	Haut glatt, Oberseite und Flossensäume mit orangefarbenen Flecken; rechtsäugig	ähnlich Scholle, aber schlanker, Haut sehr rauh, $^1/_3$ links, $^2/_3$ rechtsäugig	Kopf klein, Seitenlinie gerade, Schwanzstiel kurz; rechtsäugig	Körper graubraun, lang, Schwanzflosse geschweift, Seitenlinie stark gebogen; rechtsäugig	Körper fast kreisrund, Oberseite mit harten Knochenwarzen; linksäugig	Ende der Rücken- und Afterflosse frei, Maulspalte sehr klein; rechtsäugig

Die **Zwergzunge** (a *Sólea lútea*; bis 12 cm; 6—7; Flossensäume schwarz gestrichelt rechtsäugig), die **Scheefsnut** oder der **Flügelbutt** (b *Lepidorhómbus whiff*; bis 60 cm; 5—6; Mundspalte groß, schief, Seitenlinie über der Brustflosse scharf gebogen; linksäugig), der **Mondfisch** (c *Móla móla*; bis 2,50 m; Rücken- und Afterflosse sehr hoch und spitz) und der **Seeteufel** (d *Lóphius piscatórius*; bis 180 cm; —; Kopf und Maul sehr groß) sind Seefische; a und b Familie **Plattfische**, c **Mondfische**, d **Seeteufel**.

Die **Seeratte** oder **Spöke** (a *Chimaera monstrósa*; bis 1 m; —; Schwanz läuft lang fadenförmig aus, unpaarer Stirnanhang) ist ein Seefisch aus der Familie der **Seekatzen** in der nördlichen Nordsee. Der **Kleingefleckte Katzenhai** (b *Scyliorhinus canicula*; bis 1 m; 9—2; Körper graurot, schwarzgefleckt, unterseits gelblichweiß), der **Heringshai** (c *Lámna násus*; bis 3 m; 3—5; 1. Rückenflosse groß, 2. klein, Kiemenspalten groß, alle vor der 1. Rückenflosse) und der **Dornhai** (d *Squálus acánthias*; bis 1 m; 5—8; beide Rückenflossen vorne mit Stachel; lebendgebärend) sind häufige **Haie** der Nordsee.

Die in der Tabelle beschriebenen **Haie** sind z. T. weit verbreitet und regelmäßig auch in der Nordsee anzutreffen, einige sogar häufig. Blauhaie bewohnen vor allem auch das Mittelmeer. Alle Arten sind eßbar, aber wenig wertvoll. Bis auf den eierlegenden Eishai bringen alle Haie der Seitenmitte lebendige Junge zur Welt. Das Fleisch des Dornhais (Bild oben rechts auf dieser Seite!) nennt man „Seeaal", die geräucherten Bauchlappen „Schiller- oder Lämmerlocken".

	Grauhai	Riesenhai	Eishai	Blauhai	Hundshai (Biethai)	Glatthai
wissenschaftl. Name	*Hexánchus griseus*	*Cetorhinus máximus*	*Laemárgus boreális*	*Carchárias glaúcus*	*Galeorhinus gáleus*	*Mustélus astérias*
Größe, Laichz.	bis 5 m; —	bis 9 m; —	bis 5 m; —	6—7 m; —	bis 1 m; 6—9	bis 1 m; 11
Besondere Kennzeichen	jederseits 6 Kiemenspalten, Schwanz 1/3 der Körperlänge	Kiemenspalten weit nach oben und unten gezogen; Planktonfresser	Afterflosse fehlt, Rückenflossen ohne Stacheln; eierlegend	Körper sehr schlank, oben blau, Brustflosse sichelförmig	Körper grau, Schnauze wenig gestreckt, 2. Rücken- und Afterflosse etwa gleichgroß	Körper grau, mit hellen Punkten, Brustflosse kurz und breit, Schnauze spitz und schlank

Der **Glattrochen** (a *Rája bátis*; bis 2,5 m lang, 1,5 m breit; 2—4; Schnauze lang zugespitzt, Haut glatt); der **Nagelrochen** (b *Rája claváta*: ♂ bis 70 cm; ♀ bis 125 cm; 2—4; Ober- und Unterseite bestachelt), der **Sternrochen** (c *Rája astérias*; bis 50 cm; Haut fein bestachelt, rauh) und der **Stechrochen** (d *Dasyátis pastináca*; bis 2,5 m; Schwanz mit Dorn) sind **Rochen** der Atlantikküste und der Nordsee. Das **Meerneunauge** (e *Petromýzon marinus*; bis 1 m; 3—5; Rücken marmoriert) gehört zu den **Neunaugen.**

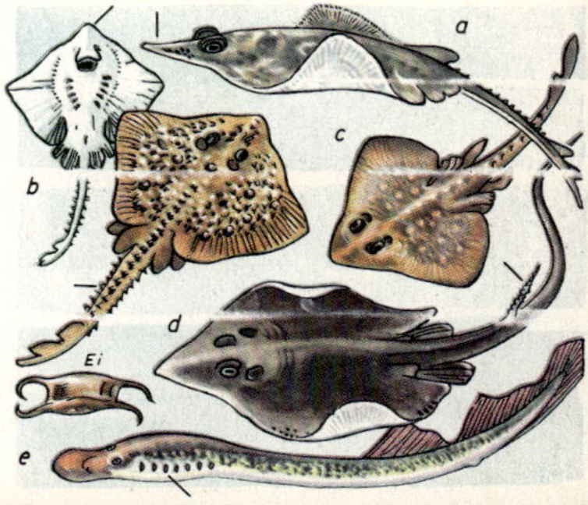

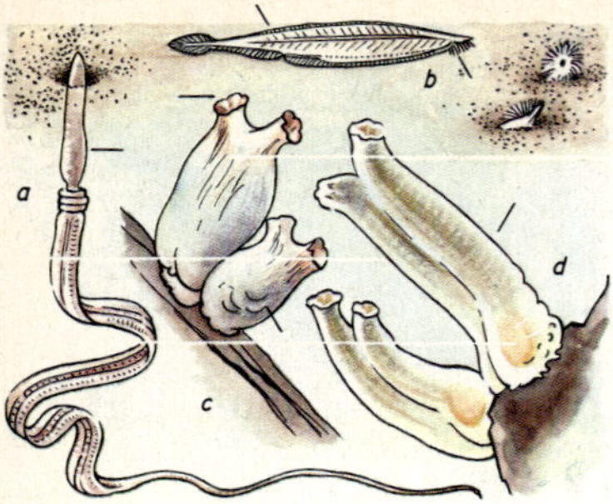

Der **Eichelwurm** (a *Balanoglóssus clavígerus*; 50 cm; Kopf mit kegelförmigem Rüssel; Familie **Eichelwürmer**) und das **Lanzettfischchen** (b *Branchióstoma lanceolátum*; 6 cm; Flossensaum unpaar, lang, Mund unterständig; im Sand; **Schädellose)** sind „Vorwirbeltiere". Die **Gemeine Seescheide** (c *Ascidiélla scábra*; 8 cm; Körper sackförmig, mit knorpeligem Mantel und großen Öffnungen) und die **Walzen-Seescheide** (d *Cióna intestinális*; 12 cm; Körper walzenförmig, gelblichweiß, oft zu mehreren) aus der Familie der **Seescheiden** leben auf Steinen und Algen in der Nordsee, z. T. auch in der Ostsee.

Moostierchen sind kleine, unscheinbare, aber ziemlich hochentwickelte Tiere, die vielfach große, festsitzende Kolonien bilden. Diese Kolonien wachsen bald krustenförmig, bald blatt- oder bäumchenförmig. Viele Arten sind weit verbreitet; das Blättermoostierchen und das Stachelige Moostierchen sind sogar Kosmopoliten. Andere kommen vom Nordmeer bis zur Adria vor, wie die Seerinde und das Beilmoostierchen. Bis auf die Seerinde und das Beilmoostierchen sind alle auch in der Ostsee heimisch. Moostierchen gehören zu den **Kranzfühlern.**

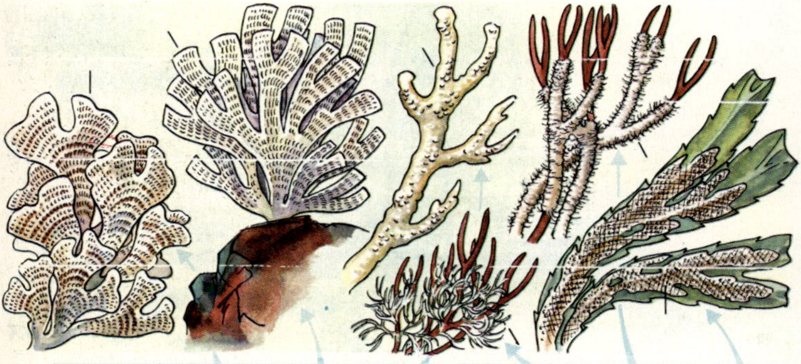

	Blätter-moostierchen	Beil-moostierchen	Gallert-moostierchen	Stacheliges Moostierchen	Zottige Seerinde	Seerinde
wissenschaftl. Name	*Flústra foliácea*	*Flústra secúrifrons*	*Alcyonídium gelatinósum*	*Crísia ebúrnea*	*Membranípora pilósa*	*Membranípora membranácea*
Größe	bis 20 cm	bis 15 cm	bis 50 cm	bis 2,5 cm	bis 0,8 m dick	bis 1 mm dick
Besondere Kennzeichen	Kolonien in blattförmigen Lappen mit abgerundeten Ecken, algenartig	Kolonien in linearen Lappen mit abgestutzten Enden	Kolonien gallertig, baumförmig verzweigt, schwammartig, schlüpfrig	Zellen zylindrisch, meist mit langem Stachel, Kolonien baumartig verzweigt	Kolonien bilden rindenartige Überzüge mit rechteckigen Maschen	Kolonien bilden kleinmaschige Überzüge mit vielen, feinen Borsten

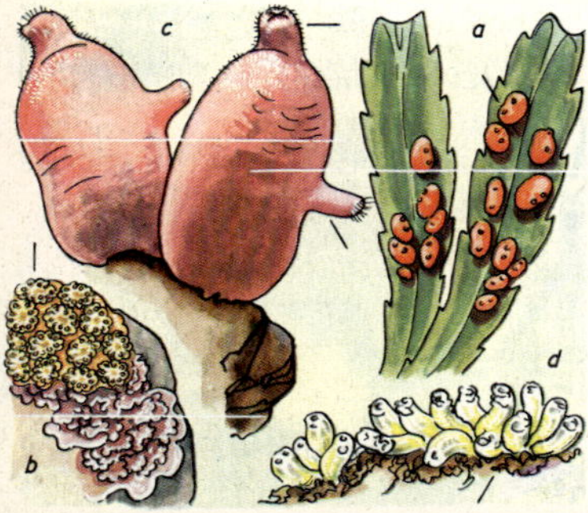

Die **Stachelbeer-Seescheide** (a *Dendrodóa grossulária*; bis 15 mm; Körper rot, halbkugelig abgeflacht), die **Stern-Seescheide** (b *Botrýllus schlósseri*; Einzeltier bis 2,5 mm; zu 6—20; sternförmig gruppiert), das **Rote Manteltier** (c *Cýnthia papillósa*; 12 cm; Mantel schön rot, knollenförmig) und die **Gelbe Seescheide** (d *Clavelina lepadifórmis*; bis 3 cm; Mantel durchsichtig, Kiemenkorbleisten gelb) gehören zu den **Seescheiden;** a, b und d leben in der Deutschen Bucht, z. T. auch in der Ostsee, c im Mittelmeer.

Der **Kleine Schildigel** (a *Echinocýamus pusillus*; bis 1 cm; Körper flach eiförmig; in 10—50 m Tiefe), der **Herzigel** (b *Echinocárdium cordátum*; 4 cm lang, 3,5 cm breit; Schale von oben herzförmig) und der **Purpur-Herzigel** (c *Spatángus purpúreus*; bis 10 cm lang und 9 cm breit; Körper breit herzförmig, oben gewölbt, unten flach; in 5—800 m Tiefe) sind **Irreguläre Seeigel,** der **Olivgrüne Strandigel** (d *Psammechinus miliáris*; 3—4 cm; flachkugelig, olivgrün bis bläulich) ist ein **Regulärer Seeigel** auf Sand- oder Schlickboden in der Nordsee, d auch in der westlichen Ostsee, c im Mittelmeer.

In der Tabelle sind **See-** und **Schlangensterne** beschrieben. Der Gemeine Seestern (Ordnung **Zangenseesterne**) ist in der Nord- und westlichen Ostsee bis 200 m Tiefe verbreitet. Sonnensterne (Ordnung **Stachelseesterne**) leben in der Nord- und Ostsee 10—40 m tief auf festem Grund, Kammsterne (Ordnung **Großplattenseesterne**) in der Nordsee, im Sande eingegraben bis zu einer Wassertiefe von 1000 m. Die Schlangensterne bewohnen schlickhaltigen Sand.

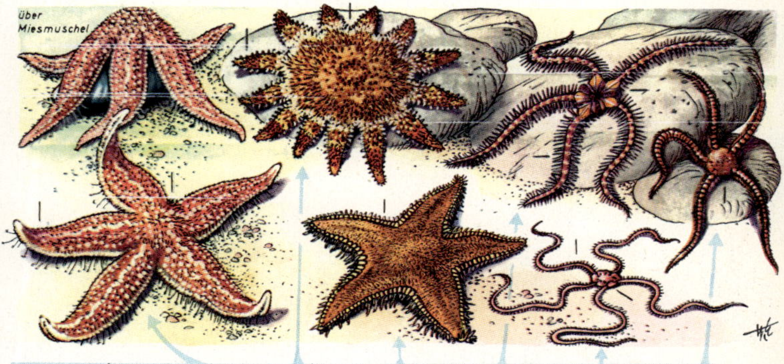

	Gemeiner Seestern	Sonnenstern	Kammstern	Zerbrechlicher Schlangenstern	Fadenförmiger Schlangenstern	Ziegelroter Schlangenstern
wissenschaftl. Name	*Astérias rúbens*	*Soláster pappósus*	*Astropécten irreguláris*	*Ophióthrix frágilis*	*Amphiúra filifórmis*	*Ophiúra álbida*
Größe	bis 30 cm	bis 30 cm	bis 10 cm	bis 33 cm	bis 15 cm	bis 15 cm
Besondere Kennzeichen	Scheibe klein, Arme 5, platt, Farbe variierend, Stacheln klein, kegelförmig	Scheibe groß, rot, Arme 11–14, kurz, rot und gelb gebändert, Spitzen dunkel	Scheibe groß, Arme 5, kurz, flach, mit randständigen, gereihten Stacheln	Scheibe 2,5 cm Ø, Arme 5, 15 cm lang, mit langen „Kletterstacheln"	Scheibe 8 mm Ø, Arme 5, 5–7 cm lang, am Rande bestachelt	Scheibe 1,5 cm Ø, Arme 5, 5 cm lang, an den Seitenrändern mit dornigen Zähnchen

Der **Eßbare Seeigel** (a *Échinus esculéntus*; bis 12 cm Ø; kugelig, Unterseite flach; lebt auf hartem Boden in der Nordsee in 10—40 m Tiefe), der **Violette Seeigel** (b *Sphaeréchinus granuláris*; 15 cm; halbkugelig, Stachelspitzen weiß; am flachen Strand) und der **Steinseeigel** (c *Strongylocentrótus lívidus*; 6 cm; kegelförmig, Stacheln lang; in Felsmulden) sind **Reguläre Seeigel,** der **Lanzenseeigel** (d *Dorocídaris papilláta*; 4—4,5 cm; Stacheln derb, bis 9 cm lang) ist ein **Lanzenseeigel** des Mittelmeeres.

Der **Purpurstern** (a *Echináster sepósitus;* bis 25 cm; Arme dick, zinnoberrot, Haut ohne Stacheln; **Zangenseesterne**) und der **Gänsefußstern** (b *Anserópoda membranácea;* bis 15 cm; Körper fast papierdünn; 30—80 m tief; **Großplattenseesterne**) sind **Seesterne**, der **Mittelmeerhaarstern** (c *Ántedon mediterránea;* 15 cm; Arme 10, stark verzweigt) ist ein **Haarstern**, die **Seegurke** oder **Röhrenholothurie** (d *Holothúria tubulósa;* bis 35 cm; Körper gurkenförmig) und die **Kletterholothurie** (e *Cucumária plánei;* 15 cm; mit gefiederten Tentakeln) sind **Seewalzen** auf schlickigen Böden.

In der Tabelle sind **Kopffüßler** aus der Gruppe der **Zehnfüßler** beschrieben. Die Zwergsepia und der Kleine Tintenfisch leben auf Sand und Geröllgrund im Mittelmeer; die übrigen Arten kommen auch an der Atlantikküste und in der Nordsee vor, der Forbes' Kalmar und der Nordsee-Kalmar bisweilen auch in der westlichen Ostsee. Letzterer ist der häufigste Kopffüßler in der Deutschen Bucht. Seine zu großen Trauben vereinigten Eikapseln laicht er im Juli ab.

	Zwergsepia	Gemeiner Tintenfisch	Kleiner Tintenfisch	Gemeiner Kalmar	Forbes-Kalmar	Nordsee-Kalmar
wissenschaftl. Name	*Sepiola rondeléti*	*Sépia officinális*	*Sépia élegans*	*Loligo vulgáris*	*Loligo forbésii*	*Alloteúthis subuláta*
Größe	3–6 cm	bis 50 cm	20 cm	bis 60 cm	50 cm	13 cm
Besondere Kennzeichen	Körper kurz und breit, Seitenflossen rundlich, 2 Fangarme sehr lang	8 kurze, 2 lange Fangarme, Körper flach, mit Flossensaum, Schwanzstachel des Schulpes kurz	Schwanzstachel des Schulpes lang, aus der Haut hervorragend	Körper hell, zigarrenförmig, mit 8 kurzen und 2 langen Fangarmen, Schwimmflosse rhombisch	Arme 50 cm lang, Flossen 2, dreieckig	Arme 13 cm, Haut silbergrau, durchscheinend, dicht dunkel gefleckt, Flossen schmal, kurz

Der **Gemeine Krake** (a *Polýpus vulgáris;* 20 bis 30 cm; acht lange Fangarme mit je zwei Reihen von Saugnäpfen, Körperfarbe ändert sich bei Erregung), der **Moschuskrake** (b *Eledóne moscháta;* bis 40 cm; acht Arme mit je einer Reihe von Saugnäpfen) und das **Papierboot** (c *Argonaúta árgus;* ♂ 1 cm, ♀ 20 cm; Schale kahnförmig, papierdünn) sind **Achtfüßige Zweikiemer** des Mittelmeeres; a ist der häufigste Tintenfisch der Mittelmeerküste und wird in den Mittelmeerländern überall gerne gegessen.

Die **Aschgraue Kreiselschnecke** (a *Gibbula cinerária*; bis 1,8 cm; Gehäuse kreiselförmig), die **Bunte Kreiselschnecke** (b *Callióstoma conuloíde*; bis 3 cm; Gehäuse kegelförmig, marmoriert; Fam. **Kreiselschn.**), die **Gemeine Napfschnecke** (c *Patélla vulgáta*; bis 5,5 cm; Gehäuse mit starken radiären Rippen), die **Häubchenschnecke** (d *Hélcion pellúcidum*; bis 2 cm; Gehäuse napfförmig, blau gestreift; Fam. **Napfschn.**), die **Gemeine Strandschnecke** (e *Littorína littórea*; 2 bis 3 cm; Gehäuse spitz) und die **Stumpfe Strandschnecke** (f *Littorína obtúsa*; bis 1,5 cm; Gehäuse stumpf; Fam. **Strandschn.**) sind häufig.

Die Wellhornschnecke und die Gemeine Spindelschnecke oder das Spindelhorn gehören zur Familie der **Wellhornschnecken.** Beide kommen an der Atlantikküste, in der Nordsee und in der westlichen Ostsee vor, die Gemeine Spindelschnecke auch im Mittelmeer. Die übrigen Arten der Tabelle sind **Stachelschnecken.** Alle bewohnen das Mittelmeer, das Große Seekälbchen und das Steinchen oder die Nordische Purpurschnecke auch felsige Küsten des Atlantik und der Nordsee (Helgoland).

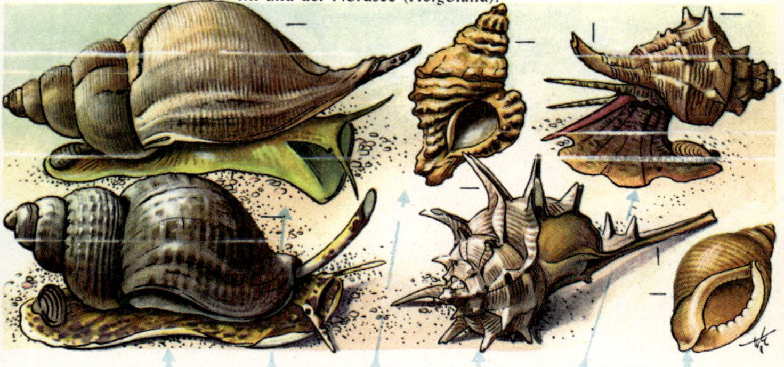

	Wellhornschnecke	Gemeine Spindelschnecke	Großes Seekälbchen	Brandhorn (Herkuleskeule)	Purpurschnecke (Hochschwanz)	Steinchen
wissenschaftl. Name	*Búccinum undátum*	*Neptúnea ántiqua*	*Océnebra erinácea*	*Múrex brandáris*	*Múrex trúnculus*	*Púrpura lapíllus*
Höhe	bis 12 cm	bis 20 cm	6–6,5 cm	bis 10 cm	bis 8 cm	3–4 cm
Besondere Kennzeichen	Gehäuse dickwandig, mit wellenförmig gerunzelten Windungen, Eier in Pergamenthüllen	Gehäuse bauchig, Mündung sehr weit	Gehäuse spindelförmig, dickwandig, Windungen etwa 7, mit schuppigen Rippen	Gehäuse mit langen Stacheln, Siphonrohr sehr lang, Mundrand gezähnt	Gehäuse braun gebändert, mit kurzen Stacheln, Siphonrohr kurz	Gehäuse eiförmig, oft schwarz oder gelb gebändert, Lippe dick, gezähnt

Die **Birnporzellane** oder **Kauri** (a *Cypráea pýrum*; 4 cm; Gehäuse bräunlich golden), der **Pelikanfuß** (b *Aporrháis pés pelecáni*; 5 cm; Außenlippe fingerförmig), die **Turmschnecke** (c *Turritélla commúnis*; 5 cm; Gehäuse mit etwa 15 Umgängen), die **Unechte Wendeltreppe** (d *Cláthrus cláthrus*; 3—4 cm; Gehäuse mit hohen Leisten), die **Nabelschnecke** (e *Lunátia caténa*; 4 cm; Gehäuse bauchig) und die **Glänzende Nabelschnecke** (f *Lunátia nítida*; 1,5 cm; 5—7 Umgänge) sind häufig, a im Mittelmeer.

Die **Netzreusenschnecke** (a *Nássa reticuláta*; 2—3 cm; Gehäuse eikegelförmig, 8 Windungen mit zierlichen Querleisten), die **Dickmundreuse** (b *Nássa incrassáta*; bis 1,5 cm; Fuß kurz, gegabelt, ohne Anhänge), die **Treppige Netzreusenschnecke** (c *Lóra turrícula*; 18 mm; Umgänge treppenförmig abgesetzt; Fam. **Reusenschnecken**), die **Wattschnecke** (d *Hydróbia úlvae*; 6 mm; Gehäuse mit 8 Windungen, die letzte so groß wie die ersten 7; Familie **Wattschnecken**) und der **Mäusedreck** (e *Bíttium reticulátum*; 9—12 mm; Gehäuse fein gegittert; Fam. **Nadelschnecken**) sind häufige Schnecken.

Alle Schnecken der Tabelle bewohnen das Mittelmeer. Tonnenschnecken (Fam. **Tonnen-** oder **Faßschnecken**) leben auf Schlick- und Geröllgrund unterhalb 30 m, die übrigen Arten in der oberen Küstenzone, wo sie auf Algen sitzen, im Sande graben oder, wie das Seeohr, an Felsen oder Hafenpfählen kriechen. Die Turbanschnecke gehört zu den **Kreisel-**, die Knotenschelle zu den **Helmschnecken.** Die übrigen Arten tragen ihren Familiennamen.

	Nadelschnecke	Turbanschnecke	Knotiges Tritonshorn	Knotenschelle	Seeohr	Tonnenschnecke
wissenschaftl. Name	*Ceríthium vulgátum*	*Túrbo rugósus*	*Tritónium nodíferum*	*Cassidária echinóphora*	*Haliótis tuberculáta*	*Dólium gálea*
Höhe	bis 7 cm	6–7 cm	bis 40 cm	bis 11 cm	6–8 cm	bis 25 cm
Besondere Kennzeichen	Schale dickwandig, kegelförmig, rauh, Mundrand gezähnt	Gehäuse außen rauh, mit Knotenreihen, innen porzellanartig, mit Kalkdeckel	größte Schnecke des Mittelmeeres, Gehäuse starkwandig, letzter Umgang sehr groß	Gewinde kurz, Mündungsrand verdickt, poliert	Schale flach, nur im obersten Teil gewunden, mit starkem Perlmutterglanz	letzter Umgang sehr groß, tonnenförmig, Schale mit Längsrillen

Die **Pantoffelschnecke** (a *Crepídula fornicáta*; bis 5 cm; Gehäuse schüsselförmig, innen mit Platte; Fam. **Mützenschnecken**), die **Schlitzschnecke** (b *Fissurélla costária*; bis 5 cm; Schale napfförmig, mit Loch für Atemrohr), der **Seehase** (c *Aplýsia punctáta*; bis 8 cm; Körper nackt, bunt; Fam. **Seehasen**) und der **Röhrenschaler** (d *Dentálium éntalis*; 5 cm; Schale röhrenförmig; Fam. **Kahnfüßer**) sind Hinterkiemenschnecken; die **Käferschn.** (e *Lepidochíton cinéreus*; mit 8 Rückenplatten) ist ein **Urmollusk.**

Die **Gemeine Nußmuschel** (a *Núcula núcleus*; 12 mm; Zähne gleichartig, ventraler Schalenrand gekerbt, Klappe konzentrisch gestreift), die **Glänzende Nußmuschel** (b *Núcula nitida*; 13 mm; ähnlich a, aber Klappe auch radiär gestreift), die **Dünnschalige Nußmuschel** (c *Núcula ténuis*; 12 mm; ähnlich a, aber ventraler Schalenrand glatt), die **Hohe Nußmuschel** (d *Núcula tumidula*; 6 mm; Schale hoch, nur konzentrisch gestreift; Fam. **Nußmuscheln**) und die **Gemeine Schnabelmuschel** (e *Léda minúta*; 14 mm; Klappe mit zwei Kanten; Fam. **Schnabelmuscheln**) leben an europäischen Atlantikküsten.

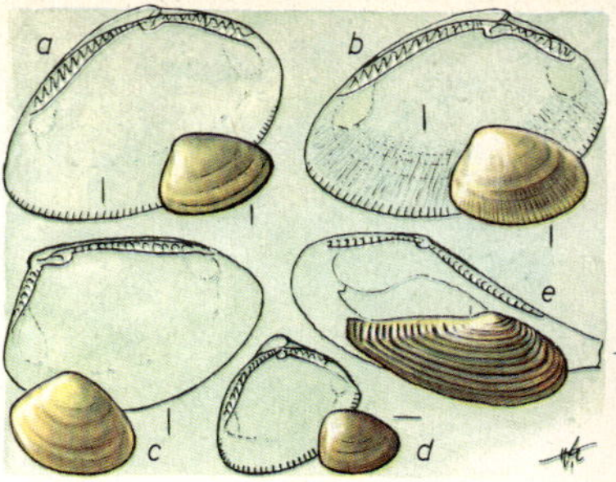

Die Malletiamuschel (Fam. **Malletiamuscheln**) lebt im tieferen Wasser (bis 600 m), das Englische Pastetchen auf hartem Boden im Kanal und an der Atlantikküste, häufig in großer Wohndichte; die Arche Noah und die Weiße Archenmuschel (die letzten drei Arten gehören zu den **Archenmuscheln**) bewohnen die Nordsee und das Mittelmeer; die Marmorierte Bohnenmuschel ist weit verbreitet; die Schwarze Bohnenm. besiedelt Nordmeere; Fam. **Miesmuscheln.**

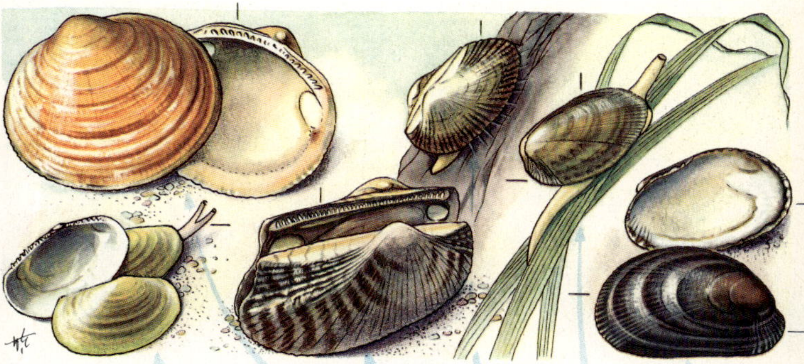

	Malletiamuschel	Englisches Pastetchen	Arche Noah	Weiße Archenmuschel	Marmorierte Bohnenmuschel	Schwarze Bohnenmuschel
wissenschaftl. Name	*Mallétia obtúsa*	*Glycímeris glycímeris*	*Árca nóae*	*Árca láctea*	*Músculus marmorátus*	*Músculus níger*
Schalenlänge	bis 13 mm	6–10 cm	5–8 cm	1,4 cm	1,7 cm	3,5 cm
Besondere Kennzeichen	Schale oval, dünn, durchscheinend, fein konzentrisch gestreift, Siphonen lang, verwachsen	Schale dick, fast kreisrund, Zähne zahlreich, im Bogen	Schale dickwandig, stark gerippt, ungleichseitig	Klappen milchweiß, mit samtiger Haut, Gitterskulptur sehr ausgeprägt	vorderes Rippenfeld mit etwa 16, hinteres mit etwa 25 Rippen	Schale ziemlich flach, vorn mit etwa 12, hinten mit etwa 50–60 Rippen

Die **Miesmuschel** (a *Mýtilus edúlis*; 8 cm; Klappe innen weiß mit blauem Rand; häufig; Fam. **Miesmuscheln**), die **Pilger-** oder **Kammuschel** (b *Pécten operculáris*; 9 cm; Klappe mit 18—22 Rippen), die **Bunte Kammuschel** (c *Pécten várius*; 4—6 cm; Schale mit etwa 30 Rippen, Ohren ungleich; Fam. **Kammuscheln**), die **Zwiebelmuschel** (d *Anómia ephippium*; 3 cm; untere Klappe mit Loch für Haftfäden; Fam. **Zwiebelm.**) und die **Auster** (e *Óstrea edúlis*; 12 cm; Klappe blättrig; Fam. **Austern**) sind häufige Muscheln.

Das **Ochsenherz** (a *Isocárdia cór*; bis 10 cm; Klappen ziemlich dünn, konzentrisch gestreift, keine Mantelbucht; Fam. **Ochsenherzen**), die **Islandmuschel** (b *Cyprina islándica*; bis 11 cm; Klappen sehr groß, kräftig, mit dunkler Haut, Haupt- und Nebenzähne groß, keine Mantelbucht; Fam. **Islandmuscheln**), die **Artemismuschel** (c *Dosínia exoléta*; bis 5 cm; Klappen kreisrund, fein konzentrisch gerippt, Mantelbucht lang und spitz) und die **Kleine Artemismuschel** (d *Dosínia líncta*; bis 3,5 cm; Klappen kreisrund, sehr fein gestreift; Fam. **Venusm.**) leben in der Nordsee, b auch in der Ostsee.

Die Sandkorn-Astarte (Fam. **Astartenmuscheln**) und die Gebänderte Herzmuschel findet man in dänischen Gewässern, erstere auch in der westlichen Ostsee, letztere selten auch bei Helgoland. Norwegische Herzmuscheln kommen vereinzelt in der Nordsee, häufiger südlicher und im Mittelmeer vor. Die übrigen Arten wohnen im sandigen Schlick. Die Lange Linsenmuschel gehört zur Familie der **Linsenmuscheln,** alle Herzmuscheln zur Familie der **Herzmuscheln.**

	Sandkorn-Astarte	Lange Linsenmuschel	Eßbare Herzmuschel	Stachelige Herzmuschel	Gebänderte Herzmuschel	Norwegische Herzmuschel
wissenschaftl. Name	*Astárte ellíptica*	*Montacúta ferruginósa*	*Cárdium edúle*	*Cárdium echinátum*	*Cárdium fasciátum*	*Laevicárdium norvégicum*
Schalenlänge	bis 3 cm	bis 9 mm	bis 5 cm	bis 7 cm	bis 1,5 cm	3–6 cm
Besondere Kennzeichen	Klappen verlängert, abgeplattet, mit 20–40 großen, konzentrischen Rippen	Klappen doppelt so lang wie hoch, bläulich bis violett	Klappe mit etwa 24 dicken Rippen, sehr veränderlich	Klappen groß, am Rand schräg abgestumpft, etwa 20 Rippen, mit Stacheln besetzt	Klappen dünn, Radiärrippen etwa 25, regelmäßig, zart	Klappen dick, höher als lang, Rippen etwa 40, wenig ausgeprägt

Der **Plistocän-Strahlenkorb** (a *Máctra corállina plistoneerlándica*; bis 7 cm; Schale dick, konzentrisch gestreift; nur fossil im Plistocän), der **Strahlenkorb** (b *Máctra corállina cinérea*; bis 6 cm; Klappen mit bunten Radiärstreifen), die **Ovale Trogmuschel** (c *Spisula sólida*; bis 6 cm; Klappe dickwandig, oval), die **Gedrungene Trogmuschel** (d *Spisula subtruncáta*; bis 3 cm; Klappe 3kantig) und die **Ottermuschel** (e *Lutrária lutrária*; bis 12 cm; Klappe länglich, Außenhaut braun) sind **Trogmuscheln** im sandigen Schlick.

Die **Dickwandige Tellmuschel** (a *Acropágia crássa*; 5 cm: Schale dick, Mantelbucht tief), die **Rote Bohne** (b *Macóma báltica*; 3 cm; Klappe breit dreieckig, gelb, grün, rot oder braun), die **Verlängerte Plattmuschel** (c *Macóma calcaréa*; 5 cm; Schale verlängert, Wirbel hinter der Mitte; Ostsee; Nordsee selten), die **Gerippte Tellmuschel** (d *Ángulus fábula*; 2,2 cm; rechte Klappe sehr fein schräg gerippt) und die **Platte Tellmuschel** (e *Ángulus ténuis*; 2,5 cm; Klappen breit oval, dünn, konzentrisch gebändert, Schloßband stark vorspringend) sind häufige **Tellmuscheln.**

Die Amerikanische Bohrmuschel gehört zur Familie der **Engelsflügel**, alle anderen Arten der Tabelle zur Familie der **Venusmuscheln.** Die Rezente Teppichmuschel kommt häufig im flachen, stark überströmten Wasser vor, die Fossile Teppichmuschel ist nur aus den Ablagerungen der Eemzeit bekannt. Venusmuscheln sind im Sand der Nordsee und der Atlantikküste bis ins Mittelmeer in mehr als 15 m Tiefe verbreitet.

	Rezente Teppichmuschel	Fossile Teppichmuschel	Gemeine Venusmuschel	Warzige Venusmuschel	Eiförmige Venusmuschel	Amerikanische Bohrmuschel
wissenschaftl. Name	*Venerúpis pullástra*	*Venerúpis senéscens*	*Vénus gállina*	*Vénus verrucósa*	*Vénus ováta*	*Petrícola pholadifórmis*
Schalenlänge	bis 6,5 cm	bis 7 cm	bis 3,5 cm	3–5 cm	9–12 mm	bis 6,5 cm
Besondere Kennzeichen	Klappen abgerundet rechteckig, fein radiär und konzentrisch gestreift	Klappen grob konzentrisch gestreift, hinten und vorne gerundet	Klappe schief 3eckig, dicht konzentrisch und scharf gerippt, Mantelbucht klein, spitz	Klappen mit knotigen konzentrischen Blättchen	Klappen abgerundet, mit Gitterskulptur durch 50 radiäre und 20–25 konzentrische Streifen	Klappen mit Radiärrippen und konzentrischen Streifen, vordere Rippen mit Raspel

Die **Mysiamuschel** (a *Mýsia undáta*; 3 cm; Mantelbucht groß; Fam. **Engelsflügel**), die **Dreiecksmuschel** (b *Dónax vittátus*; 3 cm; Klappen bauchseitig gezähnelt; Fam. **Dreiecksm.**), **die Violettrotgestreifte Sandmuschel** (c *Psammóbia ferroénsis*; 5 cm; Gitterwerk im hinteren Schalenteil; Fam. **Sandm.**), die **Pfeffermuschel** (d *Scrobiculária plána*; 5,5 cm; Schale dünn, oval), die **Weiße Pfefferm.** (e *Ábra álba*; 1,8 cm; Klappen dünn) u. die **Glänzende Pfefferm.** (f *Ábra nítida*; 1,5 cm; langoval; Fam. **Pfefferm.**) leben im Sand.

Die **Sand-Klaffmuschel** (a *Mýa arenária*; 12 cm; Schale hinten abgerundet, linke Klappe mit „Löffel") und die **Abgestutzte Klaffmuschel** (b *Mýa truncáta*; 7 cm; ähnlich a, aber Klappe hinten gerade abgestutzt; Fam. **Klaffmuscheln)** leben im Watt, der **Nordische Felsenbohrer** (c *Saxicáva árctica*; 2 cm; Schale mit 2 kielartigen Kanten) und der **Gemeine Felsenbohrer** (d *Saxicáva rugósa*; 5 cm; Schale sehr unregelmäßig geformt; Fam. **Steinbohrer**) bohren Wohnröhren in Gestein; die **Körbchenmuschel** (e *Aloídes gibba*; 1,3 cm; Klappen hartschalig, ungleich groß; Fam. **Korbm.**) lebt in der Nordsee.

Die Norwegische Panopea aus der Familie der **Steinbohrer** bewohnt die dänischen, britischen und isländischen Küsten. Dattelmuscheln, Krause Bohrmuscheln und Weiße Bohrmuscheln sind **Bohrmuscheln.** Sie leben in der Deutschen Bucht und bis auf die Dattelmuschel auch in der westlichen Ostsee. Alle bohren Wohnlöcher oder Wohnröhren in Holz, Kreide, Torf oder festen Ton. Der Pfahlwurm (Fam. **Wurmmuscheln**) bohrt nur in Holz. Die Papierartige Thraciamuschel (Fam. **Thraciamuscheln**) ist in der Nordsee, im Atlantik und im Mittelmeer häufig.

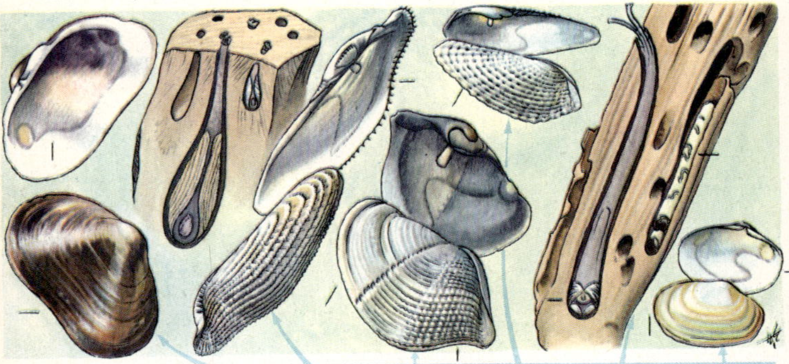

	Norwegische Panópea	Dattelmuschel	Krause Bohrmuschel	Weiße Bohrmuschel	Pfahlwurm	Papierartige Thraciamuschel
wissenschaftl. Name	*Panópea norvégica*	*Phólas dáctylis*	*Zirfǽa crispáta*	*Bárnea cándida*	*Terédo navális*	*Thrácia papyrácea*
Schalenlänge	bis 8 cm	bis 12 cm	bis 8 cm	bis 7 cm	bis 20 cm	bis 3 cm
Besondere Kennzeichen	Schale dick, langgestreckt, oberer und unterer Rand fast parallel, Mantelbucht vorhanden	Vorderende der Klappen fingerförmig verlängert, raspelartig rauh	Klappen vorne bestachelt, hinten konzentrisch gestreift	Klappen mit radiären, bestachelten Rippen, raspelartig	Klappe bis 9 mm lang, bohrt bis 8 mm dicke Gänge in Holz	Klappen ungleich, zerbrechlich, vorne rundlich, hinten abgestutzt

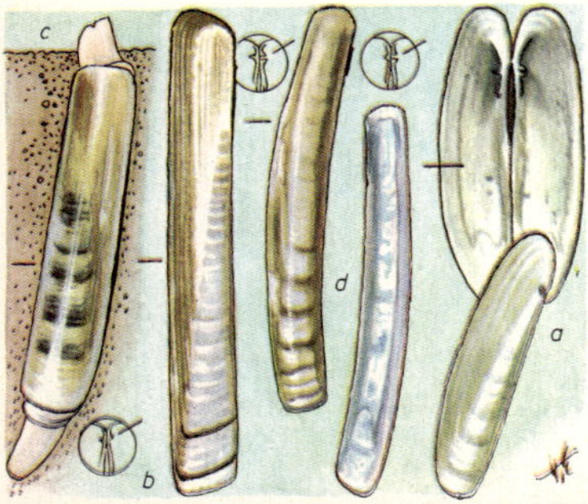

Die **Durchsichtige Messerscheide** (a *Pháxas pellúcidus*; 3,9 cm lang, 1 cm breit; Schale dünn, durchscheinend), die **Schotenförmige Messerscheide** (b *Énsis síliqua*; 20 cm lang, 2,5 cm breit; Schale gerade), die **Gerade Messerscheide** (c *Sólen marginátus*; 12,5 cm lang, 2,1 cm breit; Ränder parallel) und die **Schwertförmige Scheidenmuschel** (d *Énsis énsis*; 9,3 cm lang, 1,2 cm breit; Schale schwach gebogen, Höhe : Länge = 1 : 8) aus der Fam. der **Messermuscheln** leben in senkrechten Gängen des sandigen Bodens.

Die **Schinkenmuschel** (a *Pinna squamósa*; 80 cm; Schale außen rauh, innen mit Perlmutterglanz) gehört zur Fam. der **Steckmuscheln;** die **Siebenrippige Kammuschel** (b *Pécten septemradiátus*; bis 4,5 cm; Schale rundlich, mit 5 9 breiten, flachen Rippen; Ostküste des Atlantik), die **Große Pilgermuschel** (c *Pécten máximus*; bis 13 cm; „Ohren" spiegelbildlich gleich, Schale mit 14—17 breiten Rippen; Ostküste des Atlantik) und die **Jakobs-Pilgermuschel** (d *Pécten jakobaéus*; 15 cm; Schalen dünn, großrippig; am Flachstrand des Mittelmeeres) gehören zur Fam. der **Kammuscheln.**

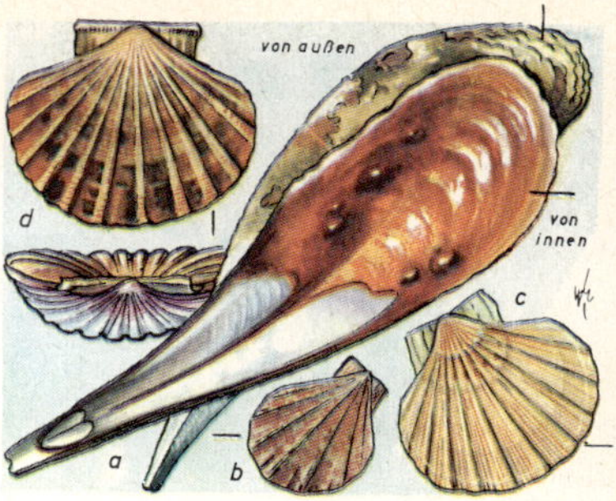

Von den **Langschwänzigen Krebsen** der Tabelle bewohnt die Languste Felsgrund im Mittelmeer, der Europäische Hummer Felsgrund bei Helgoland. Der Kaisergranat, auch Schlanker oder Norwegischer Hummer genannt, hält sich nur auf Schlickgrund, der Bernhardskrebs vorwiegend in der Gezeitenzone der Nordsee und der westlichen Ostsee auf. Die beiden anderen Einsiedler leben im Mittelmeer auf Felsen und auf Geröllgrund. Alle sind **Laufende Langschwänze.**

	Europäischer Hummer	Languste	Kaisergranat	Bernhards-krebs	Anemonen-Einsiedler	Bunter Einsiedler
wissenschaftl. Name	*Hómarus vulgáris*	*Palinúrus vulgáris*	*Néphrops norvégicus*	*Eupagúrus bernhárdus*	*Eupagúrus prideáuxi*	*Eupagúrus anachorétus*
Größe	bis 50 cm	bis 50 cm	♂ 18, ♀ 14 cm	bis 10 cm	bis 8 cm	bis 4 cm
Besondere Kennzeichen	1. Schreitbein mit plumper Knackschere oder schlanker Greifschere	1. Gangbeinpaar mit Greifhaken, ohne Scheren, 2. Antenne sehr lang und kräftig	scherentragendes Glied sehr lang, prismatisch, hellrotbräunlich	Scheren ungleich stark, die größere schützt Gehäuseeingang, Hinterleib weichhäutig	Scheren ziemlich lang, Tier stets in Symbiose mit Seerose *Adámsia palliáta*	Körper lebhaft bunt gefärbt, lang behaart

Der **Furchenkrebs** (a *Galathéa squamifera*; Rumpflänge 3—4 cm; dunkel braungrün; bei Helgoland), die **Ostseegarnele** (b *Leánder adspérsus*; bis 7 cm; Stirnhorn oben mit 5—6, unten mit 3 Zähnen), die **Steingarnele** (c *Leánder squilla*; bis 5 cm; Stirnhorn oben mit 7—9, unten mit 3 Zähnen; flache Stellen in der westl. Ostsee) und die **Sand-** oder **Nordseegarnele** (d *Crángon vulgáris*; bis 7 cm; Stirnfortsatz kurz und flach; auf Sand in der Nordsee) sind **Schwimmende Langschwänze.**

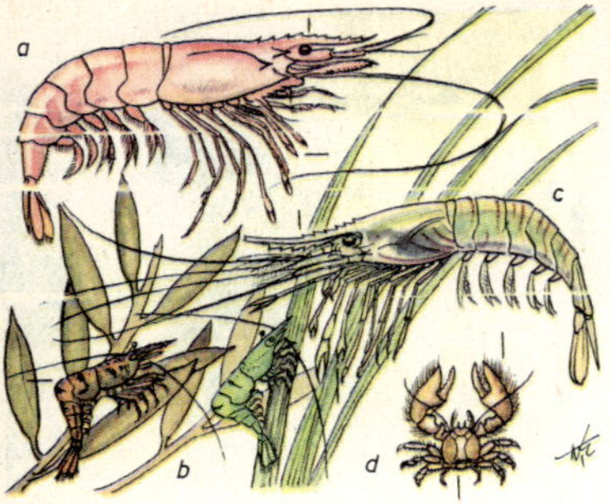

Die **Rosa Garnele** (a *Parapenaeus longiróstris*; 12—13 cm; Rostrum lang und spitz; Mittelmeer) und die **Buckelgarnele** (b *Hippólyte várians*; bis 1,5 cm; Hinterleib buckelig gekrümmt, erstes Beinpaar kurz und dick, zweites lang und dünn) und die **Schwertgarnele** (c *Pálaemon xiphias*; 5—7 cm; Rostrum sehr lang, konkav gebogen; im Flachwasser der Mittelmeerküsten) sind **Schwimmende Langschwänze**, b der Nordsee und der westl. Ostsee. Der **Graue Porzellankrebs** (d *Porzellána platychéles*; Kopfbruststück ca. 10 mm breit; krabbenähnlich, Scheren dicht behaart) ist ein **Laufender Langschwanzkrebs.**

In der Tabelle sind **Kurzschwanzkrebse** beschrieben, die bis auf die Wollkrabbe sehr klein bleiben (unter 30 mm). Nußkrabben, Wollkrabben (in Symbiose mit dem Kieselschwamm Meerorange) und Dorippekrabben leben im Mittelmeer in Seegraswiesen, auf Felsgrund oder auf Geröll. Wurzelkrabben und Muschelwächter bewohnen die Küsten der Ostfriesischen Inseln und die Umgebung von Helgoland. Die Gespenstkrabbe ist in der Nordsee und der westlichen Ostsee beheimatet.

	Nußkrabbe	Wollkrabbe	Dorippekrabbe	Gespenstkrabbe	Wurzelkrabbe	Muschelwächter
wissenschaftl. Name	*Ilia núcleus*	*Drómia vulgáris*	*Dorippe lanáta*	*Macropódia rostráta*	*Pilúmnus hirtéllus*	*Pinnotéres pisum*
Kopfbruststück	bis 3 cm	bis 15 cm	2–2,5 cm	bis 20 mm	bis 24 mm	♂ 4,5, ♀ 12 mm
Besondere Kennzeichen	Körper fast kugelförmig, Augen und Antennen weit nach vorne gerückt	Körper stark gewölbt, dicht mit kurzen Borsten besetzt, Scheren sehr kräftig	Körper rötlichgelb, rundlich-oval, Scheren klein, 1. und 2. Gangbeinpaare sehr lang	Kopfbruststück 3eckig, Rostrum lang und spitz, Beine sehr lang, tarnt sich mit Algen	Kopfbruststück hochgewölbt, breiter als lang	Kopfbruststück kugelig, Augen verkümmert, Haut dünn und weich

Der **Taschenkrebs** (a *Cáncer pagúrus*; Kopfbruststück bis 30 cm breit; Stirnrand jederseits gekerbt, Scherenenden schwarz), die **Strandkrabbe** oder der **Dwarslöper** (b *Cárcinus maénas*; Kopfbruststück bis 4,2 cm; Stirnrand jederseits mit 5 Zähnen) und die **Meerspinne** (c *Hýas aráneus*; Kopfbruststück bis 10,5 cm lang; eiförmig, 1. Beinpaar scherentragend; Tier tarnt sich mit Algen) sind **Kurzschwanzkrebse** der Nordsee, die Strandkrabbe und die Meerspinne auch der westl. Ostsee.

Die **Neptunschwimmkrabbe** (a *Neptúnus hastátus*; 3—4 cm; Kopfbrustschild jederseits mit zwei langen und kräftigen Dornen, Scherenbeine lang und stark), die **Gemeine Schwimmkrabbe** (b *Portúnus holsátus*; Kopfbruststück etwa 4 cm lang, ohne Haare, Stirnrand jederseits mit 5 etwa gleich großen Zähnen) und die **Samtkrabbe** (c *Portúnus púber*; Kopfbruststück bis 6 cm lang; Stirnrand jederseits mit 6—8 Zähnen) sind **Schwimmkrabben** mit Schwimmplatten am letzten Schreitbeinpaar. Alle bewohnen das Mittelmeer, b und c auch die Nordsee; a—c werden in den Mittelmeerländern gegessen.

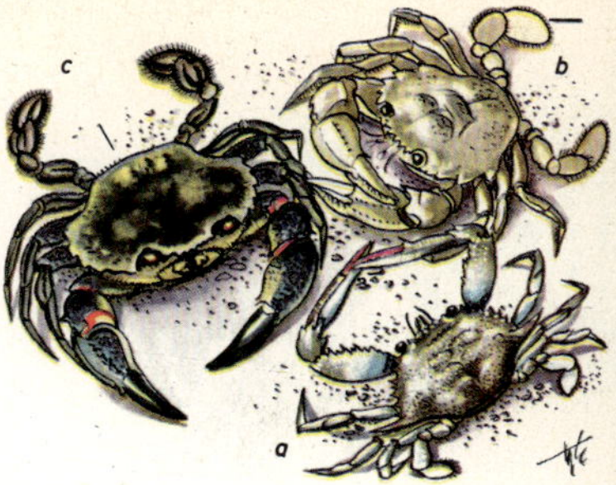

Die Krebse der Tabelle gehören zu den **Höheren Krebsen.** Der Strandfloh und der Sandhüpfer sind **Flohkrebse,** die auf kiesigem bzw. sandigem Strande leben. Der Schlickkrebs (Fam. **Schlickkrebse**) wohnt in selbstgegrabenen Gängen im Schlickwatt. Die Dreispitzige Meerassel frißt Pflanzen, der Gespenstkrebs (Fam. **Gespenstkrebse**) kleine Tiere. Beide sind in der Nord- und Ostsee weit verbreitet. Ködergarnelen sind **Spaltfußkrebse,** die im Küstenbereich leben und als Fischnahrung wichtig sind.

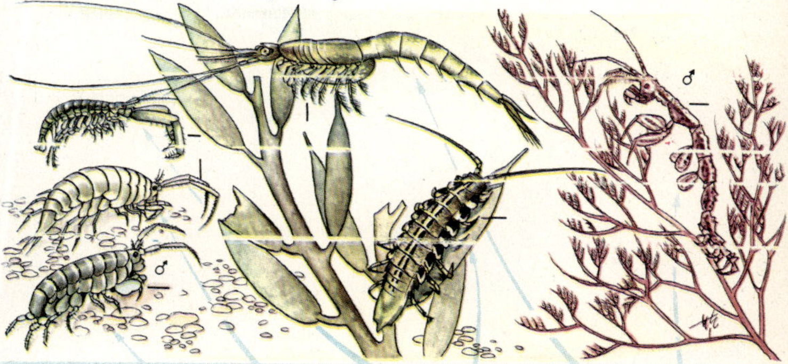

	Strandfloh	Sandhüpfer	Schlickkrebs	Dreispitzige Meerassel	Köder-Garnele	Gespenst-krebs
wissenschaftl. Name	*Orchéstia gammaréllus*	*Talítrus saltátor*	*Coróphium volutátor*	*Idótea báltica*	*Praúnus flexuósus*	*Caprélla lineáris*
Größe	bis 17 mm	bis 16 mm	6 mm	bis 30 mm	bis 30 mm	♂ 32, ♀ 14 mm
Besondere Kennzeichen	die beiden ersten Brustbeinpaare mit Scheren, Endglied am 2. Beinpaar verbreitert	nur das 2. Brustbeinpaar mit Scheren, springt 20–30 cm weit	Augen dunkelrot, ♂ mit sehr langen hinteren Fühlern	Körper abgeflacht, 7 Beinpaare, Schwanzschild mit 3 Dornen	8 Beinpaare, Kopfbruststück und Hinterleib zart durchsichtig	Körper weinrot, Augen hellrot, ♂ sehr schlank, ähnelt einer Stabheuschrecke

Die **Entenmuschel** (a *Lépas hillii*; mit Stiel 10 cm lang, Gehäuse aus Kalkplatten), die **Große Entenmuschel** (b *Lépas anatifera*; ähnlich a, aber Stiel bis 30 cm lang) und die **Krause Entenmuschel** (c *Lépas fasciculáris*; Gehäuse bis 3,5 cm; Platten gerunzelt) sind **Rankenfüßler** an Treibholz. Die **Gemeine Seepocke** (d *Bálanus balanoides*; bis 1 cm hoch und 2 cm breit; weiß, Rand glatt) und die **Gekerbte Seepocke** (e *Bálanus crenátus*; bis 34 mm hoch, bis 19 mm breit; Rand gekerbt) leben in der Gezeitenzone.

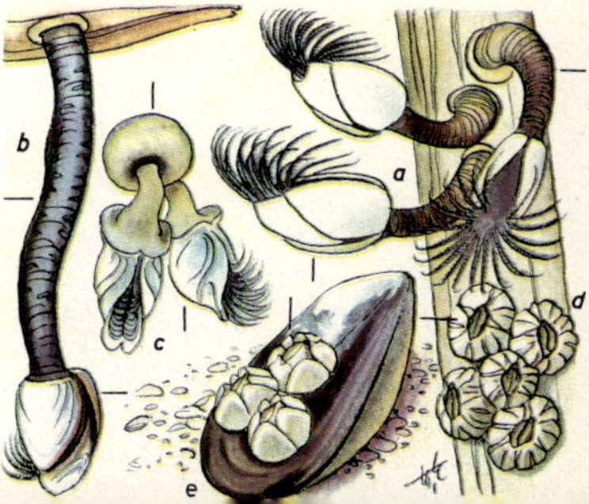

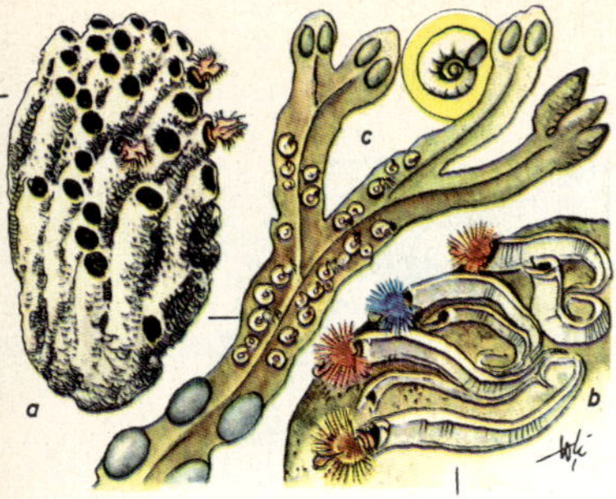

Der **Pümpwurm** oder die **Sandkoralle** (a *Sabellária spinulósa*; bis 4 cm lang; baut bis zu 30 cm lange Röhren aus verkitteten Sandkörnchen in dichten Kolonien; an Hängen von Stromrinnen oft Riffe bildend), der **Dreikantwurm** (b *Pomatóceros triquéter*; bis 5 cm; Tentakelkränze halbkreisförmig, rot, blau oder gelb; baut lange, dreikantige Kalkröhren) und der **Posthörnchen-Röhrenwurm** (c *Spirórbis carinátus*; 3 mm; lebt in kleinen, posthornförmig gewundenen Kalkröhren, die auf der Unterlage [Tange, Steine] festwachsen) sind röhrenbewohnende **Vielborstler** europäischer Meere.

In der Tabelle sind fünf Krebse und ein **Spinnentier,** der Strand-Trugskorpion, beschrieben. Alle bewohnen das Mittelmeer. Die Klippenassel gehört zur Familie der **Asseln,** die übrigen Krebse sind **Langschwanzkrebse.** Bis auf die Klippenassel und die Rote Riesengarnele (Tiefenzone unter 250 m), die an felsigen Küsten leben, wohnen alle am flachen Strande auf schlammigem Grund oder, wie der Strand-Trugskorpion, unter angespültem Tang.

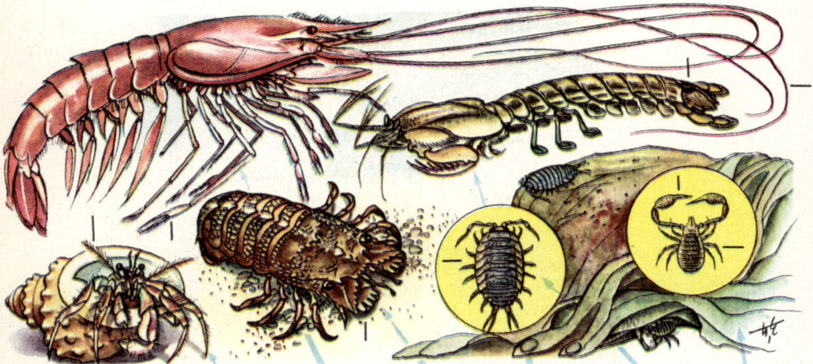

	Strand-Einsiedler	Rote Riesengarnele	Kleiner Bärenkrebs	Heuschrecken-krebs	Klippenassel	Strand-Trugskorpion
wissenschaftl. Name	*Diógenes pugilátor*	*Aristeomórpha foliácea*	*Scýllarus árctus*	*Squilla mántis*	*Ligia oceánica*	*Gárypus beauvoisi*
Größe	bis 3 cm	♀30 cm, ♂20 cm	bis 10 cm	bis 20 cm	bis 3 cm	bis 6 mm
Besondere Kennzeichen	Körper klein, 2. Antenne kurz, stark gefiedert, Färbung variiert, linke Schere sehr groß	♀ mit langem, spitzem Rostrum, ♂ mit kurzem, gesägtem Rostrum	Körper dunkelbraun, plump und derb, äußere Fühler blattartig verbreitert	Körper hell, Endglied mit 2 dunklen Flecken, Vorderbeine sind Fangbeine	Körper grau, gesprenkelt, Fühler lang, Hinterende mit zwei gestielten Gabeln	Beinpaare 4, Scherenpaar 1, Giftstachel fehlt, Haut fein gekörnt

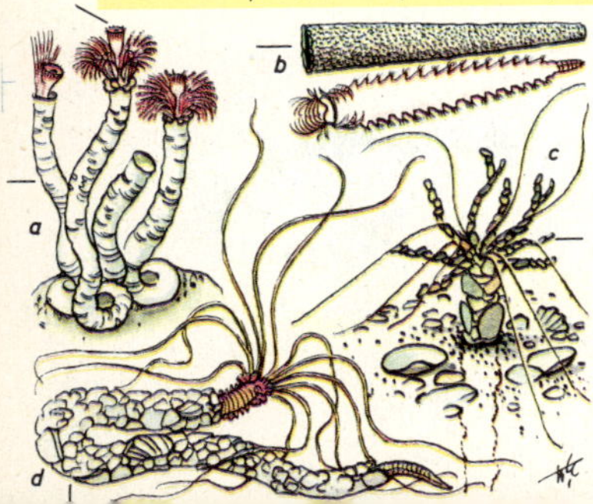

Der **Kalk-Röhrenwurm** (a *Sérpula vermiculáris*; ⌀ 5 mm; Deckel knorpelig, mit gezähntem Rand, Röhren kalkig, rund oder 3kantig; Nordsee), der **Köcherwurm** (b *Pectinária coréni*; bis 10 cm: zigarrenförmige Röhren aus gleichgroßen Sandkörnchen; Nord- und Ostsee), der **Bäumchenröhrenwurm** (c *Lanice conchiléga*; bis 30 cm; Röhren aus Sandkörnern und Bruchschill; Nordsee) und der **Sandröhrenwurm** (d *Polýmnia nebulósa*; bis 30 cm; gewundene Röhren aus Sand und Bruchschill; Mittelmeer) sind **Vielborstler.**

Der **Köderwurm** oder **Sandpier** (a *Arenícola marína*; 35 cm; Körper braunrot, mit 13 Paaren blutroter Kiemenbüschel am Mittelkörper; auf dem Wattboden Kothäufchen und etwa 10—15 cm davon entfernt ein Trichter; Fam. **Köderwürmer**) lebt in U-förmigen Röhren des Watts. Der **Wimper-Steinwurm** (b *Polydóra ciliáta*; bis 2 cm; bohrt U-förmige Röhren in Gestein; Fam. **Spiónidae**) und der **Schlickröhrenwurm** (c *Sabélla pavonína*; bis 30 cm; Wohnröhre weich, senkrecht im Schlick, Tentakelkrone doppelt; Fam. **Schlickröhrenwürmer**) bewohnen das Felswatt bei Helgoland (b) bzw. das Mittelmeer (c).

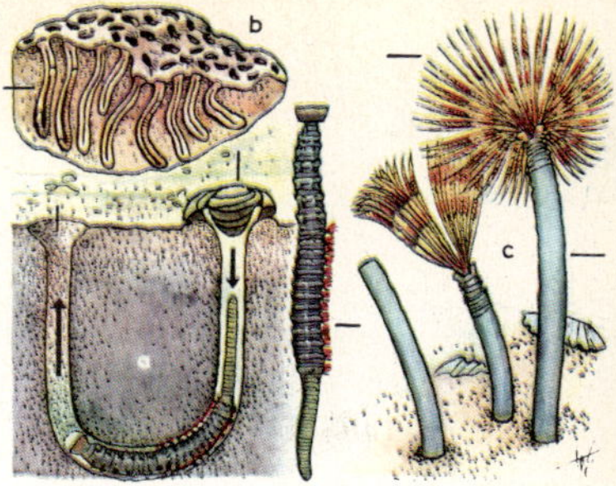

In der Tabelle sind freilebende Raubringelwürmer des Meeres aus der Klasse der **Vielborstler** und der Quappwurm aus der Klasse der **Sternwürmer** beschrieben. Die beiden Seeringelwürmer (Fam. **Seeringelwürmer**) bewohnen die Nordsee und die westliche Ostsee. Eunice ist ein **Kieferwurm** des Mittelmeeres. Quappwürmer (Fam. **Quappwürmer**) graben bis 30 cm tiefe Gänge in den Sand. Seeraupe u. Schuppenwurm (Fam. **Meerraupen**) sind Schlickbewohner.

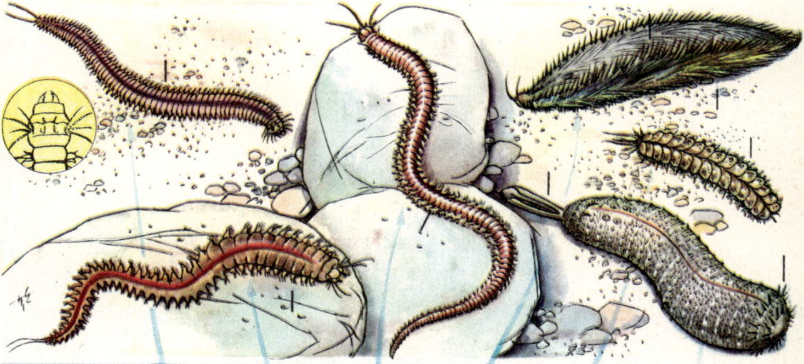

	Gemeiner Seeringelwurm	Farbiger Seeringelwurm	Eunice	Seeraupe (Seemaus)	Schuppenwurm	Quappwurm
wissenschaftl. Name	*Neréis pelágica*	*Neréis diversicolor*	*Eunice harássi*	*Aphrodite aculeáta*	*Gattyána cirrósa*	*Echiúrus echiúrus*
Größe	bis 20 cm	bis 15 cm	25–30 cm	10–20 cm	2,5–5 cm	bis 12 cm
Besondere Kennzeichen	Körperringe zahlreich, mit haarigen Anhängen	Körper bräunlich, gräbt unregelmäßig verzweigte Gänge im Schlick	Körperringe sehr zahlreich, Parapodien (Stummelfüße) mit Kiemenbüscheln	Körper kurz und breit, mit 2 seitlichen Borstenreihen und vielen feinen Borsten auf dem Rücken	Körper braun, mit 15 Paaren sichtbaren Rückenschuppen	Körper ungegliedert, Kopf mit löffelförmigem Anhang

Der **Blutrote Röhrenwurm** (a *Prótula intestínum*; Röhrendurchmesser 8—10 mm; Tentakelkrone doppelt, blutrot, Röhren kalkig), der **Durchsichtige Köcherwurm** (b *Hyalinoécia tubícola*; Röhre 5—6 cm lang, 2—3 mm dick, hornig, Tier wandert mit Röhre umher), der **Seenelkenwurm** (c *Spirográphis spallanzánii*; 50 cm; in festgewachsenen Chitinröhren, Tentakelkrone spiralig) und der **Grüne Sternwurm** (d *Bonéllia víridis*; ♀ 15 cm, mit gegabeltem Kopflappen, ♂ 1 bis 2 mm) leben am Felsstrand des Mittelmeeres.

Die **Steentrupia** (a *Steentrúpia nútans*; 5—6 cm: Glocke spitz, mit 1 Tentakel), die **Sarsia** (b *Sársia tubulósa*; 14 cm: Mundstiel und 4 Tentakeln blau), die **Leuckartia** (c *Leuckártia óctona*; 15 cm: Glocke mit kugeligem Buckel) und die **Leuchtqualle** (d *Pelágia noctilúca*; 5—7 cm: Randtentakeln 8, Mundlappen sehr lang, gefranst) sind **Scheibenquallen** der Nordsee und der westl. Ostsee; die **Segelqualle** (e *Velélla spirans*; 1—5 cm; segelt mit großer Gasblase vor dem Winde; oft scharenweise an der Oberfläche des Meeres) ist eine **Staatsqualle** des Mittelmeeres.

Die Ohren-, Kompaß-, Blaue Nessel-, Feuer- und Wurzelmund- oder Blumenkohlqualle gehören zu den **Scheibenquallen.** Sie bewohnen das freie Wasser der Nordsee und des Atlantischen Ozeans; nur die Ohrenqualle kommt in größerer Zahl auch in der Ostsee, die Wurzelmundqualle auch im Mittelmeer vor. Die Spanische Galeere ist eine **Staatsqualle,** die im Mittelmeer zwar nicht häufig, zuweilen aber doch in großen Scharen auftritt.

	Ohrenqualle	Kompaßqualle	Blaue Nesselqualle	Feuerqualle	Wurzelmund-qualle	Spanische Galeere
wissenschaftl. Name	*Aurélia aurita*	*Chrysaóra hysoscélla*	*Cyánea lamárckii*	*Cyánea capilláta*	*Rhizóstoma octópus*	*Physália phýsalis*
⌀ der Scheibe	30–40 cm	bis 30 cm	bis 35 cm	bis 100 cm	bis 60 cm	20–30 cm
Besondere Kennzeichen	Schirm violett, rötlich oder gelblich, Geschlechtsorgane beim ♂ weißlich, beim ♀ rötlich	Schirm flach gewölbt, mit 16 braunen Gabelstreifen, Geschlechtsorgane weiß, gelb oder rot	Schirm flach, Geschlechtsorgane, Magen und Magentaschen kornblumenblau	ähnlich Blauer Nesselqualle, aber gelbbraun bis rötlichgelb, Tentakeln bis 2 m lang	Schirm halbkugelförmig gewölbt, mit blauen Randlappen	mit großer, gasgefüllter Blase, Fangfäden mehrere Meter lang, stark nesselnd

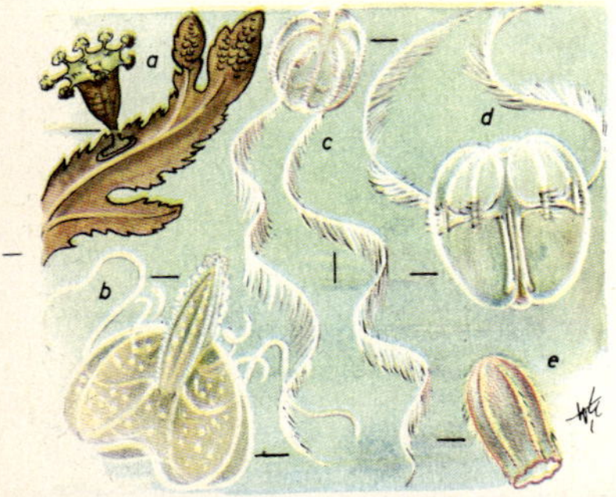

Die **Gemeine Becherqualle** (a *Craterólophus téthys*; bis 3 cm: festsitzend, am Rand mit 4 Paar Tentakel) ist eine **Becherqualle,** die **Lappenqualle** (b *Leucóthea multicórnis*; 20—40 cm; gelbbraun, mit Gallertlappen; Mittelmeer), die **Kugelrippenqualle** (c *Pleurobráchia píleus*; 2 cm; Körper länglich-kugelig), die **Birnenförmige Rippenqualle** (d *Bolinópsis infundíbulum*; bis 15 cm; Körper birnförmig) und die **Melonenqualle** (e *Béroë ováta*; bis 1,5 cm; Körper zylindrisch) sind **Rippenquallen** in europäischen Meeren.

Die **Dickhörnige Seerose** (a *Urticina felina*; 5 cm lang, bis 7 cm dick; Körper rot, grün oder rosa, Fangarme weiß gebändert, sehr dick, in 5 Kränzen um die Mundöffnung stehend) lebt auf Sand bei Helgoland; die **Aiptasie** (b *Aiptásia diaphána*; 3—5 cm ⌀; Tentakeln rostgelb, nicht einziehbar), die **Wachs-** oder **Fadenrose** (c *Anemónia sulcáta*; 10 cm hoch; Tentakeln 15 cm lang, nicht einziehbar) und die **Edelsteinrose** (d *Bunodáctis verrucósa*; bis 5 cm hoch; mit Längsreihen von Saugwarzen; in Felsspalten und Löchern) bewohnen das Mittelmeer und die atlantischen Küsten.

Die **Seerosen** der Tabelle gehören zu den **Sechsstrahligen Polypen.** Einsiedler-Seerosen und Schmarotzerrosen leben in Symbiose mit Einsiedlerkrebsen; die übrigen Arten besiedeln den festen Grund auf Steinen, Buhnen, Muscheln usw. in der Nordsee, die Pferdeaktinie (Erdbeerrose oder Gemeine Seerose) und die Ringel-Seerose auch in der Ostsee und im Mittelmeer; die Witwen- oder Schlangenhaar-Seerose gräbt sich bisweilen auch in den Sand ein.

	Pferdeaktinie (Erdbeerrose)	Ringel-Seerose	Gestreifte Seerose	Einsiedler-Seerose	Schmarotzer-rose	Witwen-Seerose
wissenschaftl. Name	*Actinia equina*	*Actinia cári*	*Diaduméne lúciae*	*Calliactis parasítica*	*Adámsia parasítica*	*Sagartiogéton undátus*
Höhe	bis 30 cm	4–8 cm ⌀	bis 1,3 cm	3–5 cm ⌀	4 cm ⌀	bis 12 cm
Besondere Kennzeichen	Tentakeln schlanker als bei der Dickhörnigen Seerose, Körper rot, grün oder gelb	meist grün mit dunklen Querlinien, Tentakeln kurz, einziehbar	0,5 cm dick, 8—20 orangefarbige Längsstreifen, Tentakeln bis 1 cm lang, nicht einziehbar	stets in Symbiose mit Einsiedlern, Nesselfäden leuchtend blauviolett	Körper gelblich, mit 12 purpurroten oder braunen Längslinien	Tentakeln sehr lang, überhängend, Körper rot, gelb oder braun, längsgestreift

Die **Zylinderseerose** (a *Ceriánthus membranáceus*; bis 20 cm; Tentakeln lang, weiß), die **Gemeine Seenelke** (b *Metridium senile*; 30 cm; Tentakeln sehr fein und zahlreich) und die **Nickende Seenelke** (c *Céreus pedunculátus*; 9 cm; über 700 Tentakeln) sind **Sechsstrahlige Blumentiere,** die **Meerhand, Kork-** oder **Lederkoralle** (d *Alcyónium digitátum*; bis 18 cm; Körper polsterartig, gelappt; Tierstock) und die **Edelkoralle** (e *Corállium rúbrum*; stockbildend, mit roter Kalkachse) sind **Achtstrahlige Blumentiere.**

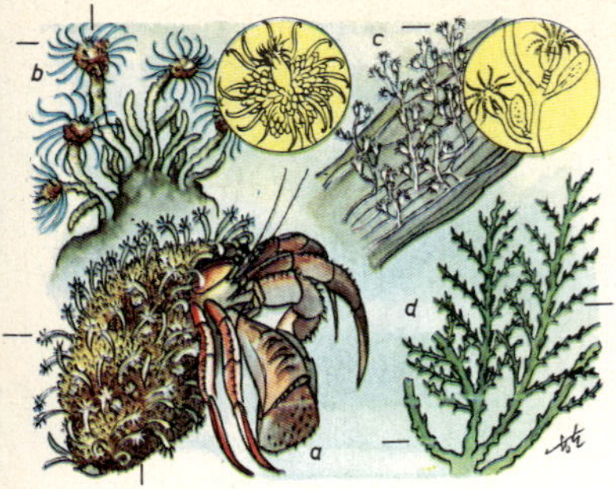

Der **Stachelpolyp** (a *Hydractínia echináta*; 1,2 cm hoch; Tentakelkranz annähernd doppelt, Stacheln zwischen den Polypen), der **Flaschenpolyp** (b *Tubulária lárynx*; bis 7 cm; Tentakeln in 2 Kreisen, unterer Kreis mit etwa 20, oberer mit 14—20 Tentakeln), der **Glockenpolyp** (c *Obélia [Laomedéa] geniculáta*; bis 4 cm; Einzelpolypen stehen abwechselnd, Medusen mit 16 bis 20 Tentakeln) und der **Spindelpolyp** (d *Halécium halécinum*; bis 10 cm; Stöcke fächerförmig, Mittelstamm kräftig) sind **Hydraähnliche (Polypomedusen)** der Nordsee, selten auch der westl. Ostsee, z. T. auch im Mittelmeer.

Alle Hohltiere der Tabelle gehören zu den **Hydraähnlichen (Polypomedusen).** Der Büschelpolyp lebt in der Nord- und Ostsee, das Ästige Seemoos im Mittelmeer auf Tangen bzw. auf Steinen. Die übrigen Arten kommen vorwiegend in der Nordsee vor; das Seemoos bildet im Wattenmeer ausgedehnte Rasen; das Korallenmoos bevorzugt Austernbänke; Blindsackpolypen heften sich an Steinen und Muschelschalen fest.

	Seemoos	Korallenmoos	Blindsackpolyp	Büschelpolyp	Tonnenpolyp	Ästiges Seemoos
wissenschaftl. Name	*Sertulária cupressina*	*Hydrallmánia falcáta*	*Abietinária abiétina*	*Dynaména púmila*	*Sertularélla polyzónias*	*Eudéndrium ramósum*
Größe	bis 45 cm	bis 45 cm	bis 30 cm	bis 2,5 cm	bis 3,5 cm	5–10 cm
Besondere Kennzeichen	Stöcke groß, gebüschelt, Polypen 2zeilig angeordnet	Stämmchen spiralig gewunden, Glocken sitzen in Reihe am Zweig	Stöcke kräftig, in einer Ebene, Stamm einfach, Ästchen abwechselnd	Stöcke unverzweigt, kriechend, Polypen gegenständig	Stöcke wenig verzweigt, Polypen tonnenförmig	Polypenstock einachsig, Polypen ohne becherförmige Hülle

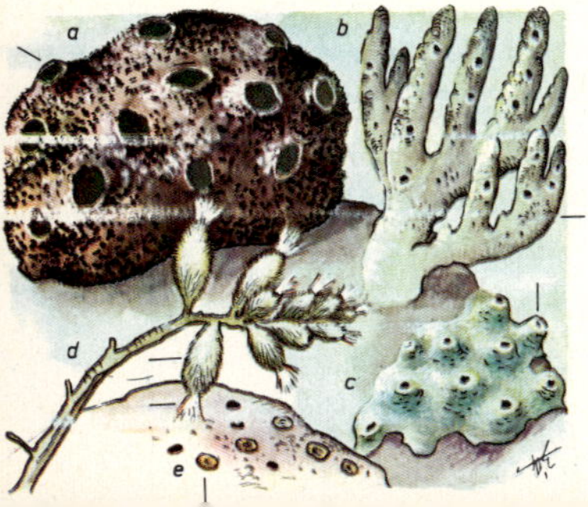

Der **Badeschwamm** (a *Euspóngia officinális*; bis kopfgroß; Skelett hornig) ist ein **Hornschwamm**, der **Geweihschwamm** (b *Haliclóna oculáta*; bis 30 cm; Stämmchen geweihartig) und der **Brotkrumenschwamm** (c *Halichóndria panícea*; bis 10 cm; Ausströmungsöffnungen turmförmig) sind **Hornkieselschwämme**, der **Syconschwamm** (d *Sýcon raphánus*; 3—4 cm; mit „Nadelkragen") ist ein **Kalkschwamm**, der **Bohrschwamm** (e *Clióna celáta*; Bohrlöcher rund, 2—3 mm ∅) ist ein **Strahlschwamm**, der in Kalkstein bohrt.

Wiesen und Weiden

Natürliche Wiesen gibt es nur in den regelmäßig überschwemmten Gebieten an Flußufern und über der Baumgrenze in Hochgebirgen. Bei beiden Wiesenformen wird die natürliche Bewaldung durch äußere Umstände verhindert, bei den **Überschwemmungs-** oder **Niederungswiesen** durch den Eisgang im Winter, bei den als **Matten** bekannten **Hochgebirgswiesen** durch die klimatischen Bedingungen. Alle anderen Wiesen sind **Kunstwiesen** oder **Kunstweiden,** bei denen durch den Mähschnitt oder durch die Beweidung Baum- und Strauchwuchs niedergehalten werden. Die Charakterpflanzen aller Wiesen und Weiden sind ausdauernde Gräser. Sie ertragen nicht nur das wiederholte Mähen und den Weidegang, sondern die Grasnarbe wird dadurch sogar noch fester und dichter. Bis auf manche Kleearten sind alle anderen Pflanzen der Wiesen und Weiden für den Landwirt Unkräuter, die den Heuertrag mindern. Für den Naturliebhaber hingegen gewinnen die Wiesen gerade durch die bunte Mannigfaltigkeit der **Wiesenblumen** ihren besonderen Reiz. Je nach der Bodenbeschaffenheit unterscheidet man **Fettwiesen** mit hohem und **Magerwiesen** mit geringem Heuertrag. **Nasse Wiesen** bestehen oft vorwiegend aus Sauergräsern, die vom Vieh verschmäht werden. Der Ertrag solcher Wiesen dient als Stallstreu (**Riedwiesen** oder **Streuwiesen**). Durch den Heuschnitt ist auf allen Wiesen ein periodischer Wechsel zwischen Fülle und Leere. Dadurch wird das **Tierleben** stark beeinträchtigt, da für viele Arten die nötige Deckung fehlt. Trotzdem haben sich einige **Vögel** und **Säuger** an diesen Lebensraum angepaßt. Groß aber ist das Heer der **Insekten,** das während der Blütezeit auf der Wiese Nahrungs- und Wohnraum findet.

Der **Vielblütige Hahnenfuß** (a *Ranúnculus polyánthemus*; 25—60 cm; 5—7; Blütenstiele behaart, gefurcht, Grundblätter tief 3spaltig; ♃), der **Winterling** (b *Eránthis hiemális*; 4—15 cm; 2—3; Blüte gelb, einzeln, unter ihr 3 Hochblätter; ♃), das **Muschelblümchen** (c *Isopýrum thalictroides*; 10—30 cm; 4—5; Blätter blaugrün, Blüten 5zählig, hinfällig; ♃) und die **Italienische Waldrebe** (d *Clématis viticélla*; kletternd; 6—8; Blütenhüllblätter 4, dunkelviolett, am Rande filzig behaart; ♃) sind **Hahnenfußgewächse**, b und d aus Ziergärten verwildert; c kommt auch in Laubwäldern vor; selten.

In der Tabelle sind Pflanzen aus der Familie der **Hahnenfußgewächse** beschrieben. Das Scharbockskraut und die Hahnenfußarten sind häufig und weit verbreitet. Die Trollblume bevorzugt moorige Wiesen, besonders in der montanen Region, fehlt aber im Nordwesten Deutschlands ganz; die Stinkende Nieswurz kommt wild nur in Thüringen, Süddeutschland und weiter südlich vor, besonders in Bergwäldern und auf steinigen Triften mit Kalkboden.

	Scharbockskraut	Scharfer Hahnenfuß	Kriechender Hahnenfuß	Knolliger Hahnenfuß	Trollblume	Stinkende Nieswurz
wissenschaftl. Name	*Ranúnculus ficária*	*Ranúnculus ácer*	*Ranúnculus répens*	*Ranúnculus bulbósus*	*Tróllius europǽus*	*Helléborus fœ́tidus*
Größe; Blütez.	bis 20 cm; 3—4	30–100 cm; 5–10	bis 50 cm; 5—8	5—40 cm; 5—8	5—70 cm; 5—6	15–100 cm; 3–4
Besondere Kennzeichen	Grundblätter herznierenförmig, Kelchblätter 3, Blumenblätter 8–12, Brutknollen in Blattachseln; ♃	Grundblätter 5- bis 7teilig, langgestielt, Blütenboden kahl, Blütenstiel rund; ♃	Grundblätter 3zählig bis gefiedert, Stengel treibt Ausläufer, Blütenstiel gerieft; ♃	Stengel unterirdisch knollig verdickt, Kelchblätter 5, zurückgeschlagen; ♃	Stengel unverzweigt, Blütenhüllblätter 5—10, kugelig zusammengeneigt; ♃	Stengel vom Grunde an beblättert, Blütenhüllblätter glockig, stinkend; ♃

Die **Schmalblättrige Wiesenraute** (a *Thalictrum simplex*; 30—120 cm; 6—7; Fiedern länglich oder linealisch; ♃), die **Akeleiblättrige Wiesenraute** (b *Thalictrum aquilegifólium*; 30—150 cm; 5—7; Staubfäden keulenförmig; ♃), die **Kleinblättrige Wiesenraute** (c *Thalíctrum minus*; 30—150 cm; 5—7; Fiedern klein, so lang wie breit; ♃) und die **Glänzende Wiesenraute** (d *Thalíctrum lúcidum*; 60—120 cm; 6—8; Blüten aufrecht; ♃) sind **Hahnenfußgewächse** auf Moorwiesen; a fehlt in Nordwestdeutschland.

Der **Moor-Steinbrech** (a *Saxifraga hirculus*; 10—40 cm; 7—9; Rosettenblätter am Stielgrund behaart, Kelchblätter zurückgeschlagen; ♃) und das **Herzblatt** (b *Parnássia palústris*; 15—45 cm; 7–9; Blätter herzförmig, die grundständigen langgestielt, Stengel mit nur 1 Laubblatt; ♃) sind **Steinbrechgewächse,** der **Zwerg-Schneckenklee** (c *Medicágo mínima*; 5—30 cm; 4—7; Blättchen behaart, Hülse mit 2 bis 7 Windungen, stachelig; ⊙) ist ein **Schmetterlingsblütler** und das **Knollige Mädesüß** (d *Filipéndula hexapétala*; 30—60 cm; 5—7; Stengel stielrund, Blätter mit mehr als 20 Fiedern; ♃) ist ein **Rosengewächs.**

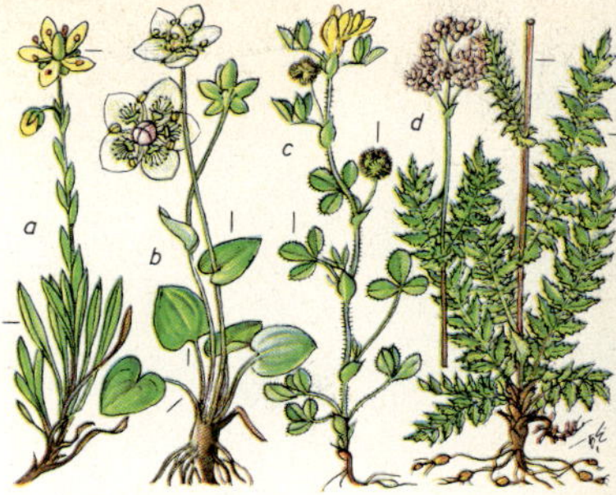

In der Tabelle sind Pflanzen aus der Familie der **Rosengewächse** beschrieben. Die Blutwurz, der Gemeine Frauenmantel und die Echte Nelkenwurz wachsen häufig auf Wiesen, in Wäldern und im Gebüsch, die Blutwurz besonders auf Heidewiesen. Die Bach-Nelkenwurz und der Große Wiesenknopf siedeln verbreitet auf Wiesen, die Bach-Nelkenwurz außerdem in Hochstaudenfluren und in Au- und Bruchwäldern. Der Kleine Wiesenknopf kommt zerstreut auf trockenen Wiesen und auf Geröll vor.

	Blutwurz	Gemeiner Frauenmantel	Bach-Nelkenwurz	Echte Nelkenwurz	Großer Wiesenknopf	Kleiner Wiesenknopf
wissenschaftl. Name	*Potentilla eréсta*	*Alchemílla vulgáris*	*Géum rivále*	*Géum urbánum*	*Sanguisórba officinális*	*Sanguisórba minor*
Größe; Blütez.	5—40 cm; 5—8	10—50 cm; 5—9	30—50 cm; 4—5	25—50 cm; 5—10	40—120 cm; 6—9	10—40 cm; 5—6
Besondere Kennzeichen	Blumenblätter 4, Nebenblätter fingerförmig, Wurzelstock im Schnitt blaßrot; ♃	Blattstiel länger als 5 cm, Blattspreite 7- bis 11lappig, Staubblätter 4; ♃	Blüten nickend, Nebenblätter klein, Endfieder 3lappig; ♃	Blüten aufrecht, Blumenblätter hellgelb, außen rot, Nebenblätter groß; ♃	Blüten in walzlichen Ähren, dunkelblutrot, Fiederblättchen 7—13; ♃	Blüten in kugeligen Ähren, grün, später rötlich, Fiederblättchen 9—25; ♃

Der **Sichel-Klee** (a *Medicágo falcáta*; 20—60 cm; 5—9; Blüten in kopfigen Trauben, Frucht meist sichelförmig; ♃), der **Hopfen-Klee** (b *Medicágo lupúlina*; 10—30 cm; 5—9; Fiederblätter behaart, Blütenstände klein; ⊙—♃), der **Mittlere Klee** (c *Trifólium médium*; 7—70 cm; 6—8; Fiederblätter sehr fein gezähnelt, Köpfchen 2—3 cm lang, Kelchröhre kahl; ♃) und der **Blaßgelbe Klee** (d *Trifólium ochroleúcum*; 20—50 cm; 6—7; Nebenblätter zottig behaart; ♃) sind **Schmetterlingsblütler** auf Wiesen und an Wegrändern.

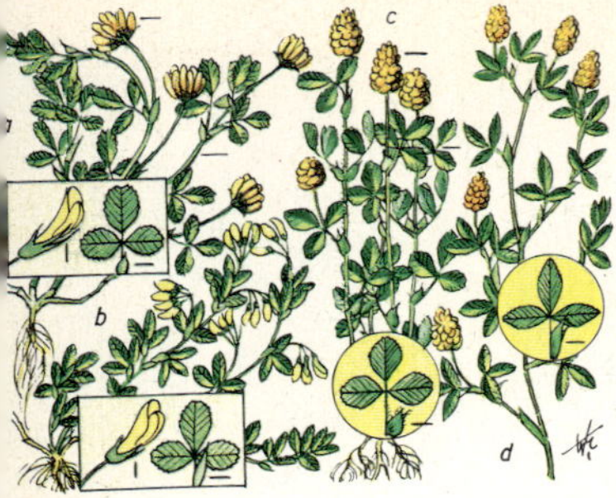

Der **Zwerg-Klee** (a *Trifólium dúbium*; 10—30 cm; 5—10; Stengel fadenförmig, Blüten in Köpfchen zu 5—15, 2 Kelchzähne sehr lang; ⊙—⊙), der **Kleinste Klee** (b *Trifólium micránthum*; bis 10 cm; 5—7; Stengel sehr dünn, niederliegend, 2—6 Blüten je Köpfchen; ⊙; nur in Schleswig), der **Gelbe Acker-Klee** (c *Trifólium campéstre*; 5—30 cm; 6—9; Endfiederblatt länger gestielt als die seitlichen Blättchen; ⊙—⊙) und der **Gold-Klee** (d *Trifólium strépens*; bis 40 cm; 6—8; Stengel steif aufrecht, Fiederblätter alle kurz gestielt; ⊙; vorwiegend in der Bergregion) sind **Schmetterlingsblütler** auf Wiesen.

Kleearten gehören zur Familie der **Schmetterlingsblütler.** Von den Pflanzen der Tabelle kommen nur der Wiesen-Klee und der Weiß-Klee verbreitet vor, letzterer auch auf Magerrasen und an Wegrändern. Der Streifen-Klee wächst zerstreut auf trockenen Weiden und sandigen Äckern, der Rauhe Klee ist nur im oberen Rheintal zu finden, und der Berg-Klee bewohnt trockene Wiesen und lichte Wälder des Hügellandes, fehlt aber in Nordwestdeutschland. Der Erdbeer-Klee liebt sumpfige Wiesen, besonders auf salzhaltigem Boden.

	Wiesen-Klee	Streifen-Klee	Rauher Klee	Erdbeer-Klee	Berg-Klee	Weiß-Klee
wissenschaftl. Name	*Trifólium praténse*	*Trifólium striátum*	*Trifólium scábrum*	*Trifólium fragiferum*	*Trifólium montánum*	*Trifólium répens*
Größe; Blütez.	15—40 cm; 6—9	5—30 cm; 5—8	3—20 cm; 5—7	8—30 cm; 6—9	20—60 cm; 5—8	3—20 cm; 5—9
Besondere Kennzeichen	Nebenblätter mit scharfer Spitze, Blüten purpurn, selten weiß, Kelch 10rippig, behaart; ♃	Fiederblätter beiderseits behaart, Blütenstand eiförmig bis walzlich; ⊙—⊙	Fiederblätter scharf gezähnt, Blumenblätter weißlich, kürzer als Kelchzähne; ⊙	Blüten klein hellrosarot, Köpfchen kugelig, Blättchen fein gezähnelt; ♃	Stengel seidig wollig behaart, Blättchen stachelig gezähnelt; ♃	Nebenblätter trockenhäutig, mit Granne, Köpfchen kugelig, lang gestielt; ♃

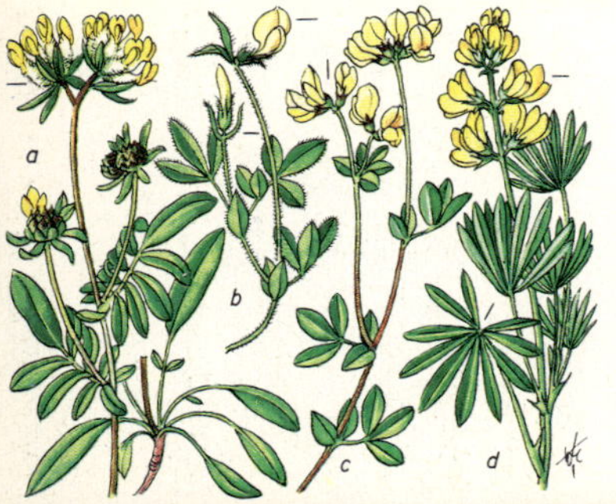

Der **Wund-Klee** (a *Anthýllis vulnerária*; 5—50 cm; 5—9; Stengelblätter gefiedert, Kelch zottig-filzig; ♃), die **Spargelbohne** (b *Lótus siliquósus*; 10—30 cm; 5—7; Blüten über 2 cm lang, einzeln; ♃), der **Gemeine Hornklee** (c *Lótus corniculátus*; 10—45 cm; 5—9; Stengel scharfkantig, Blüten in Dolden, meist zu 3—6; ♃) und die **Gelbe Lupine** (d *Lupínus lúteus*; 15—70 cm; 6—9; Blätter 5- bis 9zählig gefingert, Blüten in Quirlen; ⊙; westliches Mittelmeergebiet) sind **Schmetterlingsblütler** auf Wiesen.

Der **Zottige Spitzkiel** (a *Oxýtropis pilósa*; 15—30 cm; 6—8; Blüten hellgelb, in fast kugeligen Köpfchen, Pflanze abstehend weiß behaart; ♃), der **Kicher-Tragant** (b *Astrágalus cicer*; 20—80 cm; 6—8; Blätter 17- bis 25zählig gefiedert, Blüten blaßgelb, in eiförmiger, langgestielter Traube; ♃), der **Dänische Tragant** (c *Astrágalus dánicus*; 5—16 cm; 5—6; Blüten blauviolett, am Grunde gelblichweiß, in kugeligen Köpfchen; ♃) und die **Wiesen-Platterbse** (d *Láthyrus praténsis*; 30—100 cm; 6—7; Blätter mit 1 Paar Fiedern, Blüten in Trauben zu 1—10; ♃) sind **Schmetterlingsblütler** auf Wiesen.

Das Moor-Veilchen ist selten und kommt nur in Osteuropa (auch schon in der Lausitz, früher sogar in Sachsen) vor. Alle anderen **Veilchengewächse** der Tabelle sind verbreitet, das Sumpf-Veilchen und das Torf-Veilchen auf Hoch- und Flachmoorwiesen, letzteres nur in Schleswig-Holstein sowie in Nordost- und Osteuropa. Das Zwerg-Veilchen bewohnt Magerwiesen, vornehmlich im Gebiet der großen Ströme.

	Moor-Veilchen	Sumpf-Veilchen	Torf-Veilchen	Bleiches Torf-Veilchen	Zwerg-Veilchen	Hunds-Veilchen
wissenschaftl. Name	*Víola uliginósa*	*Víola palústris*	*Víola epipsila*	*Víola stagnína*	*Víola púmila*	*Víola canína*
Größe; Blütez.	10—15 cm; 4—6	5—25 cm; 6—7	6—12 cm; 5	6—25 cm; 5—7	1—10 cm; 5—6	5—30 cm; 4—6
Besondere Kennzeichen	Blattstiel geflügelt, Blattspreite herzeiförmig, gekerbt; ♃	Blütenstiel etwa in der Mitte mit 2 Vorblättern, Blätter rosettig zu 2—6; ♃	Vorblätter höher als bei voriger Art, im oberen Drittel, Rosette mit 2 Blättern; ♃	Blattstiel oberwärts geflügelt, Blätter länglich-lanzettlich, Sporn sehr kurz; ♃	Blätter lanzettlich, Blattstiel breit geflügelt, Nebenblätter groß; ♃	Blätter lang-gestielt, derb, Nebenblätter 5—10 mm lang, behaart; ♃

Geißraute (a *Galéga officinális*; 40—100 cm; 7—8; Blätter 11- bis 17zählig gefiedert; ♃; **Schmetterlingsblütler**), **Wiesen-Schaumkraut** (b *Cardámine praténse*; 15—50 cm; 5; Blätter fiederschnittig; ♃; **Kreuzblütler**), **Wiesen-Storchschnabel** (c *Gerániun praténse*; 30—70 cm; 6—8; Blätter 5- bis 7teilig; ♃; **Storchschnabelgew.**), **Purgier-Lein** (d *Linum cathárticum*; 3—30 cm; 6—8; Stengel dünn; (⊙)) und **Schmalblättriger Lein** (e *Linum tenuifólium*; 10—70 cm; 6—7; Blüten rosa; ♃; **Leingew.**) wachsen auf Wiesen.

Die **Möhre** (a *Daúcus caróta*; 25—80 cm; 6—10; Dolde nestähnlich, ihre Mittelblüte unfruchtbar, oft dunkelrot; ⊙), die **Kleine Bibernelle** (b *Pimpinélla saxífraga*; 25—80 cm; 6—10, Blätter einfach gefiedert, obere Blattscheiden mit verkümmerter Spreite, Hülle und Hüllchen fehlen; ♃) und der **Wiesen-Bärenklau** (c *Heracléum sphondýlium*; 60—120 cm; 5—10; Stengel kantig gefurcht, nebst den Blättern sehr rauhhaarig, Blüten weiß, in der Form sehr variabel; ♃) aus der Familie der **Doldengewächse** sind auf Wiesen und Weiden verbreitet, b vor allem auf Trockenrasen und Hügeln, c auch im Gebüsch.

Alle Pflanzen der Tabelle gehören zur Familie der **Doldengewächse.** Die Bärwurz wächst auf Bergwiesen der Alpen und Mittelgebirge, der Steppenfenchel auf Trockenrasen, grasigen Hügeln und Waldblößen; alle anderen bevorzugen feuchte Wiesen, die Sumpf-Brenndolde insbesondere Moor- und Waldwiesen sowie Grabenränder. Die Kümmelblättrige Silge kommt verbreitet vor, alle anderen zerstreut; die Sumpf-Engelwurz findet man nur in Norddeutschland und manchen Gebieten östlich der Elbe.

	Kümmelblättr. Silge	Sumpf-Engelwurz	Wald-Engelwurz	Sumpf-Brenndolde	Bärwurz	Steppen-fenchel
wissenschaftl. Name	*Selinum carvifólia*	*Angélica palústre*	*Angélica silvéstris*	*Cnidium dúbium*	*Méum athamánthicum*	*Séseli ánnuum*
Größe; Blütez.	30–150 cm; 7–8	50–120 cm; 7–8	50–150 cm; 7–9	30–60 cm; 7–10	15–60 cm; 5–7	3–80 cm; 7–8
Besondere Kennzeichen	Blättchen mit weiß-stacheligen Zipfeln, Stengel geflügelt-kantig; ♃	Stengel scharfkantig gefurcht, Blattfiedern mit Knorpelspitzen; ♃	Stengel stielrund, fein gerillt, Blattstiel rinnig, Blätter 2- bis 3fach gefiedert; ♃	Fiedern 1. Ordnung ungestielt, Zipfel der Früchte schwach geflügelt; ⊙	Fiederblättchen haarförmig zerteilt, Blüten gelblichweiß; ♃	Hüllblätter länger als das Döldchen, Blüten weiß oder rötlich; ⊙–♃

Der **Echte Haarstrang** (a *Peucédanum officinále*; bis 2 m; 7—9; Blätter 3- bis 6mal dreizählig gefiedert, Blüten klein, blaßgelb; ♃), der **Sumpf-Haarstrang** (b *Peucédanum palústre*; 50—150 cm; 7—8; Stengel hohl, kantig gefurcht, Hüllblätter und Hüllchenblätter lanzettlich; ⊙) und die **Wiesensilge** oder der **Silau** (c *Sílaum sílaus*; 60—90 cm; 5—9; Fiederblättchen bis 2 cm lang, stachelspitzig, Blüten grünlichgelb; ♃) sind häufige **Doldengewächse** auf Wiesen und Weiden, c ist in nördlichen Gebieten selten.

Die **Kalk-Kreuzblume** (a *Polýgala calcáreum*; bis 10 cm; 4—6; Stengel niederliegend, Blätter nicht bitter, Blütenstände zu mehreren; ♃), die **Schopfige Kreuzblume** (b *Polýgala comósum*; 8—35 cm; 5—7; Blütentraube zuerst schopfig, zunächst von den Hochblättern überragt; ♃), die **Bittere Kreuzblume** (c *Polýgala amárum*; 3—15 cm; 5—8; Blütenstand entspringt mitten aus der Rosette; ♃) sind **Kreuzblumengewächse,** die **Esels-Wolfsmilch** (d *Euphórbia ésula*; 30 bis 80 cm; 6—8; Hauptdolde vielstrahlig, Blätter 3—5 mm breit, an der Spitze fein gezähnelt; ♃) ist ein **Wolfsmilchgewächs** auf Weiden.

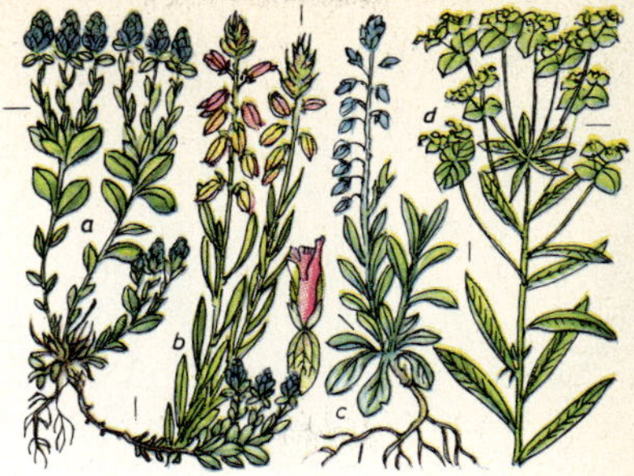

Die **Knöterichgewächse** der Tabelle sind durchweg häufige und verbreitete Pflanzen, der Reichblütige Ampfer und der Krause Ampfer auf Sumpfwiesen und an Ufern, der Kleine und der Große Ampfer auf Wiesen und auf Triften, Brach- und Sandfeldern, der Schlangen-Knöterich auf feuchten Wiesen, besonders an moorigen Stellen, der Wasserpfeffer auf nassen Wiesen und an feuchten Orten, besonders auch an Graben- und Seeufern.

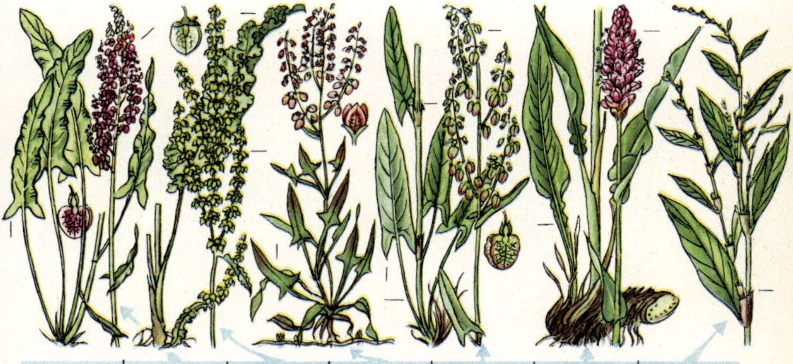

	Reichblütiger Ampfer	**Krauser Ampfer**	**Kleiner Ampfer**	**Großer Ampfer**	**Schlangen-Knöterich**	**Wasserpfeffer**
wissenschaftl. Name	*Rúmex thyrsiflórus*	*Rúmex críspus*	*Rúmex acetosélla*	*Rúmex acetósa*	*Polýgonum bistórta*	*Polýgonum hydropíper*
Größe; Blütez.	30–60 cm; 6–8	50–100 cm; 5–7	5–15 cm; 5–7	30–100 cm; 6–8	30–100 cm; 5–7	8–100 cm; 7–9
Besondere Kennzeichen	Blütenstand dicht, lebhaft rot, Tüte gezähnt oder geschlitzt; ♃	Grundblätter am Rande wellig kraus, Blattstiel oberseits flach; ♃	Blätter spießförmig, lanzettlich oder lineal, Pflanze zweihäusig; ♃	Grundblätter langgestielt, eiförmig-länglich, Pflanze zweihäusig; ♃	Ähre dichtblütig, rosarot, Blätter eiförmig, am Grunde oft herzförmig; ♃	Blätter lanzettlich, pfefferartig schmeckend, Blattscheide ungleich lang bewimpert; ⊙

Das **Bayrische Leinblatt** (a *Thésium bávarum*; 30—70 cm; 5—7; Blätter 3—7 mm breit, 3- bis 5nervig; ♃), das **Wiesen-Leinblatt** (b *Thésium pyrenáicum*; 10—50 cm; 5—7; Blätter 3nervig, Blüten mit 3 Hochblättern; ♃; fehlt in Norddeutschland), das **Schopfige Leinblatt** (c *Thésium ebracteátum*; 7—30 cm; 5—6; Blüte mit 1 Hochblatt; ♃) und das **Schnabelfrüchtige Leinblatt** (d *Thésium rostrátum*; 15—30 cm; 4—5; Stengel in Büscheln, Blüte mit 1 Hochblatt; ♃; Alpen) sind **Leinblattgewächse** auf Bergwiesen.

Die **Kuckucks-Lichtnelke** (a *Lýchnis flós cúculi*; bis 1 m; 5—8; Blumenblätter fleischrot, mit 4 schmalen Zipfeln; ♃), die **Karthäuser Nelke** (b *Diánthus carthusianórum*; 2—70 cm; 6—8; Blüten purpurn, bis zu 10 im Köpfchen; ♃), die **Heide-Nelke** (c *Diánthus deltoides*; 5—50 cm; 6—9; Stengel kurzhaarig, Blumenblätter mit weißen Punkten und dunklem Ring; ♃) und die **Pracht-Nelke** (d *Diánthus supérbus*; 20 bis 80 cm; 6—9; Blumenblätter bleichrosa bis purpurn, zerschlitzt; ♃; fehlt in Nordwestdeutschland) sind **Nelkengewächse**, a auf feuchten Wiesen, b—c auf Trockenrasen und Sandfeldern.

Von den **Nelkengewächsen** der Tabelle wachsen die Spurre, das Sand-Hornkraut und das Acker-Hornkraut allgemein verbreitet, die Sand-Nelke zerstreut auf Trockenrasen und auf Sandfeldern, in Kiefernwäldern, in Heiden und auf Dünen. Die Bach-Sternmiere trifft man häufig auf Sumpfwiesen und an Ufern. Das Gemeine Hornkraut kommt auf Trockenwiesen, auf Felstriften und auf Sandfeldern vor, im Gebirge bis 2500 m hoch.

	Sand-Nelke	Spurre	Bach-Sternmiere	Sand-Hornkraut	Gemeines Hornkraut	Acker-Hornkraut
wissenschaftl. Name	*Diánthus arenárius*	*Holósteum umbellátum*	*Stellária alsine*	*Cerástium semidecándrum*	*Cerástium caespitósum*	*Cerástium arvénse*
Größe; Blütez.	10–30 cm; 6–8	5–30 cm; 3–4	bis 25 cm; 5–6	3–20 cm; 3–5	10–35 cm; 5–10	10–30 cm; 4–6
Besondere Kennzeichen	Stengel ein- oder wenigblütig, Blumenblätter weiß, am Schlunde gebärtet; ♃	Blüten doldig, zu 3–15, weiß oder rötlich, Fruchtstiele abwärts gerichtet; ⊙	Blätter blaugrün, Fruchtstiele hakig abwärts gebogen; ♃	Blumenblätter alle 2–5 mm lang, Kelchblätter an der Spitze gezähnelt; ⊙	Nichtblühende Triebe kurz, Blumenblätter 6–7 mm lang, Kelchblätter an der Spitze ganzrandig; ♃	Blüten groß, Blätter linealisch, Fruchtstiele aufrecht; ♃

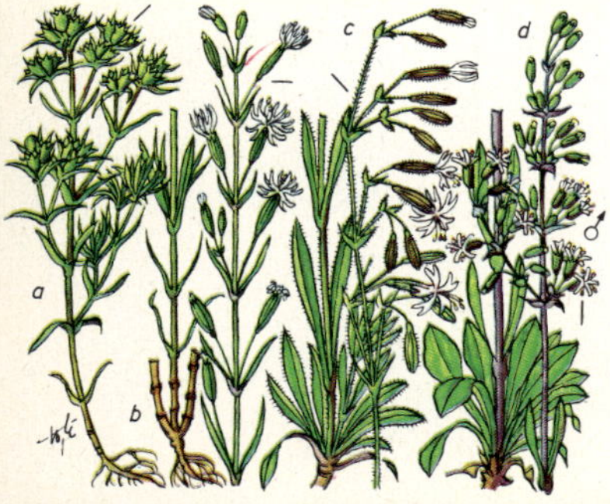

Der **Einjährige Knäuel** (a *Scleránthus ánnuus*; 2—20 cm; 3—10; Kelchzipfel spitz, Blumenblätter fehlen; ⊙—⊙⊙), das **Tataren-Leimkraut** (b *Siléne tatárica*; 30—60 cm; 7—9; Blüten in aufrechten Scheintrauben; ♃; Odertal, SO-Europa), das **Nickende Leimkraut** (c *Siléne nútans*; 25—70 cm; 6—8; Rispe einseitig überhängend; ♃) und das **Ohrlöffel-Leimkraut** (d *Siléne otites*; 20—60 cm; 5—8; Blumenblätter ungeteilt, Pflanze meist 2häusig; ⊙—♃) aus der Familie der **Nelkengewächse** wachsen auf trockenen Wiesen.

Das **Aufgeblasene Leimkraut** (a *Siléne cucúbalus*; 20—100 cm; 5—9; Blumenblätter 2spaltig, Blätter blaugrün; ♃), das **Knotige Mastkraut** (*b Sagina nodósa*; 5—15 cm; 6—8; Kelch und Krone 5zählig, Kelch halb so lang wie die Blumenblätter; ♃), die **Steife Miere** (c *Minuártia stricta*; 5—20 cm; 6—8; Blütenstiele auffallend lang; ♃; sehr selten, in Süddeutschland) und der **Fünfmännige Spark** (d *Spérgula pentándra*; 5—20 cm; 4—5; Blätter unterseits ohne Furche, Samen breit weiß berandet, Staubblätter 5; ⨀) aus der Familie der **Nelkengewächse** wachsen auf Wiesen, d besonders auf Sandfeldern.

Die **Enziangewächse** der Seitenmitte stehen unter **Naturschutz.** Sie bewohnen trockene Wiesen, auch moorige Weiden und Flachmoore. Am weitesten ist der Lungen-Enzian verbreitet. Der Kreuz-Enzian fehlt in Nordwest- und Norddeutschland, der Deutsche Enzian in Norddeutschland und der Bittere Enzian in Süddeutschland. Karpaten-Enziane wachsen im Riesengebirge, Schwalbenwurz-Enziane in den Alpen, dem Alpenvorland und im Riesengebirge.

	Kreuz-Enzian	Lungen-Enzian	Karpaten-Enzian	Deutscher Enzian	Bitterer Enzian	Schwalbenwurz-Enzian
wissenschaftl. Name	*Gentiána cruciáta*	*Gentiána pneumonánthe*	*Gentiána praécox*	*Gentiána germánica*	*Gentiána amarélla*	*Gentiána asclepiadéa*
Größe; Blütez.	15–50 cm; 7–10	15–40 cm; 7–10	15–45 cm; 6–10	3–45 cm; 5–10	3–30 cm; 6–10	15–70 cm; 7–9
Besondere Kennzeichen	je 2 gegenständige Blätter in einer Scheide verwachsen, Blüte meist 4zählig; ♃	Blüten einzeln, Blumenkrone 5spaltig, außen mit 5 grünen Streifen; ♃	Stengel erst über der Mitte verzweigt, Blüten zahlreich, lila; ⊙	Stengel unten einfach, oben ästig, Kelchzipfel umgerollt, am Rande rauh; ⊙	Blumenkrone 9–18 mm lang, violett, selten gelblich, mit 4 oder 5 Zähnen; ⊙	Blüten blau, selten gelblichweiß, zu 1–3 in Blattachseln, Blütenstiel 2–10 mm lang; ♃

Das **Echte Tausendgüldenkraut** (a *Centaúrium umbellátum*; 8—40 cm; 7—9; Stengelblätter eiförmig-lanzettlich; ⨀), das **Strand-Tausendgüldenkraut** (b *Centaúrium vulgáre*; 3—25 cm; 7—10; Stengelblätter linealisch; ⨀), das **Ästige Tausendgüldenkraut** (c *Centaúrium pulchéllum*; 2—15 cm; 6—10; ohne grundständige Blattrosette; ⨀) und der **Tarant** oder **Sumpfenzian** (d *Swértia perénnis*; 12—70 cm; 7—9; Stengel oberwärts flügelig-4kantig; ♃) sind **Enziangewächse** auf Wiesen.

Die **Bunge** (a *Sámolus valerándi*; 15—50 cm; 6—9; Blütenstiel auf halber Höhe mit lanzettlichem Tragblatt; ♃; salzliebend) und das **Pfennigkraut** (b *Lysimáchia nummulária*; 10 bis 50 cm; 5—7; kriecht flach auf dem Boden, Blüten gelb, groß; ♃) sind **Primelgewächse,** die **Wegerich-Grasnelke** (c *Arméria pseudarméria*; 30—50 cm; 6—7; Blätter lanzettlich, 6—12 cm lang, Blüten hellkarminrot; ♃; selten und nur im Mittelrheintal) ist ein **Grasnelkengewächs,** und der **Genfer Günsel** (d *Ájuga genevénsis*; 5—30 cm; 8—9; Blätter zottig behaart; ♃) ist ein **Lippenblütler** auf Wiesen, c — d auf Trockenrasen.

Von den **Lippenblütlern** der Tabelle kommen der Kriechende Günsel, die drei Braunellenarten und der Wiesen-Salbei verbreitet auf Wiesen und Trockenrasen vor, die Braunellen auch an Waldrändern, die Weiße Braunelle häufiger nur am Rhein, sonst zerstreut. Der Wald-Salbei ist auf Trockenrasen und in lichten Wäldern stellenweise eingebürgert.

	Kriechender Günsel	Gemeine Braunelle	Großblütige Braunelle	Weiße Braunelle	Wald-Salbei	Wiesen-Salbei
wissenschaftl. Name	*Ájuga réptans*	*Prunélla vulgáris*	*Prunélla grandiflóra*	*Prunélla laciniáta*	*Sálvia nemorósa*	*Sálvia praténsis*
Größe; Blütez.	4–50 cm; 4–6	5–60 cm; 5–10	6–35 cm; 6–8	5–30 cm; 6–8	30–90 cm; 6–7	15–70 cm; 6–8
Besondere Kennzeichen	Pflanze mit Ausläufern, untere Tragblätter der Blüten laubblattartig; ♃	Blüten blauviolett, 7–15 mm lang, mit gerader Röhre, in Köpfchen; ♃	Blüten blauviolett, 20–25 mm lang, mit gekrümmter Röhre, in Köpfchen; ♃	obere Blätter fiederspaltig, samt Stengel dicht behaart, Blüten gelblich-weiß; ♃	Hochblätter meist violett, lang zugespitzt, Blüten blau, selten rot oder weiß, „plump"; ♃	Blüten groß, blau, zuweilen rot oder weiß, Blätter eiförmig, am Grunde herzförmig; ♃

Das **Kleine Helmkraut** (a *Scutellária minor*; 7 bis 25 cm; 7—8; Blumenkrone klein, 6—8 mm lang; ♃; fehlt in Nord- und Nordwestdeutschland) und der **Dost** (*b Origanum vulgáre*; 25—80 cm; 7—9; Blüten fast radiär; ♃; fehlt in Nordwestdeutschland) sind **Lippenblütler,** die **Himmelsleiter** (c *Polemónium coerúleum*; 20—50 cm; 6—9; Blüten blau, radförmig; ♃) ist ein **Sperrkrautgewächs** und der **Gemeine Beinwell** (d *Sýmphytum officinále*; 20—120 cm; 5—7; Blüten rosa oder weiß; ♃) ist ein **Rauhblattgewächs.**

Der **Kleine Klappertopf** (a *Rhinánthus minor*; 10—60 cm; 5—7; Blumenkrone mit fast gerader Röhre, 1,5 cm lang; ⊙), der **Große Klappertopf** (b *Rhinánthus gláber*; 12—60 cm; 5—7, Blumenkrone mit schwach aufwärts gebogener Röhre, 2 cm lang, Tragblätter bleichgrün; ⊙), der **Grannen-Klappertopf** (c *Rhinánthus angustifólius*; 10—100 cm; Tragblätter grannenartig gezähnt; ⊙) und der **Zottige Klappertopf** (d *Rhinánthus alectorólophus*; 15—80 cm; 5—9; Kelch weißwollig behaart; ⊙) sind Halbschmarotzer, Fam. der **Rachenblütler;** c—d fehlen in Norddeutschl.; c ist eine alpine, d eine mitteleurop. Art.

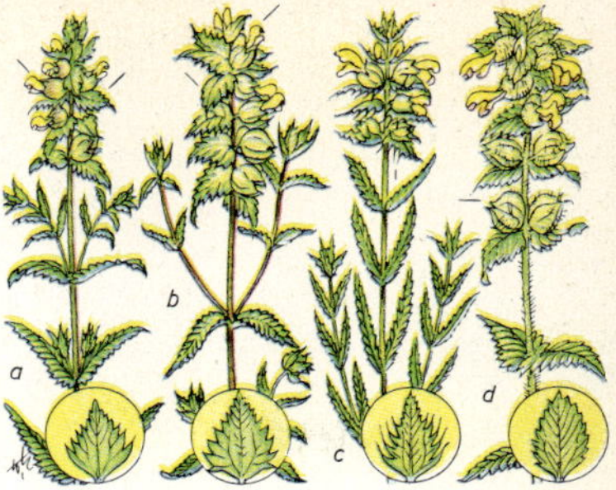

Bis auf die Violette Königskerze sind die **Rachenblütler** der Seitenmitte auf Wiesen, an buschigen Hängen und in lichten Wäldern verbreitet, der Hain-Augentrost nur in Westdeutschland und östlich der Elbe, der Salzburger Augentrost außer in den Alpen in Württemberg, auf der Bayerischen Hochebene und im Fränkischen Jura. Die Violette Königskerze wächst auf Steppenwiesen Südeuropas (in Deutschland selten und fast nur in den südlichen Gebieten).

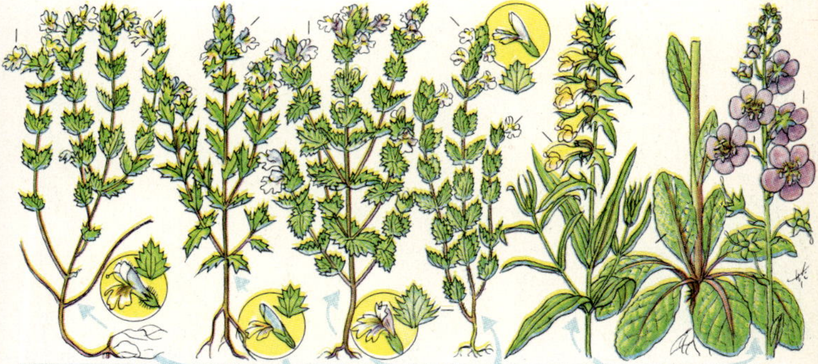

	Gemeiner Augentrost	Salzburger Augentrost	Aufrechter Augentrost	Hain-Augentrost	Wiesen-Wachtelweizen	Violette Königskerze
wissenschaftl. Name	*Euphrásia rostkoviána*	*Euphrásia salisburgénsis*	*Euphrásia officinális*	*Euphrásia nemorósa*	*Melampýrum praténse*	*Verbáscum phoeniceum*
Größe; Blütez.	4–50 cm; 5–10	5–25 cm; 6–8	2–40 cm; 5–10	7–15 cm; 8–10	10–30 cm; 6–9	15–90 cm; 5–6
Besondere Kennzeichen	Kelch drüsig behaart, kürzer als die Blumenkronröhre, Blüten weiß, Oberlippe violett; ⊙	Kelch kahl, Blüten weiß, Oberlippe blau, Stengelblätter mit 4–10 Zähnen; ⊙	Tragblätter mit 8–14 begrannten Zähnen, Blüten weiß oder violett; ⊙	Stengel vielästig, kurz flaumig, Blüten weiß, Unterlippe gelb gefleckt; ⊙	Hochblätter tief grannig gezähnt, Blüten gelb, Traube einseitswendig; ⊙	Blüten dunkelviolett, langgestielt, Blätter unterseits weichhaarig; ♃

Der **Große Wegerich** (a *Plantágo májor*; 1—70 cm; 5—11; Blätter breit-eiförmig, langgestielt, Ähre bis 16 cm lang; Insektenblütler; ♃), der **Mittlere Wegerich** (b *Plantágo média*; 15—60 cm; 5—10; Blätter in einen kurzen Stiel verschmälert, Ähre meist nur 3—6 cm lang; Insektenblütler; ♃), der **Spitz-Wegerich** (c *Plantágo lanceoláta*; 15—50 cm; 6—10; Blätter lanzettlich, mit 5 Nerven; ♃) und der **Strauchige Wegerich** (d *Plantágo cýnops*; 10—40 cm; Stengel verzweigt, Ähren kugelig; ♃; Südeuropa) sind **Wegerichgewächse.**

Das **Echte Labkraut** (a *Gálium vérum*; 15—80 cm; 6—10; Blätter quirlig, zu 6—12, Blüten gelb; ♃), das **Gemeine Labkraut** (b *Gálium mollúgo*; 20—60 cm; 6—8; Stengel bis unten vierkantig, Blätter meist 1nervig, in Quirlen zu 8, Kronzipfel haarspitzig; ♃) und das **Nordische Labkraut** (c *Gálium boreále*; 20—50 cm; 6—8; Stengel steif, vierkantig, Blätter 3nervig, in Quirlen zu 4; ♃) sind verbreitete **Labkrautgewächse,** der **Holunderblättrige Baldrian** (*d Valeriána sambucifólia*; 30—100 cm; 6—8; Blätter mit 7—11 Fiederblättern, Ausläufer lang, oberirdisch; ♃) ist ein **Baldriangewächs.**

Der Kleine Baldrian ist auf nassen Wiesen und in Flachmooren verbreitet; der Gemeine Feldsalat oder das Salat-Rapünzchen und der Geöhrte Feldsalat wohnen auf Grasplätzen und Äckern. Alle drei Arten sind **Baldriangewächse.** Die Glockenblumen gehören zu den **Glockenblumengewächsen** und siedeln verbreitet auf Wiesen, an Rainen und in Wäldern, die Wiesen-Glockenblume in Norddeutschland nur in Schleswig-Holstein.

	Kleiner Baldrian	Gemeiner Feldsalat	Geöhrter Feldsalat	Rundblättrige Glockenblume	Wiesen-Glockenblume	Rapunzel-Glockenblume
wissenschaftl. Name	*Valeriana dioíca*	*Valerianélla locústa*	*Valerianélla rimósa*	*Campánula rotundifólia*	*Campánula pátula*	*Campánula rapúnculus*
Größe; Blütez.	8–50 cm; 5–6	7–30 cm; 4–5	15–30 cm; 4–5	15–45 cm; 6–9	30–60 cm; 5–7	30–100 cm; 5–8
Besondere Kennzeichen	Stengelblätter meist mit 7 Fiedern, Grundblätter eiförmig, Blüten unvollkommen zweihäusig; ♃	Grundblätter spatelförmig, Stengelblätter zungenförmig, Früchte zusammengedrückt; ⊙	ähnlich voriger Art, aber Früchte kugelig, gedunsen, 5rippig; ⊙	untere Blätter rundlich, obere Blätter lanzettlich, Krone tiefblau, ca. 2 cm lang; ♃	Krone bis fast zur Mitte gespalten, blaulila, Rispenäste abstehend, armblütig; ⊙	Krone ähnlich voriger Art, aber Rispe mit kurzen, steifen, aufrechten Ästen; ♃

Das **Berg-Sandglöckchen** (a *Jasióne montána*; 10—50 cm; 6—9; Pflanze ohne Ausläufer, Blätter am Rande gewellt; ⊙), das **Ausdauernde Sandglöckchen** (b *Jasióne perénnis*; 3—60 cm; 7—8; Pflanze mit Ausläufern, Blätter flach; ♃; selten, Südwestdeutschland), die **Moorglocke** (*c Wahlenbérgia hederácea*; kriechend; 6—9; Blüten einzeln, lang gestielt; ♃; selten) und die **Kugelige Teufelskralle** (d *Phyteúma orbiculáre*; 5—70 cm; 5—9; Narben meist 3; ♃) sind **Glockenblumengewächse** auf Magerwiesen.

Das **Zwerg-Filzkraut** (a *Filágo mínima*; 2 bis 30 cm; 6—10; Blütenknäuel nicht von Hochblättern überragt, Köpfchen zu 2—7, Pflanze filzig behaart; ⊙), der **Weiden-Alant** (b *Ínula salícina*; 20—80 cm; 6—8; obere Blätter stengelumfassend, kahl, äußere Hüllblätter kürzer als die inneren, Früchte kahl; ♃), der **Wiesen-Alant** (c *Ínula británnica*; 70—100 cm; 7—11; Pflanze zottig behaart, auch die Früchte, obere Blätter stengelumfassend; ♃) und der **Berg-Wohlverleih** (d *Árnica montána*; 30—60 cm; 6—9; Blätter rosettig, Köpfchen groß, goldgelb; ♃) sind verbreitete **Korbblütler.**

Die **Korbblütler** der Tabelle gehören zu den **Röhrenblütigen.** Alle sind mehr oder weniger in ganz Deutschland heimisch, wo sie Wiesen und Weiden bewohnen. Nur die kalkliebenden, auf dürren und sonnigen Hügeln wachsenden Eberwurzarten meiden West- und Norddeutschland. Von der Großen Eberwurz oder Silberdistel wurde die langstengelige Form abgebildet; meistens fehlt bei dieser Art der Stengel ganz. Das Moor-Kreuzkraut findet man vorwiegend auf Sumpfwiesen und an Ufern, zuweilen auch im Wasser.

	Schafgarbe	Sumpf-Schafgarbe	Große Eberwurz	Kleine Eberwurz	Jakobs-Kreuzkraut	Moor-Kreuzkraut
wissenschaftl. Name	*Achilléa millefólium*	*Achilléa ptármica*	*Carlina acaúlis*	*Carlina vulgáris*	*Senécio jacobaéa*	*Senécio tubicaúlis*
Größe; Blütez.	15–50 cm; 6–10	30–60 cm; 6–10	bis 10 cm; 7–8	20–60 cm; 7–9	30–100 cm; 7–8	25–100 cm; 6–7
Besondere Kennzeichen	Blätter 2- bis 3mal fiederspaltig, Mittelstreif nicht gezähnt, Randblüten weiß oder rosa; ♃	Blätter ungeteilt, gesägt, sitzend, Randblüten 5–20, weiß; ♃	Stengel sehr kurz, Köpfchen einzeln, groß, innere Hüllblätter silberweiß; ♃	Stengel aufrecht, Köpfchen zu mehreren, innere Hüllblätter strohgelb; ⊙	untere Blätter leierförmig, fiederteilig, äußere Früchte kahl, innere dicht behaart; ⊙ – ♃	Pflanze gelbgrün, Stengel dick, hohl, zottig, Stengelblätter stengelumfassend; ♃

Das **Einjährige Berufkraut** (a *Erígeron ánnuus*; 50—120 cm; 6—10; Zungenblüten etwa doppelt so lang wie die Röhrenblüten, Pappus 2reihig, äußere Borsten viel kürzer; ⊙; stammt aus Nordamerika), das **Sumpf-Ruhrkraut** (b *Gnaphálium uliginósum*; 9—25 cm; 6—10; Stengel weißwollig, Köpfchenknäuel von Hochblättern überragt; ⊙) und das **Gelbe Ruhrkraut** (c *Gnaphálium lúteo-álbum*; 5—40 cm; 6—10; Köpfchenknäuel ohne Hochblätter; ⊙) sind **Röhrenblütige Korbblütler** auf Wiesen und an Wegen.

Die **Färberscharte** (a *Serrátula tinctória*; 10 bis 100 cm; 7—9; Köpfchen klein, walzlich, in Doldentrauben; Blüten purpurn; ♃), das **Gänseblümchen** (b *Béllis perénnis*; bis 20 cm; Blätter spatelförmig, rosettig; ♃) und die **Weiße Wucherblume** (c *Chrysánthemum leucánthemum*; bis 50 cm; 6—7; einköpfig, Blätter gezähnt bis gesägt; ♃) sind **Röhrenblütige Korbblütler**, die **Gemeine Kuhblume** oder der **Gemeine Löwenzahn** (d *Taráxacum officinále*; **15—70 cm; 3—9;** Haarkrone der Früchte langgestielt, Stengel hohl, milchend; ♃) ist ein **Zungenblütiger Korbblütler** auf Wiesen und Weiden.

In der Tabelle sind **Zungenblütige Korbblütler** beschrieben. Das Gemeine Ferkelkraut und der Hundslattich kommen verbreitet auf Wiesen, Heiden und in lichten Wäldern vor. Alle anderen Arten wachsen zerstreut auf Wiesen und Grasplätzen, die Purpur-Schwarzwurzel besonders auf Trockenrasen, die Kleine Schwarzwurzel häufiger im Gebiet der unteren Weichsel und auf manchen Nordseeinseln.

	Gemeines Ferkelkraut	Hundslattich	Herbst-Löwenzahn	Wiesenbocksbart	Purpur-Schwarzwurzel	Kleine Schwarzwurzel
wissenschaftl. Name	*Hypochöéris radicáta*	*Leóntodon nudicáulis*	*Leóntodon autumnális*	*Tragopógon praténsis*	*Scorzonéra purpúrea*	*Scorzonéra húmilis*
Größe; Blütez.	25–80 cm; 5–9	3–30 cm; 7–8	6–70 cm; 6–11	30–60 cm; 5–8	25–75 cm; 5–6	10–30 cm; 5–6
Besondere Kennzeichen	Blätter mit borstigen Haaren, schrotsägeförmig, Randzungen tief gezähnt; ♃	Innere Früchte mit 2reihigem Pappus, Pappus der äußeren Früchte zerschlitzt; ⊙-♃	Haarkrone schmutziggrau, Haare gefiedert, Stengel meist mehrköpfig; ♃	Blütenstiel oben verdickt, Hüllblätter 8, „Fallschirme" sehr groß; ⊙	Blätter 3kantig, rinnig, Blüten weinrot; ♃	Stengel meist 1köpfig, weißwollig, blattlos oder mit 1–7 Hochblättern, Hüllkelch wollig; ♃

Der **Blasen-Pippau** (a *Crépis vesicária*; 30 bis 80 cm; 5—6; Köpfchen in Doldentrauben, Blumenblätter unterwärts rot gestreift; ⊙), der **Wiesen-Pippau** (b *Crépis biénnis*; 60—120 cm; 5—9; Blätter buchtig fiederspaltig, Haarkrone weiß, Haare nicht gefiedert; ⊙) das **Wiesen-Habichtskraut** (c *Hierácium caespitósum*; 30 bis 80 cm; 5—8; Köpfchen dicht gedrängt; ♃) und das **Hohe Habichtskraut** (d *Hierácium praeáltum*; 30—120 cm; 5—7; obere Köpfchen doldig gehäuft; ♃) sind **Zungenblütige Korbblütler.**

Die **Herbstzeitlose** (a *Cólchicum autumnále*; 5—30 cm; 8—9; vegetativ 5—7; Blüten einzeln, Blumenblätter unten zu einer langen Röhre verwachsen; ♃; **giftig**), die **Zweiblättrige Meerzwiebel** (b *Scílla bifólia*; 10—30 cm; 3—4; Grundblätter 2, breitlineal, Blütentraube 2- bis 12blütig; ♃; **giftig; geschützt**), die **Herbst-Meerzwiebel** (c *Scílla autumnális*; 7—20 cm; 8; Blätter 5—6, lineal blühende Triebe noch blattlos; ♃; **geschützt**) und die **Gelbe Taglilie** (d *Hemerocállis lilioasphódelus*; 60—120 cm; 6; Blüten trichterförmig, hellgelb; ♃; Südosteuropa) sind **Liliengewächse** in Süddeutschland.

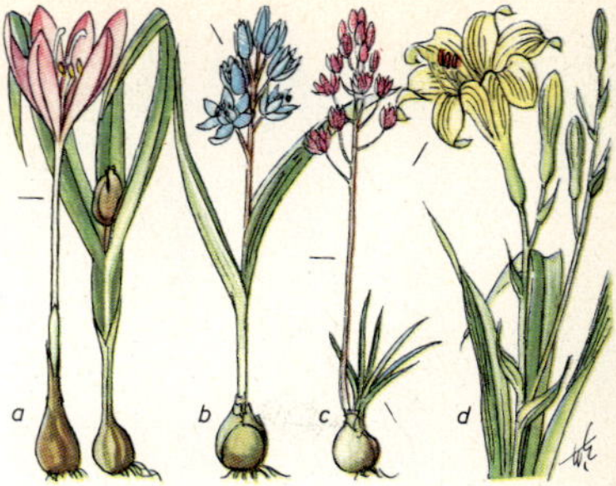

Von den auf der Seitenmitte abgebildeten Laucharten (Familie **Liliengewächse**) ist der Kohl-Lauch auf grasigen Hügeln und in Gebüschen häufig. Alle anderen Arten wachsen zerstreut auf Grasplätzen und Wiesen. Der Kanten-Lauch fehlt in Nordwestdeutschland, Westfalen und der Rheinprovinz, der Kugel-Lauch in Norddeutschland, in den Alpen und im Alpenvorland; der Wohlriechende Lauch ist eine Alpenpflanze und steigt mit den Alpenflüssen herab.

	Schnitt-lauch	Weinberg-Lauch	Kugel-Lauch	Kanten-Lauch	Wohlriechender Lauch	Kohl-Lauch
wissenschaftl. Name	*Állium schoenóprasum*	*Állium vineále*	*Állium sphaerocéphalum*	*Állium angulósum*	*Állium suavéolens*	*Állium oleráceum*
Größe; Blütez.	15–45 cm; 4–7	30–90 cm; 6–8	30–70 cm; 6–8	30–60 cm; 7–8	30–50 cm; 7–8	30–80 cm; 7–8
Besondere Kennzeichen	Blätter und Stengel dünn, stielrund, Staubfäden zahnlos, Blüten rosa; ♃	Blätter fast stielrund, oberseits schmalrinnig, Hüllblätter 2, innere Staubbl. gezähnt; ♃	Blätter halbstielrund, Blüten purpurn, Staubfäden mit haarspitzigen Zähnen; ♃	Stengel scharfkantig, Blätter bis 6 mm breit, scharf gekielt, unterseits 5nervig; ♃	Blätter flach, unterseits gekielt, Blütenstand fast kugelig; ♃	Blütenstand oft mit Brutzwiebeln, von den Hüllblättern weit überragt; ♃

Der **Pyrenäen-Milchstern** (a *Ornithógalum pyrenáicum*; 50—100 cm; 6—8; Blumenblätter hellgelb; ♃; nur in Lothringen und im Elsaß), der **Dolden-Milchstern** (b *Ornithógalum umbellátum*; 10—30 cm; 5—6; Blütenstand doldenähnlich; ♃), der **Schmalblättrige Milchstern** (c *Ornithógalum gussónei*; 8—15 cm; 4—6; Grundblätter linealisch; ♃; Schlesien und Bayern) und der **Nickende Milchstern** (d *Ornithógalum nútans*; 50—80 cm; 4—5; Blätter aufrecht, Blüten nickend; ♃; aus Südosteuropa) sind **Liliengew.**

Das **Schneeglöckchen** (a *Galánthus nivális*; 7—20 cm; 2—3; Blätter meist 2, grundständig, lineal, innere Blumenblätter kurz, mit grünem Fleck; ♃; **geschützt;** wild nur östlich der Elbe), die **Frühlings-Knotenblume** (b *Leucójum vérnum*; 8—30 cm; 2—4; Blätter 3—5, Stengel meist einblütig, Blumenblätter 6, nahezu gleich lang; ♃; **geschützt;** in Norddeutschland nur verwildert) und die **Sommer-Knotenblume** (c *Leucójum aestívum*; 30—50 cm; 5; ähnlich b, aber Stengel 3- bis 6blütig; ♃; in der Pfalz, sonst verwildert) sind seltene **Narzissengewächse** auf feuchten Wiesen, in Gebüschen und Wäldern.

Von den **Liliengewächsen** der Tabelle wächst die Schachblume zerstreut auf feuchten Wiesen, fehlt aber in den Alpen und in Sachsen ganz. Die Wilde oder Wald-Tulpe hat sich auf Waldwiesen und in Weinbergen eingebürgert (Heimat Südeuropa). Der Wiesen-Gelbstern ist weit verbreitet; die übrigen Gelbsternarten kommen nur stellenweise und zerstreut vor, der Scheiden-Gelbstern auch in schattigen Wäldern, besonders in Norddeutschland, der Felsen-Gelbstern vorwiegend auf sonnigen Hügeln.

	Scheiden-Gelbstern	Felsen-Gelbstern	Wiesen-Gelbstern	Kleiner Gelbstern	Schachblume	Wilde Tulpe
wissenschaftl. Name	*Gágea spathácea*	*Gágea bohémica*	*Gágea praténsis*	*Gágea mínima*	*Fritillária meleágris*	*Túlipa silvéstris*
Größe; Blütez.	12–20 cm; 4–5	3–8 cm; 3–4	4–30 cm; 4–5	7–15 cm; 3–4	10–35 cm; 4–5	40–80 cm; 4–6
Besondere Kennzeichen	Grundblätter meist 2, röhrig-hohl, halbstielrund, Blütenstiele kahl; ♃	Grundblätter meist 2, blaugrün, fast fadenförmig, Blütenstiele behaart; ♃	Grundblätter meist nur 1, linealisch, Stengelblätter gewimpert, Blütenstiele kahl; ♃	Grundblätter meist nur 1, schmallineal, 1–2 mm breit, Nebenzwiebeln ungleich groß; ♃	Laubblätter linealisch-rinnig, Blüten groß, hängend, zu 1–3; ♃; **geschützt**	Stengel ein-, selten zweiblütig, Blumenblätter gelb, an der Spitze behaart; ♃

Der **Spargel** (a *Aspáragus officinális*; 30—180 cm; 6—7; Blätter schuppen- oder nadelartig, Beeren rot; ♃; angebaut und verwildert) ist ein **Liliengewächs,** die **Gelbe Narzisse** (b *Narcissus pseudonarcissus*; 15—30 cm; 3—4; Blumenblätter 6, blaßgelb, Nebenkrone gelb, glockig; ♃; ursprünglich nur im Hunsrück und in der Eifel, teilweise geschützt) ist ein **Narzissengewächs,** und der **Frühlings-Crocus** (c *Crócus albiflórus*; 4—8 cm; 3—4; Blüten weiß oder violett, meist einzeln; ♃) ist ein **Schwertliliengewächs** auf Wiesen.

Die **Dichtährige Segge** (a *Cárex muricáta macrocárpa*; 20—80 cm; 5—6; Blattspreiten 3 bis 4 mm breit, Schläuche 5—15 mm lang; ♃), die **Hasenfuß-Segge** (b *Cárex leporina*; 8—50 cm; 5—6; Blätter 4—5 mm breit, Ähren 4—7, Früchte am Rande geflügelt; ♃), die **Igel-Segge** (c *Cárex stellulàta*; 10—45 cm; 5—6; Fruchtschläuche igelartig gespreizt; ♃) sind **Gleichährige Seggen**, die **Filzige Segge** (d *Cárex tomentósa*; 25—60 cm; 4—5; ♀ Ährchen 1—2, kurzwalzlich, ♂ Ährchen meist gestielt, Fruchtschläuche weißhaarig; ♃) ist eine **Verschiedenährige Segge** auf Moorwiesen.

Von den **Schwertliliengewächsen** der Tabelle bewohnt die Sumpf-Siegwurz zerstreut Sumpfwiesen. Die Sibirische Schwertlilie ist in Nordwestdeutschland sehr selten und fehlt in Süddeutschland ganz. Die übrigen Arten bevorzugen Waldwiesen, die Gras-Schwertlilie in Schlesien und Thüringen, die Nacktstengelige Schwertlilie in Schlesien und Süddeutschland. Die Bunte Schwertlilie kommt in Deutschland ursprünglich nur in der Bayerischen Hochebene vor.

	Sumpf-Siegwurz	Wiesen-Siegwurz	Sibirische Schwertlilie	Grasblättrige Schwertlilie	Nacktstengelige Schwertlilie	Bunte Schwertlilie
wissenschaftl. Name	*Gladiolus palústris*	*Gladiolus imbricátus*	*Iris sibírica*	*Iris gramínea*	*Iris aphýlla*	*Iris variegáta*
Größe; Blütez.	20–45 cm; 6–7	30–50 cm; 7	30–80 cm; 5–6	15–30 cm; 5–6	15–50 cm; 5	80–100 cm; 6
Besondere Kennzeichen	Ähre mit 2–6 entfernten Blüten, Frucht schwach 6furchig; ♃; **geschützt**	Ähre mit 5–10 genäherten Blüten, **Frucht an der Spitze eingedellt, Kanten** rund; ♃; **geschützt**	Stengel hohl, 2—4blütig, Blätter etwa 5 mm breit, äuß. Blumenbl. nicht bärtig; ♃; **geschützt**	Stengel nicht hohl, 2schneidig, viel kürzer als die Blätter, 1- bis 2blütig; ♃	Stengel oben ohne Laubblätter, Blüten violett, weißlich bis hellviolett, bärtig; ♃	Hochblätter blasig aufgetrieben, äußere Blumenblätter weißgelb, innere goldgelb; ♃

Die **Gelbe Segge** (a *Cárex fláva*; 8—45 cm; 5 bis 7; ♀ Ährchen zu 3—4, kugelig bis kurz eiförmig; ♃), die **Rasen-Segge** (b *Cárex caespitósa*; 20—70 cm; 4—6; ♀ Ährchen deutlich gestielt; ♃), die **Wiesen-Segge** (c *Cárex fúsca*; 5—40 cm; 5—8; Ährchen kurz, aufrecht, Stengel scharf 3kantig; ♃) und die **Zweizeilige Segge** (d *Cárex dísticha*; 20—80 cm; 5—6; oben und unten ♀, in der Mitte ♂ Ährchen, scheinbar gleichährig; ♃) sind meist häufige **Verschiedenährige Seggen** auf Sumpfwiesen.

Die **Gersten-Segge** (a *Cárex hordeistichos*; 10 bis 20 cm; 4—6; Stengel von den flachen Blättern überragt, ♀ Ährchen zu 3—4; ♃; nur in Thüringen und Rheinhessen), die **Moor-Segge** (b *Cárex buxbaúmii*; 10—50 cm; 4—5; Gipfelähren keulenförmig, unten ♂, oben ♀; ♃), die **Blaugrüne Segge** (c *Cárex flácca*; 8—50 cm; 4—5; ♂ Ährchen oben, meist zu 2, Blätter 2 bis 6 mm breit; ♃) und die **Hirsen-Segge** (d *Cárex panícea*; 15—40 cm; 5—6; ♂ Ährchen steif aufrecht, ♀ lockerblütig; ♃) sind bis auf d (häufig) zerstreut wachsende **Verschiedenährige Seggen** auf Wiesen, in Mooren und im Gebüsch.

Die **Gräser** der Tabelle gehören zu den **Ährenrispengräsern** und sind bis auf den zerstreut vorkommenden Knick-Fuchsschwanz auf Wiesen verbreitet, das Zarte Schillergras besonders auf trockenen Wiesen, auf Heiden und Sandfeldern, der Knick-Fuchsschwanz besonders auf feuchten Wiesen und an Ufern von Seen, Teichen und Gräben. Das formenreiche Pyramiden-Schillergras fehlt in Nordwestdeutschland.

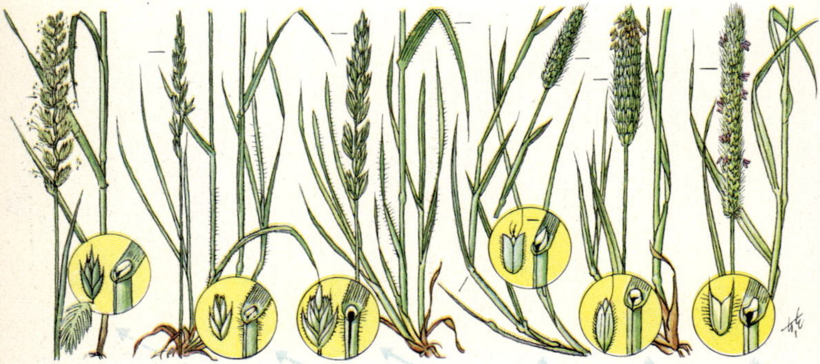

	Wiesen-Kammgras	Zartes Schillergras	Pyramiden-Schillergras	Knick-Fuchsschwanz	Wiesen-Fuchsschwanz	Wiesen-Lieschgras
wissenschaftl. Name	*Cynosúrus cristátus*	*Koeléria grácilis*	*Koeléria pyramidáta*	*Alopecúrus geniculátus*	*Alopecúrus praténsis*	*Phléum praténse*
Größe; Blütez.	25–60 cm; 6–7	30–50 cm; 5–8	30–60 cm; 5–8	20–40 cm; 5–10	60–120 cm; 5–7	30–100 cm; 5–9
Besondere Kennzeichen	Ährchen 3–4blütig, mit kammförmiger Hülle, in einseitswendiger Ährenrispe; ♃	Blätter graugrün, schmal-lineal, eingerollt, Ährchen 2–4blütig; ♃	Blätter grün, weich, flach, etwa 2 mm breit, gewimpert, Ährenrispe bis 10 cm lang; ♃	Halm weich, knickig aufsteigend, Granne der Deckspelze unter der Mitte; ⊙ - ♃	Deckspelze unten begrannt, Blätter breit, scharfrandig, Blatthäutchen abgestutzt; ♃	Ährenrispe bis 17 cm lang, Blätter flach, lineal, oberste Blattscheide nicht aufgeblasen; ♃

Die **Roggen-Gerste** (a *Hórdeum nodósum*; 30 bis 80 cm; 6—7; Hüllspelzen alle grannenartig; ♃), die **Strand-Gerste** (b *Hórdeum marítimum*; 10—40 cm; 5—8; Ähre kurz; ⊙; Nordseeküste), das **Englische Raygras** (c *Lólium perénne*; 30 bis 60 cm; 6—10; Ährchen mit der Schmalseite zur Ährenspindel, Deckspelzen stets unbegrannt; ♃) und das **Italienische Raygras** (d *Lólium multiflórum*; 30—90 cm; 6—8; wie c, aber Deckspelzen meist begrannt; ♃) sind verbreitete **Ährengräser;** d aus dem Mittelmeergebiet.

Das **Borstengras** (a *Nárdus stricta*; 15—20 cm; 5—6; Blätter borstenförmig, starr, Ähre einseitswendig, dünn, 3—6 cm lang, Ährchen pfriemlich; ♃) und die **Fieder-Zwenke** (b *Brachypódium pinnátum*; 60—120 cm; 6—7; Blütenstand steif aufrecht, Granne kürzer als die Deckspelze, Blätter weichhaarig; ♃) sind **Ährengräser,** das **Wollige Honiggras** (c *Hólcus lanátus*; 30—100 cm; 6—8; Blätter und Blattscheiden dicht weichhaarig, Granne kaum hervortretend; ♃) und der **Glatthafer** (d *Arrhenátherum elátius*; 50—180 cm; 6—7; Granne gekniet und gedreht; ♃) sind verbreitete **Rispengräser.**

Die **Gräser** der Tabelle gehören zu den **Rispengräsern** und sind auf Wiesen und Grasplätzen häufig und verbreitet; nur der Rohr-Schwingel kommt zerstreut vor und zwar auf Riedwiesen und in feuchten Wäldern. Der Rote Schwingel liebt trockene Hügel und Wälder, Sandfelder und Dünen, das Weiße Straußgras feuchte Wiesen, Äcker, Sandböden und Ufer, das Sumpf-Straußgras vor allem Moorwiesen.

	Roter Schwingel	Hoher Schwingel	Rohr-Schwingel	Weißes Straußgras	Rotes Straußgras	Sumpf-Straußgras
wissenschaftl. Name	*Festúca rúbra*	*Festúca elátior praténsis*	*Festúca arundinácea*	*Agróstis stolonifera*	*Agróstis ténuis*	*Agróstis canina*
Größe; Blütez.	30–70 cm; 6–10	40–100 cm; 6–7	60–150 cm; 5–7	25–60 cm; 6–8	30–75 cm; 6–8	30–70 cm; 6–8
Besondere Kennzeichen	Ährchen rötlich-violett, in 6–15 cm langen Rispen, Stengelblätter etwa 2 mm breit; ♃	Ährchen 8–12 mm lang, 7–8blütig, Rispe zusammengezogen, ihre Äste meist zu 2; ♃	Ährchen 8–12 mm lang, Rispe ausgebreitet, Blätter steif, bis 70 cm lang, 2 bis 10 mm breit; ♃	Rispe meist bleich, Pflanze mit langen Ausläufern, Blatthäutchen bis 6 mm lang; ♃	Rispe auch zur Fruchtzeit ausgebreitet, Blatthäutchen bis 2 mm lang, Blätter 2–4 mm breit; ♃	Rispenäste rauh, Blätter borstlich, Rispe nach der Blüte zusammengezogen; ♃

Das **Wiesen-Rispengras** (a *Póa praténsis*; 15 bis 90 cm; 5—6; Deckspelzen derbhäutig, Blatthäutchen kragenförmig; ♃), das **Gemeine Rispengras** (b *Póa triviális*; 50—90 cm; 6—7; Rispe bis 20 cm lang, Blatthäutchen bis 5 mm lang, zugespitzt; ♃), das **Gemeine Knäuelgras** (c *Dáctylis glomeráta*; 30—125 cm; 5—6; Rispe oben dicht geknäuelt; ♃) und das **Zittergras** (d *Briza média*; 30—50 cm; 5—9; Ährchen lang gestielt, hängend; ♃) sind verbreitete **Rispengräser** auf Wiesen.

Der **Wiesen-Goldhafer** (a *Trisétum flavéscens*; 30—80 cm; 5—6; Blätter behaart, Ährchen grün und goldgelb gescheckt; ♃), der **Wiesen-** oder **Rauhe Hafer** (b *Avéna praténsis*; 30—100 cm; 5—8; Ährchenstiele oben verdickt, Granne bis 2 cm lang; ♃) und der **Flaumige Hafer** (c *Avéna pubéscens*; 30—120 cm; 5—7; Blätter flach, weich, untere Blattscheiden zottig behaart, Ährchen bunt; ♃) sind verbreitete **Rispengräser** auf Wiesen. Das **Kanariengras** (d *Phálaris canariénsis*; 20—50 cm; 5—10; untere Hüllspelzen geflügelt, Rispe kurzköpfig; ⊙; Mittelmeergebiet) dient als Kanarienfutter.

Trespen gehören zur Familie der **Gräser.** Die Arten der Tabelle wachsen außer auf Wiesen auch auf Äckern, an Wegrändern und auf trockenen Hügeln, die Unbegrannte Trespe auch an Flußufern, die Wald-Trespe vorwiegend in humusreichen Laubwäldern. Wald- und Weiche Trespe sind häufig und weit verbreitet, die übrigen Arten kommen zerstreut vor; die kalkliebende Aufrechte Trespe fehlt in Norddeutschland oder ist dort nur eingeschleppt.

	Unbegrannte Trespe	Aufrechte Trespe	Acker-Trespe	Weiche Trespe	Trauben-Trespe	Wald-Trespe
wissenschaftl. Name	*Brómus inérmis*	*Brómus eréctus*	*Brómus arvénsis*	*Brómus móllis*	*Brómus racemósus*	*Brómus ramósus*
Größe; Blütez.	30–80 cm; 6–7	30–100 cm; 5–6	30–50 cm; 6–7	20–50 cm; 5–6	30–50 cm; 5–6	60–150 cm; 5–7
Besondere Kennzeichen	Blätter ganz kahl, flach, Ährchen spindelförmig, grannenspitzig, bis 10blütig; ♃	Rispe aufrecht, fruchtend, etwas überhängend, Blätter am Rande steif bewimpert; ♃	Rispe locker, überhängend, besonders zur Fruchtzeit, Rispenäste lang und dünn; ♃	Blätter, Blattscheiden und Ährchen zottig-weichhaarig, Ähren eiförmig-länglich; ⊙ - ⊙	Blätter und Scheiden gelblichgrün, weichhaarig, Rispe aufrecht, Äste abstehend; ⊙	Blattscheiden teils rauhhaarig, Ährchen nach der Spitze verschmälert, Rispe sehr groß; ♃

Die **Rasen-Schmiele** (a *Deschámpsia caespitósa*; bis 1,5 m; 6—7; Blätter wie Wellblech gerillt, Rispenäste meist waagerecht abstehend; ♃), das **Lanzettliche Reitgras** (b *Calamagróstis canéscens*; 60—100 cm; 7—8; Rispe schlaff, Granne kurz, gerade; ♃), das **Sand-Reitgras** (c *Calamagróstis epigeíos*; 100—150 cm; Hüllspelze mit langer Spitze, Granne lang; ♃) und der **Dreizahn** (d *Sieglíngia decúmbens*; 15—40 cm; 6—7; Rispe schmal, mit 4—16 Ährchen; ♃) sind **Rispengräser** auf Wiesen.

Das **Männliche Knabenkraut** (a *Orchis máscula*; 15—60 cm; 4—6; Ähre verlängert, Blüten purpurn, Lippe heller, tief 3spaltig; ♃), das **Hohlzüngel** (b *Coeloglóssum víride*; 10—30 cm; 5 bis 8; Grundblätter 2—3, eiförmig, Lippe vorn 3zähnig; ♃), die **Zweiblättrige Kuckucksblume** (c *Platanthéra bifólia*; 20—70 cm; 5—7; Laubblätter 3 cm breit, Blüten gelblichweiß, Sporn fadenförmig, Staubbeutelfächer parallel; ♃) und die **Berg-Kuckucksblume** (d *Platanthéra chlorántha*; 40—60 cm; 5—7; Blüten grünlichweiß, Sporn walzlich-keulig, Staubbeutelfächer schräg; ♃) sind geschützte **Orchideen.**

Die **Orchideen** der Tabelle kommen zerstreut oder selten auf Wiesen, an grasigen Hängen und auf Hügeln vor; in Deutschland bevorzugen sie die wärmeren Gebiete (mediterrane Arten). Die Spinnen- und die Hummel-Ragwurz sowie die kalkliebende Einknolle fehlen in Norddeutschland, die kalkliebende Hundswurz in Nordwestdeutschland ganz, und die Bienen-Ragwurz kommt im Norden nur in Ostholstein vor. Im Gebirge steigt die Fliegen-Ragwurz bis 1600, die Einknolle bis 1800 m auf.

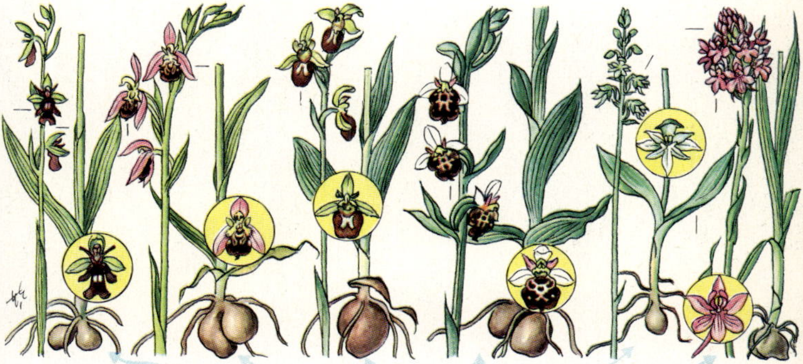

	Fliegen-Ragwurz	Bienen-Ragwurz	Spinnen-Ragwurz	Hummel-Ragwurz	Einknolle	Hundswurz
wissenschaftl. Name	*Óphrys insectífera*	*Óphrys apífera*	*Óphrys sphegódes*	*Óphrys fucifióra*	*Hermínium monórchis*	*Anacámptis pyramidális*
Größe; Blütez.	15—30 cm; 5—6	20—50 cm; 6—7	12—40 cm; 5—6	15—30 cm; 5—6	8—30 cm; 5—6	20—60 cm; 6—7
Besondere Kennzeichen	Lippe 3spaltig, Mittelzipfel tief 2lappig, samtartig, satt purpurbraun; ♃	Lippe 5spaltig, mit hakenförmigem Zahn, samtartig, dunkelbraun; ♃	Lippe ungeteilt, vorne ausgerandet, behaart, bräunlich oder gelblich; ♃	Lippe ungeteilt, mit hakenförmigem Zahn, dunkel- bis purpurbraun; ♃	Blätter 2—3, länglich oder lanzettförmig, Blüten sehr klein; ♃	Ähre dichtblütig, kegelförmig, purpurn, Lippe 3spaltig, mit 2 hellen Höckern; ♃

Die **Riemenzunge** oder **Bocksorchis** (a *Himantoglóssum hircinum*; 30—80 cm; 5—6; Stengel kantig, Blüten mit Bocksgeruch; ♃; auf Kalk; selten), die **Echte Sumpfwurz** (b *Epipáctis palústris*; 10—80 cm; Lippe rötlich geadert; ♃), die **Herbst-Wendelähre** (c *Spiránthes spirális*; 7 bis 20 cm; 8—10; Blütenähre schraubig gedreht, seitlich eine Laubblattrosette; ♃) und die **Sommer-Wendelähre** (d *Spiránthes aestivális*; 15 bis 35 cm; 7—8; Ähre locker, Stengel beblättert; ♃) sind **Orchideen.** a u. d fehlen in Norddeutschl.

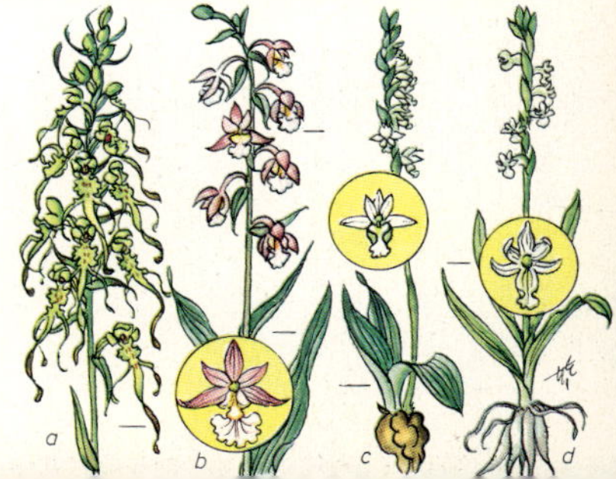

Das **Helm-Knabenkraut** (a *Órchis militáris*; 20 bis 40 cm; 5—6; Mittelzipfel der Lippe vorn mit breitem, rundlichem Lappen; ♃; fehlt in Nordwestdeutschland), das **Dreizahn-Knabenkraut** (b *Órchis tridentáta*; 15—30 cm; 5—6; Lippe dunkelviolett punktiert, gezähnt; ♃; in Nord- und Süddeutschland selten), das **Brand-Knabenkraut** (c *Órchis ustuláta*; 6—40 cm; 5 bis 6; nicht blühende Ähre schwärzlich, Lippe punktiert; ♃; in Norddeutschl. selten) und das **Kleine Knabenkraut** (d *Órchis mório*; 7—30 cm; 4—6; Lippe breit, 3lappig, gezähnelt, Sporn walzenförmig; ♃) sind **geschützte Orchideen.**

Alle **Orchideen** der Tabelle stehen unter **Naturschutz.** Die meisten wachsen verbreitet auf Wiesen und begrasten Hügeln. Das Holunder-Knabenkraut kommt zerstreut vor und ist in Norddeutschland selten. Traunsteiner's Knabenkraut ist auf Moorwiesen in der Bergstufe der Alpen, des südlichen Schwarzwaldes und der Vogesen bis 1900 m hoch beheimatet. Die Mücken-Händelwurz bewohnt feuchte Wiesen und steigt im Gebirge bis 2700 m auf.

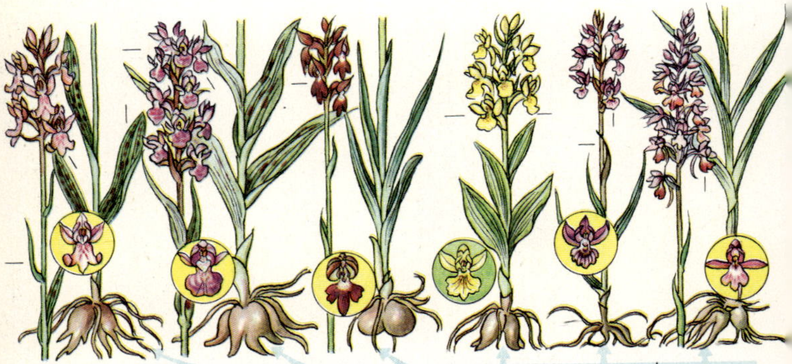

	Geflecktes Knabenkraut	Breitblättriges Knabenkraut	Wanzen-Knabenkraut	Holunder-Knabenkraut	Traunsteiners Knabenkraut	Mücken-Händelwurz
wissenschaftl. Name	*Órchis maculáta*	*Órchis latifólia*	*Órchis corióphora*	*Órchis sambúcina*	*Órchis traunstéineri*	*Gymnadénia conopéa*
Größe; Blütez.	15–70 cm; 6	10–40 cm; 5–6	15–40 cm; 5–7	10–40 cm; 4–5	15–60 cm; 6–8	10–60 cm; 7–8
Besondere Kennzeichen	Stengel markgefüllt, Blätter 6–10, abstehend, meist braun gefleckt, Lippe 3lappig; ♃	Stengel dick, weitröhrig-hohl, Lippe seicht gelappt, Blütenstand dicht; ♃	Blüten purpurn, oft gefleckt, nach Wanzen stinkend, Ähre walzenförmig; ♃	Blüten purpurn oder gelb, nach Holunder duftend, Rand der Lippe gekerbt; ♃	Stengel dünn, Mittellappen der Lippe stumpf, Seitenlappen fein gekerbt; ♃	Lippe stumpf 3eckig, Sporn etwa 2mal so lang wie der Fruchtknoten, Blüten duftend; ♃

Die **Natternzunge** (a *Ophioglóssum vulgátum*; 5—25 cm; 6—7; Blatt ungeteilt), die **Einfache Mondraute** (b *Botrýchium simplex*; 5—15 cm; 6; Sporangienstand zweigt in der unteren Blatthälfte ab), die **Echte Mondraute** (c *Botrýchium lunária*; 8—25 cm; 6—7; Sporangienstand zweigt in Blattmitte ab), die **Kamillen-Mondraute** (d *Botrýchium multifidum*; 5—20 cm; 7—9; Blatt 2- bis 3fach gefiedert) und die **Virginische Mondraute** (e *Botrýchium virginiánum*; 15—50 cm; 7—8; Blattabschn. fast sitzend) sind **Natternfarne.**

Die **Jungfer im Grünen** (a *Nigélla damascéna;* 20—45 cm; 4—6; Hochblatthülle haarförmig zerschlitzt, Blüten hellblau; ⊙), die **Riviera-Anemone** (b *Anemóne coronária;* 25—35 cm; 3—4; Blätter gefiedert, Teilblättchen ungleich gezähnt, Blütenfarbe variiert; ♃), die **Apennin-Anemone** (c *Anemóne apennína;* 15—30 cm; 3—4; Blumenblätter 10—18, himmelblau; ♃) und die **Stern-Anemone** (d *Anemóne stelláta;* 15—40 cm; 1—4; Blätter handförmig geteilt, Blütenfarbe verschieden, meist lila; ♃) sind **Hahnenfußgewächse,** die auf Triften, Äckern und Trockenhügeln der Mittelmeerländer wachsen.

Alle Pflanzen der Tabelle sind in den Mittelmeerländern beheimatet, wo sie auf Triften und an grasigen Stellen wachsen, der Harzklee außerdem auf Schuttplätzen, der Kretische Hornklee am Sandstrand, die Natternköpfe auf Feldern. Die Deckblättrige Raute ist ein **Rautengewächs,** die Klee-Arten sind **Schmetterlingsblütler,** und die Natternköpfe gehören zu den **Rauhblattgewächsen.**

	Deckblättrige Raute	Harzklee	Rauhhaariger Backenklee	Kretischer Hornklee	Violetter Natternkopf	Italienischer Natternkopf
wissenschaftl. Name	*Rúta bracteósa*	*Psorálea bituminósa*	*Dorýcnium hirsútum*	*Lótus créticus*	*Échium plantagíneum*	*Échium itálicum*
Größe; Blütez.	30—70 cm; 4—7	bis 50 cm; 5—7	20—60 cm; 5—7	10—30 cm; 3—4	30—100 cm; 3—7	50—100 cm; 4—7
Besondere Kennzeichen	Pflanze stinkend, Blätter etwas fleischig, punktiert, Blüten graugelb; ♃	Pflanze mit vielen Drüsen, Blüten blauviolett, Hülse rauhhaarig; ♃	Pflanze grauweißhaarig, Blüten rötlichweiß, Schiffchen purpurn; ♃	Stengel schlaff, unten holzig, Blüten gelb, Hülsen kahl, schmallineal; ♃	Pflanze abstehend weichborstig, Blüten purpurn, später blauviolett; ⊙	Pflanze abstehend steifborstig, Blüten rötlich oder weißlich-hellviolett; ⊙ – ♃

Der **Amethyst-Mannstreu** (a *Erýngium amethýstinum;* 50—100 cm; 7—10; Pflanze stahlblau überlaufen, Dolde kopfförmig; ♃) ist ein **Doldengewächs,** die **Buchtige Königskerze** (b *Verbáscum sinuátum;* 50—100 cm; 5—7; Blüten gelb, Staubfäden purpurn, wollhaarig; ♃) ist ein **Rachenblütler,** der **Goldbart** (c *Andrópogon grýllus;* 50—100 cm; 5—8; Ährchen am Grunde mit goldroten Haaren; ♃) und das **Große Zittergras** (d *Bríza máxima;* 30—60 cm; 4—5; Ährchen sehr groß, hängend; ⊙) sind **Rispengräser.**

Der **Gemeine Hase** oder **Feldhase** (a *Lépus europaéus*; 67,5 cm + 10 cm; Ohren lang, mit schwarzer Spitze, Schwanz oben schwarz) und das **Wildkaninchen** (b *Oryctólagus cuniculus*; 45,5 cm + 7,3 cm; Ohren kurz, ohne schwarze Spitze, Schwanz weiß) aus der Familie der **Hasen** kommen verbreitet vor, auch in Wäldern, aber nicht im Gebirge, a in ganz Europa bis auf die Iberische Halbinsel und den Norden, b bis auf Ost-, Nord- und Südosteuropa. Der **Zwergpfeifhase** (c *Ochótona pusilla*; 15 cm + 0 cm; Fell graubraun, Ohren weiß gesäumt; Familie **Pfeifhasen**; UdSSR) baut Erdwohnungen.

Der Pferdespringer und die Nogai-Springmaus sind Nagetiere aus der Familie der **Springmäuse.** Sie wohnen in selbstgegrabenen Erdhöhlen in den Steppen Südosteuropas. Die übrigen Nager der Tabelle gehören zur Familie der **Wühler** (Unterfamilie **Wühlmäuse**). Alle bauen ihre Erdwohnungen in Wiesen, Feldern und Kulturland aller Art, vorwiegend in Mitteleuropa, die Erdmaus bis auf Irland auch in Nordeuropa, die Feldmaus auch auf dem Balkan, die Sumpfmaus nur stellenweise in Norddeutschland und in Ost- und Nordeuropa.

	Kleinwühlmaus	Feldmaus	Sumpfmaus	Erdmaus	Pferdespringer	Nogai-Springmaus
wissenschaftl. Name	*Pitymys subterráneus*	*Micrótus arvális*	*Micrótus oecónomus*	*Micrótus agréstis*	*Alláctaga májor*	*Dipus sagitta nogái*
Größe	10,6 cm + 3,9 cm	11 cm + 3,5 cm	14,8 cm + 6,4 cm	13,3 cm + 4,6 cm	18 cm + 26 cm	17 cm + 21 cm
Besondere Kennzeichen	Oberseite dunkelgrau, Ohren sehr kurz, fast ganz im Fell verborgen	Fell glatt, kurzhaarig, Schwanz fast einfarbig, Ohr außen gut behaart	Fell dunkelbraun, Ohr sehr klein, fast ganz verdeckt, Schwanz ziemlich lang	Fell langhaarig, rauh, Schwanz deutlich zweifarbig, Ohr außen schwach behaart	Ohren groß, so lang wie der Kopf, Hinterbeine 4mal länger als Vorderbeine	Ohren klein, Vorderbeine sehr kurz, Schlupflöcher oval

Das **Große Wiesel** (a *Mustéla erminea*; 29 cm + 12 cm; Fell im Sommer oben rotbraun, unten weißlich, im Winter weiß, Schwanz immer mit schwarzer Spitze), das **Mauswiesel** oder **Kleine Wiesel** (b *Mustéla nivális*; 23 cm + 6,5 cm; Fell wie bei a, aber Schwanz ohne schwarze Spitze, weißes Winterkleid nur in Nordeuropa) und das **Zwergwiesel** (c *Mustéla minúta*; 19,5 cm + 5,2 cm; Füße und Zehen weiß, Schwanz ohne schwarz), aus der Familie der **Marder** bewohnen Höhlen in deckungsreichem Gelände.

Die **Wiesenweihe** (a *Círcus pygárgus*; 41—47 cm; ♂ mit schwarzer Flügelbinde, Bürzel hellgrau, Bauch und Schenkel braun gestreift, ♀ mit weißem Bürzelfleck; Nesthocker; Zugvogel) und die **Kornweihe** (b *Círcus cyáneus*; 43—51 cm; ♂ und ♀ mit auffallend weißem Bürzelfleck, ♂ ohne Flügelbinde, Bauch und Schenkel ungestreift; Nesthocker; Teilzieher) gehören zur Familie der **Adlerartigen** (Unterfamilie **Weihen**). Beide sind in weiten Teilen Mittel-, West- und Osteuropas heimisch, b auch in Nordeuropa, wo sie auf Feldern, Sumpfwiesen und in Mooren auf dem Boden nisten.

Bis auf den Wachtelkönig (Familie **Rallen**) und die Schnee-Eule (Familie **Kauzeulen**) gehören alle Vögel der Tabelle zu den **Regenpfeiferähnlichen.** Kiebitz und Wachtelkönig sind in ganz Deutschland und weiten Teilen Europas heimisch, wo sie auf feuchten Wiesen nisten. Uferschnepfen und Kampfläufer sind norddeutsche Brutvögel auf Wiesen, die Uferschnepfe auch in Sümpfen. Schnee-Eulen nisten in der Tundra, der Dünnschnabelbrachvogel in Wolgauralischen Grassteppen. Alle sind Nestflüchter.

	Wachtelkönig	Kiebitz	Kampfläufer	Uferschnepfe	Dünnschnabelbrachvogel	Schnee-Eule
wissenschaftl. Name	*Créx créx*	*Vanéllus vanéllus*	*Philómachus púgnax*	*Limósa limósa*	*Numénius tenuiróstris*	*Nýctea scandiaca*
Größe	27 cm	30,5 cm	♂29 cm, ♀20 cm	41 cm	41 cm	54–66 cm
Besondere Kennzeichen	oben rostbraun mit dunklen Längsstreifen, unten gelbbraun, Schnabel und Füße gelb; Zugvogel	Kehle und Brust schwarz, lange Haube, jung Kehle weiß; Teilzieher	♂ im Sommer sehr unterschiedlich gefärbt, mit Halskrause, ♀ unscheinbar; Zugvogel	im Sommer Brust rostbraun, Schwanz weiß, Ende schwarz, Beine lang; Zugvogel	Flanken mit herzförmigen Flecken, Scheitel ungestreift; Zugvogel	Alterskleid schneeweiß, jüngere Tiere dunkel gebändert, Kopf groß; Nesthocker; Zugvogel

Die **Bachstelze** (a *Motacílla álba*; 18 cm; ♂ und ♀ Gefieder schwarzweiß; Teilzieher), die **Trauerbachstelze** (b *Motacílla álba yaréllii*; 18 cm; Rücken schwarz; Teilzieher; England), die **Gebirgsstelze** (c *Motacílla cinérea*; 18 cm; Rükken grau; Teilzieher), die **Schafstelze** (d *Motacílla fláva*; 16,5 cm; Rücken olivgrün; Zugvogel) und die **Englische Schafstelze** (e *Motacílla fláva flavíssima*; 16,5 cm; sehr gelb; Zugvogel; England) sind **Stelzen,** die in Höhlen nisten oder auf dem Boden (d und c).

Die **Weißflügellerche** (a *Melanocorýpha leucóptera*; Flügel mit breitem, weißem Spiegel; Zugvogel; Familie **Lerchen;** Südosteuropa) und die **Zwergammer** (b *Emberiza pusilla*; 13,5 cm; Scheitel und Wangen kastanienbraun; Zugvogel; Familie **Finkenartige;** Nordosteuropa) nisten am Boden in Grassteppen, der **Star** (c *Stúrnus vúlgaris*; 22 cm; Prachtkleid metallisch glänzend, fein gefleckt; Teilzieher) und der **Einfarbstar** (d *Stúrnus unicolor*; 22 cm; dunkler als Star und ungefleckt; Jahresvogel; Familie **Stare**) nisten in Höhlen, c in ganz Europa bis auf den Südwesten, wo er durch d vertreten wird.

Der Gelbspötter, die Dorngrasmücke, der Schlagschwirl und der Seggenrohrsänger gehören zur Familie der **Grasmückenähnlichen** und nisten in dichtem Gebüsch nahe dem Boden, der Seggenrohrsänger vor allem in Seggen. Steinschmätzer (Fam. **Drosselähnliche**) bauen ihr Nest in Mauerhöhlen, Steinhaufen oder Kaninchenbauten, Wiesenpieper (Fam. **Stelzenartige**) unter Grasbüscheln und Heidekraut. Bis auf den Schlagschwirl (östlich der Oder) und den Seggenrohrsänger (Norddeutschland, Italien) sind alle in weiten Teilen Europas anzutreffen.

	Gelbspötter	Dorngrasmücke	Schlagschwirl	Seggen-rohrsänger	Wiesenpieper	Steinschmätzer
wissenschaftl. Name	*Hippoláïs icterina*	*Sýlvia commúnis*	*Locustélla fluviátilis*	*Acrocéphalus paludícola*	*Ánthus praténsis*	*Oenánthe oenánthe*
Größe	13 cm	14 cm	13 cm	13 cm	15 cm	15 cm
Besondere Kennzeichen	Oberseite olivfarben, Unterseite zitronengelb, Beine bläulich; Zugvogel	Kehle weiß, Unterseite hellrötlich, ♂ Kopf hellgrau, ♀ bräunlich; Zugvogel	Oberseite dunkel olivbraun, Brust verwaschen gestreift; Zugvogel	Kopf mit gelblichem Scheitelstreif und jederseits mit dunklem Seitenstreif; Zugvogel	Gefieder lebhaft braungestreift, Schwanzkanten weiß, Sporn groß; Teilzieher	Bürzel und Schwanzseiten weiß, ♂ im Sommer mit grauem Rücken; Zugvogel

Der **Mittelmeersteinschmätzer** (a *Oenánthe hispánica*; 15 cm; ♂ in zwei Farbvarietäten, entweder mit schwarzer Kehle (a) oder nur mit schwarzen Ohrdecken (a_1); Zugvogel; in Mittelmeerländern), der **Trauersteinschmätzer** (b *Oenánthe leucúra*; 18 cm; Gefieder beim ♂ und ♀ schwarz, Bürzel weiß; Jahresvogel; Spanien, Portugal und Südfrankreich) und der **Nonnensteinschmätzer** (c *Oenánthe leucómela*; 15 cm; ♂ Kehle und Rücken schwarz; Zugvogel; Südostrumänien) sind **Drosselähnliche.**

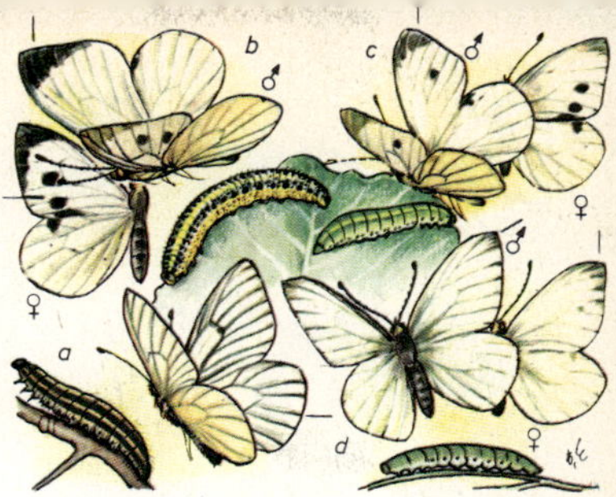

Der **Baumweißling** (a *Apória cratáegi*; 5,5 cm; 6—7; Flügel weiß, mit schwarzen, nach außen laufenden Adern) legt seine Eier (150—200) auf Weißdorn und Schlehe, der **Große Kohlweißling** (b *Píeris brássicae*; 5,5 cm; 4—6 und 7—9; Vorderflügel beim ♀ oberseits, beim ♂ unterseits mit 2 schwarzen Flecken), der **Kleine Kohlweißling** (c *Píeris rápae*; 4 cm; 4—9; ähnlich b, aber schwarze Spitze an Vorderflügel kleiner) und der **Rapsweißling** (d *Píeris nápi*; 3,7 cm; 5, 8—9; Vorderflügel an der Spitze geschwärzt, beim ♀ mit 1—2 schwarzen Flecken) auf Kohlarten; Fam. **Weißlinge.**

Die in der Tabelle beschriebenen Schmetterlinge gehören zur Familie der **Fleckenfalter.** Alle sind in ganz Deutschland und weiten Teilen Europas häufig. Der Trauermantel legt seine Eier an Birken, Weiden und Pappeln, der Maivogel auf Teufelsabbiß und Wegerich, alle andern auf Brennesseln, das Tagpfauenauge außerdem auf wildwachsenden Hopfen, das Weiße C auf Johannisbeeren, Stachelbeeren und Ulmen.

	Tagpfauenauge	Admiral	Kleiner Fuchs	Trauermantel	Weißes C	Maivogel (Abbißfalter)
wissenschaftl. Name	*Vanéssa io*	*Vanéssa atalánta*	*Vanéssa urtícae*	*Vanéssa antíopa*	*Vanéssa c-álbum*	*Melitáea matúrna*
Größe; Flugz.	6,5 cm; 7—9	6 cm; 7—9	5,5 cm; 7—10	7 cm; 7—9	5,5 cm; 4—5	4,5 cm; 4—7
Besondere Kennzeichen	Flügel braunrot, mit schwarzen Flecken und je einem großen Augenfleck	Flügel schwarz, Vorderflügel mit ziegelroter Schrägbinde und weißen Flecken	Flügel fuchsrot, am Vorderrand jedes Vorderflügels 3 schwarze Flecken	Flügel dunkel samtbraun, außen gelb, seltener weiß gesäumt	Flügel braungelb, dunkel gefleckt, auf Unterseite der Hinterflügel je 1 weißes C	Flügel dunkelbraun, am Außenrand mit hellgelber Fleckenbinde

Der **Aurorafalter** (a *Anthócharis cardámines*; 4 cm; 4—5; ♀ Vorderflügel weiß, Spitze grauschwarz, beim ♂ zur Hälfte orangerot; auf Wiesenschaumkraut), der **Zitronenfalter** (b *Gonópteryx rhámni*; 5,5 cm; 3—4; alle vier Flügel gelb mit kleinem, orangeroten Fleck, ♀ blasser; auf Kreuzdorn und Faulbaum), der **Postillon** (c *Cólias edúsa*; 4 cm; 8—9; Flügel gelbrot, mit Saumbinde) und die **Goldene Acht** (d *Cólias hyále*; 3,8 cm; 5, 7—8; Flügel fein rot gesäumt) sind **Weißlinge** auf Wiesen.

Der **Schwalbenschwanz** (a *Papílio macháon*; 7 cm; 4—5; Flügel schwefelgelb, rundum mit breitem, schwarzem, gelbgeflecktem Rande, Hinterflügel mit rotgelbem Augenfleck) legt seine Eier an Doldengewächse, der **Segel-** oder **Schwarzdornfalter** (b *Papílio podalírius*; 7 cm; 5—6; ähnlich a, aber schwarzer Saum nur am Außenrande und Hinterflügel mit blauen Mondflecken) auf Schlehen, Birn- und Apfelbäumen, der **Distelfalter** (c *Vanéssa cárdui*; 6,5 cm; 7—9; Flügel gelblichrot, schwarzweiß gefleckt; mit Wandermarke) auf Disteln, Schafgarben und Nesseln. a und b sind **Ritter**, c ist ein **Fleckenfalter.**

Der Steinbrechschwärmer (Familie **Widderchen**) legt seine Eier an Klee, Johannisbeerkraut u. a., der Bienenschwärmer (Fam. **Glasflügler**) an Pappeln, der Braune Bär (Fam. **Bärenspinner**) an Nesseln, Salat u. a. und das Kleine Nachtpfauenauge (Fam. **Augenspinner**) auf Schlehdorn, Weißbuche und viele andere Pflanzen. Das Rote Ordensband (Raupen auf Pappeln und Weiden) und die Hausmutter (Raupen auf Sauerampfer, Kohl, Aurikeln u. a.) sind **Eulen.**

	Steinbrechschwärmer	Bienenschwärmer	Brauner Bär (Nesselspinner)	Kleines Nachtpfauenauge	Rotes Ordensband	Hausmutter
wissenschaftl. Name	*Zygǽna filipéndulae*	*Trochílium apifórmis*	*Árctia cája*	*Satúrnia pavónia*	*Catócala núpta*	*Agrótis prónuba*
Größe; Flugz.	3,5 cm; 6—8	4,5 cm; 6—7	7 cm	♂4,5, ♀6cm; 5—6	8 cm; 8—9	5,5 cm; 6—11
Besondere Kennzeichen	Vorderflügel beim ♂ blau, beim ♀ grünlich, mit 3 Paar roten Flecken, Hinterflügel rot	Flügel durchsichtig, mit braunen Adern und braunem Vorderrand, Kopf gelb	Vorderflügel braun mit weißen Wellenlinien, Hinterflügel rotgelb mit blauen Flecken	Flügel braun, je mit 1 gelb umrandeten Auge und dunkler Binde	Hinterflügel zinnoberrot, mit zwei ungleichen schwarzen Binden	Hinterflügel gelb mit schwarzer Binde, Vorderflügel lederbraun

Der **Kleine Heufalter** (a *Coenonýmpha pamphílus*; 5 cm; 5—9; Flügel ockergelb mit dunklem Saum; Raupen auf weichen Gräsern), das **Große Ochsen-** oder **Sandauge** (b *Epinéphele jurtína*; 5—6 cm; 6—8; ♀ Vorderflügel mit weißgekerntem Augenfleck; Raupen auf Gräsern) und das **Kuhauge** (c *Erébia medúsa*; 4 cm; 5—6; Flügel des ♂ mit 3, des ♀ mit 5 Augenflecken) sind **Augenfalter,** der **Dukatenvogel** (d *Chrysóphanus hippóthoe*; 3,2 cm; 5—7; ♂ rotgolden, ♀ schwarzbraun und rotgelb) ist ein **Bläuling.**

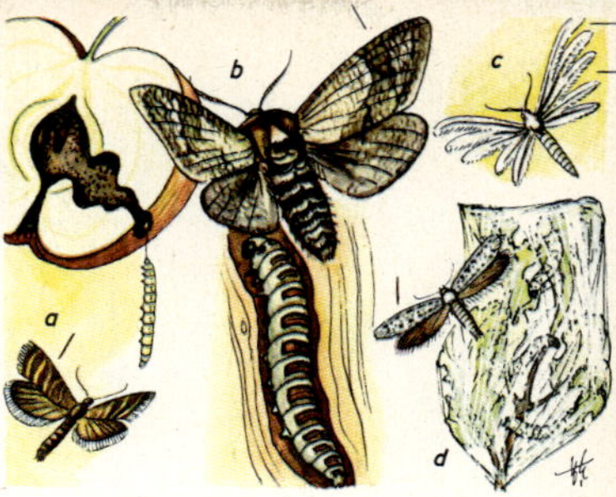

Der **Apfelwickler** (a *Carpocápsa pomonélla*; 1,6 cm; 5—7; Vorderflügel mit rostroten Querlinien; Raupen in Kernobst; Fam. **Wickler**), der **Weidenbohrer** (b *Cóssus cóssus*; bis 9,5 cm; 6—7; Flügel aschgrau, unterseits heller, Vorderflügel mit vielen Querbinden; Raupen in Weiden und Pappeln; Fam. **Holzbohrer**), das **Federgeistchen** (c *Pteróphorus pentadáctylus*; 2,2 cm; 7—8; Vorderflügel 2-, Hinterflügel 3spaltig, weiß; Fam. **Geistchen**) und die **Apfelbaumgespinstmotte** (d *Hyponomeúta malinéllus*; 20 mm; Vorderflügel weiß, mit schwarzen Punkten; Fam. **Wickler**) sind Kleinschmetterlinge.

Die Hummeln der Tabelle gehören zur Familie der **Bienen.** Kennzeichnend für alle Hummeln ist der pelzig behaarte, plumpe und behäbige Körper. Wie die Bienen besitzen sie einen Wehrstachel und Körbchen und Bürste zum Pollensammeln. Mit ihrem 17—21 mm langen Saugrüssel holen die Hummeln auch den Nektar aus langröhrigen und gespornten Blüten. Alle Arten der Tabelle sind in ganz Deutschland und weiten Teilen Europas heimisch. Erd-, Garten- und Stein-Hummel bauen ihr Nest in die Erde, die übrigen unter Gras und Moos.

	Erd-Hummel	Acker-Hummel	Garten-Hummel	Stein-Hummel	Wiesen-Hummel	Moos-Hummel
wissenschaftl. Name	*Bómbus terréstris*	*Bómbus agrórum*	*Bómbus hortórum*	*Bómbus lapidárius*	*Bómbus pratórum*	*Bómbus muscórum*
Größe; Flugz.	♀ 28, ♂ 20 mm	♀ 22, ♂ 18 mm	♀ 30, ♂ 22 mm	♀ 7, ♂ 18 mm	♀ 20, ♂ 16 mm	♀ 22, ♂ 16 mm
Besondere Kennzeichen	Körper schwarz mit 2 gelben Querbinden, Hinterleibsspitze weiß	Kopf und Rücken braunrot, Hinterleib mit 2 gelben Querbinden, Spitze rötlich	Körper schwarz mit 3 gelben Querbinden, Hinterleibsspitze weiß	Körper schwarz, Hinterleibsspitze rot, Behaarung glatt, lang, samtartig	Körper schwarz mit 2 gelben Querbinden, Hinterleibsspitze gelblich	Pelz kurzhaarig, gelbgrau bis rötlich, an den Seiten heller

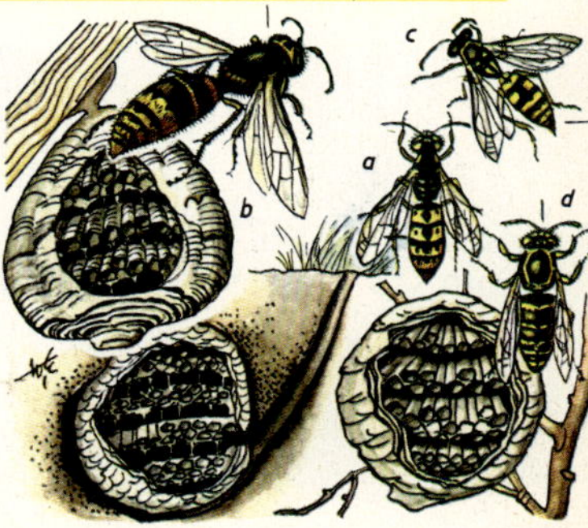

Die **Deutsche Wespe** (a *Véspa germánica*; 20 mm; 5—9; Kopfschild mit drei schwarzen Punkten, Leib mit viel Gelb) und die **Hornisse** (b *Véspa crábro*; ♀ 30 mm, ♂ 24 mm; 6—9; Kopf hinter den Augen stark verbreitert) bauen ihr Nest in die Erde oder dunkle Verstecke; die **Feldwespe** (c *Polístes gállicus*; bis 17 mm; 5—9; Leib schmal, nach beiden Seiten zugespitzt) und die **Mittlere Wespe** (d *Véspa média*; 25 mm; 6—9; Hinterrand des Kopfes mit drei Punktaugen) bauen graue Hängenester in Gebüsch.

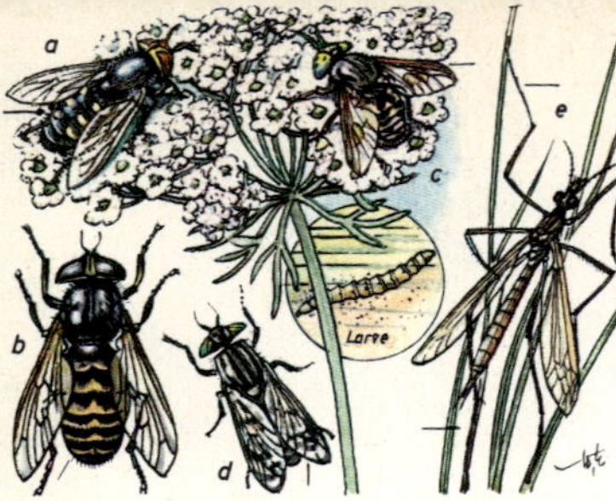

Die **Schwebfliege** (a *Sýrphus lunulátus*; 12 mm; 6—8; Hinterleib mit 6 hellgelben Monden) gehört zur Fam. der **Schwebfliegen**, die **Gemeine Rinderbremse** (b *Tabánus bovínus*; 20—25 mm; 5—9; Flügel glasartig, einfarbig, Hinterleib mit hellen Rückenflecken, ♀ mit Stechrüssel), die **Blindbremse** (c *Chrýsops caecútiens*; bis 10 mm; Flügel mit dunklem Querband) und die **Blinde Fliege** oder **Regenbremse** (d *Haematopóta pluviális*; bis 10 mm; 6—9; Flügel weißfleckig) sind Fliegen; Fam. **Bremsen**; die **Kohlschnake** (e *Típula olerácea*; bis 25 mm; 6—9; Beine sehr lang; Fam. **Schnaken**) ist ein Wurzelschädling.

Von den Zweiflüglern der Tabelle gehört die Magenbremse oder Pferdedasselfliege zur Familie der **Vollfliegen**, die übrigen Arten zur Familie der **Schmarotzer- und Aasfliegen.** Die Larven der Rinderbiesfliege, Hautbremse oder Rinderdasselfliege schmarotzen unter der Haut des Rindes und des Rotwildes, die Rehdasselfliege unter der Haut der Rehe. Larven der Magenbremse oder Pferdedasselfliege entwickeln sich im Magen des Pferdes, die der Nasenbremse in der Nase von Schaf, Reh und Hirsch. Goldfliegen saugen Nektar.

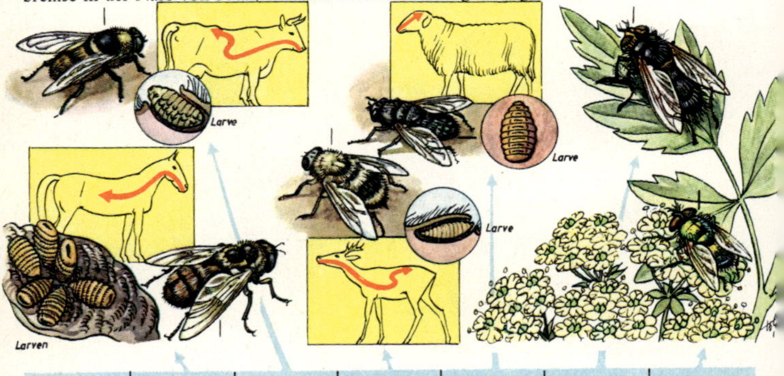

	Magen-bremse	Rinder-biesfliege	Rehdassel-fliege	Nasen-bremse	Stachel-fliege	Goldfliege
wissenschaftl. Name	*Gastróphilus intestinális*	*Hypodérma bóvis*	*Hypodérma diána*	*Oestrus óvis*	*Echinomýia gróssa*	*Lucília caésar*
Größe; Flugz.	12–15 mm; 6–9	14–16 mm; 6–7	15 mm; 5–6	10–12 mm; 8–9	25 mm; 6–9	bis 12 mm; 6–9
Besondere Kennzeichen	Flügel glashell, mit grauer Querbinde; Eier an Fellhaare des Pferdes	Körper dicht schwarz und gelb behaart; Eier spindelförmig, an Fellhaaren des Rindes	Körper kräftig, hummelartig, Hinterleib vorn und hinten hell, in der Mitte dunkel	Körper braun, nur am Hinterleibsende würfelig behaart; Verpuppung in der Erde	Körper schwarz, dicht stachelborstig, Kopf und Flügelbasis rotgelb	Körper goldiggrün glänzend; Eier an Fleisch und offene Wunden

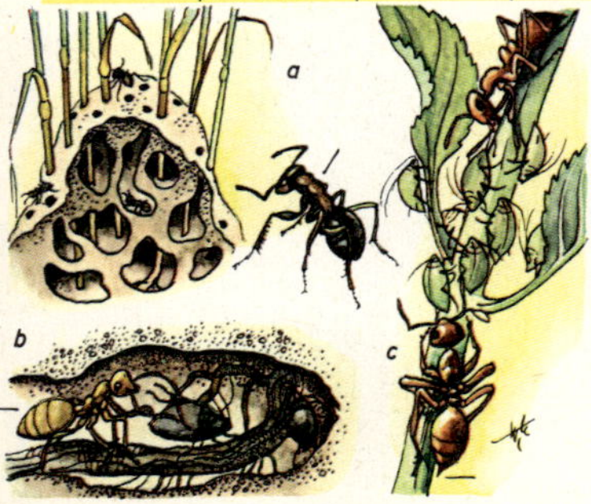

Die **Schwarzbraune Wegameise** (a *Lásius níger*; 3—4 mm; Körper schwarzbraun; überwintert in ihrem Nest Blattläuse, die sie im Frühjahr auf junge Blätter der Bäume setzt), die **Gelbe Wiesenameise** (b *Lásius flávus*; 2—4 mm; Körper einfarbig gelb; pflegt in unterirdischen Nistkammern Wurzelläuse) und die **Rote Knotenameise** (c *Myrmíca rúbra laevinoídes*; 4—5 mm; rötlichgelb, Giftstachel am Hinterleibsende) sind häufige und verbreitete Hautflügler aus der Familie der **Ameisen.**

Die **Feldgrille** (a *Grýllus campéstris*; 2—3 cm; Kopf schwarz, Flügeldecken an der Wurzel gelb, ♀ mit 11—14 mm langem Legestachel), die **Hausgrille** oder das **Heimchen** (b *Grýllus domésticus*; ♂ 19 mm, ♀ 21 mm; Kopf braun mit gelben Flecken, ♀ mit 11—14 mm langem Legestachel), die **Maulwurfsgrille** (c *Gryllotálpa vulgáris*; ♂ und ♀ 60—65 mm; erstes Beinpaar mit breiten Grabschaufeln) und die **Waldgrille** (d *Nemóbius silvéstris*; ♂ 9 mm, ♀ 10—11 mm; 6—9; Körper dunkelbraun mit hellen Flecken, Vorderflügel sehr kurz, ♀ mit 8 mm langer Legeröhre) sind **Grillen,** die in Erdhöhlen wohnen.

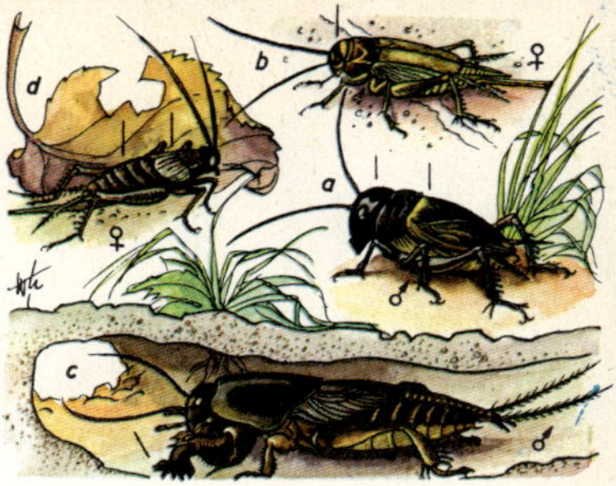

Die Dickfußheuschrecke, die Rote Schnarrheuschrecke und der Linierte Grashüpfer sind häufige **Feldheuschrecken** auf Wiesen und Weiden ganz Mitteleuropas, die Rote Schnarrheuschrecke besonders auf üppigen Wiesen des Gebirges. Die übrigen drei Arten der Tabelle gehören zur Familie der **Laubheuschrecken.** Sie sitzen viel auf Büschen, wo sie vorwiegend von Insekten leben. Alle drei Arten sind in ganz Mitteleuropa heimisch.

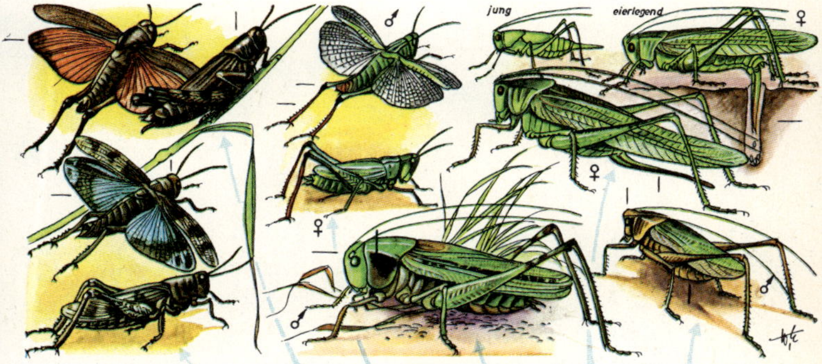

	Dickfuß-heuschrecke	Rote Schnarr-heuschrecke	Liniierter Grashüpfer	Warzen-beißer	Grünes Heupferd	Zwitscher-Heupferd
wissenschaftl. Name	*Oedipoda coeruléscens*	*Psóphus stridulus*	*Stenobóthrus lineátus*	*Décticus verrucivorus*	*Locústa viridíssima*	*Locústa cántans*
Größe	♂ 22, ♀ 27 mm	♂ 24, ♀ 30 mm	♂ 19, ♀ 24 mm	♂ 36, ♀ 45 mm	♂ 34, ♀ 36 mm	♂ 26, ♀ 28 mm
Besondere Kennzeichen	Kopf gelbbraun, Hinterflügel blau mit breitem, schwarzem Querband	Körper schwärzlich, Hinterflügel rot, an der Spitze schwarz	Körper grün, beim ♀ mit gelben Längslinien, Hinterflügel farblos, Hinterschienen rot oder braun	Körper grün oder braun, mit „Pferdekopf", Vorderbrust seitlich mit braunem Fleck	Vorderflügel grau, Hinterflügel farblos, durchscheinend, ♀ mit langer Legescheide	Körper gelbbraun, Fühler sehr lang, Legestachel 23—30 mm lang

Der **Große Regenwurm** (a *Lumbricus hercúleus*; bis 30 cm; Gürtel vom 32. bis 37. Körperring), der **Rote Regenwurm** (b *Lumbricus rubéllus*; bis 12 cm; Gürtel vom 27. bis 32. Körperring), der **Kleine Regenwurm** (c *Eisénia rósea*; bis 6 cm; Körper durchscheinend) und der **Dungwurm** (d *Eisénia foétida*; bis 13 cm; jeder Körperring mit purpurnem Querstreifen) sind verbreitete **Wenigborstler** im Erdboden (a und c), im verwesenden Laub (b) und in Dung- und Komposthaufen (d).

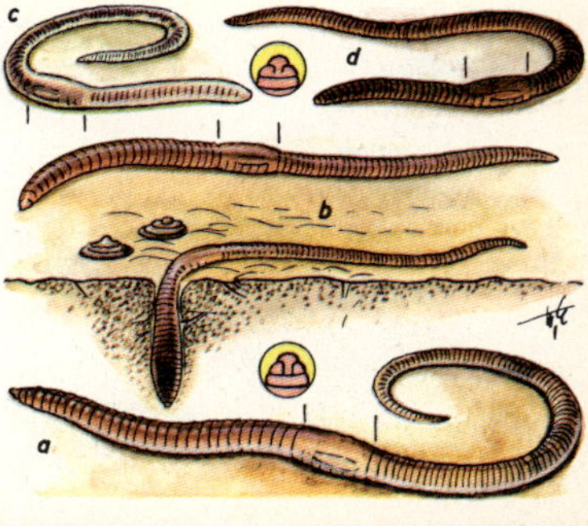

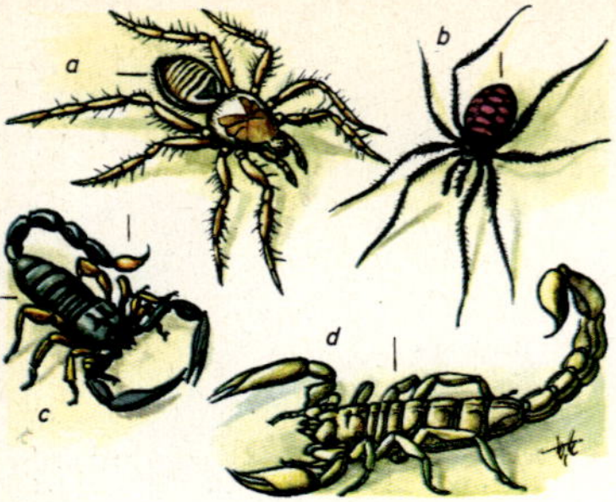

Die **Tarantel** (a *Taréntula fasciivéntris*; 3—5 cm; dunkle Querbinden auf Hinterleib) und die **Malmignatte** (b *Latrodéctes tredecimguttátus*; bis 1 cm; 13 blutrote Flecken auf dem Hinterleib) sind **Spinnen**, der **Italienische** oder **Haus-Skorpion** (c *Euscórpius flavicaúdus*; bis 4 cm; Körper schwarzbraun, Hinterleib mit Giftstachel, der durch Krümmen des Hinterleibs nach oben und vorne die Beute erreicht und tötet) und der **Feld-Skorpion** (d *Búthus occitánus*; bis 8 cm; sehr ähnlich c, aber Körper gelbbraun) sind **Echte Skorpione** im Mittelmeergebiet. Alle beißen schmerzhaft, die Malmignatte sehr **giftig.**

Alle Insekten der Tabelle bewohnen Triften und Gesträuch im Mittelmeerraum, die Gottesanbeterin (Fam. **Fangschrecken**) auch die Wärmeinseln in Süddeutschland. Die Stabheuschrecke (Fam. **Gespenstschrecken**) und die beiden Wanderheuschrecken (Fam. **Feldheuschrecken**) fressen Pflanzen, die übrigen Arten leben räuberisch. Italienische Wanderheuschrecken treten in Italien zuweilen als Schädlinge auf; die Ägyptische Wanderheuschrecke kommt in Europa nicht in Wanderschwärmen vor.

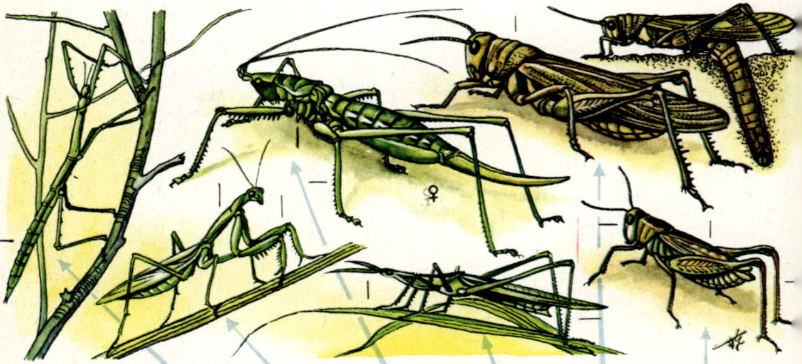

	Stabheuschrecke	Gottesanbeterin	Dornenschrecke	Nasenschrecke	Ägypt. Wanderheuschrecke	Ital. Wanderheuschrecke
wissenschaftl. Name	*Bacíllus róssii*	*Mántis religiósa*	*Sága serráta*	*Acrída nasúta*	*Anacrýdium aegýptium*	*Calliptámus itálicus*
Größe	bis 9 cm	bis 7 cm	♂ 60, ♀ 66 mm	bis 7 cm	bis 7 cm	bis 3 cm
Besondere Kennzeichen	Körper stabförmig, ungeflügelt, Beine lang und dünn, Fühler kurz	Vorderbeine sind Fangbeine, Hüftglied innen mit schwarzem Fleck, Halsschild sehr lang	Hinterbeine sehr lang, Brustringe unterseits mit 2 Dornen, Beine stark dornig	Kopf lang, kegelförmig, Sprungbeine dünn und sehr lang, Fühler abgeflacht	Flügel lang, Kiel des Halsschildes gekerbt, Körper braun, fein gefleckt	Hinterschienen rot, Vorderflügel streifig gefleckt, Kopf rundlich

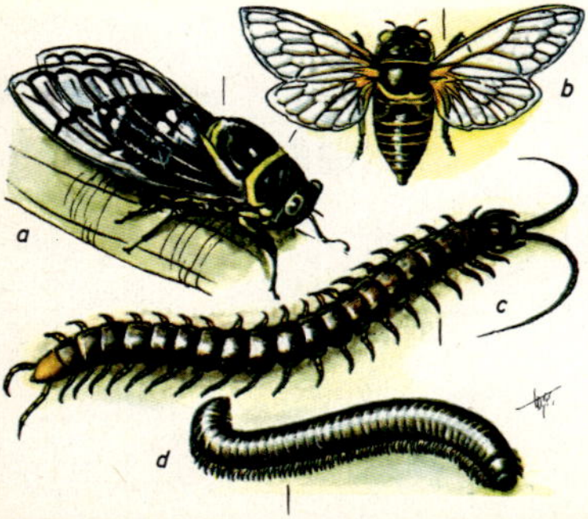

Die **Große Singzikade** (a *Cicáda plebéja*; bis 5 cm; Hals- und Rückenschild hinten gelb gerandet) und die **Rotadrige Singzikade** (b *Tíbicen haematódes*; bis 4 cm; Flügel am Grunde mit orangeroten Adern), sind **Zikaden**, der **Gürtelskolopender** (c *Scolopéndra cinguláta*; bis 10 cm; 21 Körperringe mit je 1 Beinpaar) ist ein **Einpaarfüßler** und der **Dicke Schnurfüßler** (d *Pachyiúlus flávipes*; bis 6 cm; Beine gelblich, je 2 Paare an jedem Körperring) ein **Zweipaarfüßler** in Mittelmeerländern.

Feld, Garten und Park

Der Mensch hat die Natur weitgehend umgestaltet, das Land in Kultur genommen, **Felder** und Wiesen, **Gärten** und **Parks** angelegt. Dadurch veränderte sich im Laufe der Jahrhunderte das ursprüngliche Landschaftsbild und mit ihm die Pflanzen- und Tierwelt. Wo ehemals Wälder standen, dehnen sich jetzt weite **Ackerflächen** mit Getreide, Hackfrüchten und Futterpflanzen aller Art. Aus der Naturlandschaft mit viel Wald wurde eine mehr oder minder baumlose **Kultursteppe.** Zahlreiche Wildpflanzen paßten sich den veränderten Verhältnissen an; andere wanderten aus den natürlichen Steppen Osteuropas ein. Als **Wildkräuter** siedeln sie auf den Getreideäckern, an Feldwegen, an Straßenrändern, auf Schuttplätzen, an Hecken, Zäunen und Mauern. Bäume und Sträucher in Feld, Garten und Park wurden im Lebensraum Wald dargestellt; außereuropäische Arten konnten nicht berücksichtigt werden. Auch viele Tiere suchen die Nähe menschlicher Siedlungen auf **(Kulturfolger).** Manche dringen bis in die Häuser, Stallungen und Gärten vor, so die Ratten und viele Mäuse, der Igel, die Wiesel, der Iltis und der Hausmarder. Hasen und Kaninchen bewohnen das Feld und die Wiesen, und aus dem Walde kommen Wildschweine, Rehe und Hirsche zur Nahrungssuche. Sperlinge, Schwalben, Mauersegler, Störche, Turmfalken, verschiedene Eulen und Dohlen nisten in oder an Häusern; Meisen, Drosseln, Buchfinken und viele andere Singvögel leben in Gärten und Parks, Krähen in Bäumen und Gehölzen.

Der **Acker-Rittersporn** (a *Delphinium consólida*; 20—40 cm; 5—8; Blüten blau, zuweilen weiß, Sporn fast gerade; ⊙) und der **Acker-Schwarzkümmel** (b *Nigélla arvénsis*; 7—30 cm; 7—9; Blüten hellblau, Fruchtknoten bis zur Mitte verwachsen; ⊙) sind **Hahnenfußgewächse,** der **Dreifinger-Steinbrech** (c *Saxífraga tridactylítis*; 2—18 cm; 4—6; Grundblätter rosettig, Blumenblätter weiß, bis 4 mm lang; ⊙) und der **Rosenblütige Steinbrech** (d *Saxífraga rosácea*; bis 15 cm; 5—7; Blätter 3- bis 9spaltig, Stengel 3- bis 9blütig; ♃; Mittelgebirge) sind **Steinbrechgewächse** auf Äckern und Schutt.

In der Tabelle sind **Hahnenfußgewächse** beschrieben. Der Acker-Hahnenfuß und das Sommer-Teufelsauge kommen verbreitet auf Äckern vor, letzteres aber unbeständig. Die übrigen Pflanzen der Tabelle wachsen zerstreut auf Lehm- oder Kalkäckern, das Frühlings-Teufelsauge auch auf Heidewiesen, auf sonnigen Hügeln und in Kiefernwäldern, das Mäuseschwänzchen besonders an feuchten Standorten und an Trampelstellen des Weideviehs (Trampelpflanze).

	Acker-Hahnenfuß	Sardinischer Hahnenfuß	Frühlings-Teufelsauge	Brennendes Teufelsauge	Sommer-Teufelsauge	Mäuse-schwänzchen
wissenschaftl. Name	*Ranúnculus arvénsis*	*Ranúnculus sardóus*	*Adónis vernális*	*Adónis flámmeus*	*Adónis aestivális*	*Myosúrus minimus*
Größe; Blütez.	15–60 cm; 5–7	5–40 cm; 5–9	15–60 cm; 4–5	15–50 cm; 6–8	15–70 cm; 5–7	1–12 cm; 4–6
Besondere Kennzeichen	Stengel aufrecht, Blüten klein, schwefelgelb, Früchte 4–8, groß, vieldornig; ⊙-⊙	Grundblätter 3zählig, Mittellappen gestielt, äußere Blütenhüllblätter zurückgeschlagen; ♃	Blätter 2- bis 3-fach gefiedert, fadenförmig, Blüten einzeln, groß, gelb, 3–7 cm breit; ♃: **geschützt**	Blumenblätter blutrot, selten gelb, Kelch behaart, Früchte mit schwarzer Spitze; ⊙	Blätter 2- bis 3-fach fiederteilig, Kelch kahl, Blumenblätter 5–8, rot oder gelb, Frucht 4kantig; ⊙	Blätter alle grundständig, schmal-lineal, Blütenboden später lang, wie Mäuseschwanz; ⊙-⊙

Die **Echte Hauswurz** (a *Sempervívum tectórum*; 20—50 cm; 7—9; Rosettenblätter am Rand dicht bewimpert, Blüten blaßrot; ♃; aus Gärten verwildert), die **Felsen-Fetthenne** (b *Sédum rupéstre*; 15—35 cm; 6—8; Blätter mit kurzer Spitze; ♃), die **Milde Fetthenne** (c *Sédum boloniénse*; 2—15 cm; 7—8; Blätter mit Sporn, ohne Stachelspitze; ♃) und die **Scharfe Fetthenne** oder der **Mauerpfeffer** (d *Sédum ácre*; 4—15 cm; 5—7; Blätter eiförmig, spitz, brennend schmeckend; ♃) sind **Dickblattgewächse** auf Sandfeldern.

Das **Rötliche Dickblatt** (a *Crássula rúbens*; 5 bis 15 cm; Blüten 5zählig; ⊙; selten, Südwestdeutschland) ist ein **Dickblattgewächs**, der **Gewöhnliche Odermennig** (b *Agrimónia eupatória*; 20—80 cm; 6—9; Kelchbecher mit 10 tiefen Furchen; ♃), der **Behaarte Odermennig** (c *Agrimónia pilósa*; 50—150 cm; 7; Blätter unterseits auf den Nerven steifhaarig; ♃; östlich der Oder) und der **Acker-Frauenmantel** (d *Alchemilla arvénsis*; 1—30 cm; 5—10; Blätter handförmig 3teilig; ⊙) sind **Rosengew.**, der **Osterluzei** (e *Aristolóchia clematitis*; 25—60 cm; 5—6; Blätter herzförmig; ♃) ist ein **Osterluzeigew.**

Die Fingerkräuter der Tabelle gehören zu den **Rosengewächsen.** Das Gänse-, das Kriechende, das Silber- und das Frühlings-Fingerkraut sind an Wegrändern, auf Trockenplätzen, zum Teil auch auf Triften verbreitet, das Gänse-Fingerkraut besonders auf nährstoffreichen Böden; das Zackenhaarige und das Kleinblütige Fingerkraut hingegen kommen zerstreut vor und fehlen in Norddeutschland ganz; letzteres wächst auch in lichten Wäldern.

	Gänse-Fingerkraut	Kriechendes Fingerkraut	Silber-Fingerkraut	Frühlings-Fingerkraut	Zackenhaariges Fingerkraut	Kleinblütiges Fingerkraut
wissenschaftl. Name	*Potentilla anserina*	*Potentilla réptans*	*Potentilla argéntea*	*Potentilla vérna*	*Potentilla pubérula*	*Potentilla parviflóra*
Größe; Blütez.	10–30 cm; 5–8	10–40 cm; 6–8	15–30 cm; 6–8	8–30 cm; 3–4	20 cm; 3–5	15–30 cm; 5–7
Besondere Kennzeichen	Blätter unterbrochen gefiedert, unterseits seidig, Blüten einzeln, selten zu 2, gelb; ♃	Blätter 3- bis 7zählig gefingert, Blüten gelb, langgestielt, meist einzeln; ♃	Blätter unterseits weißfilzig, meist 5zählig gefingert, Blüten klein, goldgelb; ♃	Blätter meist 5zählig, lang behaart, Blütenstand 3- bis 5-blütig, Fruchtstiele herabgebogen; ♃	Pflanze mit 3- bis 10strahligen Sternhaaren, Mittelstrahl deutlich länger; ♃	Stengel dünn, kurzflaumig, Blüten goldgelb, 1–2 cm im ∅, Fruchtstiele abwärts gebogen; ♃

Die **Dornige Hauhechel** (a *Onónis spinósa*; 30 bis 60 cm; 6—9; Hülle so lang oder länger als der Kelch; ♃), die **Kriechende Hauhechel** (b *Onónis répens*; 30—60 cm; 6—9; Pflanze ganz oder fast dornenlos; ♃), die **Gelbe Hauhechel** (c *Onónis nátrix*; 20—50 cm; 5—7; Pflanze dicht klebrig drüsig; ♃; nur am Kaiserstuhl, aus Südeuropa) und die **Bockshechel** (d *Onónis hircina*; 30—60 cm; 7—8; Stengel meist drüsenlos, Blüten hellrot, selten weiß; ♃; östlich der Oder) sind **Schmetterlingsblütler** auf Trockenplätzen.

Der **Hasen-Klee** (a *Trifólium arvénse*; 3—45 cm; 5—7; Kelch dicht weichhaarig; ⊙), die **Luzerne** (b *Medicágo sativa*; bis 1 m; 6—7; Nebenblätter lang zugespitzt; ♃), die **Gemeine Wollklette** oder der **Rauhe Schneckenklee** (c *Medicágo híspida*; bis 30 cm; 5—7; Flügel länger als das Schiffchen, Hülse scheibenförmig; ⊙) und der **Kleine Vogelfuß** (d *Ornithopus perpusillus*; 3—50 cm; 5—7; Blüten weißlich, Fahne violett geadert, Hülsen nach oben gekrümmt; ⊙) sind **Schmetterlingsblütler** auf Sandäckern und an Wegrändern; b und c sind eingeführt und verwildert.

In der Tabelle sind **Schmetterlingsblütler** beschrieben. Die Steinklee-Arten bewohnen verbreitet Bahndämme, Weg- und Ackerränder. Der Sand-Tragant ist eine osteuropäische Art, die aber auch in Franken (im Fränkischen Keupergebiet) heimisch ist. Berg-Kronwicken wachsen zerstreut auf sonnigen Kalkhängen in Westdeutschland und den Bayrischen Alpen. Die Bunte Kronwicke kommt in Süddeutschland verbreitet, in den übrigen Gebieten zerstreut vor.

	Weißer Steinklee	Echter Steinklee	Hoher Steinklee	Sand-Tragant	Bunte Kronwicke	Berg-Kronwicke
wissenschaftl. Name	*Melilótus álbus*	*Melilótus officinális*	*Melilótus altissimus*	*Astrágalus arenárius*	*Coronilla vária*	*Coronilla coronáta*
Größe; Blütez.	30–150 cm; 5–8	30–100 cm; 5–9	100–150 cm; 7–9	10–40 cm; 6–7	1 m; 5–9	30–50 cm; 5–7
Besondere Kennzeichen	Blätter 3zählig gefiedert, Fiedern jederseits mit 6–12 Zähnen, Blüten weiß; ⊙	Blüten gelb, Nebenblätter pfriemlich, Fahne und Flügel fast gleich lang; ⊙	Nebenblätter ganzrandig, Hülse eiförmig-kugelig, behaart, meist 3samig; ⊙	Blütentraube mit 3–7 Blüten, Blüten violett oder weißlich, Fiederblättchen linealisch; ♃	Blüten bunt, rosa, weiß und violett, Blätter 6- bis 10paarig; ♃	Blüten gelb, in Dolden zu 10–20, Nebenblätter klein, zusammengewachsen; ♃

Die **Seradella** (a *Ornithopus sativus*; bis 60 cm; 5—7; Blüten rosa, je Traube 2—5; ⊙—♃), die **Futter-Esparsette** (b *Onóbrychis viciaefólia*; 30—60 cm; 5—7; Blüten hellrot, Hülse kurz gezähnt; ♃), die **Linse** (c *Léns esculénta*; 15—50 cm; 5—7; Hülsen trapezförmig; ⊙) und die **Gemeine Robinie** (d *Robinia pseudoacácia*; bis 20 m; 5—6; Blätter unpaarig gefiedert, Blüten weiß, in hängenden Trauben; ♃) sind **Schmetterlingsblütler**, die angepflanzt und stellenweise verwildert sind.

Die **Gelbe Wicke** (a *Vícia lútea*; rankend; 5—6; Blüten hellgelb, Hülsen rauhhaarig; ⊙; vereinzelt eingeschleppt), die **Zottige Wicke** (b *Vícia villósa*; 30—60 cm; 5—8; Stengel behaart, Fiederblätter eiförmig-lanzettlich; ⊙), die **Linsen-Wicke** (c *Vícia ervília*; 20—60 cm; 6—8; Blätter ohne Ranken, mit 8—10 Paar Fiedern, Blüten rosa, zu 2—4; ⊙) und die **Futterwicke** (d *Vícia sativa*; rankend; 3—4; Blüten groß, Flügel rot, Fahne rosa, zu 1—2; ⊙) sind **Schmetterlingsblütler**, die auf Äckern, an Wegen und auf Wiesen wachsen, a in Getreidefeldern, vor allem im Rheingebiet, woanders selten.

Von den **Schmetterlingsblütlern** der Tabelle kommen die Zaun-Wicke, die Vogel-Wicke und die Knollen-Platterbse verbreitet auf Getreidefeldern, an Wegrändern und auf Magerwiesen vor, die Rauhhaarige Wicke und die Viersamige Wicke außerdem im Gesträuch, stellenweise sehr häufig. Die Einblütige Wicke wurde aus dem Mittelmeergebiet eingeschleppt und ist im Ober- und Mittelrheintal, im Taubertal und an anderen Stellen verwildert.

	Zaun-Wicke	Vogel-Wicke	Einblütige Wicke	Rauhhaarige Wicke	Viersamige Wicke	Knollen-Platterbse
wissenschaftl. Name	*Vícia sépium*	*Vícia crácca*	*Vícia articuláta*	*Vícia hirsúta*	*Vícia tetraspérma*	*Láthyrus tuberósus*
Größe; Blütez.	bis 1 m; 5–6	20–150 cm; 6–7	rankend; 4–6	rankend; 6–7	rankend; 5–7	rankend; 6–7
Besondere Kennzeichen	Blüten trübviolett, zu 2–5, Blätter mit 4–8 Paar Fiedern; ♃	Blüten blau, in dichten Trauben, Blätter mit 6–10 Paar Fiedern; ♃	Blüten einzeln, hell bläulich, Nebenblätter verschieden; ⊙	Blütenstiele lang, Blüten weißlich-rosa, zu 2—8, Früchte 2samig, behaart; ⊙	Blüten blaß-violett, 4—6 mm lang, Früchte kahl, meist mit 4 Samen; ⊙	Blatt nur mit 1 Paar Fiederblättern, Blüten duftend, unterirdische Ausläufer mit Wurzelknollen; ♃

Die **Ranken-Platterbse** (a *Láthyrus áphaca*; rankend; 5—7; Nebenblätter am Grunde spießförmig; ⊙), die **Gras-Platterbse** (b *Láthyrus nissólia*; 30—60 cm; 6—8; Nebenblätter sehr klein; ⊙), die **Behaartfrüchtige Platterbse** (c *Láthyrus hirsútus*; 30—100 cm; 6—8; Hülsen dicht behaart; ⊙—⊙) und die **Wohlriechende Platterbse** (d *Láthyrus odorátus*; rankend; 6—8; Blüten groß, wohlriechend, verschiedenfarbig; ⊙; Süditalien; Zierpflanze) sind auf Getreideäckern beheimatete **Schmetterlingsblütler.**

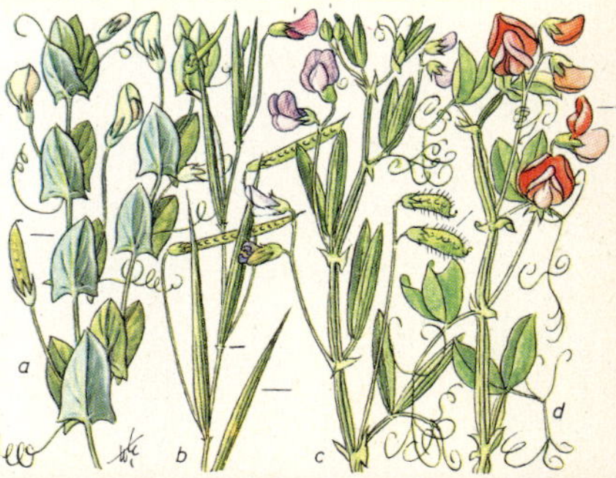

Der **Klatsch-Mohn** (a *Papáver rhoēas*; 30—80 cm; 5—7; Fruchtkapsel kahl, Narbenstrahlen 10—18; ⊙), der **Saat-Mohn** (b *Papáver dúbium*; 30—60 cm; 5—7; Fruchtkapsel kahl, länglich-keulenförmig, Narbenstrahlen 4—9; ⊙), der **Sand-Mohn** (c *Papáver argemóne*; 15—30 cm; 5—7; Fruchtkapsel lang keulenförmig, mit wenigen aufrechten Borsten, Narbenstrahlen 4—6; ⊙) und der **Bastard-Mohn** (d *Papáver hýbridum*; 15—60 cm; 5—7; Fruchtkapsel eiförmig-rundlich, dicht gelblich-weiß beborstet, Narbenstrahlen 5—8; ⊙) sind bis auf d (selten) häufige **Mohngewächse** des Feldes.

Erdraucharten gehören zur Familie der **Mohngewächse.** Alle kommen vorwiegend auf Äckern und auf Schuttplätzen vor, der Buschige Erdrauch auch in Weinbergen. Nur der Gemeine Erdrauch und der Buschige Erdrauch sind häufig, letzterer nur stellenweise. Den Geschnäbelten Erdrauch findet man hier und da; er fehlt aber in Norddeutschland ganz. Die übrigen Arten der Tabelle sind selten und nur vorübergehend nach Deutschland eingeschleppt.

	Gemeiner Erdrauch	Geschnäbelter Erdrauch	Dichtblütiger Erdrauch	Dunkler Erdrauch	Buschiger Erdrauch	Rankender Erdrauch
wissenschaftl. Name	*Fumária officinális*	*Fumária rostelláta*	*Fumária densiflóra*	*Fumária schleícheri*	*Fumária vailIántii*	*Fumária capreoláta*
Größe; Blütez.	7–50 cm; 5–10	15–50 cm; 6–8	30–90 cm; 6–11	15–30 cm; 6–9	15–30 cm; 6–9	30–90 cm; 6–9
Besondere Kennzeichen	Kelchblätter gezähnt, Blumenkrone rot, an der Spitze fast schwarz; ⊙	Kelchblätter gezähnt, hellrot, breiter als die 6–8 mm lange Krone; ⊙	Blumenkrone weißlich, an der Spitze schwarzrot, Früchte mit 2 kugeligen Grübchen; ⊙	Tragblätter etwa $^1/_2$–$^1/_3$ so lang wie die Fruchtstiele, Blüten rosarot, etwa 5 mm lang; ⊙	Tragblätter etwa so lang wie der Fruchtstiel, Krone 3–6 mm lang, rosa oder weißlich; ⊙	Blätter oft rankend, Blumenkrone 8–12 mm lang, weiß, an der Spitze schwarzrot; ⊙

Der **Schlaf-Mohn** (a *Papáver somníferum*; 10 bis 100 cm; 6—8; Blüten violett bis weiß; ⊙; verwildert), der **Kleinblütige Erdrauch** (b *Fumária parviflóra*; bis 30 cm; 6—9; Blüten weißlich oder blaßrot, 3—5 mm lang; ⊙), der **Mauer-Erdrauch** (c *Fumária murális*; 20—80 cm; 6—9; Blüten purpurn, an der Spitze fast schwarz; ⊙; selten; Heimat Mittelmeerländer) und das **Schöllkraut** (d *Chelidónium május*; 30—70 cm; 5—9; Früchte schotenähnlich, Blüten in Dolden; ♃) sind **Mohngewächse**, c an Gartenmauern.

Der **Schwarze Senf** (a *Brássica nigra*; 30—125 cm; 6—9; Blätter leierförmig, mit großem Endlappen, Kelchblätter aufrecht, Schoten angedrückt; ⊙), der **Gemüsekohl** (b *Brássica olerácea*; 50—150 cm; 5—9; Blüten schwefelgelb, groß, 12—26 mm lang, Kelchblätter aufrecht, Früchte abstehend; ⊙—⊙) und der **Rübenkohl** (c *Brássica rápa*; 60—120 cm; 4—9; Kelchblätter waagerecht abstehend, obere Stengelblätter stengelumfassend; ⊙—⊙) sind Kulturpflanzen aus der Familie der **Kreuzblütler.** Alle sind verwildert, b z. B. auf Helgoland; b und c stammen aus dem Mittelmeergebiet.

Von den **Kreuzblütlern** der Tabelle wachsen die beiden Hundsrauken und der Lacksenf auf Äckern, auf Schutt und an Flußufern, häufiger nur im Rheingebiet, die Französische Hundsrauke auch in den Alpen, der Lacksenf besonders in den Weinbergen. Die drei Doppelsamen-Arten bewohnen unbebaute Orte, Schuttplätze, Äcker und Mauern, verbreitet nur in Süddeutschland und im Rheingebiet; der Schmalblättrige Doppelsame kommt auch östlich der Oder vor.

	Französische Hundsrauke	Brunnenkressen-blättr. Hundsrauke	Lacksenf	Schmalblättriger Doppelsame	Ruten-Doppelsame	Mauer-Doppelsame
wissenschaftl. Name	*Erucástrum gállicum*	*Erucástrum nasturtiifólium*	*Brassicélla erucástrum*	*Diplotáxis tenuifólia*	*Diplotáxis viminea*	*Diplotáxis murális*
Größe; Blütez.	10–60 cm; 5–9	20–110 cm; 5–8	20–60 cm; 6–10	30–80 cm; 5–10	15–25 cm; 6–9	12–60 cm; 6–9
Besondere Kennzeichen	Blumenblätter bleich- oder goldgelb, Schoten sichelförmig, Kelchblätter aufrecht: ⊙–⊙	Blumenblätter gelb, 8–12 mm lang, Schoten meist gerade, Kelchblätter waagerecht abstehend: ⊙	Schoten lang, 4–7 cm, waagerecht abstehend, Schnabel lang, Kelchblätter aufrecht: ⊙	Blätter mit 7–11 linearen Fiedern, stinkend, Blumenblätter gelb: ♃	Stengel meist nur am Grunde beblättert, Blumenblätter allmählich in den Nagel übergehend: ⊙	ähnlich voriger Art, aber Blumenblätter plötzlich in den Nagel verschmälert; ⊙–⊙

Der **Rettich** oder **Hederich** (a *Ráphanus raphanistrum*; bis 150 cm; 6—8; Blumenblätter gelb oder weiß, Schoten gegliedert, Kelch aufrecht; ⊙), der **Acker-Senf** (b *Sinápis arvénsis*; 30—70 cm; Blätter borstig behaart, Schote etwa 3 cm, ihr Schnabel 1 cm lang; ⊙), der **Weiße Senf** (c *Sinápis álba*; 25—80 cm; 6—9; obere Stengelblätter gestielt, Schote 3 cm, Schnabel 1,5 cm lang; ⊙) und die **Besenrauke** (d *Descuráinia sóphia*; 10—90 cm; 5—7; Blüten blaßgelb, Schoten bogig; ♃) sind **Kreuzblütler** des Feldes.

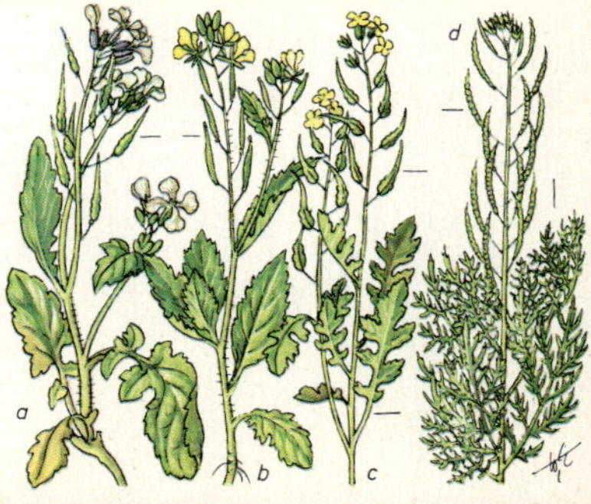

Der **Wendich** (a *Calepina irreguláris*; 30—100 cm; 5—6; obere Blätter mit pfeilförmigem Grunde stengelumfassend, Blüten klein, weiß; ⊙), der **Mehrjährige Rapsdotter** (b *Rapistrum perénne*; 30—100 cm; 6—7; Pflanze steifhaarig, Schoten 2gliedrig, oberes Glied tief längsrippig; ⊙—♃), der **Runzliche Rapsdotter** (c *Rapistrum rugósum*; 20—60 cm; 5—10; Früchte steifhaarig, oberes Glied eiförmig bis kugelig, Griffel lang; ⊙) und der **Weiße Ackerkohl** (d *Conringia orientális*; 15—80 cm; 5—7; Blumenblätter 10—13 mm lang, Schoten 4kantig; ⊙) sind **Kreuzblütler.**

Von den **Kreuzblütlern** der Tabelle wächst die Feld-Kresse in Süddeutschland verbreitet auf Kalk- und Lehmäckern; im übrigen Deutschland kommt sie selten vor. Die Grasblättrige Kresse ist auf felsige Hügel des Mittelmeeres beschränkt; die als Salatpflanze angebaute Garten-Kresse ist stellenweise verwildert. Auf Schuttplätzen und an Wegen siedeln die Stink-Kresse, die Pfeilkresse und der Niederliegende Krähenfuß, letzterer besonders an salz- und ammoniakhaltigen Stellen.

	Feld-Kresse	Grasblättrige Kresse	Garten-Kresse	Stink-Kresse	Pfeilkresse	Niederliegender Krähenfuß
wissenschaftl. Name	*Lepidium campéstre*	*Lepidium graminifólium*	*Lepidium sativum*	*Lepidium ruderále*	*Cardária drába*	*Corónopus procúmbens*
Größe; Blütez.	15–80 cm; 5–7	40–70 cm; 6–7	30–60 cm; 6–9	5–50 cm; 5–11	15–60 cm; 4–7	2–30 cm; 6–10
Besondere Kennzeichen	Pflanze kurzhaarig, graugrün, obere Blätter stengelumfassend, Schötchen oben breit berandet; ⊙	Pflanze sparrig verzweigt, Grundblätter kerbig gezähnt, Früchte klein, eiförmig; ♃	Blätter kahl, bläulich bereift, fiederteilig, Schötchen 5–6 mm lang, breit berandet; ⊙	Pflanze meist stark verzweigt, stinkend, Kronblätter weißlich, oft fehlend, Staubblätter 2; ⊙	Blätter am Grunde pfeilförmig, stengelumfassend, Blüten weißlich, Früchte breiter als lang; ♃	Blüten weiß, in kurzen Ständen, Früchte sehr höckerig, am Grunde ausgerandet; ⊙

Der **Färber-Waid** (a *Isatis tinctória*; 50—140 cm; 5—7; Blüten gelb, sehr zahlreich, Schötchen einsamig, herabhängend; ⊙; verwilderte Kulturpflanze), die **Bittere Schleifenblume** (b *Ibéris amára*; 5—25 cm; 5—8; Blüten weiß oder lila, schleifenförmig; ⊙), die **Felskresse** (c *Hornúngia petrǽa*; 3—10 cm; 4—6; Blätter gefiedert, Blüten weiß; ⊙) und die **Salzkresse** (d *Hymenóbolus procúmbens*; 2—15 cm; 4—5; Blüten weiß, Früchte länglich, stumpf; ⊙) sind **Kreuzblütler** auf Äckern, d nur an salzhaltigen Stellen.

Der **Finkensame** (a *Néslia paniculáta*; 15—80 cm; 5—7; Blätter sitzend, am Grunde pfeilförmig, Schötchen kugelig; ⊙), das **Senfblättrige Zackenschötchen** (b *Búnias erucágo*; 30—60 cm; 5—7; Schötchen mit 4 gezackten Flügeln; ⊙; Süddeutschland), das **Öhrchen-Hellerkraut** (c *Thláspi perfoliátum*; 6—40 cm; 4—6; Früchte 4—6 mm lang, Griffel sehr kurz; ⊙; in Norddeutschland selten) und das **Berg-Hellerkraut** (d *Thláspi montánum*; 10—30 cm; 4—5; Staubbeutel gelb, Fruchtfächer meist 2samig; ♃; Alpen; fehlt in Norddeutschland) sind **Kreuzblütler** auf Äckern und auf grasigen Hügeln.

Von den **Kreuzblütlern** der Tabelle sind das Acker-Hellerkraut und das Hirtentäschelkraut gemeine Wildkräuter auf Äckern, auf Schutt und an Wegrändern. Der verbreitete, aber nicht überall vorkommende Bauernsenf wächst auf sandigen Äckern, oft auch auf Dünen. Das Voralpen-Hellerkraut kommt in Süddeutschland zerstreut, in Norddeutschland selten vor, das seltene Brillenschötchen fehlt in Norddeutschland. Judas Silberblatt ist eine Zierpflanze, die zuweilen verwildert.

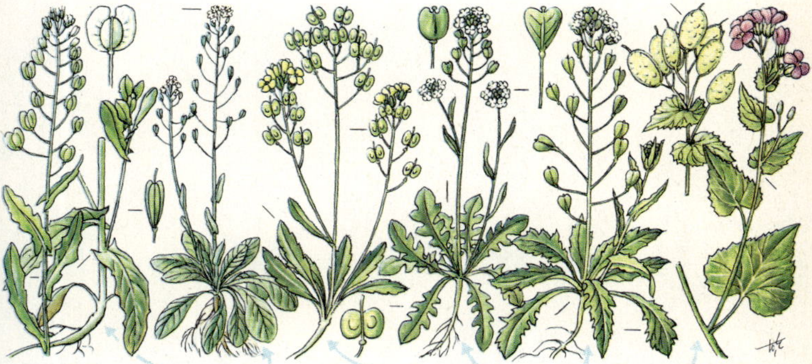

	Acker-Hellerkraut	Voralpen-Hellerkraut	Brillenschötchen	Bauernsenf	Hirtentäschelkraut	Judas Silberblatt
wissenschaftl. Name	*Thláspi arvénse*	*Thláspi alpéstre*	*Biscutélla laevigáta*	*Teesdálea nudicáulis*	*Capsélla búrsa pastóris*	*Lunária ánnua*
Größe; Blütez.	12–70 cm; 4–6	5–30 cm; 4–6	20–50 cm; 5–7	8–15 cm; 4–5	2–80 cm; 2–11	30–100 cm; 4–6
Besondere Kennzeichen	Stengel kantig, Stengelblätter am Grunde pfeilförmig, Früchte rund; ⊙	Blumenblätter weiß, selten rosa, Schötchen schmal verkehrt-herzförmig, ihre Fächer 4- bis 8samig; ♃	Blüten hellgelb, Schötchen brillenförmig, Blätter rauhhaarig; ♃	Blätter rosettig, meist fiedspaltig, Blüten weiß; ⊙	Grundblätter rosettig, fiedspaltig, Schötchen verkehrt-herzförmig; ⊙	Schötchen **groß, flach**, fast rund, obere Blätter sitzend; ⊙–♃

Das **Felsen-Steinkraut** (a *Alýssum saxátile*; 10 bis 30 cm; 4—5; Pflanze grauhaarig, Schötchen rundlich, kahl; ♃; Süddeutschland), das **Kelch-Steinkraut** (b *Alýssum alyssoídes*; 5—25 cm; 4—9; Pflanze graugrün durch verzweigte Haare, Schötchen behaart; ⊙ bis ♃), das **Berg-Steinkraut** (c *Alýssum montánum*; 5—30 cm; 4—5; Pflanze graugrün, Griffel etwa 2 mm lang; ♃) und die **Graukresse** (d *Bertéroa incána*; 30 bis 35 cm; 6—10; Blumenblätter tief 2spaltig, Früchte sternhaarig; ⊙) sind **Kreuzblütler.**

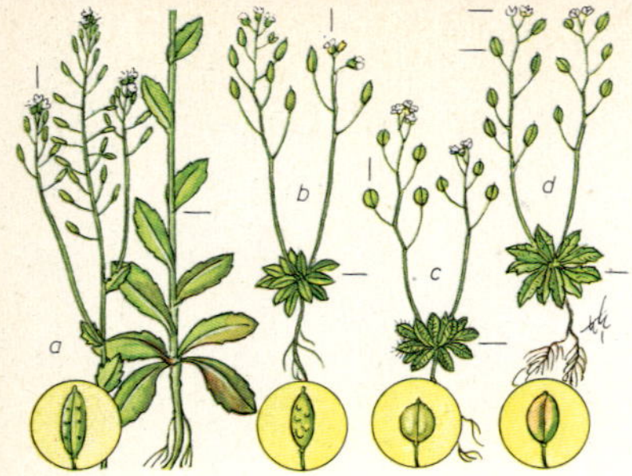

Das **Mauer-Felsenblümchen** (a *Drába murális*; 15—40 cm; 5—7; Blüten weiß, Stengelblätter mehr als 3, halbstengelumfassend; ⊙—⊙), das **Frühlings-Hungerblümchen** (b *Eróphila vulgáris*; 2—15 cm; 2—5; Blätter spatelig-lanzettlich, Schötchen bis 10 mm lang, bis 5 mm breit; ⊙), das **Spatelblättrige Hungerblümchen** (c *Eróphila spathuláta*; 1—20 cm; 2—5; Blätter dicklich, dicht behaart, Schötchen fast kugelig; ⊙) und das **Frühblühende Hungerblümchen** (d *Eróphila prǽcox*; 1—20 cm; 2—5; Blätter mit Sternhaaren, Schötchen breit eiförmig; ⊙) sind **Kreuzblütler** an trockenen und sonnigen Standorten.

Von den **Kreuzblütlern** der Tabelle kommen das Behaarte Schaumkraut, das Mittlere Barbenkraut und die Sand-Schaumkresse in Weinbergen, auf Äckern, an Wegrändern und auf Schutt vor, die Sand-Schaumkresse besonders an trockenen Standorten, das Mittlere Barbenkraut häufiger nur im Rheingebiet. Die übrigen Arten bevorzugen feuchte Standorte, außer Kulturland auch Flußufer, das Kleinblütige Schaumkraut vorwiegend auf Schlamm- und Sandböden, das Steife Barbenkraut in Stromtälern im Bereich der südlichen Ostsee.

	Kleinblütiges Schaumkraut	Behaartes Schaumkraut	Mittleres Barbenkraut	Steifes Barbenkraut	Echtes Barbenkraut	Sand-Schaumkresse
wissenschaftl. Name	*Cardámine parviflóra*	*Cardámine hirsúta*	*Barbárea intermédia*	*Barbárea stricta*	*Barbárea vulgáris*	*Cardaminópsis arenósa*
Größe; Blütez.	7–40 cm; 5–9	3–25 cm; 5–6	15–70 cm; 4–5	25–100 cm; 4–6	20–130 cm; 4–7	10–50 cm; 4–6
Besondere Kennzeichen	Blätter gefiedert, Stengel hin und her gebogen, Fruchtstiele abstehend; ⊙	Staubgefäße meist nur 4, Früchte meist aufrecht, die Blüten überragend; ⊙	Blätter gefiedert, untere mit 3–5 Paar Seitenfiedern, Schoten 2–3 cm lang; ⊙	untere Blätter mit 1–3 Paar Seitenfiedern, Schoten 2–3 cm lang, angedrückt; ⊙	untere Blätter rosettig, mit 5–9 Paar Seitenfiedern, Schoten 1,5–2,5 cm lang, aufrecht; ⊙	Blüten weiß oder rötlich, 7–11 mm lang, Blätter mit verzweigten Haaren; ⊙—⊙

Die **Öhrchen-Gänsekresse** (a *Árabis auriculáta*; 10—40 cm; 4—5; Schoten 10—26 mm lang, kaum dicker als der Stiel; ⊙), die **Trübe Nachtviole** (b *Hésperis trístis*; 30—60 cm; 5—6; Blüten purpurrot oder weiß, Schoten bogig, 3—4 cm, selten bis 10 cm lang; ⊙), die **Schmalwand** (c *Arabidópsis thaliána*; 6—30 cm; 4—5; Stengelblätter sitzend, Schoten linealisch, bis 2 cm lang; ⊙) und die **Ungarische Rauke** (d *Sisýmbrium altíssimum*; 25—100 cm; 5—7; Blüten hellgelb, Kelchblätter abstehend; ⊙) sind **Kreuzblütler**.

Die **Steife Rauke** (a *Sisýmbrium strictissimum*; 50—200 cm; 6; Blätter ungeteilt, unterseits grau-flaumig, Schoten bis 6 cm lang; ♃), die **Weg-Rauke** (b *Sisýmbrium officinále*; 25—70 cm; 5—10; Schoten 10—15 mm lang, dem Stengel dicht anliegend, Blätter fiedspaltig; ⊙), die **Loesel's Rauke** (c *Sisýmbrium loesélii*; 30—90 cm; 6—7; Schoten sichelförmig aufwärts gebogen, doppelt so lang wie ihre Stiele; ⊙—⊙⊙) und die **Schlaffe Rauke** (d *Sisýmbrium írio*; 15 bis 60 cm; 5—6; Schoten mehrfach länger als ihre Stiele, die Blüten überragend; ⊙) sind **Kreuzblütler** an Wegrändern und auf Schutt.

Von den **Kreuzblütlern** der Tabelle ist nur der Acker-Schöterich auf Äckern und Schuttplätzen gemein. Der Steife, der Wohlriechende und der Bleiche Schöterich lieben trockene und sonnige Hügel, besonders auf Kalk, fehlen aber in Norddeutschland weithin. Der Sperrige Schöterich ist aus Südosteuropa eingeschleppt und eingebürgert. Eine verwilderte Zierpflanze ist der Goldlack, der besonders in West- und Südwestdeutschland vorkommt.

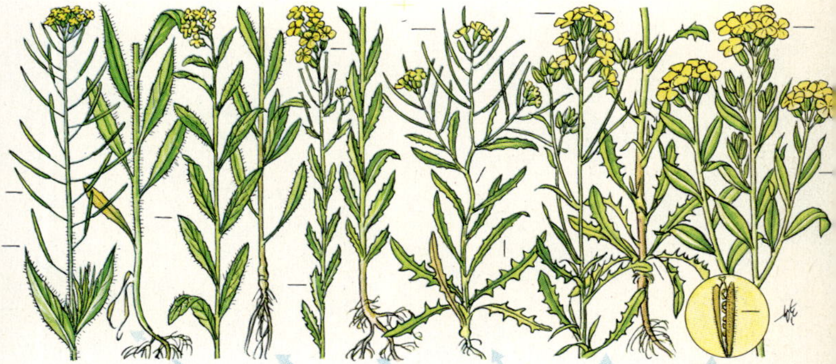

	Acker-Schöterich	Steifer Schöterich	Wohlriechender Schöterich	Sperriger Schöterich	Bleicher Schöterich	Goldlack
wissenschaftl. Name	*Erýsimum cheiranthoides*	*Erýsimum hieraciifólium*	*Erýsimum pannónicum*	*Erýsimum repándum*	*Erýsimum crepidifólium*	*Cheiránthus cheiri*
Größe; Blütez.	10–120 cm; 5–9	25–125 cm; 6–8	30–70 cm; 6–7	15–40 cm; 4–7	20–80 cm; 4–7	10–90 cm; 5–6
Besondere Kennzeichen	Blatthaare vorwiegend 3schenkelig, Schoten 12–27 mm lang, ⊙	Blatthaare wie vorige Art, Schoten 4kantig, der Achse angerückt; ⊙⊙	Schoten 2–6 cm lang, 4kantig, Blüten wohlriechend, Blütenstiele kürzer als der Kelch; ⊙–⊙⊙	Blatthaare 2strahlig, Schoten 4,5 bis 10 cm lang, waagerecht abstehend; ⊙	untere Laubblätter rosettig, Schoten dicker als ihre Stiele, rauhhaarig, höckerig; ⊙⊙	Blüten gelb oder bräunlich, duftend, Schoten 2,5–6 cm lang, behaart; ⊙⊙–♃

Der **Kleinfrüchtige Leindotter** (a *Camelina microcárpa*; 10—80 cm; 5—7; Blumenblätter etwa 5 mm lang, ebenso die Früchte; ⊙) und der **Behaarte Leindotter** (b *Camelina pilósa*; 10—80 cm; 5—7; Früchte 6—7 mm, Samen bis 1,5 mm lang; ⊙) sind **Kreuzblütler**, der **Färber-Wau** (c *Reséda lutéola*; 20—120 cm; Blüte 4-zählig, Blätter schmal-lanzettlich; ⊙⊙) und der **Gelbe Wau** (d *Reséda lútea*; 20—60 cm; Blüte 6-, selten 5zählig; ⊙⊙) sind **Resedagewächse** auf Schuttplätzen und an Wegen.

Die **Moschus-Malve** (a *Málva moscháta*; 30—80 cm; 6—11; Blätter tief handförmig 5- bis 7teilig, Blüten rosa, seltener weiß; ♃), die **Weg-Malve** (b *Málva negléctа*; 7—70 cm; 5—11; Blätter rundlich-herzförmig, Fruchtstiele abwärts gebogen: ⚇—♃), die **Wilde Malve** (c *Málva silvéstris*; 30—60 cm; 6—11; Blätter 5lappig, Blüten groß, Fruchtstiele aufrecht; ♃ oder ⚇) und die **Kleinblütige Malve** (d *Málva pusílla*; 15—50 cm; 7—9; Blumenblätter und Kelch etwa gleich lang; ⊙; östlich der Oder, sonst selten) sind **Malvengewächse** an Straßen und auf wüsten Plätzen.

Die **Veilchengewächse** der Tabelle kommen verbreitet auf Äckern und Wiesen sowie im Gebüsch vor, das Weiße Veilchen auch in lichten Wäldern der Hügel- und Bergregion, insbesondere im Bodenseegebiet und am Oberrhein. Von den Johanniskräutern (Familie **Hartheugewächse**) siedeln das Tüpfel- und das Niederliegende Johanniskraut häufig an Wegen und Ackerrändern. Das Zierliche Johanniskraut ist selten auf steinigem Ödland in Hessen, in Thüringen und bei Halle.

	Rauhes Veilchen	Weißes Veilchen	Stiefmütterchen	Tüpfel-Johanniskraut	Niederliegendes Johanniskraut	Zierliches Johanniskraut
wissenschaftl. Name	*Viola hirta*	*Viola álba*	*Viola tricolor*	*Hypericum perforátum*	*Hypericum humifúsum*	*Hypericum élegans*
Größe; Blütez.	15–40 cm; 3–4	10–40 cm; 3–4	10–45 cm; 5–10	20–60 cm; 6–8	2–30 cm; 6–9	15–30 cm; 6–7
Besondere Kennzeichen	Blätter lang gestielt, ihr Rand regelmäßig gekerbt, Blüten violett, blau oder weiß; ♃	Blüten weiß oder violett, mit gelblichem Sporn, Fruchtknoten behaart; ♃	Nebenblätter fiedspaltig, Blüten weiß, gelb oder dreifarbig; ⊙–♃	Stengel mit 2 Längskanten, Blätter sitzend, Blüten groß, gelb; ♃	Stengel liegend, 2kantig, hohl, Kelchblätter ungleich groß, ganzrandig; ♃	Stengel oben 2kantig, schwarzdrüsig, Blätter halbstengelumfassend; ♃

Die **Thüringer Strauchpappel** (a *Lavatéra thuringíaca*; 50—120 cm; 7—10; Blumenblätter 2lappig, Blüten 5—8 cm breit; ♃) und der **Rauhe Eibisch** (b *Althǽa hirsúta*; 15—60 cm; 7—9; untere Blätter 5lappig, mittlere 3- bis 7teilig, Blüten lila, 2,5 cm Ø; ⚇) sind **Malvengewächse**, der **Vogelkopf** (c *Thymelǽa passerína*; 15—40 cm; 7; Blüten klein; ⊙) ist ein **Seidelbastgewächs** und die **Gemeine Nachtkerze** (d *Oenothéra biénnis*; 40—100 cm; 6—9; Blätter länglich stumpf; ⚇) ein **Nachtkerzengewächs.**

Der **Weiche Storchschnabel** (a *Geránium mólle*; 5—30 cm; 5—10; Blüten rosa, Blumenblätter tief ausgerandet, Pflanze weich behaart; ⊙ bis ⚇), der **Schlitzblättrige Storchschnabel** (b *Geránium disséctum*; 8—70 cm; 5—10; Blätter bis auf den Grund geteilt, Früchte drüsenhaarig; ⊙), der **Rundblättrige Storchschnabel** (c *Geránium rotundifólium*; 6—40 cm; 6—10; Blattlappen mit meist 3 stumpfen Zipfeln; ⊙) und der **Reiherschnabel** (d *Eródium cicutárium*; bis 60 cm; 4—7; Blätter gefiedert, Blüten karminrot, in Dolden; ⊙—♃) sind **Storchschnabelgewächse** auf Äckern und an Wegrändern.

Der Gelbe Lein ist ein **Leingewächs** und bewohnt buschbestandene Kalkböden im Jura und in Bayern. Alle anderen Pflanzen der Tabelle gehören zu den **Doldengewächsen.** Der Gemeine Klettenkerbel wächst verbreitet an Hecken und Zäunen. Die übrigen Arten bewohnen zerstreut Saatfelder, Brachäcker und Trockenwiesen, ausschließlich oder vorwiegend auf Kalkböden; der Acker-Klettenkerbel fehlt in Nord- und Westdeutschland.

	Gelber Lein	Gemeiner Klettenkerbel	Acker-Klettenkerbel	Breite Haftdolde	Kletten-Haftdolde	Breitsame
wissenschaftl. Name	*Linum flávum*	*Tórilis japónica*	*Tórilis arvénsis*	*Caŭcalis latifólia*	*Caŭcalis láppula*	*Orláya grandiflóra*
Größe; Blütez.	20–60 cm; 6–7	bis 1,3 m; 6–8	30–90 cm; 7–8	10–60 cm; 5–7	10–60 cm; 5–7	bis 1 m; 7–8
Besondere Kennzeichen	Blüten gelb, in rispigen Wickeln, Stengel oben kantig, wie die Blätter kahl; ♃	Hüllblätter 5 und mehr, Frucht fein bestachelt, ohne Widerhaken; ⊙-⚇	nur 1 Hüllblatt oder gar keins, Fruchtstacheln widerhakig, Dolden 4- bis 12strahlig; ⊙	Blätter einfach gefiedert, Blumenblätter 2spaltig, weiß, rot oder rotbraun; ⊙	Blätter 2- bis 3fach gefiedert, Blumenblätter tief ausgerandet, Blüten weiß oder rötlich; ⊙	Randblüten mit 5–8 mm langen Blumenblättern, Blätter 2- bis 3fach gefiedert; ⊙

Der **Schierling** (a *Cónium maculátum*; 50—200 cm; 6—9; Blätter weich, Stengel fein gerillt; ⊙—⚇; **giftig**), die **Sichelmöhre** (b *Falcária vulgáris*; 25—80 cm; 7—10; Fiederblätter sichelförmig; ♃), der **Wiesen-Kümmel** (c *Cárum cárvi*; bis 1 m; 4—7; unterstes Fiedpaar 2. Ordnung an die Blattachse herangerückt; ⚇) und der **Feld-Mannstreu** (d *Erýngium campéstre*; 10 bis 90 cm; 7—9; Köpfchen gelblich, fast kugelig, Fiedern weißlich-grün; ♃) sind **Doldengewächse** an Wegrändern und auf Äckern.

Der **Hecken-Kälberkropf** (a *Chaerophýllum témulum*; 30—120 cm; 6—7; Hüllchenblätter bewimpert, Griffel etwa so lang wie das Griffelpolster; ⊙—⊙), der **Knollige Kälberkropf** (b *Chaerophýllum bulbósum*; 50—200 cm; 6—8; Hüllchenblätter kahl, Wurzel knollig verdickt; ⊙—♃), der **Gemeine Kerbel** (c *Anthríscus vulgáris*; 10—100 cm; 5—6; Frucht kurzborstig, hakig, Blüten sehr klein; ⊙) und der **Wiesen-Kerbel** (d *Anthríscus silvéstris*; 15—150 cm; 4—8; Dolde 7- bis 15strahlig, Früchte länger als ihr Stiel; ⊙) sind **Doldengewächse** auf unbebauten Orten und an Hecken.

Der Knäuel-Klettenkerbel kommt nur im Marschgebiet der Unterelbe und der Nordsee vor; der Pferde-Sesel ist ein seltenes Doldengewächs an sonnigen Orten im Nahetal, in Baden, an der Saale und in Schlesien. Die übrigen **Doldengewächse** der Tabelle wachsen zerstreut oder verbreitet an Hecken und Wegrändern sowie auch auf Wiesen.

	Knäuel-Klettenkerbel	Hunds-Petersilie	Pastinak	Zirmet (Drehkraut)	Pferde-Sesel	Heilwurz
wissenschaftl. Name	*Tórilis nodósa*	*Aethúsa cynápium*	*Pastináca satíva*	*Tordýlium máximum*	*Séseli hippomárathrum*	*Séseli libanótis*
Größe: Blütez.	10–35 cm: 4–9	7–125 cm: 6–10	30–100 cm: 7–8	30–120 cm: 6–8	30–90 cm: 7–8	30–120 cm: 7–9
Besondere Kennzeichen	Dolden geknäuelt, blattgegenständig, Früchte mit rauhen Warzen: ⊙	Blätter fast doppelt gefiedert, Hüllchenblätter 3, nach außen zurückgeschlagen: ⊙: **giftig**	Doldenstrahlen 8–12, ungleich lang, Stengel gefurcht, nach Möhren riechend: ⊙	Stengel mit kantigen Furchen, Doldenstrahlen dick, borstig, Früchte rauh: ⊙	Grundblätter mehrfach fiedschnittig, Hüllchenblätter zu einem Becher verwachsen: ♃	Stengel scharfkantig gefurcht, Kelchzähne lang, pfriemlich: ⊙–♃

Der **Nadel-Kerbel** (a *Scándix pécten véneris*; 8—50 cm; 5—6; Dolden 1- bis 3strahlig, Schnabel bis 6mal so lang wie die Frucht; ♃), das **Acker-Hasenohr** (b *Bupléurum rotundifólium*; 10—50 cm; 6—7; obere Blätter vom Stengel durchwachsen, Blumenblätter gelb; ⊙) und das **Sichel-Hasenohr** (c *Bupléurum falcátum*; 30 bis 100 cm; 7—10; Stengelblätter am Grunde verschmälert, untere gestielt, Blumenblätter klein, Frucht glatt; ♃) sind kalkliebende **Doldengewächse** auf Äckern und Trockenhängen.

Die **Knorpelmöhre** (a *Ámmi május*; 20—100 cm; 6—10; Stengelblätter fein zerteilt; ⊙; hier und da eingeschleppt), die **Erdknolle** (b *Búnium bulbocástanum*; 30—100 cm; 6—7; am Grunde mit kugeliger, dicker Knolle; ♃; Baden, Westalpen, am Kyffhäuser) und der **Faserschirm** (c *Trínia glabérrima*; bis 50 cm; 4—5. Pflanze 2-häusig, blaugrün, kahl, Grundblätter 2- bis 3-fach gefiedert, ♂ Döldchen klein, mit vielen Blüten, ♀ mit 4—10 Blüten; ⊙) sind seltene **Doldengewächse,** die auf Äckern, Weiden und Trockenrasen wachsen, c nur am Main, am Mittelrhein, auf der Schwäbischen Alb und im Elsaß.

Das Einjährige Bingelkraut ist ein **Wolfsmilchgewächs.** Die übrigen Pflanzen der Tabelle gehören zu den **Brennesselgewächsen.** Die Pillen-Brennessel ist in Südeuropa beheimatet und stellenweise nach Deutschland eingeschleppt. Die beiden heimischen Brennesselarten und das Einjährige Bingelkraut wachsen häufig und weit verbreitet an unbebauten Orten und auf Schuttplätzen. Das Aufrechte Glaskraut kommt zerstreut, das Ausgebreitete Glaskraut selten auf Mauern und an Zäunen vor, letzteres in Deutschland nur im Südwesten.

	Pillen-Brennessel	Kleine Brennessel	Große Brennessel	Aufrechtes Glaskraut	Ausgebreitetes Glaskraut	Einjähriges Bingelkraut
wissenschaftl. Name	*Urtica pilulífera*	*Urtica úrens*	*Úrtica dioica*	*Parietária officinális*	*Parietária ramiflóra*	*Mercuriális ánnua*
Größe; Blütez.	bis 80 cm; 6–10	30–60 cm; 5–11	30–125 cm; 6–10	30–90 cm; 6–9	bis 70 cm; 5–10	10–80 cm; 5–10
Besondere Kennzeichen	weibliche Blüten in langgestielten, kugeligen Köpfchen, Blätter grob gesägt; ⊙	Blüten 1häusig, ♂ und ♀ in derselben Rispe, diese kürzer als die Blattstiele; ⊙	Blütenrispen hängend, länger als die Blattstiele, Pflanze 2häusig; ♃	Blätter groß, länglich, glasartig glänzend, Stengel einfach, kurzhaarig; ♃	Blätter klein, eiförmig, Stengel ästig, niederliegend; ♃	Stengel stumpf vierkantig, verzweigt, Blüten 2häusig, in vielblütigen Scheinähren; ⊙

Die **Sonnen-Wolfsmilch** (a *Euphórbia helioscópia*; 5—40 cm; 4—11; Blätter oben am Stengel größer als unten; ⊙), die **Zypressen-Wolfsmilch** (b *Euphórbia cyparíssias*; 10—50 cm; 4—7; Blätter schmal-lineal, 1—3 mm breit; ♃) und die **Breitblättrige Wolfsmilch** (c *Euphórbia platyphýllos*; 20—60 cm; 6—9; Blätter an der Unterseite oft behaart, nach Mäusen riechend; ⊙; nur in Süd- und Westdeutschland häufig) sind verbreitete **Wolfsmilchgewächse** im Garten und auf Äckern.

Die **Kleine Wolfsmilch** (a *Euphórbia exigua;* 3 bis 30 cm; 5—11; Blätter linealisch, bis 4 mm breit, mit Stachelspitze; ⊙; auf Lehmäckern), die **Sichel-Wolfsmilch** (b *Euphórbia falcáta;* 8 bis 40 cm; 6—10; Blätter lanzettlich, bis 5 mm breit; ⊙; auf Getreideäckern, unbeständig) und die **Garten-Wolfsmilch** (c *Euphórbia péplus;* 4—35 cm; 6—11; Blätter eiförmig-rundlich, gestielt, Fruchtkapsel mit Flügelleisten; ⊙; häufiges Ackerwildkraut) sind verbreitete **Wolfsmilchgewächse** in Gärten und auf Äckern.

Die **Knöterichgewächse** der Tabelle sind auf Schuttplätzen, an wüsten Orten, auf Äckern und an Wegrändern verbreitet, der Vogel-Knöterich auch zwischen dem Straßenpflaster, der Winden-Knöterich auch im Gebüsch; nur der Hecken-Knöterich ist seltener und wächst im Gebüsch und in feuchten Hecken. Der Tatarische Buchweizen wurde eingeschleppt und kommt als Wildkraut unter Buchweizen vor.

	Floh-Knöterich	Ampfer-Knöterich	Vogel-Knöterich	Winden-Knöterich	Hecken-Knöterich	Tatarischer Buchweizen
wissenschaftl. Name	*Polýgonum persicária*	*Polýgonum lapathifólium*	*Polýgonum aviculáre*	*Polýgonum convólvulus*	*Polýgonum dumetórum*	*Fagopýrum tatáricum*
Größe; Blütez.	15–100 cm; 7–10	30–120 cm; 7–10	5–100 cm; 5–9	bis 1 m; 7–10	bis 2 m; 7–9	25–75 cm; 7–8
Besondere Kennzeichen	Blattröhre rauhhaarig, am Rande etwa 4 mm lang bewimpert, Blumenblätter rot oder weiß; ⊙	Blattröhre am Rande kaum bewimpert, Blüten hellrot oder weiß; ⊙	Blüten einzeln oder zu mehreren in Blattachseln, Blumenblätter rot oder weiß; ⊙	Pflanze windend, Stengel kantig, Blumenblätter außen grün; ⊙	Pflanze windend, Stengel glatt, Blumenblätter später breit geflügelt; ⊙	Blätter dreieckig, durchweg breiter als lang, Blüten rosenrot oder weiß; ⊙

Der **Schöne Ampfer** (a *Rúmex púlcher;* 20—80 cm; 5—7; Blätter geigenförmig; ⊙⊙), der **Stumpfblättrige Ampfer** (b *Rúmex obtusifólius;* 60—150 cm; 6—8; Grundblätter groß, stumpflich; ♃) und der **Schildampfer** (c *Rúmex scutátus:* 10—50 cm; 5—6; Blätter spießförmig, lang gestielt; ♃) sind **Knöterichgewächse,** die **Feder-Nelke** (d *Diánthus plumárius;* 30—60 cm; 4—7; Blumenblätter etwa bis zur Mitte zerschlitzt, weiß oder rosa; ♃; Südosteuropa) ist ein **Nelkengewächs** auf unbebauten Orten.

Die **Feinblättrige Miere** (a *Minuártia tenuifólia*; 3—16 cm; 5—7; Pflanze lockerrasig, Kelchblätter kürzer als Fruchtkapsel; ⊙), das **Quendel-Sandkraut** (b *Arenária serpyllifólia*; bis 20 cm; 5—10; Stengel aufrecht, Blätter rundlich eiförmig, sitzend, Kelchblätter länger als Fruchtkapsel; ⊙), die **Sprossende Nelke** (c *Túnica prolifera*; 10—50 cm; 6—10; Blütenköpfchen von häutigen Hochblättern umgeben, Blumenblätter klein, rötlich-lila; ⊙) und das **Kuhkraut** (d *Vaccária pyramidáta*; 20—70 cm; 6; Blütenstand reich verzweigt, Blüten rosa; ⊙) sind **Nelkengewächse** auf Schutt und Trockenrasen.

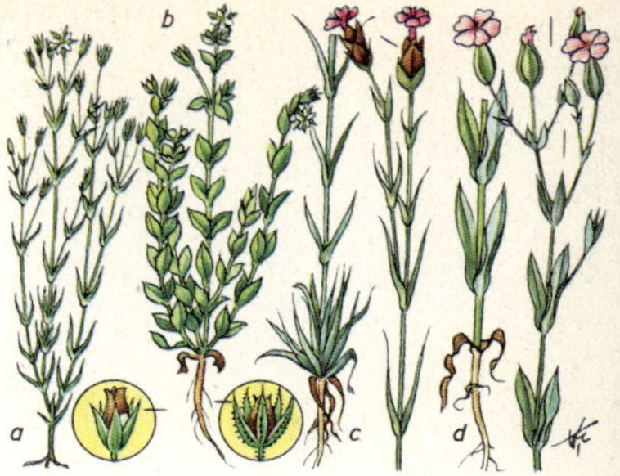

Von den **Nelkengewächsen** der Tabelle kommt die Kornrade verbreitet in Kornfeldern vor. Die Nachtnelkenarten wachsen verbreitet auf Äckern, an Wegen und im Gebüsch, die Rote Nachtnelke auch auf Wiesen und auf Kahlschlägen. Das Gemeine Seifenkraut ist auf Schuttplätzen, an Wegrändern und an Ufern häufig. Die Klebrige Miere siedelt zerstreut auf Äckern und an trockenen Plätzen, fehlt aber in Nordwestdeutschland.

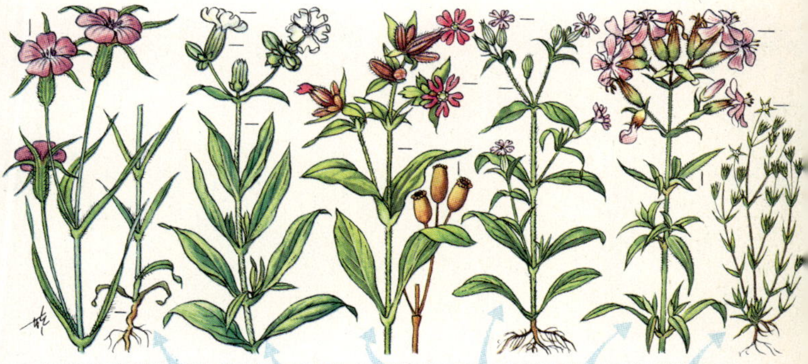

	Kornrade	Weiße Nachtnelke	Rote Nachtnelke	Nacht-Nachtnelke	Gemeines Seifenkraut	Klebrige Miere
wissenschaftl. Name	*Agrostémma githágo*	*Melándrium álbum*	*Melándrium diúrnum*	*Melándrium noctiflórum*	*Sáponária officinális*	*Minuártia viscósa*
Größe; Blütez.	bis 70 cm; 6–9	25–70 cm; 6—9	30–60 cm; 4–9	15–30 cm; 7–9	15–70 cm; 6–9	3–16 cm; 5–8
Besondere Kennzeichen	Blätter graufilzig, Blüten groß, einzeln, Blumenblätter purpurn; ⊙; **giftig**	Stengel zottig-klebrig, Blüten weiß, 2häusig, Kelch aufgeblasen; ⊙	Pflanze weichhaarig, Blüten rot, 2häusig, Kapselzähne zurückgerollt; ♃	Stengel zottig-klebrig, Blütenstand gabelästig, Blüten zwitterig; ⊙	Blätter länglich, 5–20 mm breit, Blüten fleischfarben, in Trugdolden; ♃	Stengel drüsenhaarig, vom Grunde an verzweigt, reichblütig, Blüten weiß; ⊙

Die **Vogel-Sternmiere** (a *Stellária média*; 5 bis 40 cm; 3—10; Stengel rund, einreihig behaart; ⊙), die **Große Sternmiere** (b *Stellária holóstea*; 15—35 cm; 4—6; Stengel 4kantig, Blumenblätter bis zur Mitte gespalten; ♃), die **Gras-Sternmiere** (c *Stellária gramínea*; 8—80 cm; 5—7; Blumenkrone so lang wie der Kelch, Blätter am Grunde bewimpert; ♃) und die **Weißmiere** (d *Moenchia erécta*; 3—10 cm; 4—5; Blüten 4zählig; ⊙) sind **Nelkengewächse** auf bebautem Boden; d fehlt in Norddeutschland.

Das **Knäuel-Hornkraut** (a *Cerástium glomerátum*; 5—25 cm; 3—9; Blätter stachelspitzig, gelbgrün, Blüten geknäuelt; ⊙—⊙), das **Kahle Bruchkraut** (*b Herniária glábra*; 5—30 cm; 5—8; Pflanze kahl, Stengel im Kreise niederliegend; ♃), das **Behaarte Bruchkraut** (c *Herniária hirsúta*; 5—20 cm; 7—9; Pflanze steifhaarig, Blüten zu etwa 10 geknäuelt; ♃) und das **Büschelige Gipskraut** (d *Gypsóphila fastigiáta*; 15 bis 50 cm; 6—8; Stengel oben klebrig, Blütenstand in dichter Trugdolde; ♃) sind **Nelkengewächse** auf Sandfeldern und Heiden, d im Mainzer Bekken, in Thüringen und östlich der Elbe.

Von den **Nelkengewächsen** der Tabelle kommen das Garten-Leimkraut, das Französische Leimkraut und das Gabelästige Leimkraut zerstreut oder selten auf Äckern und Trockenplätzen vor, das Garten-Leimkraut nur am Rhein, in der Rhön und im Harz; das Französische Leimkraut ist in West- und Süddeutschland etwas häufiger. Feld-Spark und Roter Spärkling wachsen verbreitet auf sandigen Äckern, auf Triften und auf wüsten Plätzen. Der Saat-Spärkling siedelt selten und unbeständig unter der Saat.

	Garten-Leimkraut	Französisches Leimkraut	Gabelästiges Leimkraut	Feld-Spark	Saat-Spärkling	Roter Spärkling
wissenschaftl. Name	*Siléne arméria*	*Siléne gállica*	*Siléne dichótoma*	*Spérgula arvénsis*	*Spergulária segetális*	*Spergulária rúbra*
Größe; Blütez.	10—60 cm; 5—10	10—45 cm; 6—8	20—100 cm; 7—8	10—30 cm; 6—10	2—10 cm; 6—7	3—30 cm; 5—9
Besondere Kennzeichen	Stengel streckenweise klebrig, obere Blätter stengelumfassend; ⊙—⊙	Blüten in traubenähnlichen Wickeln, Blumenblätter gezähnelt oder ausgerandet; ⊙	Blütenstand gabelästig, Blumenblätter meist weiß, tief 2spaltig; ⊙	Blätter in Scheinquirlen, unterseits mit Längsfurche, Samen schmal geflügelt; ⊙	Blätter gegenständig mit silberglänzenden Nebenblättern, Stengel aufrecht; ⊙	Blätter wie Saat-Spärkling, Stengel meist niederliegend, Blüten rosenrot; ⊙

Das **Niederliegende Mastkraut** (a *Sagina procúmbens*; 2—5 cm; 5—9; Stengel fadendünn, Kelchblätter eiförmig; ♃) ist ein verbreitetes **Nelkengewächs**, die **Sand-Radmelde** (b *Kóchia arenária*; 15—40 cm; 8—10; Blütenhülle mit 5 Anhängseln; ⊙; nur am Mittelrhein), das **Acker-Knorpelkraut** (c *Polycnémium arvense*; 2—30 cm; 7—10; Vorblätter so lang wie die Blütenhülle; ⊙) und das **Große Knorpelkraut** (d *Polycnémium május*; 10—20 cm; 2—7; Vorblätter länger als die Blüte; ⊙) sind **Gänsefußgew.**

Der **Klebrige Gänsefuß** (a *Chenopódium bótrys*; 15—60 cm; 7—8; Blätter und Stengel drüsigflaumig, angenehm duftend; ⊙), der **Gute Heinrich** (b *Chenopódium bónus henricus*; 15—60 cm; 4—10; Blätter dreieckig-spießförmig, Blütenähren unbeblättert; ♃), der **Stinkende Gänsefuß** (c *Chenopódium vulvária*; 15—40 cm; 5—9; Pflanze kleiig bestäubt, nach faulen Heringen stinkend; Samen fein punktiert; ⊙—⊙) und der **Vielsamige Gänsefuß** (d *Chenopódium polyspérmum*; 15—60 cm; 8—9; Blätter eiförmig-länglich, geruchlos, Samen sehr fein punktiert; ⊙) sind **Gänsefußgewächse** auf wüsten Plätzen.

Alle **Gänsefußgewächse** der Tabelle sind in ganz Deutschland und in weiten Teilen Europas heimisch. Sie bewohnen wüste Plätze, Schuttanger und Äcker. Die meisten kommen zerstreut vor; verbreitet sind nur der Bastard-Gänsefuß und der Rote Gänsefuß; selten begegnet man dem Schneeball-Gänsefuß.

	Städte-Gänsefuß	Graugrüner Gänsefuß	Bastard-Gänsefuß	Roter Gänsefuß	Mauer-Gänsefuß	Schneeball-Gänsefuß
wissenschaftl. Name	*Chenopódium úrbicum*	*Chenopódium gláucum*	*Chenopódium hýbridum*	*Chenopódium rúbrum*	*Chenopódium muràle*	*Chenopódium opulifólium*
Größe; Blütez.	50–100 cm; 7–9	10–60 cm; 7–10	30–100 cm; 5–8	15–90 cm; 7–9	15–60 cm; 6–10	30–100 cm; 7–9
Besondere Kennzeichen	Blütenstände in Blattachseln aufrecht, Blätter 3eckig-rautenförmig; ⊙	Blätter unterseits blaugrau, mehlig bestäubt, Samen glatt, scharfrandig; ⊙	Grundblätter herzförmig, eckig gezähnt, Blütenstände rispig; ⊙	Blätter eiförmig-rhombisch, dicklich, Samen glatt, stumpfrandig; ⊙	Blütenrispen locker abstehend, Blätter rautenförmig; ⊙	Blätter rundlich-rautenförmig, dicklich, etwa so lang wie breit, stinkend; ⊙

Die **Spießblättrige Melde** (*Átriplex hastáta*; bis 1 m; 6—9; Fruchtblätter beiderseits mit kurzem Zahn; ⊙), die **Glänzende Melde** (b *Átriplex nitens*; bis 150 cm; 7—9; Blätter unterseits grauschilferig; ⊙), die **Langblättrige Melde** (c *Átriplex oblongáta*, 30—90 cm; 7—9; Fruchthülle ganzrandig, stachellos; ⊙) und die **Gemeine Melde** (d *Átriplex pátula*; 30—90 cm; 7—10; Fruchthülle spießförmig; ⊙) sind **Gänsefußgewächse** auf Schuttplätzen und an Wegen; b fehlt in Nordwestdeutschland.

Der **Weiße Gänsefuß** (a *Chenopódium álbum*; 20—150 cm; 7—10; untere Blätter ungleich gezähnt, dünn, bläulich-grün; ⊙) und der **Spätblühende Gänsefuß** (b *Chenopódium serótinum*; 30—90 cm; 7—9; Mittellappen der Blätter sehr lang, buchtig gezähnt; ⊙) sind **Gänsefußgewächse**, der **Zurückgekrümmte Fuchsschwanz** (c *Amaránthus retrofléxus*. 3—100 cm; 6—9; Blätter eiförmig, lang gestielt, Blütenrispe kegelförmig; ⊙) und der **Grüne Fuchsschwanz** (d *Amaránthus lívidus*; 10—30 cm; 7—9; Blätter eirautenförmig; ⊙) sind **Fuchsschwanzgewächse** auf Äckern und Schutthalden.

Der Verlängerte Mannsschild ist ein **Primelgewächs**, das hier und da auf lehmigen Äckern wächst. Die übrigen Pflanzen der Tabelle sind **Windengewächse**, die in ganz Deutschland und weiten Teilen Europas verbreitet sind, die Acker-Winde als gemeines Wildkraut auf Äckern, die Zaun-Winde zwischen Zäunen und Hecken sowie im Gesträuch. Seiden schmarotzen auf anderen Pflanzen, die Europäische Seide besonders im Ufergebüsch und in Stromtälern.

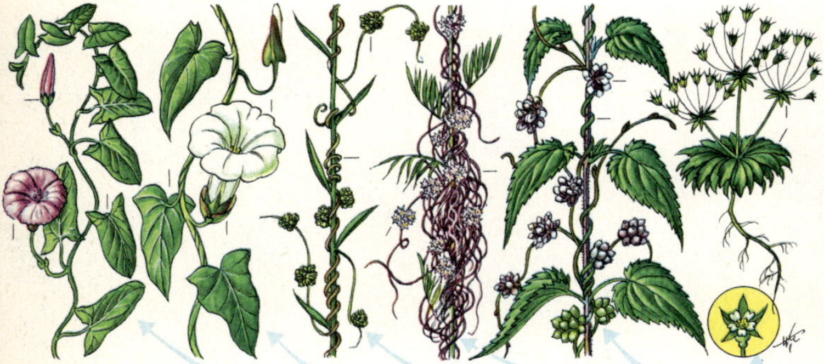

	Acker-Winde	**Zaun-Winde**	**Flachs-Seide**	**Quendel-Seide**	**Europäische Seide**	**Verlängerter Mannsschild**
wissenschaftl. Name	*Convólvulus arvénsis*	*Convólvulus sépium*	*Cúscuta epilinum*	*Cúscuta epithýmum*	*Cúscuta europaéa*	*Andrósace elongáta*
Größe; Blütez.	windend; 6–10	windend; 7–10	windend; 6–8	windend; 7–9	windend; 6–9	2–5 cm; 4–5
Besondere Kennzeichen	Stengel windend oder niederliegend, Blätter spießförmig, Blüten ohne Hochblätter; ♃	Stengel windend, Blüten sehr groß, mit 2 großen Vorblättern; ♃	Stengel windend, Blüten gelblichweiß, in Knäueln, Kronröhre bauchig; ⊙	Blüten rötlich, sitzend, Blumenkronröhre von Schuppen verschlossen; ⊙	Blumenkronröhre offen, ⌀ der Blütenknäuel 10–15 mm; ⊙	Blütenstände doldig, zu mehreren, Blumenkrone mit gelbem Schlund; ⊙

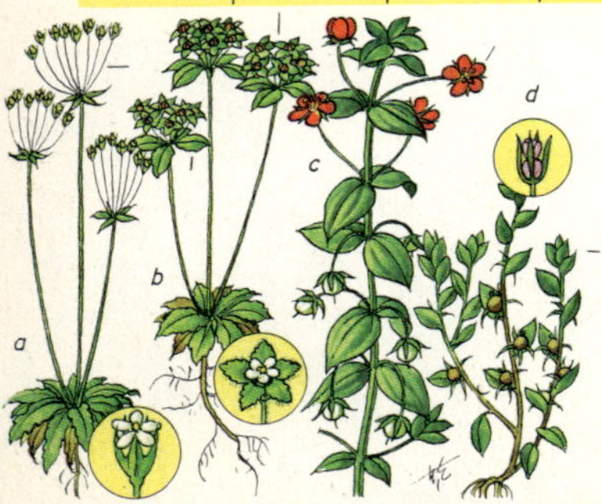

Der **Nordische Mannsschild** (a *Andrósace septentrionális*; 5—15 cm; 5—6; Dolden reichblütig; ⊙) und der **Große Mannsschild** (b *Andrósace máxima*; 2—10 cm; 4; Dolden wenigblütig, Tragblätter laubartig; ♃; selten), der **Acker-Gauchheil** (c *Anagállis arvénsis*; 5—60 cm; 6—10; Blumenkronblätter gezähnelt oder gewimpert, rot oder blau; ⊙) und der **Kleinling** (d *Centúnculus mínimus*; 1—10 cm; 6—9; Blüten unscheinbar, weiß oder rötlich, Blätter mit kurzer Spitze; ⊙) sind **Primelgew.** auf Äckern.

Die **Vergißmeinnichtähnliche Nabelnuß** (a *Omphalódes scorpioídes*; 10—30 cm; 4—6; Blüten blau, Schlundschuppen gelb; ⊙; fehlt in Nordwestdeutschland), das **Scharrkraut** (b *Asperúgo procúmbens*; 20—70 cm; 5—8; Fruchtstiele abwärts gekrümmt; ⊙), die **Sonnenwende** (c *Heliotrópium europaéum*; 20—30 cm; 7—9; Blätter weich behaart, Blüten weißlich, 2—4 mm im ⌀; ⊙) und der **Klettenartige Igelsame** (d *Láppula myosótis*; 10—80 cm; 6—7; Stengel schlaff, Früchte an den geflügelten Kanten mit Widerhaken; ⊙) sind **Rauhblattgewächse**, b—d in Süddeutschland (mediterrane Arten).

Von den **Rauhblattgewächsen** der Tabelle wachsen die Gemeine Ochsenzunge, die Gemeine Hundszunge und der Natternkopf verbreitet, das Wolfsauge oder der Acker-Krummhals (Blumenkronröhre mit „krummem Hals") zerstreut auf Trockenrasen, Sandfeldern, an Feldrainen, an Wegrändern und auf Schutthalden. Die wahrscheinlich aus Südeuropa eingeschleppte Italienische Ochsenzunge kommt an ähnlichen Orten häufiger nur am Oberrhein, sonst vereinzelt vor, das Braune Mönchskraut nur in Bayern, in Thüringen und im Harz.

	Gemeine Ochsenzunge	Italienische Ochsenzunge	Gemeine Hundszunge	Wolfsauge	Natternkopf	Braunes Mönchskraut
wissenschaftl. Name	*Anchúsa officinális*	*Anchúsa itálica*	*Cynoglóssum officinále*	*Lycópsis arvénsis*	*Échium vulgáre*	*Nónea púlla*
Größe; Blütez.	20–100 cm; 5–9	40–60 cm; 5–9	40–100 cm; 5–6	20–60 cm; 5–10	25–120 cm; 6–9	12–40 cm; 5–8
Besondere Kennzeichen	Blüten rot, später violett, in Doppelwickeln, obere Blätter stengelumfassend; ⊙	ähnlich voriger, aber Blüten himmelblau, nur die unteren Blütenstielchen mit Vorblättern; ⊙	Blätter dünn, graufilzig, stinkend, Blumenkrone meist braunrot, Früchte stachelig; ⊙	Pflanze borstig, Blätter am Rande wellig, Blüten mit weißen Schlundschuppen; ⊙–♃	Blätter lang und schmal, Blumenkrone blau, selten rosa oder weiß, etwa 15 mm lang; ⊙	Blätter weichhaarig, ganzrandig, Blüten dunkel rotbraun, selten gelb, rot oder weiß; ♃

Das **Bunte Vergißmeinnicht** (a *Myosótis versicolor*; bis 30 cm; 2—6; Blüten erst gelb, dann blau und dunkelbraun; ⊙), das **Acker-Vergißmeinnicht** (b *Myosótis arvénsis*; 15—70 cm; 5 bis 7; Fruchtstiele lang; ⊙), das **Hügel-Vergißmeinnicht** (c *Myosótis collina*; 3—30 cm; 4—5; Fruchtstiele stehen waagerecht ab; ⊙), der **Acker-Steinsame** (d *Lithospérmum arvénse* 10 bis 30 cm; 4—7; Frucht runzlig; ⊙) und der **Echte Steinsame** (e *Lithospérmum afficinále*; 30—100 cm; 5—7; Frucht glatt; ♃) sind **Rauhblattgew.**

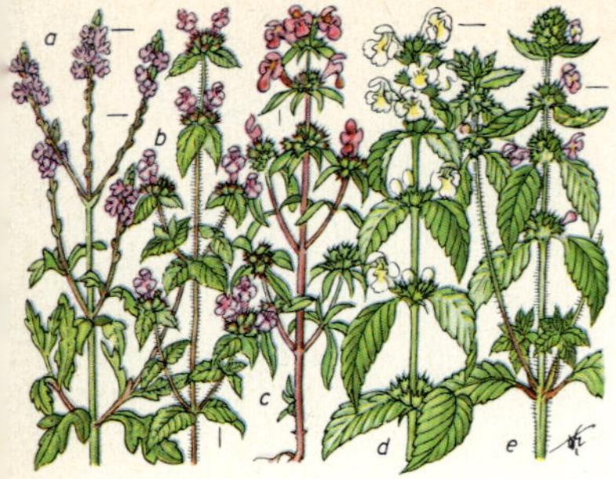

Das **Eisenkraut** (a *Verbéna officinális*; 30—100 cm; 7—10; Blüten klein, in rutenförmigen Ähren; ⊙) ist ein **Eisenkrautgewächs**, der **Breitblättrige Hohlzahn** (b *Galeópsis ládanum*; 5 bis 70 cm; 6—10; Blätter 7—15 mm breit, Blüten meist rot; ⊙), der **Schmalblättrige Hohlzahn** (c *Galeópsis angustifólia*; 10—20 cm; 6—10; Blätter 2—5 mm breit; ⊙), der **Gelbe Hohlzahn** (d *Galeópsis ségetum*; 10—120 cm; 7—8; Blüten groß, 2—3 cm lang, gelblichweiß; ⊙) und der **Gemeine Hohlzahn** (e *Galeópsis tétrahit*; 20 bis 150 cm; 7—10; Unterlippe mit gelbem Gaumenfleck; ⊙) sind **Lippenblütler** an Wegen.

Die **Lippenblütler** der Tabelle wachsen vorwiegend an Ackerrändern, auf Dorfangern, an Wegen und Hecken, zum Teil auch auf Trockenrasen, der Bunte Hohlzahn verbreitet auch in der Berg- und subalpinen Region, die Echte Katzenminze auch an Flußufern; der Trauben- und der Echte Gamander kommen in Süddeutschland (nördlich bis zum Harz) vor (mediterrane Arten), besonders an Kalkhängen, der Echte Gamander auch in lichten Wäldern.

	Bunter Hohlzahn	Gundermann	Gemeiner Andorn	Echte Katzenminze	Trauben-Gamander	Echter Gamander
wissenschaftl. Name	*Galeópsis speziósa*	*Glechóma hederácea*	*Marrúbium vulgáre*	*Népeta catária*	*Teúcrium bótrys*	*Teúcrium chamaédrys*
Größe; Blütez.	bis 1 m; 6–10	2–15 cm; 4–6	25–60 cm; 6–8	10–100 cm; 6–11	5–40 cm; 7–9	10–40 cm; 7–9
Besondere Kennzeichen	Mittellappen der Lippe violett, unter den Stengelknoten abstehende Haare; ⊙	Blüten blauviolett, zu 2 in den Blattachseln, Blätter nierenförmig, gekerbt; ♃	Blätter rundlich, gekerbt, Kelch mit 10 hakigen Zähnen, Blüten weiß, behaart; ♃	Blätter eiförmig, langgestielt, Unterlippe rotpunktiert, Pflanze duftend; ♃	Pflanze riecht unangenehm, Blätter fiedspaltig, Kelch am Grunde ausgesackt; ⊙	Blüten purpurn, in einseitwendigen Scheinähren, Blätter gestielt, gekerbt; ♃

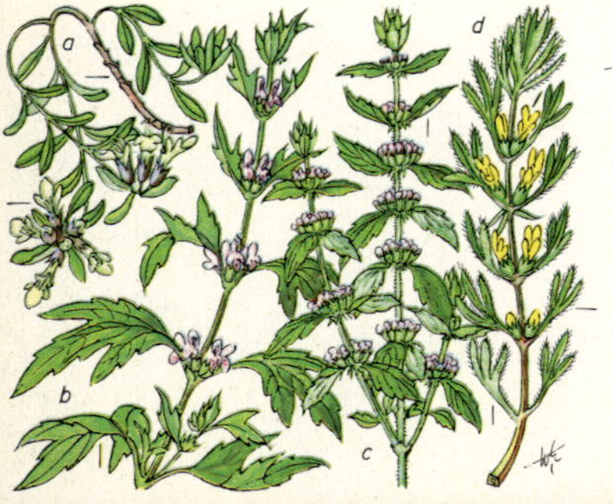

Der **Berg-Gamander** (a *Teúcrium montánum*; 5—40 cm; 6—8; Blüten in halbkugeligen Köpfchen; ♃), das **Echte Herzgespann** (b *Leonúrus cardíaca*; 30—100 cm; 6—9; untere Blätter handförmig 3—7spaltig; ♃), das **Filzige Herzgespann** (c *Leonúrus marrubiástrum*; 15 bis 150 cm; 7—8; Blätter eiförmig-lanzettlich, unterseits graufilzig; ⊙) und der **Gelbe Günsel** (d *Ájuga chamaépitys*; 4—50 cm; 5—9; Blätter tief 3spaltig, Blüten gelb, einzeln; ⊙) sind **Lippenblütler** auf Äckern und an Wegen.

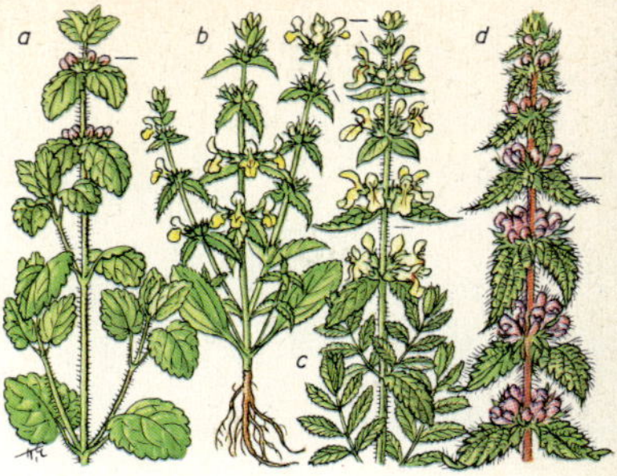

Der **Acker-Ziest** (a *Stáchys arvénsis.* 5—70 cm; 6—10; Blumenkrone etwas länger als der Kelch, Blüten blaßrot mit dunkleren Punkten, 6 in jedem Quirl; ⊙), der **Einjährige Ziest** (b *Stáchys ánnua;* 10—30 cm; 6—10; Blüten gelb und weiß, Kelchzähne mit behaarter Stachelspitze; ⊙, zuweilen ⊙), der **Aufrechte Ziest** (c *Stáchys récta;* 20—40 cm; 6—10; Kelchzähne mit kahler Stachelspitze, Blütenstiele 3—5blütig, Blüten gelb; ♃) und der **Filzige Ziest** (d *Stáchys germánica;* 30—150 cm; 7—8; Pflanze dicht weißfilzig; ⊙, selten ⊙ oder ♃) sind **Lippenblütler** auf Äckern, c und d auch auf Trockenrasen.

Taubnesseln gehören zu den **Lippenblütlern.** Die in der Tabelle beschriebenen Arten sind weit verbreitet. Meistens wachsen sie auf Äckern, in Gärten, an Hecken und Wegen, die Goldnessel und die Gefleckte Taubnessel besonders auch in Wäldern. Seltener ist nur die Bastard-Taubnessel, die ein Bastard aus der Stengelumfassenden und der Roten Taubnessel ist und in Gärten und auf Äckern vorkommt.

	Goldnessel	Weiße Taubnessel	Gefleckte Taubnessel	Stengelumfassende Taubn.	Rote Taubnessel	Bastard-Taubnessel
wissenschaftl. Name	*Lámium galeóbdolon*	*Lámium álbum*	*Lámium maculátum*	*Lámium amplexicaúle*	*Lámium purpúreum*	*Lámium hýbridum*
Größe; Blütez.	10–60 cm; 5–6	15–80 cm; 4–10	20–130 cm; 3-10	8–50 cm; 3–5	5–40 cm; 3–5	5–50 cm; 3–8
Besondere Kennzeichen	Blätter gesägt, langgestielt, Blüten goldgelb, Unterlippe mit 3 spitzen Zipfeln; ♃	Blätter brennesselähnlich, Blüten weiß, ihre Röhre gekrümmt; ♃	Blüten groß, 20–30 mm lang, rot, Unterlippe dunkel gefleckt; ♃	obere Blätter stengelumfassend, Blütenröhre ragt weit aus Kelch hervor; ⊙	untere Blätter rundlich, obere eiförmig, gekerbt; ⊙	Blätter eiförmig-rundlich, tief gekerbt, Blattstiel unten verbreitert; ⊙

Der **Stinkandorn** (a *Ballóta nígra;* 50—100 cm; 4—7; Pflanze weich behaart, unangenehm riechend; ♃), die **Stein-Bergminze** (b *Saturéja ácinos;* 5—60 cm; 6—9; Pflanze riecht aromatisch, Blüten blauviolett oder lila, bis 10 mm lang; ⊙—♃), die **Acker-Minze** (c *Méntha arvénsis;* 10—45 cm; 7—9; Blätter oben schopfig gehäuft, Blüten lila, in Scheinquirlen; ♃) und der **Ysop** (d *Hyssópus officinális;* 50—150 cm; 7—8; Halbstrauch, Blätter linealisch-lanzettlich; ♃) sind **Lippenblütler** an Wegen.

Das **Zymbelkraut** (a *Linária cymbalária*; bis 20 cm; 6—8; Blüten blau, am Gaumen mit zwei gelben Flecken; ♃), das **Echte Tännelkraut** (b *Kickxia elatine*; 10—40 cm; 7—9; obere Blätter spießförmig; ⊙), das **Unechte Tännelkraut** (c *Kickxia spúria*; 3—15 cm, kriechend bis 50 cm; 7—9; Blätter eiförmig, Blütenstiele zottig behaart; ⊙) und der **Lochschlund** (d *Anarrhinum bellidifólium*; bis 70 cm; 6; Blüten hellviolett, in Trauben; ⊙ bis ♃; Mittelmeerländer, in Deutschland nur an Mosel und Saar und bei Nürnberg) sind **Rachenblütler** auf Äckern, das Zymbelkraut auch auf Mauern.

In der Tabelle sind **Nachtschattengewächse** beschrieben. Alle bewohnen Schuttplätze, Wegränder, wüste Orte sowie Kahlschläge im Walde. Die meisten kommen verbreitet vor, die Tollkirsche fehlt in Norddeutschland, ist aber im Süden häufiger, der Gelbe Nachtschatten siedelt sehr zerstreut und ist unbeständig. Der Stechapfel ist in Deutschland nicht heimisch, aber vielerorts vollkommen eingebürgert. Judenkirschen werden oft in Ziergärten angepflanzt, meist wegen der mennigroten Kelche, welche die Frucht umschließen.

	Tollkirsche	Bilsenkraut	Judenkirsche	Schwarzer Nachtschatten	Gelber Nachtschatten	Stechapfel
wissenschaftl. Name	*Átropa belladónna*	*Hyoscýamus niger*	*Phýsalis alkekéngi*	*Solánum nigrum*	*Solánum lúteum*	*Datúra stramónium*
Größe; Blütez.	60–125 cm; 6–8	30–80 cm; 6–10	30–60 cm; 5–8	30–70 cm; 6–10	7–50 cm; 7–10	30–150 cm; 6–10
Besondere Kennzeichen	Blätter ganzrandig, Blüten glockig, gestielt, nickend, Beere schwarz; ♃; **sehr giftig**	Blätter buchtig-grobgezähnt, Blüten bleichgelb, violett geadert; ⊙–⊙; **giftig**	Blätter eiförmig, Blüten weißlich, nickend, Kelch später mennigrot; ♃	Blätter eirautenförmig, Blüten weiß, Beeren schwarz; ⊙	Pflanze zottig behaart, Blüten weiß, Beeren gelb, selten rot; ⊙	Blätter buchtig gezähnt, Blüten einzeln, trichterförmig, bis 7 cm lang; ⊙

Das **Acker-Leinkraut** (a *Linária arvénsis*; 15 bis 20 cm; 6—10; Blüten hellblau, etwa 7 mm lang; ⊙), der **Frauenflachs** (b *Linária vulgáris*; 15—90 cm; 6—9; Blüten hellgelb mit orangerotem Gaumen, bis 33 mm lang; ♃), das **Feld-Löwenmaul** (c *Antirrhinum oróntium*; 20 bis 80 cm; 6—11; Blätter lanzettlich, Blüten meist blaßrot; ⊙) und der **Orant** (d *Chaenorrhinum minus*; 5—60 cm; 6—9; Blüten mit Sporn etwa 9 mm lang, in lockeren Trauben; ⊙) sind häufige **Rachenblütler** auf Äckern und an Wegen.

Der **Acker-Wachtelweizen** (a *Melampýrum arvénse*; 15—50 cm; 6—9; Deckblättchen purpurn, borstlich gezähnt; ⊙) ist ein **Rachenblütler**, die **Ästige Sommerwurz** (b *Orobánche ramósa*; 3 bis 40 cm; 8—10; Stengel verzweigt, Blüten blaßgelb, 10—12 mm lang; ⊙; auf Tabak und Hanf), die **Sand-Sommerwurz** (c *Orobánche arenária*; 15—45 cm; 6—7; Blüten blauviolett, 25—35 mm lang, Unterlippe mit behaarten Lappen; ⊙—♃; auf Feld-Beifuß) und die **Amethystblaue Sommerwurz** (d *Orobánche amethýstea*; 20—40 cm; 6—7; Oberlippe tief 2spaltig; ⊙—♃; auf Mannstreu) sind **Sommerwurzgew.**

Königskerzen gehören zur Familie der **Rachenblütler.** Alle Arten der Tabelle wachsen verbreitet auf steinigen Plätzen, an Wegrändern und an Bahndämmen und sind in ganz Deutschland heimisch; nur die Flockige Königskerze ist selten und kommt in Deutschland ausschließlich in der Rheinprovinz vor. Die Filzige Königskerze fehlt in Nordwestdeutschland, die Mehlige Königskerze ist dort seltener.

	Schwarze Königskerze	Kleinbütige Königskerze	Großblütige Königskerze	Filzige Königskerze	Flockige Königskerze	Mehlige Königskerze
wissenschaftl. Name	*Verbáscum nígrum*	*Verbáscum thápsus*	*Verbáscum thapsifórme*	*Verbáscum phlomoides*	*Verbáscum pulveruléntum*	*Verbáscum lychnítis*
Größe; Blütez	bis 1,5 m; 5–9	bis 1,8 m; 7–9	bis 2 m; 7–8	bis 2 m; 7–9	bis 1,3 m; 7–8	bis 1,5 m; 6–9
Besondere Kennzeichen	Blüten in Büscheln zu 2–5, Blätter an der Unterseite mit Sternhaaren; ⊙	Blüten 12–22 mm breit, untere beiden Staubgefäße kahl oder wenig behaart; ⊙	Blattgrund läuft bis zum nächsten Blatt herab, Blüten 3–5 cm breit; ⊙	Blattgrund läuft nicht bis zum nächsten Blatt herab, Pflanze dichtwollig; ⊙	Blätter unterseits flockig-weißfilzig, Blüten 14–20 mm breit, längere Staubfäden wollig; ⊙	Blätter unterseits graufilzig, Blüten 10–14 mm breit, längere Staubfäden wollig; ⊙

Der **Quendelblättrige Ehrenpreis** (a *Verónica serpyllifólia*; 3—30 cm; 4—5; Blätter ganzrandig oder schwach gekerbt, Blüten weißlich, blau geadert; ♃), der **Feld-Ehrenpreis** (b *Verónica arvénsis*; 3—30 cm; 4—10; Blätter eiförmig, gekerbt, kraus behaart; ⊙), der **Frühe Ehrenpreis** (c *Verónica praécox*; 5—20 cm; 3—4; Blüten azurblau; ⊙) und der **Wald-Ehrenpreis** (d *Verónica officinális*; 10—30 cm; 6—8; Blätter kurz gestielt, Blüten blaßlila; ♃) sind verbreitete **Rachenblütler** auf Äckern und an Wegen.

Der **Acker-Ehrenpreis** (a *Verónica agréstis*; 3 bis 30 cm; 3—10; Blüten blaßblau mit blauen Streifen, Kapsel mit Drüsenhaaren; ⊙), der **Niederliegende Ehrenpreis** (b *Verónica prostráta*; 6—20 cm; 4—6; Blätter länglich linealisch, gesägt, Blütentraube anfangs gedrungen; ♃), der **Dunkle Ehrenpreis** (c *Verónica opáca*; 6—30 cm; 3—10; Fruchtkapsel dichtflaumig, Stengel abstehend behaart, Fruchtstiel so lang wie die Blätter; ⊙) und der **Gamander-Ehrenpreis** (d *Verónica chamǽdrys*; 5—40 cm; 5—8; Stengel dicht zweizeilig behaart; ♃) sind **Rachenblütler** auf Äckern und auf Trockenrasen.

Die in der Tabelle beschriebenen Ehrenpreisarten gehören zur Familie der **Rachenblütler.** Alle kommen verbreitet oder zerstreut auf Äckern, in Gärten, auf grasigen Plätzen oder auf Wiesen vor, teils sehr häufig, der Heide-Ehrenpreis vor allem auf Trockenplätzen. Der Persische Ehrenpreis wurde aus Vorderasien nach Europa eingeschleppt und hat sich vielerorts eingebürgert.

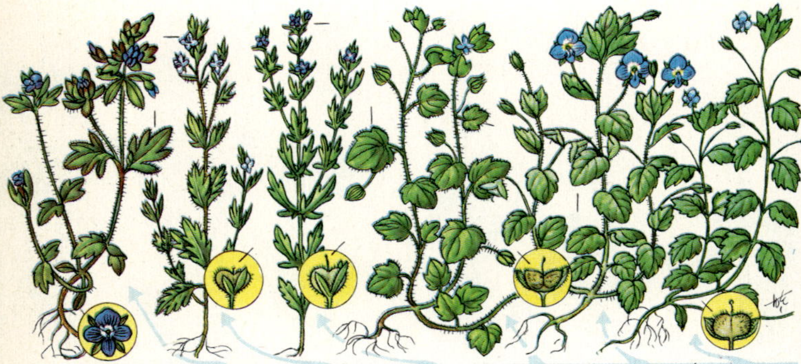

	Dreiblättriger Ehrenpreis	Frühlings-Ehrenpreis	Heide-Ehrenpreis	Efeublättriger Ehrenpreis	Persischer Ehrenpreis	Glänzender Ehrenpreis
wissenschaftl. Name	*Verónica triphýllos*	*Verónica vérna*	*Verónica dillénii*	*Verónica hederaefólia*	*Verónica pérsica*	*Verónica polita*
Größe; Blütez.	2—20 cm; 3—4	5—20 cm; 4—6	10—30 cm; 4—5	3—30 cm; 3—5	5—50 cm; 3—10	3—30 cm; 8—10
Besondere Kennzeichen	Blätter 3- bis 5fach fingerteilig, Blüten azurblau, Kapsel dichtdrüsig; ⊙	Blüten in lockeren Trauben, fast sitzend, himmelblau, Griffel kurz; ⊙	Blüten in verlängerten Trauben, tiefblau, Griffel lang; ⊙	Blätter efeuähnlich, tief 5(—9) lappig gezähnt, Kapsel kugelig; ⊙	Blätter eiförmig, Kapsel netzig geadert, Blüten blau, bis 18 mm ⌀; ⊙	Kapsel dicht drüsenhaarig, Griffel überragt die Ausrandung deutlich; ⊙

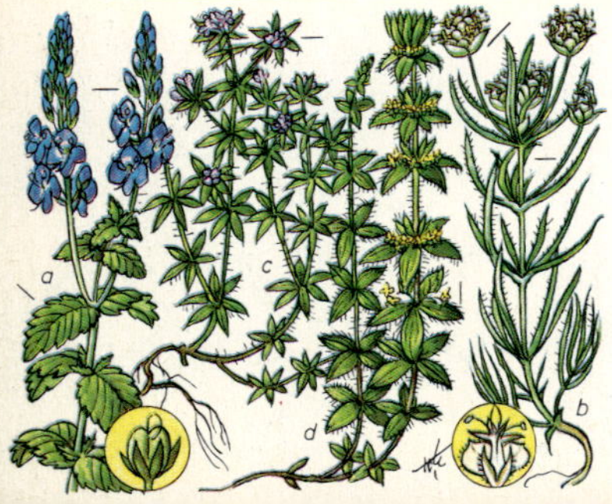

Der **Große Ehrenpreis** (a *Verónica teúcrium*; 15—50 cm; 5—7; Blüten tief azurblau, in dichten Trauben; ♃) ist ein **Rachenblütler,** der **Sand-Wegerich** (b *Plantágo índica*; 7—60 cm; 6—11; Stengel verzweigt; ⊙) ist ein **Wegerichgewächs,** die **Acker-Röte** (c *Sherárdia arvénsis*; 3—35 cm; 5—10; Blütenköpfchen von 8—10 Hüllblättern umgeben; ⊙) und das **Kreuz-Labkraut** (d *Gálium cruciáta*; 15—70 cm; 4—6; Blätter auf den Nerven mit Borsten; ♃) sind **Rötegewächse** auf Äckern und an Wegen.

Das **Dreihörnige Labkraut** (a *Gálium tricórne*; 20—80 cm; 5—10; Blüten grünlichweiß, zu je 3 in Trugdolden; ⊙; nur in West- und Süddeutschland) und das **Unechte Labkraut** (b *Gálium spúrium*; 30—100 cm; 5—9; Blüten nur 1 mm breit, Blattquirle 6—10zählig; ⊙) sind verbreitete **Rötegewächse**, der **Gezähnte Feldsalat** (c *Valerianélla dentáta*; 8—30 cm; 6—8; Stengelblätter am Grunde mit 1—2 Zähnen; ⊙; fehlt in Nordwestdeutschland) und der **Kiel-Feldsalat** (d *Valerianélla carináta*; 7—25 cm; 4—5; Frucht 4kantig, mit tiefer Rinne; ⊙) sind **Baldriangewächse** auf Äckern und an Wegen.

Die ersten vier Pflanzen der Tabelle sind verbreitete **Kardengewächse** an Zäunen und Hecken, auf Äckern und an Wegrändern, z. T. auch auf moorigen Wiesen; nur die Behaarte Karde kommt zerstreut vor und ist in Norddeutschland selten. Zaunrüben sind zerstreut wachsende **Kürbisgewächse** in Hecken und Gebüschen. Die Weiße Zaunrübe ist in Deutschland nur eingebürgert; sie fehlt im Rheinland, in Baden und in Württemberg.

	Behaarte Karde	Wilde Karde	Acker-Witwenblume	Gemeiner Teufelsabbiß	Weiße Zaunrübe	Zweihäusige Zaunrübe
wissenschaftl. Name	*Dípsacus pilósus*	*Dípsacus silvéster*	*Knáutia arvénsis*	*Succísa praténsis*	*Bryónia álba*	*Bryónia dioíca*
Größe; Blütez.	50–200 cm; 7–8	60–200 cm; 7–8	20–120 cm; 5–9	4–100 cm; 7–9	rankend; 6–8	rankend; 6–7
Besondere Kennzeichen	Pflanze feinstachelig, Blütenköpfe rundlich, etwa 2 cm ⌀, Blüten hellgelb; ⊙	Pflanze stachelig, Blütenköpfe etwa 8 cm lang, Deckblätter länger als die Blüten; ⊙	Köpfchenboden ohne Spreublätter, Blumenkrone meist 4zählig, blaulila; ♃	Wurzelstock hinten wie abgebissen, Köpfchenboden mit Spreublättern; ♃	Pflanze einhäusig, Kelch und Krone gleich lang, Beeren schwarz; ♃	Pflanze 2häusig, Krone länger als der Kelch, Beeren scharlachrot; ♃

Die **Filzige Glockenblume** (a *Campánula bononiénsis*; 40—120 cm; 7—10; Blüten 10—19 mm lang, Blätter unregelmäßig doppelt gekerbt; ♃; Brandenburg, Sachsen), die **Acker-Glockenblume** (b *Campánula rapunculoídes*; 30 bis 120 cm; 6—8; Traube einseitswendig, Blumenblätter bewimpert, Blüten 2—3 cm lang; ♃) und die **Breitblättrige Glockenblume** (c *Campánula latifólia*; 50—120 cm; 6—8; Grundblätter beiderseits weichhaarig, Blüten hellviolett; ♃) sind **Glockenblumengew.** auf Sandböden.

Der **Gemeine Frauenspiegel** (a *Legoúsia spéculum-véneris*; 10—50 cm; 6—8; Blüte violett, Kelchzipfel so lang wie der Fruchtknoten; ⊙) und der **Kleine Frauenspiegel** (b *Legoúsia hýbrida*; 8—15 cm; 5—7; Blüten purpurrot, Kelchzipfel halb so lang wie der Fruchtknoten; ⊙) sind **Glockenblumengewächse**, die **Gold-Aster** (c *Áster linosýris*; 30—60 cm; 7—10; Blätter 2 mm breit; ♃; fehlt in Norddeutschland) und der **Mauerlattich** (d *Mycélis murális*; 20—150 cm; 7—9; Blätter leierförmig, dünn, Köpfchen 3- bis 5blütig; ♃) sind **Korbblütler** auf Äckern und Trockenwiesen, d auch in Gebüschen.

Kamillen und Hundskamillen gehören zur Familie der **Korbblütler.** Alle bewohnen verbreitet Äcker, unbebaute Orte, wüste Plätze und Wegränder, wo sie sich oft massenhaft entwickeln, insbesondere auch die Strahllose Kamille, die dort zuweilen dichte Teppiche bildet. Nur die Färber-Hundskamille und die Stinkende Hundskamille kommen seltener vor. Die Geruchlose Kamille wurde aus Vorderasien, die Strahllose Kamille aus Asien eingeschleppt. Beide haben sich in weiten Teilen Europas eingebürgert.

	Geruchlose Kamille	Strahllose Kamille	Echte Kamille	Färber-Hundskamille	Stinkende Hundskamille	Acker-Hundskamille
wissenschaftl. Name	*Matricária maritima inodóra*	*Matricária matricarioides*	*Matricária chamomilla*	*Ánthemis tinctória*	*Ánthemis cótula*	*Ánthemis arvénsis*
Größe; Blütez.	40–70 cm; 6–10	3–40 cm; 6–7	10–50 cm; 5–9	15–100 cm; 7–9	15–50 cm; 7–9	7–50 cm; 6–9
Besondere Kennzeichen	Körbchenboden gewölbt, markerfüllt, Pflanze geruchlos, Zungenblüten 12–20; ♃	Zungenblüten fehlen, Röhrenblüten grünlich-gelb, 4zähnig; ⊙	Körbchenboden kegelförmig, hohl, Pflanze mit Kamillengeruch; ⊙	Zungenblüten gelb, mitunter fehlend, Spreublätter mit harter Stachelspitze; ⊙–♃	Körbchenboden kegelförmig, Zungenblüten weiß, Spreublätter borstlich; ⊙	Hüllblätter flaumig behaart, Spreublätter lanzettlich, stachelspitzig; ⊙

Die **Römische Hundskamille** (a *Ánthemis nóbilis*; 10—40 cm; 7—10; Spreublätter an der Spitze abgerundet; ♃), die **Österreichische Hundskamille** (b *Ánthemis austriaca*; 30—50 cm; 6—8; Spreublätter mit langer Stachelspitze; ⊙—⊙), die **Ruthenische Hundskamille** (c *Ánthemis ruthénica*; 15—60 cm; 6—9; Spreublätter an der Spitze gezähnt; ⊙) u. der **Voralpen-Pippau** (d *Crépis alpéstris*; 15—50 cm; 5—8; Köpfchen einzeln, groß, 3—4 cm breit; ♃; Süddeutschland) sind seltene **Korbblütler** an Wegen.

Das **Deutsche Fadenkraut** (a *Filágo germánica*; 7—40 cm; 7—9; je Knäuel 10—30 Köpfchen, Spitze der Hüllblätter gerade; ⊙; zerstreut), das **Französische Fadenkraut** (b *Filágo gállica*; 4—20 cm; 6—8; Hüllblätter am Grunde filzig; ⊙; sehr selten), das **Spatelblättrige Fadenkraut** (c *Filágo spathuláta*; 7—40 cm; 7—9; Spitze der Hüllblätter bogig abstehend; ⊙; selten, in Süddeutschland) und das **Acker-Fadenkraut** (d *Filágo arvénsis*; 7—60 cm; 7—9; Köpfchen zu 2—7, Hüllblätter bis zur Spitze dicht wollig; ⊙; verbreitet, in Nordwestdeutschland selten) sind **Korbblütler** auf Äckern und Grasplätzen.

Die **Korbblütler** der Tabelle wachsen zerstreut oder verbreitet auf Äckern, auf Sandfeldern und in Weinbergen. Die Saat-Wucherblume ist in Norddeutschland verbreitet, in Süddeutschland seltener. Das Klebrige Kreuzkraut kommt in Süddeutschland und Südeuropa, das Frühlings-Kreuzkraut in Osteuropa häufiger vor; letzteres wanderte aus Osteuropa westwärts und hat sich vielerorts eingebürgert.

	Saat-Wucherblume	Rainfarn	Acker-Ringelblume	Gemeines Kreuzkraut	Klebriges Kreuzkraut	Frühlings-Kreuzkraut
wissenschaftl. Name	*Chrysánthemum ségetum*	*Chrysánthemum vulgáre*	*Caléndula arvénsis*	*Senécio vulgáris*	*Senécio viscósus*	*Senécio vernális*
Größe; Blütez.	20–60 cm; 6–8	50–120 cm; 7–9	10–40 cm; 6–9	5–40 cm; 2–11	10–50 cm; 6–10	10–60 cm; 7–10
Besondere Kennzeichen	Zungenblüten groß, gelb, Blätter grob gesägt bis fiedspaltig, halbstengelumfassend; ⊙	Köpfchen flach, in Doldenrispe, ohne Zungenblüten, Blätter doppelt fiedspaltig; ♃	Blätter länglich-lanzettlich, Köpfe 10–20 mm breit, später überneigend, Früchte stachelig; ⊙	Zungenblüten fehlend, Hüllblätter 21, Blätter gelappt bis fiedspaltig, gezähnt; ⊙	Pflanze klebrig-drüsig, Zungenblüten zurückgerollt, Pappus 3 × so lang wie die Frucht; ⊙	Blätter zottig behaart, Hüllblätter 21, Zungenblüten 13, Frucht behaart; ⊙

Das **Scharfe Berufkraut** (a *Erigeron ácer*; 10 bis 100 cm; 5—9; Zungenblüten gelblich, später rötlich; ⊙), das **Kanadische Berufkraut** (b *Erigeron canadénsis*; 10—100 cm; 6—10; Köpfchen 3—5 mm breit, weiß oder rötlich; ⊙—⊙; aus Nordamerika), die **Falzblume** (c *Micrópus eréctus*; 5—20 cm; 5—9; Köpfchen in kugeligen Knäueln; ⊙; selten, im Elsaß) und die **Dürrwurz** (d *Ínula conýza*; 50—150 cm; 7—9; meist nur mit Röhrenblüten, Köpfchen etwa 1 cm lang; ⊙—♃) sind **Korbblütler** an Wegen.

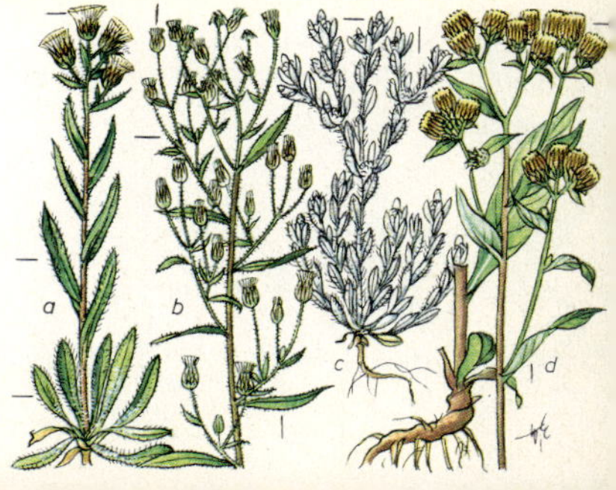

Die **Dornige Spitzklette** (a *Xánthium spinósum*; 15—70 cm; 7—10; Blattstielgrund mit 1—2 dreiteiligen, gelben Stacheln; ⊙), die **Gemeine Spitzklette** (b *Xánthium strumárium*; 15—120 cm; 7—10; Blätter herzförmig-dreieckig, gelappt; ⊙), das **Kleinblütige Knopfkraut** (c *Galinsóga parviflóra*; 6—80 cm; 5—10; Blätter gestielt, eiförmig; ⊙) und das **Rauhe Knopfkraut** (d *Galinsóga ciliáta*; 6—80 cm; 4—10; Stengel oben grauzottig behaart; ⊙) sind aus Amerika eingeschleppte und auf Schuttplätzen und in Gärten eingebürgerte **Korbblütler.**

Alle **Korbblütler,** die in der Tabelle beschrieben sind, kommen in ganz Deutschland häufig vor, die Nickende Distel und die Weg-Distel besonders im Süden. Alle wachsen an Wegen, auf Schuttplätzen, auf Trockenwiesen und an Dorfstraßen, die Krause Distel und die Gemeine Kratzdistel auch in Auwäldern. Die Stengellose Kratzdistel bevorzugt Kalkböden.

	Nickende Distel	Weg-Distel	Krause Distel	Gemeine Kratzdistel	Acker-Kratzdistel	Stengellose Kratzdistel
wissenschaftl. Name	*Cárduus nútans*	*Cárduus acanthoides*	*Cárduus crispus*	*Cirsium vulgáre*	*Cirsium arvénse*	*Cirsium acaúle*
Größe; Blütez.	30–100 cm; 7–8	30–100 cm; 6–9	bis 1 m; 7–9	bis 1 m; 6–9	bis 1 m; 7–9	bis 20 cm; 7–9
Besondere Kennzeichen	Köpfchen nickend, bis 6 cm breit, fast kugelig, Hüllblätter stachelspitzig; ⊙	Blattzipfel und Flügelleisten stachelig gezähnt, Köpfe wenig gehäuft; ⊙	Stengel kraus geflügelt, weichstachelig, Köpfe meist zu 3–5 knäuelig gehäuft; ⊙	Blätter am Stengel herablaufend, Blattzähne mit langem, gelbem Stachel; ⊙	Blätter nicht am Stengel herablaufend, Stengel stark verzweigt; ♃	Stengel 1köpfig, Blätter rosettig, stachelig gezähnt, Köpfchen sitzend; ♃

Der **Gemeine Beifuß** (a *Artemisia vulgáris*; 50 bis 170 cm; 7—10; Blätter am Grunde geöhrt, einfach gefiedert, unterseits weißfilzig; ♃), der **Feld-Beifuß** (b *Artemisia campéstris*; 30—90 cm; 7—10; Blätter 2 bis 3fach gefiedert, Köpfchen 2—4 mm lang; ♃) und der **Wermut** (c *Artemisia absinthium*; 60—120 cm; 7—9; Blätter seidig-filzig, Köpfchen filzig, nickend; ♃; in trockneren Gebieten Deutschlands seit langem eingebürgert) sind **Korbblütler,** die auf Schuttplätzen u. an Wegrändern verbreitet sind.

Die **Große Klette** (a *Árctium láppa*; 50—200 cm; 7—8; untere Blätter herzeiförmig, bis 50 cm lang, Blattstiel nicht hohl, Hüllblätter mit Hakenspitze; ⊙), die **Kleine Klette** (b *Árctium minus*; 25—80 cm; 7—8; untere Blätter herzeiförmig-lanzettlich, Ränder buchtig gelappt, Blattstiel hohl; ⊙) und die **Filz-Klette** (c *Árctium tomentósum*; 40—100 cm; 7—9; Blätter unterseits dicht graufilzig, Hüllblätter in der Regel dicht spinnwebig-wollig; ⊙) sind häufige **Röhrenblütige Korbblütler** an Wegrändern und auf wüsten Plätzen.

In der Tabelle sind **Zungenblütige Korbblütler** beschrieben. Die meisten sind an Wegrändern, auf Sandbänken und in Heiden verbreitet, das Kahle Ferkelkraut auch auf Dünen, das formenreiche Gemeine Bitterkraut auch an Bahndämmen und auf Flußschotter. Nur das kalkliebende Stielsamenkraut wächst zerstreut, besonders in Süddeutschland (es fehlt in Norddeutschland ganz; mediterrane Art).

	Wegwarte	Rainkohl	Lämmersalat	Kahles Ferkelkraut	Gemeines Bitterkraut	Stielsamenkraut
wissenschaftl. Name	*Cichórium intybus*	*Lápsana commúnis*	*Arnóseris mínima*	*Hypochóeris glábra*	*Picris hieracioides*	*Podospérmum laciniátum*
Größe; Blütez.	15–120 cm; 7–9	25–120 cm; 6–8	6–35 cm; 7–8	10–30 cm; 7–9	20–100 cm; 7–9	20–40 cm; 7–8
Besondere Kennzeichen	Stengel ästig, Grundblätter unterseits borstlich, Körbchen „sonnenwendig“; ♃	Grundblätter mit großem Endlappen, Körbchen zahlreich, mit wenig Zungenblüten; ⊙	Stengel oben keulenförmig verdickt, Blütenstand 2- bis 4köpfig, Blätter gewimpert: ⊙	Blätter kahl, Zunge an der Unterseite weißlich, kurz gezähnt, Haarkrone 2reihig; ⊙	äußere Hüllblätter mit steifhaarigem Mittelstreif, Früchte etwas gekrümmt; ⊙–♃	Köpfchen einzeln, Blüten schwefelgelb, Stengel verzweigt, Blätter tief fiedspaltig; ⊙

Die **Kugeldistel** (a *Échinops sphaerocéphalus*; 50—200 cm; 7—8; Stengel verzweigt, Blätter fiedspaltig, dornspitzig, unterseits weißfilzig: distelartig; ♃), die **Eselsdistel** (b *Onopórdon acánthium*; 20—200 cm; 7—9; Stengel sehr breit geflügelt, stachelig, Köpfe einzeln, groß; ⊙) und der **Binsen-Knorpellattich** (c *Chondrilla júncea*; 50—150 cm; 7—9; Stengel unten weißborstig, Grundblätter buchtig gezähnt oder fast fiedspaltig; zungenblütig; ♃) sind **Korbblütler** an Wegen und auf wüsten Plätzen.

Der **Blaue Lattich** (a *Lactúca perénnis*; 20 bis 60 cm; 5—7; Blüten blau, selten weiß, Blattendfieder nicht länger als Seitenfiedern; ♃), der **Weiden-Lattich** (b *Lactúca salígna*; 20—90 cm; 7—8; Köpfchen in schmaler Rispe; ⊙—⊙), der **Stachel-Lattich** (c *Lactúca scaríola*; 25—150 cm; 7—10; Blätter meist senkrecht, oft nach Norden oder Süden weisend; Kompaßpflanze; ⊙—⊙) und der **Gift-Lattich** (d *Lactúca virósa*; 50 bis 150 cm; 7—9; Blätter meist waagerecht abstehend, Blattzähne fein bestachelt; ⊙—⊙) sind **Korbblütler** auf Schutt und wüsten Plätzen, b vor allem im Mittelrheingebiet.

Die Flockenblumen (Fam. **Korbblütler**) der Tabelle sind sehr formenreich und wachsen verbreitet an Wegrändern, auf Trockenwiesen und an rasigen und buschigen Hängen, die Skabiosen-Flockenblume im Norden und Westen Deutschlands seltener. Kornblumen sind bekannte Wildkräuter des Feldes, die gesellig unter Getreide leben. Die beiden Gänsedisteln sind häufige Wildkräuter auf Äckern und auf wüsten Plätzen, die Acker-Gänsedistel auch auf Sanddünen.

	Gemeine Flockenblume	Skabiosen-Flockenblume	Gefleckte Flockenblume	Kornblume	Acker-Gänsedistel	Kohl-Gänsedistel
wissenschaftl. Name	*Centauréa jácea*	*Centauréa scabiósa*	*Centauréa maculósa*	*Centauréa cýanus*	*Sónchus arvénsis*	*Sónchus oleráceus*
Größe; Blütez.	5–70 cm; 6–10	30–100cm; 6–10	20–90 cm; 7–9	15–80 cm; 6–10	15–150cm; 6–10	20–90 cm; 6–10
Besondere Kennzeichen	Hüllblattanhängsel rund, meist eingerissen oder gefranst, obere Blätter lineal; ♃	Blätter alle fiederspaltig oder fiederteilig, Hüllblattanhängsel kammförmig; ♃	Blattfiedern schmal-lineal, graufilzig, Hüllblattanhängsel mit 12–16 Fransen; ♃	Stengelblätter schmal-lineal, Blüten blau, selten weiß, Randblüten sehr groß; ⊙	Stengel meist einfach, Köpfchen in lockerer Doldenrispe, Stiele meist drüsenborstig; ♃	Blätter am Grunde pfeilförmig, Hülle nicht drüsig, Frucht querrunzlig; ⊙

Die **Dornige Gänsedistel** (a *Sónchus ásper*; 8 bis 70 cm; 6—10; Frucht nicht querrunzlig; ⊙), das **Kleine Habichtskraut** (b *Hierácium pilosélla*; 3—40 cm; 5—10; Stengel blattlos, 1köpfig; ♃), das **Wald-Habichtskraut** (c *Hierácium silváticum*; 25—50 cm; 5—6; Stengel höchstens mit einem Blatt, Grundblätter gestielt; ♃) und das **Hasenohr-Habichtskraut** (d *Hierácium bupleuroídes*; 20—50 cm; 7—9; Grundblätter ungestielt, Stengel wenigköpfig; ♃; Alpen und Alpenvorland) sind **Korbblütler.**

Das **Schopf-Träubelchen** (a *Múscari comósum*; 30—70 cm; 5—6; Blütentraube 8—20 cm lang, oben mit einem Schopf steriler, blauer Blüten; ♃), das **Weinbergs-Träubelchen** (b *Múscari racemósum*; 7—20 cm; 4—5; Blüten alle blau, Blätter fast stielrund, 1—3 mm breit; ♃), das **Kleine Träubelchen** (c *Múscari botryoides*; 10—30 cm; 4—5; Blätter grundständig, 3—5 mm breit, Blüten hellblau: ♃) und das **Übersehene Träubelchen** (d *Múscari negléctum*; 7—25 cm; 3—4: Grundblätter 3—5 mm breit, zahlreich, lang, Blüten schwarzblau; ♃) sind **geschützte Liliengewächse;** a fehlt in Norddeutschland.

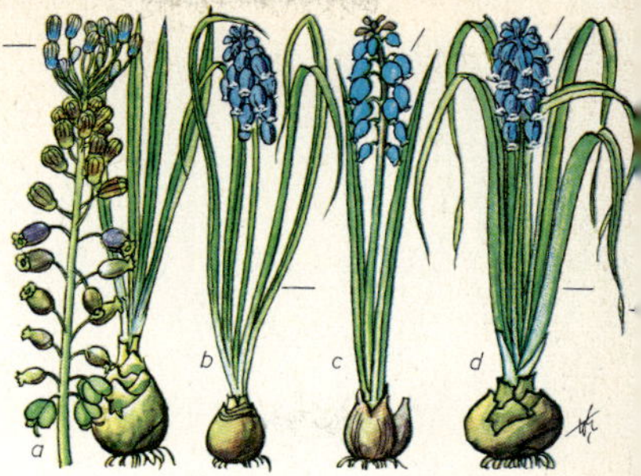

Lauche sind **Liliengewächse.** Alle Arten der Tabelle wachsen meist auf Äckern, in Weinbergen und auf grasigen Stellen, teilweise auch in Gebüschen. Der Winter-Lauch stammt aus dem südöstlichen Sibirien und ist zuweilen nach Deutschland eingeschleppt und hier und da verwildert; der Berg-Lauch fehlt im Rheinland und in Nordwestdeutschland, und der Steife Lauch ist sehr selten und kommt nur an felsigen Orten in Schlesien, Hessen, Südtirol und Salzburg vor.

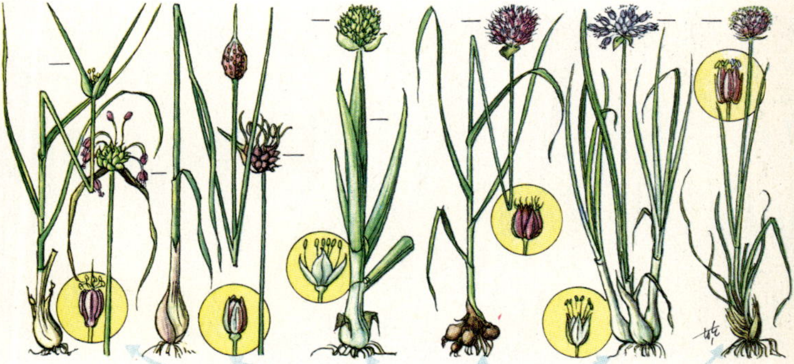

	Gekielter Lauch	Schlangen-Lauch	Winter-Lauch	Runder Lauch	Berg-Lauch	Steifer Lauch
wissenschaftl. Name	*Állium carinátum*	*Állium scorodóprasum*	*Állium fistulósum*	*Állium rotúndum*	*Állium montánum*	*Állium strictum*
Größe; Blütez.	30–60 cm; 6–8	50–110 cm; 6–7	40–100 cm; 6–8	30–60 cm; 6–8	20–40 cm; 7–8	15–50 cm; 6–8
Besondere Kennzeichen	Blumenblätter rosa bis dunkelviolett, kürzer als die Staubblätter, Blätter fast flach; ♃	Blätter bis 15 mm breit, Blumenblätter dunkelrot, länger als die Staubblätter; ♃	Stengel und Blätter bauchig erweitert, Zwiebel ziemlich klein; ♃	Blätter 3–6 mm breit, flach, Scheindolde kugelig, dicht, ohne Brutzwiebeln; ♃	Blätter an der Unterseite nicht gekielt, Staubblätter zahnlos, länger als Blumenblätter: ♃	Zwiebel mit Faserschopf, Blüten purpurn, Blätter oben schwach rinnig; ♃

Der **Acker-Gelbstern** (a *Gágea villósa*; 7—15 cm; 3—4; Grundblätter meist 2; ♃; **Liliengewächse**), die **Schmerwurz** (b *Támus commúnis*; windend; 5—6; Blätter tief herzförmig; ♃; **Schmerwurzgewächse**), der **Echte Safran** (c *Crócus satívus*; 8—30 cm; 9—11; Blüten violett, innen am Grunde bärtig; ♃; **Schwertliliengewächse**) und die **Zarte Binse** (d *Júncus ténuis*; 15—30 cm; 6—9; Spirre vom untersten Hüllblatt überragt; ♃; **Binsengewächse**) sind seltene Pflanzen an Wegen und in Gebüschen.

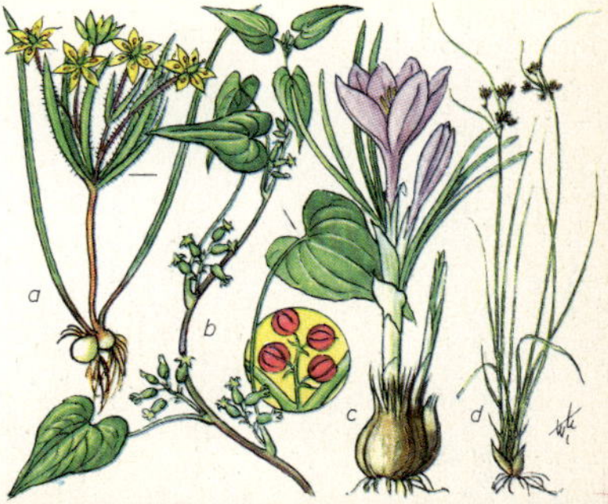

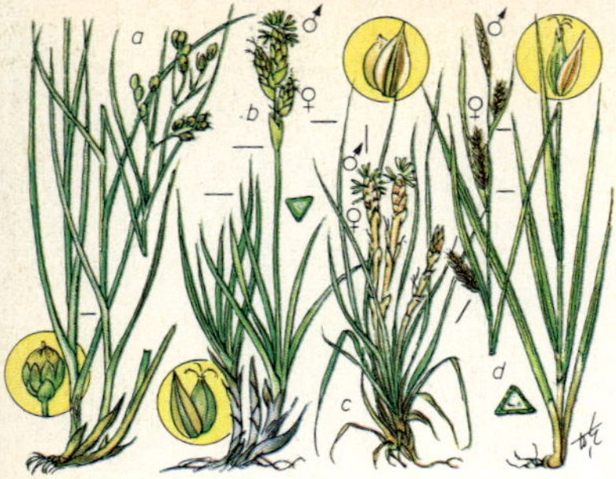

Die **Zusammengedrückte Binse** (a *Júncus compréssus*; 10—70 cm; 6—9; Stengel zusammengedrückt, Frucht kugelig-eiförmig; ♃) ist ein **Binsengewächs**, die **Früh-Segge** (b *Cárex caryophylléa*; 5—25 cm; 3—4; Blütenstengel länger als die Blätter, diese oft zurückgekrümmt; ♃), die **Erd-Segge** (c *Cárex húmilis*; 3—15 cm; 3—4; Blätter länger als der Stengel, ♀ Ährchen in scheidenförmigen Hüllblättern; ♃; in Nordwestdeutschland selten) und die **Glatte Segge** (d *Cárex laevigáta*; 50—100 cm; 4—5; alle Ähren stehen entfernt, ♀ Ährchen zu 3—4; ♃; im Rheinland) sind **Verschiedenährige Seggen.**

Von den **Gräsern** der Tabelle ist die Gemeine Quecke eine häufige Wildpflanze in Garten und Feld. Auf Äckern und unter Getreide findet man den Taumel-Lolch und den Lein-Lolch, letzteren besonders in Leinfeldern. Die übrigen Grasarten der Tabelle gedeihen an Wegrändern und auf wüsten Plätzen, das Hartgras vorwiegend in Süddeutschland (in Norddeutschland nur an einzelnen Stellen; mediterrane Art), die Hunds-Quecke kommt auch auf Flußkies und in Wäldern vor.

	Taumel-Lolch	Lein-Lolch	Hunds-Quecke	Gemeine Quecke	Mäuse-Gerste	Hartgras
wissenschaftl. Name	*Lólium temuléntum*	*Lólium remótum*	*Agropýron caninum*	*Agropýron répens*	*Hórdeum murinum*	*Scleróchloa dúra*
Größe; Blütez.	30–80 cm; 6–8	30–60 cm; 6–8	50–150 cm; 6–7	20–150 cm; 6–7	15–40 cm; 6–9	2–20 cm; 5–7
Besondere Kennzeichen	Ähre locker, bis 20 cm und länger, Ährchen mit Schmalseite zur Ährenachse; ⊙; **giftig**	ähnlich voriger Art, aber Hüllspelzen kürzer als das Ährchen; ⊙	Ährchen mit Breitseite zur Ährenachse, Ährchenachse mit kurzen Haaren; ♃	ähnlich voriger Art, aber Deckspelzen nicht oder kurz begrannt; ♃	oberste Blattscheide aufgeblasen, Hüllspelzen borstlich bewimpert; ⊙	Pflanze niederliegend, Ährchen zusammengedrückt, mit 3–6 Blüten; ⊙

Die **Stachel-Segge** (a *Cárex muricáta*; 25—100 cm; 5; Schläuche abstehend, Blätter 2—4 mm breit; ♃) und die **Frühlings-Segge** (b *Cárex praécox*; 10—25 cm; 4—6; Ährchen zu 3—6, je unten ♂, oben ♀; ♃) sind **Gleichährige Seggen**, die **Niedrige Segge** (c *Cárex supína*; 8—20 cm; 4—5; ♀ Ährchen genähert, zu 1—3, mit je 3—5 Blüten; ♃) und die **Glanz-Segge** (d *Cárex liparocárpos*; 8—20 cm; 4—5; ♀ Ährchen mit bis zu 12 Blüten, kurz walzlich; ♃) sind **Verschiedenährige Seggen** sonniger Orte, d nur im Süden.

Die **Dach-Trespe** (a *Brómus tectórum*; 30—80 cm; 5—6; Ährchen nach der Spitze hin verbreitert, Rispe dicht, überhängend, Halm oben flaumig; ⊙), die **Taube Trespe** (b *Brómus stérilis*; 30—80 cm; 5—6; Halm ganz kahl, Ährchen ohne Granne 15—35 mm lang; ⊙), die **Roggen-Trespe** (c *Brómus secalinus*; 40—100 cm; 6—9; äußere Hüllspelze 3- bis 5nervig, Rispenäste 3—8 cm lang, später überhängend; Blatthäutchen kragenförmig; ⊙) und die **Wiesen-Trespe** (d *Brómus commutátus*; 30—90 cm; 5—8; Ährchen graugrün, Blätter wenig behaart; ⊙) sind häufige **Gräser** auf Äckern und an Wegen.

Von den vier Arten Borstenhirse (Familie **Gräser**) in der Tabelle kommen die Niedrige und die Grüne Borstenhirse auf Äckern, Brachland und Schuttplätzen häufig vor; die Wirtel-Borstenhirse wächst zerstreut und unbeständig, und der Unbeständigen Borstenhirse begegnet man nur selten. Das Wohlriechende Ruchgras ist auf trockenen Wiesen und Weiden sowie auf lichten Waldstellen verbreitet. Viel seltener ist das Begrannte Ruchgras, das häufiger nur auf Sandfeldern der Lüneburger Heide anzutreffen ist.

	Niedrige Borstenhirse	Wirtel-Borstenhirse	Unbeständige Borstenhirse	Grüne Borstenhirse	Wohlriechendes Ruchgras	Begranntes Ruchgras
wissenschaftl. Name	*Setária glaūca*	*Setária verticilláta*	*Setária decipiens*	*Setária viridis*	*Anthoxánthum odorátum*	*Anthoxánthum puéli*
Größe; Blütez.	10–40 cm; 7–10	25–60 cm; 7–10	20–70 cm; 7–10	15–60 cm; 7–10	30–50 cm; 5–8	10–25 cm; 5–6
Besondere Kennzeichen	Ährenrispe 3 cm lang, Deck- und Vorspelzen querrunzlich, Borsten später fuchsrot; ⊙	Ährenrispe 3–9 cm lang, Borsten mit rückwärts gerichteten Zähnen; ⊙	Hüllborsten 3 mm lang, starr, mit vorwärts gerichteten Zähnchen; ⊙	Halm schief aufsteigend, Ährenrispe gedrungen, 3–6 cm lang, Hüllborsten rauh; ⊙	Ährenrispe dicht, Stengel oben nicht verzweigt, mit 3–4 braunen Knoten; ♃	Ährenrispe locker, Stengel stark verzweigt, weniger duftend als vorige Art; ⊙

Das **Bartgras** (a *Bothrióchloa ischǽmum*; 30 bis 60 cm; 8—9; Ähren 3—5 cm lang, zu 5- bis 10-fingerig zusammengestellt; ♃; zerstreut in Süddeutschl.; subtrop. Art), die **Hühner-Hirse** (b *Echinóchloa crus-gálli*; 30—100 cm; 7—10; Ährchen traubig zusammengezogen; ♃), die **Faden-Hirse** (c *Digitária ischǽmum*; 8—50 cm; 7—10; Blätter kahl, Ähren zu 2—4; meist zu 3; ⊙) und die **Blut-Hirse** (d *Digitária sanguinális*; 30—50 cm; 7—9; Blätter behaart, Ähren zu 3—6; meist zu 5; ⊙) sind **Gräser** auf Äckern.

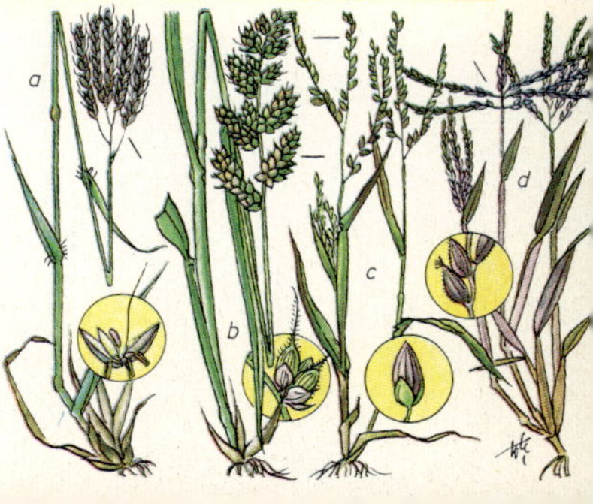

Der **Gemeine Windhalm** (a *Apéra spica vénti*; 40—100 cm; 6—7; Rispe groß, sehr zart, Blätter zugespitzt, scharf; ⊙), der **Frühe Nelkenhafer** (b *Aíra praēcox*; 3—10 cm; 5—6; Ährenrispe länglich, wenigblütig, Ährchenstiele kürzer als die Ährchen; ⊙), der **Gemeine Nelkenhafer** (c *Aíra caryophylléa*; 6—15 cm; 5—7; Rispe reichblütig, blaß, ausgebreitet; ⊙) und der **Kies-Schwingel** (d *Festúca festucoides*; 20—40 cm; 5—7; Ährchen kurz gestielt, in einfacher Traube; ⊙; selten, Baden und Vogesen) sind **Rispengräser**, die auf Äckern und Trockenplätzen wachsen.

Von den **Gräsern** der Tabelle sind der Schaf-Schwingel, das Einjährige Rispengras und das Flache Rispengras auf unbebautem Boden, an Wegrändern und auf Trockenplätzen verbreitet. Das Hain-Rispengras wächst häufig in Gebüschen und in lichten Wäldern, der Grannen-Hafer an sonnigen, lichten Stellen, und der Wind-Hafer ist ein häufiges Wildgras auf Äckern.

	Schaf-Schwingel	Grannen-Hafer	Wind-Hafer	Einjähriges Rispengras	Flaches Rispengras	Hain-Rispengras
wissenschaftl. Name	*Festúca ovína*	*Ventenáta dúbia*	*Avéna fátua*	*Póa ánnua*	*Póa compréssa*	*Póa nemorális*
Größe; Blütez.	15–60 cm; 5–7	50 cm; 6–7	70–100 cm; 6–8	2–30 cm; 2–11	20–50 cm; 6–7	20–90 cm; 5–7
Besondere Kennzeichen	Blätter borstenförmig, Blattscheiden bis zu $^1/_3$ der Länge geschlossen; ♃	Rispe bis 20 cm lang; Deckspelze mit zwei Haargrannen, Ährchen 2- bis 3blütig; ⊙–⊙	Ährchen 3blütig, Deckspelzen bis zur Mitte dicht behaart, Rispe allseitswendig; ⊙	Rispe meist einseitswendig, Ährchen eiförmig, 5–12 mm groß; ⊙–⊙	Halme zweischneidig-flachgedrückt, Rispenäste abstehend, Ährchen 3- bis 9blütig; ♃	Ährchen 1- bis 5blütig, obere Blattspreiten waagerecht abstehend; ♃

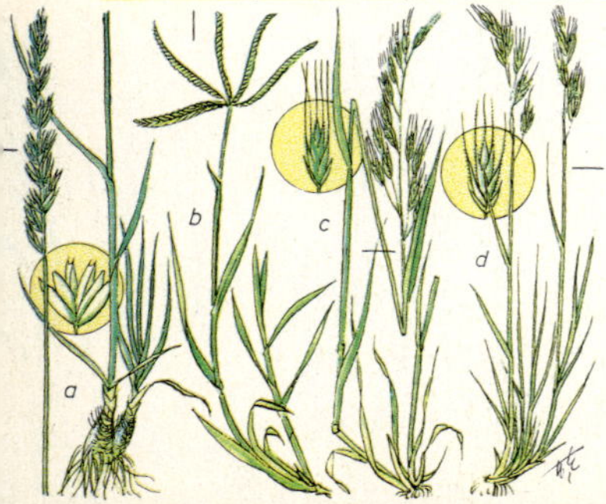

Das **Graugrüne Schillergras** (a *Koeléria glaūca*; 30—50 cm; 4—5; Blätter graugrün, wellblechartig; ♃), das **Hundszahngras** (b *Cýnodon dáctylon*; 20—40 cm; 5—6; Ähren zu 3- bis 5fingerförmig gestellt; ♃; aus Südeuropa nach Deutschland eingeschleppt), der **Mäuseschwanz-Fuchsschwingel** (c *Vúlpia myúros*; 10—50 cm; 5—10 obere Blattscheide reicht bis zur Rispe; ⊙) und der **Trespen-Fuchsschwingel** (d *Vúlpia bromoídes*; 15—40 cm; 5—8; Halm oben frei; ⊙) sind **Gräser** an sandigen Orten.

Das **Kleine Liebesgras** (a *Eragróstis poaeoides*; 15—50 cm; 7—9; Blattscheiden langbärtig, Ährchen zu 8—20, oft schwarzviolett; ⊙; aus dem Mittelmeergebiet nach Deutschland eingeschleppt), das **Zwerggras** (b *Mibóra minima*: 3—9 cm; 3—5; Ährchen abwechselnd zweizeilig; ⊙; selten im Rhein-Main-Gebiet), das **Silbergras** (c *Corynéphorus canéscens*; 15—50 cm; 6—8; Pflanze graugrün, horstförmig wachsend, Rispe silbergrau; ♃) und der **Acker-Fuchsschwanz** (d *Alopecúrus myosuroides*; 30—50 cm; 4—5; obere Blattscheiden aufgeblasen, Ährenrispe bis 10 cm lang; ⊙) sind **Gräser** auf Äckern.

Die drei Gräser der Tabelle wachsen zerstreut auf Sandböden und Steppenhügeln, teils auch auf Äckern. Die beiden Pfriemengräser fehlen im nordwestlichen Flachland und sind in den übrigen Gebieten nur hier und da anzutreffen. Das Affen-Knabenkraut kommt nur am Kaiserstuhl und im Oberelsaß vor. Den Braunen Streifenfarn findet man häufig, den Deutschen Streifenfarn selten auf Mauern und Felsen.

	Feder-Pfriemengras	Haarförmiges Pfriemengras	Rauhes Lieschgras	Affen-Knabenkraut	Brauner Streifenfarn	Deutscher Streifenfarn
wissenschaftl. Name	*Stipa pennáta*	*Stipa capilláta*	*Phléum paniculátum*	*Orchis símia*	*Asplénium trichómanes*	*Asplénium breýnii*
Größe; Blütez.	40–80 cm; 5–6	40–90 cm; 7–8	15–30 cm; 5–7	30–40 cm; 5–6	bis 30 cm; 7–9	4–12 cm; 7–9
Besondere Kennzeichen	Granne bis 30 cm lang, weich behaart, Haare später abstehend; ♃; **geschützt**	Granne 10 bis 25 cm lang, gezähnt, rauh, Blätter blaugrün, borstlich; ♃; **geschützt**	Ährenrispe walzenförmig, 3–9 cm lang, Hüllspelze dreieckig, aufgeblasen; ⊙	Mittellappen der Lippe mit 2 langen, schmalen Zipfeln, Helm rosa; ♃	Fiederblättchen rundlich, kurz gestielt, gekerbt, im Herbst einzeln abfallend; ♃	Wedel einfach gefiedert, Fiedern 5–11, schiefkeilförmig; ♃

Die **Mauerraute** (a *Asplénium rúta-murária*; bis 20 cm; 6—7; Schleier gefranst; ♃), der **Schriftfarn** (b *Céterach officinárum*; bis 20 cm; 7—9; Wedel unterseits braun beschuppt; ♃; selten und nur in Südwestdeutschland), der **Zerbrechliche Blasenfarn** (c *Cystópteris filix-frágilis*; 10 bis 40 cm; 7—9; Wedel zart, durchscheinend; ♃) und der **Kretische Saumfarn** (d *Ptéris crética*; bis 1 m; —; Wedel mit 2—9 Fiederpaaren; östliches Mittelmeergebiet) sind **Tüpfelfarne** an alten Mauern und auf Felsen.

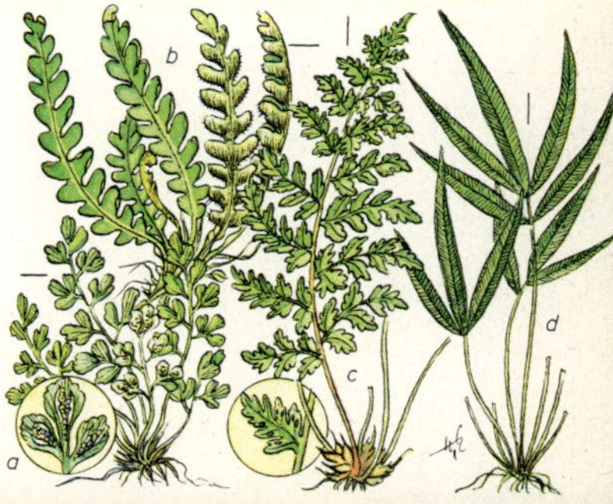

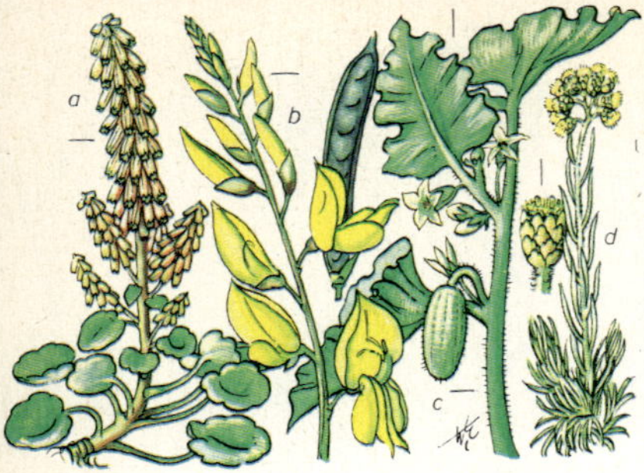

Der **Venus-Nabel** (a *Umbilicus pendulinus*; 30 cm; 4—5; Blüten röhrig, dichtstehend; ⊙) ist ein **Dickblattgewächs**, der **Spanische Ginster** (b *Spártium júnceum*; bis 5 m; 5—7; Zweige rutenförmig, grün, Hülsen grauseidig, behaart; ♃) ist ein **Schmetterlingsblütler**, die **Spritzgurke** (c *Ecbálium elatérium*; 50—150 cm; 3—9; Pflanze blaugrün, steifhaarig, Blüten einhäusig; ⊙) ist ein **Kürbisgewächs**, und die **Italienische Strohblume** (d *Helichrýsum itálicum*; bis 30 cm; 5—9; Hüllblätter strohig, gelb; ♃) ist ein **Korbblütler** auf Äckern und Trockenplätzen der Mittelmeerländer.

Alle Pflanzen der Tabelle wachsen baum- oder strauchförmig. Die meisten kommen in der Macchie vor, einer Pflanzengesellschaft der Mittelmeerländer mit vielen dornigen Holzpflanzen und oft immergrünen, lederartigen Blättern. Das gilt z. B. für den Wilden Ölbaum **(Ölbaumgewächse)**, den Erdbeerbaum **(Heidekrautgewächse)**, die Steinlinde **(Ölbaumgewächse)** und den Mastixstrauch **(Sumachgewächse)**. Die Echte Myrte **(Myrtengewächse)** wächst auch an Zäunen; der Stechende Spargel **(Liliengewächse)** ist ein Kletterstrauch an Mauern.

	Wilder Ölbaum	Erdbeerbaum	Steinlinde	Mastixstrauch	Echte Myrte	Stechender Spargel
wissenschaftl. Name	*Ólea oleáster*	*Arbútus unédo*	*Phyllírea média*	*Pistácia lentíscus*	*Mýrtus commúnis*	*Aspáragus acutifólius*
Größe; Blütez.	1–3 m; 1	3–6 m; 1–2	bis 8 m; 3–6	1–3 m; 3–7	0,5–3 m; 6–8	kletternd; 8–9
Besondere Kennzeichen	Zweige dornig, sparrig, Blüten weiß, in Trauben, Steinfrucht rötlich-schwarz; ♃	Blätter glänzend, Blüten weiß oder rötlich, Beeren rot, warzig; eßbar; ♃	Blüten grünlichweiß, Beeren blauschwarz, Rinde rechteckig gefeldert; ♃	Blätter kahl, lederartig, Blüten klein, 2häusig, Beeren rot, später schwarz; ♃	Pflanze stark duftend, Blüten weiß, Beeren blauschwarz; ♃	Zweige nadelförmig, Blüten 2häusig, grünlichweiß, Beeren schwärzlich; ♃

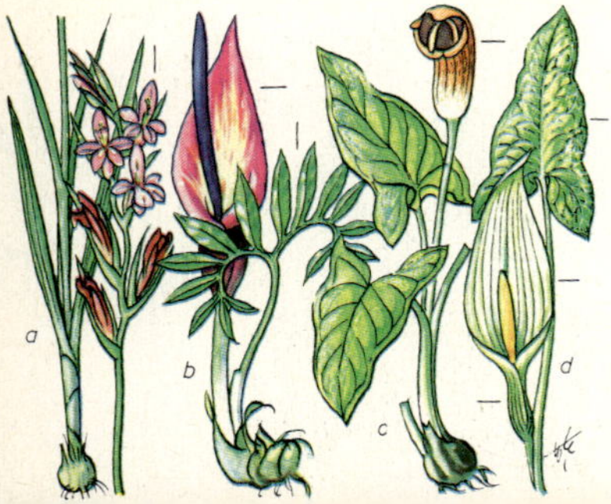

Die **Feld-Siegwurz** (a *Gladíolus ségetum*; 60 bis 90 cm; 5—6; Blätter 3—4, Blüten hellrotviolett, Blumenblätter verschieden geformt; ♃) ist ein **Schwertlilienge.**, die **Schlangenwurz** (b *Dracúnculus vulgáris*; bis 1 m; 5—6; Hochblatt purpurrot, 25—40 cm lang; ♃), der **Krummstab** (c *Arísarum vulgáre*; 15—30 cm; 10—3; Hochblatt braunrot, kapuzenförmig; ♃) und der **Italienische Aronstab** (d *Árum itálicum*; bis 1 m; 4—5; Hochblatt außen grün, innen weiß; ♃) sind **Aronstabgewächse** auf Äckern der Mittelmeerländer.

Die **Hausspitzmaus** (a *Crocidúra rússula*; 9 cm + 4 cm; oben braungrau, unten gelblichgrau, nicht scharf abgesetzt), die **Gartenspitzmaus** (b *Crocidúra suavéolens*; 8 cm + 4 cm; Oberseite variiert zwischen braun, grau und rötlich, Unterseite ockerfarben) und die **Feldspitzmaus** (c *Crocidúra leŭcodon*; 9 cm + 4 cm; oben dunkelgraubraun, unten gelblichweiß, beide Färbungen scharf getrennt) aus der Familie der **Spitzmäuse** (Unterfamilie **Wimperspitzmäuse**, mit weißen Zahnspitzen; **geschützt**) sind in Mittel- und Südeuropa in Gärten und an Waldrändern verbreitet, im Winter auch in Gebäuden.

Alle Fledermäuse der Tabelle gehören zur Familie der **Glattnasen** in der Überfamilie der **Glattnasenartigen;** d. h. ihre Schnauze ist ohne Aufsätze und am vorderen Ohrrand sitzt ein senkrechter Auswuchs, der Ohrdeckel. Das Großmausohr, die Rauhhautfledermaus und die Zweifarbfledermaus fehlen in Norddeutschland, sind aber sonst wie die drei anderen (in ganz Deutschland heimischen) Arten der Tabelle in Europa weit verbreitet, besonders im Süden.

	Breitflügelfledermaus	Zweifarbfledermaus	Rauhhautfledermaus	Zwergfledermaus	Langohrfledermaus	Großmausohr
wissenschaftl. Name	*Eptésicus serótinus*	*Vespertilio murinus*	*Pipistréllus nathúsii*	*Pipistréllus pipistréllus*	*Plecótus auritus*	*Myótis myótis*
Größe	8 cm + 5,7 cm	6,3 cm + 7,5 cm	4,8 cm + 4 cm	4,2 cm + 3,3 cm	5,1 cm + 5 cm	8 cm + 6 cm
Besondere Kennzeichen	Körper groß, Fell sehr dunkelbraun, Ohrdeckel kurz und schmal; **geschützt**	Oberseite schimmelig grau, Unterseite sehr hell; **geschützt**	Körper klein, Daumen lang, fünfter Finger etwa 4,6 cm lang; **geschützt**	Körper sehr klein, Ohren kurz und breit, Daumen kurz; **geschützt**	Ohren sehr lang, berühren sich über dem Kopf; **geschützt**	Tier sehr groß, mit breiten Ohren, Schwanzspitze frei, Flügel breit; **geschützt**

Die **Etruskerspitzmaus** (a *Súncus etrúscus*; 4 cm + 2,5 cm; 1,5—2 Gramm; Schwanz lang, Ohren groß; kleinstes Säugetier) ist eine südeuropäische **Spitzmaus** aus der Unterfamilie der **Wimperspitzmäuse.** Die **Weißrandfledermaus** (b *Pipistréllus kúhli*; 4,5 cm + 4 cm; Flughaut z. T. weiß gesäumt; Familie **Glattnasen**) und die **Bulldogfledermaus** (c *Tadarida teniótis*; 8 cm + 5 cm; größte europäische Fledermausart, plump, Füße groß; Familie **Bulldogfledermäuse**) sind Fledermäuse; Überfam. **Glattnasenartige.**

Der **Igel** (a *Erináceus europaéus*; 27,5 cm + 3,5 cm; Stachelkleid dunkelbraun, Ohren klein; ganz Europa bis auf den hohen Norden) und der **Wanderigel** (b *Aethéchinus algírus*; 23 cm + 3,5 cm; Stachelkleid heller als bei a, Ohren groß; westliche Mittelmeerküste) aus der Familie der **Igel** und der **Maulwurf** (c *Tálpa europáea*; 13 cm + 3 cm; Vorderpfoten mit wenigen hellen Haaren; fast ganz Europa) und der **Blindmaulwurf** (d *Tálpa cáeca*; 12 cm + 2,5 cm; Vorderpfoten auffallend hell behaart; Südeuropa) aus der Familie der **Maulwürfe** bewohnen das verschiedenste Gelände.

Die Nager der Tabelle gehören zur Familie der **Mäuse**, die alle einen langen, dünn behaarten und deutlich geringelten Schwanz haben (Langschwanzmäuse; vorne 4, hinten 5 Zehen). Alle halten keinen Winterschlaf. Die Brandmaus ist nur in Bezirken südlich der Ostsee sowie in Osteuropa heimisch, die Gelbhalsmaus fehlt in Nordwestdeutschland und fast ganz Westeuropa. Die übrigen Arten sind in Gehölzen, auf Äckern und in Parks in ganz Deutschland und weiten Teilen Europas zu Hause, im Winter besonders in Gebäuden.

	Zwergmaus	Waldmaus	Gelbhalsmaus	Brandmaus	Ährenmaus	Hausmaus
wissenschaftl. Name	*Micromys minútus*	*Apodémus sylváticus*	*Apodémus flavicóllis*	*Apodémus agrárius*	*Mús músculus músculus*	*Mús músculus doméstícus*
Größe	7 cm + 6 cm	11 cm + 11 cm	11,6 cm + 13 cm	12 cm + 8 cm	8,3 cm + 7,3 cm	10 cm + 10 cm
Besondere Kennzeichen	oben gelbbraun, unten gelbgrau, ohne Rückenstreif, Schwanz lang, beschuppt, schwach behaart	oben braungrau, unten grauweiß, Kehle mit gelbem Längsfleck, Ohren groß	gelbes Kehlband, Körperfarbe oben rostbraun, unten blendendweiß, scharf abgesetzt	Schwarzer Aalstrich auf Rücken, Schwanz kürzer als Körper, Ohren ziemlich klein	oben braungrau, unten weiß, Schwanz verhältnismäßig kurz, mit 140–175 Ringen	Fell einfarbig bleigrau bis braungrau, Schwanz lang, mit 150–200 Ringen

Der **Tigeriltis** (a *Vorméla peregúsna*; 38 cm + 16 cm; Oberseite auffällig gefleckt; Balkan) und der **Steppeniltis** (b *Mustéla putórius eversmánni*; 37 cm + 17 cm; Flanken sehr hell, Gesicht mit Maskenzeichnung; Osteuropa) gehören zur Familie der **Marder**, das **Stachelschwein** (c *Hýstrix cristáta*; 60 cm + 10 cm; Mittel- und Hinterrücken sowie Schwanz mit längeren und kürzeren Stacheln; Italien und Balkan) zur Familie der **Stachelschweine.** Alle sind Dämmerungs- und Nachttiere in Kulturlandschaften.

Die **Hausratte** (a *Ráttus ráttus*; 23 cm + 24 cm; Schwanz länger als der Körper, mit mehr als 250 Ringen, Ohren groß, Fell braun mit weißer Unterseite oder schwärzlich mit grauer Unterseite; fehlt weithin in Nordeuropa) lebt mit Vorliebe auf Dachböden (Dachratte); die **Wanderratte** (b *Ráttus norvégicus*; 27 cm + 22 cm; Schwanz kürzer als Körper, mit höchstens 220 Ringen, Ohren kleiner als bei a, Fell braun mit heller Unterseite oder Fell schwärzlich; ganz Europa) bevorzugt die unteren Stockwerke und Keller, hält sich aber auch gerne an Gräben auf. Beide Arten gehören zur Familie der **Mäuse.**

Von den Nagetieren der Tabelle kommt die Felsenmaus (Familie **Mäuse**) auf dem Südbalkan vor, wo sie ihr Nest unter Felsblöcken baut. Die Westblindmaus liebt trockenes Kulturland auf dem Balkan und in Ungarn, die Ostblindmaus in Südosteuropa (Familie **Blindmäuse**). Die Westschermaus bewohnt Westeuropa einschließlich England, der Goldhamster und der Zwerghamster Steppen Südosteuropas (Familie **Wühler**). Blindmäuse und Wühler bauen Erdnester.

	Felsen-maus	West-schermaus	Gold-hamster	Zwerg-hamster	West-blindmaus	Ost-blindmaus
wissenschaftl. Name	*Apodémus mystácinus*	*Arvicola sápidus*	*Mesocricétus aurátus*	*Cricétulus migratórius*	*Spálax leúcodon*	*Spálax microphthálmus*
Größe	15 cm + 14,6 cm	22 cm + 14 cm	18 cm + 2 cm	11 cm + 2,5 cm	27 cm + 2,5 cm	31 cm + 3 cm
Besondere Kennzeichen	Ohren sehr groß, Rücken braungrau, Unterseite weiß	ähnlich Ostschermaus, aber größer, Schwanz länger, Schnauze spitzer	Fell bunt, mit schwarzen Flecken, Bauch hell, Ohren groß, Schwanz sehr kurz	Oberseite grau, Fell wenig bunt, Ohren groß, Schwanz kurz	Fell braungrau, Ohren, Augen und Schwanz nicht sichtbar, Kopf stumpf	Fell grau, Stirn weiß, sonst ähnlich Westblindmaus, aber größer

Der **Hamster** (*Cricétus cricétus*; 28 cm + 6 cm; Fell bunt, Unterseite schwarz, Schwanz kurz; selten fast ganz schwarze Spielart; Dämmerungs- und Nachttier; Familie **Wühler**, Unterfamilie **Hamster**) bewohnt Steppen und Kulturlandschaften in Mittel- und Osteuropa. In Lehm- oder Lößböden baut er Erdwohnungen mit mehreren Kammern, die als Nestkessel (Wohnkammer) oder als Vorratskammern dienen. Im Winter geht der Hamster bis 2 m tief und hält einen Winterschlaf.

Der **Weißstorch** (*Cicónia cicónia*; 102 cm; Gefieder schneeweiß, Flügel schwarz, Beine und Schnabel rot, letzterer bei Jungvögeln schwärzlich, Hals beim Fliegen lang vorgestreckt, guter Segler; Nesthocker, Zugvogel; Familie **Störche**) nistet auf Gebäuden (Kulturfolger), zuweilen auch auf Bäumen. Er ist in Gegenden mit Sumpfwiesen und Seen heimisch, ist aber mancherorts sehr selten geworden. Außer in ganz Deutschland kommt er in Spanien und Portugal, auf dem Balkan und in der UdSSR vor.

Von den Greifvögeln der Tabelle gehören der Mäusebussard und der Rauhfußbussard zur Familie der **Adler** (Unterfamilie **Bussarde**), der Turmfalke, der Baumfalke und der Merlin zur Familie der **Falken** (Echte Falken). Alle sind Bewohner baumreicher Kulturlandschaften und nisten auf Bäumen. Der Turmfalke ist in ganz Europa heimisch, der Mäusebussard und der Baumfalke meiden den Norden; der Rauhfußbussard nistet in Norwegen, der Merlin in England, Skandinavien, Island und in Nordosteuropa. Greifvögel sind Nesthocker.

	Mäusebussard	Rauhfußbussard	Turmfalke	Baumfalke	Merlin
wissenschaftl. Name	*Búteo búteo*	*Búteo lagópus*	*Fálco tinnúnculus*	*Fálco subbúteo*	*Fálco columbárius*
Größe	51–56 cm	51–61 cm	34 cm	30–36 cm	27–33 cm
Besondere Kennzeichen	Färbung grau oder braun bis fast weiß, Schwanz kurz, dunkel gebändert; Teilzieher	Lauf befiedert, Schwanz weißlich, mit dunkler Endbinde, Kopf ziemlich hell; Zugvogel	Schwanz mit schwarzer Endbinde, ♂ am Rücken rotbraun, ♀ gebändert; Teilzieher	ähnlich Wanderfalke, „Hosen" rostrot, Unterseite gestreift; Zugvogel	♂ Rücken graublau, Schwanz mit schwarzer Binde, ♀ Schwanz gebändert; Teilzieher

Der **Schmutzgeier** (a *Néophron percnópterus*; 58—66 cm; Schwanz keilförmig, weiß; Nesthocker; Teilzieher) und der **Gänsegeier** (b *Gýps fúlvus*; 97—104 cm; Halskrause weißlich, bei jungen Tieren braun; Nesthocker; Jahresvogel) sind Greifvögel aus der Familie der **Adlerartigen** (Unterfamilie **Altweltgeier**). Sie nisten in Höhlen und Felsnischen der Mittelmeerländer, der Schmutzgeier auch auf Bäumen, und streifen nordwärts umher. Neuerdings brütet der Gänsegeier auch in den Alpen.

Die **Großtrappe** (a *Ótis tárda*; ♂ 102 cm, ♀ kleiner; Kopf und Hals hellgrau, ♂ mit braunem Brustband; Jahresvogel), die **Zwergtrappe** (b *Tétrax tétrax*; 43 cm; ♂ zur Brutzeit mit schwarzweißer Halszeichnung; Teilzieher) und die **Kragentrappe** (c *Chlamydótis unduláta*; 63,5 cm; ♂ und ♀ mit kurzer Kopfhaube, am Hals lange, schwarzweiße Federn; Jahresvogel) sind Kranichvögel aus der Familie der **Trappen**, die in weiten Korn- und Kleefeldern nisten, a in der Mark Brandenburg, b in Spanien, Südfrankreich und auf dem Balkan, c in Nordafrika. Trappen sind Nestflüchter.

Die Wachtel und das Rebhuhn sind häufige, in ganz Deutschland und in weiten Teilen Europas heimische, gut versteckt am Boden brütende Feldvögel aus der Familie der **Echten Hühner.** Das Sandflughuhn (Familie **Flughühner**) nistet auf steinigem Gelände in Spanien und Portugal und kommt nur selten als Irrgast einmal nach Deutschland. Die **Lerchen** der Tabelle sind mit Ausnahme des Nordens in ganz Europa zu Hause. Sie nisten am Boden auf Feldern, Wiesen und auf Sandflächen.

	Rebhuhn	Wachtel	Sandflughuhn	Feldlerche	Haubenlerche	Heidelerche
wissenschaftl. Name	*Pérdix pérdix*	*Cotúrnix cotúrnix*	*Ptérocles orientális*	*Aláuda arvénsis*	*Galerida cristáta*	*Lúllula arbórea*
Größe	30 cm	17,8 cm	35 cm	18 cm	17 cm	15 cm
Besondere Kennzeichen	Kopf hell rostfarben, ♂ mit Hufeisenfleck am Bauch; Nestflüchter; Jahresvogel	ähnlich Rebhuhn, Gefieder sandbraun, dunkel gestreift; Nestflüchter; Teilzieher	Bauch schwarz, ♂ Kehle braun, Schwanz lang, ohne Spieß; Nestflüchter; Jahresvogel	Schwanz lang, mit weißen Außenkanten, Kopfhaube nur angedeutet; Nesthocker; Teilzieher	Schwanz kurz, mit braunen Außenkanten, Kopfhaube groß; Nesthocker; Jahresvogel	Schwanz sehr kurz, ohne weiße Kanten, Flügel mit Abzeichen; Nesthocker; Teilzieher

Der **Kuckuck** (*Cúculus canórus*; 33 cm; ♂ Gefieder vorwiegend grau, Bauch schwarzweiß gesperbert, ♀ grau oder rotbraun gebändert; ♂ ruft „Kuckuck", ♀ „kichert"; Nesthocker; Zugvogel; Familie **Kuckucke**) bewohnt ganz Europa. Die Weibchen leben in Vielmännerei und legen ihre Eier einzeln in die Nester anderer Vögel (Brutschmarotzer), jedes einzelne Weibchen in die Nester derselben Wirtsart. Kuckucke bevorzugen buschbestandenes Gelände, leben aber auch in offenen Ebenen.

Die **Schleiereule** (a *Týto álba*; 34 cm; Oberseite goldgelb, fein gesprenkelt, Unterseite einfarbig hell oder bräunlichgelb, Beine lang, Schleier vorklappbar, dient als „Schalltrichter"; Nesthocker; Jahresvogel; Familie **Schleiereulen**) und der **Steinkauz** (b *Athéne nóctua*; 22 cm; Körper klein, Rücken gefleckt, Kopf flach; Nesthocker; Jahresvogel; Familie **Kauzeulen;** Unterfamilie **Käuze**) leben mit Vorliebe in menschlichen Siedlungen und nisten in Gebäuden, Ruinen und Baumhöhlen. Beide **Eulen** sind in ganz Europa bis auf den Norden heimisch; a fehlt auch auf dem südlichen Balkan.

Mauersegler sind in ganz Europa zu Hause, Alpen- und Fahlsegler bewohnen die Mittelmeerländer, Alpensegler nördlich bis in die Alpen (Fam. **Segler**). Alle nisten gewöhnlich in Gebäuden, gelegentlich auch in Felsen. Der Wiedehopf (Fam. **Hopfe**), die Blauracke (Fam. **Racken**) und der Bienenfresser (Fam. **Bienenfresser**) sind Höhlenbrüter und nisten in alten Bäumen, die Bienenfresser kolonieweise in Uferbänken. Der Wiedehopf fehlt in Nord-, die Blauracke in Nord- und Westdeutschland; der Bienenfresser ist ein südeuropäischer Vogel.

	Mauersegler	Alpensegler	Fahlsegler	Wiedehopf	Blauracke	Bienenfresser
wissenschaftl. Name	*Ápus ápus*	*Ápus mélba*	*Ápus pállidus*	*Úpupa épops*	*Corácias gárrulus*	*Mérops apiáster*
Größe	16,5 cm	21 cm	16,5 cm	28 cm	30,5 cm	28 cm
Besondere Kennzeichen	Gefieder rußschwarz, Kinn weißlich, Flügel lang, sichelförmig; Nesthocker; Zugvogel	Gefieder fahlbraun, Bauch weiß, braunes Brustband; Nesthocker; Zugvogel	ähnlich Mauersegler, aber heller, graubraun, Kehlfleck groß; Nesthocker; Zugvogel	Flügel und Schwanz schwarz-weiß gebändert, große Haube; Nesthocker; Zugvogel	Gefieder blau, Rücken braun, Flügel schwarz gesäumt; Nesthocker; Zugvogel	Gefieder bunt, Kehle gelb, 2 „Schwanzspieße"; Nesthocker; Zugvogel

Die **Mehlschwalbe** (a *Délichon úrbica*; 13 cm; Bürzel rein weiß) baut ihr Nest an Häusern, die **Rauchschwalbe** (b *Hirúndo rústica*; 19 cm; Stirn und Kehle braunrot, Schwanzspieße sehr lang) in Häusern. Beide sind Nesthocker und Zugvögel; Familie **Schwalben;** ganz Europa bis auf den äußersten Norden. Der **Seidenschwanz** (c *Bombycílla gárrulus*; 18 cm; lange Kopfhaube, Schwanzspitze gelb; Nesthocker; Teilzieher; Familie **Seidenschwänze**) nistet in Wäldern des Nordens; in Deutschland Wintergast.

Der **Neuntöter** oder **Rotrückenwürger** (a *Lánius collúrio*; 17 cm; Rücken rotbraun, ♂ Kopf und Bürzel grau, ♀ Kopf und Bürzel braun, Unterseite gebändert; Zugvogel; Europa bis auf den Norden, Spanien und Süditalien) und der **Grauwürger** (b *Lánius excúbitor*; 24 cm; Gefieder schwarz-weiß-grau, schwarzer Augenfleck; Teilzieher; fehlt in Italien, auf dem Balkan und in Teilen Skandinaviens) sind Singvögel aus der Familie der **Würger.** Sie nisten in Büschen, der Raubwürger auch in hohen Bäumen, an Waldrändern, in Obstgärten, in Heiden und Hecken. Beide sind Nesthocker.

Der Zilpzalp oder Weidenlaubvogel, der Feldschwirl und der Sumpf- oder Getreiderohrsänger gehören zur Familie der **Grasmückenähnlichen,** der Brachpieper zur Familie der **Stelzenartigen** und die Heckenbraunelle zur Familie der **Braunellen.** Alle bewohnen weite Teile Europas, insbesondere Mitteleuropa. Sie sind Nesthocker und nisten im Gestrüpp auf oder dicht über dem Boden; der Sumpfrohrsänger hängt sein Nest zwischen Halmen oder Stengeln auf.

	Zilpzalp	Brachpieper	Feldschwirl	Sumpfrohrsänger	Heckenbraunelle
wissenschaftl. Name	*Phyllóscopus collýbita*	*Ánthus richárdi*	*Locustélla naevia*	*Acrocéphalus palústris*	*Prunélla moduláris*
Größe	11 cm	18 cm	13 cm	13 cm	15 cm
Besondere Kennzeichen	wie Fitis, aber Beine dunkelgrau, Gesang eintönig „zilp-zalp"; Zugvogel	oben fast einfarbig sandbraun, unten heller, rahmfarbener Augenstreif; Zugvogel	Oberseite olivbraun, dunkel gestreift, Schwanz schwach gebändert; Zugvogel	ähnlich Teichrohrsänger, aber Beine fleischfarben, Oberseite olivbraun; Zugvogel	Schnabel dünn, Rücken braun, schwarz gestreift, Brust grau; Teilzieher

Der **Rotkopfwürger** (a *Lánius senátor*; 17 cm; ♂ und ♀ Scheitel rotbraun, jung Kopf und Rücken quergestreift; Zugvogel) und der **Schwarzstirnwürger** (b *Lánius minor*; 20 cm; Stirn schwarz, Brust rötlich; Zugvogel) bewohnen Mittel- und Südeuropa, fehlen aber in Norddeutschland, a auch in Südosteuropa, b auch in Spanien. Der **Maskenwürger** (c *Lánius núbicus*; 17 cm; Stirn weiß, Scheitel schwarz; Zugvogel) lebt in Griechenland und Südjugoslawien. Alle sind Nesthocker; Familie **Würger.**

Die **Mönchsgrasmücke** (a *Sýlvia atricapílla*; 14 cm; ♂ mit schwarzer, ♀ mit rotbrauner Kopfplatte; Teilzieher), die **Klappergrasmücke** (b *Sýlvia currúca*; 13,5 cm; Kopfplatte und Nacken grau, dunkler Wangenstreif; Zugvogel) und die **Gartengrasmücke** (c *Sýlvia bórin; 14 cm*; Scheitel und Oberseite einfarbig graubraun, Unterseite hell gelbbraun; Zugvogel) sind bis auf den Norden in ganz Europa verbreitete Singvögel aus der Familie der **Grasmückenähnlichen** (Unterfamilie **Grasmückenartige**); b und c fehlen auch in Teilen der Mittelmeerländer. Alle nisten in Büschen (Nesthocker):

Der Zaunkönig (Familie **Zaunkönige**) und die Goldhähnchen (Familie **Grasmückenähnliche**) gehören zu den kleinsten deutschen Vögeln; das Rotkehlchen und die Rotschwänzchen sind kleine Sänger aus der Familie der **Drosselähnlichen.** Goldhähnchen bauen Hängenester in Nadelbäumen und im Unterholz; die anderen Vögel der Tabelle nisten in Halbhöhlen oder auf dem Boden (Rotkehlchen), oft in der Nähe menschlicher Siedlungen. Alle sind in ganz Deutschland heimisch, die meisten auch in fast ganz Europa.

	Zaunkönig	Sommer-goldhähnchen	Winter-goldhähnchen	Rotkehlchen	Haus-rotschwanz	Garten-rotschwanz
wissenschaftl. Name	*Troglódytes troglódytes*	*Régulus ignicapíllus*	*Régulus régulus*	*Eríthacus rubécula*	*Phoenicúrus ochrúrus*	*Phoenicúrus phoenicúrus*
Größe	9,5 cm	9 cm	9 cm	14 cm	14 cm	14 cm
Besondere Kennzeichen	Gefieder braun, dicht gebändert, Schwanz kurz, gestelzt; Teilzieher	♂ Scheitel rötlich, mit schwarzer Begrenzung, beim ♀ gelblich; Teilzieher	ähnlich Sommergoldhähnchen, aber ohne weißen Augenstreif; Teilzieher	Stirn und Brust orangerot, Oberseite olivbraun; Teilzieher	Schwanz und Bürzel rostrot, ♂ rußschwarz, weißer Flügelspiegel, ♀ schiefergrau; Teilzieher	Schwanz rostrot, ♂ Brust orangerot, schwarzer Latz, ♀ bräunlich; Zugvogel

Der **Grauschnäpper** (a *Muscícapa striáta*; 14 cm; Gefieder graubraun, Brust hell gestreift; Zugvogel; Familie **Fliegenschnäpper;** ganz Europa) nistet in Halbhöhlen; das **Schwarzkehlchen** (b *Saxícola torquáta*; 13 cm; ♂ Kopf und Kehle schwarz, ♀ bräunlich, viel matter als ♂; Teilzieher; Mittel-, West- und Südeuropa) und das **Braunkehlchen** (c *Saxícola rubétra*; 13 cm; weißer Augenstreif, ♂ intensiver gefärbt; Zugvogel; fehlt in Südeuropa und dem äußersten Norden) nisten am Boden im Gras (Unterfam. **Drosseln**).

Der **Grünling** (a *Carduélis chlóris*; 15 cm; ♂ mit gelben Flügel- und Schwanzflecken, ♀ Färbung matter; Teilzieher), der **Stieglitz** (b *Carduélis carduélis*; 12 cm; ♂ und ♀ Kopf schwarz-weiß-rot, gelbes Flügelband; Teilzieher) und der **Hänfling** (c *Carduélis cannábina*; 13 cm; ♂ Stirn und Brust rot, Kehle weißlich, ♀ Kopf grau, Rücken braun, gestreift; Teilzieher) aus der Familie der **Finkenartigen** (Unterfamilie **Finken**) sind in ganz Europa bis auf den Norden heimisch. Sie bewohnen Gärten und Feldgehölze und nisten im Gebüsch, b auch auf Bäumen, c auch in Gras und Heidekraut. Alle sind Nesthocker.

Der Bergfink nistet an Waldrändern im hohen Norden und ist in Deutschland Wintergast; der Ortolan (fehlt in Nordwestdeutschland), die Grauammer (fehlt in Skandinavien), die Goldammer (fehlt im äußersten Süden) und der Kernbeißer (fehlt in Skandinavien) sind in fast ganz Europa heimisch. Zaunammern bewohnen den äußersten Westen Deutschlands und ganz West- und Südeuropa. Alle nisten auf oder dicht über dem Boden, der Kernbeißer auch höher. Alle sind Nesthocker und gehören zur Familie der **Finkenartigen.**

	Bergfink	Ortolan (Gartenammer)	Grauammer	Zaunammer	Goldammer	Kernbeißer
wissenschaftl. Name	*Fringilla montifringilla*	*Emberiza hortulána*	*Emberiza calándra*	*Emberiza cirlus*	*Emberiza citrinélla*	*Coccothraústes coccothraústes*
Größe	15 cm	16,5 cm	18 cm	16,5 cm	16,5 cm	18 cm
Besondere Kennzeichen	Bürzel weiß, ♂ Kopf und Rücken schwarz, im Winter bräunlich; Zugvogel	♂ Kehle gelb, Kopf und Brust olivgrün, ♀ heller, jung braun, gestreift; Zugvogel	Gefieder braun, kräftig schwarz längsgestreift, Flügel und Schwanz ohne weiß; Teilzieher	♂ Gesicht gelb und schwarz, Kehle schwarz, ♀ gestreift, Bürzel olivbraun; Jahresvogel	viel gelb an Kopf und Bauch, Bürzel rotbraun, ♀ weniger gelb; Teilzieher	großer Kegelschnabel, Schwanz kurz, mit weißen Spitzen, ♀ heller; Teilzieher

Der **Girlitz** (a *Serinus serinus*; 11,5 cm; Gefieder gelb, mit schwarzen Längsstreifen, Bürzel gelb; Teilzieher), der **Gimpel** (b *Pýrrhula pýrrhula*; 15 cm; schwarze Kappe, ♂ mit karminroter, ♀ mit bräunlichgrauer Brust; Jahresvogel) und der **Karmingimpel** (c *Carpódacus erythrinus*; 15 cm; ♂ an Scheitel, Brust und Bürzel rot, ♀ braun, gestreift; Zugvogel) aus der Familie der **Finkenartigen** (Unterfamilie **Finken** und **Gimpel**) nisten in Büschen, a und b in weiten Teilen Europas, c östlich der Oder in ganz Nordosteuropa.

Der **Haussperling** (a *Pásser doméstícus*; 15 cm; ♂ Scheitel grau, Kehle schwarz, ♀ oben mattbraun, Brust schmutzig grau; Jahresvogel; fehlt in Italien) und der **Feldsperling** (b *Pásser montánus*; 14 cm; ♂ und ♀ mit schwarzem Wangenfleck; Teilzieher; fehlt in Teilen Skandinaviens, Irlands und des Balkans) sind Höhlenbrüter, a in Gebäuden, b in Baumhöhlen. Der **Steinsperling** (c *Petrónia petrónia*; 14 cm; gelber Kehlfleck, weiße Schwanzflecke; Jahresvogel) nistet in Felsspalten in den Mittelmeerländern, früher auch in Deutschland. Sperlinge sind Nesthocker; Fam. **Weberfinken;** Unterfam. **Sperlinge.**

Rabenvögel sind Nesthocker. Die Dohle, die Elster und der Kolkrabe sind in fast ganz Europa heimisch, letzterer in Deutschland nur in Schleswig-Holstein und in den Alpen; die Saatkrähe (Koloniebrüter) bewohnt Mittel- und Osteuropa. Rabenkrähen nisten westlich der Elbe (Frankreich, Pyrenäenhalbinsel und England), Nebelkrähen östlich der Elbe und im Norden sowie auch in Italien und auf dem Balkan. Bis auf die Dohle (Höhlenbrüter) nisten alle auf Bäumen, der Kolkrabe auch auf Felsen.

	Kolkrabe	Rabenkrähe	Nebelkrähe	Saatkrähe	Dohle	Elster
wissenschaftl. Name	*Córvus córax*	*Córvus coróne coróne*	*Córvus coróne córnix*	*Córvus frugílegus*	*Coloēus monédula*	*Pica pica*
Größe	63,5 cm	47 cm	47 cm	46 cm	33 cm	46 cm
Besondere Kennzeichen	Schwanzende keilförmig, Schnabel sehr groß, Kehlfedern zottig; Jahresvogel	Körper ganz schwarz, Schnabel schwarz, groß, Schwanz gerade abgeschnitten; Jahresvogel	Rücken und Unterseite grau, übriges Gefieder schwarz; Teilzieher	Schnabelgrund grindig-weiß, Gefieder blauschwarz, Schnabel schlank; Teilzieher	Gefieder schwarz, Nacken und Ohrdecken grau, Schnabel kurz; Teilzieher	Gefieder schwarz-weiß, Schwanz sehr lang, gestuft; Jahresvogel

Der **Italiensperling** (a *Pásser itáliae*; 15 cm; ♂ Scheitel schokoladenbraun, ♀ ähnlich Haussperling; Jahresvogel; Italien) nistet kolonieweise im Unterbau großer Nester, der **Weidensperling** (b *Pásser hispaniolénsis*; 15 cm; Seiten schwarz gestreift; Jahresvogel; Spanien, Korsika und Griechenland) in Felsspalten, die **Kappenammer** (c *Emberiza melanocéphala*; 16,5 cm; ♂ Unterseite gelb, ♀ gelbe Unterschwanzdecken; Zugvogel; Balkan, Ostitalien) in niedriger Vegetation; a und b sind **Weberfinken,** c **Finkenartige.**

Die **Rötelschwalbe** (a *Hirúndo daúrica*; 18 cm; Bürzel rostgelb, Scheitel und Rücken dunkel; Zugvogel; Fam. **Schwalben**) nistet an Gebäuden und Brücken, der **Heckensänger** (b *Erythropýgia galáctotes*; 15 cm; Schwanz an der Spitze schwarz-weiß gesäumt; Zugvogel; Fam. **Grasmückenähnliche**) in Hecken in Südspanien und auf dem Balkan; die **Provencegrasmücke** (c *Sýlvia undáta*; 13 cm; ♂ Unterseite dunkel purpurbraun; Jahresvogel; Fam. **Grasmückenähnliche**) bewohnt Italien, Südfrankreich und Südspanien, wo sie im Gestrüpp nistet.

Der Gleitaar nistet niedrig auf Bäumen in Portugal, der Kurzfangsperber auf dem Balkan (Fam. **Adlerartige**). Das Rothuhn (Ordnung **Hühnervögel,** Familie **Echte Hühner**) und das Laufhühnchen (Fam. **Kampfwachteln**) nisten auf dem Boden in Spanien und Portugal, das Rothuhn auch in Süd- und Westfrankreich sowie in Südengland. Blauelstern (Fam. **Rabenvögel**) bauen ihr Nest auf Bäumen in Spanien und Portugal, Blaumerlen (Fam. **Drosselähnliche**) in Felsspalten und in Gebäuden der Mittelmeerländer.

	Gleitaar	Kurzfangsperber	Rothuhn	Laufhühnchen	Blauelster	Blaumerle
wissenschaftl. Name	*Élanus caerúleus*	*Accípiter brévipes*	*Aléctoris rúfa*	*Túrnix sylvática*	*Cyanópica cyanus*	*Monticola solitárius*
Größe	33 cm	33–38 cm	24 cm	17,8 cm	34 cm	20 cm
Besondere Kennzeichen	Schultern schwarz, Schwanz weißlich, Augen dunkelrot; Nesthocker; Jahresvogel	♂ Wangen grau, Unterseite stark gebändert, ♀ Kehle braunfleckig; Nesthocker; Zugvogel	Schnabel und Füße rot, Flanken weiß und schwarz gebändert; Nestflüchter; Jahresvogel	Brust leuchtend rotbraun, Seiten stark schwarz gefleckt; Nestflüchter; Jahresvogel	schwarze Kopfplatte, Flügel und Schwanz blau; Nesthocker; Jahresvogel	♂ Gefieder graublau, ♀ bläulichbraun, gefleckt; Nesthocker; Jahresvogel

Die **Kurzzehenlerche** (a *Calandrélla brachydáctyla*; 14 cm; Brust hell, ungestreift; Zugvogel), die **Stummellerche** (b *Calandrélla ruféscens*; 14 cm; Vorderbrust fein gestreift; Zugvogel) und die **Theklalerche** (c *Galerída théklae*; 16 cm; ähnlich Haubenlerche, aber Brust stärker gezeichnet; Jahresvogel) nisten am Boden auf Feldern und Ödland in Mittelmeerländern, die **Mohrenlerche** (d *Melanocorýpha yeltoniénsis*; 19 cm; ♂ schwarz, Winterkleid weiß geschuppt; Teilzieher) in Südosteuropa; Familie **Lerchen.**

Die **Gelbgrüne Zornnatter** (a *Colúber viridiflávus*; bis 1,80 m; Körper sehr schlank, Kopfplatte mit großen Schildern; bissig, aber ungiftig; Fam. **Nattern**) und die **Sandviper** (b *Vipera ammodýtes*; bis 75 cm; Schnauze mit beschupptem Horn; giftig; Fam. **Vipern**) sind Schlangen, die Spanien, Südfrankreich und Italien bewohnen, die Sandviper auch Südtirol. Die **Vipernatter** (c *Nátrix maúra*; ♂ bis 1 m, ♀ bis 83 cm; Kopfoberseite mit 9 großen Schildern, Pupille rund, an den Körperseiten dunkle Flecken mit hellem Kern; Fam. **Nattern**) ist an Gewässern in Südwesteuropa beheimatet.

Der Scheltopusik (Familie **Schleichen**) bewohnt den Balkan und ganz Südosteuropa. Die Perl-Eidechse ist auf Steinen und Gemäuern in Südfrankreich und auf der Iberischen Halbinsel, die Norditalienische Ruineneidechse in Norditalien, die Lilford Balearen-Eidechse nur auf der Insel Ayre bei Menorca beheimatet (Familie **Eidechsen**). Der Scheibenfinger und der Mauergecko (Familie **Geckos**) leben im ganzen Mittelmeergebiet an Gemäuern.

	Scheltopusik	Perl-Eidechse	Norditalien. Ruineneidechse	Balearen-Eidechse	Mauergecko	Scheibenfinger
wissenschaftl. Name	*Ophiosáurus ápodus*	*Lacérta lepida*	*Lacérta sicula campéstris*	*Lacérta lilfórdi*	*Taréntola mauritánica*	*Hemidáctylis túrcicus*
Größe	bis 1 m	bis 50 cm	bis 20 cm	bis 20 cm	bis 18 cm	bis 10 cm
Besondere Kennzeichen	Körper bräunlich, seitliche Längsfalte etwa von Ohröffnung bis Afterspalte	Schwanz sehr lang, dünn, Körper grün, schwarz genetzt, blau gefleckt	Grundfarbe grün bis bläulich, am Rücken 3 Reihen schwarzer Flecken	melanotische Rasse, Bauch tief ultramarinblau, Schwanz dick	Körper plump, abgeflacht, mit Warzen, Pupille senkrecht, Füße mit breiten Haftzehen	Augen groß, Pupille senkrecht, Zehen unterseits mit Haftlappen

Das **Gemeine Chamaeleon** (a *Chamaéleon vulgáris*; bis 30 cm; Rückenkamm nur zur Hälfte gezähnelt; Fam. **Chamaeleons**) kommt in Südspanien vor. Die **Griechische Landschildkröte** (b *Testúdo hermánni*; Panzerlänge 20 cm und mehr; hinterster Randschild geteilt, südliches und südöstliches Europa) und die **Iberische Landschildkröte** (c *Testúdo graéca*; Panzerlänge bis 25 cm; Oberschenkel mit Hornhöcker, hinterer Randschild ungeteilt; östliche Balkanländer) gehören zur Familie der **Landschildkröten.**

Die **Weinbergschnecke** (a *Hélix pomátia*; bis 4 cm breit und 4 cm hoch; Gehäuse schmutzig strohgelb, zuweilen unscharf braun gebändert, Mundsaum kaum umgebogen, Windungen mit quer verlaufenden Riefen) und die **Gesprenkelte Weinbergschnecke** (b *Hélix aspérsa*; bis 4 cm breit und 3,5 cm hoch; Mündung stark umgebogen, Lippe weiß, Windungen mit grubigen Runzeln, Längsbänder breit, scharf gezeichnet) sind Landlungenschnecken aus der Familie der **Schnirkelschnecken.** Beide bewohnen kalkreiche Böden (b nur in Westeuropa; nach Westdeutschland aus Frankreich eingeschleppt).

Die Gehäuseschnecken der Tabelle sind in Hecken, an Mauern, auf Steinen und auf Wiesen weit verbreitet. Bei Regen oder bei einbrechender Nacht verlassen diese Feuchtlufttiere ihre Verstecke und fressen von den Blättern und weichen Früchten. Die beiden Bänderschnecken und die Baumschnecke gehören zur Familie der **Schnirkelschnecken,** die Buschschnecke zur Familie der **Buschschnecken,** die Weiße Turmschnecke zur Familie der **Enaschnecken** und die Schließmundschnecke (Gehäuse linksgewunden) zur Familie der **Schließmundschnecken.**

	Hain-Bänderschnecke	Garten-Bänderschnecke	Baumschnecke	Buschschnecke	Weiße Turmschnecke	Schließmund-schnecke
wissenschaftl. Name	*Cepǽa nemorális*	*Cepǽa horténsis*	*Ariánta arbustórum*	*Eulóta frúticum*	*Zebrina detrita*	*Clausilia ventricósa*
Breite, Höhe	23 mm, 17 mm	19 mm, 14 mm	25 mm, 20 mm	22 mm, 17 mm	10 mm, 21 mm	4 mm, 18 mm
Besondere Kennzeichen	Gehäuse einfarbig gelb bis fleischfarben oder mit 1–5 braunen Längsbändern, Mundsaum dunkel	wie vorige Art, aber Mundsaum hell	Gehäuse kastanienbraun, gelb gefleckt, mit Nabel, Längsband dunkelbraun, Innenlippe weiß	Gehäuse mit großem, tiefem Nabel, einfarbig grau oder rötlich, Innenlippe weißlich	Gehäuse dickschalig, glänzend weiß, zuweilen mit braunen Längsstreifen, Umgänge 6–7	Gehäuse bauchig-spindelförmig, rotbraun, stumpf gerippt, mit 9–14 Umgängen

Die **Wegschnecke** (a *Arion empiricórum*; 12 bis 15 cm; Atemloch vor der Mitte der rechten Schildseite, Körper schwarz, ziegelrot oder braun; Familie **Wegschnecken),** die **Große Egelschnecke** (b *Limax máximus*; 12—15 cm; Atemloch hinter der Mitte der rechten Schildseite, hinterer Körperteil gekielt), die **Kleine Egelschnecke** (c *Limax tenéllus*; 4—6,5 cm; Körper durchscheinend) und die **Ackerschnecke** (d *Limax agréstis*; 3—6 cm; Körper dunkel gestrichelt; Fam. **Egelschnecken**) sind Nacktschnecken.

Der **Gemeine Roßkäfer** (a *Geotrúpes stercorárius*; 20—24 mm; Körper blauschwarz, Vorderbeine mit Grabschaufeln; füllt Erdgänge mit Brutballen) und der **Dreihornkäfer** (b *Typhóeus typhóeus*; bis 20 mm; ♂ Halsschild mit drei „Hörnern") sind verbreitete, kotfressende **Blatthornkäfer.** Der **Heilige Pillendreher** (c *Scarabáeus sácer*; bis 3 cm; Grabbeine mit 5 kräftigen Zähnen; formt kugelige Kotballen zu Brutpillen) und der **Spanische Mondhornkäfer** (d *Cópris hispánus*; bis 20 mm; Körper blauschwarz mit Horn; formt birnenförmige Brutpillen) sind **Blatthornkäfer** in Mittelmeerländern.

In der Tabelle sind schnellfüßige **Laufkäfer** beschrieben. Bis auf den Getreidelaufkäfer jagen sie Insekten und ihre Larven sowie Würmer und Schnecken. Alle sind in Gärten und auf Äckern weit verbreitet. Wegen seiner Nützlichkeit steht der Puppenräuber unter Naturschutz. Dieser Käfer verzehrt bis zu 400, seine Larve bis zu 40 Raupen im Jahr. Puppenräuber jagen nicht nur auf der Erde, sondern auch auf Bäumen und Sträuchern (Kletterlaufkäfer). Der Getreidelaufkäfer und seine Larve sind Pflanzenfresser.

	Goldschmied	Gartenlaufkäfer (Hohlpunkt)	Lederlaufkäfer	Puppenräuber	Getreidelaufkäfer	Feldsandläufer
wissenschaftl. Name	*Cárabus aurátus*	*Cárabus horténsis*	*Cárabus coriáceus*	*Calosóma sycophánta*	*Zábrus tenebrioides*	*Cicindéla campéstris*
Größe	bis 24 mm	bis 28 mm	bis 40 mm	24–30 mm	14–16 mm	bis 15 mm
Besondere Kennzeichen	Flügeldecken grün, mit je 3 Längsrippen	Flügeldecken mit Bronzeschimmer und 3 goldig glänzenden Grübchenreihen	Flügeldecken lederbraun, stark verworren gerunzelt, Oberseite stark gewölbt	Körper breit, schwarzblau, Flügeldecken goldgrün, Halsschild violett; **geschützt**	Körper plump, hochgewölbt, oben braun oder schwarz, unten heller, Fühler kurz	Flügeldecken matt grasgrün, mit meist 5 veränderlichen hellen Punkten

Der **Kartoffelkäfer** (a *Leptinotársa decemlineáta*; 10 mm; Flügeldecken gelb, mit 10 schwarzen Längsstreifen; aus Nordamerika) ist ein **Blattkäfer,** der **Siebenpunkt** (b *Coccinélla septempunctáta*; 7—8 mm; 4—9; Flügeldecken rot, mit insgesamt 7 Punkten), der **Zweipunkt** (c *Coccinélla bipunctáta*; 5—7 mm; 4—9; Körper meist nur mit 2 Punkten) und der **Augen-Marienkäfer** (d *Anátis ocelláta*; 8—9 mm; 4—9; Flügeldecken mit bis zu 10 schwarzen, hell umrandeten Punkten) sind häufige **Kugelkäfer.**

Das **Johanniswürmchen** (a *Phaúsis splendídula*; 9—11 mm, ♂ Halsschild mit 2 Fensterflecken, ♀ Flügel schuppenartig) und der **Große Leuchtkäfer** (b *Lampýris noctilúca*; 11—18 mm; ♂ geflügelt, leuchten im Dunkeln smaragdgrün, ♀ flugunfähig, wurmähnlich) sind **Weichkäfer**, der **Blutrote Schnellkäfer** (c *Élater sanguíneus*; 11 bis 13 mm; Flügeldecken blutrot) und der **Saatschnellkäfer** (d *Agriótes lineátus*; bis 10 mm; Flügeldecken mit je acht Punktreihen) sind **Schnellkäfer**, der **Gemeine Ölkäfer** (e *Méloë proscarabaéus*; ♀ 36 mm, ♂ 10 mm; Körper plump, Flügeldecken kurz) ist ein **Öl-** od. **Pflasterkäfer.**

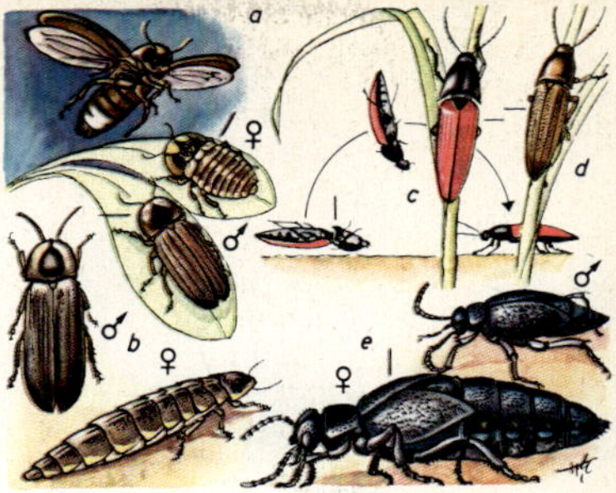

Die Käfer der Tabelle treten als Schädlinge in den Häusern auf. Der Messingkäfer aus der Familie der **Diebskäfer** ist ein Allesfresser, der vorwiegend Textilien zerstört. Mehlkäfer (Fam. **Schwarzkäfer**) und ihre Larven fressen Getreide und Mehl. Die übrigen Käfer der Tabelle gehören zur Familie der **Speckkäfer.** Messing- und Teppichkäfer fressen Pollen, ihre Larven Wolle. Speckkäfer leben von Räucherwaren, Pelzkäfer samt Larven von Tierhaaren.

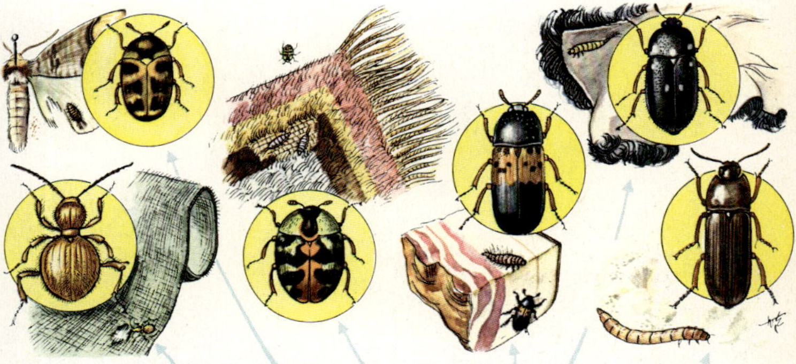

	Messingkäfer	Museumskäfer	Teppichkäfer	Speckkäfer	Gefleckter Pelzkäfer	Mehlkäfer
wissenschaftl. Name	*Niptus hololeúcus*	*Anthrénus museórum*	*Anthrénus scrophulariae*	*Derméstes lardárius*	*Attagénus péllio*	*Tenébrio mólitor*
Größe	bis 4 mm	2,5–3,5 mm	bis 4 mm	7–8 mm	4,5–5,5 mm	bis 17 mm
Besondere Kennzeichen	Kopf und Brust schmal, Hinterleib sehr breit, Körper dicht messingfarben behaart	Körper breit, braun, mit 3 hellen, querlaufenden Zackenlinien	ähnlich Museumskäfer, aber Körper schwarz, Querbinden undeutlich	Körper mit grauer Binde auf Deckflügeln, Binde mit dunklen Punkten	Körper blauschwarz, behaart, Beine und Fühler braun, Flügeldecken mit hellem Fleck	Körper schwarz, Fühler und Beine braun, Flügeldecken tief längsgerieft

Der **Große Totengräber** (a *Necróphorus humátor*; 18—24 mm; Körper blauschwarz, letzte 3 Hinterleibsringe nicht von Flügeldecken überragt), der **Rotgebänderte Totengräber** (b *Necróphorus vespíllo*; 11—20 mm; Flügeldecken mit 2 orangeroten Binden) und der **Schwarze Aaskäfer** (c *Sílpha obscúra*; 13—17 mm; Körper schwarz, Flügeldecken mit je 3 Längsrippen) sind **Aaskäfer**, der **Zweipunktige Stutzkäfer** (d *Hister fimetárius*; 7—7,5 mm; Flügeldecken mit je 1 roten Fleck) ist ein **Stutzkäfer** an Aas.

Der **Totenkopf** (a *Acheróntia átropos*; 12 cm; 6—9; Brustschild mit Totenkopfzeichnung; Raupen an Kartoffeln, Möhren, Hanf usw.; Südeuropa, wandert vielfach nach Mitteleuropa ein), das **Abendpfauenauge** oder der **Weidenschwärmer** (b *Smerínthus ocelláta*; 7 cm; 4—7; Hinterflügel mit je 1 großen, blauen Augenfleck; Raupen auf Weiden, Pappeln, Obstbäumen) und der **Wolfsmilchschwärmer** (c *Celério euphórbiae*; 6,6 cm; 5—9; Hinterflügel rot und schwarz gestreift; Raupen an Wolfsmilcharten) sind schöne Nachtfalter aus der Familie der **Schwärmer.**

In der Tabelle sind Nachtfalter aus der Familie der **Schwärmer** abgebildet. Alle sind im mitteleuropäischen Raum verbreitet. Die Weinschwärmer haben ihren Namen nach der weinroten Farbe. Sie legen ihre Eier an Weidenröschen und Labkraut, zuweilen auch an den Weinstock. Die übrigen Arten sind nach den Pflanzen benannt, an die sie mit Vorliebe ihre Eier legen und von deren Laub die Raupen fressen.

	Labkraut-schwärmer	Kleiner Weinschwärmer	Mittlerer Weinschwärmer	Linden-schwärmer	Liguster-schwärmer	Winden-schwärmer
wissenschaftl. Name	*Celério gálii*	*Deiléphila porcéllus*	*Deiléphila elpénor*	*Mimas tíliae*	*Sphinx ligústri*	*Hérse convólvuli*
Größe; Flugz.	6,4 cm; 5–6	4,4 cm; 5–9	6,4 cm; 5–6	7 cm; 4–7	9 cm; 4–7	11 cm; 5–9
Besondere Kennzeichen	Vorder- und Hinterflügel mit breiter, gelblichweißer Binde	Vorderflügel etwas ausgeschweift, am Vorder- und Außenrand rosenrot	Flügel rosenrot, Hinterflügel am Grunde schwarz	Vorderflügel ockergelb bis grau, braun gewölkt, Hinterflügel sehr klein	Hinterflügel und Hinterleib rosenrot mit schwarzen Querbinden	Hinterflügel mit schwarzen Querstreifen, Hinterleib rosenrot, mit schwarzen Querstreifen

Der **Pappelschwärmer** (a *Laóthoe pópuli*; 7 cm; 5—7; Flügel aschgrau, gezähnt, Vorderflügel mit dunkler Binde), der **Skabiosenschwärmer** (b *Hémaris tityus*; 4,2 cm; 5—6 und 8; Flügel mit großen, durchsichtigen, braun berandeten Feldern), der **Hummelschwärmer** (c *Hémaris fucifórmis*; 4,2 cm; 5—6 und 7—8; ähnlich b, aber Flügel breit braun berandet) und das **Taubenschwänzchen** (d *Macroglóssa stellatárum*; 4 cm; 6—9; Hinterflügel rostrot; Eier an Labkraut) sind in Mitteleuropa verbreitete **Schwärmer.**

Der **Oleanderschwärmer** (a *Dáphnis nérii*; bis 10 cm; Körper breit spindelförmig, Flügel sehr bunt, grün, weißlich, rosenrot und violett; auf Oleander; Fam. **Schwärmer**), der **Celtisfalter** (b *Libythéa céltis*; bis 4 cm; Flügel mit gezacktem Rand, braun mit orangeroten Flecken; Fam. **Fleckenfalter**) und der **Kleopatrafalter** (c *Gonépteryx cleópatra*; 5—6 cm; Flügel zitronengelb, ♂ dunkler, ♀ etwas heller; Fam. **Weißlinge)** bewohnen das Mittelmeergebiet. Der **Goldafter** (d *Euproctis chrysorrhoea*; 3 cm; 8 bis 10 und 3—5; Afterwolle dunkelgelb, beim ♀ in dickem Büschel) ist ein verbreiteter **Trägspinner.**

Die in der Tabelle beschriebenen Hautflügler gehören zur Familie der **Bienen.** Alle leben paarweise (solitäre Bienen) und bauen einfache oder verzweigte Nester in der Erde oder in Hohlräumen. Mohn-Mauerbienen tapezieren ihre unterirdische Nisthöhle mit den Blumenblättern von Mohn- und Kornblumen aus. Rosen-Blattschneiderbienen formen Tüten aus Rosenblättern. Die Zweifarbige Mauerbiene baut ihre Brutzellen oft in leere Schneckenhäuser.

	Mohn-Mauerbiene	Zweifarbige Mauerbiene	Rosen-Blattschneiderbiene	Wand-Pelzbiene	Hosenbiene	Schmalbiene (Furchenbiene)
wissenschaftl. Name	*Ósmia papáveris*	*Ósmia bicolor*	*Megáchile centunculáris*	*Anthóphora pariétina*	*Dasýpoda plúmipes*	*Halictus quadricinctus*
Größe	10–15 mm	9–10 mm	bis 12 mm	13–15 mm	15–17 mm	bis 14 mm
Besondere Kennzeichen	Körper schwarz und gelb, Bauch stark behaart, „Bauchsammler"	Kopf und Brust schwarz, Hinterleib dicht rot behaart	Brustschild rostrot, Hinterleib schwarz, an der Unterseite mit rostroter Sammelbürste	Körper gedrungen, dicht behaart, Brustschild gelbbraun; baut in Lehmwänden	Schienen beim ♀ stark behaart, „Beinsammler"; Nest mit verzweigten Gängen	Körper dunkel, lang und schmal, Hinterleibsringe stark markiert

Der **Frostspanner** (a *Hibérnia defoliária*; ♂ 25 mm, ♀ kleiner, flugunfähig; 10—12; Flügel weißlich, mit dunkleren Querbinden) und der **Stachelbeerspanner** (b *Abráxas grossulariáta*; bis 40 mm; 5—6; Flügel weiß mit schwarzen Punkten und orangeroten Linien) sind **Spanner;** Raupen an Obstbäumen bzw. an Stachelbeeren. Die **Kleidermotte** (c *Tinéola biselliélla*; 12 mm; 5—9; Körper und Flügel ockergelb) und die **Pelzmotte** (d *Trichóphaga tapetiélla*; 12 mm; 6—7; Flügel weiß, grau marmoriert) sind **Motten.**

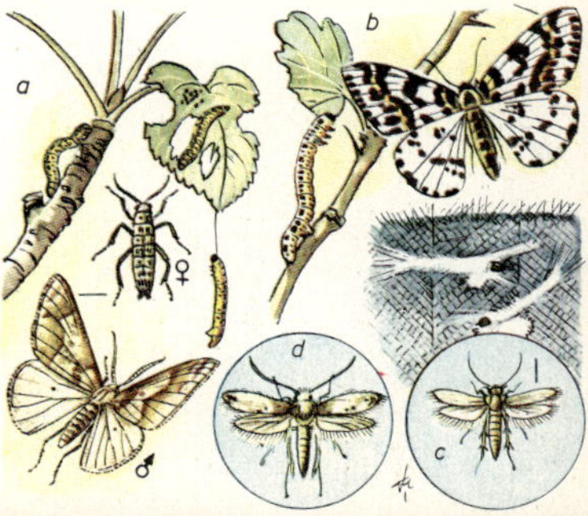

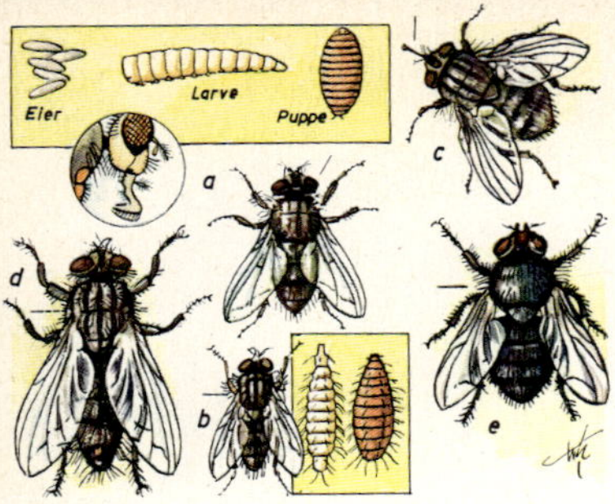

Die **Große Stubenfliege** (a *Músca doméstica*; 10 mm; Körper schwarz, Augen nicht behaart), die **Kleine Stubenfliege** (b *Fánnia canniculáris*; bis 6 mm; Brust beim ♂ mit 3 dunklen Längslinien; Made mit Dornen) und die **Gemeine Stechfliege** oder der **Wadenstecher** (c *Stomóxys cálcitrans*; bis 9 mm; Rüssel steht waagerecht vor) sind **Vollfliegen;** die **Fleischfliege** (d *Sarcóphaga carnária*; 10—15 mm; Brust am Rücken mit drei dunklen Längsstreifen; legt lebendige Larven an Fleisch) und die **Blaue Schmeißfliege** (e *Caliphora erythrocéphala*; 9—13 mm; Körper stahlblau) sind **Schmarotzer-** oder **Aasfliegen.**

Der Steinkriecher ist ein **Hundertfüßler** (mit 1 Beinpaar an jedem Körperring); Sandschnurfüßler und Gerandeter Saftkugler sind **Doppelfüßler** (mit je 2 Beinpaaren an jedem Körperring). Alle sind an feuchten Orten im Mulm oder unter Steinen verbreitet, der Gerandete Saftkugler auch an Wegen. Bücherskorpione sind verbreitete **Afterskorpione,** Gemeine Weberknechte oder Wandkanker an Mauern oder unter Steinen sich aufhaltende Spinnentiere aus der Familie der **Echten Weberknechte,** Zecken oder Holzböcke parasitisch lebende **Milben.**

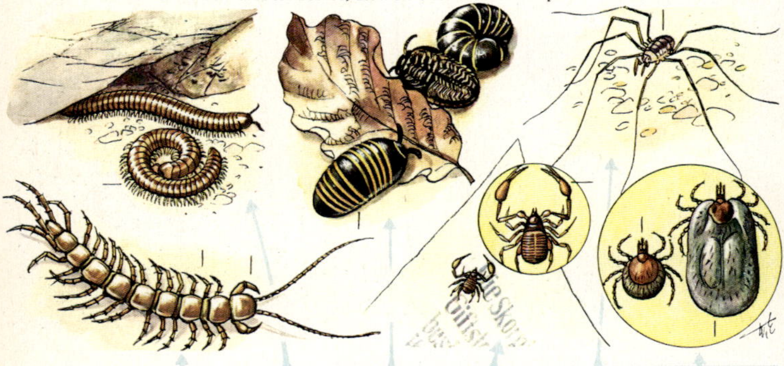

	Steinkriecher	Sandschnurfüßler	Gerandeter Saftkugler	Bücherskorpion	Gemeiner Weberknecht	Zecke (Holzbock)
wissenschaftl. Name	*Lithóbius forficátus*	*Iúlus sabulósus*	*Glómeris margináta*	*Chélifer cancroides*	*Opílio pariétinus*	*Ixódes ricinus*
Größe	20–30 mm	9–16 mm	7–20 mm	bis 4 mm	8–10 mm	♂ 2,5, ♀ 4 mm
Besondere Kennzeichen	Körper abgeplattet, glänzend kastanienbraun, 15 Beinpaare, 1. Paar als Beißzangen	Körper walzenförmig, einrollbar, braun bis schwarz, an jedem Ring 2 Beinpaare	Körper glänzend schwarz, ♀ mit 17, ♂ mit 19 Beinpaaren, einrollbar	Körper breit, abgeflacht, Scheren auffallend groß, kein Giftstachel	Körper hellbräunlich, Bauch weißlich, Rücken mit dunkler Zeichnung	blutsaugend, satt bis 11 mm, Körper sackförmig, Stech-Saugrüssel mit Widerhaken

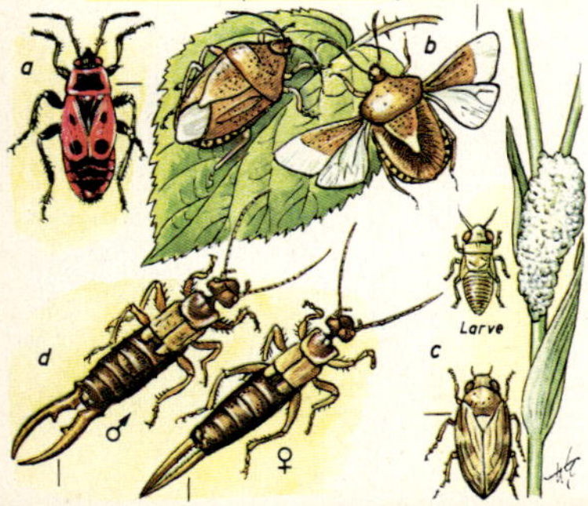

Die **Feuerwanze** (a *Pyrrhócoris ápterus*; 9—11 mm; Körper lebhaft schwarz und rot, Flügel kurz) und die **Braune Beerenwanze** (b *Dolýcoris baccárum*; bis 15 mm; Körper braun, Deckflügel von der Basis bis zur Mitte hornig, die andere Hälfte häutig) sind häufige **Wanzen,** die **Schaumzikade** (c *Philaénus spumárius*; 5—6 mm; Körper braun, schlank, Larve erzeugt „Kuckucksspeichel“) ist eine **Zikade** und der **Gemeine Ohrwurm** (d *Forficula auriculária*; bis 20 mm; Körper braun, mit 2 Afterzangen) ein **Ohrwurm.**

Gebirge

Je nach der Höhenlage unterscheidet man im Gebirge verschiedene Stufen oder Regionen. Die **colline** oder **Hügelregion** reicht bis 600 m, die **montane** oder **Bergregion** von 600 bis 1400 m. In der Bergregion sind die *Laub-* und *Mischwälder* **(Laubwaldstufe)** der höheren Mittelgebirge, der Alpen, der Pyrenäen, der Karpaten und anderer europäischer Gebirge beheimatet. Wie in der Ebene leben hier viele bekannte Waldpflanzen und Waldtiere (vgl. S. 17 bis S. 67). Auf die Laubwaldstufe folgt die **subalpine Region,** die von 1400 m bis zur Baumgrenze reicht, also je nach der Exposition zwischen 1800 und 2200 m liegt. In der subalpinen Region wachsen *Nadelwälder* mit Fichte, Zirbelkiefer, Lärche und Tanne. Die **alpine Region** liegt über der *Baumgrenze* und reicht bis an die **Schneeregion,** bis 3000 m und höher; es ist die Stufe der hochalpinen Matten und Felsen. Alle Holzgewächse dieser Stufe sind sogenannte *Spaliersträucher,* deren Äste sich dicht dem Boden anschmiegen. Auf den Matten und Geröllhalden wachsen die farbenprächtigen *hochalpinen Polsterpflanzen,* die alle kaum höher als 10 cm werden. Sehr viele Pflanzen der alpinen Region finden sich auch in **arktischen Gebieten** wieder, insbesondere in der **Gebirgstundra;** nicht wenige sind sogar zirkumpolar. Die *Tierwelt* der hochalpinen Stufe ist naturgemäß arm an Arten, da vor allem der Winter für fast alle Tiere kaum durchzustehen ist, es sei denn, die Tiere vergraben sich wie die Murmler tief in das schützende Erdreich oder sie ziehen sich wie Gemse und Steinbock in tiefer liegende Gegenden zurück.

Der **Zwerg-Wacholder** (a *Juniperus nána*; bis 1 m; 5—6; wie Gemeiner Wacholder, aber Nadeln kleiner und weicher; ♃; **geschützt;** bis 3000 m und höher) und der **Sadebaum** (b *Juniperus sabina*; bis 2 m; 4—5; Blättchen winzig, schuppenförmig, dachziegelartig anliegend; ♃; **giftig;** bis 1900 m) sind **Zypressengewächse,** der **Felsen-Kreuzdorn** (c *Rhámnus saxátilis*; bis 1,50 m; 5—6; Zweigspitzen dornig, Blätter 1—3 cm lang; ♃; auch in Baden und Württemberg) und der **Zwerg-Kreuzdorn** (d *Rhámnus púmila*; 5—20 cm; 6—7; Blätter an den Zweigenden gehäuft; ♃) sind **Kreuzdorngewächse** der Alpen.

Der Voralpen-Spindelstrauch ist ein **Spindelbaumgewächs** der Alpen und des Alpenvorlandes. Die übrigen Arten der Tabelle sind immergrüne, zwergstrauchige **Heidekrautgewächse,** die alle bis zu 2400 m aufsteigen und in der Zwergstrauchregion vorkommen, die Rostblättrige Alpenrose auf Urgestein und Rohhumus, die Bewimperte und die Zwerg-Alpenrose auf Kalk (letztere in den östl. Kalkalpen), die Alpen-Azalee und die Alpen-Bärentraube in Zwergstrauchheiden.

	Voralpen-Spindelstrauch	Rostblättrige Alpenrose	Bewimperte Alpenrose	Zwerg-Alpenrose	Alpen-Azalee	Alpen-Bärentraube
wissenschaftl. Name	*Evónymus latifólius*	*Rhododéndron ferrugíneum*	*Rhododéndron hirsútum*	*Rhodothámnus chamaecistus*	*Loiseleúria procúmbens*	*Arctostáphylos alpina*
Größe; Blütez.	bis 5 m; 5–6	bis 90 cm; 6–7	bis 90 cm; 6–7	10–15 cm; 5–7	bis 30 cm; 6–8	bis 30 cm; 5–6
Besondere Kennzeichen	Blätter bis zu 15 cm lang, Kapsel geflügelt; ♃	Blätter unterseits rostbraun, Blüten dunkelrot; ♃; giftig; **geschützt**	Blätter bewimpert, beiderseits mit rostbraunen Drüsenpunkten, Blüten rot; ♃; **geschützt**	Blüten meist zu 2, fast bis zum Grunde 5lappig, Griffel lang; ♃; **geschützt**	Blütendolde armblütig, Zweige niederliegend, nur 2–6 cm aufsteigend; ♃	niederliegend, Blätter weich, Blüten weiß und grün, Früchte blauschwarz; ♃

Die **Schneeheide** (a *Erica cárnea*; 15—35 cm; 3—4; Staubfäden länger als die Blumenkronröhre; ♃) und die **Kantlyng** (b *Cassíope tetrágona*; 10—30 cm; 7—8; Blüten weiß, langgestielt, nickend; ♃) sind **Heidekrautgewächse,** b in der Tundra; die **Alpen-Heckenrose** (c *Rósa pendulína*; 50—150 cm; 6—7; Pflanze fast ohne Stacheln; ♃; **geschützt)** und die **Silberwurz** (d *Drýas octopétala*; 2—15 cm; 5—8; Blätter unterseits weißfilzig, Blüten langgestielt; ♃; **geschützt**) sind **Rosengewächse** der Alpen.

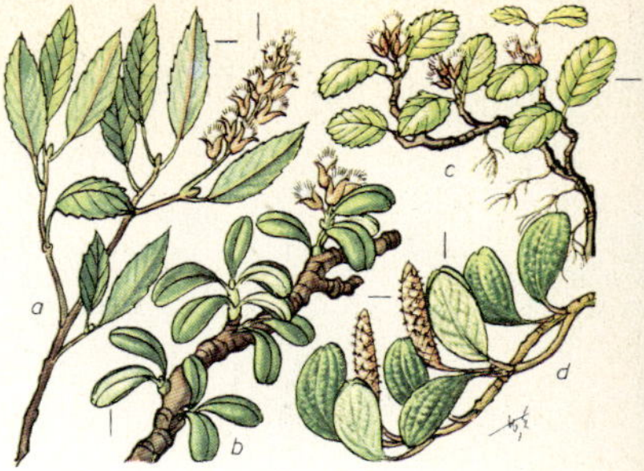

Die **Bäumchen-Weide** (a *Sálix waldsteiniána*; bis 50 cm; 6—7; Blätter kahl, bis 1,5 cm lang, 0,5 bis 2 cm breit, Kätzchen kurz gestielt; ♃), die **Stumpfblättrige Weide** (b *Sálix retúsa*; 2—30 cm; 6—8; Blätter klein, verkehrt-eiförmig; ♃), die **Kraut-Weide** (c *Sálix herbácea*; 1—10 cm; 6—8; Blätter klein, rund, kerbig gesägt, grün, Kätzchen wenigblütig; ♃) und die **Netz-Weide** (d *Sálix reticuláta*; 5—30 cm; 7—8; Blätter groß, langgestielt, netzadrig, bläulichgrün; ♃) sind **Weidengewächse,** die zwischen 1600 und 3000 m auf feuchtem Rasen und Geröll vorkommen.

Die Alpen- und die Schwarze Heckenkirsche sind **Geißblattgewächse,** die in Alpenwäldern wachsen, z. T. bis in die Nähe der Baumgrenze. Felsenbirne, Gemeine Zwergmispel und Filzige Zwergmispel gehören zu den **Rosengewächsen.** Sie kommen zusammen mit dem Sauerdorn aus der Familie der **Sauerdorngewächse** auf steinigem Gelände in Süddeutschland und in den Alpen vor.

	Alpen-Heckenkirsche	Schwarze Heckenkirsche	Felsenbirne	Gemeine Zwergmispel	Filzige Zwergmispel	Sauerdorn (Berberitze)
wissenschaftl. Name	*Lonicéra alpígena*	*Lonicéra nigra*	*Amelánchier ovális*	*Cotoneáster integérrima*	*Cotoneáster tomentósa*	*Bérberis vulgáris*
Größe; Blütez.	50–150 cm; 5–6	60–150 cm; 5–6	bis 3 m; 4–6	50–300 cm; 5–6	50–200 cm; 4–5	bis 3 m; 5–6
Besondere Kennzeichen	Blüten rötlich, Früchte sind kirschrote Doppelbeeren, Blätter scharf zugespitzt; ♃	Blüten rötlich oder weiß, ihr Stiel 3- bis 4mal so lang wie die Blüten, Doppelbeeren schwarz; ♃	Kronblätter schmal, keilförmig, Früchte kugelig, schwarz, süß, eßbar; ♃	Kelchblätter nur am Grunde behaart, Blätter bis 4 cm lang, Früchte rot; ♃	Kelch und Blütenstiele weißfilzig, Blätter bis 6 cm lang, Früchte rot; ♃	Blüten in hängenden Trauben, Beeren scharlachrot; ♃

Der **Gemeine Seidelbast** oder **Kellerhals** (a *Dáphne mezéreum*; 20—120 cm; 2—3; Blüten scharlachrot, zu dreien am Zweig, Blätter keilfömig; ♃; **giftig**), der **Lorbeer-Seidelbast** (b *Dáphne lauréola*; 50—150 cm; 2—4; Blüten gelblich; ♃; nur in Baden), das **Steinröschen** (c *Dáphne striáta*; 7—20 cm; 6—8; Blüten rosenrot, in endständiger Dolde, Blätter linealisch; ♃) und das **Heideröschen** (d *Dáphne cneórum*; 7 bis 30 cm; 4—6; Blätter spatelförmig; ♃) sind **geschützte Seidelbastgewächse** in Bergwäldern.

Die **Alpen-Waldrebe** (a *Clemátis alpína*; 1—2 m; 5—7; Blüten groß, einzeln, langgestielt, violett; ♃) ist ein **Hahnenfußgewächs**, die **Buchsblättrige Kreuzblume** (b *Polýgala chamaebúxus*; 10—20 cm; 4—6; Blüten gelb oder rötlich, Blätter mit aufgesetzter Stachelspitze; ♃) ist ein **Kreuzblumengewächs**, die **Sockenblume** (c *Epimédium alpínum*; 20—30 cm; 3—4; Laubblätter 1, doppelt 3zählig gefiedert; ♃; südliches Österreich) ist ein **Sauerdorngew.** und die **Echte Pfingstrose** (d *Paeónia officinális*; 30 bis 90 cm; 5—6; Blätter doppelt 3zählig, Blüten rot, selten weiß; ♃; Südalpen) ein **Hahnenfußgew.**

Von den **Hahnenfußgewächsen** der Tabelle wachsen die Dunkle Akelei, die Grüne Nieswurz, der Hohe Rittersporn und der Rispige Eisenhut in Bergwäldern, wo sie z. T. bis 2150 m aufsteigen, der Hohe Rittersporn nur in Schlesien. Die Schneerose und die Einsele's Akelei siedeln auf steinigen Abhängen und Geröllhalden bis fast 2000 m hoch, letztere wild nur in den Südalpen.

	Schneerose	Grüne Nieswurz	Einsele's Akelei	Dunkle Akelei	Hoher Rittersporn	Rispiger Eisenhut
wissenschaftl. Name	*Helléborus niger*	*Helléborus víridis*	*Aquilégia einseleána*	*Aquilégia atráta*	*Delphínium elátum*	*Aconítum paniculátum*
Größe; Blütez.	10–30 cm; 11–4	10–40 cm; 3–4	15–40 cm; 5–6	20–70 cm; 5–7	60–150 cm; 6–7	bis 150 cm; 7–9
Besondere Kennzeichen	Grundblätter fußförmig 7- bis 9teilig, Blumenblätter 5, weiß oder rosa; ♃; giftig; **geschützt**	Hochblätter handförmig geteilt, Früchte 20–28 mm lang (ohne Griffel); ♃; **geschützt**	Stengel wenigblütig, Blüten klein, blauviolett, Sporn fast gerade; ♃; **geschützt**	Blüten braunviolett, nickend, Sporn gerade, mit hakigem Ende; ♃; **geschützt**	Blätter handförmig, mit breiten Zipfeln, Fruchtknoten meist 3, selten 5; ♃	Blüten violett, lang gestielt, Sporn kopfförmig, Blätter 5- bis 7teilig; ♃

Der **Blaue** oder **Echte Eisenhut** (a *Aconítum napéllus*; 50—150 cm; 6—8; oberstes Blumenblatt helmförmig, breiter als hoch; ♃; **giftig; geschützt**), der **Wolfs-Eisenhut** (b *Aconítum lycóctonum*; 50—250 cm; 6—7; Blüten gelb, Helm walzlich; ♃), der **Bunte Eisenhut** (c *Aconítum variegátum*; 50—150 cm; 7—9; Helm violett, hochgewölbt; ♃) und die **Alpen-Wiesenraute** (d *Thalíctrum alpínum*; 5—12 cm; 7—8; Stengel meist blattlos; ♃) sind **Hahnenfußgew.** auf Alpenwiesen (a) und in Hochstaudenfluren.

Das **Alpen-Windröschen** oder der **Teufelsbart** (a *Anemóne alpina*; 15—30 cm; 6—8; Blüten groß, weiß oder gelb, die Hülle weit überragend; ♃), das **Berghähnlein** (b *Anemóne narcissiflóra*; 10—50 cm; 5—7; Blätter handförmig 3- bis 5teilig, Blüten doldig zu 3—8; ♃), die **Berg-Küchenschelle** (c *Anemóne montána*; 8 bis 30 cm; 3—4; Hülle vielteilig, behaart; ♃) und das **Tiroler Windröschen** (d *Anemóne baldénsis*; 5—12 cm; 6—8; Stengel 1blütig, flaumig behaart; ♃; bis 3000 m hoch) sind giftige, **geschützte Hahnenfußgewächse,** die in den Alpen bis 2200, zuweilen bis 2800 m ansteigen.

Bis auf den zerstreut vorkommenden Herzblättrigen Hahnenfuß (zwischen 1700—2900 m) und den seltenen Pyrenäen-Hahnenfuß (1750—2780 m) sind die **Hahnenfußgewächse** der Tabelle häufig. Alle steigen mindestens bis 2000 m auf; am höchsten kommt der Gletscher-Hahnenfuß (2000—4000 m) vor, der am Finsteraarhorn sogar 4275 m erreicht und somit die höchststeigende Blütenpflanze ist.

	Eisenhutblättr. Hahnenfuß	Herzblättriger Hahnenfuß	Berg-Hahnenfuß	Gletscher-Hahnenfuß	Alpen-Hahnenfuß	Pyrenäen-Hahnenfuß
wissenschaftl. Name	*Ranúnculus aconitifólius*	*Ranúnculus parnassifólius*	*Ranúnculus montánus*	*Ranúnculus glaciális*	*Ranúnculus alpéstris*	*Ranúnculus pyrenǣus*
Größe; Blütez.	20–80 cm; 5–8	4–10 cm; 6–8	9–15 cm; 4–8	4–15 cm; 7–8	5–10 cm; 5–9	5–15 cm; 5–9
Besondere Kennzeichen	Grundblätter langgestielt, 3- bis 7teilig, Stengel vielblütig; ♃; **geschützt**	Blätter herzeiförmig, oberseits wollig behaart, Blüten rötlich-weiß; ♃	Stengelblätter 1–2, tiefgeteilt, Stengel nicht hohl, 1- bis 3blütig; ♃	Kelch dunkelrostbraun behaart, Blüten weiß bis tiefrot; ♃	Stengel 1 oder 2, aufrecht, meist 1blütig, Grundblätter langgestielt; ♃	Blätter schmal lanzettlich, Blumenblätter rein **weiß,** Stengel 1- bis mehrblütig; ♃

Der **Thora-Hahnenfuß** (a *Ranúnculus thóra*; 5—30 cm; 5—7; unterstes Stengelblatt groß, nierenförmig; ♃; **giftig**), der **Bastard-Hahnenfuß** (b *Ranúnculus hýbridus*; 10—15 cm; 6—8; ähnlich a, aber stets mit Grundblatt; ♃; **giftig**), der **Zwerg-Hahnenfuß** (c *Ranúnculus pygmǣus*; 1—4 cm; meist 2 Stengelblätter, tief 3spaltig; ♃) und die **Kerner's Schmuckblume** (d *Calliánthemum kerneriánum*; 5—20 cm; 6—8; Blätter 2- bis 3fach fiederteilig; ♃) sind **Hahnenfußgewächse,** die bis 2400 m und höher steigen.

Die **Spinnweb-Hauswurz** (a *Sempervívum arachnoídeum*; 5—12 cm; 7—8; Rosettenblätter drüsenhaarig, spinnwebig verbunden; ♃; 280 bis 2900 m), die **Alpen-Hauswurz** (b *Sempervívum alpínum*; 10—35 cm; 7—8; Blumenblätter blaßrot, 3- bis 4mal so lang wie die Kelchblätter; ♃; 600—2770 m), die **Berg-Hauswurz** (c *Sempervívum montánum*; 5—25 cm; 7—9; Pflanze drüsig-zottig; ♃; 1700—3400 m) und die **Gelbe Hauswurz** (d *Sempervívum wulfénii*; 10—30 cm; 7—8; Blätter nur am Rande drüsig bewimpert; ♃; 1750—2610 m) sind bis auf d (selten) häufige **Dickblattgewächse;** a—d sind **geschützt.**

Von den **Dickblattgewächsen** der Tabelle sind nur die Rosenwurz, die Dunkle Fetthenne und die Einjährige Fetthenne ausgesprochene Hochgebirgspflanzen, die man bis 3000 m und höher antrifft. Die übrigen Arten steigen durchweg nicht höher als 1500 m auf und kommen auch in den Mittelgebirgen sowie auf steinigen Ödländereien in Süddeutschland vor. Die Berg-Fetthenne ist eine Unterart der Großen Fetthenne in der montanen Region.

	Rosenwurz	Berg-Fetthenne	Dunkle Fetthenne	Einjährige Fetthenne	Buckel-Fetthenne	Weiße Fetthenne
wissenschaftl. Name	*Sédum rósea*	*Sédum fabária*	*Sédum atrátum*	*Sédum ánnuum*	*Sédum dasyphýllum*	*Sédum álbum*
Größe; Blütez.	10–35 cm; 7–8	20–70 cm; 6–7	3–8 cm; 7–8	5–15 cm; 6–8	5–15 cm; 7–8	10–30 cm; 6–7
Besondere Kennzeichen	Blüten zweihäusig, vierzählig, gelblich, rot überlaufen, Blätter gesägt; ♃	Blätter keilförmig in den Blattstiel verschmälert, Blumenblätter purpurrot; ♃	Blätter fast stielrund, Blüten weiß, grünlich oder rötlich, 5zählig; ⊙	Blätter oberseits fast flach, linealisch, Blüten gelb, in lockeren Wickeln; ⊙	Blätter oberseits flach, unterseits gewölbt, 3–7 mm lang, Blüten weiß oder rosa; ♃	Blätter walzlich, 5–15 mm lang, Blüten weiß oder violett, Pflanze grasgrün; ♃

Die **Alpen-Fetthenne** (a *Sédum alpéstre*; 3—15 cm; 6—8; Blätter linealisch; ♃) ist ein **Dickblattgewächs, Bursers Steinbrech** (b *Saxífraga burseriána*; 3—8 cm; 3—6; Blätter stachelspitzig; ♃; bis 2500 m), **Seguiers Steinbrech** (c *Saxífraga seguiérii*; 1—4 cm; Blätter rosettig; ♃; 3700 m), **Fetthennenähnlicher Steinbrech** (d *Saxífraga sedoídes*; 2—5 cm; 6—9; Stengel 1- bis 3blütig; ♃) und **Blattloser Steinbrech** (e *Saxífraga aphýlla*; 2—5 cm; 7—9; Blätter 3- bis 5spaltig; ♃) sind **geschützte Steinbrechgewächse.**

Der **Zweiblütige Steinbrech** (a *Saxifraga biflóra*; bis 20 cm; 7—8; Blätter gegenständig, Blüten rot oder weiß, zu 1—6, meist 2; ♃; Kalkalpen), der **Fetthennen-Steinbrech** (b *Saxifraga aizoídes*; 10—30 cm; 6—8; Blumenblätter gelb mit orangeroten Punkten, Blätter fleischig; ♃), der **Rundblättrige Steinbrech** (c *Saxifraga rotundifólia*; 10—70 cm; 6—9; grundständige Blätter herznierenförmig, langgestielt, weichhaarig; ♃; 800—2200 m) und der **Trauben-Steinbrech** (d *Saxifraga aizóon*; 10—45 cm; 5—8; Blätter am Rande mit weißen Kalkdrüsen; ♃; bis 3415 m) sind verbreitete **Steinbrechgewächse** der Alpen.

Die in der Tabelle beschriebenen Arten aus der Familie der **Steinbrechgewächse** sind in den Alpen häufig und meist weit verbreitet. Alle steigen bis 3000 m auf, der Rauhe und der Moschus-Steinbrech sogar bis 4000 m hoch, wo sie auf Moränenhalden, auf Felsschutt und in Felsspalten wachsen. Alle polsterbildenden Steinbrecharten sind **teilweise geschützt,** sie dürfen also für den gewerblichen Handel nicht gesammelt werden.

	Moschus-Steinbrech	Sternblütiger Steinbrech	Rauher Steinbrech	Roter Steinbrech	Blaugrüner Steinbrech	Mannsschild-Steinbrech
wissenschaftl. Name	*Saxifraga moschàta*	*Saxifraga stelláris*	*Saxifraga áspera*	*Saxifraga oppositifólia*	*Saxifraga cǽsia*	*Saxifraga androsácea*
Größe; Blütez.	1–12 cm; 7–8	2–15 cm; 6–8	3–30 cm; 7–8	bis 25 cm; 5–7	4–12 cm; 6–9	1–10 cm; 5–7
Besondere Kennzeichen	Stengel aufrecht, Blätter meist 3- bis 5spaltig, Blüten gelb, selten purpurn; ♃	Blätter in Rosette, oft grob gezähnt, fleischig, Blütenstengel drüsig; ♃	Wuchs polsterförmig, Blätter stachelig gezähnt, Blumenblätter rahmfarben; ♃	Blüten einzeln, endständig, lila bis weinrot, Stengel dicht beblättert; ♃	Wuchs halbkugelig polsterförmig, Blätter bogig gekrümmt, blaugrün; ♃	Polsterpflanze, Blätter an der Spitze meist 3zähnig, am Rande drüsig, gewimpert; ♃

Der **Wald-Geißbart** (a *Arúncus silvéstris*; 90 bis 200 cm; 5—7; Rispe dichtblütig, endständig; ♃; **geschützt**; in Wäldern), der **Alpen-Frauenmantel** (b *Alchemilla alpina*; 10—30 cm; 6—8; untere Blätter 5- bis 7teilig; ♃; bis 2600 m), der **Alpen-Gelbling** (c *Sibbáldia procúmbens*; 2—20 cm; 6—8; Blätter 3zählig, an der Spitze 3zähnig; ♃; 1350—3300 m) und das **Frost-Fingerkraut** (d *Potentilla frigida*; 5—15 cm; 6—7; Blätter 3zählig, Blütenstand filzig behaart; ♃) sind **Rosengewächse** auf Halden und Matten.

Das **Zwerg-Fingerkraut** (a *Potentilla brauniána*; 5—15 cm; 6—8; Blätter 3zählig, Blüten gelb, einzeln; ♃), das **Gold-Fingerkraut** (b *Potentilla áurea*; 4—35 cm; 6—9; Blattrand glänzend seidenhaarig; ♃), das **Zottige Fingerkraut** (c *Potentilla crántzii*; 5—20 cm; 6—9; Stengel flaumig behaart, Grundblätter 5zählig gefingert; ♃) und das **Stengel-Fingerkraut** (d *Potentilla cauléscens*; 10—30 cm; 7—9; Blätter an der Spitze mit 3—7 ungleichen Zähnen, Blüten weißlich, Blumenblätter eingebuchtet; ♃) sind **Rosengewächse**, die auf steinigem Grasland und Schuttkaren bis 3300 m aufsteigen.

Das Tauern-Fingerkraut und die Nelkenwurzarten der Tabelle gehören zu den **Rosengewächsen.** Alle wachsen gesellig auf steinigen Matten und felsigen Hängen bis 3300 m hoch, die Kriechende Nelkenwurz nur bis etwa 2500 m. An ähnlichen Standorten findet man die Kleearten der Tabelle aus der Familie der **Schmetterlingsblütler**, den Rasigen Klee bis zu einer Höhe von 2400 m, die übrigen Kleearten bis 3100 m hoch.

	Tauern-Fingerkraut	Kriechende Nelkenwurz	Berg-Nelkenwurz	Echter Alpenklee	Braun-Klee	Rasiger Klee
wissenschaftl. Name	*Potentilla clusiána*	*Géum réptans*	*Géum montánum*	*Trifólium alpinum*	*Trifólium bádium*	*Trifólium thálii*
Größe; Blütez.	4–6 cm; 6–8	5–15 cm; 7–8	5–25 cm; 5–8	5–15 cm; 6–8	8–25 cm; 6–8	5–15 cm; 7–8
Besondere Kennzeichen	Blätter meist 5zählig gefingert, Fiedern an der Spitze mit 5 Zähnen, Blüten weißlich; ♃	Grundblätter leierförmig, Endfieder kaum größer, Blüten gelb, Pflanze mit Ausläufern; ♃	Grundblätter leierförmig, Endfieder sehr groß, Blüten gelb, bis 4 cm ∅; ♃	Blüten purpurn, in doldenähnlichen Köpfchen, Blätter 3zählig, langgestielt; ♃	Fiederblätter fein gesägt, Nebenblätter spitz eiförmig, Blüten später kastanienbraun; ⊙ – 3jährig	Blüten zuerst weiß, später rosa, Nebenblätter krautig, weißlich; ♃

Die **Gelbe Platterbse** (a *Láthyrus laevigátus occidentális*; 20—60 cm; 6—8; Traube einseitswendig, 3- bis 12blütig; ♃; südalpin), der **Berg-Spitzkiel** (b *Oxýtropis montána*; 5—15 cm; 7—8; Blüten violett, in Trauben zu 5—15; ♃; 1700—3000 m), der **Alpen-Spitzkiel** (c *Oxýtropis campéstris*; 5—15 cm; 7—8; Blüten gelblichweiß, in kopfigen Trauben; ♃; 1800—2000 m) und der **Stengellose Tragant** (d *Astrágalus excápus*; 15 cm; 5—7; Blüten gelb, zu 3—9; ♃; Thüringen, Anhalt) sind **Schmetterlingsblütler.**

Die **Gratlinse** (a *Astrágalus frígidus*; 20—40 cm; 7—8; Blüten gelblichweiß, Nebenblätter 1—2 cm lang, bleichgrün; ♃), der **Alpen-Tragant** (b *Astrágalus alpínus*; 10—30 cm; 7—8; Traube kopfförmig, Flügel weiß, Fahne violett, Blatt mit 17—25 Fiedern; ♃), die **Südeuropäische Berglinse** (c *Astrágalus austrális*; 10 bis 30 cm; 5—6; Blüten weißlich, Schiffchenspitze violett, 11—13 Fiederblätter; ♃) und die **Alpen-Blasenschote** (d *Astrágalus penduliflórus*; bis 50 cm; 7—8; Blüten gelb, Nebenblätter bis 1 cm lang, 15—23 Fiederblätter; ♃) sind **Schmetterlingsblütler** auf steinigen Matten bis 2200 m.

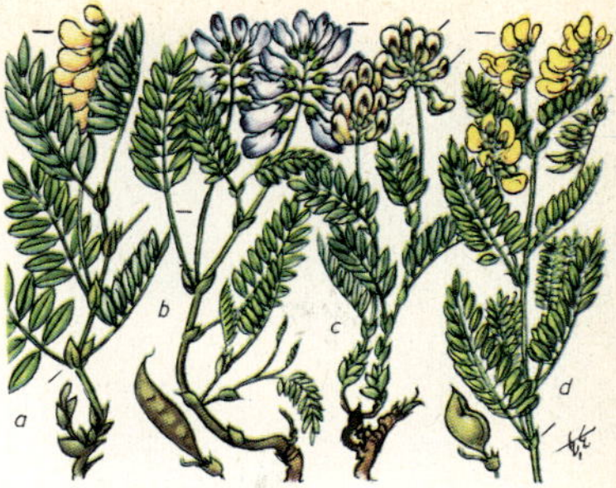

Die Scheiden-Kronwicke und der Alpen-Süßklee sind **Schmetterlingsblütler**, die verbreitet auf Magerwiesen bis 2230 m bzw. 2880 m vorkommen. Das Kies-Weidenröschen (Familie **Nachtkerzengewächse**) steigt bis 2500, die Alpen-Kreuzblume (Familie **Kreuzblumengewächse**) bis 2300 m, das Alpen-Sonnenröschen (Familie **Cistrosengewächse**) bis 2950 m auf. Das Schöne Hartheu (Familie **Johanniskrautgewächse**) kommt auch in der Ebene vor, in Deutschland besonders im Westen und Südwesten.

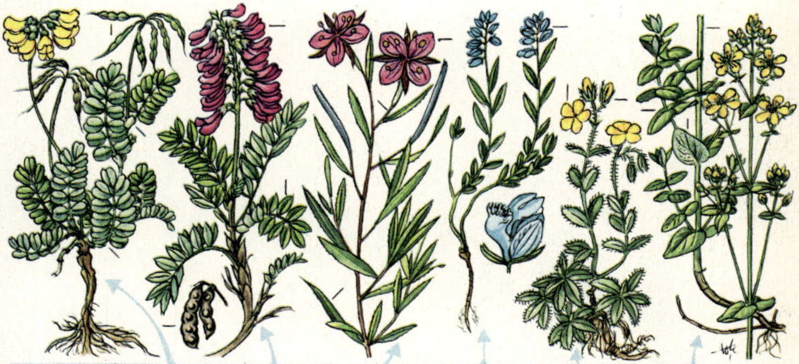

	Scheiden-Kronwicke	Alpen-Süßklee	Kies-Weidenröschen	Alpen-Kreuzblume	Alpen-Sonnenröschen	Schönes Hartheu
wissenschaftl. Name	*Coronilla vaginális*	*Hedýsarum hedysaroides*	*Epilóbium fleischeri*	*Polýgala alpéstre*	*Heliánthemum alpéstre*	*Hypericum púlchrum*
Größe; Blütez.	10–25 cm; 5–7	1–25 cm; 7–8	10–40 cm; 7–9	bis 15 cm; 6–7	bis 12 cm; 6–8	15–80 cm; 7–9
Besondere Kennzeichen	Blätter blaugrün, kurz gestielt, meist mit 9 Fiedern, Hülsen gegliedert; ♃	Traube reichblütig, Hülse gegliedert, Blätter mit 5–9 Paar Fiedern; ♃	Blüten langgestielt, Blumenblätter 4 hell purpurn, Blätter lineal, sitzend; ♃	Blüten 4–5 mm lang, blau oder weiß, Fruchtstiele zurückgekrümmt; ♃	Halbstrauch, Blüten leuchtend gelb, Kelchblätter filzig behaart; ♃	Blätter halbstengelumfassend, unterseits blaugrün, Stengel stielrund; ♃

Der **Weiße Alpen-Mohn** (a *Papáver séndtneri*; 5—20 cm; 7—8; Blätter einfach gefiedert, Blüte sehr groß, rein weiß, Fruchtkapsel bis 1 cm lang; ♃), der **Bündner Alpen-Mohn** (b *Papáver rhaéticum*; 5—15 cm; 7—8; Blüten groß, gelb, Laubblätter fiedteilig, meist stark behaart; ♃) und der **Bursers Alpen-Mohn** (c *Papáver búrseri*; 5—15 cm; 7—8; Blüten weiß, Blattfiedern schmal-lineal; ♃) sind hochalpine **Mohngewächse** auf Geröllhalden der Flüsse, der Bündner Alpen-Mohn bis 3040 m hoch.

Das **Fladnitzer Felsenblümchen** (a *Drába fladnizénsis*; 1—8 cm; Blätter verkehrt-eiförmig, behaart; ♃; 1600—3400 m hoch), das **Kälteliebende Felsenblümchen** (b *Drába dúbia*; 3 bis 14 cm; 4—7; Stengel meist bis zur Spitze behaart; ♃; 1700—3800 m hoch), das **Immergrüne Felsenblümchen** (c *Drába aizoides*; 5 bis 10 cm; 4—8; Blüten gelb, in kopfiger Doldentraube, Stengel blattlos: ♃; 1600—3800 m hoch) und das **Filzige Felsenblümchen** (d *Drába tomentósa*; 3—12 cm; 6—7; Stengel, Blätter und Schötchen behaart; ♃; 1600—3800 m hoch) sind polsterförmige **Kreuzblütler** des Hochgebirges.

Die auf der Seitenmitte abgebildeten **Kreuzblütler** lieben alle basisches, kalkreiches Gestein; das Felsenblümchen wächst auch auf saurem Boden. Alle bevorzugen die höheren Gebirgslagen bis fast 3400 m, nur das Steintäschel (bis 1850 m) und die Zwerg-Gänsekresse (bis 3000 m) bleiben niedriger. Das Verbreitungsgebiet aller umfaßt die Alpen, die Pyrenäen und die Karpaten; die Alpen-Gänsekresse kommt auch in der Arktis und in der Subarktis vor.

	Steinschmückel	Alpen-Gänsekresse	Zwerg-Gänsekresse	Alpen-Gemskresse	Steintäschel	Rundblättriges Hellerkraut
wissenschaftl. Name	*Petrocállis pyrenáica*	*Árabis alpína*	*Árabis púmila*	*Hutchínsia alpína*	*Aethionéma saxátile*	*Thláspi rotundifólium*
Größe; Blütez.	2–8 cm; 6–7	6–40 cm; 5–9	5–20 cm; 6–8	5–12 cm; 6–8	5–20 cm; 4–6	5–15 cm; 7–8
Besondere Kennzeichen	Blätter rosettig, 3lappig, 4–6 mm lang, Blüten hell-lila, in Trauben; ♃	Blüten in gedrungener Traube, Rosettenblätter eiförmig, grob gezähnt, rauh; ♃	Doldentraube armblütig, Stengelblätter 1–3, Grundblätter ganzrandig, rauh; ♃	Blätter gefiedert und gestielt, Schötchenstiele behaart; ♃	Blätter länglich-linealisch, Blüten weiß oder rötlich, Schötchen breit geflügelt; ♃	Fruchttraube kurz, Schötchen waagerecht abstehend, Grundblätter dicklich; ♃

Das **Kugelschötchen** (a *Kernéra saxátilis*; 10 bis 30 cm; 6—8; Grundblätter rosettig, behaart; ♃; 1600—3800 m), das **Resedablättrige Schaumkraut** (b *Cardámine resedifólia*; 5—15 cm; 6 bis 8; Stengelblätter gefiedert, mit größeren Endlappen; ♃; 1500—2380 m), die **Fieder-Zahnwurz** (c *Dentária pinnáta*; 30—60 cm; 4 bis 5; Blätter gefiedert, mit 3—9 Blättchen; ♃; bis 1800 m) und die **Finger-Zahnwurz** (d *Dentária digitáta*; 25—50 cm; 4—6; Blätter 5zählig gefingert; ♃; bis 1700 m) sind **Kreuzblütler.**

Das **Gelbe Veilchen** (a *Víola lútea*; 8—12 cm; 5—8; Blüten gelb, Nebenblätter fingerförmig geteilt; ♃), das **Gespornte Veilchen** (b *Viola calcaráta*; 4—10 cm; 6—8; Blätter jederseits mit 1—3 Kerben, Blüten groß, blau oder gelb; ♃) und das **Zweiblütige Veilchen** (c *Víola biflóra*; 7—20 cm; 5—6; Blätter nierenförmig, Nebenblätter ganzrandig; ♃) sind **Veilchengewächse**, die auf Gebirgswiesen und auf Alpenmatten bis 3000 m hoch ansteigen. Der **Alpenlein** (d *Linum alpinum*; 10—30 cm; 6 bis 8; Blumenblätter decken sich nur am Grunde; ♃) ist ein **Leingewächs** in den Kalkalpen.

In der Tabelle sind **Doldengewächse** beschrieben. Die Kleine Sterndolde wächst verbreitet, die Bayrische Sterndolde selten auf Bergwiesen und in lichten Wäldern bis 2700 m hoch. Alle anderen Arten der Tabelle siedeln auf steinigen Weiden, auf Magerwiesen und auf Schuttfluren bis 2800 m hoch, die Alpen-Mutterwurz auch in den Mittelgebirgen. Die Alpen-Mannstreu ist selten.

	Bayrische Sterndolde	Kleine Sterndolde	Alpen-Mannstreu	Hahnenfuß-Hasenohr	Alpen-Mutterwurz	Zwerg-Mutterwurz
wissenschaftl. Name	*Astrántia bavárica*	*Astrántia minor*	*Erýngium alpinum*	*Bupléurum ranunculoides*	*Ligústicum mutellina*	*Ligústicum mutellinoides*
Größe; Blütez.	20–50 cm; 6–7	15–40 cm; 7–8	30–80 cm; 7–9	6–50 cm; 7–8	10–50 cm; 6–8	3–15 cm; 7–8
Besondere Kennzeichen	Dolden 10–15 mm breit, von Hüllblättern überragt, Blätter handförmig 5teilig; ♃	Dolden nicht von Hüllblättern überragt, Blätter fingerförmig 5- bis 9teilig; ♃	Hüllblätter amethystblau, Grundblätter rundlich, grob gesägt; ♃; **geschützt**	Hüllblättchen gelbgrün, zu 5, Blätter grasartig, Stengelblätter sitzend; ♃	Stengelblätter nur 1–2, Blumenblätter purpurn, Hülle mit 0–2 Blättchen; ♃	Blätter alle grundständig, Hüllblättchen 5–10, meist fiedspaltig; ♃

Der **Rippensame** (a *Pleurospérmum austriacum*; bis 150 cm; 6—8; Stengel dick, gefurcht, hohl; ⊙—♃), das **Berg-Laserkraut** (b *Laserpitium síler*; 30—100 cm; 6—8; Grundblätter sehr lang, bis 1 m; ♃), der **Roßkümmel** (c *Láser trilobum*; 60—120 cm; 5—6; riecht nach Kümmel, Fiederblätter rundlich; ♃) und die **Süßdolde** (d *Mýrrhis odoráta*; 50—100 cm; 5—7; nach Anis duftend, Blätter unterseits borstig-zottig, Früchte bis 2,5 cm lang; ♃; wild nur in Süd- und Südostalpen) sind **Doldengewächse** in den Alpen.

Das **Alpen-Leinblatt** oder der **Bergflachs** (a *Thésium alpinum*; 10—30 cm; 6—7; Blüte sitzt auf dem Tragblatt, mit 2 Vorblättern, Blütenhülle länger als die Frucht; ♃) und das **Mittlere Leinblatt** (b *Thésium linophýllum*; 15—30 cm; 5—6; Blütenhülle kürzer als die Frucht; ♃) sind **Leinblattgewächse**, die bis 2600 m aufsteigen; b fehlt in Nordwestdeutschland. Der **Alpen-Ampfer** (c *Rúmex alpínus*; bis 2 m; 6—8; Grundblätter bis 50 cm lang, rundlich oder herzförmig; ♃) und der **Schnee-Ampfer** (d *Rúmex nivális*; 7—20 cm; 7—8; 2häusig, Blätter dicklich; ♃) sind hochalpine **Knöterichgewächse.**

Der Berg-Ampfer, der Säuerling und der Knollen-Knöterich aus der Familie der **Knöterichgewächse** steigen auf Weiden und auf berasten Hängen 3000 m und höher auf. Die übrigen Pflanzen der Tabelle sind **Nelkengewächse.** Der Vierzähnige und der Alpen-Strahlensame lieben quellige Stellen und Bachgeröll, die Steinbrech-Felsennelke Trockenrasen und steinige Abhänge bis 2500 m und höher.

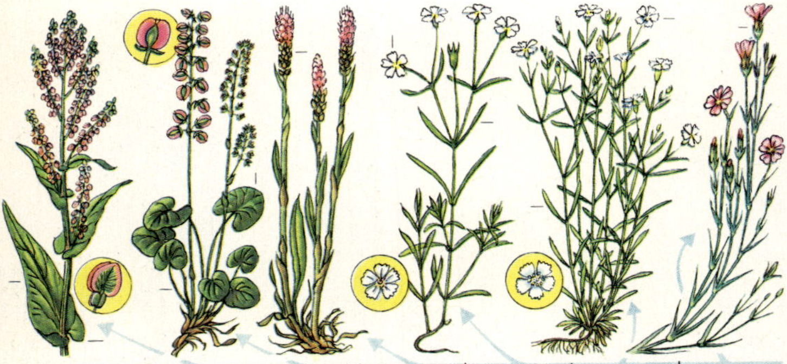

	Berg-Ampfer	Säuerling	Knollen-Knöterich	Vierzähniger Strahlensame	Alpen-Strahlensame	Steinbrech-Felsennelke
wissenschaftl. Name	*Rúmex arifólius*	*Oxýria digýna*	*Polýgonum vivíparum*	*Heliospérma quadridentátum*	*Heliospérma alpéstre*	*Túnica saxífraga*
Größe; Blütez.	30–100 cm; 7–8	5–15 cm; 6–7	5–25 cm; 5–8	5–20 cm; 6–9	5–25 cm; 6–8	bis 25 cm; 6–9
Besondere Kennzeichen	Stengel beblättert, Blätter dünn, 3eckig, sitzend, mit Spießecken; ♃	Stengel nur am Grunde beblättert, Blätter nierenförmig, lang, gestielt; ♃	Stengel unverzweigt, mit 1 Ähre, diese unten oft mit Brutsprossen; ♃	Blätter schmal linealisch, Blumenblätter weiß, meist mit 4 Zähnen; ♃	Blätter lineallanzettlich, bis 9 mm breit, Blumenblätter mit 4–6 Zähnen; ♃	Stengel reich verzweigt, Blüten einzeln, Außenkelch stachelspitzig; ♃

Die **Alpen-Pechnelke** (a *Viscária alpina*; 5 bis 15 cm; 7—8; Pflanze nicht klebrig, Blütenstand dichtkopfig; ♃), die **Alpen-Nelke** (b *Diánthus alpinus*; 2—20 cm; 6—8; Blumenblätter im Schlund rot und weiß gesprenkelt; ♃), die **Stein-Nelke** (c *Diánthus silvéster*; 5—30 cm; 6—8; Kronblätter im Schlund nicht bärtig; ♃) und die **Alpen-Federnelke** (d *Diánthus sternbérgii*; 10—20 cm; 7—8; Blumenblätter am Schlunde mit schwärzlichem Bart; ♃) sind alpine **Nelkengewächse** auf steinigen Matten.

Das **Stengellose Leimkraut** (a *Siléne acaúlis*; 1—4 cm; 6—9; flache Polster, Blüten einzeln, kurz gestielt; ♃; 1550—3600 m), das **Felsen-Leimkraut** (b *Siléne rupéstris*; 10—25 cm; 7—8; Blumenblätter tief ausgerandet; ⊙; 1600 bis 2900 m), das **Alpen-Mastkraut** (c *Sagína saginoídes*; 3—6 cm; 6—7; Blätter kurz stachelspitzig; ♃; bis 2400 m), die **Felsen-Miere** (d *Minuártia rupéstris*; 4—15 cm; 7—8; Blüte 5zählig, Staubblätter 10; ♃; 1900—2800 m) und die **Polster-Miere** (e *Minuártia aretioídes*; 2—5 cm; 7—8; Blüten 4zählig; 2000—4300 m) sind verbreitete **Nelkengewächse** des Hochgebirges.

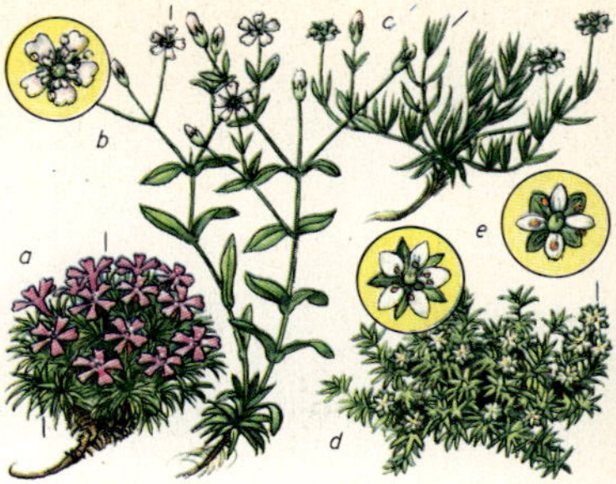

Die **Nelkengewächse** der Tabelle wohnen auf steinigen Triften, auf Geröllhalden und in Felsspalten, vorwiegend auf Kalk. Die Moos-Nabelmiere liebt feuchte, schattige Stellen. Bis auf das Bewimperte und das Zweiblütige Sandkraut (bis 2300 m) steigen alle über 3000 m auf, die Zwerg-Miere z. B. von 1800—3800 m.

	Zwerg-Miere	Zweiblütige Miere	Frühlings-Miere	Moos-Nabelmiere	Bewimpertes Sandkraut	Zweiblütiges Sandkraut
wissenschaftl. Name	*Minuártia sedoides*	*Minuártia biflóra*	*Minuártia vérna*	*Moehringia muscósa*	*Arenária ciliáta*	*Arenária biflóra*
Größe; Blütez.	1–5 cm; 7–8	3–10 cm; 6–8	3–15 cm; 5–9	5–20 cm; 5–9	bis 5 cm; 6–9	bis 8 cm; 7–9
Besondere Kennzeichen	Kronblätter fehlend oder unscheinbar, Blüten meist einzeln; ♃	Blütenstiele bis 5 mm lang, Blüten meist zu 2, Pflanzen dichtrasig; ♃	Blütenstände meist gabelförmig, Blumenblätter weiß, so lang wie der Kelch; ♃	Blätter fadenförmig, Blüten 4zählig, zahlreich, Blumenblätter weiß; ♃	Blätter lanzettlich, bewimpert, Blumenblätter doppelt so lang wie der Kelch; ♃	Blüten meist zu 2, Blumenblätter etwas länger als der Kelch, Stengel niederliegend; ♃

Das **Rote Seifenkraut** (a *Saponária ocymoides*; 10—35 cm; 5—10; Blütenstand rispig; ♃), das **Niedrige Seifenkraut** (b *Saponária púmila*; bis 8 cm; 7—9; Stengel kurz, einblütig; ♃), das **Kriechende Gipskraut** (c *Gypsóphila répens*; 8—25 cm; 5—8; Blätter linealisch, fleischig; ♃), das **Breitblättrige Hornkraut** (d *Cerástium latifólium*; 4—15 cm; 7—8; Blüten bis 3 cm Durchmesser; ♃) und das **Alpen-Hornkraut** (e *Cerástium alpínum*; 6—20 cm; 7—9; Blüten zu 1 bis 5; ♃) sind **Nelkengewächse** bis 2600 m hoch.

Die **Ganzblättrige Primel** (a *Primula integrifólia*; 2—6 cm; 6—7; Laubblätter weich, etwas behaart; ♃; 1500—3050 m), die **Langblütige Primel** (b *Prímula hálleri*; 10—30 cm; 6—7; Blätter glatt, unterseits mehlstäubig, Blüten rotlila, Röhre 20—30 mm lang, ♃; Kalkalpen), die **Leimprimel** (c *Prímula hirsúta*; 1—7 cm; 4—6; grüne Teile mit klebrigen Drüsenhaaren; ♃; 1500—3600) und die **Gold-Primel** (d *Gregória vitaliána*; 1—5 cm; 5—7; Laubblätter unterseits weichhaarig, schmal-lineal; ♃; 1700 bis 3100 m) sind **geschützte Primelgewächse** der Hochalpen (süd-mitteleurop. Gebirgspflanzen).

Auf der Seitenmitte sind **Primelgewächse** abgebildet. Das Alpenveilchen ist eine süd-mitteleuropäische Bergwaldpflanze, die auf Kalkböden bis 2000 m ansteigt. Alle anderen Primelgewächse der Tabelle steigen über 2000 m auf, die Clusius-Primel bis 2300 m, die Mehl-Primel bis 2900 m, die Aurikel bis 2500 m und die beiden anderen Arten über 3000 m. Alle wachsen in Felsspalten und Klüften, auf Matten und Gesteinsschutt, die Mehl-Primel auch in Quell- und Flachmooren.

	Aurikel	Zwerg-Primel	Clusius-Primel	Mehl-Primel	Klebrige Primel	Alpen-veilchen
wissenschaftl. Name	*Primula auricula*	*Primula minima*	*Primula clusiána*	*Primula farinósa*	*Primula glutinósa*	*Cyclámen europǽum*
Größe; Blütez.	5–25 cm; 4–7	1–4 cm; 6–7	2–10 cm; 5–7	5–30 cm; 5–7	2–7 cm; 7–8	6–15 cm; 8–10
Besondere Kennzeichen	Kelch sehr kurz, Blüten angenehm duftend; ♃; **geschützt**	Blätter mit großen, knorpeligen Sägezähnchen, dicht drüsenhaarig; ♃; **geschützt**	Blätter oval, mit weißlichem Knorpelrand, Blüten meist 1, selten 2–3, leuchtend rot; ♃; **geschützt**	Blätter unterseits mit Mehlstaub, Blumenkronröhre mit gelbem Schlund; ♃; **geschützt**	Blüten später schmutzig violett, klebrig, Blätter fein gezähnt, sehr klebrig; ♃; **geschützt**	Kronblätter zurückgeschlagen, Blätter herzförmig, weißfleckig; ♃; **geschützt**

Die **Kleine Troddelblume** oder das **Kleine Alpenglöckchen** (a *Soldanélla pusílla*; 2—10 cm; 5—8; Blumenkrone höchstens 1/8 gespalten; ♃), die **Alpen-Troddelblume** (b *Soldanélla alpina*; 5—15 cm; 4—6; Krone bis zur Mitte gefranst; ♃), die **Berg-Troddelblume** (c *Soldanélla montána*; 20—30 cm; 5—6; Blüten blauviolett, Blätter gekerbt; ♃) und die **Kleinste Troddelblume** (d *Soldanélla mínima*; 4—9 cm; 5—7; Blüten blaßlila bis weiß; ♃) sind **Primelgewächse** auf feuchten Matten bis 3000 m hoch.

Der **Zwerg-Mannsschild** (a *Andrósace chamaejásme*; 2—10 cm; 6—8; Blätter lanzettlich, wie der Blütenschaft bewimpert; ♃; 1600—3000 m), der **Kahle** oder **Milchweiße Mannsschild** (b *Andrósace láctea*; 5—16 cm 6—8; Blütenschaft kahl, Blätter schmal-lineal; ♃; 1600—2200 m), der **Rote Mannsschild** (c *Andrósace cárnea*; 2 bis 8 cm; 6—7; Blütenschaft flaumig behaart, Krone fleischrot mit gelbem Schlund; ♃; 2000 bis 3000 m) und der **Schweizer Mannsschild** (d *Andrósace helvética*; 2—5 cm; 5—7; halbkugelige, silbergraue Polster bildend; ♃; bis 3500 m) sind verbreitete **Primelgewächse** in Gebirgen.

Das in der Tabelle angeführte Heilglöckchen (1100—1900 m: in Hochstaudenfluren und Grünerlengebüschen) und die Mannsschildarten sind **Primelgewächse.** Der Zottige Mannsschild wächst zerstreut auf Kalkfelsen von 1600—2300 m; die beiden anderen Mannsschildarten steigen bis 3000 m und höher, der Gletscher-Mannsschild stellenweise bis 4200 m. Die Alpen-Grasnelke (Familie **Grasnelkengewächse**) und die Saumnarbe (Familie **Enziangewächse**) wachsen auf Matten der Hochgebirge bis 2600 m hoch.

	Zottiger Mannsschild	Gletscher-Mannsschild	Stumpfer Mannsschild	Heilglöckchen	Alpen-Grasnelke	Saumnarbe
wissenschaftl. Name	*Andrósace villósa*	*Andrósace alpina*	*Andrósace obtusifólia*	*Cortúsa matthioli*	*Armėria alpina*	*Lomatogónium carinthiacum*
Größe; Blütez.	3–6 cm; 6–7	2–5 cm; 7–8	5–10 cm; 6–8	15–40 cm; 6–8	10–30 cm; 5–10	1–13 cm; 8–10
Besondere Kennzeichen	Blätter in dichter Rosette, lang seidenhaarig, Blüten weiß oder rötlich; ♃	Stengel dicht beblättert, lockerrasig, Blätter mit Sternhaaren, Blüten rosarot bis weiß; ♃	Blätter ganzrandig, in Rosette, Blumenblätter weiß bis rötlich; ♃	Blüten purpurn, zu 3–12 in Dolden, Blätter groß, rundlich; ♃	Blüten dunkelpurpurn, Hüllblätter der Köpfchen braun, Blätter linealisch; ♃	Blüten blaßblau oder weiß, langgestielt, einzeln, endständig; ⊙

Der **Purpurne Enzian** (a *Gentiána purpúrea*; 20 bis 60 cm; 7—9; Kelch scheidenförmig, zweiteilig; Blumenkrone purpurn; ♃; **geschützt**), der **Gelbe Enzian** (b *Gentiána lútea*; 45—140 cm; 7—8; Blumenkrone 5—6teilig, tief gespalten; ♃; **geschützt**) und der **Punktierte Enzian** (c *Gentiána punctáta*; 20—60 cm; 7—9; Blüten hellgelb, dunkelviolett punktiert; ♃; **geschützt**) sind **Enziangewächse** auf Matten und in Zwergstrauchgesellschaften der Alpen, b auch Voralpen, Vogesen, Schwarzwald, Schwäbische Alb.

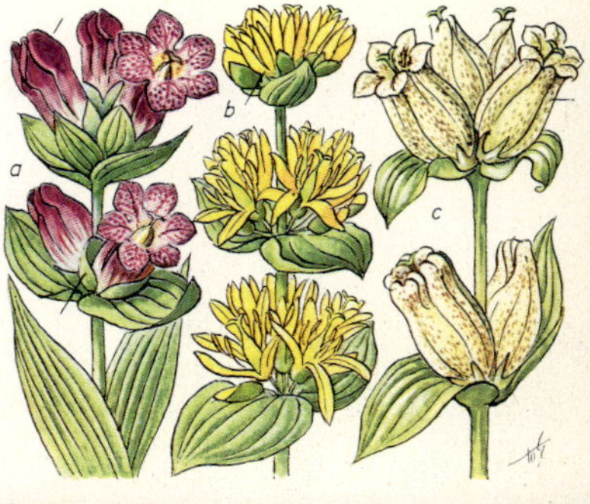

Der **Bayerische Enzian** (a *Gentiána bavárica*; 4—20 cm; 7—9; Stengel lang, einblütig, ohne Blattrosette; ♃), der **Ausgeschnittene Enzian** (b *Gentiána kochiána*; 5—10 cm; 6—8; Blätter breit, Kelch mit breiten Buchten; ♃; **geschützt**), der **Rundblättrige Enzian** (c *Gentiána orbiculáris*; 3—6 cm; 7—8; Blätter rundlich, Blüten verhältnismäßig groß; ♃; **geschützt**) und der **Braune** oder **Ungarische Enzian** (d *Gentiána pannónica*; 15—50 cm; 8—9; Blüten purpurn, dunkel punktiert; ♃; **geschützt**) sind **Enziangewächse,** die auf Matten, auf Schutt und Geröll 3000 m und höher ansteigen.

Alle großblütigen Arten aus der Familie der **Enziangewächse** sind vollkommen, alle andern sind teilweise **geschützt.** Die in der Tabelle beschriebenen Arten steigen auf trockenen Magermatten, auf Felsbändern und Schuttböden der Alpen mindestens bis 2500 m an, der Schnee-, der Kurzblättrige und der Zarte Enzian bis 3000 m. Der kalkliebende Gefranste Enzian wächst auch im Gebüsch; der Frühlings-Enzian kommt auch in Baden und Württemberg, in Hessen und Thüringen sowie im Böhmerwald vor.

	Gefranster Enzian	Schnee-Enzian	Frühlings-Enzian	Rauher Enzian	Kurzblättriger Enzian	Zarter Enzian
wissenschaftl. Name	*Gentiána ciliáta*	*Gentiána nivális*	*Gentiána vérna*	*Gentiána áspera*	*Gentiána brachyphýlla*	*Gentiána tenélla*
Größe; Blütez.	7–30 cm; 8–10	1–15 cm; 7–8	3–12 cm; 4–8	4–20 cm; 5–9	3–6 cm; 7–8	3–6 cm; 7–9
Besondere Kennzeichen	Blumenkrone 4zipfelig, lang gefranst, oft nur mit 1 Endblüte; ♃; **geschützt**	Blumenkrone 8–12 mm breit, Kronröhre weißlich, Stengel fädig-dünn; ⊙	Kelch an den Kanten geflügelt, Blüten einzeln, endständig; ♃	Krone violett, lila oder weißlich, Blätter kurz bewimpert, Kelch rauhhaarig; ⊙	Rosettenblätter mit papillösem Knorpelrand, Blüten sehr kurz gestielt oder sitzend; ♃	Stengel nur am Grunde verzweigt, Blüten einzeln, meist 4zipfelig, Kelch glockig; ⊙

Die **Lappen-Diapensia** (a *Diapénsia lappónica*; 3—5 cm; 6—7; Blüten einzeln, milchweiß; ♃; Tundra) ist ein **Diapensiagewächs (Heidekrautartige)**, der **Zwerg-Enzian** (b *Gentiána nána*; 2—5 cm; 7—9; Blumenkrone röhrig-glockig; ⊙; 2200—2800 m), der **Großblütige** oder **Stengellose Enzian** (c *Gentiána clúsii*; 4—10 cm; 5—8; Stengel sehr kurz; ♃; bis 2860 m), und der **Dachziegelige Enzian** (d *Gentiána terglouénsis*; 3—6 cm; 7—8; Stengel dicht beblättert; ♃; 1900—2700 m) sind **geschützte Enziangewächse.**

Das **Berg-Lungenkraut** (a *Pulmonária montána*; bis 25 cm; 4—5; Grundblätter allmählich in den Stiel verschmälert, etwa 20 cm lang und 4 cm breit, Staubbeutel dunkelviolett; ♃), das **Schmalblättrige Lungenkraut** (b *Pulmonária angustifólia*; 12—35 cm; 4—5; Grundblätter bis 3 cm breit, Blütenstand mit gestielten Drüsen; ♃), die **Alpen-Wachsblume** (c *Cerinthe glábra*; 30—45 cm; 6—8; Krone mit 5 zurückgekrümmten Zähnen; ♃; bis 2660 m) und das **Alpen-Vergißmeinnicht** (d *Myosótis alpéstris*; 2—10 cm; 6—7; Stengel dicht behaart, Blüten blau, ♃; 1600—3000 m) sind **Rauhblattgewächse.**

Von den **Rachenblütlern** der Tabelle kommt der Leberbalsam zerstreut in Höhen zwischen 1500 und 2350 m, der Gelbe Fingerhut zerstreut in Bergwäldern Süd- und Südwestdeutschlands (sonst selten; atlantisch-mediterrane Art) und der Strauchige Ehrenpreis zerstreut von 550 bis 2700 m vor. Die übrigen Arten wachsen verbreitet auf steinigen Matten, auf Schutt- und Geröllhalden der Alpen bis über 3000 m, das Alpen-Leinkraut bis 4200 m.

	Alpen-Leinkraut	Leberbalsam	Gelber Fingerhut	Strauchiger Ehrenpreis	Alpen-Ehrenpreis	Felsen-Ehrenpreis
wissenschaftl. Name	*Linária alpina*	*Erinus alpinus*	*Digitális lútea*	*Verónica fruticulósa*	*Verónica alpina*	*Verónica frúticans*
Größe; Blütez.	4–15 cm; 6–9	10–20 cm; 4–6	50–100 cm; 6–8	10–30 cm; 7	4–15 cm; 7–8	5–15 cm; 6–7
Besondere Kennzeichen	Blüten blau, mit gelbrotem Gaumen, mit Sporn 2 cm lang, Blätter kahl, blaugrün; ♃	Blätter am Grunde rosettig, Blüten violett, in armblütigen Doldentrauben; ♃	Blätter meist weitläufig gesägt, Blüten fast waagerecht, blaßgelb; ♃ **geschützt**	Blütenstiele drüsig behaart, Blüten rosa, mit dunkleren Adern, Früchte länglich; ♃	Stengel krautig, oben zottig, Blüten blauviolett, Blütenstand armblütig; ♃	Blütenstiele behaart, drüsenlos, Blüten tiefblau, Blätter dicklich, glänzend; ♃

Der **Zwerg-Himmelsherold** (a *Eritrichium nánum*; 2—5 cm; 7—8; Pflanze seidenglänzend, polsterförmig; ♃; **geschützt;** 2500—3390 m) ist ein **Rauhblattgewächs;** das **Pyrenäen-Drachenmaul** (b *Horminum pyrenáicum*; 10—25 cm; 6—8; Grundblätter groß, gekerbt; ♃; 300 bis 2450 m), der **Alpen-Quendel** (c *Saturéja alpina*; 10—30 cm; 6—8; Blätter eiförmig, an der Spitze gesägt; ♃; 2500—3390 m) und das **Alpen-Helmkraut** (d *Scutellária alpina*; 20—40 cm; 7—8; Blätter gestielt; ♃) sind **Lippenblütler.**

Der **Blattlose Ehrenpreis** (a *Verónica aphýlla*; 3—8 cm; 6—8; Blätter fast rosettig, Blütentraube mit 2—4 Blüten; ♃; 1200—2800 m hoch), der **Gänseblümchen-Ehrenpreis** (b *Verónica bellidioides*; 5—20 cm; 6—8; Pflanze dicht behaart, Grundblätter größer als Stengelblätter; ♃; 1400—3100 m hoch), das **Blaue Mänderle** (c *Verónica bonaróta*; 8—15 cm; 6—8; Blätter lappig gesägt, am Rande behaart, Blüten blaulila; ♃; südalpin; bis 2500 m hoch) und das **Lappen-Läusekraut** (d *Pediculáris lappónica*; 10 bis 20 cm; 7—8; Traube armblütig; ♃) sind **Rachenblütler** des Gebirges, d der Tundra.

Läusekräuter gehören zu den **Rachenblütlern.** Die Arten der Tabelle sind in den Alpen weit verbreitet, das Bunte und das Fleischrote Läusekraut auf humosen Wiesen und Weiden, das Geschnäbelte und Quirlblättrige Läusekraut auf steinigen Matten. Das Gestützte Läusekraut besiedelt feuchte Weiden und Gebüsche, auch in den Voralpen; Sudeten-Läusekräuter trifft man im Riesengebirge, aber sehr selten.

	Buntes Läusekraut	Quirlblättriges Läusekraut	Gestütztes Läusekraut	Sudeten-Läusekraut	Fleischrotes Läusekraut	Geschnäbeltes Läusekraut
wissenschaftl. Name	*Pediculáris oéderi*	*Pediculáris verticilláta*	*Pediculáris recutita*	*Pediculáris sudética*	*Pediculáris rostráto spicáta*	*Pediculáris rostráto capitáta*
Größe; Blütez.	5–15 cm; 6–7	5–30 cm; 6–8	15–40 cm; 7–8	10–20 cm; 6–8	15–45 cm; 7–8	5–20 cm; 7–8
Besondere Kennzeichen	Blüten gelb, Oberlippe kahl, an der Spitze purpurn, Blätter fiedschnittig; ♃	Blätter zu 3 oder 4 quirlständig, Blüten purpurn, Traube gedrungen; ♃	Stengel einzeln, Blüten braunrot, Oberlippe ungeschnäbelt; ♃	Oberlippe kurz geschnäbelt, mit 2 Zähnen, Kelch 5teilig, mit gesägten Zähnen; ♃	Oberlippe lang geschnäbelt, Kelch wollig behaart, Blüten in lockerer Traube; ♃	Oberlippe lang geschnäbelt, Kelch meist kahl, Blüten in kurzer Traube; ♃

Der **Zwerg-Augentrost** (a *Euphrásia minima*; 1—10 cm; 7—8; Blätter kurzborstig, jederseits mit 2—3 Zähnen; ⊙), der **Gefleckte Augentrost** (b *Euphrásia picta*; 3—15 cm; 6—9; Blüten weiß oder lila, mit violetter Oberlippe; ⊙), der **Alpen-Klappertopf** (c *Rhinánthus alpinus*; 10 bis 30 cm; 7—8; Blumenkronröhre stark aufwärts gebogen; ⊙) und der **Alpenhelm** (d *Bártsia alpina*; 5—10 cm; 5—8; obere Blätter violett überlaufen, Blüten dunkelviolett; ♃) sind **Rachenblütler**, die durchweg 3000 m ansteigen.

Der **Alpenrachen** (a *Tózzia alpina*; 10—70 cm; 7—8; Blüten gelb, Unterlippe punktiert; ♃) ist ein **Rachenblütler** der Kalkalpen, die **Herzblättrige Kugelblume** (b *Globulária cordifólia*; 3 bis 10 cm; 5—8; Blütenstengel nackt, Blätter an der Spitze herzförmig ausgerandet; ♃), die **Nacktstengelige Kugelblume** (c *Globulária nudicaúlis*; 10—30 cm; 5—8; Blätter an der Spitze abgerundet; ♃) und die **Gemeine Kugelblume** (d *Globulária elongáta*; 3—40 cm; 5—6; Stengel bis oben beblättert; ♃) sind bis 2700 m hoch aufsteigende **Kugelblumengewächse** der Alpen.

Die Wulfenie (Familie **Rachenblütler**) ist eine seltene Reliktpflanze der Rhododendronregion im Gailtal (Kärnten) und kommt außerdem nur noch in Montenegro vor. Alle Baldrianarten der Tabelle sind **Baldriangewächse**, die höchstens bis 2800 m aufsteigen. Sie bewohnen Felsschutt und Geröllhalden. Der Echte, Gelbe oder Rote Speik liebt außerdem tiefgründige Matten, auf denen er gesellig siedelt. Den Dreischnittigen Baldrian findet man auch in steinigen Gebirgswäldern.

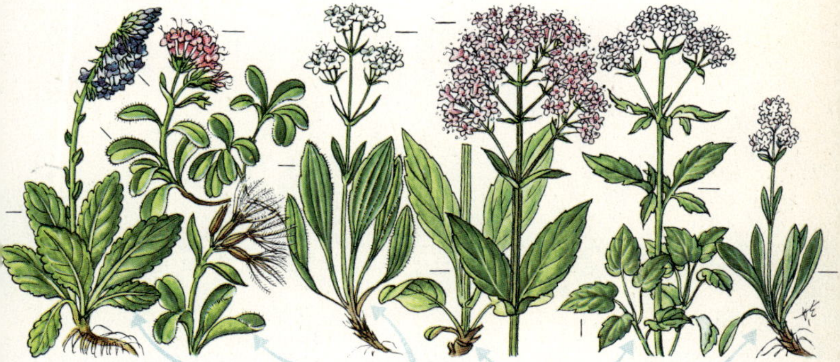

	Wulfenie	Zwerg-Baldrian	Felsen-Baldrian	Berg-Baldrian	Dreischnittiger Baldrian	Echter Speik
wissenschaftl. Name	*Wulfénia carinthiaca*	*Valeriána supina*	*Valeriána saxátilis*	*Valeriána montána*	*Valeriána tripteris*	*Valeriána céltica*
Größe; Blütez.	20–40 cm; 7–8	3–15 cm; 7–8	5–30 cm; 6–8	20–60 cm; 4–7	10–60 cm; 4–7	2–15 cm; 7–8
Besondere Kennzeichen	Blütentraube einseitswendig, Krone blau, Schlund bärtig, Blätter rosettig, gekerbt; ♃	Blütenstand dicht, fast kopfig, Blätter spatelig bis rundlich, am Rande gewimpert; ♃	Blätter ganzrandig oder schwach gezähnt, gewimpert, Trugdolden, armblütig; ♃	Blüten in endständiger Trugdolde, weiß bis hell-lila, Grundblätter gestielt; ♃	Stengelblätter 3schnittig, Grundblätter herz-eiförmig, Blüten weiß oder rötlich; ♃	Blätter verkehrt-eiförmig, Stengel mit 1–2 Blattpaaren, Krone 2 mm lang; ♃

Das **Schweizer Labkraut** (a *Gálium helvéticum*; 2—10 cm; 7—8; Fruchtstiele herabgebogen; ♃) ist ein **Labkrautgewächs**; der **Alpen-Wegerich** (b *Plantágo alpina*; 2—20 cm; 5—7; Blätter lineal-lanzettlich; ♃) und der **Berg-Wegerich** (c *Plantágo atráta*; 10—30 cm; 5—8; Deckblätter an der Spitze bärtig; ♃) sind **Wegerichgewächse** auf tiefgründigen Matten der Alpen. **Haller's Teufelskralle** (d *Phyteúma ovátum*; 20 bis 100 cm; 7—8; Blattgrund meist herzförmig; ♃) ist ein **Glockenblumengewächs** der Ostalpen.

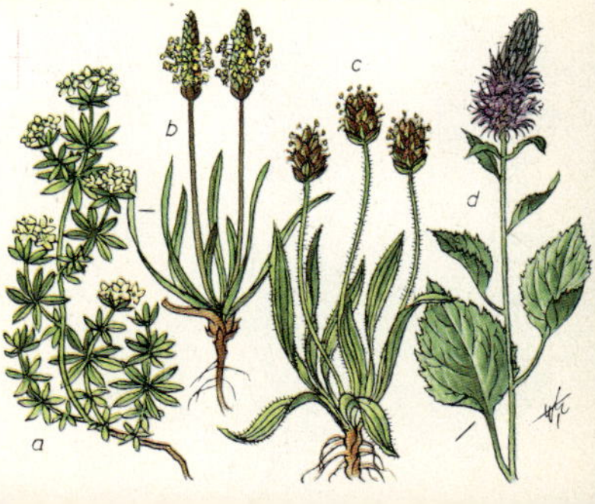

Die **Zungenblättrige Teufelskralle** (a *Phyteūma confúsum*; 1—15 cm; 7—9; Blätter lineal-zungenförmig; ♃), die **Betonienblättrige Teufelskralle** (b *Phyteūma betonicifólium*; 20—70 cm; 6—9; Stengel im oberen Teil fast blattlos, Narben 3; ♃), die **Halbkugelige Teufelskralle** (c *Phyteūma hemisphaēricum*; 4—10 cm (30 cm), 7—8; Blütenstand kopfig, 10- bis 12blütig, fast kugelig; ♃) und die **Schopf-Teufelskralle** (d *Phyteūma comósum*; 5—15 cm; 6—7; Blüten bis 3 cm lang, blaßlila, in kopfiger Dolde, Narben 2; ♃) sind **Glockenblumengewächse**, die auf steinigen Matten 2000 m und höher aufsteigen.

Die **Glockenblumengewächse** der Seitenmitte kommen durchweg verbreitet und häufig auf mageren Wiesen und Weiden oder auf Schutt- und Geröllhalden vor, die Dunkle und die Nickende Glockenblume nur in den Ost- und Südostalpen, letztere selten. Alle steigen mindestens 2200 m hoch, die Kleine Glockenblume sogar bis 3000 m.

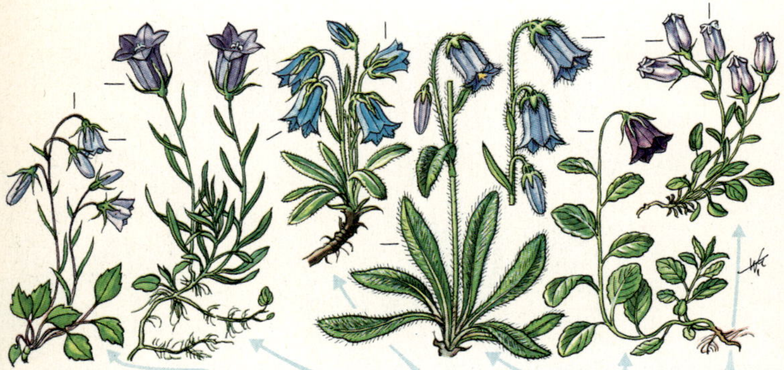

	Kleine Glockenblume	Scheuchzer's Glockenblume	Alpen-Glockenblume	Bärtige Glockenblume	Dunkle Glockenblume	Nickende Glockenblume
wissenschaftl. Name	*Campánula cochleariifólia*	*Campánula scheūchzeri*	*Campánula alpina*	*Campánula barbáta*	*Campánula púlla*	*Campánula zoýsii*
Größe; Blütez.	8–15 cm; 6–8	5–40 cm; 7–9	3–15 cm; 7–8	4–40 cm; 6–8	5–15 cm; 7–8	2–10 cm; 7–8
Besondere Kennzeichen	Blüten zu 1–6 in Trauben, bauchig-glockig, blau, hellblau oder weiß; ♃	Kelchblätter länger als halbe Blüte, Stengel meist 1-, seltener bis 6blütig; ♃	Krone hellblau, glockig, innen bewimpert, Stiele mit 2 linealischen Hochblättern; ♃	Zipfel der Blumenkrone bärtig, Blüten gestielt, ziemlich waagerecht; ♃	Blüten einzeln, endständig, nickend, glockig, 17–22 mm lang, dunkelviolett; ♃	Blüten hellblau-violett, in 1–4zähliger Traube, Kelchzipfel borstlich bewimpert; ♃

Die **Rautenblättrige Glockenblume** (a *Campánula rhomboidáles*; 20—50 cm; 6—8; Blüten lang gestielt; ♃) und die **Strauß-Glockenblume** (b *Campánula thyrsoidea*; 10—50 cm; 6—8; Blätter steifhaarig, Blüten gelblichweiß, in kolbenförmiger Ähre; ⊙) sind **Glockenblumengewächse;** die **Glänzende Skabiose** (c *Scabiósa lúcida*; 10—30 cm; 7—9; Köpfchen 2—3 cm breit, mit Spreublättern, Einzelblüten mit trockenhäutigem Außenkelch; ♃) ist ein **Kardengewächs** auf Schutthalden der Alpen bis 2700 m.

Das **Drüsige Berufkraut** (a *Erígeron átticus*; 25—60 cm; 7—9; Köpfchen zu 1 bis 40, bis 3,5 cm breit, purpurn, obere Blätter drüsig; ♃; selten), das **Einblütige Berufkraut** (b *Erígeron uniflórus*; 3—8 cm; 7—9; Köpfchen einzeln, weiß oder blaßlila; ♃), das **Kahle Berufkraut** (c *Erígeron polymórphus*; 5—30 cm; 7—9; Laubblätter anliegend, Stengel 1- bis 6köpfig), das **Alpen-Berufkraut** (d *Erígeron alpínus*; 2—20 cm; 7—9; Köpfchen mit „Fadenblüten"; ♃) und das **Felsen-Berufkraut** (e *Erígeron gaudíni*; 10 bis 30 cm; 7—8; Blütenstengel einköpfig; ♃) sind **Korbblütler** auf steinigen Alpenmatten.

In der Tabelle sind **Korbblüter** des Hochgebirges beschrieben. Die Weiße Pestwurz kommt an quelligen Stellen in südlichen Bergwäldern, die Alpen-Pestwurz an den Ufern der Gebirgsbäche vor. Das Alpen-Maßlieb und die Alpen-Aster wachsen gesellig auf berasten Steinböden bis 3100 m hoch. An ähnlichen Stellen sind auch das Karpaten-Katzenpfötchen und das Edelweiß häufig, letzteres bis 3400 m hoch.

	Weiße Pestwurz	Alpen-Pestwurz	Alpen-Aster	Alpen-Maßlieb	Edelweiß	Karpaten-Katzenpfötchen
wissenschaftl. Name	*Petasites álbus*	*Petasites paradóxus*	*Áster alpínus*	*Áster bellidiástrum*	*Leontopódium alpínum*	*Antennária carpática*
Größe; Blütez.	15–30 cm; 3	30–60 cm; 3–4	5–20 cm; 7–8	10–35 cm; 5–7	5–15 cm; 7–9	5–12 cm; 6–8
Besondere Kennzeichen	Blätter unterseits weißlich, Blüten gelblichweiß, Blattstiel zusammengedrückt; ♃	Blätter unterseits weißfilzig, Köpfchen in einer Traube, Blüten rötlich; 2häusig; ♃	Blütenköpfchen 3–5 cm breit, Stengel ein- oder wenigköpfig; ♃; **geschützt**	Zungenblüten weiß oder violett, Haarkrone vorhanden, Blütenschaft 1köpfig; ♃	5–6 Köpfchen in endständiger Trugdolde, Hochblätter groß, weißwollig; ♃; **geschützt**	Blätter beiderseits wollig-filzig, Hüllblätter bräunlich; ♃

Das **Alpen-Katzenpfötchen** (a *Antennária alpína*; 4—15 cm; 6—9; ♂ und ♀ Köpfchen gleichfarbig; ♃), das **Zwerg-Ruhrkraut** (b *Gnaphálium supínum*; 2—12 cm; 6—9; Köpfchen 5—6 mm lang; ♃), das **Alpen-Ruhrkraut** (c *Gnaphálium hoppeánum*; 2—10 cm; 7—8; Köpfchen in lockerer Traube; ♃), das **Norwegische Ruhrkraut** (d *Gnaphálium norvégicum*; 5—30 cm; 7—9; Blätter meist 3nervig; ♃) und der **Kahle Alpendost** (e *Adenostýles glábra*; 30—80 cm; 7—8; Blattadern behaart; ♃) sind **Korbblütler**.

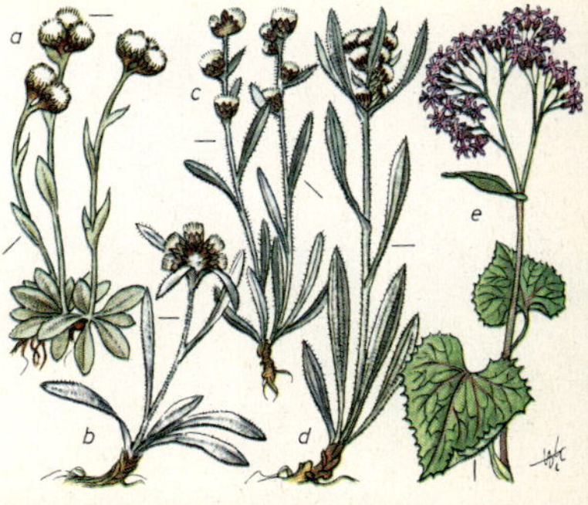

Der **Graue Alpendost** (a *Adenostýles alliáriae*; 60—120 cm; 7—8; Blätter ungleich gezähnt, unterseits graufilzig; ♃; 1400—2000 m), die **Schwarze Schafgarbe** (b *Achilléa atráta*; 10 bis 25 cm; 7—8; Hüllblätter schwarzrandig, Zungenblüten 7—12; ♃; bis 4200 m), die **Weiße Schafgarbe** (c *Achilléa clavénae*; 15—30 cm; 7 bis 9; Pflanze weißseidig-filzig, Stengel kantig; ♃; bis 2500 m; **geschützt**) und die **Großblättrige Schafgarbe** (d *Achilléa macrophýlla*; 50 bis 100 cm; 7—9; Blätter fiedspaltig, Fiedern bis 10 mm breit, Köpfchen zu 6—12; ♃; bis 2000 m) sind **Korbblütler** auf Schutthalden.

In der Tabelle sind Gemswurzarten beschrieben (Familie **Korbblüter**). Die Großblütige und die Herzblättrige Gemswurz kommen nur auf kalkreichen Böden vor, insbesondere auf Felsschutt, letztere nur in den östlichen und südöstlichen Alpen. Die Zottige Gemswurz hingegen meidet Kalk und ist in den Zentralalpen verbreitet. Gletscher- und Österreichische Gemswurz bewohnen die Ostalpen, letztere auch den Böhmerwald, den Bayrischen Wald und die Sudeten. Die Kriechende Gemswurz kommt in Bergwäldern Süddeutschlands vor.

	Großblütige Gemswurz	Gletscher-Gemswurz	Zottige Gemswurz	Österreichische Gemswurz	Kriechende Gemswurz	Herzblättrige Gemswurz
wissenschaftl. Name	*Dorónicum grandiflórum*	*Dorónicum glaciále*	*Dorónicum clúsii*	*Dorónicum austriacum*	*Dorónicum pardaliánches*	*Dorónicum colúmnae*
Größe; Blütez.	10–60 cm; 7–8	3–25 cm; 7–8	3–30 cm; 7–9	30–150 cm; 7–8	30–90 cm; 5–9	15–45 cm; 5–8
Besondere Kennzeichen	Stengel meist 1köpfig, Blätter grob buchtig gezähnt, obere stengelumfassend; ♃	Blütenkörbchen 3–4,5 cm Ø, obere Blätter nur wenig stengelumfassend; ♃	Blütenkörbchen 3,5–6 cm Ø, Blätter am Rande mit Wimperzotten; ♃	Grundblätter zur Blütezeit fehlend, Stengelblätter mit verschmälertem Grunde; ♃	Grundblätter zur Blütezeit vorhanden, tief herzförmig, Pflanze mit Ausläufern; ♃	Grundblätter herzförmig, gezähnt, Pflanze ohne Ausläufer; ♃

Das **Weißgraue Kreuzkraut** (a *Senécio incánus*; 5—15 cm; 7—9; Blätter graufilzig, Hüllblätter 8; ♃), das **Gemswurz-Kreuzkraut** (b *Senécio dorónicum*; 20—40 cm; 7—8; Stengelblätter ledrig, Blüten orangegelb, zu 1—3; ♃), das **Alpen-Kreuzkraut** (c *Senécio alpínus*; 30—100 cm; 7—9; Stengel stark kantig, Zungenblüten 13—16; ♃; bis 2150 m) und das **Felsen-Kreuzkraut** (d *Senécio rupéster*; 15—40 cm; 5—8, Zungenblüten 13, Früchte behaart, Pappus hinfällig; ⊙—♃) sind **Korbblütler** bis 3000 m.

Das **Voralpen-Kreuzkraut** (a *Senécio subalpinus*; 30—70 cm; 7—9; obere Blätter mit gelapptem Stiel und gezähnten Öhrchen, Zungenblüten 21; ♃), das **Spatelblättrige Kreuzkraut** (b *Senécio helenitis*; 20—120 cm; 4—6; Stiel der unteren Laubblätter geflügelt; ♃), das **Obir-Kreuzkraut** (c *Senécio ovirénsis*; 20—80 cm; 5—7; Stengel bis zum Blütenstand unverzweigt, untere Laubblätter grundständig; ♃) und das **Ochsenauge** (d *Buphthálmum salicifólium*; 25 bis 80 cm; 6—9; Pflanze wenig verzweigt, Köpfe einzeln am Ende beblätterter Stengel; ♃) sind **Korbblütler** der Alpen bis 2000 m und höher.

In der Tabelle sind **Korbblütler** beschrieben. Die Alpenscharten sind Hochgebirgspflanzen, die in Felsspalten und auf steinigen Matten von etwa 1800 m aufwärts vorkommen, die Zwerg-Alpenscharte nur auf Kalk. Die beiden Distelarten sind kalkliebend und bewohnen die Krummholz- und Zwergstrauchregion. Der Kronenlattich (bis 2200 m hoch) ist auf feuchten Wiesen und in Flachmooren der Alpen und des Alpenvorlandes sowie im Bayrischen und Böhmerwald zu finden.

	Zwerg-Alpenscharte	Zweifarbige Alpenscharte	Echte Alpenscharte	Alpen-Distel	Berg-Distel	Kronen-lattich
wissenschaftl. Name	*Saussúrea pygmaëa*	*Saussúrea discolor*	*Saussúrea alpina*	*Cárduus deflorátus*	*Cárduus personáta*	*Willemétia stipitáta*
Größe; Blütez.	5–20 cm; 7–8	15–40 cm; 7–9	7–25 cm; 7–9	25–120 cm; 7–9	60–120 cm; 7–8	15–45 cm; 6–8
Besondere Kennzeichen	Stengel einköpfig, Köpfchen etwa 2,5 cm Ø, Blätter linealisch; ♃	Blätter unterseits weißfilzig, Blattstiele ungeflügelt, Köpfchen zu 3–8; ♃	Blätter unterseits graufilzig, Blattstiele geflügelt, Köpfen in Doldentrauben; ♃	Köpfe meist einzeln, nickend, langgestielt, 1,5 bis 3 cm breit, rot, selten weiß; ♃	Köpfe meist in Knäueln zu 3–5, rot, selten weiß, untere Blätter oft tief fiedspaltig; ♃	Blüten goldgelb, in langgestielten Köpfchen, Blätter buchtig gezähnt; ♃

Die **Alpen-Wucherblume** (a *Chrysánthemum alpinum*; 3—20 cm; 7—9; obere Blätter ganzrandig; ♃; ab 1600 m), die **Schwarzrandige Wucherblume** (b *Chrysánthemum atrátum*; 10 bis 40 cm; 7—9; alle Blätter grob gesägt; ♃; ab 1500 m), der **Gemeine Alpenlattich** (c *Homógyne alpina*; 10—40 cm; 6—8; mit Ausläufern, Blätter unterseits grün; ♃; bis 2300 m) und der **Zweifarbige Alpenlattich** (d *Homógyne discolor*; 10—25 cm; 6—8; Blätter unterseits weißfilzig; ♃; ab 1400 m) sind **Korbblütler.**

Die **Klebrige Kratzdistel** (a *Cirsium erisithales*; 20—50 cm; 7—9; Blüten gelblichweiß, äußere Hüllblätter mit dunklen Harzstriemen; ♃), die **Verschiedenblättrige Kratzdistel** (b *Cirsium heterophýllum*; 50—150 cm; 6—8; Blüten purpurn, Blätter unterseits rein weiß-filzig; ♃), die **Stachelige Kratzdistel** (c *Cirsium spinosissimum*; 20 bis 50 cm; Blüten gelblichweiß, zu mehreren, von gelblichen, stacheligen Hochblättern umgeben; ♃) und die **Berg-Flockenblume** (d *Centauréa montána*; 15—75 cm; 5—7; meist einköpfig, Blätter am Stengel herablaufend; ♃) sind **Korbblütler** bis etwa 2000 m hoch.

Die **Korbblütler** der Tabelle sind auf grasigen Hängen und sonnigen Matten, zum Teil auch in Strauchheiden der Alpen beheimatet, der kalkliebende Alpen-Löwenzahn vorwiegend in den Kalkalpen, der kalkmeidende Pyrenäen-Löwenzahn vorwiegend in den Zentralalpen, im Schwarzwald und in den Vogesen. Alle steigen bis 2000 m und höher auf. Der Graue Löwenzahn kommt außer in den Alpen (bis 2100 m hoch) zerstreut in Bayern, Baden, Württemberg und in den Vogesen vor.

	Alpen-Scharte	Filzige Flockenblume	Grauer Löwenzahn	Alpen-Löwenzahn	Pyrenäen-Löwenzahn	Rauher Löwenzahn
wissenschaftl. Name	*Centauréa rhapóntica*	*Centauréa triumfétti*	*Leóntodon incánus*	*Leóntodon montánus*	*Leóntodon helvéticus*	*Leóntodon hispidus*
Größe; Blütez.	30–100 cm; 7–9	5–60 cm; 5–7	10–60 cm; 5–6	3–10 cm; 7–8	10–30 cm; 7–9	8–50 cm; 6–10
Besondere Kennzeichen	Blüten purpurn, Köpfe einzeln, 5–11 cm breit, Blätter unterseits weißfilzig, bis 60 cm lang; ♃	Blätter weißfilzig, am Stengel herablaufend, über 1 cm breit; ♃	Pflanze graufilzig von 3–4gabeligen Sternhaaren, Köpfchen zunächst nickend; ♃	Stengel und Hüllblätter schwarz-zottig, Blätter mit einfachen Haaren; ♃	Stengel mit 2–6 schuppenförmigen Blättern, Blätter mit einfachen Haaren; ♃	Stengel mit 0–2 Schuppenblättern, Hauptwurzel dick, schief im Boden; ♃

Die **Schwärzliche Kuhblume** (a *Taráxacum nigricans*; 20 cm; 7—9; Hüllblätter schwärzlich, Blätter schwach gezähnt; ♃), die **Alpen-Kuhblume** (b *Taráxacum alpinum*; 5—20 cm; 6—9; Blätter schrotsägeförmig, Hüllblätter dunkelgrün bis schwärzlich; ♃), der **Französische Milchlattich** (c *Cicérbita plumiéri*; 80—150 cm; 7—8; Blüten blau, Blätter kahl, bläulichgrün; ♃) und der **Alpen-Milchlattich** (d *Cicérbita alpina*; 50—200 cm; 7—9; Pflanze braunrot-drüsenborstig; ♃) sind **Korbblütler** bis 2000 m.

Die **Silber- oder Edelraute** (a *Artemisia mutellina*; 10—25 cm; 7—9; Blätter silberglänzend; ♃; **geschützt**), die **Schwarze Edelraute** (b *Artemisia genipi*; 5—15 cm; 7—9; Stengelblätter 1- bis 2fach gefiedert, mit lineal-lanzettlichen Zipfeln; ♃; **geschützt**; Zentralalpen), die **Glänzende Edelraute** (c *Artemisia nitida*; 5—20 cm; 8—9; Köpfchen kugelig, nickend; ♃; **geschützt**; Südostalpen) und die **Gletscherraute** (d *Artemisia glaciális*; 5—15 cm; 7—8; Blüten goldgelb, in dichten, fast kugeligen Knäueln, Blätter 3fach handförmig gespalten; ♃) sind **Korbblütler**, die auf Felsbändern 3000 m ansteigen.

Von den **Korbblütlern** der Tabelle wächst das kalkmeidende Einblütige Ferkelkraut verbreitet auf humosen Wiesen und in Zwergstrauchheiden bis 2600 m, der Alpen-Knorpellattich im Kalkgeröll der Alpenflüsse bis 1500 m hoch. Die Pippauarten siedeln verbreitet auf Wiesen und Matten, an Schotterhängen, z. T. auch in Hochstaudenfluren zwischen etwa 1200 und 2700 m, bis auf den Gold-Pippau vorwiegend oder ausschließlich auf Kalk.

	Gold-Pippau	Schabenkraut-Pippau	Triglav-Pippau	Felsen-Pippau	Einblütiges Ferkelkraut	Alpen-Knorpellattich
wissenschaftl. Name	*Crépis áurea*	*Crépis blattaroides*	*Crépis terglouénsis*	*Crépis jacquini*	*Hypochóëris uniflóra*	*Chondrilla chondrilloides*
Größe; Blütez.	5–30 cm; 5–9	25–70 cm; 6–8	2–5 cm; 7–8	5–30 cm; 6–8	20–60 cm; 7–9	15–30 cm; 7–8
Besondere Kennzeichen	Köpfchen einzeln, selten bis 3, Hülle dicht zottig, Frucht mit 20 Rippen; ♃	obere Blätter mit pfeilförmigem Grunde sitzend, Köpfchen groß, bis 4 cm breit; ♃	Köpfchen bis 5 cm ∅, dicht schwarzzottig, Blätter schrotsägeförmig; ♃	obere Blätter fiederspaltig, Stengel mit bis zu 5 oder mehr 1köpfigen Ästen; ♃	Stengel steifhaarig, meist einblütig, oben verdickt, äußere Hüllblätter gefranst; ♃	Köpfchen in Doldenrispe, Rosettenblätter knorpelig gezähnt, Stengel kahl; ♃

Das **Orangerote Habichtskraut** (a *Hierácium aurantíacum*; 20—50 cm; 6—8; Blüten purpurn, in Köpfchen zu 2—12; ♃), das **Zottige Habichtskraut** (b *Hierácium villósum*; 10—35 cm; 7—9; Pflanze lang weißhaarig; ♃); Kalkalpen), das **Strandnelkenblättrige Habichtskraut** (c *Hierácium staticifólium*; 15—40 cm; 6—8; Blüten hell schwefelgelb; ♃) und das **Gletscher-Habichtskraut** (d *Hierácium glaciále*; 5—20 cm; 7—8; Köpfchen zu 2—7; Blätter dicklich; ♃; selten) sind **Korbblütler** (bis 2700 m hoch).

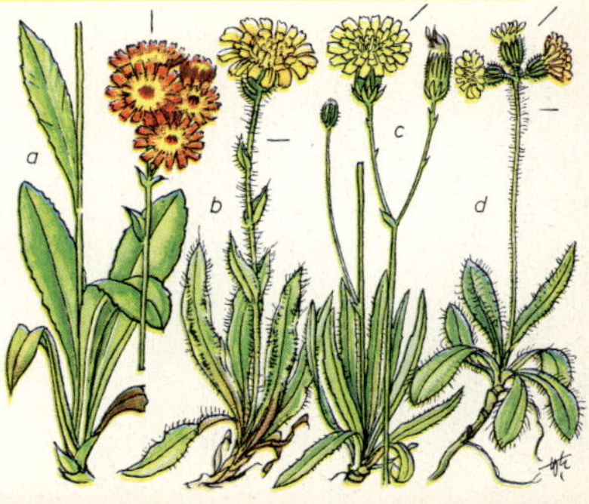

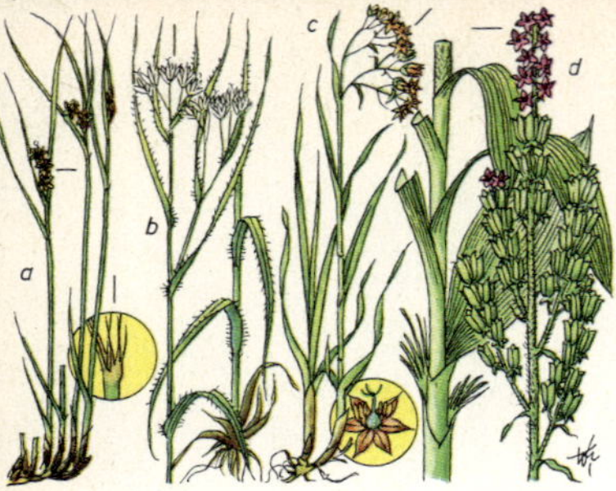

Die **Dreispaltige Binse** (a *Júncus trifidus*; 8—30 cm; 7—8; Blatthäutchen zerschlitzt bewimpert, Blütenstand 2- bis 4blütig; ♃), die **Schnee-Hainsimse** (b *Lúzula nívea*; 30—90 cm; Blattrand langhaarig bewimpert, Blüten schneeweiß; ♃) und die **Braune Hainsimse** (c *Lúzula spadícea*; 10—30 cm; 7—8; Blätter fast kahl, Blüten braun; ♃) sind **Binsengewächse,** die auf Geröllhalden und Abhängen bis zu 3000 m und höher aufsteigen. Der **Schwarze Germer** (d *Verátrum nígrum*; 60—100 cm; 7—8; Rispenäste filzig behaart, Blüten dunkel purpurn; ♃) ist ein **Liliengew.** in Böhmen und den Südostalpen.

Die **Liliengewächse** der Tabelle wachsen meist gesellig. Der Weiße Germer steigt bis 2700 m, der Allermannsharnisch bis 3050 m, die Feuerlilie von der Ebene bis 2400 m auf. Faltenlilien wachsen an Graten und in humosen Felsritzen zwischen 1850 und 3100 m. Die beiden *Narzissen* der Tabelle gehören zu den **Narzissengewächsen.** Beide Arten wachsen auf Matten und feuchten Bergwiesen, die Schmalblättrige Narzisse nur in den West- und Südalpen.

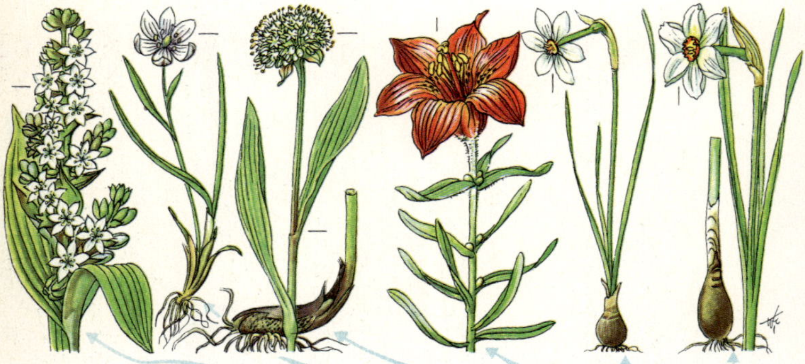

	Weißer Germer	**Faltenlilie**	**Allermanns-harnisch**	**Feuerlilie**	**Schmalblättrige Narzisse**	**Weiße Narzisse**
wissenschaftl. Name	*Verátrum álbum*	*Lloÿdia serótina*	*Állium victoriális*	*Lílium bulbíferum*	*Narcissus angustifólius*	*Narcissus poéticus*
Größe; Blütez.	60–150 cm; 7–8	7–10 cm; 7–8	30–70 cm; 7–8	45–100 cm; 6–7	20–30 cm; 3–5	30–60 cm; 4–5
Besondere Kennzeichen	Blätter breit elliptisch, Blüten weiß oder gelblich, in Rispen; ♃; **giftig**	grundständige Blätter 2, sehr schmal, Blüten einzeln, 1,5 cm Ø; ♃	**Blätter 2–3, 2–5 cm breit,** Blüten gelblich in kugeliger Scheindolde; ♃	Blüten feuerrot, trichterförmig, einzeln oder zu mehreren in Dolde; ♃; **geschützt**	Blätter 2–5 mm breit, Blumenblätter decken sich nicht; ♃; **geschützt**	Blätter 5–15 mm breit, Blumenblätter decken sich mit den Rändern; ♃; **geschützt**

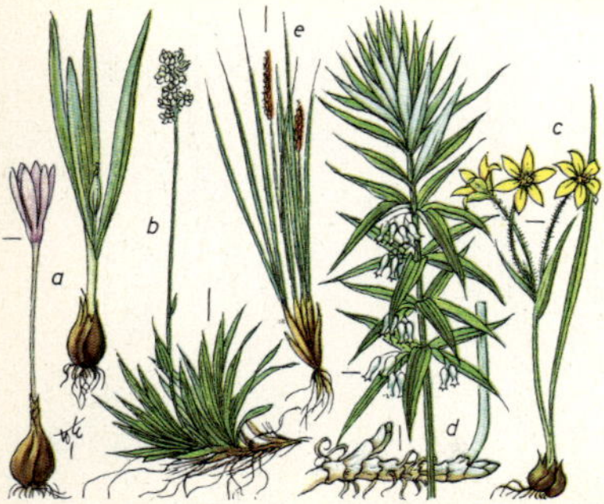

Die **Alpen-Zeitlose** (a *Cólchicum alpínum*; 10 bis 20 cm; 7—9; kleiner als Herbst-Zeitlose; ♃), die **Kleine Simsenlilie** (b *Tofiéldia pusílla*; 5 bis 15 cm; 7; Tragblätter 3lappig; ♃), der **Alpen-Gelbstern** (c *Ágea fistulósa*; bis 15 cm; 6—7; Grundblätter röhrig; ♃) und die **Quirlblättrige Weißwurz** (d *Polygonátum verticillátum*; 30—60 cm; 5—6; Blätter in Scheinquirlen; ♃; Wälder) sind **Liliengewächse,** das **Nacktried** (e *Élyna myosuroídes*; 10—20 cm; 6—8; Ähren bis 2,5 cm lang; ♃) ist ein **Sauergras** bis 3000 m u. höher.

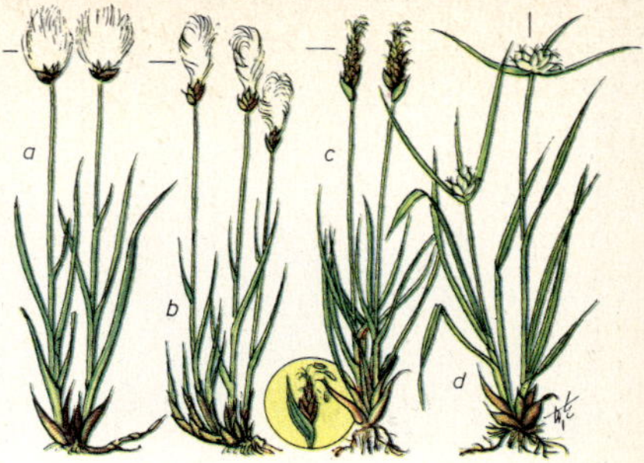

Das **Scheuchzer's Wollgras** (a *Erióphorum scheúchzeri*; 15—30 cm; 7—8; Stengel rund, Blütenstände einzeln, kugelig; ♃; 1500 bis 2600 m hoch), die **Alpen-Haarbinse** (b *Scírpus hudsoniánus*; 5—35 cm; 4—5; Stengel 3kantig, Perigonborsten 4—6, zur Fruchtzeit 2 cm lang; ♃; bis 2000 m hoch), das **Schuppenried** (c *Cobrésia simpliciúscula*; 5—30 cm; 7—8; Blattspreite rinnig, Ähre bis 3 cm lang; ♃; 1600 bis 2800 m hoch) und die **Monte Baldo-Segge** (d *Cárex baldénsis*; 8—30 cm; 4—8; Blätter linealisch, Ährchen kopfig gestellt, Deckblätter weißlich, Narben 3; ♃) sind **Sauergräser.**

Die in der Tabelle beschriebenen hochalpinen Pflanzen gehören zu den **Verschiedenährigen Seggen** aus der Familie der **Sauer-** oder **Riedgräser.** Alle sind in europäischen Gebirgen häufig und bestandbildend und wachsen in Höhenlagen zwischen 1000 m (1900 m) und 2600 m (3100 m) auf Felsbändern, Schutthängen, Wildheumähdern, Hochflächen, auf Matten und Weiden oder auch auf sumpfigen Wiesen, die Rostrote Segge auch zerstreut in den Gebirgstälern.

	Polster-Segge	Immergrüne Segge	Rostrote Segge	Ruß-Segge	Schwarze Segge	Haarstielige Segge
wissenschaftl. Name	*Cárex fírma*	*Cárex sempervírens*	*Cárex ferrugínea*	*Cárex fuliginósa*	*Cárex atráta*	*Cárex capilláris*
Größe; Blütez.	5–20 cm; 6–8	15–45 cm; 5–6	30–60 cm; 6	10–30 cm; 6–8	20–40 cm; 6–8	3–15 cm; 5–7
Besondere Kennzeichen	Blätter 2 mm breit, kurz, starr, rauh, an der Spitze 3kantig, ♀ Ährchen 3- bis 6blütig; ♃	Blattscheiden lang, untere Blätter kurz, ♀ Ährchen langgestielt; ♃	weibliche Ährchen zu 2–3, langgestielt, lockerfrüchtig; ♃	oberstes Ährchen an der Spitze ♀, am Grunde ♂, Tragblätter dunkelbraun; ♃	Ährchen braunschwarz, zu 2–6, die unteren immer langgestielt, Früchte gelblich; ♃	Pflanze dicht rasig, Blätter 1–2 mm breit, rinnig, ♀ Ährchen lockerblütig; ♃

Die **Krumme Segge** (a *Cárex cúrvula*; 5—10 cm; 7—8; Blätter borstlich, gekrümmt, Narben 3; ♃) und die **Stink-Segge** (b *Cárex foétida*; 5—30 cm; 7—8; Ährchen in Köpfchen zu 8—15; ♃; selten, Tirol) sind **Gleichährige Seggen,** das **Mont Cenis-Rispengras** (c *Póa cenísia*; 20—40 cm; 7—8; untere Rispenäste zu 1—2; ♃), das **Alpen-Rispengras** (d *Póa alpína*; 3—50 cm; 5—9; Stengelgrund verdickt; ♃) und der **Alpen-Schwingel** (e *Festúca alpína*; 6—10 cm; 7—8; Blätter haarförmig; ♃) sind **Rispengräser** auf Alpenweiden bis 2500 m, a bis 3400 m.

Der **Bunte Schwingel** (a *Festúca vária;* 15—35 cm; 7—8; Blattspreiten binsenförmig, borstlich, Ährchen 5- bis 8blütig; ♃), der **Violette Schwingel** (b *Festúca violácea;* 15—40 cm; 6—7; Ährchen meist schwarzviolett, 7—10 mm, Grannen bis 4 mm lang; ♃), der **Bunthafer** (c *Avéna versicolor;* 15—30 cm; 7—8; Blätter glatt, ihr Rand weiß, durchscheinend, Ährchen meist 5-blütig; ♃) und der **Niedrige Schwingel** (d *Festúca púmila;* 10—20 cm; 7—9; Blätter borstlich, nicht entfaltbar, Vorspelzen lang bewimpert, Ährchen meist 3blütig, oft violett; ♃) sind **Gräser** auf Magerrasen bis 3000 m hoch.

Die in der Tabelle beschriebenen **Gräser** sind auf Matten und an felsigen Hängen der Alpen verbreitet, das Berg-Reitgras auch in lichten Wäldern und Gebüschen. Das Alpen-Lieschgras kommt außer in den Alpen und dem Alpenvorland in den Sudeten, das Felsen-Straußgras im Riesengebirge und im Böhmerwald, der Zweizeilige Goldhafer im Mährischen Gesenke und das Berg-Reitgras auch in den Mittelgebirgen vor. Alle Arten steigen bis 3000 m auf, der Ähren-Goldhafer bis 3500 m.

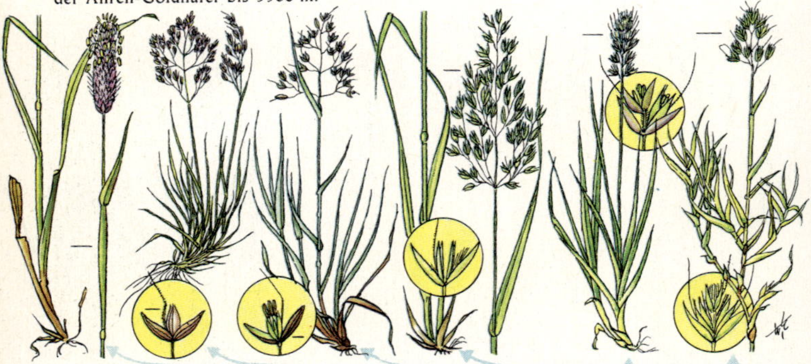

	Alpen-Lieschgras	**Felsen-Straußgras**	**Alpen-Straußgras**	**Berg-Reitgras**	**Ähren-Goldhafer**	**Zweizeiliger Goldhafer**
wissenschaftl. Name	*Phléum alpinum*	*Agróstis rupéstris*	*Agróstis alpina*	*Calamagróstis vária*	*Trisétum spicátum*	*Trisétum distichophýllum*
Größe; Blütez.	10–50 cm; 6–7	5–20 cm; 7–8	10–20 cm; 7–8	30–100 cm; 7–8	10–25 cm; 7–9	10–20 cm; 7–8
Besondere Kennzeichen	oberste Blattscheide blasig aufgetrieben, Ährenrispe bis 7 cm lang, violett; ♃	Blätter **borst**lich gefaltet, Deckspelze 2spitzig, mit geknieter Granne; ♃	Rispenäste rauh, zu 1–3, nach der Blüte zusammengezogen, Stengelblätter 1–2, steif; ♃	Blätter bis 7 mm breit, rauh, Hüllspelzen hellviolett, doppelt so lang wie die Haare; ♃	Ährenrispe fast kopfig, dunkel oder gelb, Ährchen 2blütig, Granne 3 mm lang; ♃	Rispe bis 6 cm lang, locker, Blätter kahl, an sterilen Trieben deutlich 2zeilig; ♃

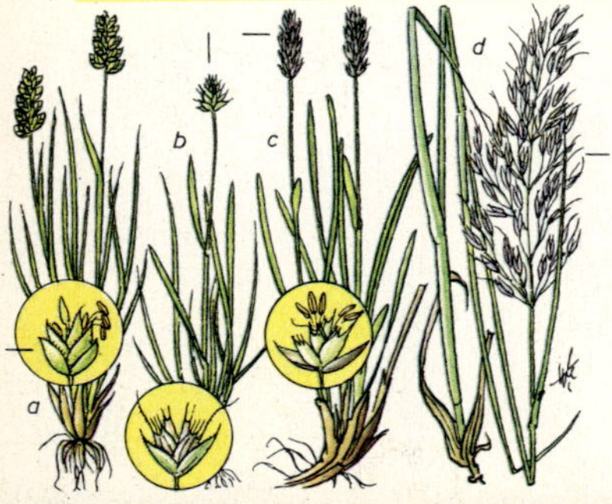

Das **Zweizeilige Kopfgras** (a *Sesléria dísticha;* 10—20 cm; 7—9; Ährchen zweizeilig, Blätter borstlich gefaltet; ♃), das **Kleinköpfige Kopfgras** (b *Sesléria ováta;* 1—10 cm; 7—8; Ährenrispe bis 7 mm lang, Blätter bis 1 mm breit; ♃), das **Blaue Kopfgras** (c *Sesléria coerúlea;* 10 bis 50 cm; 4—5; Blätter 1—4 mm breit, äußere Blütenspelzen mit 4—7 Zähnen; ♃) und das **Rauhgras** (d *Achnátherum calamagróstis;* 30—120 cm; 6—9; Rispe bis 30 cm lang, Deckspelze am Rükken lang behaart; ♃) sind verbreitete **Gräser.**

Das **Weißzüngel** (a *Leucórchis álbida*; 10—25 cm; 5—9; Blüten gelblich-weiß, Perigon etwa 5 mm lang, Mittellappen der Lippe zungenförmig, Ähre schmal, 2—6 cm lang; ♃), die **Wohlriechende Händelwurz** (b *Gymnadénia odoratissima*; 15 bis 50 cm; 6—8; Blüten stark duftend, Mittellappen der Zunge zugespitzt; ♃), das **Schwarze Kohlröschen** (c *Nigritélla nigra*; 5—25 cm; 6 bis 9; Blütenstand fast kugelig, mit Vanilleduft; ♃) und das **Rote Kohlröschen** (d *Nigritélla rúbra*; 5—30 cm; 5—7; Blüten rosa, in eiförmigem Blütenstand; ♃) sind **geschütze Orchideen** auf Trockenrasen bis 2300 m hoch.

Die beiden **Orchideen** der Tabelle wohnen auf Gebirgswiesen und steinigen Matten, das Zwergstendel bis 2700 m hoch. Alle Farne der Tabelle gehören zur Familie der **Tüpfelfarne.** Der Grüne Streifenfarn und der Berg-Blasenfarn wachsen auf Kalkgeröll der Alpen, ersterer auch zerstreut in Gebirgen Süddeutschlands, selten auch in Norddeutschland, letzterer auch in der Schwäbischen Alb. Den Rollfarn findet man selten auf Urgesteinsschutt der Zentralalpen und anderer Gebirge, den Gelappten Schildfarn zerstreut in Schluchtwäldern.

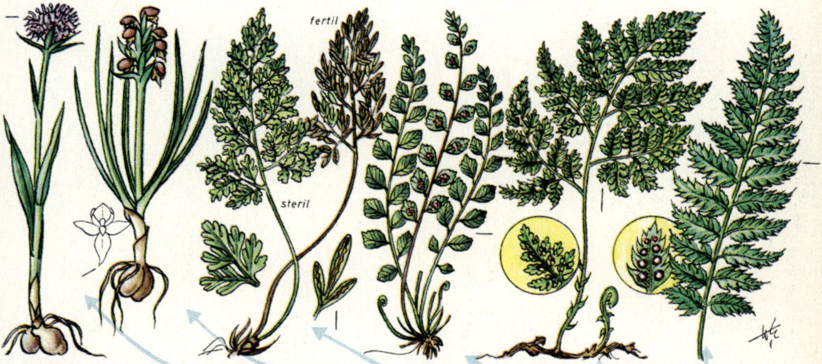

	Kugelknabenkraut	Zwergstendel	Rollfarn	Grüner Streifenfarn	Berg-Blasenfarn	Gelappter Schildfarn
wissenschaftl. Name	*Traunsteinéra globósa*	*Chamórchis alpina*	*Cryptogámma crispa*	*Asplénium víride*	*Cystópteris montána*	*Polýstichum aculeátum*
Größe; Blütez.	20–60 cm; 5–8	5–12 cm; 6–7	15–30 cm; 7–9	bis 20 cm; 7–9	bis 40 cm; 7–8	30–100 cm; 6–9
Besondere Kennzeichen	Blüten hellrot, Ähre kugelförmig, Mittellappen der Lippe so lang wie breit; ♃	Blüten klein, Grundblätter etwa 8, so lang wie Blütenstand, Lippe eiförmig bis rhombisch; ♃	sterile Wedel gelbgrün, fertile Wedel mit walzenförmig eingerollten Endfiedern; ♃	Wedel einfach gefiedert, sein Stiel nicht geflügelt, viel kürzer als die Spreite; ♃	Rhizom kriechend, Spreite viel kürzer als der Stiel, Schleier seitenständig; ♃	Wedel derb, lederartig, Fiederblätter bis 1,5 cm lang, mit stachelspitzigen Zähnen, Sori groß; ♃

Der **Haarfarn** (a *Adiántum capillus véneris*; bis 50 cm; 7—9; Fiederblätter ungleich gelappt; ♃), der **Schöne Wimperfarn** (b *Woódsia ilvénsis*; 10—12 cm; 7—8; Wedel spreuschuppig, Schleier unterständig, haarartig gefranst; ♃) und der **Seelos' Streifenfarn** (c *Asplénium seelósii*; 10—15 cm; 7—9; Wedel weißfilzig; ♃; Südtirol) sind **Tüpfelfarne,** der **Hautfarn** (d *Hymenophýllum tunbridgénse*; 2—8 cm; 7—8; Wedel moosartig, Zipfel fein gesägt; ♃; in feuchten Sandsteinschluchten) ist ein seltener **Hautfarn.**

Der **Feigenbaum** (a *Fícus cárica*; 2—8 m; 6—8; Blätter 3- bis 5lappig, unten weichhaarig; ♃; **Maulbeergewächse**), der **Ölbaum** (b *Ólea sativa*; bis 20 m; —; Blätter lederig, unten silbrig-haarig, Blüten weiß, duftend; ♃; **Ölbaumgewächse**), der **Johannisbrotbaum** (c *Ceratónia siliqua*; bis 6 m; 5—9; Blätter lederig, unten rotbraun, Hülsen lang, braunviolett; ♃; **Schmetterlingsblütler**) und der **Judasbaum** (d *Cércis siliquástrum*; bis 8 m; 4—5; Blüten rosenrot, Blätter rundlich-herzförmig; ♃; **Schmetterlingsblütler**) sind Kulturpflanzen der Mittelmeerländer, wild auch im Gebirge.

Von den in der Tabelle beschriebenen, häufig angebauten Bäumen stammt die Nordmanns-Tanne (Familie **Kieferngewächse**) aus Nordamerika. Die Schwedische Eberesche (Familie **Rosengewächse**) ist selten und nur in den Ostseegebieten und im Norden Europas heimisch. Der Tatarische Ahorn (Familie **Ahorngewächse**) wächst wild in Südosteuropa, die Walnuß (Familie **Walnußgewächse**) und die Gemeine Roßkastanie (Familie **Roßkastaniengewächse**) auf dem Balkan und die Edelkastanie (Fam. **Buchengew.**) im Mittelmeergebiet.

	Nordmanns-Tanne	Schwedische Eberesche	Tatarischer Ahorn	Gemeine Roßkastanie	Edelkastanie	Walnuß
wissenschaftl. Name	*Ábies nordmanniána*	*Sórbus intermédia*	*Ácer tatáricum*	*Aésculus hippocástanum*	*Castánea sativa*	*Iúglans régia*
Größe; Blütez.	bis 20 m; 5	bis 10 m; 5—6	bis 20 m; 5	bis 30 m; 4—5	bis 20 m; 6	bis 25 m; 4—5
Besondere Kennzeichen	Zapfen 20 cm lang, aufrecht, Nadeln am Grunde verbreitert, Rinde grau; ♃	Blätter unterseits behaart, jederseits mit 6—8 Seitennerven, Früchte rot, rundlich; ♃	Blätter ungeteilt, gesägt, Früchte oft scharlachrot, Blüten weiß, in Rispen; ♃	Winterknospen klebrig, Blumenblätter 5, weiß, Blätter fingerförmig gefiedert; ♃	Rinde glatt, olivbraun, Blätter bis 18 cm lang, stachelig gezähnt, Blüten 1häusig; ♃	Blätter mit 7—9 Fiedern, diese unterseits in den Nervenwinkeln behaart, Kätzchenblütler; ♃

Der **Edle Lorbeer** (a *Laúrus nóbilis*; bis 8 m; 3—4; Blätter immergrün, Blüten 2häusig, duftend; ♃; **Lorbeergewächse**), der **Berg-Kellerhals** (b *Dáphne oleoides*; bis 50 cm; 5—7; Blätter lederig, Blüte weiß, duftend; ♃; **Seidelbastgewächse**) und der **Sizilische Tragant** (c *Astrágalus siculus*; 15—20 cm; 5—7; dichte, stechende Polster; ♃; **Schmetterlingsblütler**) bewohnen das Gebirge. Die **Turban-Lilie** (d *Lílium pompónium*; 50—90 cm; 6—7; Blätter schmallineal; ♃) ist ein **Liliengewächs** am Mittelmeer.

Das **Alpenmurmeltier** (a *Marmóta marmóta*; 57,5 cm + 16 cm; Körper gedrungen, Ohren, Beine und Schwanz kurz; Familie **Hörnchen**, Unterfamilie **Murmeltiere**) lebt in Kolonien und baut tiefe, verzweigte Gänge mit großer Nestkammer an sonnigen Hängen zwischen 1000 und 2700 m. Der **Schneehase** (b *Lépus tímidus*; 61 cm + 6,5 cm; Fell braun, im Winter weiß, Ohren mittellang, Schwanz einfarbig weiß) und der **Kaphase** (c *Lépus capénsis*; 67,5 cm + 11 cm; Fell wirkt am Rücken schwarzfleckig; Fam. **Hasen**; Pyrenäenhalbinsel) bewohnen die Krummholzzone der Gebirge.

Die Sumpf- und die Alpenspitzmaus (Familie **Spitzmäuse**; Unterfamilie **Rotzahnspitzmäuse**) bewohnen Gebirge in Mitteleuropa bis 2000 bzw. 2500 m, die Sumpfspitzmaus auch in Südeuropa. Alle Fledermäuse der Tabelle (Familie **Glattnasen**; Überfamilie **Glattnasenartige**) sind in Gebirgen bis 2000 m, die Alpenfledermaus bis 2600 m heimisch; die Nordische Fledermaus kommt auch in Nord- und Nordosteuropa vor. Die Stachelmaus (Familie **Mäuse**) bewohnt Einöden auf Kalkfelsen Kretas und Zyperns.

	Sumpfspitzmaus	Alpenspitzmaus	Alpenfledermaus	Nordische Fledermaus	Kleinmausohr	Stachelmaus
wissenschaftl. Name	*Néomys anómalus*	*Sórex alpínus*	*Pipistréllus sávii*	*Eptésicus nilssónii*	*Myótis oxygnáthus*	*Ácomys cahirínus*
Größe	8,8 cm + 6,1 cm	7,7 cm + 7,5 cm	4,8 cm + 3,9 cm	5,4 cm + 4,7 cm	7 cm + 5,6 cm	12,8 cm + 12 cm
Besondere Kennzeichen	Fell oben dunkel schieferfarben, unten weiß, Hinterfüße mit kurzen Schwimmborsten; **geschützt**	Fell fast einfarbig dunkel schieferfarben, unterseits etwas heller, Schwanz sehr lang; **geschützt**	Körper klein, Haare am Rücken mit hellen Spitzen, Daumen kurz; **geschützt**	Oberseite goldig überhaucht, Unterseite gelblich; **geschützt**	ähnlich Großmausohr, aber kleiner, Ohren und Schnauze spitzer; **geschützt**	Rückenmitte mit stacheligen Borstenhaaren, Fellfarbe hell, Schnurrhaare lang

Der **Braunbär** (a *Úrsus árctos*; 250 cm + 14 cm; Fell hell- bis dunkelbraun, auf dem Widerrist ein kleiner Höcker, Sohlengänger; Fam. **Bären**; Pyrenäen, Balkan und Skandinavien), die **Manguste** (b *Herpéstes ichneúmon*; 55 cm + 45 cm; Schwanzwurzel sehr dick, Fell einheitlich braungrau) und die **Ginsterkatze** (c *Genétta genétta*; 58 cm + 48 cm; Fell mit Reihen dunkler Flecken) bewohnen Berggelände, b in Südspanien, c in ganz Spanien und Westfrankreich; b und c Fam. **Schleichkatzen**.

Der **Alpensteinbock** (a *Cápra hírcus íbex*; 145 cm + 15 cm; Fell fahlbraun bis fahlgrau, ♂ Hörner gebogen, oben mit gleichmäßig starken Querwülsten, ♀ mit kurzem, nur schwach gebogenem Gehörn; **geschützt**) und die **Gemse** (b *Rupícapra rupícapra*; 130 cm + 8 cm; ♂ und ♀ mit an der Spitze hakenförmig gebogenen Hörnern, Fell im Sommer rötlichbraun mit schwarzem Aalstrich, im Winter braunschwarz) sind Paarhufer aus der Familie der **Hohlhörner** (Unterfamilie **Ziegenartige**). Beide leben in Bergwäldern und oberhalb der Baumgrenze, wo sie als Tagtiere morgens und nachmittags äsen.

Die **Mäuseartigen** der Tabelle gehören zur Familie der **Wühler.** Alle bewohnen das Hochgebirge, der Berglemming (Skandinavien) abwärts bis zum Birkenwaldgürtel, die Bergmaus im Krummholzgürtel einiger Balkanberge, die Savi-Kleinwühlmaus Kulturland bis 2000 m in Italien und den westlichen Mittelmeerländern, die Mittelmeer-Kleinwühlmaus und die Mittelmeer-Feldmaus in Iberien und den Balkan, die Schneemaus bis zur Schneegrenze.

	Berglemming	Bergmaus	Savi-Kleinwühlmaus	Mittelmeer-Kleinwühlmaus	Mittelmeer-Feldmaus	Schneemaus
wissenschaftl. Name	*Lémmus lémmus*	*Dólomys milleri*	*Pítymys sávii*	*Pítymys ibéricus*	*Micrótus guéntheri*	*Micrótus nivális*
Größe	15 cm + 1,9 cm	14 cm + 11 cm	10,5 cm + 3,4 cm	10,7 cm + 2,9 cm	12 cm + 4 cm	14 cm + 7,5 cm
Besondere Kennzeichen	Oberseite bunt, gelb und schwarz, Pfoten breit, Schwanz sehr kurz	Fell hellgrau, unten weißlich, Schwanz lang, Haare seidig, sehr dichtstehend	Ohren klein, Schwanz kurz, Fell etwas heller als bei Kleinwühlmaus, Füße größer	Ohren und Schwanz sehr klein, Fell etwas rötlich, Bauch grau	größer und kräftiger als Feldmaus, sicher nur am Schädel zu unterscheiden	Fell hellgrau, dicht und lang, Schwanz hell, ziemlich lang, 1. Unterkieferbackenzahn artkennzeichnend

Der **Iberiensteinbock** (a *Cápra hírcus pyrenáica*; 148 cm + 13 cm; Hörner am Ende aufwärts geschwungen; Iberien); die **Bezoarziege** (b *Cápra hírcus aégagrus*; 148 cm + 13 cm; Hörner säbelförmig, ♂ mit langem Kinnbart; Mittelmeerinseln) und der **Ostkaukasische Tur** (c *Cápra caucásica cylindricórnis*; 135 cm + 17 cm; Hörner im Querschnitt dreieckig-rund; Kaukasus) sind **Hohlhörner.** Der **Magot** (d *Macáca sylvána*; 71 cm + 0 cm; Ohren kurz, Schnauze nackt; Gibraltar) ist ein **Tieraffe.**

Das **Auerhuhn** (a *Tétrao urogállus*; ♂ 86 cm; ♀ 61 cm; ♂ Gefieder schwarzgrün mit Metallglanz, Kopf mit Kinnbart, Schwanz rund, ♀ braun, dunkel gebändert, mit rostfarbenem Brustfleck; Unterfamilie **Rauhfußhühner**) und das **Kaukasische Felsenhuhn** oder **Königshuhn** (b *Tetraogállus caucásicus*; 58 cm; Kehle weiß, Brust grau, fein gestreift; Unterfamilie **Fasanen**) aus der Familie der **Echten Hühner**, bewohnen das Hochgebirge, a auch Nadelwälder des Hügellandes, besonders in Nordeuropa, b die hochalpine Zone des Kaukasus. a und b sind Bodenbrüter, Nestflüchter und Jahresvögel.

Die Vögel der Tabelle bewohnen die Alpen und andere südeuropäische Gebirge und nisten in Felsspalten und Löchern, der Mauerläufer (Familie **Baumläufer**) etwa ab 1800 m, der Steinrötel (Unterfamilie **Schmätzer**) zwischen 900 und 2400 m, die Alpenbraunelle (Familie **Braunellen**) bis zur Schneegrenze und die Felsenschwalbe (Familie **Schwalben**) in den niederen Lagen und auch an felsigen Küsten der Mittelmeerländer. Der Korsikanische Kleiber kommt nur auf Korsika vor, der Felsenkleiber nur auf dem Balkan (Fam. **Kleiber**).

	Korsikanischer Kleiber	Felsenkleiber	Felsenschwalbe	Mauerläufer	Steinrötel	Alpenbraunelle
wissenschaftl. Name	*Sitta whiteheádi*	*Sitta neúmayer*	*Ptyonoprógne rupéstris*	*Tichodróma murária*	*Monticola saxátilis*	*Prunélla colláris*
Größe	12 cm	14 cm	15 cm	16,5 cm	19 cm	18 cm
Besondere Kennzeichen	Scheitel schwarz, Überaugenstreif weiß, ♀ matter in der Farbe; Nesthocker; Jahresvogel	heller als Kleiber, Schwanz ohne weiße Flecken; Nesthocker; Jahresvogel	ähnlich Uferschwalbe, aber kein Brustband; Nesthocker; Teilzieher	Flügel rund, schwarz, mit roten und weißen Flecken, Schnabel dünn; Nesthocker; Teilzieher	♂ Kopf blau, Bürzel weiß, ♀ bräunlich, Schwanz orangerot; Nesthocker; Zugvogel	Kehle dunkel gefleckt, Flanken mit rotbraunen Streifen; Nesthocker; Teilzieher

Das **Alpenschneehuhn** (a *Lagópus mútus*; 36 cm; Flügel und Bauch weiß; ♂ oben schwarzbraun, ♀ gelbbraun, Winterkleid weiß, ♂ mit schwarzem Augenstreif) und das **Steinhuhn** (b *Aléctoris gráeca*; 34 cm; schwarzer Halslatz, Oberseite graubraun) sind **Echte Hühner**, der **Sperlingskauz** (c *Glaucídium passerínum*; 16,5 cm; kleinste Europäische Eule, Augen gelb) und der **Rauhfußkauz** (d *Aególius funéreus*; 25 cm; Schleier hell, scharf begrenzt) sind **Kauzeulen** des Gebirges; Nesthocker und Jahresvögel.

Der **Steinadler** (*Áquila chrysáëtos*; 76—89 cm; Körper einfarbig dunkelbraun, Scheitel und Nacken goldgelb, jung Schwanz weiß mit breiter, dunkler Endbinde, Wurzel der Handschwingen auffällig weiß; Nesthocker; Jahresvogel) ist ein sehr großer, hervorragend segelnder Greifvogel aus der Familie der **Adlerartigen.** Er bewohnt einsame Felsenwände des Gebirges und der Meeresklippen, wo er große Nester auf Felsvorsprüngen baut. Er ist außer in den Alpen und in den Karpaten in Gebirgen der Mittelmeerländer und Skandinaviens sowie in Nordosteuropa heimisch.

Von den **Finkenartigen** der Tabelle sind der Schneefink, der Zitronenzeisig und der Birkenzeisig reine Hochgebirgsvögel. Die Zippammer und der Zeisig kommen auch in niedrigen Lagen vor. Schneefinken nisten in Felsspalten an und über der Baumgrenze, der Zeisig und der Zitronenzeisig bauen ihr Nest auf Nadelbäume, die Zippammer auf oder dicht über dem Erdboden; der Birkenzeisig nistet gesellig auf Bäumen und Büschen. Vom Wasserpieper (Fam. **Pieper**) gibt es eine Küstenform, den Strandpieper.

	Wasserpieper	Schneefink	Zippammer	Birkenzeisig	Zeisig (Erlenzeisig)	Zitronenzeisig
wissenschaftl. Name	*Ánthus spinolétta*	*Montifringilla nivális*	*Emberiza cía*	*Carduélis flámmea*	*Carduélis spínus*	*Carduélis citrinélla*
Größe	16,5 cm	18 cm	16 cm	13 cm	12 cm	12 cm
Besondere Kennzeichen	Beine dunkel, Brust rötlich, Schwanzkanten weiß; Nesthocker; Teilzieher	Kopf grau, Kehle schwarz, Rücken braun, Bauchseite rahmweiß; Nesthocker; Jahresvogel	Kopf schwarzstreifig, Bauch zimtbraun, ♀ matter; Nesthocker; Zugvogel	Stirn rot, Kinn schwarz, ♂ mit rötlicher Brust; Nesthocker; Teilzieher	Gefieder gelbgrün, ♂ Scheitel und Kinn schwarz, ♀ Brust gestreift; Nesthocker; Teilzieher	Nacken grau, Flügelbinden matt grün, Bürzel gelbgrün; Nesthocker; Jahresvogel

Der **Tannenhäher** (a *Nucífraga caryocatáctes*; 32 cm; Gefieder braun, kräftig weiß getüpfelt; Nesthocker; vorwiegend Jahresvogel), die **Alpenkrähe** (b *Pyrrhocórax pyrrhocórax*; 40 cm; Schnabel und Füße rot, Gefieder blauschwarz; Nesthocker; Jahresvogel) und die **Alpendohle** (c *Pyrrhocórax gráculus*; 38 cm; ähnlich b, aber Schnabel gelb, gerader und kürzer; Nesthocker; Jahresvogel) sind **Rabenvögel** der Gebirgswälder, b auch an Küsten; a nistet auf Nadelbäumen, b und c in Felsspalten und Ruinen.

Die **Kleine Maräne** (a *Coregónus álbula*; bis 40 cm; 10—12; Maul oberständig, Kinn verdickt; norddeutsche Seen), die **Große Maräne** (b *Coregónus lavarétus*; bis 1 m; 11—12; 1. Kiemenbogen mit 20—34 Reusendornen, Maul unterständig, Auge klein), die **Kleine Bodenrenke** oder der **Kilch** (c *Coregónus acrónius*; bis 30 cm; 6—10; Auge groß, Kiemenbogen mit 15—28 kurzen Reusendornen; Boden- und Ammersee) und die **Kleine Schweberenke** (d *Coregónus macrophthálmus*; bis 25 cm; 7—10; Auge groß, Kiemenbogen mit 36—44 Reusendornen; Voralpengebiet) gehören zur Familie der **Lachsfische.**

Alle **Lachsfische** haben als besonderes Kennzeichen hinter der Rückenflosse eine kleine, strahllose, sogenannte Fettflosse. Die in der Tabelle beschriebenen Arten lieben klare, schnellfließende Gewässer, insbesondere die Quellgebiete, andere auch sauerstoffreiche Seen der Alpen und Voralpen, der Seesaibling bis über 2000 m hoch. Huchen sind auf das Flußgebiet der Donau beschränkt, Äschen kommen in Flüssen ganz Deutschlands vor (in der Äschenregion). Der Amerikanische Bachsaibling wurde 1882 aus Amerika eingeführt.

	Blaufelchen	Amerikanischer Bachsaibling	Seesaibling	Huchen	Seeforelle	Äsche
wissenschaftl. Name	*Coregónus wartmánni*	*Sálmo fontinális*	*Sálmo salvelínus*	*Sálmo húcho*	*Sálmo trútta lacústris*	*Thymállus thymállus*
Größe; Laichz.	bis 50 cm; 11–1	20–45 cm; 10–3	bis 80 cm; 9–1	bis 2 m; 3–5	bis140cm;10–12	bis 50 cm; 3–4
Besondere Kennzeichen	Körper schlank, torpedoförmig, Mundspalte klein, nicht bis Auge reichend	Maul bis hinter das Auge gespalten, ♂ zur Laichzeit mit rotem Bauch	Seiten stets mit hellen Punkten, Brust, Bauch- und Afterflosse vorne mit weißem Saum	Körper spindelförmig, Schnauze spitz, Maulspalte groß, reicht bis hinter das Auge, Flossen klein	Körper gedrungen, walzenförmig, Maul reicht bis hinters Auge, Färbung variiert sehr	Kopf klein, spitz, Rückenflosse sehr lang, purpurrot, Maul eng, mit Hakenzähnen

Der **Lachs** oder **Salm** (a *Trútta sálar*; bis 150 cm; 10—2; Rücken blaugrau, Seiten schwarz gefleckt, ♂ im Hochzeitskleid mit tiefschwarzem Rücken) lebt im Meer und laicht in den Quellgebieten der Flüsse. Die **Bachforelle** (b *Sálmo trútta fário*; bis 90 cm; 10—2; Schnauze kurz, Maul bis hinter das Auge gespalten, Färbung variabel) und die **Regenbogenforelle** (c *Sálmo irídeus* bis 60 cm; 12—5; rötliches Seitenband, Haut schwarz gefleckt; 1882 aus Amerika eingeführt) sind **Lachsfische** in klaren Gewässern.

Der **Gletschergast** oder **Schneefloh** (a *Bóreus hyemális*; 4—5 mm; 10—3; Kopf schnabelförmig ausgezogen; Fam. **Gletschergäste**), der **Gletscherfloh** (b *Isótoma sáltans*; 2,5 mm; Körper dicht schwarz behaart, mit Springgabel; Fam. **Gleichringler,** Ordnung **Springschwänze)** und der **Felsenspringer** (c *Machílis tiroléusis*; 12—14 mm; Fühler so lang wie der Körper; Fam. **Felsenspringer**) steigen bis fast 4000 m auf. Der **Alpenbock** (d *Rosália alpína*; 22—36 mm; Körper fein blaßblau behaart, mit schwarzen Flecken; **geschützt; Fam. Bockkäfer**) lebt in höheren Lagen der Alpen.

Alle Schmetterlinge der Tabelle sind Echte Tagfalter, die Apollofalter aus der Familie der **Ritter,** der Alpenweißling und der Alpengelbling aus der Familie der **Weißlinge** und der Eis-Alpenschwärzling aus der Familie der **Augenfalter.** Der Rote Apollofalter legt seine Eier an Sedum album, der Alpen-Apollofalter an Saxifraga aizoides und der Schwarze Apollofalter an Lerchenspornarten, der Alpenweißling an verschiedene Kreuzblütler, der Alpengelbling an Schmetterlingsblütler und der Eis-Alpenschwärzling an Gräser.

	Roter Apollofalter	Alpen-Apollofalter	Schwarzer Apollofalter	Alpenweißling	Alpengelbling	Eis-Alpenschwärzling
wissenschaftl. Name	*Parnássius apóllo*	*Parnássius phoébus*	*Parnássius mnemosýne*	*Synchlóë callídice*	*Cólias phicomóne*	*Erébia plúto*
Größe; Flugzeit	7,5 cm; 6–9	6,2 cm; 6–7	6,2 cm; 5–6	4,6 cm; 6–8	4,2 cm; 6–8	4,4 cm; 7
Besondere Kennzeichen	Vorderflügel mit schwarzen Flecken, Hinterflügel mit roten Augenflecken; **geschützt**	♂ mit einem, ♀ mit drei roten Augenflecken auf jedem Vorderflügel; **geschützt**	Flügel weiß, nur mit schwarzen Flecken; **geschützt**	Flügel weiß, beim ♂ mit schwarzen, beim ♀ mit bräunlichen Fleckenreihen	Flügel beim ♂ grüngelb, beim ♀ weißlich, Saumbinde schwärzlich mit rosenrotem Saum	Körper fast einfarbig dunkelbraun, Flügel mit oder ohne Augenflecken

Der **Gletscherfalter** (a *Oenéis aëllo*; 4,8 cm; 6—8; Vorderflügel in der Regel mit 2, Hinterflügel mit 1 Augenfleck; Fam. **Augenfalter**), der **Deutsche Alpenbläuling** (b *Albulina orbitulus*; 26 mm; 5—7; ♂ Oberseite silbergrau, ♀ braun; an Astragalus; Fam. **Bläulinge**), das **Widderchen** (c *Lýcastes éxulans*; 30—32 mm; 7—8; Vorderflügel mit 5 karminroten Flecken; an Schmetterlingsblütlern; Fam. **Widderchen**) und der **Gelbe Bär** (d *Endrósa aurita*; 30—34 mm; 3—10; Adern breit; an Steinflechten) sind alpin.

Hinweise zum Bestimmen

An je einem Beispiel aus dem Tier- und Pflanzenreich soll hier erläutert werden, wie man unbekannte Arten mit Hilfe dieses Buches bestimmt. Man beobachtet z. B. auf einem See, einem Teich oder einem Graben einen schwimmenden und lebhaft tauchenden **Vogel** von etwa Amselgröße. Sein Gefieder ist vorwiegend dunkel, der Schnabel schmal und spitz. Um den Vogel zu bestimmen, schlägt man den **Lebensraum Binnengewässer** auf, wo auf den Seiten 111 bis 117 die Vögel dieses Lebensraumes dargestellt und beschrieben sind. Nach dem optischen Vergleich des beobachteten Vogels mit den abgebildeten Arten kämen der Schwarzhalstaucher, der Zwergtaucher, der Ohrentaucher, das Weibchen der Reiherente und das Bläßhuhn in Frage. Schwarzhals- und Ohrentaucher scheiden wegen ihrer gelben Ohrbüschel aus, die Reiherente wegen ihres breiten Entenschnabels, und das Bläßhuhn wegen seiner weißen Blesse. Es bleibt also nur der **Zwergtaucher** *(Podiceps ruficollis)* mit einer Größe von 27 cm (Schwarzdrossel 25,5 cm), von dem die Beschreibung zur Abbildung auf Seite 111 Mitte lautet: Körper dunkel, Kehle und Wangen kastanienbraun, heller Schnabelfleck. Kleine Striche in der Abbildung weisen auf diese Merkmale hin. Außerdem erfährt man, daß der Zwergtaucher Nestflüchter und Teilzieher ist. Im ökologischen Text über dem Mittelbild lesen wir noch nach, daß der Zwergtaucher zur Familie der **Lappentaucher** (das sind Vögel mit Schwimmlappen an den Füßen) gehört und daß alle Lappentaucher im Röhricht von Teichen und Seen nisten. Für den Zwergtaucher wird außerdem erwähnt, daß er in ganz Deutschland heimisch ist. Die Abbildung zeigt noch eine biologische Besonderheit, die man bei Lappentauchern häufig beobachtet: Jungvögel kriechen in das Gefieder der Eltern und lassen sich spazierenfahren. Wer mehr über die Lappentaucher wissen möchte, kann aus der Abbildung und aus der Beschreibung vieles über die Verwandten des Zwergtauchers erfahren, z. B. über den Nestbau, die Gelege, Unterschiede zwischen Männchen und Weibchen, Bau der Füße usw. Aus der systematischen Übersicht zur Klasse der Vögel auf Seite 11 liest man noch ab, daß die Lappentaucher zusammen mit den Seetauchern zur Ordnung der **Steißfüße** gehören. Man kann also nicht nur schnell und sicher den noch unbekannten Vogel bestimmen, sondern man lernt gleichzeitig die ihm ähnlichen Arten kennen und mit ihm vergleichen.

Trifft man im Walde, im Gebüsch oder auf Holzschlägen eine **krautige Pflanze** von etwa 30 cm Höhe, aufrechtem Wuchs, gelben, fünfstrahligen Blüten und kleeförmigen Blättern, so schlägt man den **Lebensraum Wald** auf, wo auf den Seiten 26 bis 37 die krautigen zweikeimblättrigen Pflanzen des Waldes dargestellt sind. Wegen der charakteristischen Form ihrer Blätter ist es leicht, unsere Pflanze auf Seite 31 oben unter den **Sauerkleegewächsen** festzustellen, und zwar zusammen mit einer sehr ähnlich aussehenden Art. Da die von uns gefundene Pflanze steif aufrecht wächst und die Blattstiele keine Nebenblätter aufweisen, handelt es sich um den **Steifen Sauerklee,** eine Sauerkleeart, die aus Amerika eingeschleppt wurde und sich vielerorts eingebürgert hat. Von der in Deutschland heimischen Art, dem Hain-Sauerklee, unterscheidet er sich vor allem durch die Blütenfarbe, von dem in Südeuropa heimischen und ebenfalls nach Deutschland eingeschleppten Gehörnten Sauerklee durch das Fehlen der Nebenblätter und den aufrechten Wuchs. Aus den weiteren Angaben entnimmt man, daß der Steife Sauerklee eine einjährige Pflanze ist, die den wissenschaftlichen Namen *Oxalis stricta* trägt, 7 bis 60 cm hoch wird, von Juni bis August blüht, außer in Wäldern auch auf bebautem Boden vorkommt (in Baumschulen, Weinbergen, ungepflegten Gärten, an Mauern) und zu den **Sauerkleegewächsen** gehört. Da die Blumenblätter der Sauerkleearten nicht miteinander verwachsen sind, findet man die Familie der Sauerkleegewächse unter den **Freiblumenblättrigen** auf Seite 3 unten. Auch bei diesem Beispiel lernt man also auf der Suche nach der noch unbekannten Art ähnliche Pflanzen kennen und unterscheiden, wodurch sich unsere Kenntnis der Natur zwanglos erweitert.

Register